한식조리기능사
필기

㈜**에듀웨이 R&D 연구소** 지음

한식조리기능사 추가모의고사 다운로드 방법

1. 아래 기입란에 카페 가입 닉네임 및 이메일 주소를
   볼펜(또는 유성 네임펜)으로 기입합니다. (연필 기입 안됨)

2. 본 출판사 카페(eduway.net)에 가입합니다.

3. 스마트폰으로 이 페이지를 촬영한 후 본 출판사 카페의
   '(필기)도서−인증하기'에 게시합니다.

4. 카페매니저가 확인 후 등업을 해드립니다.

올바른 예

카페 닉네임 및 이메일 주소 기입란

Edu
way
a qualifying examination professional publishers

(주)에듀웨이는 자격시험 전문출판사입니다.
에듀웨이는 독자 여러분의 자격시험 취득을 위한 교재 발간을 위해 노력하고 있습니다.

Pre face
머리말에 **부쳐**

기출문제만

분석하고

파악해도

반드시 합격한다!

기존의 한식·양식·중식·복어조리기능사 필기시험은 이론을 통합하여 거의 동일한 문제가 출제되었으나 2020년부터는 한식조리에 대한 과목을 추가하여 새롭게 개정된 출제기준으로 변경되었습니다.

이에 본 교재는 새롭게 변경된 출제기준에 따라 기존 기출문제를 토대로 재분류하였으며, 최근 법령 반영 및 최근 CBT 상시시험을 복원하여 수험생들이 쉽게 합격할 수 있도록 만들었습니다.

이 책의 특징

1. 개정된 출제기준에 따라 15년간의 기출문제와 최근 CBT 상시시험의 출제문제를 분석하여 핵심이론을 재구성하였습니다.
2. 핵심이론 중 전문용어에 대한 해설을 꼼꼼하게 수록하였으며, 수험에 관련된 팁이나 함께 숙지해야 할 내용도 함께 수록하였습니다.
3. 각 섹션마다 이론 뒤에 기출문제를 함께 수록하여 출제유형 및 출제빈도를 파악할 수 있도록 하였습니다.
4. 최근 개정된 법령을 반영하였습니다.
5. 최근 CBT 복원문제를 분석·엄선하여 최근 출제동향을 파악할 수 있도록 하였습니다.
6. 시험 전 마지막 정리를 위하여 '시험에 많이 나오는 족집게'를 수록하였습니다.

이 책으로 공부하신 여러분 모두에게 합격의 영광이 있기를 기원하며 책을 출판하는데 도움을 주신 ㈜에듀웨이 출판사의 임직원 및 편집 담당자, 디자인 실장님에게 지면을 빌어 감사드립니다.

㈜에듀웨이 R&D연구소(조리부문) 드림

출제
Examination Question's Standard
기준표

- 시 행 처 | 한국산업인력공단
- 자격종목 | 한식조리기능사
- 직무내용 | 한식메뉴 계획에 따라 식재료를 선정, 구매, 검수, 보관 및 저장하며 맛과 영양을 고려하여 안전하고 위생적으로 음식을 조리하고 조리기구와 시설관리를 수행하는 직무이다.
- 필기검정방법 | 객관식(전과목 혼합, 60문항)
- 실기검정방법 | 작업형(1시간)
- 필기과목명 | 한식 재료관리, 음식조리 및 위생관리
- 시험시간 | 1시간
- 합격기준(필기 · 실기) | 100점을 만점으로 하여 60점 이상

주요항목	세부항목	세세항목	
1 음식 위생관리	1. 개인 위생관리	1. 위생관리기준	2. 식품위생에 관련된 질병
	2. 식품 위생관리	1. 미생물의 종류와 특성	2. 식품과 기생충병
		3. 살균 및 소독의 종류와 방법	4. 식품의 위생적 취급기준
		5. 식품첨가물과 유해물질	
	3. 작업장 위생관리	1. 작업장 위생 위해요소	
		2. 식품안전관리인증기준(HACCP)	
		3. 작업장 교차오염발생요소	
	4. 식중독 관리	1. 세균성 및 바이러스성 식중독	2. 자연독 식중독
		3. 화학적 식중독	4. 곰팡이 독소
	5. 식품위생 관계 법규	1. 식품위생법 및 관계법규	
		2. 농수산물 원산지 표시에 관한 법령	
		3. 식품 등의 표시 · 광고에 관한 법령	
	6. 공중 보건	1. 공중보건의 개념	2. 환경위생 및 환경오염 관리
		3. 역학 및 질병 관리	4. 산업보건관리
2 음식 안전관리	1. 개인안전 관리	1. 개인 안전사고 예방 및 사후 조치	
		2. 작업 안전관리	
	2. 장비 · 도구 안전작업	1. 조리장비 · 도구 안전관리 지침	
	3. 작업환경 안전관리	1. 작업장 환경관리	2. 작업장 안전관리
		3. 화재예방 및 조치방법	4. 산업안전보건법 및 관련지침
3 음식 재료관리	1. 식품재료의 성분	1. 수분	2. 탄수화물
		3. 지질	4. 단백질
		5. 무기질	6. 비타민
		7. 식품의 색·식품의 갈변	8. 식품의 맛과 냄새
		9. 식품의 물성	10. 식품의 유독성분
	2. 효소	1. 식품과 효소	
	3. 식품과 영양	1. 영양소의 기능 및 영양소 섭취기준	

주요항목	세부항목	세세항목		
4 음식 구매관리	1. 시장조사 및 구매관리	1. 시장 조사	2. 식품구매관리	
		3. 식품재고관리		
	2. 검수 관리	1. 식재료의 품질 확인 및 선별		
		2. 조리기구 및 설비 특성과 품질 확인		
		3. 검수를 위한 설비 및 장비 활용 방법		
	3. 원가	1. 원가의 의의 및 종류		
		2. 원가분석 및 계산		
5 한식 기초 조리실무	1. 조리 준비	1. 조리의 정의 및 기본 조리조작		
		2. 기본조리법 및 대량 조리기술		
		3. 기본 칼 기술 습득		
		4. 조리기구의 종류와 용도		
		5. 식재료 계량방법		
		6. 조리장의 시설 및 설비 관리		
	2. 식품의 조리원리	1. 농산물의 조리 및 가공·저장		
		2. 축산물의 조리 및 가공·저장		
		3. 수산물의 조리 및 가공·저장		
		4. 유지 및 유지 가공품		
		5. 냉동식품의 조리		
		6. 조미료와 향신료		
	3. 식생활 문화	1. 한국 음식의 문화와 배경		
		2. 한국 음식의 분류		
		3. 한국 음식의 특징 및 용어		
6 한식 밥 조리	1. 밥 조리	1. 밥 재료 준비	2. 밥 조리	3. 밥 담기
7 한식 죽 조리	1. 죽 조리	1. 죽 재료 준비	2. 죽 조리	3. 죽 담기
8 한식 국·탕 조리	1. 국·탕 조리	1. 국·탕 재료 준비	2. 국·탕 조리	3. 국·탕 담기
9 한식 찌개조리	1. 찌개 조리	1. 찌개 재료 준비	2. 찌개 조리	3. 찌개 담기
10 한식 전·적 조리	1. 전·적 조리	1. 전·적 재료 준비	2. 전·적 조리	3. 전·적 담기
11 한식 생채·회 조리	1. 생채·회 조리	1. 생채·회 재료 준비	2. 생채·회 조리	3. 생채 담기
12 한식 조림·초 조리	1. 조림·초 조리	1. 조림·초 재료 준비	2. 조림·초 조리	3. 조림·초 담기
13 한식 구이 조리	1. 구이 조리	1. 구이 재료 준비	2. 구이 조리	3. 구이 담기
14 한식 숙채 조리	1. 숙채 조리	1. 숙채 재료 준비	2. 숙채 조리	3. 숙채 담기
15 한식 볶음 조리	1. 볶음 조리	1. 볶음 재료 준비	2. 볶음 조리	3. 볶음 담기
16 김치 조리	1. 김치 조리	1. 김치 재료 준비	2. 김치 조리	3. 김치 담기

필기응시절차

Accept Application - Objective Test Process

> 원서접수기간, 필기시험일 등..
> 티큐넷 홈페이지에서 해당 종목
> 의 시험일정을 확인합니다.

01 시험일정 확인

기능사검정 시행일정은 큐넷 홈페이지를 참조하거나
에듀웨이 카페에 공지합니다.

02 원서접수

^c 티큐넷 홈페이지(**www.t.q-net.or.kr**)에서 상단 오른쪽에 로그인 을 클릭합니다.

2 '로그인 대화상자가 나타나면 아이디/비밀번호를 입력
합니다.

※회원가입 : 만약 q-net에 가입되지 않았으면 회원가입을 합니다.
(이때 반명함판 크기의 사진(200kb 미만)을 반드시 등록합니다.)

3 메인 화면의 원서접수를 클릭하면 [자격선택] 창이 나타납니다. 접수하기 를 클릭합니다.

원서접수 신청

자격선택 > 종목선택 > 응시유형 > 추가입력 > 장소선택 > 결제하기 > 접수완료

○ 상시시험(12종목)   ※ 접수전 반드시 응시 시험(필기 또는 실기)을 확인 후 접수하여 주시기 바랍니다.

응시시험	접수기간 (시험기간)	선택
2018년 상시 기능사 4회 필기	2018년 12월 8일 (목) 오전 09:00 ~ 2018년 12월 11일 (화) 오후 06:00 [2018년 12월 17일 (월) ~ 2018년 12월 22일 (토)]	접수하기

> ※ 원서접수기간이 아닌 기간에 원서접수를 하면
> 현재 접수중인 시험이 없습니다. 이라고 나타납니다.

> 빠른 원서접수를
> 위해 PC와
> 스마트폰에서 동시에
> 시도하세요!

> 큐넷 앱을 검색해서
> 설치하세요!

4 [종목선택] 창이 나타나면 응시종목을 응시하고자 하는 해당 종목을 선택하고 화면 아래
"※수수료 환불 관련 안내사항을 확인하였습니다."를 체크합니다. 그리고 [다음] 버튼을 클
릭합니다. 간단한 설문 창이 나타나고 다음을 클릭하면 [응시유형] 창에서 [장애여부]를 선
택하고 [다음] 버튼을 클릭합니다.

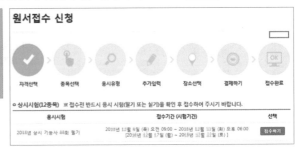

⑤ [장소선택] 창에서 원하는 지역, 시/군구/구를 선택하고 ᴈᴱ 🔍를 클릭합니다. 그리고 시험일자, 입실시간, 시험장소, 그리고 접수가능인원을 확인한 후 선택 을 클릭합니다. 결제하기 전에 마지막으로 다시 한 번 종목, 시험일자, 입실시간, 시험장소를 꼼꼼히 확인한 후 접수하기 를 클릭합니다.

필기 합격 후 2년 동안 필기시험 면제가 됩니다.

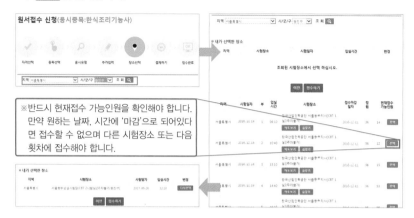

※반드시 현재접수 가능인원을 확인해야 합니다.
만약 원하는 날짜, 시간에 '마감'으로 되어있다면 접수할 수 없으며 다른 시험장소 또는 다음 횟차에 접수해야 합니다.

⑥ [결제하기] 창에서 검정수수료를 확인한 후 원하는 결제수단을 선택하고 결제를 진행합니다. (필기 : 14,500원 / 실기 : 26,900원)

마지막 수험표 확인은 필수!

03
필기시험 응시

필기시험 당일 유의사항
① 신분증은 **반드시 지참해야** 하며(미지참 시 시험응시 불가), 필기구도 지참합니다(선택).
② 대부분의 시험장에 주차장 시설이 부족할 수 있으므로 가급적 대중교통을 이용합니다.
③ 고사장에 고시된 시험시간 20분 전부터 입실이 가능합니디(지각 시 시험응시 불가).
④ CBT 방식(컴퓨터 시험 – 마우스로 정답을 클릭)으로 시행합니다.
⑤ 문제풀이용 연습지는 해당 시험장에서 제공하므로 시험 전 감독관에 요청합니다.
　(연습지는 시험 종료 후 가지고 나갈 수 없습니다)

04
합격자발표 및 실기시험 접수

• 합격자 발표 : 합격 여부는 필기시험 후 바로 알 수 있으며 큐넷 홈페이지의 '합격자발표 조회하기'에서 조회 가능
• 실기시험 접수 : 필기시험 합격자에 한하여 실기시험 접수기간에 Q-net 홈페이지에서 접수

※ 기타 사항은 큐넷 홈페이지(www.q-net.or.kr)를 방문하거나 또는 전화 1644-8000에 문의하시기 바랍니다.

이 책의 구성

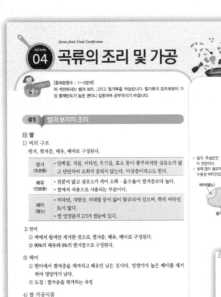

◀ 출제포인트

각 섹션별로 출제문항수를 수록하였으며, 기출문제를 분석·흐름을 파악하여 학습 방향을 제시하고, 중점적으로 학습해야 할 내용을 기술하여 수험생들이 학습의 강약을 조절할 수 있도록 하였습니다.

▶ 핵심이론요약

새롭게 개정된 출제기준에 맞춰 꼼꼼히 분석하여 시험에 출제된 부분만 중점으로 정리하여 필요 이상의 책 분량을 줄였습니다.

▶ 용어해설

조리에 관한 전문용어를 노트란에 정리하여 빠른 이해를 돕도록 하였습니다.

Craftsman Cook Korea Food

Com position

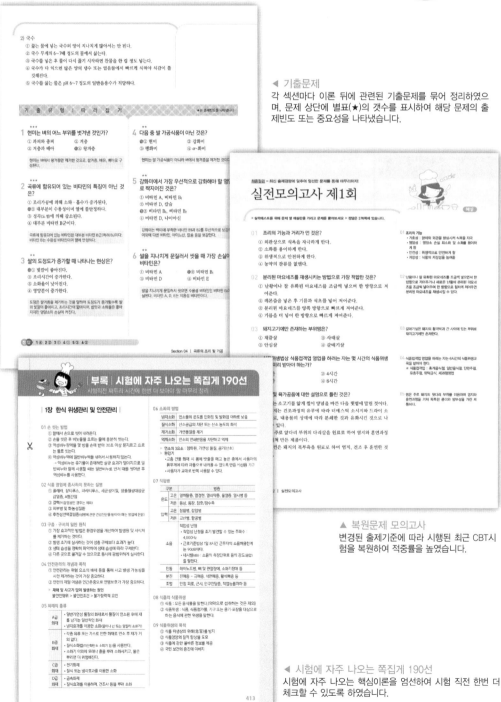

◀ 기출문제
각 섹션마다 이론 뒤에 관련된 기출문제를 묶어 정리하였으며, 문제 상단에 별표(★)의 갯수를 표시하여 해당 문제의 출제빈도 또는 중요성을 나타냈습니다.

▲ 복원문제 모의고사
변경된 출제기준에 따라 시행된 최근 CBT시험을 복원하여 적중률을 높였습니다.

◀ 시험에 자주 나오는 쪽집게 190선
시험에 자주 나오는 핵심이론을 염선하여 시험 직전 한번 더 체크할 수 있도록 하였습니다.

13

수시로 현재 [안 푼 문제 수]와 [남은 시간]를 확인하여 시간 분배합니다. 또한 답안 제출 전에 [수험번호], [수험자명], [안 푼 문제 수]를 다시 한번 더 확인합니다.

글자 크기 및 화면 배치 조정
시험을 보기 편한 글자 크기로 변경할 수 있으며, 한 화면에 문제 배열 방식을 2문제/2단/1문제로 조정할 수 있습니다.

정답 체크
문제의 번호에 정답을 클릭하거나 [답안 표기란]의 각 문제 번호에 정답을 클릭합니다.

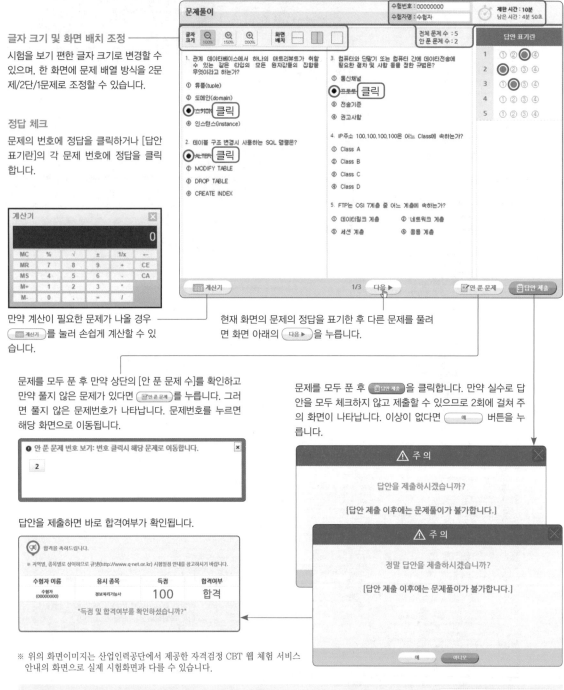

만약 계산이 필요한 문제가 나올 경우 계산기를 눌러 손쉽게 계산할 수 있습니다.

현재 화면의 문제의 정답을 표기한 후 다른 문제를 풀려면 화면 아래의 다음▶을 누릅니다.

문제를 모두 푼 후 만약 상단의 [안 푼 문제 수]를 확인하고 만약 풀지 않은 문제가 있다면 안푼문제를 누릅니다. 그러면 풀지 않은 문제번호가 나타납니다. 문제번호를 누르면 해당 화면으로 이동됩니다.

문제를 모두 푼 후 답안 제출을 클릭합니다. 만약 실수로 답안을 모두 체크하지 않고 제출할 수 있으므로 2회에 걸쳐 주의 화면이 나타납니다. 이상이 없다면 예 버튼을 누릅니다.

❶ 안 푼 문제 번호 보기: 번호 클릭시 해당 문제로 이동합니다.   ✕

[2]

답안을 제출하면 바로 합격여부가 확인됩니다.

⚠ 주 의
답안을 제출하시겠습니까?
[답안 제출 이후에는 문제풀이가 불가합니다.]

⚠ 주 의
정말 답안을 제출하시겠습니까?
[답안 제출 이후에는 문제풀이가 불가합니다.]

수험자 이름	응시 종목	득점	합격여부
수험자 (00000000)	정보처리기능사	100	합격

"득점 및 합격여부를 확인하셨습니까?"

예   아니오

※ 위의 화면이미지는 산업인력공단에서 제공한 자격검정 CBT 웹 체험 서비스 안내의 화면으로 실제 시험화면과 다를 수 있습니다.

자격검정 CBT 웹 체험 서비스 안내
큐넷 홈페이지 우측하단에 CBT 체험하기를 클릭하면 CBT 체험을 할 수 있는 동영상을 보실 수 있습니다. (스마트폰보다 PC에서 확인하는 것이 좋습니다.)

처음 방문하셨나요?
큐넷 서비스를 미리 체험해보고 사이트를 쉽고 빠르게 이용할 수 있는 이용 안내. 큐넷 길라잡이 제공.

Contents

Craftsman Cook Korea Food

- ◉ 머리말
- ◉ 출제기준표
- ◉ 필기응시절차
- ◉ 이 책의 구성
- ◉ CBT 수검요령

한식조리기능사 필기 출제비율 및 과목별 학습목표 정하기

보다 빠른 시간 내에 효율적으로 공부하려면 과목별 출제비율을 먼저 체크하시고 출제비율이 높은 과목을 중점으로 공부하시기 바랍니다.

	과목	항목	예상출제문항수 (출제비율)		학습목표
제1장 36.7%	[제1장] 한식 위생관리 및 안전관리 (22문항)	1. 위생 및 안전	1	1.7%	
		2. 식품위생관리	5	8.3%	
		3. 식중독	5	8.3%	
		4. 공중보건	6	10.0%	
		5. 법규	5	8.3%	
제2장 25.0%	[제2장] 한식 재료관리 (15문항)	1. 재료의 일반성분	11	18.3%	
		2. 색과 갈변	2	3.3%	
		3. 맛과 냄새	2	3.3%	
제3장 5.0%	[제3장] 한식 구매관리 (3문항)	1. 구매/재고관리	1	1.7%	
		2. 검수관리	1	1.7%	
		3. 원가관리	1	1.7%	
제4장 26.7%	[제4장] 한식 기초 조리실무 (16문항)	1. 조리준비	2	3.3%	
		2. 조리원리	14	23.3%	
제5장 6.7%	[제5장] 한식조리 (4문항)	1. 한식조리	4	6.7%	

한식위생관리 및 안전관리

How To study

이 과목은 20~22문항이 출제됩니다. 한식조리기능사에서 가장 많이 출제되는 과목인 만큼 학습해야 할 양도 많습니다. 상식적인 부분과 단순한 암기사항이 많기 때문에 공부하는 시간만큼 점수를 확보할 수 있는 과목입니다. 각 섹션별로 출제문항수 및 학습방향을 간략히 요약하였으니 참고하시면서 학습하시면 어렵지 않게 학습하실 수 있습니다.

Korea food Cook Certification

위생관리 및 안전관리

[출제문항수 : 1~2문제] 영업에 종사하지 못하는 질병, 역성비누와 관련된 사항, 화재와 관련된 부분, 직업병에 관한 내용이 자주 출제됩니다. 그 외에는 상식적으로 접근하셔도 어렵지 않은 부분입니다.

01 개인 위생관리

1 개인 위생수칙

① 작업장에 입실 전에 지정된 보호구(모자, 작업복, 앞치마, 신발, 장갑, 마스크 등)를 청결한 상태로 착용한다.

② 작업 전에 손(장갑), 신발을 세척하고 소독한다.

③ 수염을 기르지 말고, 매일 면도를 한다.

④ 손톱은 짧게 깎고, 매니큐어 및 짙은 화장은 금한다.

⑤ 작업장 내에는 음식물, 담배, 장신구 및 기타 불필요한 개인용품의 반입을 금한다.

⑥ 작업장 내에서는 흡연행위, 껌 씹기, 음식물 섭취 등의 행위를 금한다.

⑦ 작업장 내에서는 지정된 이동 경로를 따라서 이동한다.

⑧ 작업장의 출입은 지정된 출입구를 이용하고, 별도의 허가를 받지 않은 인원은 출입할 수 없다.

⑨ 작업장에서 사용하는 모든 설비 및 도구는 항상 청결한 상태로 정리, 정돈한다.

⑩ 작업장 내에서의 교차오염 또는 2차 오염의 발생을 방지해야 한다.

2 손 위생관리

음식을 조리할 때 손의 역할이 가장 중요하기 때문에 음식을 조리하기 전이나 용변 후에는 반드시 손을 씻어야 한다.

① 팔에서 손으로 씻어 내려온다.

② 손을 씻은 후 비눗물을 흐르는 물에 충분히 씻는다.

③ 역성비누* 원액을 몇 방울 손에 받아 30초 이상 문지르고 흐르는 물로 씻는다.

④ 역성비누액에 일반비누액을 섞어서 사용하지 않는다.

3 식품위생법규상 영업에 종사하지 못하는 질병

① 콜레라, 장티푸스, 파라티푸스, 세균성이질, 장출혈성대장균감염증, A형간염

② 결핵(비감염성인 경우는 제외)

③ 피부병 및 화농성 질환

④ 후천성면역결핍증(성병에 관한 건강진단을 받아야 하는 영업에 한함)

성질(性)이 반대(逆)
- 음이온인 일반비누와 달리 양이온 성질이 있음

▶ 역성비누
① 양이온 계면활성제(일반비누는 세정용인 반면, 역성비누는 살균효과가 있음)
② 자극성이나 독성이 없다.
③ 무색, 무취, 무미하지만 침투력이 강하다.
③ 일반비누보다 세척력은 떨어진다.
④ 유기물이 존재하면 살균 효과가 떨어지므로 일반비누와 함께 사용할 때는 일반비누로 먼저 때를 씻어낸 후 역성비누를 사용한다.
⑤ 사용용도 : 과일, 야채, 식기, 손 소독

4 건강진단

① 식품 또는 식품첨가물을 채취 · 제조 · 가공 · 조리 · 저장 · 운반 또는 판매하는 일에 직접 종사하는 영업자 및 종업원은 건강진단을 받아야 한다.

② 완전히 포장된 식품 또는 식품첨가물을 운반하거나 판매하는 일에 종사하는 사람은 제외한다.

③ 식품 영업에 종사하지 못하는 질병이 있다고 인정된 자는 그 영업에 종사하지 못한다.

④ 영업주는 영업 시작 전, 종업원은 영업에 종사하기 전에 미리 검진을 받아야 한다.

⑤ 건강검진의 검진 주기는 검진일을 기준으로 1년이다.

함께 알아두기

▶ 개인 복장 착용기준

구분	내용
두발	항상 단정하게 묶어 뒤로 넘기고 두건 안으로 넣는다.
화장	진한 화장이나 향수 등을 쓰지 않는다.
유니폼	세탁된 청결한 유니폼을 착용하고, 바지는 줄을 세워 입는다.
명찰	왼쪽 가슴 정중앙에 부착한다.
장신구	화려한 귀걸이, 목걸이, 손목시계, 반지 등을 착용하지 않는다.
앞치마	리본으로 묶어 주며, 더러워지면 바로 교체한다.
손톱	손톱은 짧고 항상 청결하게, 상처가 있으면 밴드로 붙인다.
안전화	지정된 조리사 신발을 신고, 항상 깨끗하게 관리한다.
위생모	근무 중에는 반드시 깊이 정확하게 착용한다.

---

02 주방 위생관리

1 주방 위생관리 일반

① 주방에 종사하는 조리사 개개인은 신체적으로나 정신적으로 매우 건강해야 한다.

② 매사 투철한 위생 관념과 동시에 위생준칙을 준수하는 자세가 습관화되어야 한다.

③ 주방에 시설되어 있는 장비와 기구 및 기물은 안전하게 배치되어 있어야 하며 위생적으로 관리되어야 한다.

④ 반입되는 식품의 검수 및 조리과정이 위생적으로 관리되어야 한다.

2 주방 시설 및 도구 위생관리

1) 방충 · 방서 및 소독

구분	설명
물리적 방역 (시설개선 및 환경개선)	해충의 서식지를 제거하거나 발생하지 못하도록 물리적으로 환경을 조성한다.
화학적 방역	약제를 살포하여 해충을 구제하는 방법으로 단시간에 효과적이고 경제적이다. 독성이 강하기 때문에 관리에 주의해야 한다.
생물학적 방역 (천적 생물을 이용)	해충의 서식지를 제거한다. (예 고인물에 미꾸라지를 풀어 모기유충인 장구벌레를 제거)

2) 구충 · 구서의 일반 원칙

① 가장 효과적인 방법은 환경위생을 개선하여 발생원 및 서식처를 제거하는 것이다.

② 발생 초기에 실시하는 것이 성충 구제보다 효과가 높다.

③ 생태 습성을 정확히 파악하여 생태 습성에 따라 구제한다.

④ 다른 곳으로 옮겨갈 수 있으므로 동시에 광범위하게 실시한다.

3 교차 오염* 방지

① 일반 작업 구역과 청결 작업 구역을 설정하여 전처리, 조리, 기구 세척 등의 작업을 분리한다.

② 전처리하지 않은 식품과 전처리된 식품은 분리하여 보관한다.

③ 반드시 손을 세척 · 소독한 후에 식품 취급 작업을 한다.

④ 조리용 고무장갑도 세척 · 소독하여 사용한다.

⑤ 칼, 도마 등의 기구, 용기는 식품 종류별, 용도별, 조리 전과 후 등으로 구분하여 사용한다.

⑥ 세척용기나 세정대는 어육류, 채소류로 구분*하여 사용한다.

⑦ 세척, 조리 등 식품 취급 작업은 바닥에서 60cm 이상의 높이에서 실시한다.

▶ 교차 오염
오염되지 않은 식재료나 음식이 오염된 식재료, 기구, 종사자와의 접촉으로 인해 미생물이 혼입되는 것으로 식중독 발생의 주요 원인이 된다.

▶ 어육류, 채소류의 구분 사용이 어려운 경우 채소류, 육류, 어류, 가금류 순으로 사용하며, 각 재료 처리 후에는 세척 · 소독을 한 뒤에 다음 재료를 처리한다.

03 안전관리

1 재해 발생의 원인

1) 직접적인 원인

구분	설명
불안전한 행동	• 작업 태도의 불안전, 위험한 장소에 출입, 작업자의 실수, 보호구 미착용, 안전수칙 무시, 작업자의 피로 등 • 재해 발생 원인으로 가장 높은 비율을 차지
불안정한 상태	• 조리기구 및 장비의 결함, 방호장치 결함, 불안전한 조명 및 환경, 안전장치의 결여 등

Check Up
재해 및 사고가 많이 발생하는 원인
불안전행위 > 불안전조건 > 불가항력적 요인

2) 간접적인 원인

① 작업자의 가정환경, 사회 불만 등 직접 요인 이외의 재해 발생원인

② 안전교육 미비, 안전수칙 미제정 등

2 안전관리

① 안전관리는 위험 요소의 배제 등을 통해 사고 발생 가능성을 사전 제거하는 것이 가장 중요하다.

② 안전의 제일 이념은 인간존중으로 인명보호가 가장 중요하다.

3 안전교육

① 개인 및 집단의 안전에 필요한 지식, 기능, 태도 등을 이해시킨다.

② 근본적으로는 인간 생명의 존엄성을 인식시키는 것이다.

●함께 알아두기

▶ 조리 장비 및 도구의 관리원칙
① 모든 조리 장비와 도구는 사용 방법과 기능을 충분히 숙지하고 전문가의 지시에 따라 정확히 사용한다.
② 장비의 사용용도 외 사용을 금한다.
③ 장비나 도구에 무리가 가지 않도록 유의한다.
④ 장비나 도구에 이상이 있을 경우엔 즉시 사용을 중지하고 적절한 조치를 해야 한다.
⑤ 전기를 사용하는 장비나 도구의 경우 전기사용량과 사용법을 확인한 다음 사용해야 하며, 특히 수분의 접촉 여부에 신경을 써야 한다.
⑥ 사용 도중 모터에 물이나 이물질 등이 들어가지 않도록 주의하고, 청결하게 유지한다.

04 화재안전

1 화재의 종류

구분	설명
A급 화재	• 일반가연성 물질(목재, 종이 등)의 화재 • 물질이 연소된 후에 재를 남기는 일반적인 화재 • 냉각효과를 이용한 소화(물이나 산 또는 알칼리 소화기)
B급 화재	• 각종 유류 또는 가스로 인한 화재로 연소 후 재가 거의 없다. • 질식소화법(이산화탄소 소화기 등)을 사용한다. • 소화기 이외에 모래나 흙을 뿌려 소화시키고, 물은 뿌리면 안 된다.
C급 화재	• 전기화재 • 질식 또는 냉각효과를 이용한 소화
D급 화재	• 금속화재 • 질식효과를 이용하며, 건조사 등을 뿌려 소화
K급 화재	• 주방에서 동·식물유(식용유 등)를 취급하는 조리기구에서 일어나는 주방 화재

2 소화의 방법

구분	설명
냉각소화	점화원의 온도를 낮추어 연소물의 온도를 인화점 및 발화점* 이하로 낮추어 연소의 진행을 막는 방법(물을 뿌려 진화)
질식소화	산소공급을 차단하거나 산소 농도를 희석시켜 소화
제거소화	가연물질을 다른 위치로 이동시켜 연소를 방지 또는 중단시킴
억제소화	연소의 연쇄반응을 차단하고 억제하는 방법

3 화상의 등급

1도 화상	해당 부위에 열감 및 약간의 통증
2도 화상	1도 화상에 물집이 더해진 상태
3도 화상	피부 전층이 손상된 상태
4도 화상	피부 전층을 비롯해 근육이나 신경까지 손상을 입어 심각한 장애를 초래할 수 있는 상태

Check Up

연소의 3요소
점화원, 가연성 물질, 공기(산소)

→ 물을 뿌리면 유증기 발생으로 인한 폭발현상이 일어나므로 매우 위험하다.

▶ K급 화재의 특징
• 주방의 동·식물유는 인화점과 발화점의 차이가 적어 일반적인 유류화재와 같이 표면의 화염만 질식시켜 제압하면, 즉시 재발화하는 특성이 있음
• 초기 연소원 표면의 화염을 수 초 이내에 제압하는 비누화 기능과 가열된 연소원을 빠르게 발화점 이하로 하강시키는 냉각기능을 갖춘 K급 소화기를 사용해야 한다.

▶ 인화점 및 발화점
점화원(불꽃)에 관계없이 연소되는 최저온도

▶ 화재안전기준상 연기감지기 설치기준
① 감지기는 천장 또는 반자의 옥내에 면하는 부분에 부착하여야 한다.
② 감지기는 벽 또는 보로부터 0.6m 이상 떨어진 곳에 설치하여야 한다.
③ 감지기는 복도 및 통로에 있어서는 보행거리 30m(3종은 20m)마다 1개 이상 설치한다.
④ 천장 또는 반자가 낮은 실내 또는 좁은 실내에 있어서는 출입구의 가까운 부분에 설치하여야 한다.
⑤ 천장 또는 반자 부근에 배기구가 있는 경우에는 그 부근에 설치하여야 한다.

▶ 완강기
• 고층 건물 화재 시 몸에 밧줄을 매고 높은 층에서 사용자의 몸무게에 따라 자동으로 내려올 수 있도록 만든 비상용 기구
• 사용자가 교대로 반복 사용할 수 있다.

1 온도에 따른 직업병

1) 고온 환경
① 고온에서 장시간 노출되어 작업할 때 발생하는 열중증(熱中症)을 말한다.
② 조리장에서 많이 발생할 수 있다.
③ 열허탈증, 열경련, 열쇠약증, 울열증, 일사병* 등이 있다.

2) 저온환경
저온환경에 장시간 노출되어 작업할 때 발생하는 질병으로 동상, 동창, 참호/침수족* 등이 있다.

2 압력에 의한 직업병

1) 고압에 의한 질병
① 잠함병 : 고기압하에서 작업 후 급속하게 감압이 이루어지면 체내에 녹아있던 질소 가스는 체외로 배출되지 않고 체액 및 지방조직에 질소 기포를 증가시켜 생기는 병이다.
② 감압병 : 압력의 급속한 감속으로 생기는 병으로 질소 가스의 변화가 원인이다.

2) 저압에 의한 질병
① 고산병, 항공병 : 적응과정 없이 해발 3,000m 이상의 고지대로 갑자기 올라갔을 때 산소의 부족으로 발생하는 질병(두통, 호흡곤란, 소화불량, 심장박동 빨라지는 등의 증상)이다.

3 소음에 의한 직업병

1) 직업성 난청
① 작업장의 소음이나 폭발 후유증 등으로 직업성 난청이 올 수 있다.
② 난청, 두통, 현기증, 불쾌감 및 수면장애, 작업능률 저하, 위장기능 저하, 혈압과 맥박의 상승 등의 증상
③ 직업성 난청을 조기 발견할 수 있는 주파수는 4,000Hz이다.
④ 근로기준법상 1일 8시간 근무자의 소음허용한계는 90dB이다.

4 진동에 의한 직업병
① 지속적인 진동에 노출되면 수지 감각의 마비, 관절장애, 말초신경장애 등을 초래한다.
② 증상 : 레이노드병*, 뼈·관절의 장애, 소화기 장애, 청색증 등

5 분진에 의한 직업병
진폐증은 규소, 석면, 활석, 석탄 등의 분진이 폐에 침착하여 조직의 섬유화 등의 증상을 만드는 직업병으로 규폐증, 석면폐증, 활석폐증 등이 있다.

▶ **열중증의 종류**
• 열허탈증 : 말초혈관의 순환장애가 주원인으로 혈관신경의 부조절, 심박출량 감소 등이 나타남
• 열경련 : 발한에 의하여 혈액의 전해질 중 나트륨의 감소로 인하여 근육에 경련이 일어나는 증세
• 열쇠약증 : 열 작업으로 비타민 B_1이 결핍되어 발생
• 울열증 : 열사병이라고도 하며, 체온이 상승하여 40℃ 이상으로 되는 것이 특징
• 일사병 : 강한 햇볕에 오래 노출되어 생기는 병

▶ **참호/침수족**
• 피부가 춥고 습한 환경에 장시간 노출된 경우에 발생한다.(예 꽉 끼는 젖은 신발이나 장갑을 착용한 경우)
• 찌르는듯한 통증과 피부색이 붉거나 푸르게 또는 검게 변색되며 심한 경우 피부가 괴사한다.
• 영하의 온도로 떨어지지 않아도 발생할 수 있다(0~10℃).

◀ **함께 알아두기**

▶ **소음의 측정단위**
• 데시벨(dB) : 소음의 측정단위로 음의 강도(음압)를 말한다.
• 폰(phon) : 소음계로 측정한 음압레벨의 단위로 음 크기의 측정단위이다.

▶ **레이노드병**
굴착, 착암작업 등 진동이 심한 작업을 하는 사람에게 손가락의 말초혈관 운동장애로 일어나는 국소진통증을 말한다.

1) 규폐증

① 대표적인 진폐증으로, 유리 규산의 분진흡입으로 폐에 만성 섬유증식을 유발하는 질병이다.

② 먼지 입자의 크기가 0.5~5.0㎛일 때 잘 발생한다.

③ 암석 가공업, 도자기 공업, 유리제조업의 근로자들에게 주로 많이 발생한다.

④ 납 중독, 벤젠 중독과 함께 3대 직업병이라 불린다.

⑤ 일반적으로 분진에 노출된 후 15~20년 정도 지나야 발병한다.

6 조명에 의한 직업병

① 작업장 내의 부적당한 조명으로 발생하는 안정피로, 근시, 안구진탕증*, 작업 능률저하 등의 직업병이다.

② 적정한 조명을 확보하고 충분한 눈의 휴식이 필요하다.

▶ **안정피로**
시작업(視作業)을 계속함으로써 정상적인 사람보다 빨리 눈의 피로를 느끼는 상태로 앞이마 압박감, 두통, 시력 장애와 심할 경우 구역질, 구토를 일으킨다.

▶ **가성근시**
원거리 시력 저하가 나타나고 과도한 모양체 근육의 수축으로 인해서 눈이 피로하고 안구 통증, 두통, 어지러움 등이 나타날 수 있다.

▶ **안구진탕증(눈동자떨림)**
안구가 주시점을 벗어나 무의식적으로 주시점을 회복하려고 안구가 빠르게 움직이는 증상

기 출 유 형 ㅣ 따 라 잡 기
★는 출제빈도를 나타냅니다

개인위생관리

★★★★

1 식품취급자가 손을 씻는 방법으로 적합하지 않은 것은?

① 살균효과를 증대시키기 위해 역성비누액에 일반비누액을 섞어 사용한다.

② 팔에서 손으로 씻어 내려온다.

③ 손을 씻은 후 비눗물을 흐르는 물에 충분히 씻는다.

④ 역성비누원액을 몇 방울 손에 받아 30초 이상 문지르고 흐르는 물로 씻는다.

유기물이 존재하면 살균효과가 떨어지므로 보통비누와 함께 사용할 때는 보통비누로 먼저 때를 씻어낸 후 역성비누를 사용한다.

★★★

2 조리작업자 및 배식자의 손 소독에 가장 적합한 것은?

① 역성비누

② 생석회

③ 경성세제

④ 승홍수

역성비누는 양이온 계면활성제로 무색, 무취, 무미, 무자극성이고 독성이 없어 손 소독이나 조리기구, 야채, 식기 등의 세척에 쓰인다.

★★

3 역성비누에 대한 설명 중 틀린 것은?

① 양이온 계면활성제

② 살균제, 소독제 등으로 사용된다.

③ 자극성 및 독성이 없다.

④ 무미, 무해하나 침투력이 약하다.

정답 1① 2① 3④

4 역성비누를 보통비누와 함께 사용할 때 가장 올바른 방법은? ★★

① 보통비누로 먼저 때를 씻어낸 후 역성비누를 사용
② 보통비누와 역성비누를 섞어서 거품을 내며 사용
③ 역성비누를 먼저 사용한 후 보통비누를 사용
④ 역성비누와 보통비누의 사용 순서는 무관하게 사용

5 식품위생법상 영업에 종사하지 못하는 질병의 종류가 아닌 것은? ★★★★

① 장티푸스
② 세균성이질
③ 화농성질환
④ 비감염성 결핵

> 감염성인 결핵은 영업에 종사하지 못하는 질병이지만 비감염성 결핵은 영업에 종사할 수 있다.

6 식품위생법규상 영업에 종사하지 못하는 질병의 종류에 해당하지 않는 것은? ★★★

① 피부병 또는 기타 화농성질환
② 결핵(비감염성인 경우를 제외한다.)
③ 장출혈성 대장균감염증
④ 홍역

> **영업에 종사하지 못하는 질병의 종류**
> • 콜레라, 장티푸스, 파라티푸스, 세균성이질, 장출혈성대장균감염증, A형간염
> • 결핵(비감염성인 경우는 제외)
> • 피부병 및 화농성질환
> • 후천성면역결핍증(성병에 관한 건강진단을 받아야 하는 영업에 한함)

7 다음 중 건강진단 대상자가 아닌 사람은? ★

① 식품제조 종사자
② 식품가공 종사자
③ 식품조리 종사자
④ 완전 포장된 식품운반종사자

> 완전 포장된 식품 또는 식품첨가물을 운반하거나 판매하는 일에 종사하는 사람은 건강진단 대상자에서 제외된다.

주방위생관리

1 구충·구서의 일반 원칙과 가장 거리가 먼 것은? ★★

① 구제대상동물의 발생원을 제거한다.
② 대상동물의 생태, 습성에 따라 실시한다.
③ 광범위하게 동시에 실시한다.
④ 성충시기에 구제한다.

> 구충·구서는 발생 초기에 실시하는 것이 성충 구제보다 효과적이다.

2 위생해충의 구제방법으로 가장 바람직한 것은? ★★★★★

① 포식동물을 이용하여 구제하는 방법
② 발생원 및 서식처를 제거하여 구제하는 방법
③ 성충을 중심으로 구제하는 방법
④ 살충제를 사용하여 구제하는 방법

> 위생해충의 구제는 발생원 및 서식처를 제거하는 것이 가장 효과적이다.

3 파리 구제의 가장 효과적인 방법은? ★★

① 성충을 구제하기 위하여 살충제를 분무한다.
② 방충망을 설치한다.
③ 천적을 이용한다.
④ 환경위생의 개선으로 발생원을 제거한다.

★
4 조리장의 위생조건이 아닌 것은?

① 주거, 세탁장과 격리되어 있어야 한다.
② 내부는 조리실과 처리실이 구분되어 있지 않
   아도 무방하다.
③ 채광, 환기가 잘 되어야 한다.
④ 건조한 장소이어야 한다.

조리장 내부는 조리실과 처리실이 구분되어 교차오염을 방지하
여야 한다.

★★
5 도마의 사용방법에 관한 설명 중 잘못된 것은?

① 합성세제를 사용하여 43~45℃의 물로 씻는
   다.
② 염소소독, 열탕소독, 자외선살균 등을 실시한
   다.
③ 식재료 종류별로 전용의 도마를 사용한다.
④ 세척, 소독 후에는 건조시킬 필요가 없다.

도마는 세척, 소독 후에 건조시켜 사용하여야 한다.

★★
6 살균소독제를 사용하여 조리 기구를 소독한 후 처
   리 방법으로 옳은 것은?

① 마른 타월을 사용하여 닦아낸다.
② 자연건조(air dry) 시킨다.
③ 표면의 수분을 완전히 마르지 않게 한다.
④ 최종 세척 시 음용수로 헹구지 않고 세제를 탄
   물로 헹군다.

세척 → 소독 → 건조해야 미생물의 번식을 막을 수 있으며 습기
가 남아있거나 마른수건을 사용하면 미생물에 재오염이 될 수 있
기 때문에 자연건조시키는 것이 좋다.

안전관리및화재안전

★★
1 사고의 직접원인으로 가장 적합한 것은?

① 유전적인 요소
② 성격 결함
③ 사회적 환경요인
④ 불안전한 행동 및 상태

★★
2 재해 발생 원인으로 가장 높은 비중을 차지하는 것
   은?

① 사회적 환경
② 작업자의 성격적 결함
③ 불안전한 작업환경
④ 작업자의 불안전한 행동

재해 발생원인 중 가장 높은 비중을 차지하는 것은 작업자의 불
안전한 행동이다.

★★★
3 연소의 3요소에 해당되지 않는 것은?

① 물
② 공기
③ 점화원
④ 가연물

연소의 3요소는 점화원, 가연성 물질, 공기(산소)이다.

★★★
4 유류 화재 시 소화 방법으로 가장 부적절한 것은?

① B급 화재 소화기를 사용한다.
② 다량의 물을 부어 끈다.
③ 모래를 뿌린다.
④ ABC소화기를 사용한다.

유류화재 시 물을 뿌리면 뜨거운 온도에 물이 기화하면서 불길이
폭발하듯이 치솟게 된다.

정답 4② 5④ 6② | 1④ 2④ 3① 4②

5 **화재 시 연소물의 온도를 발화점 이하로 낮추어 소화하는 방법은?**

① 질식효과   ② 냉각효과

③ 제거효과   ④ 억제효과

6 **피부의 전층과 근육, 뼈 등의 심부 조직까지 손상이 파급된 상태로서 심각한 장애를 초래할 수 있는 화상은?**

① 1도 화상

② 2도 화상

③ 3도 화상

④ 4도 화상

피부 전층을 비롯해 근육이나 신경까지 손상을 입어 심각한 장애를 초래할 수 있는 화상은 4도 화상이다.

직업병

1 **고열장해로 인한 직업병이 아닌 것은?**

① 열경련   ② 일사병

③ 열쇠약   ④ 참호족

참호족은 저온장애로 인한 직업병이다.

2 **잠함병의 발생과 가장 밀접한 관계를 갖고 있는 환경 요소는?**

① 고압과 질소

② 저압과 산소

③ 고온과 이산화탄소

④ 저온과 일산화탄소

잠함병은 깊은 물 속에서 고압에 의한 증상으로 몸속의 질소가 체외로 빠져나가지 못하고 혈액이나 조직속에 녹아 기포를 형성하여 조직의 손상과 순환장애를 일으킨다.

3 **소음의 측정 단위인 dB(decibel)은 무엇을 나타내는 단위인가?**

① 음파   ② 음압

③ 음속   ④ 음역

음압은 음파에 의해 생기는 압력을 말하며, 단위는 데시벨(dB)을 쓴다. 소음의 측정단위로 음의 강도(음압)를 나타낸다.

4 **소음의 측정단위인 데시벨(dB)은?**

① 음의 강도

② 음의 질

③ 음의 파장

④ 음의 전파

데시벨(dB)은 소음의 측정단위로 음의 강도를 나타낸다.

5 **레이노드 현상이란?**

① 손가락의 말초혈관 운동 장애로 일어나는 국소진통증이다.

② 각종 소음으로 일어나는 신경장애 현상이다.

③ 혈액순환 장애로 전신이 굳어지는 현상이다.

④ 소음에 적응을 할 수 없어 발생하는 현상을 총칭하는 것이다.

레이노드병은 주로 진동, 스트레스에 대한 작은 동맥혈관의 과반응 수축현상 및 자가면역계의 이상으로 발병한다.

6 **진동이 심한 작업을 하는 사람에게 국소진동 장애로 생길 수 있는 직업병은?**

① 진폐증   ② 파킨슨씨병

③ 잠함병   ④ 레이노드병

진동이 심한 작업을 하는 사람에게 국소진동 장애로 생길 수 있는 직업병은 레이노드병이다.

정답 5② 6④ | 1④ 2① 3② 4① 5① 6④

7 ★★★
공기 중에 먼지가 많으면 어떤 건강장해를 일으키는가?

① 진폐증
② 울열
③ 저산소증
④ 레이노드씨병

진폐증은 공기 중에 규소, 석면, 활석 등의 분진이 폐에 침착되어 발생하는 질병으로 규폐증, 석면폐증, 활석폐증 등이 있다.

8 ★★★
유리 규산의 분진흡입으로 폐에 만성섬유증식을 유발하는 질병은?

① 면폐증
② 농부폐증
③ 규폐증
④ 철폐증

규폐증은 유리 규산이나 이산화규소의 분진으로 인해 발생하며 주로 암석 가공업, 도자기 공업, 유리제조업 등에서 작업할 때 많이 발생한다. 규폐증의 종국적인 증세로 폐 조직이 섬유화된다.

9 ★★★
규폐증에 대한 설명으로 틀린 것은?

① 먼지 입자의 크기가 0.5~5.0㎛일 때 잘 발생한다.
② 대표적인 진폐증이다.
③ 암석 가공업, 도자기 공업, 유리제조업의 근로자들이 주로 많이 발생한다.
④ 일반적으로 위험요인에 노출된 근무 경력이 1년 이후부터 자각 증상이 발생한다.

규폐증은 규산의 농도와 작업환경에 따라 달라지겠지만 보통 15~20년 정도 노출되어야 발병한다.

10 ★★★★
작업장의 부적당한 조명과 가장 관계가 적은 것은?

① 가성근시
② 열경련
③ 안정피로
④ 재해발생의 원인

작업장의 부적당한 조명은 기본적으로 작업능률저하 및 재해발생의 원인을 제공하고, 안정피로, 가성근시, 안구진탕증 등의 증상을 유발한다.

11 ★★★
직업병과 관련 원인의 연결이 틀린 것은?

① 잠함병 - 자외선
② 난청 - 소음
③ 진폐증 - 석면
④ 미나마타병 - 수은

잠함병은 높은 기압(수압)에서 몸속의 질소가 배출되지 못하고 몸 안에 기포를 형성함으로 생기는 병이다.

12 ★★
직업과 직업병과의 연결이 옳지 않은 것은?

① 용접공 - 백내장
② 인쇄공 - 진폐증
③ 채석공 - 규폐증
④ 용광로공 - 열쇠약

진폐증은 분진흡입에 의하여 폐에 조직반응을 일으키는 것으로, 인쇄공과는 거리가 멀다.

13 ★★★
작업환경 조건에 따른 질병의 연결이 맞는 것은?

① 저기압 - 잠함병
② 채석장 - 소화불량
③ 조리장 - 열쇠약
④ 고기압 - 고산병

작업환경에 따라 발생할 수 있는 질병으로 고기압(잠함병), 저기압(고산병), 조리장(열쇠약), 채석장(진폐증) 등이 있다.

14 ★★★
자동화재탐지설비 및 시각경보장치의 화재안전기준상 연기감지기 설치기준으로 옳지 않은 것은?

① 천장 또는 반자가 낮은 실내 또는 좁은 실내에 있어서는 출입구의 가까운 부분에 설치할 것
② 3종 연기감지기는 복도 및 통로에 있어서는 보행거리 50m 마다 1개 이상 설치할 것
③ 감지기는 벽 또는 보로부터 0.6m 이상 떨어진 곳에 설치할 것
④ 천장 또는 반자 부근에 배기구가 있는 경우에는 그 부근에 설치할 것

감지기는 복도 및 통로에 있어서는 보행거리 30m(3종은 20m) 마다 1개 이상 설치한다.

정답 7① 8③ 9④ 10② 11① 12② 13③ 14②

Section 01 | 위생관리 및 안전관리 **27**

Korea food Cook Certification

SECTION 02 식품위생 개론

[출제문항수 : 1~2문제] 식품위생에 대한 개념과 목적, 미생물에 관한 사항과 변질에 대한 문제가 주로 출제됩니다.

01 식품위생의 의의 및 목적

1 식품과 식품위생의 정의(식품위생법)
① 식품 : 의약으로 섭취하는 것을 제외한 모든 음식물을 말한다.
② 식품위생 : 식품, 식품첨가물, 기구 또는 용기·포장을 대상으로 하는 음식에 관한 위생을 말한다.

2 식품위생의 목적
① 식품 위생상의 위해방지
② 식품영양의 질적 향상 도모
③ 식품에 관한 올바른 정보 제공
④ 국민 보건의 증진에 이바지

3 식품의약품안전처
식품의약품안전처는 식품과 건강기능식품·의약품·마약류·화장품·의약외품·의료기기 등의 안전에 관한 사무를 관장하는 국무총리실 산하의 중앙행정기관이다.

Check Up

▶ **식품위생법 제1조**(식품위생법의 목적)
식품으로 인하여 생기는 위생상의 위해(危害)를 방지하고 식품영양의 질적 향상을 도모하며 식품에 관한 올바른 정보를 제공하여 국민 보건의 증진에 이바지함을 목적으로 한다.

◆ 함께 알아두기
식품의약품 안전처의 주요 업무
① 식품·식품첨가물·건강기능식품·의약품 등의 위해예방 및 안전관리
② 식품·식품첨가물·기구 또는 용기·포장의 위생적 취급에 관한 기준 설정
③ 판매나 영업을 목적으로 하는 식품의 조리에 사용하는 기구·용기의 기준과 규격의 설정
④ 식품에 사용되는 원료의 기준과 규격을 설정
⑤ 식품 및 식품첨가물의 규격 기준의 설정
⑥ 농축수산물 위생·안전관리에 관한 정책 및 안전관리
⑦ 의약품, 의료기기 및 마약류에 대한 종합정책 및 범죄행위 수사 등

02 식품과 미생물

1 미생물의 종류
① 진균류 : 곰팡이, 효모, 버섯을 포함한 균종으로 구성하는 미생물군을 말한다.

곰팡이 (Mold)	균사체를 발육기관으로 하는 것으로 포자를 형성하여 증식하는 진균이다.
효모 (Yeast)	진균류에 속하는 단세포 진핵생물이며, 주로 출아법에 의한 무성생식법으로 번식하며 무운동성이다. (이분법 또는 유성생식으로 번식하기도 한다.)

② 스피로헤타(Spirochaeta) : 단세포 식물과 다세포 식물의 중간단계의 미생물이다.
③ 세균(Bacteria) : 단세포의 미생물이며 2분법으로 증식한다.
  (구분 : 구균류, 간균류, 나선균류)

④ 리케차(Rickettsia) : 세균과 바이러스의 중간에 속하며 살아있는 세포 속에서만 증식한다.
⑤ 바이러스(Virus) : 미생물 가운데 가장 작은 미생물로 살아있는 세포에 기생하여 증식한다.
⑥ 원충류(Protozoa) : 원생동물류라고도 하며 단세포로 생활할 수 있는 동물이다.

② 미생물 생육에 필요한 조건

1) 영양소
탄소원, 질소원, 무기질, 생육소 등

2) 수분
① 미생물이 발육·증식하는데 필요한 수분량은 일반적으로 40% 이상
  • 수분량을 40% 미만으로 유지하면 미생물의 증식억제가 가능
② 수분활성도(Aw) : 식품의 성분에 포함되어있는 수분의 강도를 표시하는 것으로 수분활성도가 높을수록 미생물은 발육하기 쉽다.
  • 생육에 필요한 수분활성도 : 세균(0.96) > 효모(0.88) > 곰팡이(0.80)
  • Aw 0.6 이하의 식품에서는 미생물의 증식을 억제할 수 있다.
③ 곰팡이의 생육억제 수분량은 13% 이하이다.

3) 온도
일반적으로 0℃ 이하 또는 80℃ 이상에서는 잘 발육하지 못한다.

구분	발육온도	최적온도	비고
저온균	0~25℃	15~20℃	냉장식품에 부패를 일으키는 세균
중온균	15~55℃	25~37℃	병원균을 비롯한 대부분의 세균
고온균	40~70℃	50~60℃	온천수에 서식하는 세균

4) 산소
미생물은 산소의 필요도에 따라 호기성균, 혐기성균으로 나누어진다.

호기성균	통성 호기성균	일반적으로 산소가 있는 조건에서 생육을 더 잘하는 미생물(곰팡이, 효모 등)
	편성 호기성균	반드시 산소가 있어야 생육이 가능한 미생물(결핵균)
혐기성균	통성 혐기성균	산소의 유무와 관계없이 생육이 가능한 균(효모, 대부분의 세균 등)
	편성 혐기성균	산소를 절대적으로 기피하는 균(보툴리누스균, 웰치균 등)

chapter 01

Check Up

▶ 미생물의 크기
곰팡이 > 효모 > 스피로헤타 > 세균 > 리케차 > 바이러스

▶ 영양 요구성에 따른 미생물 분류
• 종속 영양균 : 스스로 유기물을 합성할 수 없으므로 다른 생물이 만든 유기물에 의존하는 미생물
• 독립 영양균 : 세포구성의 전부를 CO_2의 환원에 의해 합성하여 생육할 수 있는 미생물

→ 일반적인 건조식품의 수분량이 15% 정도이므로 곰팡이는 건조식품에서도 생육할 수 있다.

Check Up

▶ 미생물 증식의 3대 조건
영양소, 수분, 온도

好 氣 호기성균 :
좋아할 호 공기 기 공기를 좋아하는 균

嫌 氣 혐기성균 :
싫어할 혐 공기 기 공기를 싫어하는 균

• 통성(通性) : 선택적인, 있어도/없어도 되는
• 편성(偏性) : 반드시, 꼭 필요한

▶ 효모는 통성혐기성균이나 산소가 있을 때 더 많은 활성을 하여 호기성균으로 보기도 한다.

3) 수소이온농도(pH)
　　① 대부분의 세균 및 미생물 : 중성 및 약알칼리성에서 잘 자람(pH 6.5~7.5)
　　② 곰팡이, 효모 : 산성에서 잘 자람(pH 4.0~6.0)

3 위생지표 세균

1) 개요
　　① 모든 병원성 세균을 검사한다는 것은 현실적으로 어려우므로 위생적으로 지표
　　　가 되는 균을 정하여 식품의 안전성을 간접적으로 평가할 수 있다. 이러한 지표
　　　가 되는 세균을 위생지표 세균이라고 한다.
　　② 오염지표균으로는 주로 대장균군이 이용되어 왔으며, 최근에는 장구균도 이
　　　용되고 있다.

2) 대장균군(coliform bacteria)
　　대장균군은 유당을 분해하여 산과 가스를 생산하는 모든 호기성 또는 통성혐기성
　　균을 말하며, 인축의 장관 내에 상주하며, 분변 또는 토양이나 식품에서 유래한다.
　　① 대장균(Escherichia coli) : 식품이나 수질의 분변오염지표균으로 대장균군 중 가
　　　장 대표적인 미생물이다.
　　② 대장균군의 특징
　　　• 그람음성의 무포자 간균
　　　• 유당을 분해하여 산과 가스를 생산
　　　• 병원성을 띠기도 함
　　　• 증식 최적온도는 30~40℃이며, 열에 약하여 60℃ 정도에서 20분간 가열하
　　　　면 멸균

3) 장구균(enterococcus)
　　① 인축의 장관 내에 상주하는 균으로 대장균과 같이 분변오염지표균이다.
　　② 냉동식품에서 동결에 대한 저항성이 강하여 주로 냉동식품의 오염지표균으로
　　　이용된다.

03 식품의 변질

1 식품의 변질
　　① 변질은 식품의 성질이 변하여 원래의 특성을 잃게 되는 것으로 형태, 맛, 냄새,
　　　색 등이 달라진다.
　　② 식품이 그대로 방치되면 주로 미생물에 의하여 분해되어 식품으로서의 가치
　　　를 잃는다.
　　③ 곰팡이는 녹말식품, 효모는 당질식품, 세균은 주로 단백질 식품에 잘 번식하여
　　　식품을 변질시킨다.
　　④ 식품의 변질은 한 종류가 아닌 여러 종류의 미생물이 증식하면서 이루어진다.
　　⑤ 식품 자체의 효소 작용에 의해서도 변질된다.
　　⑥ 식품의 변질은 수분, 온도, 산소, 광선, 금속, pH 등의 영향을 받는다.

② 변질의 종류

부패	단백질 식품이 미생물에 의해 변질되는 것
변패	단백질 이외의 식품(탄수화물, 지질 등)이 미생물에 의해 변질되는 것
산패	지방 성분이 분해되어 독성물질이나 악취를 발생하는 것
발효	탄수화물(당질) 식품이 미생물에 의해 분해되어 알코올과 유기산 등의 유용한 물질을 만드는 것

③ 부패에 따른 pH의 변화

① 탄수화물 : 유기산이 생성되어 점차 산성으로 변한다.
② 어육, 식육 등의 단백질 : 처음에는 산성으로 되었다가 알칼리성으로 변한다.
  • 초기(pH 저하) : 미생물이 단백질을 분해할 때 산을 생성하기 때문에 pH가 저하된다.
  • 후기(pH 상승) : 시간이 경과하면서 효모와 곰팡이 등이 산과 단백질의 질소를 분해하여 암모니아를 생성함으로 알칼리성이 된다.

④ 식품의 부패판정

식품의 부패를 판정하는 방법에는 관능검사, 생균수 검사, 화학적 검사 등이 있다.

판정 방법	설명
관능검사	시각, 촉각, 미각, 후각 등을 이용하여 식품의 부패를 판정하는 방법
생균수 검사	• 안전 : 식품 1g당 10^5 • 초기부패 : 식품 1g당 $10^7 \sim 10^8$
물리적 검사	식품의 점도, 색, 경도, 탄성, 탁도 등을 측정하여 판정한다.
화학적 검사	• 수소이온농도(pH) : 어류는 pH 5.5 정도가 신선하고, pH 6.2 이상이면 초기부패로 판정한다. • 휘발성 염기질소(VBN) : 식육의 신선도 검사로, 25mg% 이하면 신선하고, 30~40mg%이면 초기부패로 판정한다. → 휘발성 아민류, 암모니아질소 등의 휘발성 염기질소를 측정한다. • 트리메틸아민(TMA)* : 어류의 신선도 검사로, 4~6mg%이면 초기부패로 판정한다. • 기타 : 히스타민, 휘발성 유기산, 질소가스 등이 증가

Check Up

▶ 미생물이 식품을 분해하는 과정에서 트리메틸아민(TMA) 등의 아민류, 암모니아(NH₃), 황화수소(H₂S), 인돌 등이 생성되어 악취(부패취)를 낸다.

▶ 트리메틸아민(Trimethylamine, TMA)
생선의 비린내 성분으로 살아있는 생선에서 트리메틸아민 옥사이드(Trimethylamine Oxide, TMAO)로 존재하다가 생선이 죽고 시간이 경과하면 미생물의 활동으로 환원되어 생성된다. 부패 시 트리메틸아민의 양이 증가하여 어류의 신선도 검사에 이용된다.

5 식품 변질의 억제와 방지법

수분 감소	건조, 농축, 탈수
저온 저장	냉장, 냉동
미생물 살균	가열, 자외선, 방사선에 의한 살균
pH 조절	산 저장
소금이나 설탕을 첨가하여 삼투압 높임	염장, 당장
미생물 증식을 억제하는 저해물질 첨가	보존료 등 식품첨가물의 이용
기타	훈연 등

기 출 유 형 | 따 라 잡 기   ★는 출제빈도를 나타냅니다

개인위생관리

★★★★
1 식품위생법상 식품의 정의는?

① 의약으로서 섭취하는 것을 제외한 모든 음식물을 말한다.
② 모든 음식물을 말한다.
③ 모든 음식물과 식품첨가물을 말한다.
④ 모든 음식물과 화학적 합성품을 말한다.

식품위생법에서 "식품"은 모든 음식물(의약으로 섭취하는 것은 제외한다)을 말한다.

★★★★
2 식품위생법상 식품이 아닌 것은?

① 두부   ② 소주
③ 칵테일용 얼음   ④ 아스피린

★★★★
3 식품위생법상 식품위생의 정의는?

① 음식과 의약품에 관한 위생을 말한다.
② 농산물, 기구 또는 용기 · 포장의 위생을 말한다.
③ 식품 및 식품첨가물만을 대상으로 하는 위생

을 말한다.
④ 식품, 식품첨가물, 기구 또는 용기 · 포장을 대상으로 하는 음식에 관한 위생을 말한다.

"식품위생"이란 식품, 식품첨가물, 기구 또는 용기·포장을 대상으로 하는 음식에 관한 위생을 말한다.

★★★
4 다음 중 식품 위생법상 식품위생의 대상은?

① 식품, 약품, 기구, 용기, 포장
② 조리법, 조리시설, 기구, 용기, 포장
③ 조리법, 단체급식, 기구, 용기, 포장
④ 식품, 식품첨가물, 기구, 용기, 포장

★★★★★
5 우리나라 식품위생법의 목적과 거리가 먼 것은?

① 식품으로 인한 위생상의 위해 방지
② 식품영양의 질적 향상 도모
③ 국민보건의 증진에 이바지
④ 부정식품 제조에 대한 가중처벌

식품 위생법의 목적
식품으로 인하여 생기는 위생상의 위해(危害)를 방지하고 식품 영양의 질적 향상을 도모하며 식품에 관한 올바른 정보를 제공하여 국민보건의 증진에 이바지함을 목적으로 한다.

정답 ▶ 1 ① 2 ④ 3 ④ 4 ④ 5 ④

★★★★★

6 우리나라 식품위생법 등 식품위생 행정업무를 담당하고 있는 기관은?

① 환경부
② 고용노동부
③ 보건복지부
④ 식품의약품안전처

식품의약품안전처는 국무총리의 산하의 기관으로 식품위생 행정을 담당하는 중앙기구이다.

★★★★

7 판매나 영업을 목적으로 하는 식품의 조리에 사용하는 기구·용기의 기준과 규격을 정하는 기관은?

① 보건소
② 농림수산식품부
③ 환경부
④ 식품의약품안전처

판매나 영업을 목적으로 하는 식품의 조리에 사용하는 기구 및 용기·포장의 기준과 규격을 정하는 기관은 식품의약품안전처이다.

★★★

8 식품위생법령상 식품의 원료관리 및 제조·가공·조리·소분·유통의 모든 과정에서 위해한 물질이 식품에 섞이거나 식품이 오염되는 것을 방지하기 위한 식품안전관리인증기준을 고시할 수 있는 자는?

① 식품위생감시원
② 보건소장
③ 보건복지부장관
④ 식품의약품안전처장

식품의약품안전처장은 식품의 원료관리 및 제조·가공·조리·소분·유통의 모든 과정에서 위해한 물질이 식품에 섞이거나 식품이 오염되는 것을 방지하기 위하여 각 과정의 위해요소를 확인·평가하여 중점적으로 관리하는 기준(식품안전관리인증기준)을 식품별로 정하여 고시할 수 있다.

식품과 미생물

★★

1 미생물 종류 중 크기가 가장 작은 것은?

① 세균(Bacteria)
② 바이러스(Virus)
③ 곰팡이(Mold)
④ 효모(Yeast)

미생물의 크기
곰팡이 > 효모 > 스피로헤타 > 세균 > 리케차 > 바이러스

★★★★

2 미생물의 생육에 필요한 수분활성도의 크기로 옳은 것은?

① 세균 > 효모 > 곰팡이
② 곰팡이 > 세균 > 효모
③ 효모 > 곰팡이 > 세균
④ 세균 > 곰팡이 > 효모

미생물의 생육에 필요한 수분활성도
세균(0.96) > 효모(0.88) > 곰팡이(0.80)

★★

3 생육이 가능한 최저수분활성도가 가장 높은 것은?

① 내건성포자   ② 세균
③ 곰팡이   ④ 효모

생육에 필요한 최저수분활성도가 가장 높은 것은 세균이고 가장 낮은 것은 곰팡이이다.

★★★

4 다음 중 건조식품, 곡류 등에 가장 잘 번식하는 미생물은?

① 효모   ② 세균
③ 곰팡이   ④ 바이러스

곰팡이의 생육억제 수분량은 13% 이하로 건조식품이나 곡류(수분함량 15% 정도)에서 생육할 수 있다.

5 식품의 변질에 관여하는 세균의 발육을 억제하는 조건은?

① 중성의 pH
② 풍부한 아미노산
③ 10% 이하의 수분
④ 30~40℃의 온도

> 대개 수분이 15% 이하이면 세균이 번식할 수 없고, 곰팡이는 13% 이하의 수분에서 생육이 억제된다.
> 중성의 pH, 30~40℃ 온도, 풍부한 아미노산은 세균이 증식하기 좋은 환경이다.

6 중온성 세균증식의 최적온도는?

① 10~12℃   ② 25~37℃
③ 55~60℃   ④ 65~75℃

저온균	증식최적온도가 15~20℃인 균 (냉장식품에 부패를 일으키는 세균)
중온균	증식최적온도가 25~37℃인 균 (병원균을 비롯한 대부분의 세균)
고온균	증식최적온도가 50~60℃인 균 (온천수에 서식하는 세균)

7 반드시 산소가 있어야만 생육이 가능한 미생물을 무엇이라고 하는가?

① 통성 혐기성균   ② 편성 호기성균
③ 편성 혐기성균   ④ 통성 호기성균

> 산소가 필요한 미생물을 통성 호기성균, 반드시 산소를 필요로 하는 미생물을 편성 호기성균으로 분류한다.

8 미생물이 자라는데 필요한 조건이 아닌 것은?

① 온도   ② 수분
③ 영양분   ④ 햇빛

> 미생물의 생육에 필요한 조건은 영양소, 수분, 온도, 산소, 수소이온농도 등이 있으며, 이 중 영양소, 수분, 온도를 미생물 증식의 3대 조건이라 한다.

9 세균 번식이 잘되는 식품과 가장 거리가 먼 것은?

① 온도가 적당한 식품
② 수분을 함유한 식품
③ 영양분이 많은 식품
④ 산이 많은 식품

> 세균은 최적 pH가 6.5~7.5로 보통 중성 내지 약알칼리성에서 잘 자란다.

10 Escherichia coli에 대한 설명 중 잘못된 것은?

① 그람음성의 무포자간균으로 유당을 발효시켜 산과 가스를 생성한다.
② 내열성이 강하며 독소를 생산한다.
③ 식품위생의 지표 미생물이다.
④ 병원성을 띠는 경우도 있다.

> 대장균(Escherichia coli)은 열에 약하며, 독소를 생산하지 않는다.

11 식품 속에 분변이 오염되었는지의 여부를 판별할 때 이용하는 지표균은?

① 장티푸스균
② 살모넬라균
③ 이질균
④ 대장균

> 대장균은 인축의 장관 내에 상주하는 균으로 주로 식품이나 물이 분변에 오염되었는지의 여부를 판별하는 위생지표균이다.

12 다음 중 대장균의 최적 증식 온도 범위는?

① 0~5℃   ② 5~10℃
③ 30~40℃   ④ 55~75℃

> 대장균은 30~40℃에서 가장 잘 증식하며, 열에 약하여 60℃에서 20분정도 가열하면 멸균된다.

정답 5 ③ 6 ② 7 ② 8 ④ 9 ④ 10 ② 11 ④ 12 ③

★★★

13 냉동오염지표균으로 알려진 균은?

① 장구균　　　　　② 대장균
③ 대장균군　　　　④ 분변성대장균

장구균은 냉동, 건조, 고온의 환경에 대한 저항력이 커 냉동식품, 건조식품 및 가열식품의 위생검사에 대장균보다 유용하다.

식품의 변질

★★★★

1 식품의 변질현상에 대한 설명 중 틀린 것은?

① 우유의 부패 시 세균류가 관계하여 적변을 일으키기도 한다.
② 식품의 부패에는 대부분 한 종류의 세균이 관계한다.
③ 건조식품 부패는 주로 곰팡이가 관여한다.
④ 통조림 식품의 부패에 관여하는 세균에는 내열성인 것이 많다.

식품의 부패는 미생물에 의한 분해작용이 그 원인이며 한 종류의 미생물에 의해 변질되는 경우는 드물고 여러 종류의 미생물이 증식함으로써 부패가 진행된다.

★★★

2 식품의 변질 및 부패를 일으키는 주원인은?

① 농약　　　　　② 기생충
③ 미생물　　　　④ 자연독

식품의 변질 및 부패는 주로 미생물에 의한 분해가 주원인이며, 이외에도 수분, 온도, 산소, 광선, 금속 등의 영향을 받는다.

★★

3 부패의 의미를 가장 잘 설명한 것은?

① 비타민 식품이 광선에 의해 분해되는 상태
② 단백질 식품이 미생물에 의해 분해되는 상태
③ 유지 식품이 산소에 의해 산화되는 상태
④ 탄수화물 식품이 발효에 의해 분해되는 상태

부패는 단백질 식품이 미생물에 의해 분해되어 변질되는 것을 말한다.

★★★

4 식품이 미생물의 작용을 받아 분해되는 현상과 거리가 먼 것은?

① 부패(puterifaction)
② 발효(fermentation)
③ 변향(flavor reversion)
④ 변패(deterioration)

식품이 미생물의 작용에 의하여 변질되는 현상은 부패, 변패, 발효가 있다.

★★★★★

5 식품의 부패과정에서 생성되는 불쾌한 냄새물질과 거리가 먼 것은?

① 인돌
② 황화수소
③ 암모니아
④ 포르말린

식품의 부패과정에서 암모니아, 트리메틸아민, 황화수소, 인돌 등이 생성되어 불쾌한 냄새가 나게 된다. 포르말린은 부패를 방지하는 방부제, 살균 소독제로 사용되며, 식품에는 절대 사용할 수 없다.

★★★★★

6 식품의 부패 시 생성되는 물질과 거리가 먼 것은?

① 암모니아(ammonia)
② 트리메틸아민(trimethylamine)
③ 글리코겐(glycogen)
④ 아민(amine)류

식품의 부패 시 암모니아, 트리메틸아민 등의 아민류, 황화수소 등이 생성되어 악취를 낸다. 글리코겐은 동물성 탄수화물이다.

★★★

7 지방 성분이 분해되어 독성물질이나 악취를 발생시키는 현상은?

① 발효　　　　　② 부패
③ 호흡　　　　　④ 산패

산패는 기름 등의 지방성분이 산소, 빛, 열 등에 의해 산화되어 변질되는 것을 말한다.

8 육류의 부패 과정에서 pH가 약간 저하되었다가 다시 상승하는데 관계하는 것은?

① 암모니아　　　　② 비타민
③ 글리코겐　　　　④ 지방

> 부패 초기에 미생물이 단백질을 분해할 때 산을 만들어내기 때문에 초기에는 pH가 저하되나, 시간이 경과하면 효모와 곰팡이가 단백질의 질소를 분해해 암모니아가 생성되어 알칼리성으로 변하게 된다.

9 식품의 변화현상에 대한 설명 중 틀린 것은?

① 산패 : 유지식품의 지방질 산화
② 발효 : 화학물질에 의한 유기화합물의 분해
③ 변질 : 식품의 품질 저하
④ 부패 : 단백질과 유기물이 부패 미생물에 의해 분해

> 발효는 당질식품(탄수화물)이 미생물에 의해 분해되어 유기산이나 알코올 등을 발생시켜 유용한 물질을 만드는 것이다.

10 일반적으로 식품 1g중 생균수가 약 얼마 이상일 때 초기부패로 판정하는가?

① 10^2 개　　　　② 10^4 개
③ 10^7 개　　　　④ 10^{15} 개

> 1g당 생균수가 $10^7 \sim 10^8$이면 초기부패로 판정한다.

11 어패류의 신선도 판정 시 초기부패의 기준이 되는 물질은?

① 삭시톡신(saxitoxin)
② 베네루핀(venerupin)
③ 트리메틸아민(trimethylamine)
④ 아플라톡신(aflatoxin)

> 트리메틸아민은 어류의 신선도 판정 시 기준이 되는 물질로, 4~6 mg%이면 초기부패로 판정한다.

12 생선 및 육류의 초기부패 판정 시 지표가 되는 물질에 해당되지 않는 것은?

① 휘발성염기질소(VBN)
② 암모니아(Ammonia)
③ 트리메틸아민(Trimethylamine)
④ 아크롤레인(Acrolein)

> 아크롤레인은 유지가 발연점 이상의 고온가열에 의해서 발생하며, 튀김할 때 기름에서 나오는 자극적인 냄새 성분이다.

13 식품의 신선도 또는 부패의 이화학적인 판정에 이용되는 항목이 아닌 것은?

① 히스타민 함량
② 당 함량
③ 휘발성염기질소 함량
④ 트리메틸아민 함량

> **신선도 판별의 이화학적 방법**
> • 휘발성 염기질소 함량이 낮을수록 신선하다.
> • 트리메틸아민(TMA)의 함량이 낮을수록 신선하다.
> • 히스타민의 함량이 낮을수록 신선하다.

14 식품에 다음과 같은 현상이 나타났을 때 품질 저하와 관계가 먼 것은?

① 생선의 휘발성 염기질소량 증가
② 콩단백질의 금속염에 의한 응고 현상
③ 쌀의 황색 착색
④ 어두운 곳에서 어육연제품의 인광 발생

> 콩단백질을 금속염(황산칼슘, 염화마그네슘, 염화칼슘 등)을 첨가하여 응고시켜 만든 것이 두부이다.

Korea food Cook Certification

SECTION 03 식품 위생관리

[출제문항수 : 3~4문제] 이 섹션의 학습량이 좀 많습니다. 크게 기생충, 살균 및 소독, 식품첨가물, 유해물질로 나누어져 있으며, 전체적으로 고르게 출제되므로 모두 학습하시는 것이 좋습니다.

01 식품과 기생충병

1 채소류로부터 감염되는 기생충

① 인간의 분변을 통하여 오염된 채소류를 통하여 경구 감염된다.
② 중간숙주와 관계없이 감염된다.
③ 감염 종류 및 특징

종류	특징	
회충	소장(작은창자)에 기생, 경구감염(분변)	
요충	대장에 기생, 경구감염, 집단감염, 항문소양증 → 항문 주위에 산란하므로 항문 주위나 회음부에 소양증(가려움증)을 유발하며 집단감염이 잘된다.	충란으로 감염
편충	대장에 기생, 경구감염, 토양매개성 기생충	
구충 (십이지장충)	소장에 기생, 경피/경구감염 → 경구감염 및 경피감염도 되므로 기생충에 오염된 논이나 밭에서 맨발로 작업하면 감염될 수 있다.	유충으로 감염
동양모양선충	소장에 기생, 경구감염	

2 수육으로부터 감염되는 기생충

종류	중간숙주	예방법
무구조충(민촌충)	소	쇠고기 생식금지, 오염방지
유구조충(갈고리촌충)	돼지	돼지고기 생식금지, 식품분변 오염방지
선모충	돼지, 개	돼지고기 생식금지
톡소플라스마	돼지, 개, 고양이	돼지고기 생식금지, 고양이 배설물 오염방지

> **Check Up**
>
> ▶ **무구조충의 전파**
> 성충은 사람의 소장에 기생 → 분변을 통한 충란의 전파 → 중간숙주(소) → 유충이 혈액과 림프를 타고 근육으로 옮겨가 낭미충으로 성장 → 사람이 섭취하여 감염

③ 어패류로부터 감염되는 기생충

종류	제1중간숙주	제2중간숙주	인체감염부위
간흡충(간디스토마)	쇠(왜)우렁이	붕어, 잉어	간
폐흡충(폐디스토마)	다슬기	가재, 게	폐
요코가와흡충	다슬기	담수어, 은어, 잉어	소장
광절열두조충(긴촌충)	물벼룩	연어, 송어	소장
아니사키스	크릴새우	연안 어류	–

▶ 간흡충(간디스토마)
제1중간숙주(쇠우렁이)에서 부화하여 애벌레가 되고 제2중간숙주(붕어, 잉어)의 근육 속에서 피낭유충(metacercaria)의 형태로 존재한다.

▶ 아니사키스(고래회충증)
• 고래나 돌고래에 기생하는 회충의 일종으로 연안 어류를 섭취했을 때 감염될 수 있는 기생충이다.
• 감염되면 3~5시간 지난 후 복통을 일으키며 위, 소장, 대장의 벽을 뚫고 들어가 병증을 일으킨다. 구충제로 제거가 안 되어 외과적 수술 및 내시경을 이용하여 직접 제거해야 한다.

④ 기생충 예방법
① 육류나 어패류를 날 것으로 먹지 않는다.
② 야채류는 희석시킨 중성세제로 세척 후 흐르는 물에 5회 이상 씻는다.
③ 조리 기구를 잘 소독한다.
☞ 생식을 하지 않아도 기생충에 오염된 육류나 어패류를 조리한 도마 등의 요리 기구를 통하여 기생충에 감염될 수 있다.
④ 개인위생 관리를 철저히 한다.
⑤ 분변 비료를 사용하지 않고 화학비료를 사용하여 재배한다

02 살균 및 소독

① 소독의 종류

멸균	강한 살균력으로 모든 미생물의 영양세포 및 포자를 사멸시켜 무균상태로 만드는 것
살균	세균, 효모, 곰팡이 등 미생물의 영양세포를 사멸시키는 것
소독	물리 또는 화학적 방법으로 병원미생물을 사멸 또는 병원력을 약화시키는 것
방부	미생물의 발육과 생활 작용을 저지 또는 정지시켜 부패나 발효를 방지하는 것

Check Up
▶ 살균 작용의 강도
멸균 > 살균 > 소독 > 방부

② 소독방법의 분류

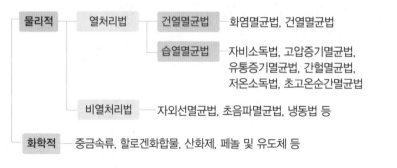

물리적 ─ 열처리법 ─ 건열멸균법 ─ 화염멸균법, 건열멸균법
                   습열멸균법 ─ 자비소독법, 고압증기멸균법, 유통증기멸균법, 간헐멸균법, 저온소독법, 초고온순간멸균법
          비열처리법 ─ 자외선멸균법, 초음파멸균법, 냉동법 등
화학적 ─ 중금속류, 할로겐화합물, 산화제, 페놀 및 유도체 등

❸ 물리적인 소독법

1) 열처리법

화염멸균법	• 대상물을 알코올램프, 버너 등의 불꽃에 닿게 하여 20초 이상 가열하는 방법 • 불에 타지 않는 도자기류 등을 소독
건열멸균법	• 건열멸균기(Dry Oven)를 이용하여 170℃에서 1~2시간 가열하는 방법 • 유리기구, 주사침 등을 소독
자비소독 (열탕소독)	• 끓는 물(100℃)에서 15~20분간 처리하는 방법 • 식기류 등을 소독하는데 사용(아포형성균은 완전히 사멸되지 않음)
고압증기멸균법	• 고압증기멸균기를 이용하여 121℃에서 15~20분간 살균하는 방법 • 멸균효과가 좋아 미생물과 아포(포자)형성균의 멸균에 가장 좋음 • 통조림, 거즈 등을 소독
유통증기멸균법	100℃의 유통증기를 30~60분간 통과시켜 살균하는 방법
간헐멸균법	1일 1회 100℃의 증기를 30분간 통과시켜 3회 살균하는 방법
우유 살균법	저온장시간살균법, 고온단시간살균법, 초고온순간살균법

▶ 우유 살균법은 우유의 조리에서 상세히 다룬다.

2) 비가열처리법

① 자외선 조사(자외선 살균법)
  • 살균력이 높은 250~280nm의 자외선을 사용하여 미생물을 제거하는 방법
  • 사용법이 간단하며 물과 공기의 살균에 적합
  • 유기물(특히 단백질)이 공존하는 경우 효과가 현저히 감소
  • 피조물에 조사하는 동안만 살균효과가 있으며, 조사대상에 거의 변화를 주지 않는다.

② 방사선 조사(방사선 살균법)
  • Co60(코발트 60) 등에서 발생하는 방사능을 이용하여 미생물을 제거하는 방법이다.
  • 감자, 고구마 및 양파와 같은 식품에 뿌리가 나고 싹이 트는 것을 억제하는 효과가 있다.

▶ 일광(햇빛)의 자외선은 회충란을 사멸시키는 능력이 강하다.

❹ 화학적인 소독법

1) 석탄산(phenol, 3~5%)

① 살균력이 강하고, 유기물에도 소독력이 약화되지 않는다.
② 세균에는 살균력이 강하지만 바이러스나 아포형성균에는 효과가 떨어진다.
③ 금속을 부식시키며, 피부의 점막에 자극성이 강하고, 냄새와 독성이 강하다.
④ 독성이 강하기 때문에 음료수의 소독에는 적합하지 않다.
⑤ 염산을 첨가하면 소독 효과가 높아진다.

⑥ 사용 용도 : 변기, 화장실 내부, 의류, 손 소독 등

⑦ 소독제의 살균력 지표로 사용된다.

2) 크레졸(3~5%)

① 석탄산보다 소독력이 2배 강하고, 불용성이므로 비누액으로 만들어 사용한다.

② 피부에 저자극성이지만, 냄새가 강하다.

③ 사용 용도 : 변기, 화장실 내부, 의류, 손발, 축사, 배설물 등 소독

3) 승홍수

① 승홍수는 승홍(염화제이수은, $HgCl_2$)의 0.1% 수용액이다.

② 강력한 살균력이 있다.

② 맹독성으로 금속을 부식시키며, 단백질과 결합하면 침전이 생긴다.

③ 사용 용도 : 손, 피부 소독

4) 과산화수소(3%)

자극성이 적어 구내염, 인두염, 입안세척 및 상처소독에 사용된다.

5) 에틸알코올(70%)

① 증발이 빨라 손, 피부, 기구 소독에 사용된다.

② 에틸알코올 100%보다 70~75% 수용액이 더 효과가 좋다.

6) 생석회(CaO)

① 산화칼슘(CaO)으로, 물에 넣으면 발열하면서 수산화칼슘($Ca(OH)_2$)으로 변한다.

② 공기에 오래 노출되면 살균력이 떨어진다.

③ 사용 용도 : 습기가 있는 분변 소독, 하수, 오수, 오물, 토사물 등

7) 역성비누

① 양이온 계면활성제로, 자극성과 독성이 없다.

② 무색, 무취, 무미하지만 침투력이 강하다.

③ 유기물이 존재하면 살균 효과가 떨어지므로 일반비누와 함께 사용할 때는 일반비누로 먼저 때를 씻어낸 후 역성비누를 사용한다.

④ 사용 용도 : 과일, 야채, 식기, 손 소독

8) 기타

① 과망간산칼륨($KMnO_4$) : 강한 산화력에 의한 소독 및 표백제로 사용된다.

② 차아염소산칼슘($Ca(OCl)_2$, 클로르칼키) : 우물, 수영장 등의 물 소독, 채소류 및 과일류의 소독, 표백제로 사용

③ 차아염소산나트륨($NaClO$) : 과실류와 채소류의 살균ㆍ소독에 사용(참께에는 사용할 수 없음)

④ 염소(Cl_2)

• 먹는 물(음료수) 소독에 적합

• 수돗물 소독 시 잔류염소 : 0.2ppm

Check Up

▶ 주요 소독제의 비교

분류	사용 용도	농도	특이사항
석탄산 (페놀)	변소, 의류, 손 소독	3~5%	살균력의 측정지표, 금속 부식성
크레졸	변소, 의류, 손 소독	3~5%	
승홍수	손, 피부 소독	0.1%	금속 부식성, 맹독성
과산화수소	피부, 상처 소독	3%	
에틸알코올	손 소독	70%	
생석회	습기있는 분변, 하수	석회(2): 물(8)	분변소독
역성비누 (양성비누)	과일, 야채	0.01~ 0.1%	유기물이 존재하면 살균력이 떨어짐
	식기, 손 소독	10%	
중성세제	청소(소독 제 아님)		살균력은 거의 없음

Check Up

▶ 소독약의 구비조건

① 살균력 및 침투력이 강할 것

② 용해성이 높을 것

③ 표백성, 금속부식성이 없을 것

④ 사용하기 간편하고 값이 쌀 것

03 식품첨가물

1 식품첨가물의 개요

1) 식품첨가물의 정의

식품을 제조 · 가공 · 조리 또는 보존하는 과정에서 감미, 착색, 표백 또는 산화방지 등을 목적으로 식품에 사용되는 물질을 말한다. 이 경우 기구 · 용기 · 포장을 살균 · 소독하는 데에 사용되어 간접적으로 식품으로 옮아갈 수 있는 물질을 포함한다.

2) 식품첨가물의 사용목적

① 식품의 부패와 변질을 방지
② 식품의 상품가치 향상
③ 식품의 영양강화
④ 식품의 기호 및 관능의 만족
⑤ 식품의 제조 및 품질개량

3) 식품첨가물의 구비조건

① 인체에 유해한 영향을 끼치지 않을 것
② 미량으로 효과가 클 것
③ 독성이 없거나 극히 적을 것
④ 식품에 나쁜 변화를 주지 않을 것
⑤ 식품의 상품 가치를 향상시킬 것
⑥ 식품의 영양가를 유지해야 할 것
⑦ 식품 성분 등에 의해서 그 첨가물을 확인할 수 있을 것
⑧ 사용법이 간편하고 값이 쌀 것

4) 식품첨가물 공전

① 식품위생법에 근거하여 식품의약품안전처장이 작성 · 배포한다.
② 의미 : 식품첨가물의 규격과 사용기준을 작성하여 공시한다.

2 식품의 변질을 방지하는 식품첨가물

1) 보존료(방부제)

① 식품의 변질 및 부패의 원인이 되는 미생물을 사멸시키거나 증식을 억제시키고, 식품의 영양가와 신선도를 보존하기 위하여 사용하는 식품첨가물이다.
② 종류 : 데히드로초산, 소르빈산, 안식향산, 안식향산나트륨, 프로피온산 등

데히드로초산	치즈, 버터, 마가린 등
소르빈산 소르빈산칼륨(칼슘)	식육 · 어육 연제품, 잼, 케찹, 과실주 등
안식향산(벤조산) 안식향산나트륨(칼륨, 칼슘)	간장, 청량음료, 알로에즙 등

함께 알아두기

▶ **식품첨가물의 안정성 시험**
  • 만성독성시험 : 소량의 시험물질을 장기간에 걸쳐 투여하여 독성을 밝히는 시험
  • 급성독성시험 : 다량의 시험물질을 1회 투여하여 독성을 밝히는 시험
  • 아급성독성시험 : 시험물질을 3개월 이상 연속적으로 투여하여, 그 독성을 밝히는 시험

▶ **ADI**(Aceptable Daily Intake)
  잔류농약이나 식품첨가물 등의 화학물질에 대하여 평생 섭취하여도 무해하다고 허용한 1일 섭취량을 말한다.

▶ **LD50**(반수 치사량)
  일정한 조건하에서 실험동물의 50%를 사망시키는 물질의 양을 말하며 독성을 나타내는 지표로 사용된다.

▶ 소르빈산칼륨(칼슘)은 소르빈산칼륨, 소르빈산칼슘을 의미한다. 다음 내용도 같은 방식이다.
  → 안식향산나트륨, 안식향산칼륨, 안식향산칼슘 등

프로피온산 프로피온산나트륨(칼슘)	빵, 과자 및 케이크류 효모와 함께 물에 타서 사용하면 효모의 작용을 약화시킴
이초산나트륨	빵류, 식용유지, 식육가공품 등

2) 살균제

① 부패 미생물 및 병원균을 사멸시키기 위하여 사용되는 식품첨가물이다.

② 종류 : 차아염소산나트륨, 표백분, 메틸렌 옥사이드 등

3) 산화방지제(항산화제)

① 유지 또는 지질을 많이 함유한 식품이 산패 및 식품의 산화로 인하여 품질이 저하되는 것을 방지하기 위하여 사용되는 식품첨가물

② 상승제*와 함께 사용하면 효과가 증진된다.(시트르산, 인산, 인지질 등)

③ 종류

BHA(부틸히드록시아니솔) BHT(디부틸히드록시톨루엔)	유지, 버터
몰식자산프로필	유지, 버터
비타민 C(아스코르브산) 비타민 E(토코페롤) L–아스코르빈산나트륨	사용제한 없음

3 관능을 만족시키는 식품첨가물

1) 조미료

① 식품 본래의 맛을 돋우거나 조절하여 풍미를 좋게 하기 위하여 첨가하는 식품 첨가물이다.

② 종류

핵산계	이노신산나트륨, 구아닐산나트륨 등
아미노산계	글루탐산나트륨, 알라닌, 글리신 등
유기산계	주석산나트륨, 구연산나트륨, 사과산나트륨, 호박산나트륨, 젖산나트륨, 호박산 등

2) 산미료

① 식품에 산미(신맛)를 부여하고 미각에 청량감과 상쾌한 자극을 주기 위한 식품 첨가물이다.

② 종류 : 주석산*, 사과산, 구연산, 젖산 등

3) 감미료

① 당질을 제외한 식품에 감미(단맛)를 주기 위해 사용되는 화학적 합성품을 통칭 하여 합성감미료라고 한다.

▶ 유해 보존제
  붕산, 포름알데히드, 불소화합물, 승 홍

▶ 붕산
  소화효소의 작용을 방해하여 소화불 량, 식욕부진, 체중감소 등을 일으킴

▶ 상승제(Synergist)
  단독으로 사용하면 거의 효과가 없으 나 다른 물질과 함께 사용하면 그 효 과를 현저하게 강화시키는 물질을 말 한다.

▶ 천연 항산화제
  비타민 C, 비타민 E, 플라본 유도체, 고시폴(면실유), 세사몰(참깨, 참기름) 등

▶ 외래어 표기상 글루탐산은 글루타민산 으로 표기하기도 합니다.

▶ 주석산은 포도에 많이 들어있는 산미 성분으로 산미도가 가장 높다.

② 완전한 합성품은 사카린나트륨*만이고, 나머지는 천연물로부터의 유도체이다.

③ 영양가(칼로리)가 없으며, 용량에 따라 해로운 것도 있어 사용기준이 정해져 있다.

④ 종류 : 사카린나트륨, 아스파탐, D-소르비톨, 자일리톨

4) 착색료

① 식품에 색을 부여하거나 본래의 색을 다시 복원시키기 위해 사용되는 식품첨가물이다. 타르계 색소와 비타르계 색소로 나누어진다.

② 종류

- 타르계 : 에리쓰로신(식용색소적색 제3호), 타트라진(식용색소황색 제4호), 아마란스(식용색소적색 제2호)
- 비타르계 : 삼이산화철, 이산화티타늄, 동클로로필린나트륨, 철클로로필린나트륨, β-카로틴, 수용성 안나토 등

5) 발색제(색소 고정제)

① 식품 중에 존재하는 색소 단백질과 결합함으로써 식품의 색을 보다 선명하게 하거나 안정화시키는 첨가물이다.

- 과채, 식육 가공 등에 사용하여 식품 중의 색소와 결합하여 식품 본래의 색을 유지한다.
- 색소를 함유하고 있지는 않지만 식품 중의 성분과 결합하여 색을 안정화시키면서 선명하게 한다.

② 종류

- 육류 발색제 : 질산나트륨, 아질산나트륨, 질산칼륨
- 과일, 야채 등의 발색제 : 황산 제1철

6) 표백제

① 식품의 제조 과정 중 식품의 색소가 퇴색 또는 변색될 경우 색을 아름답게 만들기 위하여 사용하는 첨가물이다.

② 종류

- 환원표백제 : 메타중아황산칼륨, 무수아황산, 아황산나트륨, 산성아황산나트륨, 차아황산나트륨
- 산화표백제 : 과산화수소

7) 착향료

① 식품 특유의 향을 첨가하거나 제조공정 중 손실된 향을 첨가하여 식품 본래의 향을 유지시키기 위해 사용되는 식품첨가물이다.

② 종류 : 합성착향료, 천연착향료

4 품질 개량·유지에 사용되는 식품첨가물

1) 유화제(계면활성제)

① 기름과 물처럼 식품에서 혼합될 수 없는 물질을 균일한 혼합물로 만들거나 이를 유지시키기 위해 사용되는 식품첨가물이다.

② 종류 : 레시틴(대두와 난황에 함유), 글리세린, 글리세리드, 지방산에스테르 등

2) 호료(증점제 및 안정제)

① 식품의 점착성 증가, 유화 안정성 향상, 가열이나 보존 중 선도 유지, 식품의 형체보존을 위하여 사용되는 식품첨가물이다.

② 종류 : 알긴산나트륨, 카제인, 카제인나트륨, 젤라틴 등

3) 피막제

① 과일이나 과채류를 채취 후 선도 유지를 위해 표면에 막을 만들어 호흡 조절, 수분 증발 방지 및 광택부여의 목적에 사용되는 식품첨가물이다.

② 종류 : 몰포린지방산염, 왁스, 초산비닐수지 등

4) 밀가루 개량제

① 밀가루의 표백과 숙성시간을 단축시키고 제빵 효과의 저해물질을 파괴시켜 분질을 개량하는 식품첨가물이다.

② 종류 : 과산화벤조일, 과황산암모늄, 이산화염소, 브롬산칼륨 등

5) 품질 개량제

① 햄, 소시지 등의 식육 연제품에 사용하여 결착성을 향상시키고, 식품의 탄력성, 보수성, 팽창성을 증대시키기 위하여 사용하는 식품첨가물이다.

② 종류 : 피로인산칼륨 등의 인산염

6) 이형제

① 빵을 구울 때 형태를 손상시키지 않고 기계와 빵을 쉽게 분리하기 위한 식품첨가물이다.

② 종류 : 유동 파라핀만 허용

7) 영양강화제

① 식품에 손실된 영양분의 보충이나 함유되어 있지 않은 영양분을 첨가하는데 사용되는 식품 첨가물이다.

② 종류 : 비타민류, 아미노산류, 무기염류 등

5 식품제조에 필요한 첨가물

1) 팽창제

① 빵이나 과자 등의 밀가루제품을 부풀게 하여 조직을 연하게 하고, 적당한 형태를 갖추기 위하여 사용하는 식품첨가물

② 종류 : 탄산수소나트륨(베이킹소다, 중조), 베이킹파우더*, 탄산암모늄, 효모(이스트) 등

2) 소포제

① 식품 제조 시 거품 생성을 방지하거나 감소시키기 위해 사용되는 식품첨가물

② 종류 : 규소수지만 허용

▶ 베이킹파우더
탄산수소나트륨은 산이 있어야 반응하여 가스를 생성하므로 이 단점을 없애기 위하여 탄산수소나트륨에 산을 첨가한 것이다.
베이킹파우더 = 탄산수소나트륨+산염+부형제(전분, 밀가루 등)

3) 추출제

① 유지의 추출을 용이하게 하기 위해 사용하는 첨가물로 제품 완성 전에 제거하여야 한다.

② 종류 : n-hexane(헥산)

4) 껌 기초제

① 껌에 적당한 점성과 탄력성을 주는 식품첨가물로 천연수지인 치클이 많이 사용되었으나 현재는 합성수지가 많이 사용된다.

② 종류 : 에스테르검, 초산비닐수지, 폴리부텐, 폴리이소부틸렌 등

04 유해물질

1 중금속

1) 중금속의 특징

① 비중이 4.0 이상의 금속원소들의 총칭이다.

② 체내에 축적되면 잘 배설되지 않으며, 다량이 축적될 때 건강장애가 일어난다.

③ 유기중금속은 체내의 단백질과 결합하여 체내에 흡수, 축적된다.

④ 순환장애, 호흡마비, 소화기 장애, 신장 기능장애, 중추 또는 말초 신경장애 등의 증상을 나타낸다.

⑤ 생체 내에서 대사에 관여하는 효소의 성분으로 부족할 때 결핍증을 일으키기도 한다.(아연, 망간, 코발트 등)

⑥ 해독에 사용되는 약을 중금속 길항약*이라고 한다.

⑦ 중금속 오염 가능성이 가장 큰 식품군은 어패류이다.

2 화학적 식중독을 일으키는 주요 중금속

1) 납(Pb)

① 납 중독은 호흡과 경구 침입에 의해 발생한다.

② 납제련소, 페인트, 축전지, 납 용접작업, 인쇄 작업 등을 하는 근로자가 많이 중독된다.

③ 유약을 바른 도자기, 옹기류, 수도관 등을 통하여 식품에 혼입되어 중독을 일으킨다.

④ 광명단*을 사용하거나 소성온도 이하로 구운 옹기독에 산성음식을 넣으면 옹기벽에서 용출될 수 있다.

⑤ 대부분 만성중독으로 뼈에 축적되거나 골수에 대해 독성을 나타낸다.

⑥ 소변에서 코프로포르피린(coproporphyrin)이 검출된다.

⑦ 증상 : 안면 창백, 연연(鉛緣)*, 말초 신경염, 위장장애, 중추신경장애, 빈혈 등의 조혈장애 및 혈액장애 등

▶ **길항약**
어떤 약물이 다른 약물과의 병용에 의하여 그 작용의 일부 또는 전부를 감쇠시키는 역할을 하는 약제를 말한다.

▶ 공장폐수, 농약 또는 자연에 존재하는 중금속이 빗물에 씻기어 하천으로 모이기 때문에 어패류에 중금속이 축적되며, 그 어패류를 섭취함으로써 사람도 중금속에 오염되어 식중독을 일으킨다.

▶ **광명단**
납 또는 산화연(酸化鉛)을 공기속에서 400℃ 이상으로 가열하여 만든 붉은 빛의 가루로 붉은 안료나 녹슬지 않게 하는 도료로 사용된다.

▶ **연연**
납이 몸속에 흡수되어 살이 푸른빛을 띠는 상태로 특히 잇몸에 흑자색의 납선이 나타난다.

2) 카드뮴(Cd)

① 중금속에 오염된 어패류의 섭취, 도자기의 안료나 식기의 도금에서 용출된 카드뮴이 중독을 일으킨다.

② 이타이이타이병*을 일으킨다.

③ 증상 : 신장기능장애, 골연화증, 골다공증, 폐기종, 단백뇨 등

3) 수은(Hg)

① 유기수은으로 오염된 수질에서 잡은 어패류를 섭취하였을 때 중독된다.

② 농약, 보존료 등으로 처리한 음식을 섭취하였을 때 중독현상이 나타난다.

③ 미나마타병*을 일으킨다.

④ 증상 : 피로감, 권태, 구내염, 근육경련, 언어장애, 기억력 감퇴, 홍독성 흥분*

4) 주석(Sn)

① 주석 도금한 통조림의 내용물이 산성인 경우에 통조림 관으로부터 주석이 용출되어 중독을 일으킨다.

② 증상 : 구토, 설사, 복통 등

5) 크롬(Cr)

크롬이 증기나 미스트(기체 속에 함유되는 미립자)의 형태로 피부나 점막에 부착되면, 크롬산에 의해 피부의 궤양, 비중격천공* 등의 증상을 일으킨다.

6) 비소(As) 화합물

① 비소 간장 사건 : 아미노산 간장에 다량의 비소가 함유되어 구토, 설사, 근육통 등의 증상을 나타낸 사건

② 비소 우유 사건 : 다량의 비소가 함유된 분유에 의하여 식욕부진, 빈혈, 피부 발진, 색소침착, 설사 등의 증세를 나타낸 사건

③ 밀가루 등으로 오인되어 식중독을 유발하는 사례가 있다.

④ 증상 : 습진성 피부질환과 위장형 중독으로 구토, 위통, 설사, 출혈, 혼수 등

7) 불소(F)

① 독성이 있으나, 수돗물에 미량 들어있는 불소는 충치를 예방하는 효과가 있다.

② 만성중독의 경우 반상치, 골경화증, 체중감소, 빈혈 등의 증상을 나타낸다.

8) 기타

독성물질	사용 용도	증상
구리(Cu)	조리기구	구토, 설사, 위통
아연(Zn)	용기나 도금에 사용	구토, 설사, 복통
안티몬(Sb)	식기의 재료	구토, 설사, 경련

▶ 이타이이타이병(카드뮴 중독증)
- 칼슘과 인의 대사 이상을 초래하여 골연화증을 유발한다.
- 신장의 재흡수 장애를 일으켜 칼슘 배설을 증가시킨다.

▶ 미나마타병(수은의 만성중독)
- 수은 중독으로 인한 신경학적 증상과 징후를 나타낸다.
- 손의 지각이상, 언어장애, 반사 신경 마비 등

▶ 홍독성 흥분
중추신경장애로 인한 정신 흥분증으로 쉽게 흥분하고, 격노와 공포가 혼재되는 증상

▶ 비중격천공(鼻中隔穿孔)
코에 흡입된 크롬산 증기는 코 안의 격막을 짓무르게 하여 궤양이 되고 최후에는 코 안의 격막에 천공이 생긴다.

3 식품 제조 과정에서 생성되는 유해물질

1) 메틸알코올(메탄올, Methanol)
① 에탄올(에틸알코올) 발효에서 펙틴이 있으면 생성된다.
② 포도주, 사과주 등의 과실주에 생성되어 함유될 수 있다.
③ 주류의 대용으로 사용하여 많은 중독 사고를 낸다.
④ 중독증 : 두통, 현기증, 시신경 염증, 시각장애 및 실명(失明)까지 이르며, 호흡 곤란으로 사망하기도 한다.

2) N-니트로사민(N-nitosamine), 니트로소아민(nitrosoamine)
육류 및 어육제품의 발색제로 사용되는 아질산염이 산성 조건에서 제2급 아민이나 아미드류와 반응하여 생성되는 발암물질이다.

3) 헤테로고리 아민류(Heterocyclic Amines)
① 헤테로고리 화합물의 일종으로 질소가 고리의 일부로 되어있는 아민이다.
② 육류나 생선을 고온으로 조리할 때 단백질이나 아미노산이 열분해되어 생성되는 발암물질이다.
③ 강한 돌연변이 활성을 나타내는 물질을 함유한다.

4) 멜라민(melamine)
① 헤테로고리 모양 아민으로 질량의 66%가 질소로 이루어져 있으며, 수지와 혼합하면 불에 잘 견디는 성질을 가진다.
② 잔류허용 기준상 모든 식품 및 식품첨가물에서 불검출되어야 한다.
③ 생체 내 반감기는 약 3시간으로 대부분 신장을 통해 뇨로 배설된다.
④ 반수치사량(LD50)은 3.2kg 이상으로 독성이 낮다.
⑤ 다량의 멜라민을 오랫동안 섭취할 경우 방광결석 및 신장결석 등을 유발한다.
⑥ 중국에서 분유에 멜라민을 섞어 유아가 고농도의 멜라민에 노출되어 사망하는 사고가 일어나 세계적으로 문제가 되었다.

5) 다환방향족탄화수소(PAH, Polycyclic Aromatic Hydrocarbon)
① 벤젠 등 2개 이상의 방향족 고리로 연결되어있는 유기화합물이다.
② 산소가 부족한 상태에서 유기물질을 고온으로 가열할 때 단백질이나 지방이 분해되어 생성되는 발암물질이다.

6) 아크릴아마이드(acrylamide)
전분식품을 가열 시 아미노산과 당의 열에 의한 결합 반응 생성물로 유전자 변형을 일으키는 발암물질로 분류된다.

●─함께 알아두기

▶ 메틸알코올과 에틸알코올
• 메틸알코올 : 공업용 알코올로 음용하면 치명적인 독성을 갖는다.
• 에틸알코올 : 술의 주성분으로 주정이라고 부른다. 음용이 가능하다.

Check Up

▶ 벤조피렌(benzopyrene)
다환방향족탄화수소(PAH)이며 훈제육이나 태운 고기에서 생성되는 발암물질

chapter **01**

④ 농약에서 나오는 유해물질

1) 유기인제
① 독성이 심하며 체내에 흡수되어 체내 효소인 콜린에스테르 분해효소(콜린에스테라제)와 결합하여 이의 작용을 억제한다.
② 신경독성을 나타내어 구역질, 구토, 다한증, 청색증, 전신경련, 근력감퇴 등의 증세를 나타낸다.
③ 파라티온(Parathion), 말라티온(malathion), 테프(TEPP) 등이 있다.

2) 유기염소제
① 유기인제에 비하여 독성이 강하지 않으나 화학적으로 안정하여 잘 분해되지 않는다.
② 섭취 후 30분 후에 구토, 복통, 설사, 두통, 시력 감퇴, 전신 권태 등이 나타난다.
③ DDT, DDD, γ-BHC 등

3) 유기수은제
① 살균제로 종자 소독, 도열병 방제 등에 사용된다.
② 시야축소, 언어장애, 정신착란 등의 중추신경장애 및 신장독을 일으킨다.
③ 메틸염화수은, 메틸요오드화 수은 등

4) 비소화합물
① 살충제, 쥐약 등으로 사용되며, 야채에 살포한 비소화합물의 잔류물을 씻지 않고 섭취하였을 때 중독된다.
② 1시간 내 목구멍과 식도의 수축의 증세를 나타내고, 체내의 수분이 손실되어 사망한다.

⑤ 기타 유해물질

1) 열경화성 합성수지 또는 합성플라스틱에서 용출되는 유해물질
포름알데히드*, 페놀(phenol, 석탄산), 유기주석화합물 등은 열경화성 합성수지를 만드는 원료로 사용되며, 합성수지제 기구, 용기, 포장 등에서 용출될 수 있는 유독물질이다.

2) 훈연 시 발생하는 유해물질
훈연 시 발생하는 연기에는 포름알데히드, 페놀, 개미산* 등의 유해물질이 포함되어 있다.

3) 방사성 물질
① 방사능을 가진 방사성 물질에 의하여 환경, 음식, 인체가 오염된다.
② 식품의 오염에 가장 문제가 되는 방사성 물질은 세슘-137(Cs-137)과 스트론튬-90(Sr-90)이다.
③ 축산물에서 문제가 되는 방사능 핵종은 요오드-131(I-131)이다.
④ 코발트-60(Co-60)은 방사선 살균, 악성종양의 치료 등에 사용된다.

▶ **포름알데히드(formaldehyde)**
• 페놀, 멜라민, 요소등과 열경화성 수지를 만드는 원료로 사용된다.
• 독성이 매우 강하고, 강력한 방부력을 가진 유해보존료이다.
• 현기증, 구토, 설사, 경련, 소화기능 장애 등을 일으킨다.
• 열경화성 합성수지 및 합성 플라스틱 용기에서 용출되어 가장 문제가 되는 유해물질이다.

▶ **개미산(포름산, formic acid)**
부식성이 강하고, 피부점막을 강하게 자극한다. 체내에 들어가면 신장에 장애를 주어 단백뇨, 혈뇨를 볼 수 있다.

식품과 기생충병

★★★

1 회충 알은 인체로부터 무엇과 함께 배출되는가?

① 분변   ② 소변

③ 콧물   ④ 혈액

회충의 알은 인체의 분변을 통하여 감염된다.

★★★★

2 중간숙주 없이 감염이 가능한 기생충은?

① 아니사키스   ② 회충

③ 폐흡충   ④ 간흡충

회충은 중간숙주 없이 채소류로부터 감염되는 기생충이다.

기생충	제1중간숙주	제2중간숙주
간흡충(간디스토마)	왜우렁이	붕어, 잉어
폐흡충(폐디스토마)	다슬기	가재, 게
아니사키스	크릴새우	연안어류

★★★★★

3 집단감염이 잘되며 항문부위의 소양증을 유발하는 기생충은?

① 회충   ② 구충

③ 요충   ④ 간흡충

요충은 채소류에서 주로 감염되어 직장 속이나 항문 근처에서 산란하여 항문부위의 소양증을 유발하고 전염이 아주 빠르다.

★★★

4 기생충에 오염된 논, 밭에서 맨발로 작업 할 때 감염될 수 있는 가능성이 가장 높은 것은?

① 간흡충   ② 폐흡충

③ 구충   ④ 광절열두조충

십이지장충(구충)은 경피감염되는 기생충으로 오염된 논이나 밭에서 맨발로 작업하면 감염의 위험이 높다.

★★★

5 식품과 함께 입을 통해 감염되거나 피부로 직접 침입하는 기생충은?

① 회충   ② 십이지장충

③ 요충   ④ 동양모양선충

십이지장충은 채소를 통한 경구감염과 오염된 토양이나 채소를 통한 경피감염이 되는 기생충이다.

★★

6 충란으로 감염되는 기생충은?

① 분선충   ② 동양모양선충

③ 십이지장충   ④ 편충

• 충란으로 감염되는 기생충 : 회충, 요충, 편충 등
• 유충으로 감염되는 기생충 : 구충, 동양모양선충, 분선충 등

★★★

7 다음 기생충 중 주로 채소를 통해 감염되는 것으로만 짝지어 진 것은?

① 회충, 민촌충

② 회충, 편충

③ 촌충, 광절열두조충

④ 십이지장충, 간흡충

• 채소를 통해 감염되는 것 : 회충, 편충, 구충, 십이지장충, 편충
• 육류를 통해 감염되는 것 : 민촌충(무구조충), 유구조충
• 어류를 통해 감염되는 것 : 간흡충, 폐흡충

★★★

8 쇠고기를 가열하지 않고 회로 먹을 때 생길 수 있는 가능성이 가장 큰 기생충은?

① 민촌충   ② 선모충

③ 유구조충   ④ 회충

• 민촌충(무구조충) : 소
• 선모충 – 돼지, 개
• 유구조충(갈고리촌충) : 돼지
• 회충 : 채소류

chapter 01

정답   1 ①   2 ②   3 ③   4 ③   5 ②   6 ④   7 ②   8 ①

9 돼지고기를 날 것으로 먹거나 불완전하게 가열하여 섭취할 때 감염될 수 있는 기생충은?

① 유구조충
② 무구조충
③ 광절열두조충
④ 간디스토마

동물(수육)로부터 감염되는 기생충
돼지(유구조충), 소(무구조충), 개, 돼지(선모충), 고양이나 개 등의 애완동물(톡소플라스마)

10 간흡충의 제2중간 숙주는?

① 다슬기
② 가재
③ 고등어
④ 붕어

기생충	제1중간숙주	제2중간숙주
간흡충(간디스토마)	왜우렁이	붕어, 잉어
폐흡충(폐디스토마)	다슬기	가재, 게
요꼬가와흡충	다슬기	담수어, 은어, 잉어
광절열두조충(긴촌충)	물벼룩	연어, 송어

11 간디스토마는 제2중간숙주인 민물고기 내에서 어떤 형태로 존재하다가 인체에 감염을 일으키는가?

① 피낭유충(metacercaria)
② 레디아(redia)
③ 유모유충(miracidium)
④ 포자유충(sporocyst)

간디스토마는 제1중간숙주(왜우렁이)에서 부화하여 애벌레가 되고 제2중간숙주(붕어, 잉어)의 근육 속에서 피낭유충의 형태로 존재한다.

12 폐흡충증의 제2중간숙주는?

① 잉어
② 연어
③ 게
④ 송어

기생충	제1중간숙주	제2중간숙주
간흡충(간디스토마)	왜우렁이	붕어, 잉어
폐흡충(폐디스토마)	다슬기	가재, 게

13 간디스토마와 폐디스토마의 제1중간숙주를 순서대로 짝지어 놓은 것은?

① 우렁이 – 다슬기
② 잉어 – 가재
③ 사람 – 가재
④ 붕어 – 참게

기생충	제1중간숙주	제2중간숙주
간흡충(간디스토마)	왜우렁이	붕어, 잉어
폐흡충(폐디스토마)	다슬기	가재, 게

14 다음 기생충의 종류 중 은어가 중간숙주인 기생충은?

① 폐흡충
② 요코가와흡충
③ 간흡충
④ 만소니열두조충

기생충	제1중간숙주	제2중간숙주
요코가와흡충	다슬기	담수어, 은어, 잉어

15 광절열두조충의 제1중간 숙주와 제2중간 숙주를 옳게 짝지은 것은?

① 연어 – 송어
② 붕어 – 연어
③ 물벼룩 – 송어
④ 참게 – 사람

기생충	제1중간숙주	제2중간숙주
광절열두조충(긴촌충)	물벼룩	연어, 송어

16 광절열두조충과 간디스토마의 감염원이 될 수 있는 식품은?

① 채소
② 쇠고기
③ 민물고기
④ 돼지고기

광절열두조충(연어, 송어)과 간디스토마(붕어, 잉어)의 제2 중간숙주는 민물고기이다.

★★
17 바다에서 잡히는 어류(생선)를 먹고 기생충증에 걸렸다면 이와 가장 관계 깊은 기생충은?

① 아니사키스충　　② 유구조충
③ 동양모양선충　　④ 선모충

아니사키스충은 고래나 돌고래에 기생하는 회충의 일종으로 연안어류를 섭취했을 때 감염될 수 있는 기생충이다.

★★★★★
18 기생충과 중간숙주와의 연결이 틀린 것은?

① 광절열두조충 - 돼지고기, 쇠고기
② 요꼬가와흡충 - 다슬기, 은어
③ 간흡충 - 쇠우렁, 참붕어
④ 폐흡충 - 다슬기, 게

광절열두조충은 제1중간숙주가 물벼룩, 제2중간숙주가 연어, 송어이다. 돼지고기(유구조충), 쇠고기(무구조충)

★★★★
19 기생충과 인체 감염원인 식품의 연결이 틀린 것은?

① 유구조충 - 돼지고기
② 무구조충 - 민물고기
③ 동양모양선충 - 채소류
④ 아니사키스 - 바다생선

무구조충(민촌충) 감염의 중간숙주는 소이다.

★★
20 기생충과 중간숙주의 연결이 틀린 것은?

① 십이지장충 - 모기
② 말라리아 - 사람
③ 폐흡충 - 가재, 게
④ 무구조충 - 소

십이지장충은 채소류로부터 감염되는 기생충으로 중간숙주와 관계없다. 말라리아는 말라리아원충(열원충)이 모기를 매개로 사람에게 감염되는 기생충병으로 사람이 중간숙주 역할을 한다.

★★★★★
21 어패류 매개 기생충 질환의 가장 확실한 예방법은?

① 환경위생 관리　　② 생식금지
③ 보건교육　　　　④ 개인위생 철저

어패류 매개 기생충 질환의 예방법은 생식을 금하고 가열·조리하여 섭취하는 것이다.

살균 및 소독

★★
1 모든 미생물을 제거하여 무균 상태로 하는 조작은?

① 소독　　　　　② 살균
③ 멸균　　　　　④ 정균

멸균은 모든 미생물의 영양세포 및 포자를 사멸시키는 것이다.

★★★
2 소독을 가장 잘 설명한 것은?

① 모든 미생물을 사멸 또는 발육을 저지시키는 것
② 오염된 물질을 없애는 것
③ 물리 또는 화학적 방법으로 병원미생물을 사멸 또는 병원력을 약화시키는 것
④ 모든 생물을 전부 사멸시키는 것

소독은 물리적·화학적 방법으로 병원미생물을 사멸시키거나 감염력(병원력)을 약화시키는 것이다.

★★★★★
3 다음 작용들은 미생물에 작용하는 강도의 순으로 표시한 것이다. 맞는 것은?

① 멸균 > 소독 > 방부
② 소독 > 방부 > 멸균
③ 방부 > 멸균 > 소독
④ 소독 > 멸균 > 방부

살균 및 소독이 미생물에 작용하는 강도에 따라 멸균 > 살균 > 소독 > 방부로 표시할 수 있다.

★★★★★

4 병원성 미생물의 발육과 그 작용을 저지 또는 정지시켜 부패나 발효를 방지하는 조작은?

① 멸균　　　　　② 응고
③ 산화　　　　　④ 방부

멸균	미생물의 영양세포 및 포자를 사멸시켜 무균상태로 만드는 것
살균	세균, 효모, 곰팡이 등 미생물의 영양세포를 사멸시키는 것
소독	병원미생물의 생활력을 파괴하여 감염력을 없애는 것
방부	미생물의 증식을 억제하여 균의 발육을 저지시켜 부패나 발효를 방지하는 것

★★★★★

5 포자형성균의 멸균에 알맞은 소독법은?

① 자비소독법
② 저온소독법
③ 고압증기멸균법
④ 희석법

세균의 체내에 포자를 형성하는 균은 바실러스속 균과 클로스트리디움속 균 등이며 이들이 형성하는 아포는 내열성이 강해 고압증기멸균법을 사용해야 완전히 사멸시킬 수 있다.

★★★★

6 자외선 살균의 특징으로 틀린 것은?

① 피조물에 조사하고 있는 동안만 살균효과가 있다.
② 비열(非熱) 살균이다.
③ 단백질이 공존하는 경우에도 살균효과에는 차이가 없다.
④ 가장 유효한 살균대상은 물과 공기이다.

자외선 살균은 유기물 특히 단백질이 공존하는 경우 살균효과가 현저히 떨어진다.

★★★

7 회충란을 사멸시킬 수 있는 능력이 가장 강한 것은?

① 저온　　　　　② 건조
③ 습도　　　　　④ 일광

일광의 자외선은 회충란을 사멸시키는 능력이 강하다.

★★

8 감자, 고구마 및 양파와 같은 식품에 뿌리가 나고 싹이 트는 것을 억제하는 효과가 있는 것은?

① 자외선 살균법
② 적외선 살균법
③ 일광 소독법
④ 방사선 살균법

감자, 고구마 및 양파에 같은 식품에 뿌리가 나고 싹이 트는 것을 방지하기 위해 방사선 살균법을 사용한다.

★★★

9 미생물을 살균하는데 사용하는 살균제 또는 소독제가 가져야 할 조건은?

① 침투력이 강할 것
② 독성이 강할 것
③ 냄새가 강할 것
④ 살균력이 약할 것

살균제 또는 소독제의 구비조건
• 살균력이 강할 것
• 침투력이 강할 것
• 용해성이 높을 것
• 표백성이 없을 것
• 금속부식성이 없을 것
• 사용하기 간편하고 값이 쌀 것

★★★★★

10 소독의 지표가 되는 소독제는?

① 석탄산　　　　　② 크레졸
③ 과산화수소　　　④ 포르말린

소독약의 살균력 측정 지표가 되는 소독제는 석탄산이다.

★★

11 식품이 세균에 오염되는 것을 막기 위한 방법으로 바람직하지 않은 것은?

① 식품취급 장소의 위생동물관리
② 식품취급자의 마스크 착용
③ 식품취급자의 손을 역성비누로 소독
④ 식품의 철제 용기를 석탄산으로 소독

석탄산은 금속부식성이 있어 철제용기 등을 소독하면 안 된다.

정답 4 ④　5 ③　6 ③　7 ④　8 ④　9 ①　10 ①　11 ④

★★

12 승홍수에 대한 설명으로 틀린 것은?

① 단백질을 응고시킨다.
② 강력한 살균력이 있다.
③ 금속기구의 소독에 적합하다.
④ 승홍의 0.1%수용액이다.

승홍수는 금속을 부식시키는 성질이 있어 금속기구의 소독에는 적합하지 않다.

★★★★★

13 분변 소독에 가장 적합한 것은?

① 과산화수소
② 알코올
③ 생석회
④ 머큐로크롬

분변소독에 가장 적합한 소독제는 생석회이다.

★★★

14 다음 중 무해하기 때문에 손이나 조리기구 등의 소독에 가장 적당한 것은?

① 역성비누
② 머큐로크롬
③ 알코올
④ 과산화수소

역성비누는 무해하지만 침투력은 강하여 손이나 조리기구, 과일, 야채 등의 소독에 적당하다.

★★

15 과실류, 채소류 등 식품의 살균목적으로 사용되는 것은? (단, 참깨에는 사용금지)

① 초산비닐수지(Polyvinyl Acetate)
② 이산화염소(Chlorine Dioxide)
③ 규소수지(Silicone Resin)
④ 차아염소산나트륨(Sodium Hypochlorite)

차아염소산나트륨은 과실류, 채소류, 식기, 음료수 등을 살균하기 위하여 사용된다.

★★

16 일반적으로 사용되는 소독약의 희석농도로 가장 부적합한 것은?

① 알코올 : 75%에탄올
② 승홍수 : 0.01%의 수용액
③ 크레졸 : 3~5%의 비누액
④ 석탄산 : 3~5%의 수용액

승홍수는 승홍의 0.1% 수용액이다.

★★

17 소독약과 유효한 농도의 연결이 적합하지 않은 것은?

① 알코올 – 5%　　② 과산화수소 – 3%
③ 석탄산 – 3%　　④ 승홍수 – 0.1%

에틸알코올은 70% 농도로 사용한다.

식품첨가물

★★★★★

1 식품위생법상 식품첨가물의 정의는?

① 화학적 수단으로 원소 또는 화합물에 분해반응외의 화학 반응으로 얻은 물질
② 의약으로 섭취하는 것을 제외한 모든 음식물
③ 식품을 제조 · 가공 또는 보존하는 과정에서 감미, 착색, 표백 또는 산화방지 등을 목적으로 식품에 사용되는 물질
④ 식품에 직접 접촉되는 기계, 기구 등의 물건

"식품첨가물"이란 식품을 제조·가공·조리 또는 보존하는 과정에서 감미, 착색, 표백 또는 산화방지 등을 목적으로 식품에 사용되는 물질을 말한다.

★★★★

2 식품첨가물에 대한 설명으로 틀린 것은?

① 식품의 기호성 등을 높이는 것이다.
② 식품의 변질을 방지하기 위한 것이다.
③ 우발적 오염물을 포함한다.
④ 식품제조에 필요한 것이다.

우발적 오염물은 식품첨가물이 아니다.

정답 ▶ 12 ③　13 ③　14 ①　15 ④　16 ②　17 ①　|　1 ③　2 ③

3 ★★★★
식품첨가물의 사용목적이 아닌 것은?

① 변질, 부패방지
② 관능개선
③ 질병예방
④ 품질개량, 유지

> **식품첨가물의 사용목적**
> • 식품의 부패와 변질을 방지
> • 식품의 상품가치 향상
> • 식품의 영양강화
> • 식품의 기호 및 관능의 만족
> • 식품의 제조 및 품질개량

4 ★★★★
식품첨가물의 조건으로 옳지 않은 것은?

① 상품의 가치를 향상시킬 것
② 다량 사용하였을 때 효과가 나타날 것
③ 식품에 나쁜 영향을 주지 않을 것
④ 식품성분 등에 의해서 그 첨가물을 확인 할 수 있을 것

> **식품첨가물이 갖추어야 할 조건**
> • 인체에 무해할 것
> • 미량으로 사용목적을 달성할 수 있을 것
> • 식품에 나쁜 영향을 주지 않을 것
> • 식품의 상품가치를 향상시킬 것
> • 식품의 영양가를 유지해야 할 것
> • 식품성분 등에 의해서 그 첨가물을 확인할 수 있을 것

5 ★★
화학 물질을 조금씩 장기간에 걸쳐 실험동물에게 투여했을 때 장기나 기관에 어떠한 장해나 중독이 일어나는가를 알아보는 시험으로, 최대무작용량을 구할 수 있는 것은?

① 급성독성시험
② 만성독성시험
③ 안전독성시험
④ 아급성독성시험

> • 만성독성시험 : 소량의 시험물질을 장기간에 걸쳐 투여하여 독성을 밝히는 시험
> • 급성독성시험 : 다량의 시험물질을 1회 투여하여 독성을 밝히는 시험
> • 아급성독성시험 : 시험물질을 3개월 이상 연속적으로 투여하여, 그 독성을 밝히는 시험

6 ★★★
식품첨가물 공전은 누가 작성 하는가?

① 대통령
② 국무총리
③ 식품의약품안전처장
④ 한국과학기술원장

> 식품공전 및 식품첨가물 공전은 식품의약품안전처장이 작성하여 공시한다.

7 ★★
보존제의 설명으로 옳은 것은?

① 식품에 발생하는 해충을 사멸 시키는 물질
② 식품의 변질 및 부패의 원인이 되는 미생물을 사멸 시키거나 증식을 억제하는 작용을 가진 물질
③ 식품 중의 부패세균이나 감염병의 원인균을 사멸 시키는 물질
④ 곰팡이의 발육을 억제시키는 물질

> 보존제는 식품의 저장 중 미생물의 증식에 의해 일어나는 부패나 변질을 방지하고 식품의 영양가와 신선도를 보존하기 위하여 사용하는 첨가물이다.

8 ★★★★★
미생물의 발육을 억제하여 식품의 부패나 변질을 방지할 목적으로 사용되는 것은?

① 안식향산나트륨
② 호박산이나트륨
③ 글루타민산나트륨
④ 규소수지

> 식품의 부패나 변질을 방지하는 목적의 식품첨가물은 보존료이며, 안식향산나트륨은 보존료이다.

9 ★★★
식품의 보존료가 아닌 것은?

① 데히드로초산(dehydroacetic acid)
② 소르빈산(sorbic acid)
③ 안식향산(benzoic acid)
④ 아스파탐(aspartam)

> 보존료에는 데히드로초산, 소르빈산, 안식향산, 프로피온산 등이 있으며 아스파탐은 감미료이다.

정답 3 ③ 4 ② 5 ② 6 ③ 7 ② 8 ① 9 ④

10 우리나라에서 간장에 사용할 수 있는 보존료는?

① 프로피온산(Propionic acid)
② 이초산나트륨(Sodium diacetate)
③ 안식향산(Benzoic acid)
④ 소르빈산(Sorbic acid)

데히드로초산	치즈, 버터, 마가린 등
소르빈산	식육·어육 연제품, 잼, 케찹, 과실주 등
안식향산	간장, 청량음료, 알로에즙 등
프로피온산	빵, 과자 및 케이크류
이초산나트륨	빵류, 식용유지, 식육가공품 등

11 유해보존료에 속하지 않는 것은?

① 붕산
② 소르빈산
③ 불소화합물
④ 포름알데히드

붕산, 불소화합물, 포름알데히드, 승홍 등은 보존료 사용이 금지된 유해보존료이다.

12 화학물질에 의한 식중독의 증상 중 틀린 것은?

① 유기인제 농약 – 신경독
② 붕산 – 체중 과다
③ 메탄올 – 시각장애 및 실명
④ 둘신(dulcin) - 혈액독

보존제로 사용되는 붕산은 소화작용을 방해하고 위통, 설사 및 장기들에 장애를 주는 유해 식품첨가물이다.

13 유지의 산패를 차단하기 위해 상승제(Synergist)와 함께 사용하는 물질은?

① 보존제   ② 발색제
③ 항산화제   ④ 표백제

유지의 산패를 막기 위하여 항산화제를 사용하며, 항산화제는 상승제와 같이 사용하면 효과가 더 커진다.

14 다음 중 산화방지를 위해 사용하는 식품첨가물은?

① 아스파탐(aspartame)
② 디부틸히드록시톨루엔(BHT)
③ 이산화티타늄(titanium dioxide)
④ 글리신(glycine)

디부틸히드록시톨루엔은 산화방지제(항산화제)이다.
아스파탐(감미료), 이산화티타늄(착색제), 글리신(조미료)

15 다음 중 산화방지제가 아닌 것은?

① 아스코르브산
② 안식향산
③ 토코페롤
④ BHT

안식향산은 보존제로 사용되는 식품첨가물이다.

16 다음 중 천연 항산화제와 거리가 먼 것은?

① 토코페롤
② 스테비아 추출물
③ 플라본 유도체
④ 고시폴

스테비아라는 식물에서 추출한 스테비오사이드(stevioside)는 설탕의 300배 정도의 단맛을 내는 감미료이다.
 • 천연항산화제 : 토코페롤, 플라본 유도체, 고시폴, 아스코르브산, 세사몰 등

17 참기름에 함유된 항산화 성분은?

① 토코페롤
② 고시폴
③ 세사몰
④ 레시틴

참깨에 많이 들어 있는 세사몰은 천연 항산화제이다.

18 식품 첨가물로서 조미료에 해당하는 것은? ★★

① 글루탐산나트륨
② 아질산나트륨
③ 피로인산나트륨
④ 소르빈산나트륨

아질산나트륨(발색제), 피로인산나트륨(품질개량제), 소르빈산나트륨(보존제)

19 식품의 신맛을 부여하기 위하여 사용되는 첨가물은? ★★

① 산미료   ② 향미료
③ 조미료   ④ 강화제

산미료는 식품에 신맛을 부여하고, 청량감과 상쾌한 자극을 주는 식품첨가물이다. 주석산, 사과산, 구연산, 젖산 등이 있다.

20 사용이 허가된 산미료는? ★★★

① 구연산   ② 계피산
③ 말톨   ④ 초산에틸

계피산(착향료), 말톨(착향료), 초산에틸(착향료)

21 국내에서 허가된 인공감미료는? ★★★★★

① 에틸렌글리콜(ethylene glycol)
② 사카린나트륨(sodium saccharin)
③ 사이클라민산나트륨(sodium cyclamate)
④ 둘신(dulcin)

사카린나트륨은 김치류, 젓갈류, 음료 등에 제한적으로 사용이 허가된 인공감미료이다. 에틸렌글리콜, 사이클라민산나트륨(사이클라메이트), 둘신 등은 유해 인공감미료이다.

22 유해감미료에 속하는 것은? ★★★

① 둘신   ② D-소르비톨
③ 자일리톨   ④ 아스파탐

• 인공감미료 : 사카린나트륨, 아스파탐, D-소르비톨, 자일리톨
• 유해감미료 : 둘신, 사이클라민산나트륨(사이클라메이트) 등

23 인공감미료에 대한 설명으로 틀린 것은? ★★★

① 사카린나트륨은 사용이 금지되었다.
② 식품에 감미를 부여할 목적으로 첨가된다.
③ 화학적 합성품에 해당된다.
④ 천연물 유도체도 포함되어 있다.

사카린나트륨은 김치류, 젓갈류,음료 등에 제한적으로 사용되는 허가된 인공감미료이다.

24 사용이 금지된 착색료는? ★★★

① β – 카로틴(β-Carotene)
② 삼이산화철(Ironsesqui oxide)
③ 수용성 안나토(Annato water soluble)
④ 로다민 B(Rodamine B)

유해착색료
아우라민, 로다민 B, 수단색소 등

25 식품첨가물 중 유해한 착색료는? ★★★★★

① 아우라민(auramine)
② 둘신(dulcin)
③ 롱가릿(rongalite)
④ 붕산(boric acid)

유해 첨가물로 사용이 금지되어 있는 착색료는 아우라민, 로다민 B, 수단색소 등이 있다.
둘신(유해감미료), 롱가릿(유해표백제), 붕산(유해보존제)

26 색소를 함유하고 있지는 않지만 식품 중의 성분과 결합하여 색을 안정화시키면서 선명하게 하는 식품첨가물은? ★★★★

① 보존료
② 발색제
③ 산화방지제
④ 착색료

발색제는 식품에 존재하는 색소와 결합하여 식품의 색을 보다 선명하게 하거나 본래의 색을 유지시키는 식품첨가물이다.

정답 18 ① 19 ① 20 ① 21 ② 22 ① 23 ① 24 ④ 25 ① 26 ②

27 식품 중에 존재하는 색소 단백질과 결합함으로써 식품의 색을 보다 선명하게 하거나 안정화시키는 첨가물은?

① 질산나트륨(sodium nitrate)
② 동클로로필린나트륨(sodium chlorophyll)
③ 삼이산화철(iron sesquioxide)
④ 이산화티타늄(titanium dioxide)

- 발색제 : 식품 중에 존재하는 색소 단백질과 결합함으로써 식품의 색을 보다 선명하게 하거나 안정화시키는 첨가물이다.
- 종류 : 아질산나트륨, 질산나트륨, 질산칼륨, 황산제1철 등

28 사용이 허가된 발색제는?

① 폴리아크릴산나트륨
② 알긴산프로필렌글리콜
③ 카르복시메틸스타치나트륨
④ 아질산나트륨

허용된 발색제
- 육류 발색제 : 아질산나트륨, 질산나트륨, 질산칼륨
- 식물성 발색제 : 황산제일철

29 우리나라에서 허가된 발색제가 아닌 것은?

① 아질산나트륨　　　② 황산제일철
③ 질산칼륨　　　　　④ 아질산칼륨

허가된 발색제로는 아질산나트륨, 질산나트륨, 질산칼륨, 황산제1철 등이며 아질산칼륨은 유해한 발색제로 식품첨가물로 지정되어 있지 않다.

30 다음 중 유해성 표백제는?

① 포름알데히드(formaldehyde)
② 아우라민(auramine)
③ 사이클라메이트(cyclamate)
④ 롱가릿(rongalite)

유해 표백제 : 롱가릿, 형광표백제, 삼염화질소 등
포름알데히드(유해보존제), 아우라민(유해착색제), 사이클라메이트(유해감미료)

31 식품위생상 문제가 되지 않는 경우는?

① 단맛과 청량감을 위해 설탕과 둘신을 혼합하여 사용하였다.
② 아우라민 색소를 단무지의 착색에 사용하였다.
③ 두부를 만들기 위해 응고제로 글루코노델타락톤을 사용하였다.
④ 고춧가루의 색을 붉게 하기 위해 수단을 사용하였다.

글루코노델타락톤(GDL)은 두부 응고제로 사용되는 식품 첨가물로 균일하게 녹고 천천히 반응하여 균일하고 부드러운 두부를 만들어준다.
둘신(유해감미료), 아우라민(유해착색제), 수단(유해색소)

32 강한 유화작용을 갖고 있어 지방질 식품들의 유화제로서 사용되고 있는 것은?

① 왁스　　　　　　　② 스테로이드
③ 맥아당　　　　　　④ 레시틴

난황이나 대두에 많이 들어있는 레시틴은 천연유화제로 사용된다.

33 식품의 점착성을 증가시키고 유화 안정성을 좋게 하는 것은?

① 호료　　　　　　　② 팽창제
③ 강화제　　　　　　④ 용제

호료는 식품의 점착성 증가(증점제), 유화 안정성 향상(안정제)로 사용되는 식품첨가물이다.

34 해조류에서 추출한 성분으로 식품에 점성을 주고 안정제, 유화제로서 널리 이용되는 것은?

① 알긴산(Alginic acid)
② 펙틴(Pectin)
③ 젤라틴(Gelatin)
④ 이눌린(Inulin)

알긴산은 갈조류의 세포막 성분으로 미역, 다시마에 함유되어 있는 성분으로 식품의 안정제나 유화제로 널리 사용되는 식품첨가물이다.

정답 27 ① 28 ④ 29 ④ 30 ④ 31 ③ 32 ④ 33 ① 34 ①

★★★★★

35 과일이나 과채류를 채취 후 선도 유지를 위해 표면에 막을 만들어 호흡 조절 및 수분 증발 방지의 목적에 사용되는 것은?

① 품질개량제　　　② 이형제
③ 피막제　　　　　④ 강화제

피막제는 식품의 외형에 보호막을 만들거나 광택을 부여하는 식품첨가물로 몰포린지방산염, 왁스 등이 있다.

★★★

36 밀가루의 표백과 숙성에 사용되는 식품첨가물 개량제는?

① 염화암모늄
② 과산화벤조일
③ 무수아황산
④ 과산화수소

밀가루 개량제로는 과산화벤조일, 과황산암모늄, 이산화염소, 브롬산칼륨 등이 있다.

★★★

37 다음 식품 첨가물 중 주요목적이 다른 것은?

① 과산화벤조일
② 과황산암모늄
③ 이산화염소
④ 아질산나트륨

밀가루 개량제로 사용되는 첨가물들이며 아질산나트륨은 발색제이다.

★★★★★

38 빵을 구울 때 기계에 달라붙지 않고 분할이 쉽도록 하기 위하여 사용하는 첨가물은?

① 조미료
② 이형제
③ 피막제
④ 유화제

이형제는 구운 빵이 기계에 달라붙지 않도록 도와주는 첨가물이다.

★★★

39 유동파라핀의 용도는?

① 껌기초제　　　② 이형제
③ 소포제　　　　④ 추출제

이형제는 빵을 구울 때 기계에서 빵을 쉽게 분리하기 위하여 사용하는 첨가물이며, 유동파라핀만 허용되어 있다.

★★★★

40 빵을 비롯한 밀가루제품에서 밀가루를 부풀게 하여 적당한 형태를 갖추게 하기 위해 사용되는 첨가물은?

① 팽창제
② 유화제
③ 피막제
④ 산화방지제

팽창제는 빵이나 과자 등 밀가루 제품에서 밀가루를 부풀게 하여 조직을 연하게 하고 기호성을 높이기 위한 식품첨가물로 탄산수소나트륨, 효모 등이 있다.

★★★

41 식품의 제조공정 중에 발생하는 거품을 제거하기 위해 사용되는 식품첨가물은?

① 소포제
② 발색제
③ 살균제
④ 표백제

식품의 제조공정 중 발생하는 거품을 제거하기 위하여 사용하는 식품첨가물은 소포제이며 규소수지가 사용된다.

★★★★

42 식품의 조리·가공 시 거품이 발생하여 작업에 지장을 주는 경우 사용하는 식품첨가물은?

① 규소수지(silicone resin)
② 몰포린지방산염(moepholine salts of fatty acids)
③ n-헥산(n-hexane)
④ 유동파라핀(liquid paraffin)

소포제는 식품 제조 시 거품 생성을 방지하거나 감소시키기 위해 사용되는 식품첨가물로서 규소수지가 대표적이다.

★★
43 식용유 제조 시 사용되는 식품첨가물 중 n-hexane(헥산)의 용도는?

① 추출제   ② 유화제
③ 향신료   ④ 보존료

n-hexane(헥산)은 유지의 추출을 용이하게 만들어주는 추출제이다.

★★
44 껌 기초제로 사용되며 피막제로도 사용되는 식품첨가물은?

① 초산비닐수지   ② 에스테르검
③ 폴리이소부틸렌   ④ 폴리소르베이트

초산비닐수지는 츄잉껌의 기초제 및 과실 등의 피막제로 사용된다.

★★★
45 식품첨가물에 대한 설명으로 틀린 것은?

① 보존료는 식품의 미생물에 의한 부패를 방지할 목적으로 사용된다.
② 규소수지는 주로 산화방지제로 사용된다.
③ 과산화벤조일(희석)은 밀가루 이외의 식품에 사용하여서는 안 된다.
④ 과황산암모늄은 밀가루 이외의 식품에 사용하여서는 안 된다.

규소수지는 소포제로 거품을 없애는 목적으로 사용된다.

★★
46 식품첨가물의 사용이 잘못된 경우는?

① 값이 싸고 색이 아름다우며 사용상 편리하여 과자를 만들 때 아우라민(auramine)을 사용하였다.
② 허용된 첨가물이라도 과용하면 식중독이 유발될 수 있으므로 사용량을 잘 지켜 사용하였다.
③ 롱가릿은 밀가루 또는 물엿의 표백작용이 있으나 독성물질의 잔류 때문에 사용하지 않았다.
④ 보존료로서 식품첨가물로 지정되어 있는 것은 사용기준이 정해져 있으므로 이를 잘 지켜 사용하였다.

아우라민은 예전에 단무지 등에 많이 사용하였으나 독성이 강하여 현재는 사용이 금지되어 있는 유해착색제이다.

★★
47 식품첨가물과 사용목적을 표시한 것 중 잘못된 것은?

① 글리세린-용제
② 초산비닐수지-껌기초제
③ 탄산암모늄-팽창제
④ 규소수지-이형제

규소수지는 거품 생성을 방지하거나 감소시키는 소포제로 사용된다. 이형제로는 유동 파라핀만 허용되어 있다.

★★
48 사용목적별 식품첨가물의 연결이 틀린 것은?

① 착색료 : 철클로로필린나트륨
② 소포제 : 초산비닐수지
③ 표백제 : 메타중아황산칼륨
④ 감미료 : 사카린나트륨

초산비닐수지는 피막제로 사용되는 식품첨가물이다.
소포제는 규소수지만 허용되어 있다.

★★★
49 식품첨가물의 주요용도 연결이 옳은 것은?

① 삼이산화철 – 표백제
② 이산화티타늄 – 발색제
③ 명반 – 보존료
④ 호박산 – 산도 조절제

호박산은 청주, 조개, 김치 등에서 신맛을 내는 유기산으로 산도조절제로 사용된다.
삼이산화철(착색제), 이산화티타늄(착색제), 명반(팽창제)

정답 43 ① 44 ① 45 ② 46 ① 47 ④ 48 ② 49 ④

유해물질

1 ★★★★
중금속에 대한 설명으로 옳은 것은?

① 생체와의 친화성이 거의 없다.
② 다량이 축적될 때 건강장애가 일어난다.
③ 비중이 4.0 이하의 금속을 말한다.
④ 생체기능유지에 전혀 필요하지 않다.

중금속은 비중이 4.0 이상의 무거운 금속원소를 말하며, 다량이
축적될 때 건강장애를 일으킨다. 아연, 망간, 코발트와 같은 중금
속은 인간의 생체 내에서 대사에 관여하는 효소의 성분으로 부족
할 때 결핍증을 일으키기도 한다.

2 ★★★
카드뮴이나 수은 등의 중금속 오염 가능성이 가장
큰 식품은?

① 육류   ② 어패류
③ 식용유   ④ 통조림

공장폐수나 농약 등에 들어있는 중금속이 빗물에 씻기어 하천으
로 모이면 어패류에 축적되고 그 어패류를 먹는 사람도 중금속이
축적되어 식중독을 일으킨다.

3 ★★★★★
중독될 경우 소변에서 코프로포르피린(copropor-
phyrin)이 검출될 수 있는 중금속은?

① 크롬(Cr)
② 시안화합물(CN)
③ 철(Fe)
④ 납(Pb)

납 중독은 호흡과 경구침입에 의해 발생하여 중추신경장애, 연연
등을 일으키며 소변에서 코프로포르피린이 검출된다.

4 ★★★★
카드뮴 만성중독의 주요 증상이 아닌 것은?

① 빈혈
② 신장 기능 장애
③ 폐기종
④ 단백뇨

카드뮴에 중독되면 신장기능장애, 폐기종, 단백뇨, 골연화증 등을
일으킨다. 빈혈은 납 중독 시 나타나는 증상이다.

5 ★★★★
다음에서 설명하는 중금속은?

• 도료, 제련, 배터리, 인쇄 등의 작업에 많이 사용
되며 유약을 바른 도자기 등에서 중독이 일어날
수 있다.
• 중독 시 안면 창백, 연연(鉛緣), 말초 신경염 등의
증상이 나타난다.

① 납   ② 주석
③ 비소   ④ 구리

납은 도료, 제련, 배터리, 인쇄 등의 작업에 많이 사용되며, 유약
을 바른 도자기 등에서 중독이 일어날 수 있다. 중독 시 안면창백,
말초 신경염 등의 증상이 나타난다.

6 ★★★★
칼슘(Ca)과 인(P)의 대사 이상을 초래하여 골연화증
을 유발하는 유해금속은?

① 철(Fe)   ② 카드뮴(Cd)
③ 은(Ag)   ④ 주석(Sn)

이타이이타이병 : 칼슘과 인의 대사 이상을 초래하여 골연화증을
유발하는데 카드뮴 중독이 원인이다.

7 ★★★★★
다음 중 이타이이타이병의 유발물질은?

① 수은   ② 납
③ 칼슘   ④ 카드뮴

이타이이타이병은 카드뮴의 중독병이며 칼슘과 인의 대사 이상
을 초래하여 골연화증을 유발하며 신장에 장애를 일으켜 칼슘의
배설을 증가시킨다.

8 ★★★
미나마타(Minamata)병의 원인이 되는 오염유형과
물질의 연결이 옳은 것은?

① 수질오염 – 수은
② 수질오염 – 카드뮴
③ 방사능오염 – 구리
④ 방사능오염 – 아연

미나마타병은 수은의 만성중독증으로 유기수은으로 오염된 수질
에서 잡은 어패류의 섭취가 주원인이다.

정답 ▶ 1② 2② 3④ 4① 5① 6② 7④ 8①

★★★★★

9 통조림관의 주성분으로 과일이나 채소류 통조림에 의한 식중독을 일으키는 것은?

① 구리　　　　　② 아연
③ 주석　　　　　④ 카드뮴

통조림의 금속을 보호하기 위하여 주석도금을 하는데 내용물이 산성인 경우 주석이 용출되어 주석 중독을 일으킨다.

★★★

10 과일 통조림으로부터 용출되어 구토, 설사, 복통의 중독 증상을 유발할 가능성이 있는 물질은?

① 안티몬
② 주석
③ 크롬
④ 구리

주석도금한 통조림의 내용물 중 질산이온이 높은 경우에 캔으로부터 주석이 용출되어 중독을 일으키며 구토, 복통, 설사 증상을 보인다.

★★

11 만성중독 시 비점막 염증, 피부궤양, 비중격천공 등의 증상을 나타내는 것은?

① 수은
② 벤젠
③ 카드뮴
④ 크롬

크롬에 만성중독되면 비점막 염증, 피부궤양, 비중격천공, 인두염 등의 증상을 나타낸다.

★★

12 비소 화합물에 의한 식중독 유발사건과 관계가 먼 것은?

① 아미노산 간장에 비소 물질이 함유되어서
② 주스 통조림관의 녹이 주스에 이행되어서
③ 비소 화합물이 밀가루 등으로 오인되어서
④ 비소제 살충제의 농작물 잔류에 의해서

산성의 내용물을 가진 통조림의 주석이 용출되어 식중독을 일으킨다.

★★★★

13 만성중독의 경우 반상치, 골경화증, 체중감소, 빈혈 등을 나타내는 물질은?

① 붕산
② 불소
③ 승홍
④ 포르말린

불소가 많이 함유된 물을 음용하면 반상치, 골경화증, 체중감소, 빈혈 등의 원인이 되며, 불소가 적으면 치아우식증(충치)의 원인이 된다. 불소는 수중에 0.8~1ppm이 적당하다.

★★★

14 중금속과 중독 증상의 연결이 잘못된 것은?

① 카드뮴 – 신장기능 장애
② 크롬 – 비중격천공
③ 수은 – 홍독성 홍분
④ 납 – 섬유화 현상

납중독은 중추신경장애, 피부창백, 연연, 위장장애 등을 일으킨다.

★★

15 중금속에 의한 중독과 증상을 바르게 연결한 것은?

① 납 중독 – 빈혈 등의 조혈장애
② 수은 중독 – 골연화증
③ 카드뮴 중독 – 흑피증, 각화증
④ 비소 중독 – 사지마비, 보행장애

• 납 중독 : 빈혈 등의 조혈장애, 피부창백, 연연, 중추신경장애
• 수은 중독 : 미나마타병, 근육경련, 구내염, 언어장애
• 카드뮴 중독 : 이타이이타이병, 신장기능장애, 골연화증
• 비소 중독 : 구토, 설사, 근육통, 습진성 피부질환

★★★★

16 에탄올 발효 시 생성되는 메탄올의 가장 심각한 중독 증상은?

① 경기　　　　　② 환각
③ 구토　　　　　④ 실명

메틸알코올(메탄올)은 에탄올 발효 시 펙틴이 있으면 생성되는 물질로 시신경의 염증으로 인한 실명의 원인이 되는 물질이다.

정답 9 ③ 10 ② 11 ④ 12 ② 13 ② 14 ④ 15 ① 16 ④

17 알코올발효에서 펙틴이 있으면 생성되기 때문에 과실주에 함유되어 있으며, 과잉 섭취 시 두통, 현기증 등의 증상을 나타내는 것은?

① 메탄올
② 포르말린
③ 승홍
④ 붕산

메탄올(메틸알코올)은 에탄올 발효 시 펙틴이 있을 때 생성된다. 시신경 염증, 시각장애를 초래하게 되고 심하면 호흡곤란으로 사망하기도 한다.

18 육류의 발색제로 사용되는 아질산염이 산성조건에서 식품 성분과 반응하여 생성되는 발암성 물질은?

① 니트로사민(nitrosamine)
② 벤조피렌(benzopyrene)
③ 포름알데히드(formaldehyde)
④ 지질 과산화물(aldehyde)

육가공품의 발색제로 사용되는 아질산나트륨은 육류에 들어있는 아민과 결합하여 N-니트로사민이라는 발암물질을 만들어낸다.

19 식품의 조리 가공, 저장 중에 생성되는 유해물질 중 아민이나 아미드류와 반응하여 니트로소 화합물을 생성하는 성분은?

① 지질 　　　　　 ② 아황산
③ 아질산염 　　　 ④ 삼염화질소

아질산염은 주로 육류의 발색제로 사용되는 물질이며 육류의 아민과 반응하여 발암물질인 니트로소아민을 생성한다.

20 헤테로고리 아민류(Heterocyclic Amines)에 대한 설명으로 틀린 것은?

① 구워 태운 생선, 육류 및 그 제조 · 가공품에서 생성된다.
② 강한 돌연 변이 활성을 나타내는 물질을 함유한다.
③ 단백질이나 아미노산의 열분해의 의해 생성된다.

④ 변이원성 물질은 낮은 온도로 구울 때 많이 생성된다.

헤테로고리 아민류는 육류나 생선을 고온으로 조리할 때 육류나 생선에 존재하는 아미노산과 크레아틴이 반응하여 만드는 고리형태의 물질들로 세계보건기구에서 발암물질로 추정하고 있다.

21 식품에 존재하는 유기물질을 고온으로 가열할 때 단백질이나 지방이 분해되어 생기는 유해물질은?

① 에틸카바메이트(Ethylcarbamate)
② 다환방향족탄화수소(Polycyclic Aromatic Hydrocarbon)
③ 엔-니트로소아민(N-Nitrosoamine)
④ 메탄올(Methanol)

PAH(Polycyclic Aromatic Hydrocarbon) : 산소가 부족한 상태에서 식품을 가열할 때 단백질이나 지방이 분해되어 발생하는 발암물질이다. 훈연제품, 구운 생선류, 불고기 등에서 많이 생성된다.

22 육류의 직화구이 및 훈연 중에 발생하는 발암물질은?

① 아크릴아마이드(Acrylamide)
② 니트로사민(N-nitrosamine)
③ 에틸카바메이트(Ethylcarbamate)
④ 벤조피렌(Benzopyrene)

벤조피렌은 다환방향족 탄화수소이며, 육류의 직화 구이 및 훈연 조리 시 발생하는 발암물질이다.

23 파라티온(parathion), 말라티온(malathion)과 같이 독성이 강하지만 빨리 분해되어 만성중독을 일으키지 않는 농약은?

① 유기인제 농약
② 유기염소제 농약
③ 유기불소제 농약
④ 유기수은제 농약

유기인제 농약은 체내에 흡수되어 콜린에스테라아제의 작용을 억제하여 신경독성을 나타내며, 파라티온, 말라티온, 테프 등이 있다.

정답 **17** ① **18** ① **19** ③ **20** ④ **21** ② **22** ④ **23** ①

24 식품을 조리 또는 가공할 때 생성되는 유해물질과 그 생성 원인을 잘못 짝지은 것은? ★★★

① 엔-니트로소아민(N-nitrosoamine) - 육가공품의 발색제 사용으로 인한 아질산과 아민과의 반응 생성물
② 다환방향족탄화수소(polycyclicaromatic hydrocarbon) - 유기물질을 고온으로 가열할 때 생성되는 단백질이나 지방의 분해생성물
③ 아크릴아미드(acrylamide) - 전분식품 가열 시 아미노산과 당의 열에 의한 결합반응 생성물
④ 헤테로고리아민(heterocyclic amine) - 주류 제조 시 에탄올과 카바밀기의 반응에 의한 생성물

> 헤테로고리 아민류는 육류나 생선을 고온으로 조리할 때 육류나 생선에 존재하는 아미노산과 크레아틴이 반응하여 만드는 고리 형태의 물질들로 세계보건기구에서 발암물질로 추정하고 있다.

25 열경화성 합성수지제 용기의 용출시험에서 가장 문제가 되는 유독 물질은? ★★

① 메탄올
② 아질산염
③ 포름알데히드
④ 연단

> 포름알데히드는 메탄올의 산화로 얻는 자극성 냄새를 갖는 가연성 무색기체로 페놀, 멜라민, 요소 등과 반응하여 각종 열경화성 수지를 만드는 원료로 사용된다. 독성이 매우 강하여 현기증, 구토, 설사, 경련과 같은 급성중독증이나 독성 폐기종으로 사망할 수도 있다.

26 훈연 시 발생하는 연기성분에 해당하지 않는 것은? ★★★

① 페놀(phenol)
② 포름알데히드(formaldehyde)
③ 개미산(formic acid)
④ 사포닌(saponin)

> 훈연 시 발생하는 연기성분에는 항균효과가 있어 미생물의 증식을 억제한다.
> 사포닌 : 콩, 인삼, 도라지 등에 들어 있는 성분이다.

27 식품 오염과 관련하여 위생상 문제가 되는 방사능물질과 관계가 적은 것은? ★★★

① Sr - 90
② I - 131
③ Co-60
④ Cs - 137

> 식품이 방사능에 오염되어 위생상 문제가 되는 방사선 핵종은 세슘-137(Cs-137), 스트론튬-90(Sr-90), 요오드-131(I-131) 등이 있다. 코발트 60(Co-60)은 방사선 치료 및 살균에 사용된다.

Korea food Cook Certification

SECTION 04 식중독

[출제문항수 : 4~6문제] 이 섹션은 비중이 높은 만큼 꼼꼼히 공부하셔서 점수를 확보하시는 것이 좋습니다.

01 식중독 일반

1 식중독의 개요

① 식중독 : 식품 섭취로 인하여 인체에 유해한 미생물 또는 유독물질에 의하여 발생하였거나 발생한 것으로 판단되는 감염성 질환 또는 독소형 질환

② 식중독의 원인 : 세균, 세균이 생산한 독소, 자연유독물 및 유해화학물질의 식품오염 또는 식품 첨가에 의해 발생

③ 식중독의 분류

구분		종류
세균성	감염형	살모넬라균, 장염 비브리오균, 병원성 대장균 등
	독소형	황색포도상구균, 클로스트리디움 보툴리늄, 클로스트리디움 퍼프린젠스(웰치균) 등
자연독	동물성	복어(테트로도톡신), 섭조개(삭시톡신), 모시조개, 굴(베네루핀) 등
	식물성	버섯독(무스카린), 감자(솔라닌, 셉신) 등
곰팡이독		아플라톡신(간장독), 맥각독, 황변미중독 등
기타		알레르기성 식중독(히스타민), 노로바이러스 식중독 등
화학물질		유해물질, 불량첨가물, 환경오염 등의 화학물질이 원인인 식중독

2 식인성 병해 생성요인

내인성 위해물질	식품 내부에서 기인한다는 의미로 식품 자체가 가지고 있는 세균, 자연독 등의 물질 예 감자의 솔라닌, 복어의 테트로도톡신 등
외인성 위해물질	식품 자체에는 함유되어 있지 않지만 생산, 제조, 유통 및 조리 과정에서 외부로부터 함유되는 물질 예 농약, 식품첨가물 등의 생물적, 인위적 첨가물질
유기성 위해물질	식품의 조리, 가공, 제조, 저장, 유통 등의 과정에서 식품성분이 변화하여 생성되는 물질 예 엔-니트로소화합물, 3-4 벤조피렌, 아크릴아마이드 등

③ 식중독의 조사 보고

① 다음의 어느 하나에 해당하는 자는 지체없이 관할 시장·군수·구청장에게 보고하여야 한다.

- 식중독 환자, 식중독이 의심이 되는 증세를 보이는 자를 진단하였거나 그 사체를 검안한 의사, 한의사
- 집단급식소에서 제공한 식품등으로 인하여 식중독 환자나 식중독으로 의심되는 증세를 보이는 자를 발견한 집단급식소의 설치·운영자

② 환자의 혈액, 가검물과 원인식품은 원인 조사 시까지 보관하여야 한다.

④ 식중독 발생 시 조치 및 주의사항

식후 얼마 지나지 않았을 경우는 소금물을 먹인 후 입안을 자극하여 토해내게 한다.

① 몸을 보온하고 쇼크를 방지한다.

② 경련 증상을 보이면 혀를 깨물지 않도록 가제를 말아 환자의 입에 물린다.

③ 구토와 설사를 동반하여 탈수현상이 나타나기 때문에 물을 충분히 섭취시킨다.

④ 즉시 의사에게 진단하도록 하며, 의사의 진단 없이 항생제나 소화제를 복용하지 않는다.

02 세균성 식중독

① 세균성 식중독의 주요 특징

① 발병하는 식중독의 대부분을 차지한다.

② 두통, 구역질, 구토, 복통(급성위장염), 설사 등의 증상을 나타내며, 가장 대표적인 증상은 급성위장염이다.

③ 감염 후 면역성이 획득되지 않는다.

② 종류

구분	원인균
감염형 식중독	살모넬라균, 장염 비브리오균, 병원성 대장균 등
독소형 식중독	포도상구균, 클로스트리디움 보툴리눔균, 웰치균 등

③ 세균성 식중독의 예방

① 위생적인 원재료를 사용한다.

② 식품을 냉장 및 냉동 보관하여 오염균의 발육 및 증식을 방지한다.

③ 식품취급자의 위생을 청결이 하고, 위생복, 위생장갑, 마스크 등의 위생용품을 사용한다.

④ 식품은 가열하여 식중독균 또는 독소를 제거하고 섭취한다.

⑤ 한 번에 먹을 수 있는 분량만 조리하고, 조리된 식품은 빠른 시간 내에 섭취한다.

⑥ 유통기한이 경과하였거나 불확실한 식품, 부패·변질이 우려되는 식품은 과감히 버린다.

⑦ 행주, 도마, 칼, 식기, 조리기구 등을 잘 세척하고, 소독하여 2차 오염을 방지한다.

●─ 함께 알아두기

▶ 세균성 식중독의 구분
- 감염형 : 원인균 자체가 식중독의 원인
- 독소형 : 세균이 식품 안에서 증식할 때 생성되는 독소가 원인

⑧ 화농성 질환자의 식품 취급을 금지한다.

⑨ 식품위생, 개인위생, 주변 및 기구 등의 위생에 대한 교육을 철저히 한다.

03 세균성 식중독 - 감염형

1 감염형 식중독의 특성

식품 내에 미생물이나 세균이 다량 증식한 식품을 섭취하여 발병한다.

① 세균이나 미생물 자체가 식중독의 원인이다.

② 다량의 세균을 섭취하거나 체내에서 증식하였을 때 발병한다.

③ 장관점막에 위해를 끼쳐 발열, 복통, 설사 등의 증세를 나타낸다.

2 감염형 세균성 식중독의 종류

1) 살모넬라 식중독

원인균	살모넬라균
특징	• 가장 심한 발열을 일으키는 식중독 • 그람음성간균, 호기성 또는 통성 혐기성균 • 발육 적온은 37℃이며, 10℃이하에서는 거의 발육하지 않는다. • 최적 pH 7~8, 주모성 편모가 있다. • 장티푸스를 일으키는 것도 있다. • 쥐, 파리, 바퀴벌레 등에 의해 식품이 오염되어 발생한다.
잠복기	12~48시간(평균 20시간)
증상	복통, 설사 등의 급성 위장증세와 발열
원인식품	어패류, 육류, 달걀, 우유 및 유제품 등의 식육제품
예방대책	• 열에 약하여 60℃에서 20~30분 가열처리하면 사멸 • 10℃ 이하에서 냉장보관 • 쥐, 파리, 바퀴벌레 등의 위생해충 구제

2) 장염비브리오 식중독

원인균	비브리오균
특징	• 그람음성간균, 통성혐기성균 • 호염성 세균(3~4%의 식염농도에서도 잘 발육) • 해수세균으로 7~8월에 집중적으로 발생 • 해산 어패류의 생식이 주요 발생원인
잠복기	8~20시간(평균 12시간)
증상	수양성 설사, 복통 등의 급성위장염
원인식품	어패류, 조리기구 등을 통한 2차 감염
예방대책	• 어패류의 생식금지 • 냉장보관(저온에서 증식하지 못함) 및 가열(60℃에서 5분정도) • 행주 등 조리기구의 소독 및 청결관리

3) 병원성 대장균 식중독

병원성 대장균은 주로 인체의 장내에 서식하는 대장균 중에서 병원성이 있는 것을 말한다. 동물의 배설물이나 우유가 오염의 주원인이다.

원인균	병원성 대장균(O-157:H7 등)
특징	그람음성간균
잠복기	10~30시간(평균 12시간)
증상	발열, 복통, 설사, 구토
원인식품	우유, 가정에서 만든 마요네즈
예방대책	용변 후 손 세척, 분뇨의 위생적 처리

세균성 식중독 - 독소형

◼ 독소형 세균성 식중독의 특성

식품 안에서 세균이 증식할 때 생기는 독소에 의해 발병한다.

◼ 독소형 세균성 식중독의 종류

1) 포도상구균(Staphylococcus) 식중독

포도상구균은 화농성 질환의 대표적인 식품균으로, 특히 황색포도상구균이 사람에 대한 병원성을 나타낸다.

원인균	포도상구균(황색포도상구균)
특징	• 그람양성의 구균 • 화농성 질환자의 식품취급이 대표적인 감염원인 • 장 독소인 엔테로톡신(Enterotoxin) 생산 • 일반가열조리법으로 예방이 가장 어렵다. • 균체는 열에 약하나 생성된 독소(엔테로톡신)는 열에 매우 강함
잠복기	잠복기가 가장 짧다.(1~5시간 정도)
증상	구토, 설사, 복통 등의 급성위장염
원인식품	김밥, 떡, 우유, 도시락 등
예방대책	화농성질환자의 식품 취급 금지

2) 클로스트리디움 보툴리늄균(Clostridium botulinum) 식중독

열에 강한 포자를 형성하는 포자형성균이며, 산소를 기피하는 편성혐기성균으로 통조림·병조림·소시지 등의 진공포장식품에서 식중독을 일으키는 균이다.

원인균	보툴리누스균(A~G형이 있으며 이 중 A, B, E, F형이 식중독을 일으킴)
특징	• 신경독소인 뉴로톡신(Neurotoxin) 생성 • 형성된 포자(아포)는 열과 소독약에 강하다.(뉴로톡신은 열에 약함) • 치명률(치사율)이 매우 높음 • 그람양성간균, 편성혐기성균

▶ Clostridium속
편성혐기성의 아포(芽胞)를 형성하는 그람양성의 간균군이다. 원래 토양균으로, 포자형태로 자연계나 사람, 동물의 장관에 널리 분포되어 식중독의 원인이 된다. 병원성이 있는 것은 파상풍균, 보툴리누스균, 웰치균 등이 있다. 파상풍균과 보툴리누스균은 신경독(뉴로톡신), 웰치균은 장독소(엔테로톡신)를 생성한다.

Section 04 | 식중독 67

잠복기	12~36시간
증상	사시, 동공확대, 언어장애, 호흡장애 등의 신경마비증상 및 두통, 현기증 등
원인식품	햄, 소시지, 통조림 등의 진공포장식품
예방대책	음식물의 가열처리 및 통조림 등 원인식품의 철저한 살균

3) 클로스트리디움 퍼프린젠스(Clostridium perfringens) 식중독 - 웰치(Welchii)균

클로스트리디움 퍼프린젠스균(웰치균)은 아포를 형성하는 클로스트리디움속의 편성혐기성균으로 아포형성 시 생성되는 내열성 장관독소(엔테로톡신)의 존재가 확인되기 전까지 감염형으로 구분되었다.

원인균	웰치균(A~E형 중 A형이 식중독을 일으킨다.)
특징	• 그람양성간균, 편성혐기성균 • 장독소(엔테로톡신) 생성 • 내열성의 아포 생성
잠복기	8~20시간(평균 12시간)
증상	설사, 복통, 구토
원인식품	식육과 어패류 및 그 가공품(통·병조림 등), 식물성 단백질 식품 등
예방대책	분변오염방지, 식품의 가열조리 및 저장 시 급속냉각(10℃ 이하나 60℃ 이상에서 보존)

▶ 시중에 나와있는 교재에서는 거의 대부분이 웰치균을 감염형으로 구분하고 있습니다. 장독소(엔테로톡신)가 발견되기 전까지는 감염형으로 분류되었기 때문인데, 최근 조리기능사시험에서는 웰치균이 감염형인지 독소형인지를 묻는 문제는 출제되지 않고 있으며, 제과제빵 시험에서 독소형으로 분류한 문제가 출제되었으므로 독소형으로 공부하시는 것이 맞습니다.

식중독균의 핵심 포인트 정리

구분	식중독균	주요 특징	비고
감염형	살모넬라	• 가장 심한 발열을 일으킴 • 쥐, 파리, 바퀴벌레, 가축이 오염원 • 예방 : 열에 약하여 60℃에서 30분 가열	그람음성간균
	장염비브리오	• 3~4% 식염농도에서 잘 서식하는 호염성 해수세균 • 예방 : 어패류 생식금지, 냉장보관, 가열(60℃ 5분정도)	
	병원성 대장균	• 대표균 O157:H7	
독소형	포도상구균	• 잠복기가 가장 짧고, 일반가열조리법으로 예방이 가장 어려움 • 화농성질환의 대표적인 식품균 - 화농성 질환자의 식품취급 금지 • 김밥, 떡, 우유, 도시락 등이 오염원 • 장독소(엔테로톡신) 생성 - 열에 매우 강함	그람양성구균
	클로스트리디움 보툴리늄균	• 편성혐기성균으로 통·병조림 등의 진공식품에서 생육 • 열에 강한 아포를 형성하고, 신경독소인 뉴로톡신 생성 • 사시, 동공확대, 언어장애 등의 신경마비증상을 나타냄	
	웰치균	• 편성혐기성균으로 진공포장된 단백질 식품에서 주로 발생 • 열에 강한 아포를 형성하고, 장독소(엔테로톡신) 생성	

05 ▼ 자연독 식중독

자연독 식중독은 동 · 식물체 중에서 자연적으로 생산되는 독소를 섭취했을 때 발병한다. 자연독 식중독에는 동물성 식중독과 식물성 식중독으로 나누어진다.

■ 동물성 자연독

독소	특징
테트로도톡신 (Tetrodotoxine)	• 복어의 난소, 간, 내장, 피부의 순으로 많이 들어 있다. • 청산가리의 10배 이상으로 독성이 강하며 열이나 햇빛에 강하다. • 일반적으로 복어는 산란기 직전에 가장 독성이 강하다.(5~6월) • 해독제가 없으며, 치사율이 가장 높다. • 신경에 작용하는 독으로 지각이상, 위장장애, 호흡장애 등을 일으킴 • 중독 시 최토제와 호흡촉진제를 투여하고 위세척을 해야 한다. • 전문 복어요리 전문가가 만든 요리를 섭취해야 한다.
삭시톡신 (Saxitoxin)	• 섭조개, 대합 등 • 치사율 10% 정도 • 말초신경마비 등 신경계통의 마비 • 적조해역에서 채취한 조개류 섭취금지
베네루핀 (Venerupin)	• 모시조개, 굴, 바지락 등 • 내열성이 강해 100℃에서 1시간 이상 가열해도 파괴되지 않음 • 치사율 40~50% 정도 • 혈변, 출혈, 혼수상태
테트라민 (Tetramine)	• 고동이나 소라 등의 권패류의 독소

■ 식물성 자연독

식물	독소
독버섯	• 아마니타톡신(Amanitatoxin), 무스카린(Muscarine), 무스카리딘(Muscaridine), 뉴린, 콜린, 팔린 등
감자	• 솔라닌(Solanine) : 감자의 싹과 녹색부위 • 셉신(Sepsine) : 썩은 감자
목화씨	• 고시폴(Gossypol) • 면실유(목화씨 기름)의 불충분한 정제로 인하여 생성
피마자씨	• 리신(Ricin) - 적혈구를 응집시키는 작용을 한다.
매실, 은행, 살구씨	• 아미그달린(Amygdalin) • 미숙한 매실이나 은행, 살구씨, 복숭아씨 등에 존재하며, 장내에서 청산을 생산
독미나리	시큐톡신(Cicutoxin)
독보리	테물린(Temuline)

1 곰팡이의 특징

① 진균류에 속하는 미생물로 대부분 생육에 산소를 요구하는 절대 호기성 미생물이다.
② 대부분 곰팡이류는 다습한 환경의 여름(약 30℃)에 많이 발생한다.
③ 곡류, 견과류 등의 탄수화물이 풍부한 식품에서 많이 발생한다.
④ 곰팡이의 생육억제 수분량은 13% 이하로 그 이상이면 곰팡이가 발생할 수 있다.
⑤ 곰팡이의 종류

조상균류	무코르속(mucor, 털곰팡이), 리조프스속(rhizopus, 거미줄곰팡이) 등
자낭균류	아스퍼질러스속(aspergillus, 누룩곰팡이), 페니실리움속(penicillium, 푸른곰팡이) 등

2 마이코톡신(mycotoxin)의 특징

① 마이코톡신은 진균독 또는 곰팡이독이라 한다.
② 곰팡이가 생산하는 유독성 대사산물이 사람과 가축에 질병이나 이상생리작용을 유발한다.
③ 곰팡이에 오염된 식품이나 사료의 섭취가 주요 원인이다.
④ 동물 또는 사람과 사람 사이에는 전파되지 않는다.(감염형이 아님)
⑤ 항생물질에 의한 치료효과가 없다.

3 곰팡이독의 종류

1) 아플라톡신(Aflatoxin) - 간장독

① 아스퍼질러스 플라버스(Aspergillus flavus) 곰팡이의 2차 대사산물이다.
② 쌀, 보리, 옥수수, 땅콩 등의 곡물류에서 독소를 생성한다.
③ 기질수분 16%이상, 상태습도 80~85%이상에서 생성한다.
④ 강산이나 강알칼리에서 쉽게 분해되어 불활성화 된다.
⑤ 열에 강하여 280~300℃로 가열해야 분해된다.
⑥ 간출혈, 신장출혈, 간암 등을 일으키는 강한 발암물질이다.

▶ 1960년 영국에서 10만 마리의 칠면조가 간장 장해를 일으켜 대량 폐사한 사고가 발생하여 원인을 조사한 결과, 땅콩박에서 Aspergillus flavus가 번식하여 생성한 독소(아플라톡신)가 원인 물질로 밝혀졌다.

2) 기타 곰팡이독

구분		설명
간장독	아플라톡신(Aflatoxin) 루브라톡신(Rubratoxin) 오크라톡신(Ochratoxin) 아이스란디톡신(islanditoxin) 루테오스키린(luteoskyrin) 스테리그마토시스틴(sterigmatocystin)	간경변, 간세포 괴사, 간암 등을 일으킴

구분		설명
신장독	시트리닌(Citrinin)	급성 또는 만성 신장염을 일으킴
신경독	시트레오비리딘(citreoviridin) 파툴린(patulin) 말토리진(maltoryzine)	뇌와 중추신경에 장애를 일으킴
광과민성 피부염	스포리데스민(Sporidesmin) 소랄렌(psoralen)	광과민성 피부염 물질
기타	지아랄레논(Zearalenone) 푸사리오제닌(fusariogenin)	번식능력 저하 식중독성 무백혈구증

④ 황변미 중독
① 황변미는 주로 페니실리움(penicillium)속 곰팡이에 의하여 쌀이 누렇게 변색되는 것을 말한다.
② 독소 : 시트리닌(citrinin) - 신장독, 시트레오비리딘(citreoviridin) - 신경독 등

⑤ 맥각독
① 맥각(麥角, ergot)은 호밀, 보리 등 볏과식물의 이삭에 있는 맥각균이 기생하여 형성되는 곰팡이의 균핵이다.
② 독소 : 에르고타민(ergotamin), 에르고톡신(ergotoxin) 등의 알칼로이드 물질
③ 증상 : 자율신경계에 작용하여 소화기관 이상과 신경장애 등

⑥ 곰팡이의 예방
① 잘 닦은 뒤에 말리고 마른 용기에 밀봉한 채 보관
② 습한 곳에 음식을 보관하지 않고 건조식품도 저온에서 보관
③ 농수축산물의 수입 시 검역을 철저히 행한다.
④ 식품가공 시 곰팡이가 피지 않은 원료를 사용한다.

07 기타 식중독

① 알레르기성 식중독

원인물질	어육에 다량 함유된 히스티딘에 모르가니균*이 침투하여 생성된 히스타민*(histamine)
특징	부패되지 않은 식품을 섭취해도 발생
잠복기	5분~1시간(보통 30분)
원인식품	신선도가 저하된 꽁치, 고등어, 가다랑어 등
증상	안면홍조, 발진(두드러기)
치료	항히스타민제 투여

▶ 모르가넬라 모르가니
(Morganella morganii)
모르가니균은 어육에 많이 들어있는 히스티딘을 탈탄산하여 알레르기성 물질인 히스타민을 생산, 축적하여 알레르기 증상을 일으킨다.

▶ 히스타민(histamine)
아미노산인 히스티딘이 탈탄산 효소 활성이 강한 모르가니균에 의해 생성되어 두통, 두드러기 등의 알레르기성 식중독을 일으키는 활성 아민류이다.

② 노로바이러스(norovirus)

원인균	노로바이러스
특징	• 바이러스에 의한 식중독이다. • 노로바이러스는 크기가 작고 구형이다. • 식품이나 음료수에 쉽게 오염되고, 적은 수로도 사람에게 식중독을 일으킬 수 있다. • 대부분 1~2일이면 자연치유된다. • 항생제로 치료되지 않으며 노로바이러스에 대한 항바이러스제는 없다.
잠복기	24~48시간
증상	설사, 복통, 구토 등의 급성위장염
예방	• 오염지역에서 채취한 어패류는 85℃에서 1분 이상 가열하여 섭취한다. • 오염이 의심되는 지하수의 사용을 자제한다. • 가열 조리한 음식물은 맨 손으로 만지지 않도록 한다.

08 화학물질에 의한 식중독

① 유해한 화학물질을 오용하거나, 고의적 또는 부주의에 의한 첨가 등을 통하여 일어나는 식중독을 말한다.
② 자연계에 버려지면 쉽게 분해되지 않아 식품 등에 오염되어 인체에 축적독성을 나타낸다.

① 화학성 식중독의 원인
① 유해금속에 의한 식중독
② 농약에 의한 식중독
③ 유해성 첨가물에 의한 식중독
④ 기구 · 포장 · 용기에서 용출되는 유독성분에 의한 중독
⑤ 식품 제조 · 가공 · 저장 및 소독 과정에서 생성되는 식중독
⑥ 환경오염에 의한 유독성분
⑦ 방사선 물질에 의한 식중독 등

② 화학성 식중독의 특징
① 소량의 원인물질 흡수로도 만성중독이 일어난다.
② 자연계에 버려지면 쉽게 분해되지 않는다.
③ 인체에 축적독성을 나타내며, 중독량에 달하면 급성증상을 나타낸다.
④ 체내흡수가 빠르고, 중독 시 사망률이 높다.

식중독 일반

1 ★★★
식중독에 관한 설명으로 틀린 것은?

① 자연독이나 유해물질이 함유된 음식물을 섭취함으로써 생긴다.
② 발열, 구역질, 구토, 설사, 복통 등의 증세가 나타난다.
③ 세균, 곰팡이, 화학물질 등이 원인물질이다.
④ 대표적인 식중독은 콜레라, 세균성이질, 장티푸스 등이 있다.

콜레라, 세균성이질, 장티푸스 등은 미생물에 의한 감염병이다.

2 ★★
식인성 병해 생성요인 중 유기성 원인물질에 해당되는 것은?

① 세균성 식중독균
② 방사선 물질
③ 엔-니트로소(N-nitroso)화합물
④ 복어독

식인성 병해 생성요인

내인성	고유독, 자연독
외인성	생물적, 인위적 식품첨가물
유기성	물리·화학적 작용에 의한 생성물

※ 엔-니트로소 화합물은 아민과 아질산과의 반응에 의해 생성되는 발암물질이다.

3 ★★★★
식품위생법상 식중독 환자를 진단한 의사는 누구에게 이 사실을 제일 먼저 보고하여야 하는가?

① 보건복지부장관
② 경찰서장
③ 보건소장
④ 관할 시장 · 군수 · 구청장

식중독 환자를 진단한 의사는 식중독 발생 시 지체 없이 관할 시장·군수·구청장에게 보고하여야 한다.

4 ★★★★
식중독 발생 시 즉시 취해야 할 행정적 조치는?

① 연막 소독
② 원인식품의 폐기처분
③ 식중독 발생신고
④ 역학조사

식중독 발생 시 지체 없이 관할 시장·군수·구청장에게 보고하여야 한다.

5 ★★★
집단 식중독 발생 시 처치사항으로 잘못된 것은?

① 소화제를 복용시킨다.
② 해당 기관에 즉시 신고한다.
③ 구토물 등은 원인균 검출에 필요하므로 버리지 않는다.
④ 원인식을 조사한다.

집단 식중독 발생 시 소화제 복용은 적절한 조치사항이 아니다.

세균성 식중독

1 ★★
세균성 식중독의 일반적인 특성으로 틀린 것은?

① 주요 증상은 두통, 구역질, 구토, 복통 설사이다.
② 살모넬라균, 장염 비브리오균, 포도상구균 등이 원인이다.
③ 감염 후 면역성이 획득된다.
④ 발병하는 식중독의 대부분은 세균에 의한 세균성 식중독이다.

세균성 식중독은 감염 후 면역이 획득되지 않는다.

2 ★★★
감염형 세균성 식중독에 해당하는 것은?

① 살모넬라 식중독
② 수은 식중독
③ 클로스트리디움 보툴리늄 식중독
④ 아플라톡신 식중독

세균성 식중독의 감염형으로는 살모넬라균, 장염비브리오균, 병원성 대장균 등이 있다.

정답 1④ 2③ 3④ 4③ 5① ㅣ 1③ 2①

chapter 01

3 ★★★
독소형 세균성 식중독으로 짝지어진 것은?

① 살모넬라 식중독, 장염 비브리오 식중독
② 리스테리아 식중독, 복어독 식중독
③ 황색포도상구균 식중독, 클로스트리디움 보툴리늄
  균 식중독
④ 맥각독 식중독, 콜리균 식중독

세균성 식중독의 분류		
세균성	감염형	살모넬라균, 장염 비브리오균, 병원성 대장균 등
	독소형	황색포도상구균(엔테로톡신), 클로스트리디움 보툴리늄(뉴로톡신) 등

세균성 식중독 – 감염형

1 ★★★★★
다음 중 감염형 식중독이 아닌 것은?

① 포도상구균 식중독
② 살모넬라 식중독
③ 장염비브리오 식중독
④ 리스테리아 식중독

포도상구균 식중독은 독소형 세균성 식중독이다.

2 ★★
살모넬라균에 의한 식중독의 특징 중 틀린 것은?

① 장독소(enterotoxin)에 의해 발생한다.
② 잠복기는 보통 12~24시간이다.
③ 주요증상은 메스꺼움, 구토, 복통, 발열이다.
④ 원인식품은 대부분 동물성 식품이다.

살모넬라 식중독은 쥐, 파리, 바퀴벌레 등에 의해 식품이 오염되어 발생하는 감염형 식중독이다. 엔테로톡신은 포도상구균이 생성하는 독소이다.

3 ★★★
살모넬라 식중독 원인균의 주요 감염원은?

① 채소   ② 바다생선
③ 식육   ④ 과일

살모넬라 식중독 : 어패류, 달걀, 육류 등의 식품에서 기인된다.

4 ★★★
살모넬라(Salmonella)균으로 인한 식중독에 대한 설명으로 틀린 것은?

① 가열처리에 의해 예방된다.
② 주요 증상으로 급성위장염을 일으킨다.
③ 달걀, 육류 및 어육가공품이 주요 원인식품이다.
④ 주로 통조림 등의 산소가 부족한 식품에서 유발된다.

통조림 등의 산소가 부족한 식품에서 유발되는 식중독균은 클로스트리디움 보툴리늄균이다.

5 ★★★
살모넬라에 대한 설명으로 틀린 것은?

① 그람음성 간균으로 동식물계에 널리 분포하고 있다.
② 내열성이 강한 독소를 생성한다.
③ 발육 적온은 37℃이며 10℃ 이하에서는 거의 발육하지 않는다.
④ 살모넬라균에는 장티푸스를 일으키는 것도 있다.

살모넬라는 세균성 감염형 식중독균으로 독소를 생성하지 않는다.

6 ★★
60℃에서 30분간 가열하면 식품 안전에 위해가 되지 않는 세균은?

① 살모넬라균
② 클로스트리디움 보툴리늄균
③ 황색포도상구균
④ 장구균

식중독의 원인균인 살모넬라균은 열에 약하여 60℃에서 30분간 가열하면 살균된다.

7 ★★★
다음 중 살모넬라에 오염되기 쉬운 대표적인 식품은?

① 과실류   ② 해초류
③ 난류   ④ 통조림

살모넬라균의 원인식품으로는 어패류, 난류, 우유, 육류, 샐러드 등이 있다.

정답 3 ③ | 1 ① 2 ① 3 ③ 4 ④ 5 ② 6 ① 7 ③

8 장염비브리오 식중독균(V. parahaemolyticus)의 특징으로 틀린 것은?

① 해수에 존재하는 세균이다.
② 3~4%의 식염농도에서 잘 발육한다.
③ 특정조건에서 사람의 혈구를 용혈시킨다.
④ 그람양성균이며 아포를 생성하는 구균이다.

장염비브리오균은 그람음성의 간균으로 아포를 생성하지 않는다.

9 식중독 중 해산어류를 통해 많이 발생하는 식중독은?

① 살모넬라균 식중독
② 클로스트리디움 보툴리늄균 식중독
③ 황색포도상구균 식중독
④ 장염 비브리오균 식중독

10 장염비브리오 식중독 예방 방법으로 맞는 것은?

① 어류의 내장을 제거하지 않는다.
② 식품을 실온에서 보관한다.
③ 어패류를 바닷물로만 씻는다.
④ 먹기 전에 가열한다.

장염비브리오균은 저온에서 증식하지 못하며, 열에 약해 60℃에서 5분 정도면 사멸한다. 따라서 먹기 전 가열하면 예방할 수 있다.

11 부적절하게 조리된 햄버거 등을 섭취하여 식중독을 일으키는 0157:H7균은 다음 중 무엇에 속하는가?

① 살모넬라균
② 리스테리아균
③ 대장균
④ 비브리오균

0157:H7균은 병원성 대장균으로 혈변성 장염을 일으킨다.

세균성 식중독 – 독소형

1 다음 세균성 식중독 중 독소형은?

① 살모넬라 식중독
② 장염비브리오 식중독
③ 알르레기성 식중독
④ 포도상구균 식중독

포도상구균은 장독소인 엔테로톡신을 생산하여 식중독을 일으키는 세균성 식중독 중 독소형이다.

2 음식을 먹기 전에 가열하여도 식중독 예방이 가장 어려운 균은?

① 포도상구균
② 살모넬라균
③ 장염비브리오균
④ 병원성 대장균

포도상구균의 장독소인 엔테로톡신은 열에 강해 100℃에서 30분간 가열해도 파괴되지 않아 식중독 예방이 어렵다.

3 황색 포도상구균의 특징이 아닌 것은?

① 균체가 열에 강함
② 독소형 식중독 유발
③ 화농성 질환의 원인균
④ 엔테로톡신(enterotoxin) 생성

황색 포도상구균은 장독소인 엔테로톡신을 생성하는 독소형 식중독균으로 화농성 질환의 원인균이다. 균체 자체는 열에 약하나 생성하는 독소(엔테로톡신)는 열에 강하여 일반 가열조리법으로 예방이 어렵다.

4 황색포도상구균 식중독의 일반적인 특성으로 옳은 것은?

① 설사변이 혈변의 형태이다.
② 급성위장염 증세가 나타난다.
③ 잠복기가 길다
④ 치사율이 높은 편이다.

황색포도상구균 식중독의 주 증상은 급성위장염이며, 잠복기가 짧고, 치사율은 낮은 편이다.

5 황색포도상구균에 의한 식중독에 대한 설명으로 틀린 것은?

① 주요 증상은 구토, 설사, 복통 등이다.
② 장독소(enterotoxin)에 의한 독소형이다.
③ 잠복기는 1~5시간 정도이다.
④ 감염형 식중독을 유발하며 사망률이 높다.

황색포도상구균 식중독은 독소형 식중독이다.

6 다음 균에 의해 식사 후 식중독이 발생했을 경우 평균적으로 가장 빨리 식중독을 유발 시킬 수 있는 원인균은?

① 살모넬라균   ② 리스테리아
③ 포도상구균   ④ 장구균

포도상구균은 잠복기가 1~5시간(평균 3시간) 정도로 가장 빨리 식중독을 유발시키는 균이다.

7 화농성 상처가 있는 식품취급자에 의해 감염되기 쉬운 식중독균은?

① 황색포도상구균
② 클로스트리디움 보툴리늄
③ 살모넬라균
④ 장염 비브리오균

황색포도상구균은 장독소인 엔테로톡신의 독소를 생성하며, 화농성 상처가 있는 사람을 통하여 감염되기 쉽다.

8 황색포도상구균에 의한 식중독 예방대책으로 적합한 것은?

① 토양의 오염을 방지하고 특히 통조림의 살균을 철저히 해야 한다.
② 쥐나 곤충 및 조류의 접근을 막아야 한다.
③ 어패류를 저온에서 보존하며 생식하지 않는다.
④ 화농성 질환자의 식품 취급을 금지한다.

9 식품에 오염된 미생물이 증식하여 생성한 독소에 의해 유발되는 대표적인 식중독은?

① 살모넬라균 식중독

② 리스테리아 식중독
③ 장염 비브리오 식중독
④ 황색 포도상구균 식중독

• 살모넬라, 리스테리아, 장염 비브리오 : 감염형 식중독
• 황색포도상구균 : 독소형 식중독

10 세균의 장독소(enterotoxin)에 의해 유발되는 식중독은?

① 장염비브리오 식중독
② 황색포도상구균 식중독
③ 복어 식중독
④ 살모넬라 식중독

황색포도상구균은 화농성질환의 대표적인 식품균으로 장독소인 엔테로톡신을 생산하여 식중독을 유발한다.

11 엔테로톡신에 대한 설명으로 옳은 것은?

① 잠복기는 2~5일이다.
② 황색포도상구균이 생성한다.
③ 100℃에서 10분간 가열하면 파괴된다.
④ 해조류 식품에 많이 들어 있다.

엔테로톡신은 황색포도상구균이 생성하는 장독소이다.

12 클로스트리디움 보툴리늄(Clostridium botulinum) 식중독에 대한 설명으로 옳은 것은?

① 독소는 독성이 강한 단백질 성분으로 열에 강하다.
② 주요 증상은 현기증, 두통, 신경장애, 호흡곤란이다.
③ 발병 시기는 음식물 섭취 후 3~5시간 이내이다.
④ 균은 아포를 형성하지 않는다.

① 독소인 뉴로톡신은 신경독으로 그 자체는 열에 강하지 않다.
③ 잠복기는 12~36시간이며, 포도상구균이 3~5시간으로 짧다.
④ 아포를 생성하며, 생성된 아포는 열에 강하다.

13 클로스트리디움 보툴리늄균이 생산하는 독소는?

① enterotoxine(엔테로톡신)
② neurotoxine(뉴로톡신)

정답 5 ④ 6 ③ 7 ① 8 ④ 9 ④ 10 ② 11 ② 12 ② 13 ②

③ saxitoxine(삭시톡신)

④ ergotoxine(에르고톡신)

클로스트리디움 보툴리늄균이 생산하는 독소는 신경독인 뉴로톡신이다.

★★★★★
14 사시, 동공확대, 언어장애 등 특유의 신경마비증상을 나타내며 비교적 높은 치사율을 보이는 식중독 원인균은?

① 황색 포도상구균

② 클로스트리디움 보툴리눔균

③ 병원성 대장균

④ 바실러스 세레우스균

사시, 동공확대, 언어장애 등의 특유의 신경마비증상을 나타내며 비교적 높은 치사율을 보이는 식중독 원인균은 클로스트리디움 보툴리눔균이다.

★★★★★
15 통조림, 병조림과 같은 밀봉식품의 부패가 원인이 되는 식중독과 가장 관계 깊은 것은?

① 살모넬라 식중독

② 클로스트리디움 보툴리눔 식중독

③ 포도상구균 식중독

④ 리스테리아균 식중독

통조림, 병조림과 같은 밀봉식품의 부패가 원인이 되는 식중독은 혐기성균인 클로스트리디움 보툴리눔 식중독이다.

★★★
16 혐기상태에서 생산된 독소에 의해 신경증상이 나타나는 세균성 식중독은?

① 장염 비브리오 식중독

② 황색 포도상구균 식중독

③ 클로스트리디움 보툴리눔 식중독

④ 살모넬라 식중독

클로스트리디움 보툴리눔균
• 세균성 독소형 식중독균이다.
• 혐기성균이다.
• 열과 소독약에 강한 아포를 형성한다.
• 신경독소인 뉴로톡신을 생산한다.
• 아포는 열에 강해 120℃에서 20분 이상 가열해야 한다.

자연독 식중독

★★★
1 복어 중독을 일으키는 독성분은?

① 테트로도톡신(tetrodotoxin)

② 솔라닌(solanine)

③ 베네루핀(venerupin)

④ 무스카린(muscarine)

복어의 독성분은 테트로도톡신이다. 솔라닌(감자), 베네루핀(모시조개, 굴, 바지락), 무스카린(독버섯)

★★★
2 다음 중 복어중독의 독성분(tetrodotoxin)이 가장 많이 들어 있는 부분은?

① 껍질

② 난소

③ 지느러미

④ 근육

복어의 독소(테트로도톡신)의 양 : 난소>간>내장>껍질

★★★
3 섭조개에서 문제를 일으킬 수 있는 독소 성분은?

① 테트로도톡신(tetrodotoxin)

② 셉신(sepsine)

③ 베네루핀(venerupin)

④ 삭시톡신(saxitoxin)

섭조개, 대합 등에서 문제를 일으키는 독소는 삭시톡신이다.
테트로도톡신-복어, 셉신-감자, 베네루핀-모시조개, 굴, 바지락

★★★
4 바지락 속에 들어 있는 독성분은?

① 베네루핀(venerupin)

② 솔라닌(solanine)

③ 무스카린(muscarine)

④ 아마니타톡신(amanitatoxin)

베네루핀(굴, 바지락, 모시조개), 솔라닌(감자), 무스카린(독버섯), 아마니타톡신(독버섯)

정답 ▶ 14 ② 15 ② 16 ③ | 1 ① 2 ② 3 ④ 4 ①

5 ★★ 동물성 식품에서 유래하는 식중독 유발 유독성분은?

① 아마니타톡신　　② 솔라닌
③ 베네루핀　　　　④ 시큐톡신

- 독버섯 : 무스카린, 무스카리딘, 아마니타톡신
- 감자 : 솔라닌, 셉신
- 독미나리 : 시큐톡신
- 굴, 바지락 : 베네루핀

6 ★★★★ 독버섯을 먹었을 때 발생하는 식중독의 원인 물질은?

① 항생제　　　　　② 솔라닌
③ 아마니타톡신　　④ 테트로도톡신

식중독을 일으키는 독버섯의 원인물질은 아마니타톡신, 무스카린, 무스카리딘, 뉴린, 콜린, 팔린 등이 있다.
솔라닌(감자), 테트로도톡신(복어)

7 ★★★ 식물성 식품에서 유래하는 식중독 원인물질은?

① 테트로도톡신(tetrodotoxin)
② 무스카린(muscarine)
③ 삭시톡신(saxitoxin)
④ 베네루핀(venerupin)

무스카린(독버섯), 테트로도톡신(복어), 삭시톡신(섭조개), 베네루핀(굴)

8 ★★★ 발아한 감자와 청색 감자에 많이 함유된 독성분은?

① 리신　　　　　　② 엔테로톡신
③ 무스카린　　　　④ 솔라닌

감자의 발아부위나 청색부위에 많이 함유된 독소는 솔라닌이다.
리신(피마자), 엔테로톡신(포도상구균), 무스카린(독버섯)

9 ★★★ 주로 부패한 감자에 생성되어 중독을 일으키는 물질은?

① 셉신(Sepsine)
② 아미그날린(amygdalin)
③ 시큐톡신(cicutoxin)
④ 마이코톡신(mycotoxin)

부패한 감자에 생성되어 중독을 일으키는 물질은 셉신이다.
- 아미그달린(매실), 시큐톡신(독미나리), 마이코톡신(곰팡이독)

10 ★★ 감자의 부패에 관여하는 물질은?

① 솔라닌(Solanine)　　② 셉신(Sepsine)
③ 아코니틴(Aconitine)　④ 시큐톡신(Cicutoxin)

셉신은 부패한 감자에서 나오는 독성물질로 식물성 자연독에 의한 식중독을 일으킨다.
- 솔라닌(싹튼 감자), 아코니틴(부자의 신경독), 시큐톡신(독미나리)

11 ★★★★ 목화씨로 조제한 면실유를 식용한 후 식중독이 발생했다면 그 원인 물질은?

① 솔라닌(solanine)　　② 리신(ricin)
③ 아미그달린(amygdalin)　④ 고시폴(gossypol)

목화씨로 조제한 면실유에는 고시폴이라는 독성물질이 있어 충분하게 정제되지 않으면 식중독을 일으킨다.

12 ★★★ 고시폴(gossypol) 중독을 일으키는 주요 원인은?

① 목화씨 기름의 불충분한 정제
② 피마자씨 기름의 산패
③ 목화씨 기름의 산패
④ 피마자씨 기름의 불충분한 정제

고시폴 중독을 일으키는 원인은 목화씨 기름이 충분하게 정제되지 않았기 때문이다.

13 ★★ 피마자씨에 들어 있는 독성 물질로서 적혈구를 응집시키는 작용을 하는 것은?

① 리신(ricin)　　　　② 솔라닌(Solanine)
③ 고시폴(gossypol)　　④ 아미그달린(amygdalin)

피마자씨에 들어있는 독성물질은 리신이다.

14 ★★★★ 덜 익은 매실, 살구씨, 복숭아씨 등에 들어 있으며, 인체 장내에서 청산을 생산하는 것은?

① 고시폴(gossypol)　　② 시큐톡신(cicutoxin)
③ 솔라닌(solanine)　　④ 아미그달린(amygdalin)

고시폴(목화씨), 시큐톡신(독미나리), 솔라닌(감자)

15 은행, 살구씨 등에 함유된 물질로 청산 중독을 유발할 수 있는 것은?

① 리신(ricin)
② 솔라닌(solanine)
③ 아미그달린(amygdalin)
④ 고시폴(gossypol)

은행, 살구씨, 미숙한 매실 등에 함유되어 있는 독성물질은 아미그달린이다.

16 식품에서 자연적으로 발생하는 유독물질을 통해 식중독을 일으킬 수 있는 식품과 가장 거리가 먼 것은?

① 피마자   ② 표고버섯
③ 미숙한 매실   ④ 모시조개

피마자(리신), 미숙한 매실(아미그달린), 모시조개(베네루핀)

17 식품과 해당 독성분의 연결이 잘못된 것은?

① 복어-테트로도톡신(tetrodotoxine)
② 목화씨-고시폴(gossypol)
③ 감자- 솔라닌(solanine)
④ 독버섯- 베네루핀(venerupin)

베네루핀은 모시조개, 굴, 바지락 등에 함유되어 있는 독성분이다.

18 식물과 그 유독성분이 잘못 연결된 것은?

① 감자 – 솔라닌(Solanine)
② 청매 – 프실로신(Psilocin)
③ 피마자 – 리신(Ricin)
④ 독미나리 – 시큐톡신(Cicutoxin)

청매(미성숙한 매실)의 독성성분은 아미그달린이다.
프실로신은 환각증상을 일으키는 독버섯의 성분이다.

19 식품과 독성분의 연결이 틀린 것은?

① 복어-테트로도톡신   ② 섭조개-시큐톡신
③ 모시조개-베네루핀   ④ 청매-아미그달린

섭조개의 독성분은 삭시톡신이고 시큐톡신은 독미나리의 독소이다.

20 식품과 자연독의 연결이 틀린 것은?

① 독버섯 – 무스카린(muscarine)
② 감자 – 솔라닌(solanine)
③ 살구씨 – 파세오루나틴(phaseolunatin)
④ 목화씨 – 고시풀(gossyqol)

• 아미그달린 : 은행, 살구씨, 청매
• 파세오루나틴 : 버마콩

21 식품과 독성분의 연결이 틀린 것은?

① 복어-테트로도톡신   ② 미나리-시큐톡신
③ 섭조개-베네루핀   ④ 청매-아미그달린

섭조개의 독성분은 삭시톡신이며, 베네루핀은 굴, 바지락, 모시조개에 들어있는 자연독이다.

22 복어와 모시조개 섭취 시 식중독을 유발하는 독성물질을 순서대로 나열한 것은?

① 엔테로톡신(enterotoxin), 사포닌(saponin)
② 테트로도톡신(tetrodotoxin), 베네루핀(venerupin)
③ 테트로도톡신(tetrodotoxin), 듀린(dhurrin)
④ 엔테로톡신(enterotoxin), 아플라톡신(aflatoxin)

• 테트로도톡신 : 복어
• 베네루핀 : 모시조개, 굴, 바지락

곰팡이독 식중독

1 곰팡이 독소(Mycotoxin)에 대한 설명으로 틀린 것은?

① 곰팡이가 생산하는 2차 대사산물로 사람과 가축에 질병이나 이상생리작용을 유발하는 물질이다.
② 온도 24~35℃, 수분 7% 이상의 환경조건에서는 발생하지 않는다.
③ 곡류, 견과류와 곰팡이가 번식하기 쉬운 식품에서 주로 발생한다.
④ 아플라톡신(Aflatoxin)은 간암을 유발하는 곰팡이 독소이다.

대부분 곰팡이류의 생육최적온도는 30℃ 정도로 다습한 환경을 좋아한다. 곰팡이의 생육억제 수분량은 13% 이하로 그 이상이면 곰팡이가 발생할 수 있다.

정답 **15** ③ **16** ② **17** ④ **18** ② **19** ② **20** ③ **21** ③ **22** ② | **1** ②

④ 황변미는 일시적인 현상이므로 위생적으로 무해하다.

> 황변미 중독은 페니실리움속 곰팡이가 기생하면서 유독한 독성물질을 생성하여, 신장독이나 신경독 증상을 일으킨다.

★★★
2 다음 미생물 중 곰팡이가 아닌 것은?

① 아스퍼질러스(Aspergillus) 속
② 페니실리움(Penicillium) 속
③ 클로스트리디움(Clostridium) 속
④ 리조푸스(Rhisopus) 속

> 클로스트리디움 속은 세균이다.

★★★
3 아플라톡신(aflatoxin)에 대한 설명으로 틀린 것은?

① 기질수분 16%이상, 상태습도 80~85%이상에서 생성한다.
② 탄수화물이 풍부한 곡물에서 많이 발생한다.
③ 열에 비교적 약하여 100℃에서 쉽게 불활성화 된다.
④ 강산이나 강알칼리에서 쉽게 분해되어 불활성화 된다.

> 아플라톡신은 곰팡이 독으로 ①, ②, ④의 특성을 가지며 열에 강하여 280~300℃로 가열해야 분해된다.

★★★★
4 곰팡이 독으로서 간장에 장해를 일으키는 것은?

① 시트리닌(Citrinin)   ② 파툴린(Patulin)
③ 아플라톡신(Aflatoxin)   ④ 소랄렌(psoralen)

> 아플라톡신은 쌀, 보리, 옥수수 등 탄수화물이 풍부한 식품에서 발생하는 곰팡이 독으로써 간장에 장애를 일으킨다.

★★★★
5 황변미 중독은 쌀에 무엇이 증식해서 발생하는가?

① 효모   ② 방사선균
③ 곰팡이   ④ 세균

> 황변미 중독은 쌀에 곰팡이가 증식하여 발생한다.

★★★
6 장마철 후 저장 쌀이 적홍색 또는 황색으로 착색된 현상에 대한 설명으로 틀린 것은?

① 수분함량이 15% 이상 되는 조건에서 저장할 때 발생한다.
② 기후조건 때문에 동남아시아 지역에서 발생하기 쉽다.
③ 저장된 쌀에 곰팡이류가 오염되어 그 대사산물에 의해 쌀이 황색으로 변한 것이다.

★★★★
7 곰팡이에 의해 생성되는 독소가 아닌 것은?

① 아플라톡신   ② 시트리닌
③ 엔테로톡신   ④ 파툴린

> 곰팡이독(마이코톡신)에는 아플라톡신(간장독), 시트리닌(신장독), 에르고톡신, 파툴린 등이 있으며 엔테로톡신은 포도상구균에서 생성되는 독소이다.

★★★
8 곰팡이독(mycotoxin) 중에서 간장독을 일으키는 독소가 아닌 것은?

① 아이스란디톡신(islanditoxin)
② 시트리닌(citrinin)
③ 루테오스키린(luteoskyrin)
④ 아플라톡신(aflatoxin)

> 시트리닌은 신장에 장애를 일으키는 신장독이다.

★★★★
9 곰팡이 독소와 독성을 나타내는 곳을 잘못 연결한 것은?

① 시트리닌(citrinin) - 신장독
② 아플라톡신(aflatoxin) - 신경독
③ 스테리그마토시스틴(sterigmatocystin) - 간장독
④ 오크라톡신(ochratoxin) - 간장독

> 아플라톡신은 쌀, 땅콩 등을 비롯한 탄수화물이 풍부한 곡류에서 잘 번식하는 진균독으로 간에 장애를 일으키는 간장독이다.

★★★
10 곰팡이의 대사산물에 의해 질병이나 생리작용에 이상을 일으키는 원인이 아닌 것은?

① 청매 중독   ② 아플라톡신 중독
③ 황변미중독   ④ 오크라톡신 중독

> 청매 중독은 미숙한 매실에서 나오는 아미그달린(Amygdalin)이라는 독성물질에 의한 것이다.

정답 2 ③ 3 ③ 4 ③ 5 ③ 6 ④ 7 ③ 8 ② 9 ② 10 ①

11 ★★★
맥각중독을 일으키는 원인물질은?

① 파툴린(patulin)
② 루브라톡신(rubratoxin)
③ 오크라톡신(ochratoxin)
④ 에르고톡신(ergotoxin)

맥각은 보리, 호밀 등 벼과식물의 씨앗집에 기생하여 형성된 균핵
으로 에르고톡신이 맥각중독을 일으킨다.

기타 식중독

1 ★★★★
다음 중 항히스타민제 복용으로 치료되는 식중독은?

① 살모넬라 식중독
② 병원성 대장균 식중독
③ 장염비브리오 식중독
④ 알레르기성 식중독

알레르기성 식중독의 원인물질은 히스타민으로 치료제로 항히스
타민제를 처방한다.

2 ★★★★
신선도가 저하된 꽁치, 고등어 등의 섭취로 인한 알레
르기성 식중독의 원인 성분은?

① 트리메틸아민(trimethylamine)
② 히스타민(histamine)
③ 엔테로톡신(enterotoxin)
④ 시큐톡신(cicutoxin)

어육 중 히스타민이 4~10mg%가 축적되면 알레르기성 식중독
을 일으킨다.
• 트리메틸아민(TMA) : 어패류의 냄새성분
• 엔테로톡신 : 포도상구균 독소
• 시큐톡신 : 독미나리 독소

3 ★★★
노로바이러스에 대한 설명으로 틀린 것은?

① 발병 후 자연치유 되지 않는다.
② 크기가 매우 작고 구형이다.
③ 급성 위장염을 일으키는 식중독 원인체이다.
④ 감염되면 설사, 복통, 구토 등의 증상이 나타난다.

노로바이러스는 감염 후 1~2일이 지나면 자연치유된다.

4 ★★★
자연계에 버려지면 쉽게 분해되지 않으므로 식품 등
에 오염되어 인체에 축적독성을 나타내는 원인과 거리
가 먼 것은?

① 수은오염
② 잔류성이 큰 유기염소제 농약 오염
③ 방사선 물질에 의한 오염
④ 콜레라와 같은 병원 미생물 오염

콜레라는 병원균에 의한 수인성 감염병으로 축적독성을 나타내
지는 않는다.

5 ★★★
화학성 식중독의 원인이 아닌 것은?

① 설사성 패류 중독
② 환경오염에 기인하는 식품 유독성분 중독
③ 중금속에 의한 중독
④ 유해성 식품첨가물에 의한 중독

설사성 패류 중독은 세균성 감염형 식중독이다.

6 ★★★★★
화학적 물질에 의한 식중독의 원인물질과 거리가 먼
것은?

① 기구, 용기, 포장 재료에서 용출 · 이행하는 유해물질
② 식품 자체에 함유되어 있는 동 · 식물성 유해물질
③ 제조, 가공 및 저장 중에 혼입된 유해 약품류
④ 제조과정에서 혼입되는 유해 중금속

식품 자체에 함유되어 있는 동·식물성 유해물질에 의한 식중독
은 자연독 식중독이다.

SECTION 05 공중보건학

[출제문항수 : 2~3문제] 공중보건의 개념 및 대상, 환경위생 및 환경오염에 관한 내용 등 골고루 출제되고 있습니다. 기출 문제 위주로 착실하게 학습하시기 바랍니다.

01 공중보건학 개론

1 공중보건학의 개요

1) 윈슬로우(C.E.A Winslow)의 정의

조직적인 지역사회의 노력을 통하여 질병을 예방하고 생명을 연장시키며 신체적, 정신적 효율을 증진하는 기술이며 과학이다.

2) 공중보건학의 목표 및 대상

① 목표 : 생활환경 개선, 감염병 예방, 질병의 조기발견 등을 통한 지역사회 전 주민의 건강유지

② 대상 : 개인이 아닌 인간집단으로 지역사회가 최소 단위이며 더 나아가 국민 전체를 대상으로 한다.

3) 세계보건기구(WHO)의 기능

① 국제적인 보건사업의 지휘 및 조정

② 회원국에 대한 기술지원 및 자료제공

③ 전문가의 파견에 의한 기술 자문활동

④ 유행성 질병 및 감염병 대책 후원 등

2 건강과 질병

1) 건강의 정의(WHO 보건헌장에 의한 정의)

"건강"이란 단지 질병이나 허약의 부재상태를 포함한 육체적, 정신적, 사회적 안녕의 완전한 상태이다.

2) 사회보장제도

① 사회보험 : 국가가 보험제도를 활용, 법에 의하여 강제성을 띠고 시행하는 보험제도의 총칭

② 공공부조 : 국가 및 지방자치단체의 책임 하에 생활 유지 능력이 없거나 생활이 어려운 국민의 최저생활을 보장하고 자립을 지원하는 제도

③ 공공서비스 : 정상적인 일상생활의 수준에서 벗어나 있거나 그럴 우려가 있는 사람에게 상담, 재활 등의 서비스를 제공하여 정상적인 생활이 가능하도록 지원하는 제도

함께 알아두기

▶ **공중보건의 3대 요소**
질병예방, 수명연장, 건강증진

▶ **지역사회의 노력**
환경위생, 감염병 관리, 개인위생교육, 질병의 조기 발견 및 예방활동, 건강유지에 적합한 생활수준 보장 등

▶ **공중보건학의 사업범주**
① 환경보건 : 환경위생, 식품위생, 산업보건
② 인구보건 : 인류생태, 가족계획, 모자보건
③ 질병관리 : 역학, 감염병 관리, 기생충질병관리
④ 보건관리 : 보건교육, 보건행정, 보건통계, 보건영양, 성인보건, 정신보건, 학교보건 등

▶ **기대수명과 건강수명**
• 기대수명 : 출생 직후부터 생존할 것으로 기대되는 평균 생존 연수를 말한다.
• 건강수명 : 평균수명에서 병이나 부상 등의 평균장애기간을 차감한 기간

사회보험	소득보장	국민연금 등 복지연금
		실업보험(고용보험)
	의료보장	건강보험
		산업재해보상보험
공공부조	기초생활보장	
	의료급여	
공공서비스	사회복지서비스	
	보건의료서비스	개인보건서비스
		공공보건서비스

3) 보건통계
① 영아사망률
- 국가의 보건 수준이나 생활 수준을 나타내는 데 가장 많이 이용되는 지표
- 1년간 출생아 1,000명당 생후 1년 미만의 사망자 수를 나타낸다.
- 영아 사망의 원인 : 폐렴 및 기관지염, 장염 및 설사, 신생아 고유 질환 및 사고 등

② 모성 사망률
- 임신, 분만, 산욕과 관계되는 질병 및 합병증에 의한 사망률을 말한다.
- 모성사망의 주요원인으로는 임신중독증, 자궁 외 임신, 출산전후의 출혈 등이 있다.

4) 인구의 구성

구분	유형	유형	특징
피라미드형		후진국형 (인구증가형)	출생률은 높고 사망률은 낮은 형
종형		이상형 (인구정체형)	인구정지형으로 출생률과 사망률이 낮은 형
항아리형		선진국형 (인구감소형)	평균수명은 높고 출생률이 낮아 인구가 감소하는 형
별형		도시형 (인구유입형)	생산층 인구가 증가되는 형
기타형		농촌형 (인구유출형)	생산층 인구가 감소하는 형

▶ **함께 알아두기**

▶ 우리나라의 4대 사회보험
- 국민연금
- 고용보험
- 건강보험
- 산재보험

▶ 사회보험의 건강보험과 공공부조의 의료급여를 구분하여야 한다.

▶ 신생아 : 생후 28일 미만
영아 : 생후 1년 미만

▶ 피라미드형은 보통 출생률은 높고 사망률도 높은 형으로 봅니다. 피라미드형은 다산 다사형과 다산 소사형으로 나눌 수 있으며, 다산 소사형이 인구증가형으로 볼 수 있습니다. 즉, 사망률이 높은 편이나 출생률보다는 낮다는 의미입니다.
산업인력공단의 교재에서 피라미드형을 출생률은 높고 사망률이 낮은 형으로 표기하고 문제가 출제되기 때문에 교재에 있는대로 학습하시면 되겠습니다.(출제빈도는 아주 낮습니다.)

1 일광(태양빛)

1) 자외선

① 일광의 3분류 중 파장이 가장 짧다. (200~400nm)

② 살균력이 가장 강해서 소독에 이용된다.(250~280nm의 파장에서 살균력이 강함)

③ 비타민 D를 형성하여 구루병을 예방하고, 피부결핵, 관절염 치료에 효과적이다.

④ 신진대사 촉진, 적혈구의 생성 촉진, 혈압강하의 효과가 있다.

⑤ 과다 노출은 피부의 홍반 및 색소를 침착시키고, 심하면 결막염, 설안염, 백내장, 피부암 등을 유발한다.

2) 가시광선

① 망막을 자극하여 명암과 색채를 구분하는 파장이다. (380~780nm)

② 조명이 불충분할 때는 시력저하, 눈의 피로를 일으키고 지나치게 강렬할 때는 어두운 곳에서 암순응능력을 저하시킨다.

3) 적외선

① 일광의 3분류 중 파장이 가장 길며, 고열물체의 복사열을 운반하여 열선이라고도 한다. 인체의 피부온도 상승, 혈관 확장, 피부홍반을 일으킨다.(780nm 이상)

② 과다 노출 시 두통, 현기증, 백내장, 일사병 등을 유발한다.

2 온열과 건강

1) 온열의 4대 요소

기온	• 대기의 온도를 말하며, 지상 1.5m에서의 건구 온도이다.
기습(습도)	• 대기 중 포함된 수분량에 의해 결정되며, 기온에 따라 변화한다. • 쾌적한 습도는 40~70%이다.
기류(바람)	• 인간이 느낄 수 있는 최저 기류는 0.5m/s이다. • 쾌적한 기류는 실내(0.2~0.3m/s), 실외(1m/s)이다.
복사열	• 태양의 적외선에 의한 열의 공급, 온도차 또는 물체의 발열에 의해서 일어난다. 거리의 제곱에 비례하여 온도가 감소한다.

2) 감각온도(체감온도)

기온, 기습, 기류의 요소를 종합한 체감온도로 동일한 온감(등온감각)을 주는 기온을 말한다.

3) 실내의 자연환기

① 실내와 실외의 기온의 차, 실외의 풍력(바람), 기체의 확산에 의하여 실내의 환기가 이루어진다.

② 실내외의 기온 차에 의하여 가장 많은 환기가 이루어진다.

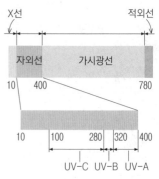

▶ 도르노선(Dorno ray : 건강선, 생명선)
280~320nm의 범위로 살균력이 강하여 소독에 이용된다.

●─함께 알아두기

▶ 자외선 살균의 특징
• 사용법이 간단하다.
• 살균에 열을 이용하지 않는 비열(非熱) 살균이다.
• 피조물에 조사하는 동안만 살균 효과가 있다.
• 조사대상물에 거의 변화를 주지 않는다.
• 잔류효과는 없는 것으로 알려져 있다.
• 유기물 특히 단백질이 공존 시 효과가 현저히 감소한다.
• 가장 유효한 살균 대상은 물과 공기이다.

▶ 감각온도의 3요소
기온, 기습, 기류

▶ 실내공기가 더워지면 상층부로 올라가 밖으로 나가고, 차가운 실외공기는 하층부로 들어와 환기가 이루어진다.

③ 공기 및 대기오염

1) 공기의 자정작용

① 공기 자체의 확산과 이동에 의한 희석작용

② 눈과 비에 의한 세정작용(분진이나 용해성 가스)

③ 산소, 오존, 과산화수소에 의한 산화작용

④ 자외선에 의한 살균작용

⑤ 식물의 광합성에 의한 이산화탄소(CO_2)와 산소(O_2)의 교환작용

2) 대기오염 물질

이산화탄소 (CO_2)	• 무색, 무취의 독성이 없는 가스 • 실내공기의 오염지표로 사용(이산화탄소의 양으로 실내공기의 전반적인 상태를 추정) • 실내의 위생학적 허용한계(서한량) : 실내 8시간 기준 0.1%(1000ppm)
일산화탄소 (CO)	• 무색, 무취, 무자극성의 기체 • 탄소를 함유한 유기물이 불완전 연소할 때 많이 발생 • 연탄가스, 매연, 담배에서 발생하는 유독물질 • 혈액 속의 헤모글로빈(Hb)과의 친화력이 산소보다 200~300배 강하여 생체조직 내 산소 결핍증 초래 • 실내의 위생학적 허용한계(서한량) : 0.01%(100ppm)
이산화황 (SO_2)	• 산성비의 원인이며, 달걀이 썩는 자극성 냄새가 남 • 경유의 연소 과정에서 발생(자동차 배기가스)

3) 대기오염

1차 오염물질	배출원으로부터 직접 배출된 것 예 분진, 매연, 황산화물, 질소산화물 등
2차 오염물질	1차 오염물질과 대기 중의 물질이 태양 에너지에 의한 합성 반응으로 생성된 물질 예 오존, 알데히드, 케톤, 과산화물 등

4) 군집독

① 다수인이 밀집한 장소의 실내공기가 물리적 · 화학적 조성의 변화를 일으켜 일어나는 현상이다.

② 의욕저하, 두통, 불쾌감, 권태, 현기증, 구토, 식욕저하 등의 생리적 증상을 나타낸다.

5) 기온역전현상

① 대기층의 온도는 100m 상승할 때마다 1℃가 낮아지므로, 일반적으로는 상부 기온이 하부 기온보다 낮다.

② 대기오염으로 인한 기온 역전 현상은 상부 기온이 하부 기온보다 높을 때를 말한다.

● 함께 알아두기

▶ 공기의 조성(0℃, 1기압 기준)
질소 > 산소 > 아르곤 > 이산화탄소

• 아르곤(Ar) 0.9%
• 이산화탄소(CO_2) 0.03%
• 기타 원소 0.07%

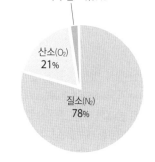

산소(O_2) 21%

질소(N_2) 78%

③ 지표면의 기온이 지표면 상층부보다 낮아지면 대기오염물질의 확산이 이루어지지 못하므로 대기오염이 더 심해진다.

☑ 먹는 물의 수질 기준

1) 미생물에 관한 기준
① 일반세균은 1mL 중 100CFU(Colony Forming Unit)를 넘지 아니할 것
② 총 대장균군은 100mL에서 검출되지 아니할 것
③ 대장균·분원성 대장균군은 100mL에서 검출되지 아니할 것

2) 심미적 영향물질에 관한 기준
① 경도(硬度)는 1,000mg/L를 넘지 아니할 것
② 냄새와 맛은 소독으로 인한 냄새와 맛 이외의 냄새와 맛이 있어서는 아니될 것
③ 색도는 5도를 넘지 아니할 것
④ 수소이온 농도는 pH 5.8 이상 pH 8.5 이하이어야 할 것
⑤ 탁도는 1NTU(Nephelometric Turbidity Unit)를 넘지 아니할 것

3) 건강상 유해영향 무기물질에 관한 기준
납 0.01mg/L, 불소는 1.5mg/L, 비소는 0.01mg/L, 질산성 질소는 10mg/L, 카드뮴은 0.005mg/L 등을 넘지 않을 것

☑ 상수도

1) 상수처리과정

> 취수 → 도수 → 정수(침전 → 여과 → 소독) → 송수 → 배수 → 급수

2) 정수법(침전 → 여과 → 소독)
① 침전 : 유속을 느리게 하거나 정지시켜 부유물을 침전시킴
② 여과 : 침전지, 여과지를 이용하여 세균, 부유물 등 미세입자를 여과

구분	완속사여과법	급속사여과법
침전법	보통 침전법	약품 침전법
생물막 제거법	상부사면대치	역류세척
면적	넓은 면적이 필요	좁은 면적에서 가능
비용	건설비 높음, 운영비 낮음	건설비 낮음, 운영비 높음

③ 소독 : 일반적으로 염소 소독을 사용

6 하수도

1) 하수처리 과정

> 예비 처리 → 본 처리 → 오니 처리

구분		특징
예비 처리	보통 침전	제진망(Screening)을 설치하여 부유물질을 제거하고 토사 등 유속을 느리게 하여 침전
	약품 침전	응집제를 주입하여 침전
본 처리	호기성 처리	산소를 공급하여 호기성균이 유기물을 분해 **예** 활성오니(활성슬러지)법, 살수여과법, 산화지법
	혐기성 처리	• 무산소 상태에서 혐기성균이 유기물을 분해 • 유기물 분해 시 메탄가스가 발생하여 메탄 발효법이라고도 한다. **예** 부패조법, 임호프탱크법,
오니 처리		육상투기법, 해양투기법, 소각법, 퇴비화법, 사상건조법, 소화법 등

▶ 하수도의 종류
① 합류식 : 생활하수(가정하수, 공장폐수)와 천수(눈, 비)를 함께 운반한다.
② 분류식 : 천수를 별도로 운반한다.
③ 혼합식 : 천수와 사용수의 일부를 함께 운반한다.

---

03 환경오염 관리

1 수질오염지표

1) 용존 산소(Dissolved Oxygen, DO)

① 물에 녹아 있는 산소의 농도를 말한다. 단위는 mg/L 또는 ppm으로 나타낸다.
② DO의 수치가 낮으면 하수 오염도가 높다는 뜻으로 4~5ppm 이상이어야 한다.
③ 수온이 상승하면 미생물이 용존산소를 많이 소비하기 때문에 용존산소는 감소한다.
④ 용존산소가 부족해지면 혐기성 분해가 일어난다.

2) 생물학적 산소요구량(Biochemical Oxygen Demand, BOD)

① 세균이 호기성 상태에서 유기물을 20℃에서 5일간 안정화시키는데 필요한 산소량을 말한다.
② 수치가 높을수록 오염 정도가 크고, 20ppm 이하이어야 한다.

3) 화학적 산소요구량(Chemical Oxygen Demand, COD)

① 수중에 함유된 유기물질을 산화제로 산화시킬 때 소모되는 산화제의 양을 말한다.
② 과망간산칼륨($KMnO_4$)을 사용하여 수중의 유기물질을 간접적으로 측정한다.
③ 수치가 높을수록 오염 정도가 크고, 산소량은 5ppm 이하이어야 한다.

● 함께 알아두기

▶ 부영양화(eutrophication, 富營養化)
• 호수, 연안 해역, 하천 등의 정체된 수역에 오염된 유기물질(질소나 인)이 과도하게 유입되어 발생하는 수질의 악화현상
• 부영양화의 영양물질 : 암모니아, 아질산염, 질산염, 인산염 등
• 물이 부영양화가 되면 유입된 유기물을 미생물이 분해하면서 용존산소를 다량 소비하므로 용존산소의 결핍현상이 일어나게 된다.

▶ 오염된 물은 BOD와 COD가 높고, DO는 낮다.

Section 05 | 공중보건학 **87**

② 폐기물 처리

1) 주개(제1류)

① 주방에서 배출되는 야채, 과실, 어육 등의 식품 쓰레기를 말한다.

② 유기물의 함량 및 수분, 염분의 함량이 높다.

③ 도시 생활 쓰레기 중에서 가장 많은 부분을 차지한다.

2) 진개(쓰레기)

사람이 사는 생활환경에서 배출되는 쓰레기를 말하며 일반폐기물로 분류된다.

① **가연성 진개(제2류)** : 소각이 가능한 쓰레기를 말하며 소각에서 발생하는 열에 너지를 이용할 수 있다.

② **불연성 진개(제3류)** : 소각이 불가능한 쓰레기를 말하며 환원 가능한 물품을 제 외하고는 매립하여야 한다.

③ **재활용성 진개(제4류)** : 재활용이 가능한 쓰레기를 말한다.

3) 일반폐기물의 처리

① 매립법

- 진개를 저지대, 웅덩이 등에 버리고 토양으로 복토하는 방법
- 진개의 높이는 2m를 초과하지 말아야 하며, 복토의 두께는 0.6~1m가 좋다.
- 매립장에서 암모니아가스, 메탄가스, 탄산가스, 유황, 수소가스 등이 발생한 다.

② 소각법

장점	• 가장 위생적인 처리법이다. • 잔유물이 적고 유기물이 없기 때문에 매립에 적당하다. • 매립법에 비하여 설치면적이 작다. • 날씨에 영향을 받지 않는다.
단점	• 대기 오염이 심하다. • 발암성 물질인 다이옥신(Dioxin)이 발생할 수 있다. • 소각로 건설비가 높아 처리비용이 비싸다.

③ 비료화법(퇴비법)

폐기물 중 플라스틱, 고무 등을 제외한 유기물질을 호기성ㆍ혐기성균으로 처리 하여 퇴비로 사용하는 방법이다.

공중보건학 개론

1　★★★
공중보건학의 목표에 관한 설명으로 틀린 것은?

① 건강 유지
② 질병 예방
③ 질병 치료
④ 지역사회 보건수준 향상

> 공중보건학의 목표는 질병의 예방 및 건강의 유지에 있는 것이지 치료가 목적이 아니다.

2　★★★★
공중보건에 대한 설명으로 틀린 것은?

① 환경위생 향상, 감염병 관리 등이 포함된다.
② 목적은 질병예방, 수명연장, 정신적 · 신체적 효율의 증진이다.
③ 공중보건의 최소단위는 지역사회이다.
④ 주요 사업대상은 개인의 질병치료이다.

3　★★★★★
공중보건사업의 최소단위가 되는 것은?

① 개인　　　　　② 직장
③ 가족　　　　　④ 지역사회

> 공중보건사업의 최소단위는 지역사회이며, 더 나아가 국민 전체를 대상으로 한다.

4　★★★★
공중보건사업과 거리가 먼 것은?

① 보건교육
② 인구보건
③ 감염병 치료
④ 보건행정

> 공중보건사업은 질병을 예방하기 위한 것이지 치료를 위한 것이 아니다.

5　★★★★
세계보건기구(WHO)의 주요 기능이 아닌 것은?

① 국제적인 보건사업의 지휘 및 조정
② 회원국에 대한 기술지원 및 자료공급
③ 개인의 정신질환 치료 및 정신보건 향상
④ 전문가 파견에 의한 기술자문 활동

> 세계보건기구(WHO)의 주요 기능
> • 국제적인 보건사업의 지휘 및 조정
> • 회원국에 대한 기술 지원 및 자원공급
> • 전문가 파견에 의한 기술자문 활동
> • 유행성 질병 및 감염병 대책 후원 등

6　★★★★★
WHO 보건헌장에 의한 건강의 정의는?

① 질병이 걸리지 않은 상태
② 육체적으로 편안하며 쾌적한 상태
③ 육체적, 정신적, 사회적 안녕의 완전한 상태
④ 허약하지 않고 심신이 쾌적하며 식욕이 왕성한 상태

> 건강이란 질병이 없거나 허약하지 않을 뿐만 아니라 육체적, 정신적, 사회적 안녕의 완전한 상태를 의미한다.

7　★★★★
평균 수명에서 질병이나 부상으로 인하여 활동하지 못하는 기간을 뺀 수명은?

① 기대수명
② 건강수명
③ 비례수명
④ 자연수명

> 건강수명은 평균수명에서 병이나 부상 등의 평균장애기간을 차감한 기간이다.

8　★★★
우리나라에서 사회보험에 해당되지 않는 것은?

① 생명보험　　　　② 국민연금
③ 고용보험　　　　④ 건강보험

> 우리나라의 4대 사회보험은 국민연금, 건강보험, 산재보험, 고용보험이다.

정답　1 ③　2 ④　3 ④　4 ③　5 ③　6 ③　7 ②　8 ①

chapter 01

9 ★★★★
다음 중 공공부조에 해당하는 것은?

① 산업재해보상보험　　② 의료급여
③ 고용보험　　　　　　④ 건강보험

공공부조에는 기초생활보장(생활보호)과 의료급여(의료보호)가 있다.

10 ★★★★★
국가의 보건수준이나 생활수준을 나타내는데 가장 많이 이용되는 지표는?

① 영아사망률　　　　② 조출생률
③ 의료보험 수혜자수　④ 병상이용률

11 ★★★
지역사회나 국가사회의 보건수준을 나타낼 수 있는 가장 대표적인 지표는?

① 모성사망률　　　　② 평균수명
③ 질병이환율　　　　④ 영아사망률

12 ★★
영아사망률을 나타낸 것으로 옳은 것은?

① 1년간 출생수 1,000명당 생후 7일 미만의 사망수
② 1년간 출생수 1,000명당 생후 1개월 미만의 사망수
③ 1년간 출생수 1,000명당 생후 1년 미만의 사망수
④ 1년간 출생수 1,000명당 전체 사망수

영아사망률은 출생아 1,000명당 생후 1년 미만의 사망자 수를 나타낸 천분비로서 국민보건상태의 측정지표로 사용된다.

13 ★★★
모성사망률에 관한 설명으로 옳은 것은?

① 임신 중에 일어난 모든 사망률
② 임신 28주 이후 사산과 생후 1주 이내 사망률
③ 임신, 분만, 산욕과 관계되는 질병 및 합병증에 의한 사망률
④ 임신 4개월 이후의 사태아 분만률

모성사망률은 임신, 분만, 산욕과 관계되는 질병 및 합병증으로 사망하는 부인수를 나타낸다. 분모는 총 임신수가 되어야 하나 정확한 임신수를 파악하기가 불가능하므로 총 출생수를 분모로 계산한다.

14 ★★★
인구정지형으로 출생률과 사망률이 모두 낮은 인구형은?

① 피라미드형　　　　② 별형
③ 항아리형　　　　　④ 종형

출생률과 사망률이 모두 낮아 인구가 증가하지 않는 인구정체형은 종형이다.

환경위생 관리

1 ★★★★★
다음 중 가장 강한 살균력을 갖는 것은?

① 가시광선
② 근적외선
③ 자외선
④ 적외선

자외선은 일광 중에서 가장 파장이 짧은 광선으로 살균력이 강하여 살균 및 소독에 사용된다.

2 ★★★★
다음 중 자외선을 이용한 살균 시 가장 유효한 파장은?

① 250~260 nm
② 350~360 nm
③ 450~460 nm
④ 550~560 nm

자외선은 250~280nm에서 살균력이 강해서, 소독에 이용된다.

3 ★★
자외선에 대한 설명으로 틀린 것은?

① 가시광선보다 짧은 파장이다.
② 피부의 홍반 및 색소 침착을 일으킨다.
③ 인체 내 비타민 D를 형성하게 하여 구루병을 예방한다.
④ 고열물체의 복사열을 운반하므로 열선이라고도 하며, 피부온도의 상승을 일으킨다.

④는 적외선에 대한 설명이다.

★★★★
4 자외선의 작용과 거리가 먼 것은?

① 피부암 유발 　　② 안구진탕증 유발
③ 살균 작용 　　　④ 비타민 D 형성

안구진탕증은 적절하지 못한 조명에서 작업할 경우에 생기는 직업병이다.

★★
5 열작용을 갖는 특징이 있어 일명 열선이라고도 하는 복사선은?

① 자외선 　　　② 가시광선
③ 적외선 　　　④ X-선

적외선은 고열물체의 복사열을 운반하여 열선이라고도 한다.

★★
6 과량조사 시에 열사병의 원인이 될 수 있는 것은?

① 마이크로파 　　② 적외선
③ 자외선 　　　　④ 엑스선

적외선은 고열물체의 복사열을 운반하여 열선이라고도 하며, 과량조사 시에 열사병의 원인이 될 수 있다.

★★
7 조명이 불충분할 때는 시력저하, 눈의 피로를 일으키고 지나치게 강렬할 때는 어두운 곳에서 암순응능력을 저하시키는 태양광선은?

① 전자파 　　　② 자외선
③ 적외선 　　　④ 가시광선

조명이 불충분하면 시력이 저하되거나 눈의 피로를 일으키고, 지나치게 강렬할 때는 어두운 곳에서 암순응능력을 저하시키는 태양광선은 가시광선이다.

★★★★★
8 온열요소가 아닌 것은?

① 기류 　　　② 기온
③ 기압 　　　④ 기습

4대 온열요소는 기온, 기습, 기류, 복사열이다.

★★★★★
9 감각온도(체감온도)의 3요소에 속하지 않은 것은?

① 기온 　　　② 기습
③ 기압 　　　④ 기류

감각온도의 3요소는 기온, 기습, 기류이다.

★★
10 실내 자연환기의 근본 원인이 되는 것은?

① 기온의 차이 　　② 채광의 차이
③ 동력의 차이 　　④ 조명의 차이

실내의 자연환기는 실내의 더운 공기는 위로 올라가 밖으로 빠져나가고, 외부의 찬공기가 아래쪽으로 들어오며 환기가 이루어진다.

★★
11 공기의 조성원소 중에 가장 많은 체적 백분율을 차지하는 것은?

① 이산화탄소 　　② 질소
③ 산소 　　　　　④ 아르곤

0℃ 1기압 기준에서 공기의 조성원소 중 질소가 가장 많은 체적 백분율을 차지하며, 그 비율은 78% 정도이다.

★★★★
12 공기의 자정작용으로 적합하지 않은 것은?

① 자외선에 의한 살균작용
② 녹색식물에 의한 교환작용
③ 미생물에 의한 탐식작용
④ 강우에 의한 세정작용

공기의 자정작용에는 공기자체의 희석작용, 강우·강설에 의한 세정작용, 산소나 오존 등에 의한 산화작용, 자외선에 의한 살균작용, 녹색식물에 의한 교환작용 등이 있다.

★★
13 각 환경요소에 대한 연결이 잘못된 것은?

① 이산화탄소(CO_2)의 서한량 : 5%
② 실내의 쾌감습도 : 40~70%
③ 일산화탄소(CO)의 서한량 : 0.01%
④ 실내 쾌감기류 : 0.2~0.3 m/sec

이산화탄소(CO_2)의 위생학적 허용한계(서한량)는 0.1%이다.

정답 4② 5③ 6② 7④ 8③ 9③ 10① 11② 12③ 13①

★★★
14 이산화탄소(CO_2)를 실내 공기의 오탁지표로 사용하는 가장 주된 이유는?

① 유독성이 강하므로
② 실내 공기조성의 전반적인 상태를 알 수 있으므로
③ 일산화탄소로 변화되므로
④ 항상 산소량과 반비례하므로

이산화탄소를 실내 공기의 오염지표로 사용하는 이유는 실내 공기조성의 전반적인 상태를 알 수 있기 때문이다.

★★★
15 공기 중에 일산화탄소가 많으면 중독을 일으키게 되는데 중독 증상의 주된 원인은?

① 근육의 경직
② 조직세포의 산소부족
③ 혈압의 상승
④ 간세포의 섬유화

일산화탄소는 혈액 속의 헤모글로빈(Hb)과의 친화력이 산소보다 200~300배 강하여 생체조직 내 산소 결핍증을 조래한다.

★★★
16 일산화탄소(CO)에 대한 설명으로 틀린 것은?

① 무색, 무취이다.
② 이상 고기압에서 발생하는 잠항병과 관련이 있다.
③ 자극성이 없는 기체이다.
④ 물체의 불완전연소 시 발생한다.

이상 고기압에서 발생하는 잠항병과 관련이 있는 기체는 질소이다.

★★
17 대기오염 중 2차 오염물질로만 짝지어진 것은?

① 먼지, 탄화수소
② 오존, 알데히드
③ 연무, 일산화탄소
④ 일산화탄소, 이산화탄소

2차 오염물질은 1차 오염물질인 분진, 매연, 황산화물, 질소산화물 등이 태양에너지에 의한 합성반응으로 생성된 물질로 오존, 케톤, 알데히드, 스모그 등이 있다.

★★★★★
18 다수인이 밀집한 장소에서 발생하며 화학적 조성이나 물리적 조성의 큰 변화를 일으켜 불쾌감, 두통, 권태, 현기증, 구토 등의 생리적 이상을 일으키는 현상은?

① 빈혈
② 일산화탄소 중독
③ 분압 현상
④ 군집독

★★
19 군집독의 가장 큰 원인은?

① 실내 공기의 이화학적 조성의 변화 때문이다.
② 실내의 생물학적 변화 때문이다.
③ 실내공기 중 산소의 부족 때문이다.
④ 실내기온이 증가하여 너무 덥기 때문이다.

군집독은 실내에 다수인이 밀집해 있는 경우 불쾌감, 두통, 현기증, 구토 등이 일어나는 현상으로 이는 실내공기의 이화학적 조성의 변화 때문이다.

★★★
20 다음 중 대기오염을 일으키는 요인으로 가장 영향력이 큰 것은?

① 고기압일 때
② 저기압일 때
③ 바람이 불 때
④ 기온역전일 때

기온 역전 현상은 상부 기온이 하부 기온보다 높을 때를 말한다. 지표면의 기온이 지표면 상층부보다 낮아지면 대기오염물질의 확산이 이루어지지 못하므로 대기오염이 더 심해진다.

★★★
21 기온 역전 현상의 발생 조건은?

① 상부기온이 하부기온보다 낮을 때
② 상부기온이 하부기온보다 높을 때
③ 상부기온과 하부기온이 같을 때
④ 안개와 매연이 심할 때

일반적으로 대기층은 상부기온이 하부기온보다 낮지만 반대로 상부기온이 높아질 때 기온 역전 현상이라고 한다.
기온 역전 현상이 발생하면 대기오염물질의 확산이 이루어지지 못하여 대기오염이 더 심해진다.

정답 14 ② 15 ② 16 ② 17 ② 18 ④ 19 ① 20 ④ 21 ②

★★★★

22 먹는 물의 수질기준 중 대장균군의 기준은?

① 100mL에서 검출되지 아니할 것
② 1000mL에서 검출되지 아니할 것
③ 200mL에서 검출되지 아니할 것
④ 500mL에서 검출되지 아니할 것

먹는 물의 수질기준에서 총 대장균군은 100mL에서 검출되지 않아야 한다.

★★

23 먹는 물의 수질기준으로 틀린 것은?

① 색도는 7도 이상이어야 한다.
② 냄새와 맛은 소독으로 인한 냄새와 맛 이외의 냄새와 맛이 있어서는 안 된다.
③ 대장균 · 분원성 대장균군은 100mL에서 검출되지 않아야 한다.(단, 샘물 · 먹는 샘물 및 먹는 해양심층수 제외)
④ 수소이온의 농도는 pH5.8이상 8.5이하이어야 한다.

먹는 물의 수질 기준으로 색도는 5도를 넘지 않아야 한다.

★★★

24 상수의 먹는 물 수질기준 항목이 아닌 것은?

① 질산성 질소 ② 오존
③ 카드뮴 ④ 탁도

• 질산성 질소 10mg/L, 카드뮴 0.005mg/L를 넘지 않을 것
• 탁도는 1NTU를 넘지 아니할 것

★★★★★

25 다음의 상수처리 과정에서 가장 마지막 단계는?

① 급수 ② 취수
③ 정수 ④ 도수

상수처리과정
취수→도수→정수(침전→여과→소독)→송수→배수→급수

★★★★

26 상수도에서 주로 사용하는 정수법이 아닌 것은?

① 여과법 ② 소독법
③ 침전법 ④ 활성오니법

상수도에서 정수법으로 침전, 여과, 소독법이 있으며, 활성오니법은 하수처리방법 중 호기성 처리법이다.

★★★★

27 정수과정의 응집에 대한 효과를 설명한 것 중 틀린 것은?

① 침전 잔유물을 제거하기 위하여
② 세균의 수를 감소하기 위하여
③ 색깔과 맛을 제거하기 위하여
④ 공기를 공급하기 위해서

정수 과정에서 응집은 응집제를 주입하여 침전 잔유물을 제거하는 것으로 공기 공급과는 관계가 없다.

★★

28 급속사여과법에 대한 설명으로 옳은 것은?

① 보통 침전법을 한다.
② 사면대치를 한다.
③ 역류세척을 한다.
④ 넓은 면적이 필요하다.

완속사여과법과 급속사여과법의 비교

구분	완속사여과법	급속사여과법
침전법	보통 침전법	약품 침전법
생물막제거법	상부사면대치	역류세척
면적	넓은 면적이 필요	좁은 면적에서 가능
비용	• 건설비 높음 • 운영비 낮음	• 건설비 낮음 • 운영비 높음

★★★★

29 다음 중 음료수 소독에 가장 적합한 것은?

① 생석회 ② 알코올
③ 염소 ④ 승홍수

일반적으로 염소 소독이 음료수(먹는 물) 소독에 가장 많이 사용되고 있다.

★★★

30 먹는 물 소독 시 염소 소독으로 사멸되지 않는 병원체로 전파되는 감염병은?

① 세균성이질 ② 콜레라
③ 장티푸스 ④ 감염성 간염

염소 소독은 감염성 간염을 포함한 뇌염, 홍역, 천연두 등의 바이러스를 죽이지 못한다.

정답 **22** ① **23** ① **24** ② **25** ① **26** ④ **27** ④ **28** ③ **29** ③ **30** ④

★★

31 <예비처리 – 본처리 – 오니처리> 순서로 진행되는 것은?

① 하수 처리　　　　② 쓰레기 처리
③ 상수도 처리　　　④ 지하수 처리

하수처리는 예비처리-본처리-오니처리 순서로 진행된다.

★★★

32 하수처리의 본 처리 과정 중 혐기성 분해처리에 해당하는 것은?

① 활성오니법　　　　② 접촉여상법
③ 살수여상법　　　　④ 부패조법

• 혐기성 처리 : 부패조법, 임호프탱크법
• 호기성 처리 : 활성오니법, 살수여상법, 산화지법

★★

33 하수처리방법 중에서 처리의 부산물로 메탄가스 발생이 많은 것은?

① 활성오니법　　　　② 살수여상법
③ 혐기성처리법　　　④ 산화지법

혐기성처리법은 무산소 상태에서 혐기성균이 유기물을 분해하는 방법으로 유기물 분해 시 메탄가스가 발생하기 때문에 메탄발효법이라고도 한다.(부패조법, 임호프탱크법 등)

환경오염관리

★★★★

1 질산염이나 이물질 등이 증가해서 오는 수질오염 현상은?

① 수인성 병원체 증가 현상
② 난분해물 축적 현상
③ 수온상승현상
④ 부영양화 현상

부영양화 현상은 호수나 하천 등의 정체된 수역에 질산염이나 인산염 등의 유기물질이 과도하게 유입되어 발생하는 수질오염 현상이다.

★★★

2 녹조를 일으키는 부영양화 현상과 가장 밀접한 관계가 있는 것은?

① 황산염　　　　② 인산염
③ 탄산염　　　　④ 수산염

녹조를 일으키는 부영양화현상은 정체된 수역에 오염된 유기물질(질산염이나 인산염)이 과도하게 유입되어 발생하는 수질의 악화현상이다.

★★★★

3 하천수에 용존산소가 적다는 것은 무엇을 의미하는가?

① 유기물 등이 잔류하여 오염도가 높다.
② 물이 비교적 깨끗하다.
③ 오염과 무관하다.
④ 호기성 미생물과 어패류의 생존에 좋은 환경이다.

용존산소는 물에 녹아있는 산소의 농도를 말하는 것으로 용존산소가 적다는 것은 유기물 등이 잔류하여 오염도가 높다는 것이다.

★★★★

4 수질의 오염정도를 파악하기 위한 BOD(생물화학적 산소요구량) 측정 시 일반적인 온도와 측정기간은?

① 10℃에서 10일간
② 20℃에서 10일간
③ 10℃에서 5일간
④ 20℃에서 5일간

생물학적 산소요구량(BOD)은 하수의 오염도를 나타내는 방법이며 수중 유기물을 20℃에서 5일간 측정한다.

★★★

5 하수 오염도 측정 시 생화학적 산소요구량(BOD)을 결정하는 기장 중요한 인자는?

① 물의 경도
② 수중의 유기물량
③ 하수량
④ 수중의 광물질량

BOD는 생물학적 산소요구량으로 수중의 유기물을 안정화시키는 데 필요한 산소량을 나타내는 수치이다.

★★★★

6 일반적으로 생물화학적 산소요구량(BOD)과 용존산소량(DO)은 어떤 관계가 있는가?

① BOD가 높으면 DO도 높다.
② BOD가 높으면 DO는 낮다.
③ BOD가 DO는 항상 같다.
④ BOD와 DO는 무관하다.

오염도가 높으면 BOD와 COD는 높고, 용존산소(DO)는 낮다.

★★★★★

7 화학적 산소요구량을 나타내는 것은?

① SS   ② DO
③ COD   ④ BOD

화학적 산소요구량 : COD(Chemical Oxygen Demand)

★★★

8 수질검사에서 과망간산칼륨(KMnO₄)의 소비량이 의미하는 것은?

① 유기물의 양   ② 탁도
③ 대장균의 양   ④ 색도

과망간산칼륨을 사용하여 수중의 유기물질을 간접적으로 측정한다. 과망간산칼륨의 소비량이 많을수록 오염도가 심하다는 의미이다.

★★

9 분뇨의 종말처리 방법 중 병원체를 멸균할 수 있으며 진개 발생도 없는 처리 방법은?

① 소화 처리법   ② 습식 산화법
③ 화학적 처리법   ④ 위생적 매립법

습식산화법(소각법)은 분뇨를 고온, 고압에서 산화시켜 병원체를 멸균시키고, 진개의 발생도 없는 위생적인 처리방법이다.

★★

10 생활쓰레기의 품목별 분류 중에서 동물의 사료로 이용 가능한 것은?

① 주개   ② 가연성 진개
③ 불연성 진개   ④ 재활용성 진개

주개는 음식물 쓰레기를 말하는 것으로, 동물의 사료로 이용이 가능하다.

★★★

11 진개(쓰레기) 처리법과 가장 거리가 먼 것은?

① 위생적 매립법   ② 소각법
③ 비료화법   ④ 활성슬러지법

활성슬러지법(활성오니법)은 하수처리방법 중 호기성 분해처리법이다.

★★★★

12 쓰레기 처리방법 중 미생물까지 사멸할 수는 있으나 대기오염을 유발할 수 있는 것은?

① 소각법   ② 투기법
③ 매립법   ④ 재활용법

소각법은 미생물을 멸균시킬 수 있고, 위생적이나 대기오염을 유발할 수 있다.

★★★★

13 쓰레기 소각처리 시 공중보건상 가장 문제가 되는 것은?

① 대기오염과 다이옥신
② 화재발생
③ 높은 열의 발생
④ 사후 폐기물 발생

소각법의 단점은 대기오염이 심하고 발암물질인 다이옥신이 발생한다는 것이다.

chapter 01

정답 ▶ 6② 7③ 8① 9② 10① 11④ 12① 13①

Section 05 | 공중보건학 95

Korea food Cook Certification

SECTION 06 역학 및 감염병 관리

[출제문항수 : 3~4문제] 전반적으로 교재에 있는 부분은 모두 학습 및 암기해야 합니다. 다만 법정감염병의 분류 부분은 0~1문제 출제되는 것에 비하여 학습량이 너무 많습니다. 그냥 넘기시고 다른 부분에 중점을 두는 것도 방법입니다.

01 감염병의 개요

1 감염병의 정의

세균, 리케차, 바이러스, 진균, 원충 등의 병원체가 인간이나 동물에 침입하여 증식함으로써 일어나는 질병이다.

2 질병 발생의 3요소

병인(병원체, 병원소), 환경(감염경로), 숙주(감수성 숙주)

병인 (감염원)	• 감염병의 병원체를 내포하고 있어 감수성 숙주에게 병원체를 전파시킬 수 있는 근원이 되는 모든 것을 말한다. • 감염원이라고도 하며, 감염원은 병원체와 병원소를 포함한다.
환경 (감염경로)	• 감염경로라고도 하며, 감염원이 감수성 숙주에 도달할 때까지의 경로를 말한다.
숙주	• 생물이 기생하는 대상으로 삼는 생명체를 말하며, 인간 및 동·식물이 있다. • 감수성 숙주는 면역력이 약하여 감염이 잘 되고, 감수성이 강한 집단은 집단유행의 가능성이 높다.

▷ 감수성
어떤 질병에 특히 쉽게 감염되는 경향을 뜻하는 것으로 저항성(면역성)에 대응하는 개념이다. 즉, 감수성이 높으면 면역력이 떨어져 질병에 더 잘 걸린다.

▷ 감수성지수(접촉감염지수)
• 지수가 높을수록 전염성이 강하다.
• 두창, 홍역(95%) > 백일해(60~80%) > 성홍열(40%) > 디프테리아(10%) > 폴리오(0.1%)

3 감염병의 생성과정

① 병원체 → ② 병원소 → ③ 병원소로부터 병원체의 탈출 → ④ 전파 → ⑤ 새로운 숙주로 침입 → ⑥ 감수성 숙주의 감염

① 병원체 : 질병의 직접적인 원인이 되는 미생물을 뜻한다.
    예 바이러스, 리케차, 세균, 진균, 스피로헤타, 원충, 기생충 등
② 병원소 : 병원체가 증식하면서 생존을 계속하여 다른 숙주에게 전파시킬 수 있는 상태로 저장되는 곳 예 사람, 동물, 토양 등
③ 병원소로부터 병원체의 탈출
    예 호흡기계탈출, 장관탈출, 비뇨기관탈출, 개방병소로 직접탈출 등
④ 병원체 전파 : 직접전파, 간접전파, 공기전파
⑤ 병원체의 침입 : 호흡기계 침입, 소화기계 침입, 피부 점막 침입
⑥ 감수성 숙주의 감염 : 병원체가 침입해도 면역력이 강하면 감염되지 않는다.

Check Up

▷ 감염병 생성과정 중 어느 하나라도 결여, 방해, 차단된다면 감염병의 전파를 막을 수 있다.

면역은 외부항원(감염원)에 대한 저항성으로 태어날 때부터 지니는 선천면역과 후천적으로 얻어지는 획득면역으로 구분된다.

1 선천적 면역
① 종속저항성 : 사람이 닭의 결핵에 감염이 되지 않는 경우
② 인종저항성 : 인종에 따라 결핵에 대한 감수성이 다른 경우
③ 개인저항성 : 가족이 함께 오염된 음식을 먹었어도 발병되지 않는 경우

2 후천적 면역(획득면역)

능동 면역	자연능동면역	감염병 감염 후 회복하며 얻은 면역 • 두창, 홍역, 백일해, 발진티푸스, 장티푸스, 페스트, 황열, 콜레라 등
	인공능동면역	예방접종(백신)을 통하여 얻은 면역 • 생균백신 : 결핵, 홍역, 폴리오(경구) • 사균백신 : 장티푸스, 콜레라, 백일해, 폴리오(경피) • 순화독소 : 파상풍, 디프테리아
수동 면역	자연수동면역	모체로부터 태반이나 수유를 통해 얻어지는 면역
	인공수동면역	혈청제제의 접종으로 얻어지는 면역

3 영구면역과 일시면역

영구면역	감염병에 걸려 회복하거나 예방접종을 통하여 얻은 면역이 거의 영구적임 예 홍역, 백일해, 발진티푸스, 장티푸스, 페스트, 콜레라, 폴리오 등
일시면역	면역이 거의 획득되지 않거나, 획득된 면역의 지속성이 아주 짧음 예 디프테리아, 폐렴, 인플루엔자, 세균성 이질, 임질, 매독 등

4 기본 예방접종(인공능동면역)

구분	연령	예방 접종의 종류	예방접종 금기대상자
기본접종	4주 이내	BCG*(결핵)	• 열이 높은 자 • 심장, 신장, 간장질 환자 • 알레르기 또는 경련 성 환자 • 임산부, 병약자 등
	2, 4, 6개월	경구용 소아마비, DPT*	
	15개월	홍역, 볼거리, 풍진(MMR)	
	3~15세	일본뇌염	
추가접종	18개월, 4~6세, 11~13세	경구용 소아마비, DPT	
	매년	일본 뇌염(유행전 접종)	

Check Up

▶ BCG(결핵)는 아기가 태어나서 제일 먼저 받는 예방접종이다.

▶ DPT
• 디프테리아(Diphtheria)
• 백일해(Pertussis)
• 파상풍(Tetanus)

03 감염병의 분류

1 병원체에 따른 분류

구분	질병
바이러스(Virus)	홍역, 유행성이하선염, 수두, 유행성간염, 폴리오, 일본뇌염, 공수병(광견병), AIDS 등
세균(Bacteria)	디프테리아, 백일해, 결핵, 한센병, 성홍열, 콜레라, 장티푸스, 파라티푸스, 세균성이질, 파상풍, 페스트 등
리케차(Rickettsia)	발진티푸스, 발진열
스피로헤타(Spirochaeta)	매독
원충(Protozoa)	말라리아, 아메바성 이질

Check Up

▶ 감염병의 병원체를 묻는 문제는 자주 출제되며, 특히 바이러스와 세균에 의한 감염병을 묻는 문제가 많이 출제됩니다.

2 감염 경로에 따른 분류

1) 호흡기계 감염(비말감염)

① 대화, 기침 등 인후분비물을 통해 전파되고, 호흡기를 통해 감염된다.

② 비말감염*이 가장 잘 이루어질 수 있는 조건은 군집(群集)이다.

③ 호흡기계 감염병의 가장 좋은 예방대책은 환자의 격리이다.

바이러스	홍역, 유행성이하선염, 수두, 인플루엔자, 풍진 등
세균	디프테리아, 백일해, 결핵, 한센병, 성홍열 등

飛 : 날아 흩어지는
沫 : 물방울

▶ **비말(飛沫)감염**
보균자의 기침이나 재채기, 또는 말을 할 때 튀어나오는 작은 침방울 속의 병원균에 의한 감염을 말하며, 포말(泡沫)감염이라고도 한다.

2) 소화기계 감염(경구감염병)

① 오염된 음식물이나 식수를 섭취하여 감염된다.

② 소화기계 증상(복통, 설사, 구토 등)과 발열, 오한, 두통 등의 증상을 나타낸다.

③ 가장 이상적인 예방법은 환경위생을 철저히 하는 것이다.

▶ **경구(經口)감염**
주로 입을 통한 감염

병원체	병명	특징
세균	장티푸스 파라티푸스	• 환자나 보균자의 분뇨 → 식수오염 → 경구감염 • 우리나라에서 가장 많이 발생하는 감염병 • 잠복기(2주일) 이후 발열과 복통 • 예방 : 환경위생철저, 환자 및 보균자관리, 예방접종
	콜레라	• 환자나 보균자의 분뇨 → 식수오염 → 경구감염 • 잠복기가 수 시간에서 1~2일로 가장 짧다. • 쌀뜨물 같은 설사를 동반하여 탈수증상을 나타낸다. • 검역감염병으로 120시간의 격리기간을 갖는다.
아메바	세균성이질	• 대장 점막에 궤양성 병변을 일으켜 하복부 통증, 점액성 혈변, 발열 등을 일으킨다.
	아메바성이질	• 예방 : 장티푸스와 동일하지만, 예방접종은 없다.

병원체	병명	특징
바이러스	유행성간염	• 환자나 보균자의 분뇨 → 식수오염 → 경구감염 • 보통 A형간염(2급 감염병)을 말한다. • 발열, 두통, 위장장애를 거쳐, 후기에는 황달증상이 나타난다.
	폴리오	• 환자나 보균자의 분뇨 → 식수, 식기오염 → 경구감염 • 비말감염도 된다. • 발열, 현기증, 두통, 근육통, 사지마비 등 • 예방 : 예방접종이 가장 좋은 방법이며, 생균백신이 강한 면역을 만들어낸다.

수인성 감염병

① 오염수나 생존 가능한 음식물을 통해서 전염되는 소화기계 질병
② 원인 : 분변에 오염된 물, 소독하지 않은 물
③ 종류 : 장티푸스, 파라티푸스, 콜레라, 세균성 이질, 아메바성 이질, 전염성 설사, 유행성 간염 등
④ 수인성 감염병의 특징
  • 급수지역과 발병지역이 거의 일치
  • 2~3일 내에 환자발생이 폭발적 증가
  • 일반적으로 성별과 연령별 이환율*의 차이가 없다.
  • 계절에 직접적인 관계가 없이 발생한다.
  • 잠복기가 짧고, 치명률*은 높지 않다.
  • 오염원의 제거로 일시에 종식될 수 있다.

3) 경피 감염

신체의 일부가 직접적으로 토양 또는 타인의 신체 접촉을 통해 감염된다.

바이러스	공수병(광견병), AIDS*
세균	파상풍, 페스트, 탄저, 한센병 등
기타	매독(스피로헤타)

③ 전파경로에 따른 분류

1) 직접전파

신체적 접촉, 기침, 재채기, 대화 등 직접적인 접촉을 통한 전파

직접접촉	신체접촉(매독, 한센병), 토양(파상풍, 탄저)
비말감염(2m 이내)	홍역, 인플루엔자, 폴리오, 백일해

2) 간접전파

매개체를 통하여 새로운 숙주에게 운반되는 것

활성 매개체	• 쥐, 파리, 모기, 바퀴벌레, 이, 벼룩 등 (장티푸스, 유행성출혈열, 말라리아, 페스트 등)
비활성 매개체 (공통 매개체)	• 물, 식품, 공기, 생활용구, 완구, 수술기구 등의 무생물적 매개체 (장티푸스, 콜레라, 세균성이질, 폴리오 등) • 개달물 감염* : 트라코마, 결핵 등

• **함께 알아두기**

▶ B형간염
① 병원체는 바이러스이다.
② 제3급 감염병이다.
  (A형-2급, C형-3급)
③ 감염된 사람의 혈액에 의해 감염된다.
④ 발열, 두통, 위장장애를 거쳐 후기에 황달증상을 나타낸다.

▶ **이환율** : 일정기간 내에서 발생한 환자의 수를 인구당 비율로 나타낸 것. 즉, 일정기간 내에서 병에 걸리는 환자의 비율을 뜻한다.
▶ **치명률** : 특정의 질환을 이환한 환자 중에서 사망한 자의 비율을 나타내는 지표

▶ **후천성 면역결핍증**(AIDS)
HIV-1바이러스에 의해 감염되며, 감염자와의 성교, 감염자 혈액의 수혈, 경태반 감염 등을 통하여 감염된다.(경구 감염되지 않는다.)

▶ **개달물**(介達物) **감염**
물, 우유, 식품, 공기, 토양을 제외한 모든 비활성 매체(의복, 침구, 완구, 책, 수건 등)에 의한 감염

3) 공기전파
    ① 기침 또는 대화중에 병원체가 공기 중에 흩어져 한동안 부유하면서 전파되는 형태
    ② 큐열, 브루셀라, 결핵 등
4) 기타 감염
    ① 경태반 감염* : 매독, 풍진, 수두 등

▶ 경태반 감염
모체로부터 태반을 통하여 감염되는 질병

4 잠복기*에 따른 분류

잠복기가 짧은 감염병	콜레라(1~3일), 세균성 이질(1~3일), 파라티푸스(1~10일), 디프테리아(2~5일) 등
잠복기가 긴 감염병	한센병(2~40년), 결핵(일반적인 경우 1~2년)

▶ 잠복기
병원체가 인체에 침입한 후 자각적 · 타각적 임상증상이 발병할 때까지의 기간

▶ 검역기간
검역질병의 검역기간은 감염병의 최장 잠복기간과 동일하다.

5 만성감염병과 급성감염병

급성감염병	• 갑자기 발병하여 단기간에 완전 회복되거나 사망함으로써 끝나는 감염병 • 장티푸스, 폴리오, 백일해, 콜레라 등 • 발생률은 높고, 유병률은 낮다.
만성감염병	• 서서히 발병하여 오래 지속되는(보통 3개월 이상) 감염병 • 결핵, 한센병, 매독 등 • 발생률은 낮고 유병률*은 높다.

▶ 유병률
어떤 지역의 어떤 시점에 있어서 인구 중 환자가 차지하는 비율을 말하며, 급성감염병이 발생률이 높으나 유병률이 낮다는 의미는 급성감염병이 급속하게 전파되지만 회복의 속도도 빠르다는 것을 의미한다.

04 인수(人獸)공통 감염병

1 인수공통감염병

동물과 사람 간에 서로 전파되는 병원체에 의하여 발생되는 감염병이다.

소	결핵, 탄저, 브루셀라(파상열), 살모넬라증
돼지	일본뇌염, 탄저, 살모넬라증, 돈단독증
양	큐열, 탄저
말	탄저, 살모넬라증
개	광견병, 톡소프라스마증
쥐	페스트, 발진열, 살모넬라증
고양이	살모넬라증, 톡소프라스마*증
토끼	야토병
조류	고병원성조류인플루엔자(AI)

▶ 톡소플라스마
• 개나 고양이 등과 같은 애완동물의 침을 통해서 사람에게 감염되는 인수공통감염병
• 원생동물에 속하는 기생충으로 경구 또는 경피감염된다.
• 여성이 임신 중에 감염될 경우 유산과 불임을 포함하여 태아에 이상을 유발할 수 있다.

② 인수공통감염병의 병원체에 따른 분류

바이러스	일본뇌염, 공수병(광견병), 고병원성조류인플루엔자(AI)
세균	결핵, 탄저, 브루셀라, 살모넬라, 돈단독증, 페스트, 야토병
기타	톡소플라스마(기생충), 큐열(리케차), 발진열(리케차)

▶ 질병관리청 지정 인수공통감염병
  (11종)
  • 1급 : 탄저, 중증급성호흡기증후군, 동물인플루엔자인체감염증
  • 2급 : 결핵, 장출혈성대장균감염증
  • 3급 : 일본뇌염, 브루셀라증, 공수병, 변종 크로이츠펠트-야콥병, 큐열, 중증열성혈소판감소증후군(SFTS)

05 위생동물 매개 감염병

쥐, 파리, 모기 등의 활성매개체를 통하여 새로운 숙주에게 운반되는 간접전파 감염병이다.

쥐	신증후군출혈열(유행성출혈열), 페스트, 렙토스피라증, 쯔쯔가무시증, 살모넬라
모기	말라리아, 일본뇌염, 황열, 사상충증
파리	장티푸스, 파라티푸스, 콜레라, 이질
바퀴벌레	장티푸스
벼룩	발진열, 페스트
이	재귀열, 발진티푸스
진드기	유행성출혈열, 쯔쯔가무시증
기타	톡소플라스마(기생충), 큐열(리케차), 발진열(리케차)

06 법정 감염병

① 법정 감염병

1) 제1급 감염병

생물테러감염병 또는 치명률이 높거나 집단 발생의 우려가 커서 발생 또는 유행 즉시 신고하여야 하고, 음압격리와 같은 높은 수준의 격리가 필요한 감염병

에볼라바이러스병, 마버그열, 라싸열, 크리미안콩고출혈열, 남아메리카출혈열, 리프트밸리열, 두창, 페스트, 탄저, 보툴리눔독소증, 야토병, 신종감염병증후군, 중증급성호흡기증후군(SARS), 중동호흡기증후군(MERS), 동물인플루엔자인체감염증, 신종인플루엔자, 디프테리아

▶ 제1 · 2급 감염병 암기법

2) 제2급 감염병

전파가능성을 고려하여 발생 또는 유행 시 24시간 이내에 신고하여야 하고, 격리가 필요한 감염병

> 결핵, 수두, 홍역, 콜레라, 장티푸스, 파라티푸스, 세균성이질, 장출혈성대장균감염증, A형간염, 백일해, 유행성이하선염, 풍진, 폴리오, 수막구균 감염증, b형헤모필루스인플루엔자, 폐렴구균 감염증, 한센병, 성홍열, 반코마이신내성황색포도알균(VRSA)감염증, 카바페넴내성장내세균속균종(CRE)감염증, E형간염

Check Up

▶ 감염병의 신고기간

구분	신고기간
제 1급 감염병	즉시
제 2 · 3급 감염병	24시간 이내
제 4급 감염병	7일 이내
예방접종 후 이상반응	즉시

3) 제3급 감염병

발생을 계속 감시할 필요가 있어 발생 또는 유행 시 24시간 이내에 신고하여야 하는 감염병

> 파상풍, B형간염, 일본뇌염, C형간염, 말라리아, 레지오넬라증, 비브리오패혈증, 발진티푸스, 발진열, 쯔쯔가무시증, 렙토스피라증, 브루셀라증, 공수병, 신증후군출혈열, 후천성면역결핍증(AIDS), 크로이츠펠트-야콥병(CJD) 및 변종크로이츠펠트-야콥병(vCJD), 황열, 뎅기열, 큐열, 웨스트나일열, 라임병, 진드기매개뇌염, 유비저, 치쿤구니야열, 중증열성혈소판감소증후군(SFTS), 지카바이러스감염증, 매독, 엠폭스(MPOX)

4) 제4급 감염병

제1급 감염병부터 제3급 감염병까지의 감염병 외에 유행 여부를 조사하기 위하여 표본감시 활동이 필요한 감염병

> 인플루엔자, 회충증, 편충증, 요충증, 간흡충증, 폐흡충증, 장흡충증, 수족구병, 임질, 클라미디아감염증, 연성하감, 성기단순포진, 첨규콘딜롬, 반코마이신내성장알균(VRE) 감염증, 메티실린내성황색포도알균(MRSA) 감염증, 다제내성녹농균(MRPA) 감염증, 다제내성아시네토박터바우마니균(MRAB) 감염증, 장관감염증, 급성호흡기감염증, 해외유입기생충감염증, 엔테로바이러스감염증, 사람유두종바이러스 감염증

② 외래감염병의 건강격리

① 외래감염병 유행지역에서 입국하는 사람, 동물, 식물 등을 대상으로 감염병이 의심되는 사람을 격리하는 것

② 건강격리대상 감염병의 격리기간

감염병	감시격리기간	
콜레라	5일	120시간
페스트 · 황열	6일	144시간
중증급성호흡기증후군(SARS) 조류인플루엔자 인체감염증(AI)	10일	240시간
신종인플루엔자, 중동 호흡기 증후군 보건복지부장관이 인정, 고시하는 감염병	최대잠복기	

07 감염병 예방

1 감염병의 예방대책

① 감염원에 대한 대책 : 환자 및 보균자*의 조기발견, 격리 및 치료(병원체와 병원소의 제거)

▶ 감염병 환자가 사용하던 물품(휴지, 식품찌꺼기 등)을 처리할 때는 소각법을 사용하는 것이 가장 위생적이다.

② 감염경로에 대한 대책 : 소독, 살균, 위생해충 구제 및 청결한 환경위생

▶ 환경위생의 개선을 통하여 발생을 감소시킬 수 있는 감염병은 주로 소화기계 감염병이다. (장티푸스, 콜레라, 세균성 이질 등)

③ 감수성 숙주에 대한 대책 : 예방접종 및 면역력 증강

2 질병 예방단계

① 1차적 예방 : 발병 이전의 환경개선 및 예방접종 등의 노력

② 2차적 예방 : 일단 발병이 되었을 때 조기 치료 및 중증으로 발전되는 것을 방지하는 노력

③ 3차적 예방 : 발병후 후유증의 발생을 예방하고 후유증의 발생 시 의학적, 직업적 재활 및 사회복귀를 지원하는 적극적인 노력

●━함께 알아두기

▶ 보균자 : 병원체를 보유하고 있는 사람
① 건강 보균자 : 병원균을 가지고 있으나 발병하지 않고 건강한 자. 감염병 관리가 가장 어렵다.
② 잠복기 보균자 : 병원체가 잠복기에 있는 상태. 발병 전단계로 감염성을 가지고 있다.
③ 회복기 보균자 : 질병의 임상 증상이 회복기에 있으나 여전히 병원체를 가지고 있다.

08 경구감염병과 세균성 식중독의 차이점

경구감염병(소화기계 감염병)과 세균성 식중독은 오염된 식품을 섭취하여 발생하는 건강장애를 유발하여 비슷한 부분이 많으나 다음과 같은 차이점을 가진다.

구분	경구(소화기계)감염병	세균성 식중독
발병하는 균수	소량의 균	다량의 균
2차감염	빈번함	거의 없음(살모넬라 제외)
면역생성	면역이 생김	면역이 생기지 않음
잠복기	비교적 긴 잠복기	비교적 짧은 잠복기
관리법규	감염병예방법	식품위생법
식품	병원균의 운반체 역할	원인물질의 축적제 역할
물(음용수)	관련이 많음(수인성)	관련이 거의 없음
독성	강함	비교적 약함

★★★★★
1 감염병 발생의 3대 요인이 아닌 것은?

① 숙주   ② 환경
③ 예방접종   ④ 병인

> 감염병 발생의 3대 요인
> 감염원(병인), 감염경로(환경), 숙주

★★
2 감염병의 병원체를 내포하고 있어 감수성 숙주에게 병원체를 전파시킬 수 있는 근원이 되는 모든 것을 의미하는 용어는?

① 감염경로   ② 병원소
③ 감염원   ④ 미생물

> 감염원은 병을 일으키는 병원체와 병원소를 포함하는 의미이다.
> ※ 병원소 : 병원체가 증식하면서 다른 숙주에 전파시킬 수 있는 상태로 저장되어 있는 곳

★★★
3 접촉감염지수가 가장 높은 질병은?

① 유행성이하선염
② 홍역
③ 성홍열
④ 디프테리아

> 감수성지수(접촉감염지수)
> 두창, 홍역(95%) > 백일해(60~80%) > 성홍열(40%) > 디프테리아(10%) > 폴리오(0.1%)

★★★
4 다음 중 감수성지수(접촉감염지수)가 가장 낮은 것은?

① 폴리오
② 디프테리아
③ 성홍열
④ 홍역

> • 감수성 : 숙주에 침입한 병원체에 대항하여 감염이나 질병을 저지할 수 없는 상태를 말한다.
> • 감수성 지수 : 두창 95%, 홍역 95%, 백일해 60~80%, 성홍열 40%, 디프테리아 10%, 폴리오 0.1%

★★★
5 모체로부터 태반이나 수유를 통해 얻어지는 면역은?

① 자연능동면역
② 인공능동면역
③ 자연수동면역
④ 인공수동면역

후천적 면역(획득면역)		
능동면역	자연능동면역	질병감염 후 얻은 면역
	인공능동면역	예방접종 후 얻은 면역
수동면역	자연수동면역	모체로부터 얻은 면역
	인공수동면역	혈청제제 접종 후 얻은 면역

★★★★★
6 사람이 예방접종을 통하여 얻는 면역은?

① 인공능동면역   ② 선천면역
③ 자연수동면역   ④ 자연능동면역

> 백신 등의 예방접종으로 형성되는 면역은 인공능동면역이다.

★★★
7 세균성 이질을 앓고 난 아이가 얻는 면역에 대한 설명으로 옳은 것은?

① 인공면역을 획득한다.
② 수동면역을 획득한다.
③ 영구면역을 획득한다.
④ 면역이 거의 획득되지 않는다.

> 세균성 이질, 디프테리아, 폐렴, 인플루엔자 등은 앓고 난 뒤에 면역이 거의 획득되지 않는 감염병이다.

★★★★
8 인공능동면역에 의하여 면역력이 강하게 형성되는 감염병은?

① 이질   ② 말라리아
③ 폴리오   ④ 폐렴

> 인공능동면역으로 면역력이 강하게 형성되는 감염병은 폴리오를 비롯하여 두창, 탄저, 광견병, 결핵, 황열, 장티푸스, 백일해, 일본뇌염, 파상풍, 콜레라, 파라티푸스 등이 있다.

정답   1 ③   2 ③   3 ②   4 ①   5 ③   6 ①   7 ④   8 ③

★★
9 생균을 이용하여 인공능동면역이 되며, 면역획득에 있어서 영구면역성인 질병은?

① 세균성 이질   ② 폐렴
③ 홍역   ④ 임질

• 영구면역 : 홍역, 백일해, 발진티푸스, 장티푸스, 페스트, 콜레라
• 후천적 면역(획득면역)

인공 능동면역	생균백신	결핵, 홍역, 폴리오(경구)
	사균백신	장티푸스, 콜레라, 백일해, 폴리오(경피)
	순화독소	파상풍, 디프테리아

★★★
10 순화독소(Toxoid)를 사용하는 예방접종으로 면역이 되는 질병은?

① 파상풍   ② 콜레라
③ 폴리오   ④ 백일해

인공능동면역
• 순화독소 : 파상풍, 디프테리아 등
• 생균백신 : 결핵, 홍역, 폴리오(경구)
• 사균백신 : 장티푸스, 콜레라, 백일해, 폴리오(경피)

★★★★
11 우리나라에서 출생 후 가장 먼저 인공능동면역을 실시하는 것은?

① 파상풍   ② 결핵
③ 백일해   ④ 홍역

인공능동면역은 예방 접종으로 면역을 얻는 것을 말하며 출생 후 4주 이내에 BCG(결핵)를 접종해야 한다.

★★★★★
12 DPT 예방접종과 관계없는 감염병은?

① 홍역   ② 파상풍
③ 백일해   ④ 디프테리아

D는 디프테리아(Diphtheria), P는 백일해(Pertussis), T는 파상풍(Tetanus)을 말한다.

★★★★
13 병원체가 바이러스에 의한 것은?

① 장티푸스   ② 발진티푸스
③ 백일해   ④ 홍역

홍역의 병원체는 바이러스이다. 장티푸스(세균), 발진티푸스(리케차), 백일해(세균)

★★★
14 병원체가 바이러스(Virus)인 감염병은?

① 발진티푸스   ② 콜레라
③ 결핵   ④ 일본뇌염

일본뇌염의 병원체는 바이러스이다.
결핵, 콜레라(세균), 발진티푸스(리케차)

★★★★
15 다음 감염병 중 바이러스(Virus)가 병원체인 것은?

① 폴리오   ② 세균성 이질
③ 장티푸스   ④ 파라티푸스

폴리오(소아마비)의 병원체는 바이러스이다.
세균성이질(세균), 장티푸스(세균), 파라티푸스(세균)

★★★★
16 다음 중 병원체가 세균인 질병은?

① 폴리오   ② 백일해
③ 발진티푸스   ④ 홍역

백일해의 병원체는 세균이다.
폴리오(바이러스), 발진티푸스(리케차), 홍역(바이러스)

★★★★★
17 아메바에 의해서 발생되는 질병은?

① 콜레라   ② 유행성 간염
③ 이질   ④ 장티푸스

이질에는 세균성 이질과 아메바성 이질이 있으며, 아메바성 이질은 원충류인 아메바에 의하여 발병하는 질병이다.

★★★
18 리케차(Rickettsia)에 의해서 발생되는 감염병은?

① 세균성이질   ② 파라티푸스
③ 발진티푸스   ④ 디프테리아

리케차는 세균과 바이러스의 중간 크기에 속하는 미생물로 살아있는 세포에 존재한다. 발진티푸스, 발진열 등

정답   9 ③   10 ①   11 ②   12 ①   13 ④   14 ④   15 ①   16 ②   17 ③   18 ③

19 다음 감염병 중에서 환자의 인후분비물에 의해서 감염될 가능성이 가장 높은 것은?

① 콜레라   ② 디프테리아
③ 세균성 이질   ④ 장티푸스

환자의 인후분비물에 의해 감염될 가능성이 높은 것은 호흡기계 감염병이다.

호흡기계	• 바이러스 : 홍역, 유행성이하선염, 수두 • 세균 : 디프테리아, 백일해, 결핵, 한센병, 성홍열
소화기계	• 바이러스 : 유행성간염, 폴리오 • 세균 : 콜레라, 장티푸스, 파라티푸스, 세균성이질
피부점막	• 바이러스 : 공수병(광견병), AIDS • 세균 : 파상풍, 페스트, 탄저, 매독

20 감염병 중에서 비말감염과 관계가 먼 것은?

① 백일해
② 디프테리아
③ 발진열
④ 결핵

비말감염은 사람과 사람이 접근하여 감염되는 호흡기계 감염병을 말하며, 발진열은 벼룩을 매개체로 하여 간접 전파되는 감염병이다.

21 비말감염이 가장 잘 이루어질 수 있는 조건은?

① 군집
② 영양결핍
③ 피로
④ 매개곤충의 서식

비말감염은 사람과 사람이 접근하여 감염이 생기는 감염으로 호흡기계 감염병의 일반적인 감염방식이다.

22 호흡기 감염병에 속하지 않는 것은?

① 홍역
② 일본 뇌염
③ 디프테리아
④ 백일해

일본뇌염은 모기를 매개체로 전파되는 감염병이다.

23 호흡기계 감염병의 예방대책과 가장 관계 깊은 것은?

① 파리, 바퀴의 구제   ② 음료수의 소독
③ 환자의 격리   ④ 식사 전 손의 세척

호흡기계 감염병은 사람과 사람 사이에서 공기를 통해 감염되기 때문에 환자를 격리시키는 것이 가장 좋은 예방법이다.

24 음식물이나 식수에 오염되어 경구적으로 침입되는 감염병이 아닌 것은?

① 유행성이하선염   ② 파라티푸스
③ 세균성 이질   ④ 폴리오

유행성이하선염은 호흡기를 통하여 감염된다.

25 우리나라에서 발생하는 장티푸스의 가장 효과적인 관리 방법은?

① 환경위생 철저   ② 공기정화
③ 순화독소(Toxoid) 접종   ④ 농약사용 자제

장티푸스 등의 수인성감염병은 환경위생을 철저히 하는 것이 가장 좋은 예방법이다.

26 음료수의 오염과 가장 관계 깊은 감염병은?

① 홍역   ② 백일해
③ 발진티푸스   ④ 장티푸스

음료수의 오염으로 감염되는 수인성감염병은 장티푸스, 파라티푸스, 콜레라, 세균성이질 등이 있다.

27 환자나 보균자의 분뇨에 의해서 감염될 수 있는 경구감염병은?

① 장티푸스   ② 결핵
③ 인플루엔자   ④ 디프테리아

환자나 보균자의 분뇨에 의해서 감염될 수 있는 경구감염병은 수인성 감염병으로 장티푸스, 파라티푸스, 콜레라, 세균성 이질 등이 있다.

정답 19 ②   20 ③   21 ①   22 ②   23 ③   24 ①   25 ①   26 ④   27 ①

★★★
28 잠복기가 하루에서 이틀 정도로 짧으며 쌀뜨물 같은 설사를 동반하는 검역 감염병인 것은?

① 콜레라　　　　　② 파라티푸스
③ 장티푸스　　　　④ 세균성 이질

콜레라는 수인성감염병으로 쌀뜨물 같은 설사를 유발하여 탈수증세를 나타내며, 5일의 격리기간을 가져야 하는 검역감염병이다.

★★
29 B형 간염에 대한 설명 중 틀린 것은?

① 제3급 감염병이다.
② 후기에는 황달증상이 나타난다.
③ 감염된 사람의 혈액에 의해 감염된다.
④ 세균성 감염이다.

B형 간염의 병원체는 바이러스이다.

★★★
30 유행성간염에 관한 설명 중 잘못된 것은?

① 음식물로 경구를 통해 감염된다.
② 후기에는 황달증상이 나타난다.
③ 병원체는 분변으로 배출되어 오염된다.
④ 세균성 질환이다

유행성간염은 바이러스가 병원체이다.

★★★
31 수인성 감염병으로 볼 수 없는 것은?

① 파상풍　　　　　② 유행성간염
③ 장티푸스　　　　④ 세균성이질

수인성 감염병은 세균들에 오염된 오염수나 음식물을 통해서 감염되는 질병으로 장티푸스, 파라티푸스, 콜레라, 세균성이질, 유행성간염, 전염성설사 등이 있다.

★★★
32 수인성 감염병의 특징을 설명한 것 중 틀린 것은?

① 단시간에 다수의 환자가 발생한다.
② 환자의 발생은 그 급수지역과 관계가 깊다.
③ 발생률이 남녀노소, 성별, 연령별로 차이가 크다.
④ 오염원의 제거로 일시에 종식될 수 있다.

수인성 감염병은 오염된 물을 많은 사람이 함께 사용함으로써 발생하는 감염병으로 지역적으로 급수지역과 관계가 깊고, 발생이 폭발적이며 남녀노소나 연령에 따른 차이가 없다.

★★★★★
33 감염병과 감염경로의 연결이 틀린 것은?

① 성병 – 직접 접촉
② 폴리오 – 공기 접촉
③ 결핵 – 개달물 감염
④ 백일해 – 비말 감염

폴리오는 폴리오 바이러스의 경구투입이나 2m이내의 비말감염(직접전파)으로 전파된다.

★★★
34 감염경로와 질병과의 연결이 틀린 것은?

① 공기감염 – 공수병
② 비말감염 – 인플루엔자
③ 우유감염 – 결핵
④ 음식물감염 – 폴리오

공수병(광견병)은 피부점막을 통하여 바이러스가 침입하여 발생한다.

★★
35 일반적으로 개달물(介達物) 전파가 가장 잘되는 것은?

① 공수병　　　　　② 일본뇌염
③ 트라코마　　　　④ 황열

개달물 감염은 수건, 의복, 침구 등의 비활성 매체에 의하여 전파되는 감염으로 트라코마, 결핵 등이 대표적이다.

★★★★
36 병원체가 인체에 침입한 후 자각적·타각적 임상증상이 발병할 때까지의 기간은?

① 세대기　　　　　② 이환기
③ 잠복기　　　　　④ 전염기

병원체가 인체에 침입한 후부터 임상증상이 발생하기 전까지의 기간을 잠복기라고 한다.

37 다음 중 잠복기가 가장 긴 감염병은?

① 한센병 ② 파라티푸스
③ 콜레라 ④ 디프테리아

한센병은 잠복기가 2~40년 정도로 아주 길다.

38 검역질병의 검역기간은 그 감염병의 어떤 기간과 동일한가?

① 유행기간 ② 최장 잠복기간
③ 이환기간 ④ 세대기간

검역질병의 검역기간은 검역질병의 최장 잠복기간과 동일하다.

39 다음 중 만성감염병은?

① 장티푸스 ② 폴리오
③ 결핵 ④ 백일해

• 급성감염병 : 갑자기 발병하여 단기간에 완전 회복되거나 사망함으로써 끝나는 감염병(장티푸스, 폴리오, 백일해, 콜레라 등)
• 만성감염병 : 서서히 발병하여 오래 지속되는(보통 3개월 이상) 감염병(결핵, 한센병, 매독 등)

40 사람과 동물이 같은 병원체에 의하여 발생하는 질병은?

① 기생충성 질병
② 세균성 식중독
③ 법정감염병
④ 인수공통감염병

인수공통감염병 : 사람과 동물이 같은 병원체에 의하여 발생하는 질병으로 탄저, 야토병, 결핵 등이 있다.

41 다음 중 인수공통감염병이 아닌 것은?

① 콜레라 ② 브루셀라병
③ 야토병 ④ 결핵

브루셀라(소), 야토병(토끼, 쥐, 다람쥐), 결핵(소)

42 사람은 물론이고 동물에도 감염되는 질병은?

① 탄저병 ② 홍역
③ 성홍열 ④ 풍진

탄저병은 사람과 동물 사이에 서로 전파되는 인수공통감염병이다.

43 개나 고양이 등과 같은 애완동물의 침을 통해서 사람에게 감염될 수 있는 인수공통감염병은?

① 결핵 ② 탄저
③ 야토병 ④ 톡소프라스마증

인수공통감염병
• 톡소플라스마증 : 개,고양이 • 결핵 : 소
• 탄저 : 소, 말, 양 • 야토병 : 토끼, 쥐, 다람쥐

44 인수공통감염병으로 그 병원체가 세균인 것은?

① 일본뇌염 ② 공수병
③ 광견병 ④ 결핵

• 일본뇌염, 공수병(광견병) : 바이러스
• 결핵 : 세균

45 인수공통감염병으로 그 병원체가 바이러스(virus)인 것은?

① 발진열 ② 탄저
③ 광견병 ④ 결핵

공수병(광견병)의 병원체는 바이러스이다.
발진열(리케차), 탄저(세균), 결핵(세균)

46 쥐의 매개에 의한 질병이 아닌 것은?

① 쯔쯔가무시병 ② 유행성출혈열
③ 페스트 ④ 규폐증

규폐증은 분진(유리규산)이 많은 작업장에서 근무할 때 많이 발생하는 직업병이다.

47 모기가 매개하는 감염병이 아닌 것은?

① 황열　　　　　　② 뎅기열
③ 디프테리아　　　④ 사상충증

모기가 매개하는 감염병은 황열, 뎅기열, 사상충증, 일본뇌염, 말라리아 등이 있으며, 디프테리아는 호흡기계를 통한 감염병이다.

48 파리가 전파할 수 있는 감염병은?

① 일본뇌염　　　　② 사상충증
③ 장티푸스　　　　④ 말라리아

파리가 매개하는 감염병은 장티푸스, 파라티푸스, 콜레라, 이질 등이 있다.
일본뇌염, 사상충증, 말라리아는 모기가 매개하는 질병이다.

49 곤충을 매개로 간접 전파되는 감염병과 가장 거리가 먼 것은?

① 재귀열　　　　　② 말라리아
③ 쯔쯔가무시병　　④ 인플루엔자

인플루엔자는 호흡기계를 통하여 직접전파되는 감염병이다.

50 질병을 매개하는 위생해충과 그 질병의 연결이 틀린 것은?

① 모기 - 사상충증, 말라리아
② 파리 - 장티푸스, 콜레라
③ 진드기 - 유행성출혈열, 쯔쯔가무시증
④ 이 - 페스트, 재귀열

이가 매개하는 질병은 재귀열과 발진티푸스이다. 페스트는 쥐와 벼룩이 매개하는 질병이다.

51 위생해충과 이들이 전파하는 질병과의 관계가 잘못 연결된 것은?

① 바퀴 - 사상충
② 모기 - 말라리아
③ 쥐 - 유행성출혈열
④ 파리 - 장티푸스

• 바퀴벌레는 장티푸스를 매개하는 동물이다.
• 사상충은 모기가 매개하는 기생충이다.

52 감염병과 발생원인의 연결이 틀린 것은?

① 임질 - 직접감염
② 장티푸스 - 파리
③ 일본뇌염 - 큐렉스속 모기
④ 유행성출혈열 - 중국얼룩날개모기

유행성출혈열은 쥐나 진드기에 의해 발병한다.

53 감염병예방법의 제 1급, 2급, 3급 감염병의 순서가 바르게 연결된 것은?

① 페스트 - 장티푸스 - 파상풍
② 디프테리아 - 말라리아 - 홍역
③ 콜레라 - 홍역 - 백일해
④ 백일해 - 파라티푸스 - 일본뇌염

페스트(1급) - 장티푸스(2급) - 파상풍(3급)
1급 - 페스트, 디프테리아
2급 - 콜레라, 홍역, 백일해, 파라티푸스
3급 - 말라리아, 일본뇌염, 파상풍

54 제1급 감염병이 아닌 것은?

① 에볼라바이러스병
② 중증급성호흡기증후군(SARS)
③ 백일해
④ 디프테리아

백일해는 제2급감염병이다.

55 제2급 감염병이 아닌 것은?

① 결핵
② A형간염
③ 장티푸스
④ 페스트

페스트는 제1급감염병이다.

정답 47 ③　48 ③　49 ④　50 ④　51 ①　52 ④　53 ①　54 ③　55 ④

56 감염병예방시설이나 시장·군수·구청장이 지정하는 의료기관 등의 장소에 격리 수용되어 치료를 받아야 하는 감염병은?

① 말라리아
② 파상풍
③ 일본뇌염
④ 콜레라

1급감염병과 2급감염병은 격리가 필요한 감염병이다.
말라리아(3급), 파상풍(3급), 일본뇌염(3급)

57 다음 중 격리를 하지 않아도 되는 질병은?

① 콜레라
② 장티푸스
③ 공수병
④ 파라티푸스

공수병(3급)은 격리를 요하는 질병이 아니다.
콜레라, 장티푸스, 파라티푸스 – 제2급감염병

58 외래감염병의 국내침입을 방지하기 위해 취해지는 격리 중 콜레라의 건강격리(quarantine) 기간은?

① 120시간   ② 100시간
③ 150시간   ④ 144시간

감염병의 건강격리기간
콜레라(120시간), 페스트(144시간), 황열(144시간), 중증 급성호흡증후군(SARS: 240시간), 조류 인플루엔자 인체 감염증 (AI: 240시간) 등

59 감염병 예방방법 중 감염원에 대한 대책에 속하는 것은?

① 음료수의 소독
② 식품 취급자의 손 청결
③ 위생해충의 구제
④ 환자, 보균자의 색출

①, ②, ③은 감염경로에 대한 대책이다.

60 감염병의 예방대책 중 특히 감염경로에 대한 대책은?

① 환자를 치료한다.
② 예방 주사를 접종한다.
③ 면역혈청을 주사한다.
④ 손을 소독한다.

감염병의 예방대책
• 감염원에 대한 대책 : 환자 및 보균자의 조기발견, 격리 및 치료
• 감염경로에 대한 대책 : 소독, 살균, 위생해충 구제, 청결한 환경
• 감수성 숙주에 대한 대책 : 예방접종, 면역력 증강

61 감염병의 예방대책과 거리가 먼 것은?

① 병원소의 제거
② 환자의 격리
③ 식품의 저온보존
④ 예방 접종

식품의 저온보존은 식중독의 예방대책에 해당한다.

62 환경위생의 개선으로 발생이 감소되는 감염병과 가장 거리가 먼 것은?

① 장티푸스   ② 콜레라
③ 이질   ④ 홍역

장티푸스, 콜레라, 세균성 이질 등의 소화기계 감염병은 환경위생의 개선으로 예방이 가능하지만 홍역은 호흡기계 감염병으로 예방접종 및 감염원과 보균자에 대한 대책이 중요하다.

63 다음 중 공중보건상 감염병 관리가 가장 어려운 것은?

① 동물 병원소
② 환자
③ 건강 보균자
④ 토양 및 물

건강 보균자는 병원체를 보유하고 있으나 임상증상이 없으면서 병원체를 배출하기 때문에 감염병 관리가 가장 어렵다.

정답 56 ④ 57 ③ 58 ① 59 ④ 60 ④ 61 ③ 62 ④ 63 ③

★★★

64 회복기 보균자에 대한 설명으로 옳은 것은?

① 병원체에 감염되어 있지만 임상증상이 아직 나타나지 않은 상태의 사람
② 병원체를 몸에 지니고 있으나 겉으로는 증상이 나타나지 않는 건강한 사람
③ 질병의 임상 증상이 회복되는 시기에도 여전히 병원체를 지닌 사람
④ 몸에 세균 등 병원체를 오랫동안 보유하고 있으면서 자신은 병의 증상을 나타내지 아니하고 다른 사람에게 옮기는 사람

①은 잠복기 보균자, ②와 ④는 건강보균자를 설명하고 있다.

★★★★

65 질병예방 단계 중 의학적, 직업적 재활 및 사회복귀 차원의 적극적인 예방단계는?

① 1차적 예방
② 2차적 예방
③ 3차적 예방
④ 4차적 예방

질병을 예방하는 단계
• 1차적 예방 : 발병 이전의 환경개선 및 예방접종 등의 노력
• 2차적 예방 : 일단 발병이 되었을 때 조기 치료 및 중증으로 발전되는 것을 방지하는 노력
• 3차적 예방 : 발병후 후유증의 발생을 예방하고 후유증의 발생 시 의학적, 직업적 재활 및 사회복귀를 지원하는 적극적인 노력

★★★★

66 경구 감염병과 비교하여 세균성 식중독이 가지는 일반적인 특성은?

① 소량의 균으로도 발병한다.
② 잠복기가 짧다.
③ 2차 발병률이 매우 높다.
④ 수인성 발생이 크다.

경구 감염병과 세균성 식중독의 비교

구분	경구 감염병	세균성 식중독
균의 양	미량으로도 감염	다량의 균과 독소
2차감염	빈번하다	거의 없다
잠복기간	비교적 길다	비교적 짧다
면역형성	비교적 잘된다	면역형성이 거의 없다

★★★★

67 세균성 식중독과 병원성 소화기계감염병을 비교한 것으로 틀린 것은?

(세균성 식중독)   (병원성 소화기계감염병)

① 많은 균량으로 발병   균량이 적어도 발병
② 2차 감염이 빈번함   2차 감염이 없음
③ 식품위생법으로 관리   감염병예방법으로 관리
④ 비교적 짧은 잠복기   비교적 긴 잠복기

세균성 식중독은 2차 감염이 거의 없으나 병원성 소화기계 감염병은 2차 감염이 빈번하다.

정답 ▶ 64 ③ 65 ③ 66 ② 67 ②

Korea food Cook Certification

식품위생관련법규

[출제문항수 : 5문제] 내용이 방대하여 출제빈도가 높은 부분의 핵심을 요약하여 정리하였습니다. 기출문제 위주로 학습하시면 생각보다 어렵지 않게 점수를 확보할 수 있습니다.

01 식품위생법상의 용어

용어	설명
식품	모든 음식물을 말한다.(의약으로 섭취하는 것은 제외)
식품첨가물	식품을 제조 · 가공 · 조리 또는 보존하는 과정에서 감미(甘味), 착색(着色), 표백(漂白) 또는 산화방지 등을 목적으로 식품에 사용되는 물질을 말한다. 이 경우 기구(器具) · 용기 · 포장을 살균 · 소독하는 데에 사용되어 간접적으로 식품으로 옮아갈 수 있는 물질을 포함한다.
식품위생	식품, 식품첨가물, 기구 또는 용기 · 포장을 대상으로 하는 음식에 관한 위생
화학적 합성품	화학적 수단으로 원소 또는 화합물에 분해 반응 외의 화학 반응을 일으켜서 얻은 물질
기구	• 음식을 먹을 때 사용하거나 담는 것 • 식품 또는 식품첨가물을 채취 · 제조 · 가공 · 조리 · 저장 · 소분 · 운반 · 진열할 때 사용하는 것 • 식품 또는 식품첨가물에 직접 닿는 기계 · 기구나 그 밖의 물건(농업과 수산업에서 식품을 채취하는 데에 쓰는 기계 · 기구나 그 밖의 물건은 제외)
용기 · 포장	식품 또는 식품첨가물을 넣거나 싸는 것으로서 식품 또는 식품첨가물을 주고받을 때 함께 건네는 물품
위해(危害)	식품, 식품첨가물, 기구 또는 용기 · 포장에 존재하는 위험요소로서 인체의 건강을 해치거나 해칠 우려가 있는 것
영업	식품 또는 식품첨가물을 채취 · 제조 · 가공 · 조리 · 저장 · 소분 · 운반 또는 판매하거나 기구 또는 용기 · 포장을 제조 · 운반 · 판매하는 업(농업과 수산업에 속하는 식품 채취업은 제외)
영업자	법규에 따라 영업허가를 받은 자, 영업신고를 한 자, 영업등록을 한 자
집단급식소	영리를 목적으로 하지 아니하면서 특정 다수인에게 계속하여 음식물을 공급하는 기숙사, 학교, 병원, 사회복지시설, 산업체, 공공기관 및 후생기관 등의 급식시설로서 대통령령으로 정하는 시설을 말한다.

02 식품 또는 식품첨가물에 대한 기준 및 규격

① 식품의약품안전처장은 필요하면 판매를 목적으로 하는 식품 또는 식품첨가물에 관한 다음의 사항을 정하여 고시한다.
- 제조·가공·사용·조리·보존 방법에 관한 기준
- 성분에 관한 규격

② 수출할 식품 또는 식품첨가물의 기준과 규격은 식품위생법의 규정에도 불구하고 수입자가 요구하는 기준과 규격을 따를 수 있다.

③ 기준과 규격에 맞지 아니하는 식품 또는 식품첨가물은 판매하거나 판매할 목적으로 제조·수입·가공·사용·조리·저장·소분·운반·보존 또는 진열하여서는 아니 된다.

03 식품등의 공전(公典)

1 식품등의 공전의 작성 및 보급

식품의약품안전처장은 아래의 기준 등을 실은 식품등의 공전을 작성·보급하여야 한다.

① 식품 또는 식품첨가물의 기준과 규격
② 기구 및 용기·포장의 기준과 규격

2 일반원칙(별도의 규정이 없을 때)

구분	공전 상 일반원칙
온도	• 표준온도 : 20℃ • 상온 : 15~25℃ • 실온 : 1~35℃ • 미온 : 30~40℃
물의 구분	• 찬물 : 15℃ 이하 • 온탕 60~70℃ • 열탕 : 약 100℃
pH	• 강산성 : pH 3.0 이하 • 중성 : pH 6.5~7.5 • 강알칼리성 : pH 11.0 이상
냉암소 (찬 곳)	차고 어두운 곳이라 함은 따로 규정이 없는 한 0~15℃의 빛이 차단된 장소를 말한다.
냉동·냉장	따로 정하여진 것을 제외하고는 냉동은 −18℃ 이하, 냉장은 0~10℃를 말한다.

04 검사 등

1 자가품질검사

식품 등을 제조 · 가공하는 영업자는 총리령으로 정하는 바에 따라 제조 · 가공하는 식품 등이 제7조(식품 또는 식품첨가물에 관한 기준 및 규격) 또는 제9조(기구 및 용기 · 포장에 관한 기준 및 규격)에 따른 기준과 규격에 맞는지를 검사하여야 한다.

① 영업자가 자체적으로 검사한다.
② 영업자가 다른 영업자에게 식품등을 제조하게 하는 경우, 식품등을 제조하게 하는 자 또는 직접 그 식품등을 제조하는 자가 자가품질검사를 실시하여야 한다.
③ 자가품질검사는 식품의약품안전처장이 정하여 고시하는 식품유형별 검사항목을 검사한다.
④ 기구 및 용기 · 포장의 경우 동일 재질의 제품으로, 크기나 형태가 다를 경우에는 재질별로 자가품질검사를 실시할 수 있다.
⑤ 자가품질 검사주기의 적용 시점은 다른 규정이 없는 한 제품제조일을 기준으로 산정한다.
⑥ 자가품질검사에 관한 기록서는 2년간 보관하여야 한다.

2 출입·검사·수거

① 식품의약품안전처장, 시 · 도지사 또는 시장 · 군수 · 구청장은 식품등의 위해 방지 · 위생관리와 영업 질서의 유지를 위하여 필요하면 다음의 조치를 할 수 있다.
  • 영업자나 그 밖의 관계인에게 필요한 서류나 그 밖의 자료 제출 요구
  • 영업소에 출입하여 판매를 목적으로 하거나 영업에 사용하는 식품등 또는 영업 시설 등에 대하여 하는 검사
  • 검사에 필요한 최소량의 식품등의 무상 수거
  • 영업에 관계되는 장부 또는 서류의 열람
② 출입 · 검사 · 수거 또는 열람하려는 공무원은 그 권한을 표시하는 증표 및 조사기간, 조사범위, 조사담당자, 관계 법령 등 대통령령으로 정하는 사항이 기재된 서류를 지니고 이를 관계인에게 내보여야 한다.
③ 식품의약품안전처장은 시 · 도지사 또는 시장 · 군수 · 구청장이 출입 · 검사 · 수거 등의 업무를 효율적으로 하기 위하여 필요한 경우에는 관계 행정기관의 장, 다른 시 · 도지사 또는 시장 · 군수 · 구청장에게 행정응원을 하도록 요청할 수 있다.
④ 행정응원의 절차, 비용 부담 방법, 그 밖에 필요한 사항은 대통령령으로 정한다.

3 총리령으로 정하는 식품위생검사기관

① 식품의약품안전평가원
② 지방식품의약품안전청
③ 특별시 · 광역시 · 도 및 특별자치도에 설치하는 보건환경연구원

05 식품위생감시원

1 식품위생감시원

① 식품등의 위해방지 · 위생관리와 영업질서의 유지를 위하여 필요한 관계공무원의 직무와 그 밖에 식품위생에 대한 지도 등을 하기 위하여 식품위생감시원을 둔다.

② 식품의약품안전처(지방식품의약품안전청 포함), 시 · 도 또는 시 · 군 · 구에 식품위생감시원을 둔다.

2 식품위생감시원의 자격

① 위생사, 식품기술사, 식품기사, 식품산업기사, 수산제조기술사, 수산제조기사, 수산제조산업기사 또는 영양사

② 대학 또는 전문대학에서 의학 · 한의학 · 약학 · 식품가공학 · 식품영양학 · 위생학 등 분야의 학과 또는 학부를 졸업한 자 또는 이와 같은 수준 이상의 자격이 있는 자

③ 외국에서 위생사 또는 식품제조기사의 면허를 받은 자나 ②항과 같은 과정을 졸업한 자로서 식품의약품안전처장이 적당하다고 인정하는 자

④ 1년 이상 식품위생행정에 관한 사무에 종사한 경험이 있는 자

3 식품위생감시원의 직무

① 식품등의 위생적인 취급에 관한 기준의 이행 지도

② 수입 · 판매 또는 사용 등이 금지된 식품등의 취급 여부에 관한 단속

③ 표시기준 또는 과대광고 금지의 위반 여부에 관한 단속

④ 출입 · 검사 및 검사에 필요한 식품등의 수거

⑤ 시설기준의 적합 여부의 확인 · 검사

⑥ 영업자 및 종업원의 건강진단 및 위생교육의 이행 여부의 확인 · 지도

⑦ 조리사 및 영양사의 법령 준수사항 이행 여부의 확인 · 지도

⑧ 행정처분의 이행 여부 확인

⑨ 식품등의 압류 · 폐기 등

⑩ 영업소의 폐쇄를 위한 간판 제거 등의 조치

⑪ 그 밖에 영업자의 법령 이행 여부에 관한 확인 · 지도

06 영업

1 영업의 종류

1) 식품제조 · 가공업 : 식품을 제조 · 가공하는 영업

2) 즉석판매제조 · 가공업 : 총리령으로 정하는 식품을 제조 · 가공업소에서 직접 최종소비자에게 판매하는 영업

Check Up

▶ 즉석판매제조 · 가공업에서 덜어서 판매할 수 없는 식품
통 · 병조림 제품, 레토르트 식품, 냉동식품, 어육제품, 식초, 전분, 특수용도식품, 알가공품, 유가공품

3) 식품소분업

① 식품 또는 식품첨가물의 완제품을 나누어 유통할 목적으로 재포장·판매하는 영업

② 식품소분업 대상품목 : 식품제조·가공업, 즉석판매제조·가공업, 식품첨가물 제조업의 대상이 되는 식품 또는 식품첨가물과 벌꿀을 말한다.(벌꿀은 영업자가 자가 채취하여 직접 소분·포장하는 경우를 제외)

▶ **소분 판매할 수 없는 식품**
통·병조림 제품, 레토르트식품, 어육제품, 전분, 특수용도식품, 장류 및 식초

4) 식품보존업

① 식품조사처리업 : 방사선을 쬐어 식품의 보존성을 물리적으로 높이는 것을 업으로 하는 영업

② 식품 냉동·냉장업 : 식품을 얼리거나 차게 하여 보존하는 영업(수산물의 냉동·냉장은 제외)

5) 식품접객업

휴게음식점 영업	• 주로 다류·아이스크림류 등을 조리·판매하거나 패스트푸드점, 분식점 형태의 영업 등 음식류를 조리·판매하는 영업으로서 음주행위가 허용되지 아니하는 영업 • 편의점, 슈퍼마켓, 휴게소, 그 밖에 음식류를 판매하는 장소에서 컵라면, 일회용 다류 또는 그 밖의 음식류에 뜨거운 물을 부어주는 경우는 제외한다.
일반음식점 영업	음식류를 조리·판매하는 영업으로서 식사와 함께 부수적으로 음주행위가 허용되는 영업
단란주점 영업	주로 주류를 조리·판매하는 영업으로서 손님이 노래를 부르는 행위가 허용되는 영업
유흥주점 영업	주로 주류를 조리·판매하는 영업으로서 유흥종사자를 두거나 유흥시설을 설치할 수 있고 손님이 노래를 부르거나 춤을 추는 행위가 허용되는 영업
위탁급식 영업	집단급식소를 설치·운영하는 자와의 계약에 따라 그 집단급식소에서 음식류를 조리하여 제공하는 영업
제과점 영업	주로 빵, 떡, 과자 등을 제조·판매하는 영업으로서 음주행위가 허용되지 아니하는 영업

●─**함께 알아두기**

▶ **식품접객업의 업종별 시설기준**
① 휴게음식점, 제과점 : 객실을 설치할 수 없으며, 객석을 설치할 경우 1.5m 미만의 칸막이를 설치할 수 있다.
② 일반음식점, 단란주점, 유흥주점 : 객실 설치 가능, 객실에는 잠금장치를 설치할 수 없다.
③ 일반음식점의 객실 안에는 무대장치, 음향 및 반주시설, 우주볼 등의 특수조명시설을 설치하여서는 아니 된다.
④ 휴게음식점, 일반음식점 또는 제과점의 영업장에는 손님이 이용할 수 있는 자막용 영상장치 또는 자동반주장치를 설치하여서는 아니 된다.

Check Up

▶ 식품접객업소의 조리판매 등에 대한 기준 및 규격에 의한 요리용 칼·도마, 식기류의 미생물 규격은 살모넬라와 대장균 모두 음성이어야 한다.

2 허가를 받아야 하는 영업

구분	허가관청
식품조사처리업	식품의약품안전처장
단란주점영업	특별자치시장·특별자치도지사
유흥주점영업	또는 시장·군수·구청장

※변경사항이 있을 때 허가를 받아야 하는 사항은 영업소 소재지의 변경이다.

③ 영업신고를 해야 할 업종 및 신고관청

구분	신고관청
즉석판매제조 · 가공업, 식품운반업, 식품소분 · 판매업, 식품보존업(식품냉동 · 냉장업), 용기 · 포장류제조업	특별자치시장 · 특별자치도지사 또는 시장 · 군수 · 구청장
휴게음식점영업, 일반음식점영업, 위탁급식영업, 제과점영업	

④ 등록해야 할 업종 및 등록관청

구분	등록관청
식품제조 · 가공업 식품첨가물제조업 공유주방 운영업	특별자치시장 · 특별자치도지사 또는 시장 · 군수 · 구청장
주세법에 따라 주류를 제조하는 경우	식품의약품안전처장

⑤ 식품위생교육

① 대통령령으로 정하는 영업자 및 유흥종사자를 둘 수 있는 식품접객업 영업자의 종업원은 매년 식품위생에 관한 교육을 받아야 한다.

② 영업을 하려는 자는 미리 식품위생교육을 받아야 한다. - 부득이한 사유로 미리 식품위생교육을 받을 수 없는 경우에는 영업을 시작한 뒤에 식품의약품안전처장이 정하는 바에 따라 식품위생교육을 받을 수 있다.

구분		대상	교육시간
영업자		유흥주점영업을 제외한 대부분의 영업* (식용얼음판매업자와 식용자동판매기영업자는 제외)	3시간
		유흥주점영업의 유흥종사자	2시간
영업을 하려는 자		식품제조 · 가공업, 식품첨가물제조업, 공유주방 운영업	8시간
		식품운반업, 식품소분 · 판매업, 식품보존업, 용기 · 포장류제조업	4시간
		즉석판매제조 · 가공업, 식품접객업	6시간
집단급식소		설치 운영하는 자	3시간
		설치 운영하려는 자	6시간

Check Up

▶ 영업신고를 하지 않아도 되는 업종
① 양곡가공업 중 도정업을 하는 경우
② 수산물가공업의 신고를 하고 해당 영업을 하는 경우
③ 축산물가공업의 허가를 받아 해당 영업을 하는 경우
④ 건강기능식품제조업 및 판매업의 영업허가를 받아 해당 영업을 하는 경우
⑤ 영농조합법인과 영어조합법인이 생산한 농산물 · 임산물 · 수산물을 집단급식소에 판매하는 경우
⑥ 식품첨가물이나 다른 원료를 사용하지 아니하고 농산물 · 임산물 · 수산물을 단순히 자르거나, 껍질을 벗기거나, 말리거나, 소금에 절이거나, 숙성하거나, 가열하는 등의 가공과정 중 위생상 위해가 발생할 우려가 없고 식품의 상태를 관능검사로 확인할 수 있도록 가공하는 경우

Check Up

▶ 유흥주점영업을 제외한 대부분의 영업
식품제조가공업, 즉석판매제조 · 가공업, 식품첨가물제조업, 식품운반업, 식품소분 · 판매업, 식품보존업, 용기 · 포장류제조업, 식품접객업(휴게음식점영업, 일반음식점영업, 단란주점영업)

07 조리사

1 조리사를 두어야 하는 영업

① 집단급식소 운영자

② 식품접객업 중 복어를 조리·판매하는 영업을 하는 자

2 조리사의 자격과 교육

1) 조리사의 결격사유

① 정신질환자

② 감염병환자(B형 간염환자는 제외)

③ 마약이나 그 밖의 약물 중독자

④ 조리사 면허의 취소처분을 받고 그 취소된 날부터 1년이 지나지 아니한 자

2) 조리사의 교육

① 식품의약품안전처장은 식품위생 수준 및 자질의 향상을 위하여 필요한 경우 조리사에게 교육을 받을 것을 명할 수 있다.

② 집단급식소에 종사하는 조리사는 1년마다 교육을 받아야 한다.

③ 교육시간은 6시간으로 한다.

3 조리사의 면허취소 등 행정처분

① 면허의 반납 : 조리사가 면허의 취소처분을 받은 경우에는 지체 없이 면허증을 특별자치시장·특별자치도지사·시장·군수·구청장에게 반납하여야 한다.

② 면허의 재취득 자격 : 조리사 또는 영양사 면허의 취소처분을 받고 그 취소된 날부터 1년이 경과되어야 한다.

③ 위반사항에 대한 행정처분

위반사항	행정처분기준		
	1차위반	2차위반	3차위반
조리사의 결격사유	면허취소		
조리사 교육 미수료	시정명령	업무정지 15일	업무정지 1개월
식중독이나 그 밖에 위생과 관련한 중대한 사고 발생에 직무상의 책임이 있는 경우	업무정지 1개월	업무정지 2개월	면허취소
면허를 타인에게 대여하여 사용하게 한 경우	업무정지 2개월	업무정지 3개월	면허취소
업무정지기간 중에 조리사의 업무를 한 경우	면허취소		

Check Up

▶ 조리사를 두어야 하는 영업 중 조리사를 두지 않아도 되는 경우
① 집단급식소 운영자 또는 식품접객영업자 자신이 조리사로서 직접 음식물을 조리하는 경우
② 1회 급식인원 100명 미만의 산업체인 경우
③ 집단급식소에 두어야 하는 영양사가 조리사 면허를 받은 경우

08 위해요소중점관리기준(HACCP)

1 위해요소중점관리기준(HACCP, 해썹)

① 식품의 원료관리, 제조 · 가공 · 조리 · 소분 · 유통의 모든 과정에서 위해한 물질이 식품에 섞이거나 식품이 오염되는 것을 방지하기 위하여 각 과정의 위해요소를 확인 · 평가하여 중점적으로 관리하는 기준

② 위해요소 : 인체의 건강을 해할 우려가 있는 생물학적, 화학적 또는 물리적 인자나 조건

생물학적 위해요소	세균, 바이러스, 곰팡이, 기생충 등
화학적 위해요소	중금속, 잔류농약, 환경호르몬 등
물리적 위해요소	돌, 유리, 금속, 머리카락 등

▶ HA(Hazard Analysis) +
CCP(Critical Control Points)
• 위해요소분석(HA) : 식품 안전에 영향을 줄 수 있는 위해요소와 이를 유발할 수 있는 조건이 존재하는지 여부를 판별하기 위하여 필요한 정보를 수집하고 평가하는 일련의 과정
• 중요관리점(CCP) : 위해요소중점관리기준을 적용하여 식품의 위해요소를 예방 · 제거하거나 허용수준 이하로 감소시켜 당해 식품의 안전성을 확보할 수 있는 중요한 단계 · 과정 또는 공정

2 위해요소중점관리기준 대상 식품

① 수산가공식품류의 어육가공품류 중 어묵 · 어육소시지

② 기타수산물가공품 중 냉동 어류 · 연체류 · 조미가공품

③ 냉동식품 중 피자류 · 만두류 · 면류

④ 과자류, 빵류, 떡류, 빙과류, 음료류(다류 및 커피는 제외), 코코아 가공품 및 초콜릿류

⑤ 레토르트식품

⑥ 절임류 또는 배추 김치류

⑦ 면류(유탕면, 생면, 숙면, 건면) 등

3 HACCP 적용절차

① HACCP 12절차 : 준비단계 5절차와 HACCP 7원칙을 포함한 총 12단계로 구성된다.

▶ HACCP 7원칙
HACCP 관리계획을 수립하기 위해 단계별로 적용되는 주요 원칙 또는 공정

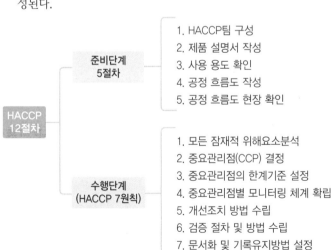

HACCP 12절차

준비단계 5절차
1. HACCP팀 구성
2. 제품 설명서 작성
3. 사용 용도 확인
4. 공정 흐름도 작성
5. 공정 흐름도 현장 확인

수행단계 (HACCP 7원칙)
1. 모든 잠재적 위해요소분석
2. 중요관리점(CCP) 결정
3. 중요관리점의 한계기준 설정
4. 중요관리점별 모니터링 체계 확립
5. 개선조치 방법 수립
6. 검증 절차 및 방법 수립
7. 문서화 및 기록유지방법 설정

1 ★★★
식품위생법상의 식품이 아닌 것은?

① 비타민 C약제　　　② 식용얼음
③ 유산균 음료　　　　④ 채종유

> 식품위생법상 의약으로 섭취하는 것은 식품에서 제외된다.

2 ★★★★★
식품위생법상 "식품을 제조·가공·조리 또는 보존하는 과정에서 감미(甘味), 착색(着色), 표백(漂白) 또는 산화 방지 등을 목적으로 식품에 사용되는 물질"로 정의된 것은?

① 식품첨가물　　　　② 화학적 합성품
③ 항생제　　　　　　④ 의약품

> 식품위생법상 식품첨가물에 대한 정의이다.

3 ★★★★
식품위생법상 화학적 합성품의 정의는?

① 화학적 수단에 의하여 원소 또는 화합물에 분해반 응 외의 화학반응을 일으켜 얻은 물질을 말한다.
② 원소 또는 화합물에 화학반응을 일으켜 얻은 물질 을 말한다.
③ 모든 화학반응을 일으켜 얻은 물질을 말한다.
④ 모든 분해반응을 일으켜 얻은 물질을 말한다.

> 식품위생법상 "화학적 합성품"은 화학적 수단에 의하여 원소 또 는 화합물에 분해반응 외의 화학반응을 일으켜 얻은 물질을 말 한다.

4 ★★★★
식품위생법의 정의에 따른 "기구"에 해당하지 않는 것 은?

① 식품 또는 식품첨가물에 직접 닿는 기구
② 식품 섭취에 사용되는 기구
③ 식품 운반에 사용되는 기구
④ 농산품 채취에 사용되는 기구

> 식품위생법상 '기구'의 정의
> • 음식을 먹을 때 사용하거나 담는 것
> • 식품 또는 식품첨가물을 채취·제조·가공·조리·저장·소분·운 반·진열할 때 사용하는 것
> • 식품 또는 식품첨가물에 직접 닿는 기계·기구나 그 밖의 물건 (농업과 수산업에서 식품을 채취하는 데에 쓰는 기계·기구나 그 밖의 물건은 제외)

5 ★★★★★
식품위생법의 규제를 받는 영업에 해당하는 것은?

① 양식 김의 채취
② 음료용 PET병 제조
③ 구강 청결제 제조
④ 닭의 도축

> 식품위생법상 "영업"이란 식품 또는 식품첨가물을 채취·제조·가 공·조리·저장·소분·운반 또는 판매하거나 기구 또는 용기·포장 을 제조·운반·판매하는 업(농업과 수산업에 속하는 식품 채취업 은 제외한다)을 말한다.
> ①은 농업 채취업, ③ 식품이 아님 ④ 축산물위생관리법의 규 제를 받음

6 ★★★★
다음 중 집단급식소에 속하지 않는 것은?

① 초등학교의 급식시설
② 병원의 구내식당
③ 기숙사의 구내식당
④ 대중음식점

> 대중음식점은 영리를 목적으로 하기 때문에 집단급식소가 아니 다.

7 ★★★★★
식품등의 표시기준을 수록한 식품 등의 공전을 작성, 보급하여야 하는 자는?

① 식품의약품안전처장
② 보건소장
③ 시, 도지사
④ 식품위생감시원

> 식품·식품첨가물 등의 공전은 식품의약품안전처장이 작성·보급 한다.

8 ★★
식품등의 공전에서 말하는 찬물은 몇 도를 말하는가?

① 0~15℃
② 15℃ 이하
③ 1~35℃
④ 15~25℃

> 식품등의 공전에서 따로 구분이 없는 한 찬물은 15℃ 이하를 말 한다.

정답 ▶ 1 ① 2 ① 3 ① 4 ④ 5 ② 6 ④ 7 ① 8 ②

9 ★★★
식품공전상 찬 곳이라 함은 따로 규정이 없는 한 몇 도를 의미하는가?

① 0 ~ 15℃　　　　② -18 ~ -20℃
③ -14 ~ -10℃　　　④ -5 ~ 0℃

따로 규정이 없을 때 찬 곳이라 함은 0~15℃를 말한다.
※ 표준온도는 20℃, 상온은 15~25℃, 실온은 1~35℃, 미온은 30~40℃이다.

10 ★★★★★
식품공전상 표준온도라 함은 몇 ℃ 인가?

① 5℃　　　　　　② 10℃
③ 15℃　　　　　　④ 20℃

식품공전상 표준온도는 20℃를 말한다.
※ 상온 : 15~25℃, 실온 1~35℃, 미온 30~40℃

11 ★★
자가 품질 검사와 관련된 내용으로 틀린 것은?

① 영업자가 다른 영업자에게 식품 등을 제조하게 하는 경우에는 직접 그 식품 등을 제조하는 자가 검사를 실시할 수 있다.
② 직접 검사하기 부적합한 경우는 자가품질위탁검사기관에 위탁하여 검사할 수 있다.
③ 자가품질 검사에 관한 기록서는 2년간 보관하여야 한다.
④ 자가품질 검사주기의 적용시점은 제품의 유통기한 만료일을 기준으로 산정한다.

자가품질검사의 검사주기의 적용시점은 제품의 제조일을 기준으로 산정한다.

12 ★★
식품 등을 제조 · 가공하는 영업자가 식품 등이 기준과 규격에 맞는지 자체적으로 검사하는 것을 일컫는 식품위생법상의 용어는?

① 제품검사　　　　② 자가품질검사
③ 수거검사　　　　④ 정밀검사

자가품질검사
식품 등을 제조·가공하는 영업자가 총리령으로 정하는 바에 따라 제조·가공하는 식품 등이 식품·식품첨가물, 용기·포장 등에 관한 기준과 규격에 맞는지를 자체적으로 검사하는 것이다.

13 ★★
식품 등을 제조, 가공하는 영업을 하는 자가 제조·가공하는 식품 등이 식품위생법 규정에 의한 기준, 규격에 적합한지 여부를 검사한 기록서를 보관해야 하는 기간은?

① 6개월　　　　　② 1년
③ 2년　　　　　　④ 3년

자가품질검사에 관한 기록서는 2년간 보관하여야 한다.

14 ★★★★★
식품위생법상 출입·검사·수거에 대한 설명 중 틀린 것은?

① 관계 공무원은 영업상 사용하는 식품등을 검사를 위하여 필요한 최소량이라 하더라도 무상으로 수거할 수 없다.
② 출입 · 검사 · 수거 또는 열람하려는 공무원은 그 권한을 표시하는 증표를 지니고 이를 관계인에게 내보여야 한다.
③ 관계 공무원은 필요에 따라 영업에 관계되는 장부 또는 서류를 열람 할 수 있다.
④ 관계 공무원은 영업소에 출입하여 영업에 사용하는 식품 또는 영업시설 등에 대하여 검사를 실시한다.

관계공무원은 영업소에 출입하여 판매를 목적으로 하거나 영업에 사용하는 식품 등 또는 영업시설 등에 대하여 하는 검사에 필요한 최소량의 식품 등을 무상수거할 수 있다.

15 ★★
출입·검사·수거 등에 관한 사항 중 틀린 것은?

① 식품의약품안전처장은 검사에 필요한 최소량의 식품 등을 무상으로 수거하게 할 수 있다.
② 출입 · 검사 · 수거 또는 장부 열람을 하고자 하는 공무원은 그 권한을 표시하는 증표를 지녀야 하며 관계인에게 이를 내보여야 한다.
③ 시장 · 군수 · 구청장은 필요에 따라 영업을 하는 자에 대하여 필요한 서류나 그 밖의 자료의 제출 요구를 할 수 있다.
④ 행정응원의 절차, 비용부담 방법 그 밖에 필요한 사항은 검사를 실시하는 담당공무원이 임의로 정한다.

행정응원의 절차, 비용부담 방법, 그 밖에 필요한 사항은 대통령령으로 정한다.

정답　**9** ①　**10** ④　**11** ④　**12** ②　**13** ③　**14** ①　**15** ④

16 다음 중 무상 수거 대상 식품에 해당하지 않는 것은?

① 출입검사의 규정에 의하여 검사에 필요한 식품 등을 수거할 때
② 유통 중인 부정. 불량식품 등을 수거할 때
③ 도소매 업소에서 판매하는 식품 등을 시험검사용으로 수거할 때
④ 수입식품 등을 검사할 목적으로 수거할 때

국민의 보건위생을 위하여 필요하다고 판단되는 경우 검사에 필요한 식품등을 무상수거할 수 있다.
시험검사용이나 식품등의 기준 및 규격제정을 위한 참고용인 경우는 무상수거할 수 없다.

17 식품위생법에서 총리령으로 정하는 식품위생검사기관이 아닌 것은?

① 특별시 · 광역시 · 도 보건환경연구원
② 지방식품의약품안전청
③ 국립보건원
④ 식품의약품안전평가원

총리령으로 정하는 식품위생검사기관
• 식품의약품안전평가원
• 지방식품의약품안전청
• 특별시·광역시·도 및 특별자치도에 설치하는 보건환경연구원

18 식품의 수거 및 위생 감시 등의 식품위생 행정업무를 수행 할 수 있는 사람은?

① 영양사
② 위생사
③ 식품위생감시원
④ 조리사

식품등의 위생관리 및 영업질서유지, 식품위생에 대한 지도 등의 행정업무를 수행하기 위하여 식품위생감시원을 둔다.

19 식품위생법령상 공무원 중 식품위생감시원의 자격요건에 해당되지 않는 것은?

① 위생사
② 대학에서 약학졸업자
③ 식품관련단체 소속직원
④ 영양사

식품위생감시원의 자격요건
① 위생사, 영양사, 식품기사, 식품산업기사 등
② 의학, 한의학, 약학, 수의학, 식품학, 미생물학 등의 학부를 졸업하거나 이와 같은 수준 이상의 자격이 있는 자
③ 외국에서 위생사 등의 면허를 받고 식품의약품안전처장이 적당하다고 인정하는 자
④ 1년 이상 식품위생행정에 관한 사무에 종사한 경험이 있는 자 등

20 식품위생법상 식품위생감시원의 직무가 아닌 것은?

① 영업소의 폐쇄를 위한 간판 제거 등의 조치
② 영업의 건전한 발전과 공동의 이익을 도모하는 조치
③ 영업자 및 종업원의 건강진단 및 위생교육의 이행여부의 확인, 지도
④ 조리사 및 영양사의 법령 준수사항 이행여부의 확인, 지도

①, ③, ④ 외의 식품위생감시원의 직무
• 식품등의 위생적인 취급에 관한 기준의 이행 지도
• 수입·판매·사용 등이 금지된 식품등의 취급 여부에 관한 단속
• 표시기준 또는 과대광고 금지의 위반 여부에 관한 단속
• 출입·검사 및 검사에 필요한 식품등의 수거
• 시설기준의 적합 여부의 확인·검사
• 행정처분의 이행 여부 확인
• 식품등의 압류·폐기 등
• 그 밖에 영업자의 법령 이행 여부에 관한 확인·지도

21 식품위생감시원의 직무가 아닌 것은?

① 수입 · 판매 또는 사용 등이 금지된 식품 등의 취급 여부에 관한 단속
② 영업자의 법령이행여부에 관한 확인 · 지도
③ 위생사의 위생교육에 관한 사항
④ 식품 등의 압류 · 폐기 등에 관한 사항

식품위생감시원은 조리사 및 영양사의 법령 준수사항 이행여부를 확인·지도한다.

22 식품위생법상에 명시된 식품위생감시원의 직무가 아닌 것은?

① 과대광고 금지의 위반 여부에 관한 단속
② 조리사 및 영양사의 법령준수사항 이행 여부 확인, 지도
③ 생산 및 품질관리일지의 작성 및 비치

정답 16 ③ 17 ③ 18 ③ 19 ③ 20 ② 21 ③ 22 ③

④ 시설기준의 적합 여부의 확인, 검사

식품위생감시원이 생산 및 품질관리에 대한 업무를 하지는 않는다.

23 식품위생법상 명시된 영업의 종류에 포함되지 않는 것은? ★★

① 식품조사처리업
② 식품접객업
③ 즉석판매제조 · 가공업
④ 먹는샘물제조업

식품위생법상의 영업의 종류는 식품제조·가공업, 즉석판매제조·가공업, 식품첨가물제조업, 식품운반업, 식품소분·판매업, 식품보존업, 용기·포장류제조업, 식품접객업이 있다.
식품조사처리업은 식품보존업에 속한다.

24 즉석판매제조·가공업소 내에서 소비자에게 원하는 만큼 덜어서 직접 최종 소비자에게 판매하는 대상 식품이 아닌 것은? ★★★★

① 된장
② 식빵
③ 우동
④ 어육제품

즉석판매제조·가공업소에서 덜어서 판매할 수 없는 식품은 통·병조림 제품, 레토르트식품, 냉동식품, 어육제품, 특수용도식품, 식초, 전분이다.
※ 특히 장류(된장)는 즉석판매제조·가공업에서는 덜어서 팔 수 있으나, 소분판매업에서는 덜어서 판매할 수 없다.

25 소분업 판매를 할 수 있는 식품은? ★★★

① 전분
② 통 · 병조림
③ 식초
④ 빵가루

소분업 판매를 할 수 없는 식품은 어육제품, 통·병조림 제품, 레토르트식품, 특수용도식품, 전분, 장류 및 식초이다.

26 다음 중 소분·판매할 수 있는 식품은? ★★

① 벌꿀제품
② 어육제품
③ 과당
④ 레토르트식품

소분·판매할 수 있는 식품은 식품제조·가공업, 즉석판매제조·가공업, 식품첨가물제조업의 대상이 되는 식품 또는 식품첨가물과 벌꿀(영업자가 자가채취하여 직접 소분·포장하는 경우를 제외한다)을 말한다.

27 다음 영업의 종류 중 식품접객업이 아닌 것은? ★★

① 총리령이 정하는 식품을 제조, 가공 업소 내에서 직접 최종소비자에게 판매하는 영업
② 음식류를 조리, 판매하는 영업으로서 식사와 함께 부수적으로 음주행위가 허용되는 영업
③ 집단급식소를 설치, 운영하는 자와의 계약에 의하여 그 집단급식소 내에서 음식류를 조리하여 제공하는 영업
④ 주로 주류를 판매하는 영업으로서 유흥종사자를 두거나 유흥시설을 설치할 수 있고 노래를 부르거나 춤을 추는 행위가 허용되는 영업

①은 즉석판매제조·가공업이다.
식품위생법상 식품접객업은 휴게음식점영업, 일반음식점영업, 단란주점영업, 유흥주점영업, 위탁급식영업, 제과점영업이 있다.
② 일반음식점영업, ③ 위탁급식영업, ④ 유흥주점영업

28 식품 접객업 중 음주 행위가 허용되지 않는 영업은? ★★★★

① 단란주점영업
② 휴게음식점영업
③ 일반음식점영업
④ 유흥주점영업

식품 접객업의 영업 허용

구분	판매대상	음주	노래	유흥 종사자
휴게음식점	음식류	×	×	×
일반음식점	음식류	○	×	×
단란주점	주류	○	○	×
유흥주점	주류	○	○	○
위탁급식	음식류	×	×	×
제과점	빵·떡·과자	×	×	×

29 음식류를 조리·판매하는 영업으로서 식사와 함께 부수적으로 음주행위가 허용되는 영업은? ★★★

① 휴게음식점영업
② 단란주점영업
③ 유흥주점영업
④ 일반음식점영업

일반음식점영업은 음식류를 주로 판매하며 부수적인 음주행위가 허용되는 영업이다.

정답 23 ④ 24 ④ 25 ④ 26 ① 27 ① 28 ② 29 ④

30 식품접객업 중 주로 주류를 조리·판매하는 영업으로서 유흥종사자를 두지 않고 손님이 노래를 부르는 행위가 허용되는 영업은?

① 유흥주점영업　　　② 단란주점영업
③ 휴게음식점영업　　④ 일반음식점영업

단란주점영업은 유흥종사자를 둘 수 없는 영업으로 음주와 노래가 가능한 영업이다.

31 식품접객업소의 조리판매 등에 대한 기준 및 규격에 의한 요리용 칼·도마, 식기류의 미생물 규격은? (단, 사용 중의 것은 제외한다)

① 살모넬라 음성, 대장균 양성
② 살모넬라 음성, 대장균 음성
③ 황색포도상구균 양성, 대장균 음성
④ 황색포도상구균 음성, 대장균 양성

칼·도마 및 숟가락, 젓가락, 식기, 찬기 등 음식을 먹을 때 사용하거나 담는 것의 미생물 기준(사용 중인 것은 제외한다)은 살모넬라와 대장균 모두 음성이어야 한다.

32 식품위생법상 영업허가를 받아야 하는 업종은?

① 식품조사처리업
② 즉석 판매 제조·가공업
③ 일반음식점 영업
④ 식품소분·판매업

영업허가 대상 업종
식품조사처리업, 단란주점영업, 유흥주점영업

33 영업허가를 받아야 하는 업종은?

① 식품운반법　　　　② 유흥주점영업
③ 식품제조, 가공업　④ 식품소분, 판매업

허가를 받아야 하는 영업은 식품조사처리업, 단란주점영업, 유흥주점영업이다.

34 영업의 종류와 그 허가 및 등록관청의 연결로 잘못된 것은?

① 단란주점영업 - 시장·군수 또는 구청장

② 식품첨가물제조업 - 식품의약품안전처
③ 식품조사처리업 - 시·도지사
④ 유흥주점영업 - 시장·군수 또는 구청장

식품조사처리업은 식품의약품안전처장의 허가를 받아야 한다.

35 다음 중 허가를 받아야 하는 변경사항에 해당하는 것은?

① 영업자의 성명 변경　　② 영업소의 상호 변경
③ 영업소의 명칭 변경　　④ 영업소의 소재지 변경

영업허가 사항 중 변경할 때 허가를 받아야 하는 사항은 영업소의 소재지 변경이다.

36 영업신고를 하여야 하는 업종은?

① 단란주점영업　　　　② 유흥주점영업
③ 일반음식점영업　　　④ 식품조사처리업

단란주점영업, 유흥주점영업, 식품조사처리업은 허가를 받아야 하는 영업이다.

37 일반음식점의 영업신고는 누구에게 하는가?

① 동사무소장
② 시장, 군수, 구청장
③ 식품의약품안전청장
④ 보건소장

일반음식점의 영업신고는 특별자치시장·특별자치도지사 또는 시장·군수·구청장에게 신고해야 한다.

38 식품위생법상 영업신고를 하지 않는 업종은?

① 즉석판매제조, 가공업
② 양곡관리법에 따른 양곡가공업 중 도정업
③ 식품운반법
④ 식품소분, 판매업

식품위생법상 영업신고를 해야하는 업종
즉석판매제조·가공업, 식품운반업, 식품소분·판매업
식품보존업(식품냉동·냉장업), 용기·포장류제조업, 휴게음식점영업, 일반음식점영업, 위탁급식영업, 제과점영업,
※ 양곡관리법에 따른 양곡가공업 중 도정업은 영업신고를 하지 않아도 되는 업종이다.

★★★

39 영업허가를 받거나 신고를 하지 않아도 되는 경우는?

① 주로 주류를 조리 · 판매하는 영업으로서 손님이 노래를 부르는 행위가 허용되는 영업을 하려는 경우
② 총리령이 정하는 식품 또는 식품첨가물의 완제품을 나누어 유통을 목적으로 재포장 · 판매 하려는 경우
③ 방사선을 쬐어 식품 보존성을 물리적으로 높이려는 경우
④ 식품첨가물이나 다른 원료를 사용하지 아니하고 농산물을 단순히 껍질을 벗겨 가공하려는 경우

① 단란주점영업과 ③ 식품조사처리업은 영업허가를 받아야 하는 업종이고 ② 식품소분·판매업은 영업신고를 하여야 하는 업종이다.

★★★★

40 일반음식점을 개업하기 위하여 수행하여야 할 사항과 관할 관청은?

① 영업 신고 – 지방식품의약품안전청
② 영업 허가 – 지방식품의약품안전청
③ 영업 허가 – 특별자치도 · 시 · 군 · 구청
④ 영업 신고 – 특별자치도 · 시 · 군 · 구청

식품접객업 중 일반음식점, 휴게음식점, 위탁급식, 제과점 영업은 영업신고 대상업종이며, 관할관청은 특별자치시장·특별자치도지사 또는 시·군·구청장이다.

★★★★★

41 식품위생법상 식품접객업 영업을 하려는 자는 몇 시간의 식품위생교육을 미리 받아야 하는가?

① 8시간   ② 6시간
③ 2시간   ④ 4시간

식품접객업 영업을 하려는 자는 6시간의 식품위생교육을 받아야 한다.
※ 식품접객업 : 휴게음식점, 일반음식점, 단란주점, 유흥주점, 위탁급식, 제과점영업

★★

42 영업을 하려는 자가 받아야 하는 식품위생에 관한 교육시간으로 옳은 것은?

① 식품제조가공업 : 36시간
② 식품운반업 : 12시간
③ 단란주점영업 : 6시간
④ 옹기류제조업 : 8시간

단란주점영업(식품접객업)을 하려는 자는 6시간의 식품위생에 관한 교육을 받아야 한다.

★★★

43 식품위생법상 조리사를 두어야 하는 영업장은?

① 유흥주점
② 단란주점
③ 일반레스토랑
④ 복어조리점

조리사를 두어야 하는 영업에는 복어를 조리·판매하는 영업을 하는 자와 집단급식소 운영자가 있다.

★★

44 식품위생법령상 조리사를 두어야 하는 영업자 및 운영자가 아닌 것은?

① 국가 및 지방자치단체의 집단급식소 운영자.
② 면적 100m² 이상의 일반음식점 영업자
③ 학교, 병원 및 사회복지시설의 집단급식소 운영자
④ 복어를 조리 · 판매하는 영업자

조리사를 두어야 하는 영업
식품접객업 중 복어를 조리·판매하는 영업을 하는 자와 집단급식소 운영자이다. 일반 음식점은 해당하지 않는다.

★★★★

45 식품위생법상 조리사 면허를 받을 수 없는 사람은?

① 미성년자
② 마약중독자
③ B형간염환자
④ 조리사 면허의 취소처분을 받고 그 취소된 날부터 1년이 지난 자

조리사의 결격사유
• 정신질환자
• 감염병환자(B형 간염환자는 제외)
• 마약이나 그 밖의 약물 중독자
• 조리사 면허의 취소처분을 받고 그 취소된 날부터 1년이 지나지 아니한 자

46 다음 중 조리사 또는 영양사의 면허를 발급 받을 수 있는 자는?

① 정신질환자(전문의가 적합하다고 인정하는 자 제외)
② 2군 감염병환자(B형 간염환자 제외)
③ 마약중독자
④ 파산선고자

파산선고자는 조리사 또는 영양사의 면허를 발급받을 수 있다.

47 식품위생 수준 및 자질의 향상을 위하여 조리사와 영양사에게 교육을 받을 것을 명할 수 있는 자는?

① 보건복지부장관
② 시장 · 군수 · 구청장
③ 식품의약품안전처장
④ 보건소장

식품의약품안전처장은 식품위생 수준 및 자질의 향상을 위하여 필요한 경우 조리사와 영양사에게 교육을 받을 것을 명할 수 있다.

48 아래는 식품위생법상 교육에 관한 내용이다.
( ) 안에 알맞은 것을 순서대로 나열하면?

( )은 식품위생 수준 및 자질의 향상을 위하여 필요한 경우 조리사와 영양사에게 교육을 받을 것을 명할 수 있다. 다만, 집단급식소에 종사하는 조리사와 영양사는 ( )마다 교육을 받아야 한다.

① 식품의약품안전처장, 1년
② 식품의약품안전처장, 2년
③ 보건복지부장관, 1년
④ 보건복지부장관, 2년

식품의약품안전처장은 식품위생 수준 및 자질의 향상을 위하여 필요한 경우 조리사와 영양사에게 교육을 받을 것을 명할 수 있다. 다만, 집단급식소에 종사하는 조리사와 영양사는 1년마다 교육을 받아야 한다.

49 조리사 또는 영양사 면허의 취소처분을 받고 그 취소된 날부터 얼마의 기간이 경과되어야 면허를 받을 자격이 있는가?

① 1개월   ② 3개월
③ 6개월   ④ 1년

조리사 또는 영양사 면허의 취소를 받고 그 취소된 날로부터 1년이 경과 되어야 면허를 받을 자격이 생긴다.

50 식품위생법상 조리사가 면허취소 처분을 받은 경우 반납하여야 할 기간은?

① 지체 없이   ② 5일
③ 7일   ④ 15일

조리사가 그 면허의 취소처분을 받은 경우에는 지체 없이 면허증을 특별자치시장·특별자치도지사·시장·군수·구청장에게 반납하여야 한다.

51 조리사 면허의 취소처분을 받은 때 면허증 반납은 누구에게 하는가?

① 보건복지부장관
② 특별자치도지사, 시장 · 군수 · 구청장
③ 식품의약품안전처장
④ 보건소장

52 조리사 면허를 받을 수 없거나 면허 취소에 해당하지 않는 것은?

① 마약이나 그 밖의 약물에 중독이 된 경우
② 업무정지기간 중에 조리사의 업무를 하는 경우
③ 조리사 면허의 취소처분을 받고 그 취소된 날로부터 2년이 지나지 아니한 경우
④ 면허를 타인에게 대여하여 사용하게 한 경우

조리사 면허의 취소처분을 받고 그 취소된 날부터 1년이 지나지 아니한 경우 면허를 받을 수 없다.

53 조리사가 타인에게 면허를 대여하여 사용하게 한 때 1차 위반 시 행정처분 기준은?

① 업무정지 1월
② 업무정지 2월
③ 업무정지 3월
④ 면허취소

조리사가 면허를 대여하여 사용하게 한 경우 1차 위반 시 업무정지 2개월이다.(2차위반 : 3개월, 3차위반 : 면허취소)

정답 46 ④ 47 ③ 48 ① 49 ④ 50 ① 51 ② 52 ③ 53 ②

★★★★★
54 조리사가 업무정지 기간 중에 업무를 한 때 행정처분은?

① 업무정지 1월 연장
② 면허취소
③ 업무정지 3월 연장
④ 업무정지 2월 연장

> 조리사가 업무정지 기간 중에 조리사 업무를 하였을 경우의 행정처분은 면허취소이다.

★★★
55 다음의 정의에 해당하는 것은?

> 식품의 원료관리, 제조 · 가공 · 조리 · 유통의 모든 과정에서 위해한 물질이 식품에 섞이거나 식품이 오염되는 것을 방지하기 위하여 각 과정을 중점적으로 관리하는 기준

① 위해요소중점관리기준(HACCP)
② 식품 Recall 제도
③ 식품 CODEX 기준
④ ISO 인증제도

> 위해요소중점관리기준(HACCP, 해썹)은 어떤 위해를 미리 예측하고 그 위해요인을 사전에 파악하여 반드시 관리하여야 할 항목을 중점적으로 관리하는 기준을 말한다.

★★
56 기존 위생관리방법과 비교하여 HACCP의 특징에 대한 설명으로 옳은 것은?

① 주로 완제품 위주의 관리이다.
② 위생상의 문제 발생 후 조치하는 사후적 관리이다.
③ 시험분석방법에 장시간이 소요된다.
④ 가능성 있는 모든 위해요소를 예측하고 대응할 수 있다.

> HACCP(Hazard Analysis and Critical Control Point)은 가능성이 있는 모든 위해요소를 중점적으로 관리한다는 의미로, 위해요소중점관리제도라고 한다.

★★★
57 HACCP의 의무적용 대상 식품에 해당하지 않는 것은?

① 빙과류
② 비가열음료
③ 껌류
④ 레토르트식품

> HACCP 의무적용 대상 식품
> ① 수산가공식품류의 어육가공품류 중 어묵·어육소시지
> ② 기타수산물가공품 중 냉동 어류·연체류·조미가공품
> ③ 냉동식품 중 피자류·만두류·면류
> ④ 과자류, 빵류, 떡류, 빙과류, 음료류(다류 및 커피는 제외), 코코아 가공품 및 초콜릿류
> ⑤ 레토르트식품
> ⑥ 절임류 또는 배추 김치류
> ⑦ 면류(유탕면, 생면, 숙면, 건면) 등

★★★★★
58 다음 중 위해요소중점관리기준(HACCP)을 수행하는 단계에 있어서 가장 먼저 실시하는 것은?

① 중점관리점 규명
② 관리기준의 설정
③ 기록유지방법의 설정
④ 식품의 위해요소를 분석

> HACCP 12절차는 준비단계 5절차와 수행단계의 7원칙으로 나누어지며, 수행단계의 7원칙 중 첫 번째는 식품의 모든 위해요소를 분석하는 것이다.

★★★
59 HACCP의 7가지 원칙에 해당하지 않는 것은?

① 위해요소분석
② 중요관리점(CCP) 결정
③ 개선조치방법 수립
④ 회수명령의 기준 설정

> HACCP 7원칙
> ① 모든 잠재적 위해요소분석
> ② 중요관리점(CCP) 결정
> ③ 중요관리점의 한계기준 설정
> ④ 중요관리점별 모니터링 체계 확립
> ⑤ 개선조치 방법 수립
> ⑥ 검증 절차 및 방법 수립
> ⑦ 문서화 및 기록유지방법 설정

CHAPTER

02

한식재료관리

How To study

이 과목은 조리기능사에서 15문항 정도가 출제되고 있으며, 그 중 식품의 일반성분 부분에서 훨씬 더 많이 출제됩니다. 식품의 특수성분 부분이 중요하지 않은 것은 아니지만 출제 비중을 감안하시고 학습하시기 바랍니다. 이 과목은 식품의 성분, 화학적 반응, 생소한 용어 등 다소 어려운 부분이 있을 수도 있으나 이론을 공부하고 기출문제를 풀면서 익힌다면 어렵지 않게 학습하실 수 있습니다.

Korea food Cook Certification

SECTION 01 식품재료의 일반성분

[출제문항수 : 11~12문제] 이 섹션은 점수를 확보하기 위해서는 버릴 수 없는 부분이므로 꼼꼼하게 학습해야 할 부분입니다.

01 식품의 구성성분

1 식품의 성분

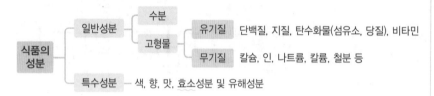

식품의 성분	일반성분	수분		
		고형물	유기질	단백질, 지질, 탄수화물(섬유소, 당질), 비타민
			무기질	칼슘, 인, 나트륨, 칼륨, 철분 등
	특수성분	색, 향, 맛, 효소성분 및 유해성분		

2 식품의 성분

구성 영양소	몸의 조직을 구성하는 성분을 공급한다. – 단백질(근육, 혈액 등), 인(골격, 치아조직), 칼슘
열량 영양소	인체 활동에 필요한 열량(에너지)을 공급한다. – 탄수화물, 지방, 단백질
조절 영양소	인체의 생리작용을 조절한다. – 무기질, 비타민, 물, 단백질

Check Up

▶ 단백질은 효소, 호르몬 등의 구성성분으로 인체의 생리작용을 조절하는 조절 영양소의 역할도 한다.

▶ 영양소
 • 3대 영양소 : 단백질, 탄수화물, 지방
 • 5대 영양소 : 3대 영양소 + 무기질 + 비타민
 ※ 5대 영양소에 물을 추가하여 6대 영양소라고도 한다.

02 물(수분)

1 물의 기능

1) 식품 속의 물의 기능
 ① 식품을 이루는 동·식물체 내에 단순한 물로 존재하는 것이 아니라 탄수화물, 지방, 단백질 등의 유기물과 결합하여 그 일부분을 형성한다.
 ② 염류, 당류, 수용성 단백질, 수용성 비타민 등에 대하여 용매로서 작용한다.
 ③ 수분의 함량은 식품의 성질, 외관상의 품위, 질감 그리고 풍미에 큰 영향을 미치는 요소가 된다.
  • 식품 내의 수분은 주변 공기의 습도에 따라 증발되기도 하며, 주변으로부터 수분을 흡수하기도 한다.
  • 수분의 함량은 식품에 따라 다르며, 건조시키더라도 어느 정도 식품의 성질을 유지한다.

④ 미생물의 성장에 큰 영향을 준다.
- 물은 화학적, 미생물학적 부패의 원인이 되므로 저장 시에는 가급적 물의 함량을 줄이는 것이 바람직하다.
- 채소, 과일, 육류는 수분활성도가 높아 빨리 부패한다. 당 절임, 소금 절임, 탈수 등으로 저장성을 높일 수 있다.

2) 생체 내에서 물의 기능
① 물은 인체 내에서 소화, 흡수, 순환, 배설에서 영양소의 운반과 노폐물의 배설 작용을 한다.
② 체내에서 전해질의 균형, 세포의 삼투압 유지, 체온조절 작용 등의 생리적 작용을 한다.
③ 성인은 하루에 2~3L 정도의 수분이 필요하며, 50%는 식품 속의 수분으로, 50%는 물, 국 등의 수분으로 섭취한다.

3) 조리에서의 물의 기능
① 식품이나 조리기구에 붙어 있는 오염물질을 세척한다.
② 열의 전도체 역할을 한다.(조리 시 음식이 골고루 익도록 한다)
③ 식품 성질을 변화시킨다.(전분의 호화, 섬유질의 연화, 콜라겐의 젤라틴화 등)
④ 조리 시 조미료를 균일한 농도로 확산시킨다.
⑤ 전분, 단백질, 무기질 등을 물에 콜로이드 상태로 분산되도록 한다.

② 유리수와 결합수
① 유리수(자유수) : 분자와의 결합이 약해서 쉽게 이동이 가능한 물
② 결합수 : 토양이나 식품 속의 성분들과 강하게 결합되어서 쉽게 제거할 수 없는 물

유리수(자유수)의 성질	결합수의 성질
식품 중 유리 상태로 존재 (운동이 자유로움)	식품 중 고분자 물질과 강하게 결합하여 존재
수용성 용질을 녹이는 용매작용을 한다.	수용성 용질을 녹이는 용매로 작용하지 못한다.
미생물의 발아와 증식에 이용된다.	미생물의 발아와 증식에 이용되지 못한다.
• 0℃ 이하에서 동결된다. • 100℃에서 증발하여 수증기가 된다.	• -20~-30℃에서도 잘 얼지 않는다. • 100℃ 이상에서 끓지 않는다.
• 4℃에서 비중이 제일 크다. • 표면장력과 점성이 크다.	유리수보다 밀도가 크다.
• 대기 중에서 100℃로 가열하면 쉽게 수증기가 되며, 건조 시 수분제거가 쉽다.	• 수증기압이 유리수보다 낮으므로 100℃ 이상으로 가열해도 제거되지 않는다. • 식품조직을 압착하여도 제거되지 않는다.

▶ 콜로라이드 상태의 예
우유, 마요네즈, 핸드크림, 젤리, 우뭇가사리, 젤라틴

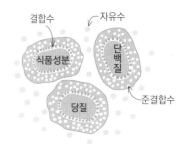

※ 유리수는 순수 물에 가까우며, 4℃에서 비중이 가장 크다.

▶ 용매와 용질
- 용매 : 용질을 녹여 용액을 만드는 물질(녹이는 물질) – 예 물
- 용질 : 용매에 용해되어 용액을 만드는 물질(녹는 물질) – 예 소금

③ 식품의 수분활성도(Water Activity, Aw)

1) 수분활성도의 개념
① 수분활성도는 임의의 같은 온도에서 식품의 수증기압(P)과 순수한 물의 수증기압(P_0)의 비이다.
② 식품의 수분 활성은 대기 중의 상대습도까지 고려하여 수분함량을 표시한 것이다.

> • 수분활성도(Aw) = $\dfrac{\text{식품이 나타내는 수증기압}(P)}{\text{순수한 물의 최대수증기압}(P_0)}$
>
> • 상대습도(%) = 수분활성도(Aw) × 100%

▶ 수분활성
식품 내 수분의 상태는 수분함량과 그 주위 환경의 상대습도와의 관계로 설명하는데 이를 '수분활성'이라 한다.

2) 수분활성도의 특징
① 순수한 물의 수분활성도(Aw) = 1
② 식품은 수분 이외에 영양소 성분 등을 함유하기 때문에 $P < P_0$가 되며 따라서 일반적인 식품의 수분활성도는 항상 1보다 작다.
③ 식품 중의 많은 화학반응은 수분활성에 큰 영향을 받는다.

④ 미생물과 수분활성도
① 수분활성이 큰 식품일수록 미생물이 번식하기 좋으므로 저장성이 나쁘다.
② 식품 중의 수분활성은 식품 중 효소작용의 속도에 영향을 준다.
③ 소금절임은 수분활성을 낮게, 삼투압을 높게하여 미생물의 생육을 억제하는 방법이다.
④ 미생물 증식에 필요한 수분활성도 : 세균(0.90~0.95), 효모(0.88), 곰팡이(0.65~0.80)
⑤ Aw 0.6 이하에서는 미생물의 번식억제가 가능하다.

⑤ 식품별 수분활성도
① 식품의 수분활성은 식품에 함유된 용질의 농도와 종류에 따라 달라진다.
② 식품 중의 수분활성은 미생물, 효소의 작용 및 각종 화학반응에 영향을 미치므로 식품의 품질에 큰 영향을 미친다.

▶ 식품별 수분활성도
• 쌀 · 보리 · 콩 등의 곡류 및 두류 : 0.60~064
• 육류 : 0.92
• 어패류 · 채소 · 과일 : 0.98~0.99

---

03 탄수화물(당질)

① 탄수화물(당질)의 특성
① 구성요소 : 탄소(C), 수소(H), 산소(O)
② 식물의 광합성으로 합성되어 전분과 당류의 형태로 식품 중에 존재한다.
③ 에너지 대사에 사용하고 남은 당질(포도당)은 근육이나 간에 글리코겐으로 저장된다.
④ 탄수화물은 결합한 당의 수에 따라 단당류, 이당류, 올리고당류, 다당류 등으로 분류한다.
⑤ 탄수화물은 소화가 잘 되는 당질과 소화가 되지 않는 섬유소로 나눌 수 있다.

② 탄수화물(당질)의 기능

① 에너지원 : 탄수화물은 1g당 4kcal의 에너지를 내며, 소화율이 98% 정도로 아주 높다.

② 단백질의 절약 작용 : 탄수화물이 충분히 공급되면 단백질을 에너지원으로 사용하지 않아 단백질의 절약작용을 한다. → 탄수화물이 부족하면 단백질을 에너지원으로 사용되어 체내 대사조절에 영향을 미친다.

③ 간장 보호 및 간의 해독작용

④ 지방의 완전 연소 : 탄수화물은 지방의 완전 연소에 필요하다.

⑤ 혈당 유지 : 혈당 성분의 농도를 유지시킨다.

③ 탄수화물(당질)의 분류

1) 단당류

단당류는 탄수화물로서의 물리 · 화학적 성질을 나타내는 가장 간단한 구성단위로, 더 이상 가수분해되지 않는 당을 말한다.

① 오탄당 : 리보스(Ribose), 아라비노스(Arabinose), 자일로스(Xylose)*

② 육탄당

포도당 (Glucose)	• 포도에 많이 들어 있어서 붙여진 이름이다. • 탄수화물의 최종분해 산물로, 몸의 가장 기본적인 에너지 공급원이다. • 혈액에 있는 당은 주로 포도당이며, 이를 혈당이라고 한다.
과당 (Fructose)	• 과일과 꿀에 많이 들어 있다. • 단당류 중 감미도가 가장 높아 감미료로 사용되며 물에 쉽게 녹는다. ※ 포도당과 과당은 이성체* 관계이다.
갈락토스 (Galactose)	• 유당(Lactose)의 구성 성분 • 우유, 유제품에 들어 있으며, 단당류 중 단맛이 가장 약하다. • 뇌나 신경조직에 다량 포함되어 있어 성장기 어린이의 뇌신경을 형성하는데 아주 중요한 영양소이다. • 당지질인 세레브로시드(cerebroside)의 주요 구성성분이다.
만노스 (Mannose)	곤약, 감자, 백합 뿌리에 만난(Mannan)의 형태로 존재한다.

2) 이당류

이당류는 두 개의 당으로 이루어진 당이다.

설탕 (Sucrose)	• 포도당 + 과당 • 사탕수수와 사탕무 등에 함유되어 있다. 상대적 감미도의 측정기준이다. • 전분의 노화를 지연시키고, 농도가 높아지면 방부성을 가진다. ※ 설탕은 환원성이 없는 비환원당*이다.

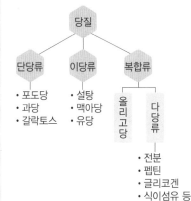

탄수화물의 분류

```
           당질
    ┌────────┼────────┐
  단당류    이당류    복합류
  • 포도당  • 설탕   ┌────┴────┐
  • 과당    • 맥아당 올리고당  다당류
  • 갈락토스 • 유당
```

• 전분
• 펙틴
• 글리코겐
• 식이섬유 등

▶ 리보스
• 동물의 세포에 존재하는 리보핵산(RNA), 데옥시리보핵산(DNA) 및 핵산 조미료 등의 구성성분
• 여러 가지 보조효소의 구성성분으로 생리상 중요한 당이다.

▶ 아라비노스
펙틴(Pectin), 헤미셀룰로스(Hemicellulose) 등의 구성성분

▶ 자일로스
초목류(볏짚, 목질부)에 존재하는 저에너지 감미료

▶ 이성체 : 분자식은 동일하나 구조가 달라 물리 · 화학적인 성질을 달리하는 물질이 2종 이상 존재할 경우 이들 화합물을 이성체(isomer)라 한다.

Check Up

▶ 입체이성체 수는 이론적으로 부제탄소원자가 존재하는 수(n)에 따라 2^n개가 존재한다.
⑩ 부제탄소원자가 3개인 경우 입체이성체 수 : 2^3 = 8개

▶ 전화당(Invert Sugar)
• 설탕(sucrose)을 가수분해하여 생긴 포도당과 과당의 등량혼합물(1:1)
• 인버타아제(invertase) : 전화당을 만들 때 포도당과 과당을 분해하는 효소. 수크라아제(sucrase)라고도 함

▶ 환원당
• 당분자 중에 알데히드기(-CHO)와 케톤기(=CO)를 가지고 환원성을 나타내는 당이다.
• 마이야르 반응(Maillard reaction) 등에서 환원제로서 작용한다.
• 모든 단당류와 말토스, 락토스 등은 환원당이다.
• 설탕과 전분은 비환원당이다.

맥아당 (Maltose)	• 포도당 + 포도당(2분자의 포도당) • 발아중인 곡류(엿기름) 속에 다량 함유되어 있다.
유당 (Lactose)	• 포도당 + 갈락토스 • 우유 속에 함유되어 있다. • 칼슘과 단백질의 흡수를 돕고, 정장작용을 한다. • 갈락토스는 어린이 뇌신경을 형성하는데 도움을 준다.

대장기능이 정상적으로 작용하는 것

Check Up

▶ **감미도(단맛)의 순서**
과당(170) > 전화당(85~130) > 설탕(100) > 포도당(74) > 맥아당(60) > 갈락토스(33) > 유당(16)

3) 올리고당류

① 단당류 3~7개로 이루어진 탄수화물로, 소당류 또는 과당류라고도 한다.
② 일반적으로 기능상 소화가 잘 되지 않아 에너지로 이용되지 않는 저칼로리 당이다.
③ 두류에 많이 존재하며, 충치의 방지, 장내 유익세균총의 개선 효과 및 변비의 개선 효과 등이 있다.

라피노스 (Raffinose)	• 포도당, 과당, 갈락토오스로 이루어진 삼당류 • 소화효소로 소화되지 않으며, 장내 세균의 발효에 의해 장내 가스를 발생시킴
스타키오스 (Stachyose)	• 포도당, 과당, 갈락토오스(2분자)가 결합된 사당류 • 소화효소로 소화되지 않으며, 장내에 가스를 발생시킴

4) 다당류

다당류는 다수의 단당류들이 결합된 분자량이 큰 탄수화물을 말한다.

전분 (Starch)	• 포도당으로부터 만들어진 다당류 • 식물의 대표적인 저장 탄수화물로 중요한 에너지원이다. • 구성 : 아밀로오스 + 아밀로펙틴
글리코겐 (Glycogen)	• 동물의 에너지 저장 형태로 '동물 전분'이라고도 한다. (동물성 탄수화물) • 간과 근육에 저장되어 필요할 때 포도당으로 분해되어 에너지로 사용한다.
셀룰로스 (Cellulose)	• 모든 식물의 세포벽의 구성 성분으로 '섬유소'라고도 한다. • 식이섬유로 영양가치는 없으나 배설을 도와 변비를 예방한다.
펙틴 (Pectin)	• 식물 조직을 구성하는 세포벽의 구성 물질 • 식이섬유*로 영양소를 공급하지 않으나 중요한 생리적 기능을 한다. • 당과 산이 존재하면 함께 젤(Gel)을 형성하는 성질이 있어 잼을 만드는 데 이용한다.
한천 (agar)	• 우뭇가사리에서 추출하여 젤리, 양갱 등의 응고제로 사용한다. • 식이섬유로 체내에서 소화되지 않으며, 변비를 예방한다. • 산을 첨가하여 가열하면 분해된다.

▶ 외래어 표기에 따라 다음과 같이 표기하기도 합니다.
• 오탄당
  – 리보스(리보오스)
  – 아라비노스(아라비노오스)
  – 자일로스(자일로오스)
• 육탄당
  – 글루코스(글루코오스)
  – 프럭토스(프럭토오스)
  – 갈락토스(갈락토오스)
  – 만노스(만노오스)
• 이당류
  – 수크로스(수크로오스)
  – 말토스(말토오스)
  – 락토스(락토오스)
• 소당류
  – 라피노스(라피노오스)
• 다당류
  – 셀룰로스(셀룰로오스)

▶ **식이섬유**(dietary fiber)
• 신체의 소화효소로 분해되지 않는 난소화성 고분자 섬유 성분을 말하는데 주로 식물세포의 세포벽 또는 식물 종자의 껍질 부위에 분포되어 있다.
• 신체에 흡수되지 않으므로 에너지를 공급하지 않는다.
• 변비의 방지, 대장암 예방, 체중감량의 도움을 주는 등의 효용이 있다.
• 셀룰로스, 헤미셀룰로스, 펙틴, 구아검, 카라기난, 알긴산, 키틴, 한천 등이 있다.

① 지질(지방)의 특성

① 탄소(C), 수소(H), 산소(O)로 이루어진 유기 화합물

② 물에 녹지 않고, 유기용매에 녹는다.

③ 상온에서 고체 형태인 지방(脂, fat)과 액체 형태인 기름(油, oil)으로 존재한다.

④ 식용유, 고기의 지방층, 달걀이나 생선, 두부 등을 통해 지방을 섭취한다.

② 지방(지질)의 기능

① 에너지 공급 : 지방은 1g당 9kcal의 열량을 내는 열량 영양소로, 탄수화물이나 단백질보다 2배 이상의 열량을 낸다.

② 필수지방산 공급 : 필수지방산은 생명 유지에 필수적인 지방산으로, 체내에서 합성되지 않기 때문에 반드시 섭취해야 한다.

③ 지용성 비타민의 용매 : 지방은 지용성 비타민(A, D, E, K)의 흡수와 운반을 도와준다.

④ 주요장기의 보호 및 체온 조절 : 피하지방으로 몸속의 여러 장기를 보호하고 열 부도체로서 일정한 체온을 유지시켜 준다.

⑤ 비타민 B_1의 절약작용 : 지질의 체내 산화 시 탄수화물보다 비타민 B_1의 필요 량이 적다.

⑥ 세포막의 구성 및 특수한 생리작용에 관여 : 인지질과 콜레스테롤은 세포막 조직의 필수적인 구성요소로 주요 생리기관에 존재하면서 특수한 생리작용에 관여한다.

⑦ 포만감 제공 : 지방은 탄수화물이나 단백질보다 소화시간이 느려 오랫동안 포만감을 준다.

⑧ 맛과 향미의 제공 : 지방은 식품에 특별한 맛과 향미를 준다.

③ 중성지방(단순지질)

① 한 종류의 지방산으로 구성되어 있다.

② 기본적으로 글리세롤(1분자) + 지방산(3분자)가 에스테르 결합을 한 것이다.

③ 왁스(Wax)는 글리세롤과 고급 알코올류가 에스테르 결합한 단순지질이다.

1) 유지(油脂, fat and oil)

① 동물성 유지

- 동물성 지방(脂肪, 고체) : 우지, 돈지, 버터 등

- 동물성 유(油, 액체) : 어유, 경유(고래기름), 간유(상어, 고래 등의 간 기름) 등

② 식물성 유지

구분	요오드가	특징
건성유	130 이상	• 상온에 방치하면 건조되는 유지 • 불포화지방산 함량이 높은 유지 예 아마인유, 들기름, 잣기름, 호두기름 등
반건성유	100~130	건성유와 불건성유의 중간 성질의 유지 예 옥수수유, 대두유, 채종유, 면실유, 참기름 등

지질의 분류

지방산 ─┬─ 포화 지방산
        └─ 불포화 지방산

중성지방

복합지방

유도지방

▶ 단순지질
1분자의 글리세롤이 가진 3개의 −OH기에 지방산이 에스테르 결합한 수에 따라 monoglyceride(1개), diglyceride(2개), triglyceride(3개)라 하며, 식품으로 사용되는 유지는 대부분 3개가 결합한 triglyceride이다.

▶ 일반적으로 어류의 지방은 불포화지방산의 함량이 커서 상온에서 액체 상태로 존재한다.

불건성유	100 이하	상온에 방치해도 건조되지 않는 유지 예 올리브유, 팜야자유, 피마자유, 낙화생유(땅콩기름) 등

2) 지방산(fatty acid)

① **포화지방산과 불포화지방산** : 탄소의 결합 구조에 따라 포화지방산과 불포화지방산으로 구분한다.

포화 지방산	• 대부분 동물성 지방 • 대부분 상온에서 고체 상태로 존재(융점이 높음) ← 액체로 변하는 온도 • 이중결합이 없는 지방산 예 부티르산, 팔미트산, 라우르산, 스테아르산, 카프르산 등
불포화 지방산	• 대부분 식물성 지방 • 대부분 상온에서 액체 상태로 존재(융점이 낮음) • 이중결합이 있는 지방산(이중결합이 많을수록 불포화도가 높아짐) • 불포화도가 높아질수록 산패가 잘 일어난다.(항산화성이 없다.) 예 리놀레산, 리놀렌산, 아라키돈산, 올레산, 에루스산, DHA 등

② 필수지방산
- 신체의 정상적인 발육과 유지에 필수적이지만 체내에서 합성할 수 없거나 그 양이 부족하여 반드시 음식으로 섭취해야 하는 불포화지방산을 말한다.
- 불포화도가 높아 요오드가(iodine value)가 높다.
- 필수지방산이 높은 식품 : 콩(땅콩), 대두, 잣, 아몬드, 호두, 참깨, 호박씨 등
- 리놀레산, 리놀렌산, 아라키돈산이 있다.

리놀레산 (linoleic acid)	• 식물성 기름에 많이 포함되어 있는 고도 불포화지방산 • 18 : 2 지방산(탄소수 18개, 이중결합 2개)
리놀렌산 (linolenic acid)	• 식물성 기름에 많이 포함되어 있는 고도 불포화지방산 • 18 : 3 지방산(탄소수 18개, 이중결합 3개)
아라키돈산 (arachidonic acid)	• 동물계에 널리 분포하며, 체내에서 리놀레산으로부터 생합성된다. • 20 : 4 지방산(탄소수 20, 이중결합 4개)

4 복합지질
① 단순지질에 질소, 인, 당 등이 결합된 지질이다.
② 인지질(레시틴), 당지질, 단백지질, 황지질 등

5 유도지질
① 단순지질이나 복합지질이 가수분해되어 생성되는 지용성 물질들이다.
② 지방산, 고급 알코올류, 스테롤, 지용성 비타민류 등
③ 대표적인 유도지질로 콜레스테롤과 에르고스테롤이 있다.

▶ 요오드가(Iodine value)
- 유지 100g 중에 첨가되는 요오드(I_2)의 g수이다.
- 요오드가가 높다는 것은 유지를 구성하는 지방산 중 불포화지방산이 많음을 나타낸다.
- 불포화도가 높을수록 상온에서 액체로 존재한다.(융점이 낮다.)

▶ 지방산
자연계에 존재하는 지방산은 짝수의 탄소 원자가 직쇄상으로 결합된 화합물로서, R-COOH로 표시한다.

포화 지방산은 그림과 같이 탄소(C)가 수소(H)에 의해 둘러싸인 구조로 다른 결합이 불가능하여 고체상태로 존재

불포화 지방산은 탄소의 일부에 다른 결합이 가능한 구조로 액체상태로 존재하며, 산소침입이 가능하여 산패가 잘 일어남

▶ 레시틴(Lecithin)
대표적인 인지질로 난황이나 대두유에 많이 함유된 천연유화제이다.

▶ 콜레스테롤과 에르고스테롤
① 콜레스테롤(cholesterol)
- 뇌, 신경조직, 혈액, 답즙 등 동물의 체세포 내에 들어 있는 동물성 스테롤
- 해독작용, 적혈구 보호 작용, 지질의 운반 등 중요한 생리작용을 한다.
- 생체 내에서 자외선에 의하여 비타민 D로 전환되는 프로비타민 D이다.
- 혈중 농도가 높으면 고혈압이나 동맥경화를 유발하는 원인이 된다.
② 에르고스테롤(ergosterol)
- 맥각, 곰팡이, 효모, 버섯 등에 많이 함유되어 있는 식물성 스테롤
- 자외선에 의하여 비타민 D로 변하는 프로비타민 D이다.

1 단백질의 특성

① 아미노산은 단백질의 기본단위로 탄소(C), 수소(H), 산소(O), 질소(N), 황(S), 인(P) 등으로 이루어져 있다. (이 중 질소는 평균 16%를 포함하고 있다.)

② 약 20여종의 아미노산들이 펩티드 결합으로 연결되어 있는 고분자 유기화합물이다.

③ 열 · 산 · 알칼리 등에 응고되는 성질이 있다.

④ 뷰렛에 의한 정색반응*으로 보라색을 나타낸다.

⑤ 단백질의 급원식품

　• 동물성 식품 : 육류, 달걀, 우유, 생선류 등

　• 식물성 식품 : 두류, 곡류, 견과류 등

▶ 정색반응(color reaction)
시약을 가했을 때 발색이나 변색을 수반하는 화학반응을 말한다.

chapter 02

2 단백질의 기능

체조직의 구성 성분	• 인체를 구성하는 세포의 주성분으로 인체조직 및 혈액을 구성 • 성장기에 더 많은 단백질이 요구되며, 성장 후에도 계속적인 단백질 공급이 필요
효소 · 호르몬 · 항체 합성	• 효소의 주성분은 단백질 • 호르몬 생성 : 체내 생리 기능을 조절 • 항체 생성 : 외부에서 침입한 균에 대한 대항 작용
체액 평행 유지	삼투압을 높게 유지시켜 수분을 혈관에 머무르게 함으로서 우리 몸의 수분 균형을 조절
산 · 알칼리 균형 유지	• 아미노산은 알칼리성인 아미노기($-NH_2$)와 산성인 카르복실기($-COOH$)을 모두 가지고 있다. • 아미노산은 산과 알칼리의 균형을 조절하여 체액의 pH를 항상 일정한 상태로 유지시킴
에너지원	• 1g 당 4kcal의 에너지를 공급 • 탄수화물이나 지방을 충분히 섭취하지 못할 경우 단백질을 에너지원으로 이용
나이아신 합성	필수아미노산인 트립토판으로부터 나이아신(비타민 B_3)을 합성

Check Up

▶ **단백질의 식품에서의 기능**
• 난황의 유화성
• 난백의 거품생성
• 콜라겐의 젤라틴화
• 열에 의한 수화성 등

3 아미노산

1) 필수아미노산

체내에서 합성되지 않아 반드시 음식으로 섭취해야 하는 아미노산을 말한다.

① 성인 : 류신, 이소류신, 라이신, 발린, 메티오닌, 트레오닌, 페닐알라닌, 트립토판, 히스티딘(9종)

② 성장기 어린이 : 성인의 필수아미노산 + 아르기닌(10종)

▶ 외래어 표기에 따라 다음과 같이 표기하기도 합니다.
• 류신-루신
• 이소류신-이소루신
• 라이신-리신

4) 제한 아미노산

① 필수아미노산의 표준 필요량에 비해서 상대적으로 부족한 필수아미노산을 말한다.

② 식품에 들어있는 제한 아미노산의 종류

구분	제한 아미노산	구분	제한 아미노산
쌀, 밀가루	라이신, 트레오닌	두류, 채소류, 우유	메티오닌
옥수수	라이신, 트립토판		

③ 단백질의 상호 보조
- 부족한 제한아미노산을 서로 보완할 수 있는 2가지 이상의 식품을 함께 섭취하여 영양을 보완할 수 있다.
- 쌀과 콩, 빵과 우유, 시리얼과 우유 등

④ 단백질의 영양학적 분류

완전 단백질	• 필수 아미노산이 충분하여 정상적인 성장을 할 수 있는 단백질 • 우유의 카제인, 달걀의 알부민, 콩의 글리시닌 등
부분적 불완전 단백질	• 일부 아미노산의 함량이 충분하지 못하여 성장을 돕지는 못하지만 생명을 유지시키는 단백질 • 밀의 글리아딘, 보리의 호르데인 등
불완전 단백질	• 필수아미노산이 충분하지 않아 성장지연, 체중감소, 몸의 쇠약을 가져오는 단백질 • 옥수수의 제인 등

⑤ 단백질의 화학적 분류

단순 단백질	• 아미노산들로만 이루어진 단백질 • 알부민, 글로불린, 글루텔린, 프로라민, 히스톤, 알부미노이드
복합 단백질	• 단순단백질에 핵산, 당질, 지질, 인산, 색소, 금속 등이 결합된 단백질 • 핵단백질(핵산), 인단백질(인산), 당단백질(당질), 지단백질(지질), 색소단백질(색소)
유도 단백질	천연단백질이 물리적 혹은 화학적 방법에 의해서 변성 또는 분해하여 생성된 화합물 • 1차 유도단백질 : 천연단백질이 효소, 산, 알칼리, 열 등의 작용을 받아 응고된 단백질 • 2차 유도단백질 : 단백질을 가수분해하여 얻어지는 단백질

▶ **함황 아미노산(황 함유 아미노산)**
시스테인(cysteine), 시스틴(cystine), 메티오닌(methionine)

▶ **단백가**
① 식품에 함유된 단백질의 필수아미노산을 표준구성 아미노산과 비교하여 가장 부족한 아미노산을 백분비로 표시
② 단백가가 높을수록 보다 완전한 식품이라는 의미이며 달걀, 쇠고기, 우유 등이 단백가가 높다.

▶ 불완전 단백질에 부족한 필수아미노산을 첨가하여 완전단백질 식품을 만들 수 있다.
예 밀가루 제품 + 라이신
옥수수 제인(Zein) + 라이신, 트립토판

▶ **복합 단백질**
• 인단백질 : 우유의 카제인, 난황의 오보비텔린 등
• 당단백질 : 소화액의 뮤신, 난백의 오보뮤코이드 등
• 지단백질 : 난황의 리보비텔린 등
• 색소단백질 : 헤모글로빈, 미오글로빈 등

▶ **유도 단백질**
• 1차 유도단백질(변성 단백질) : 콜라겐을 물과 함께 가열하면 얻어지는 젤라틴이 대표적
• 2차 유도단백질(분해 단백질) : 프로테오스(protease), 펩톤(peptone), 펩티드(peptide) 등

6 단백질의 변성

① 단백질은 20여종의 아미노산들이 펩티드결합으로 되어있는 생체고분자로 고유의 고차구조에 따라 특유의 특성을 나타낸다.

② 단백질의 고차구조는 물리적 · 화학적 요인에 따라 고차구조가 변하면서 특유의 성질을 상실하게 되는데 이를 단백질의 변성이라 한다.(단, 단백질의 1차 구조는 펩티드결합으로 변하지 않는다.)

③ 단백질의 변성 요인

물리적 요인	• 가열, 동결, 건조, 거품내기 등 • 달걀에 열을 가하면 흰자와 노른자가 굳어진다. • 콜라겐에 물을 넣고 가열하면 젤라틴으로 변한다.
화학적 요인	• 산, 알칼리, 염류, 금속이온 등 • 생선에 식초를 뿌리면 생선살이 단단해진다. • 두부는 두유액에 응고제(황산칼슘 등)를 첨가하여 만든다.
효소에 의한 변성	• 효소의 작용에 의해서 변성 및 가수분해 • 치즈는 응유효소 레닌이 우유 단백질인 카제인을 응고시켜 만든다.

Check Up

▶ 변성된 단백질 분자가 집합하여 질서 정연한 망상구조를 형성하는 식품 (두부, 어묵, 빵 반죽 등)

▶ 단백질의 변성에 따른 변화
 • 응고 또는 용해가 일어나 용해도가 감소한다.
 • 일반적으로 소화효소의 작용을 잘 받아 소화율이 증가한다.
 • 일반적으로 점도가 증가한다.
 • 생물학적 활성은 감소한다.
 • 폴리펩티드 사슬이 풀어진다.(1차 펩티드결합은 변하지 않음)

---

06 비타민

① 비타민은 성장과 생명유지에 필수적인 물질로 대부분 생리작용의 조절제 역할을 한다.

② 에너지를 공급하는 열량소로 작용하지 않는다.

③ 비타민은 어느 용매에 녹는지에 따라 수용성 비타민과 지용성 비타민으로 나누어진다.

1 수용성 비타민

수용성 비타민은 물에 녹는 비타민으로 비타민 B군, 비타민 C 등이 대표적이다.

구분	특징	결핍증	급원식품
비타민 B_1 (티아민)	• 탄수화물의 대사를 촉진하여 체내에서 에너지를 발생시키는 보조효소의 역할 • 쌀을 주식으로 하는 한국인에게 꼭 필요한 비타민이다.	각기병 피로, 권태 식욕부진, 신경염	돼지고기, 간, 도정하지 않은 곡류
비타민 B_2 (리보플라빈)	• 발육 촉진, 입안의 점막 보호	구순구각염 설염	우유, 생선, 달걀, 시금치 등
비타민 B_3 (나이아신)	• 비타민 B_1, B_2와 함께 에너지 대사의 보조효소로 작용 • 체내에서 필수아미노산인 트립토판으로부터 나이아신이 합성	펠라그라	동물성(우유, 생선 등), 식물성(땅콩 등)

구분	특징	결핍증	급원식품
비타민 B6 (피리독신)	• 단백질 대사 과정에서 보조효소로 작용	피부염, 습진 기관지염	배아, 대두, 땅콩 등
비타민 B9 (엽산)	• 적혈구를 비롯한 세포의 생성을 보조	빈혈	도정하지 않은 곡류, 간, 달걀
비타민 B12 (시아노코발라민)	• 적혈구의 정상적인 발달을 도움 • 코발트(Co) 함유	악성빈혈 간장질환	우유, 고기, 생선 등의 동물성 식품

비타민 C
(아스코르빈산)
	• 강한 환원력이 있어 육류의 색 안정제, 밀가루의 품질개
	  량제, 과채류의 갈변과 변색방지제 등의 산화방지제(항산
	  화제)로 사용
	• 콜라겐 합성, 철분 흡수 작용
	• 비타민 C는 열에 약하므로, 신선한 상태로 섭취하는 것
	  이 좋다.
		괴혈병,
		잇몸출혈,
		저항력 약화
			과일, 채소

2 지용성 비타민

지용성 비타민은 지방이나 지방을 녹이는 유기용매에 녹는 비타민으로 비타민 A, D, E, K 등이 있다.

1) 비타민 A(레티놀 : Retinol)

기능	• 눈의 망막 세포를 구성하고 시력의 정상유지에 관여 • 피부의 상피세포를 유지시켜 주며, 면역 기능을 높여준다.
전구체	카로틴(carotin) : 비타민 A의 전구물질*로 식물성 식품(당근, 호박, 고구마, 시금치 등)에 많이 들어있으며 특히 β-카로틴이 비타민 A로서의 활성을 가장 많이 한다.
결핍증	야맹증, 결막염, 안구 건조증
급원식품	동물성(간, 우유, 난황 등), 식물성(당근, 귤, 시금치 등)

2) 비타민 D(칼시페롤 : Calciferol)

기능	칼슘(Ca)과 인(P)의 흡수를 도와 뼈를 튼튼하게 유지시켜 준다.
전구체	• 에르고스테롤(Ergosterol) : 비타민 D2의 전구물질로 햇빛에 노출시키면 자외선의 작용으로 비타민 D2(에르고칼시페롤)가 된다. • 7-디하이드로콜레스테롤 : 비타민 D3의 전구물질로 자외선의 작용으로 비타민 D3(콜레칼시페롤)가 된다.
결핍증	구루병, 골다공증
급원식품	햇빛(자외선)을 쬐면 체내의 에르고스테롤이나 콜레스테롤로부터 비타민 D가 합성된다.

▶ 펠라그라 : 나이아신 결핍증으로 피부 홍반, 신경장애, 위장장애 등을 일으키는 병

▶ 전구체와 프로비타민
  • 전구체(전구물질) : 생체 내에서 생성되는 어떤 대사산물에 대하여, 그것에 도달하기 전의 물질
  • 프로비타민 : 식품 중에서는 비타민의 형태가 아니지만 체내로 들어간 후 효소의 활동으로 비타민으로 전환되는 것을 말한다.

3) 비타민 E (토코페롤 : Tocopherol)

기능	• 항산화제, 생식기능의 유지, 노화방지 효과 • 알파 토코페롤(α-tocopherol)이 가장 효력이 강하다.
결핍증	불임증, 근육 위축증
급원식품	식물성기름, 견과류, 곡류의 배아, 달걀, 상추 등

4) 비타민 K (필로퀴논 : Phylloquinone)

기능	• 혈액의 응고에 관여하여 지혈작용을 한다. • 장내 세균이 작용하여 인체 내에서 합성된다.
결핍증	혈액 응고 지연
급원식품	시금치, 콩류, 당근, 감자 등

지용성 비타민과 수용성 비타민의 비교

특성	지용성 비타민	수용성 비타민
종류	비타민 A, D, E, K	비타민 B군, C
용매	지방, 유기용매	물
흡수	지방과 함께 흡수	수용성 상태로 흡수
저장	간 또는 지방조직	저장하지 않음
방출	담즙을 통해 천천히 방출	소변을 통하여 방출
결핍증	결핍증이 서서히 나타남	결핍증이 빠르게 나타남
과잉증	체내에 저장되어 과잉증 또는 독성이 나타남	필요 이상으로 많이 먹으면 배설되므로 과잉증이 거의 없음
전구체	있음	없음
조리 손실	적음	열, 알칼리에서 쉽게 파괴

07 무기질

1 무기질(회분)의 특성

① 무기질은 인체를 구성하는 유기물이 연소한 후에도 남아있는 회분(재, ash)이다.
② 인체를 구성하는 구성영양소이다. (칼슘과 인 등)
③ 인체의 생리작용을 조절하는 조절영양소이다.
④ 무기질은 열량을 공급하지 않는다.
⑤ 인체의 약 4%를 차지한다.
⑥ 무기질은 인체 내 함량에 따라 다량원소와 미량원소로 나누어진다.
  • 다량원소 : 칼슘(Ca), 인(P), 칼륨(K), 황(S), 나트륨(Na), 염소(Cl), 마그네슘(Mg)
  • 미량원소 : 철(Fe), 아연(Zn), 구리(Cu), 망간(Mn), 요오드(I), 코발트(Co), 불소(F) 등

② 무기질의 기능

1) 체조직 구성 성분

단단한 조직을 구성	골격과 치아의 구성성분(칼슘, 인, 마그네슘)
연한 조직을 구성	근육, 피부, 장기, 혈액 등 유기물의 고형질(칼륨, 나트륨, 칼슘, 마그네슘, 인, 황, 염소)

2) 생체기능의 조절

① 생체 내에서 체액의 삼투압 조절한다.
② 체액의 pH를 조절하여 산-염기의 평형을 유지한다.
③ 효소의 활성을 촉진한다.
④ 생리적 작용에 대한 촉매작용을 한다.
⑤ 신경의 자극을 전달한다.
⑥ 호르몬과 비타민의 구성요소이다.

③ 산성 식품과 알칼리성 식품

식품을 연소시켰을 때 최종적으로 남는 무기질에 따라 식품의 산성과 알칼리성이 결정된다.

산성 식품	황(S), 인(P), 염소(Cl)와 같은 산성 원소가 많이 포함된 식품 예 곡류, 육류, 어류, 두류(대두 제외) 등
알칼리성 식품	나트륨(Na), 칼륨(K), 칼슘(Ca), 마그네슘(Mg)과 같은 알칼리성 원소가 많이 포함된 식품 예 우유, 채소, 과일, 대두, 버섯, 해조류 등

④ 무기질의 종류

1) 다량원소

무기질	특징	결핍증	급원식품
칼슘 (Ca)	• 골격 및 치아 형성, 혈액 응고, 근육의 수축과 이완, 신경 전달, 세포대사에 관여 • 칼슘의 흡수 촉진 : 비타민 D, 아미노산, 유당(젖당)과 젖산, 비타민 C 등 • 칼슘의 흡수 방해 : 수산(옥살산), 철분 등	골격과 치아의 발육 부진, 구루병, 골다공증, 골연화증, 근육경련	멸치, 우유 및 유제품, 뱅어포, 해조류, 녹색채소 등
인 (P)	• 골격과 치아의 구성성분, 에너지 대사, 산과 알칼리 균형 유지, 인지질의 성분 • 신체를 구성하는 무기질 중 1/4을 차지한다.	골격 손상	우유, 유제품, 육류, 생선, 난황
나트륨 (Na)	• 체액의 산·알칼리 평형유지, 삼투압 조절, 신경전달 등 • 과잉 섭취 시 고혈압이나 부종이 발생할 수 있다.	근육경련, 식욕감퇴	피클, 김치, 가공 치즈 등
칼륨 (K)	• 체액 삼투압 및 수분평형유지, 산과 염기의 평형유지, 근육의 수축 및 이완작용, 나트륨과 길항작용 등	피부염, 습진 기관지염	육류, 우유, 시금치, 양배추, 감자, 바나나 등

무기질	특징	결핍증	급원식품
염소 (Cl)	• 삼투압 조절, 위산 생성, 타액 아밀라아제 활성화	식욕감퇴, 소화불량, 허약, 성장부진	소금
황(S)	• 함황 아미노산, 비타민 B_1(티아민) 및 체조직의 구성성분 • 해독작용, 산과 염기의 균형 조절	손톱, 발톱, 모발의 발육부진	단백질 식품
마그네슘 (Mg)	• 골격과 치아의 구성성분, 에너지 대사 • 엽록소(클로로필)의 구성성분	신경 및 근육경련, 구토, 설사	녹색채소

▶ **구루병** : 칼슘과 인의 대사를 좌우하는 비타민 D의 결핍으로 발생하는 병으로, 머리, 가슴, 팔다리 뼈의 변형과 성장 장애를 일으킨다.

2) 미량원소

무기질	특징	결핍증	급원식품
철분 (Fe)	• 헤모글로빈의 구성성분으로 신체의 각 조직에 산소 운반 • 근육색소인 미오글로빈의 구성성분 • 적혈구를 형성하는 필수 무기질 • 영양소를 산화시키는 산화효소의 구성성분	빈혈, 피로, 허약 등	• 동물성 : 육류, 간, 어 패류, 가금류, 난황 등 • 식물성 : 녹황색 채소, 도정하지 않은 곡류 등
요오드 (I)	• 갑상선 호르몬(티록신)의 구성성분	갑상선종, 크레틴병 등	미역, 다시마, 김 등의 해조류
아연 (Zn)	• 상처회복, 면역기능 • 인슐린의 성분으로 인슐린의 합성과 작용 활성화	면역기능 저하, 상처 회복 지연	해산물(굴, 새우, 조개 등), 육류, 달걀, 우유
구리 (Cu)	• 철분 흡수 및 이용을 도움	빈혈, 심장질환	간, 조개류, 해조류, 채소류
코발트 (Co)	• 비타민 B_{12}의 구성성분, 적혈구 생성에 관여	빈혈, 성장 부진	쌀, 콩
불소 (F)	• 충치예방, 골다공증 방지	충치 발생	해조류, 차

▶ **크레틴병** : 선천성 갑상선 기능 저하증으로 태아기부터 갑상선의 기능이 저하되어 심각한 지능저하 및 성장 지연 등을 일으키는 병

08 기초대사량과 열량의 계산

1 기초대사량

① 생명을 유지하기 위해 필요한 최소한의 에너지 대사량
② 무의식적 활동(호흡, 심장박동, 혈액운반, 소화 등)에 필요한 열량이고, 수면 시에는 10% 감소한다.
③ 성인 남녀의 기초대사량
  • 성인 남자 : 1,400~1,800kcal
  • 성인 여자 : 1,200~1,400kcal

Check Up

▶ **기초대사량의 특징**
  ① 단위체표면적에 비례한다.(체표면적 이 넓을수록 기초대사량이 커진다.)
  ② 근육조직의 비율이 높을수록 대사 량이 더 크다.
  ③ 영양상태가 좋을수록 대사량이 더 크다.
  ④ 남자가 여자보다 대사량이 더 크다.
  ⑤ 여름보다 겨울이 대사량이 더 크다.

② 영양 권장량

① 영양 권장량
- 영양 권장량은 식생활 자료를 기초로 하여 구해진 값이다.
- 권장량의 값은 다양한 가정을 전제로 하여 제정된다.
- 권장량은 필요량보다 높다.

② 일반적인 영양소 권장량 : 탄수화물(당질) 65%, 지방 20%, 단백질 15%

③ 칼로리(열량)의 계산

① 열량 영양소(1g당)

탄수화물	단백질	지방	알코올
4 kcal	4 kcal	9 kcal	7 kcal

② 칼로리(열량)의 계산식

$$(단백질\ 양 + 탄수화물\ 양) \times 4kcal + (지방의\ 양) \times 9kcal$$

Check Up

▶ 한국인 영양섭취기준(한국영양협회)
총 열량 중 탄수화물 55~65%, 지방 15~30%, 단백질 7~20%

▶ 영양소 소화율 : 탄수화물 98%, 단백질 92%, 지방 95%

기출유형 따라잡기

★는 출제빈도를 나타냅니다

식품의 구성성분

★★★
1 식품을 구성하는 성분 중 특수성분인 것은?

① 수분　　　　② 효소
③ 섬유소　　　④ 단백질

식품의 일반성분과 특수성분

일반성분	수분	
	고형물	• 유기질 : 단백질, 지질, 탄수화물(섬유소, 당질), 비타민 • 무기질 : 칼슘, 인,, 나트륨, 칼륨, 철분 등
특수성분	색성분, 향성분, 맛성분, 효소, 유독성분	

★★
2 신체를 구성하는 전 무기질의 1/4 정도를 차지하며 골격과 치아조직을 구성하는 무기질은?

① 구리　　　　② 철
③ 인　　　　　④ 마그네슘

신체조직을 구성하는 성분을 공급하는 무기질로서 전체 무기질의 1/4을 차지하고, 골격과 치아조직을 구성하는 영양소는 인이다.

★★★
3 신체의 근육이나 혈액을 합성하는 구성영양소는?

① 단백질　　　　② 무기질
③ 물　　　　　　④ 비타민

구성영양소	몸의 조직을 구성하는 성분을 공급한다. 단백질, 인, 칼슘
열량영양소	인체 활동에 필요한 열량을 공급한다. 탄수화물, 지방, 단백질
조절영양소	인체의 생리작용을 조절한다. 단백질, 무기질, 비타민, 물

★★★
4 체온유지 등을 위한 에너지 형성에 관계하는 영양소는?

① 탄수화물, 지방, 단백질
② 물, 비타민, 무기질
③ 무기질, 탄수화물, 물
④ 비타민, 지방, 단백질

정답 1 ② 2 ③ 3 ① 4 ①

탄수화물, 지방, 단백질은 3대 영양소로 불리며 체내의 체온유지 및 열량을 공급하는 중요한 영양소이다.

★★★
5 체내에서 열량원보다 여러 가지 생리적 기능에 관여하는 것은?

① 탄수화물, 단백질
② 지방, 비타민
③ 비타민, 무기질
④ 탄수화물, 무기질

비타민과 무기질은 인체의 여러 가지 생리적 작용을 한다.
※ 열량영양소 : 탄수화물, 지방, 단백질

★★
6 영양소에 대한 설명 중 틀린 것은?
① 영양소는 식품의 성분으로 생명현상과 건강을 유지하는데 필요한 요소이다.
② 건강이라 함은 신체적, 정신적, 사회적으로 건전한 상태를 말한다.
③ 물은 체조직 구성요소로서 보통 성인체중의 2/3를 차지하고 있다.
④ 조절소란 열량을 내는 무기질과 비타민을 말한다.

조절영양소란 인체의 생리작용을 조절하는 무기질, 비타민, 물 등을 말하며 열량을 내지는 않는다.

물 (수분)

★★
1 우리 몸 안에서 수분의 작용을 바르게 설명한 것은?
① 영양소를 운반하는 작용을 한다.
② 5대 영양소에 속하는 영양소이다.
③ 높은 열량을 공급하여 추위를 막을 수 있다.
④ 호르몬의 주요 구성성분이다.

인체 내에서 수분은 영양소를 운반하는 작용을 한다.
② 5대 영양소 : 탄수화물, 지방, 단백질, 무기질, 비타민
③ 열량공급 영양소 : 탄수화물, 지방, 단백질
④ 호르몬의 주요 구성성분은 단백질이다.

★★★★
2 식품에 존재하는 물의 형태 중 자유수에 대한 설명으로 틀린 것은?

① 식품에서 미생물의 번식에 이용된다.
② -20℃에서도 얼지 않는다.
③ 100℃에서 증발하여 수증기가 된다.
④ 식품을 건조시킬 때 쉽게 제거된다.

유리수와 결합수의 차이

유리수(자유수)	결합수
• 용매로 작용 • 미생물의 발아와 번식이 가능하다. • 0℃ 이하에서 동결된다. • 4℃에서 비중이 제일 크다. • 표면장력이 크다. • 100℃에서 증발하여 수증기가 된다. • 건조로 쉽게 제거가 가능하다.	• 용매로 작용 못함 • 미생물의 발아와 번식이 불가능하다. • -20℃에서도 잘 얼지 않는다. • 유리수보다 밀도가 크다. • 100℃ 이상으로 가열해도 제거되지 않는다. • 식품조직을 압착하여도 제거하기 어렵다.

★★★
3 다음 중 결합수의 특징이 아닌 것은?
① 용질에 대해 용매로 작용하지 않는다.
② 자유수보다 밀도가 크다.
③ 식품에서 미생물의 번식과 발아에 이용되지 못한다.
④ 대기 중에서 100℃로 가열하면 쉽게 수증기가 된다.

대기 중에서 100℃로 가열했을 때 쉽게 수증기가 되는 물은 유리수이다.

★★★★
4 결합수의 특성으로 옳은 것은?
① 식품조직을 압착하여도 제거되지 않는다.
② 점성이 크다.
③ 미생물의 번식과 발아에 이용된다.
④ 보통의 물보다 밀도가 작다.

결합수는 식품조직을 압착하여도 제거되지 않는다.

★★
5 자유수와 결합수의 설명으로 맞는 것은?
① 결합수는 자유수보다 밀도가 작다.
② 자유수는 0℃에서 비중이 제일 크다.
③ 자유수는 표면장력과 점성이 작다.

④ 결합수는 용질에 대해 용매로 작용하지 않는다.

> ① 결합수는 자유수보다 밀도가 크다.
> ② 자유수는 4℃에서 비중이 제일 크다.
> ③ 자유수는 표면장력과 점성이 크다.

★★★★★
6 식품의 수분활성도(Aw)란?

① 자유수와 결합수의 비
② 식품의 상대습도와 주위의 온도와의 비
③ 식품의 수증기압과 그 온도에서의 물의 수증기압의 비
④ 식품의 단위시간당 수분증발량

> 수분활성도는 일정 온도에서 식품의 수증기압과 그 온도에서 물의 수증기압의 비이다.

★★★
7 식품의 수분 활성도(Aw)에 대한 설명으로 틀린 것은?

① 식품이 나타내는 수증기압과 순수한 물의 수증기압의 비를 말한다.
② 일반적인 식품의 Aw값은 1보다 크다.
③ Aw의 값이 작을수록 미생물의 이용이 쉽지 않다.
④ 어패류의 Aw는 0.99~0.98정도이다.

> 순수한 물의 Aw가 1이며, 식품은 수분 이외의 영양소를 함유하기 때문에 Aw가 항상 1보다 작다.

★★★
8 식품의 수분활성도(Aw)에 관련된 설명으로 틀린 것은?

① 임의의 온도에서 순수한 물에 대한 그 식품이 나타내는 수분함량의 비율로 나타낸다.
② 소금 절임은 수분활성을 낮게, 삼투압을 높게 하여 미생물의 생육을 억제하는 방법이다.
③ 식품 중의 수분활성은 식품 중 효소작용의 속도에 영향을 준다.
④ 식품 중 여러 화학반응은 수분활성에 큰 영향을 받는다.

> 식품의 수분활성도는 임의의 온도에서 식품이 나타내는 수증기압에 대한 같은 온도에 있어서 순수한 물의 수증기압의 비율이다.

★★
9 식품 중 존재하는 수분활성에 대한 설명이 잘못된 것은?

① 식품에 오염된 미생물의 활동에 실제로 영향을 주어 문제가 되는 수분량은 식품 중 전체 수분함량이다.
② 건조된 쌀에 존재하는 수분 함량은 쌀이 있는 환경조건에 따라 항상 변한다.
③ 식품의 수분활성(Aw)은 대기 중의 상대습도까지 고려하여 수분함량을 표시한 것이다.
④ 식품의 수분활성은 식품에 함유된 용질의 농도와 종류에 따라 달라진다.

> 식품에 오염된 미생물의 활동에 실제로 영향을 주어 문제가 되는 수분량은 식품 중 전체 수분함량이 아니라 수분활성에 더 많은 영향을 받는다.

★★
10 일반적으로 신선한 어패류의 수분활성도(Aw)는?

① 1.10~1.15
② 0.98~0.99
③ 0.65~0.66
④ 0.50~0.55

> 어패류, 채소, 과일의 수분활성도 : 0.98~0.99

★★★★★
11 식품이 나타내는 수증기압이 0.75기압이고, 그 온도에서 순수한 물의 수증기압이 1.5기압일 때 식품의 상대습도(RH)는?

① 50%
② 70%
③ 60%
④ 40%

> • 수분활성도(Aw) = $\dfrac{\text{식품이 나타내는 수증기압(P)}}{\text{순수한 물의 최대기압(P}_0\text{)}}$
> $= \dfrac{0.75}{1.5} = 0.5$
> • 상대습도 = 수분활성도×100 = 0.5×100 = 50%

★★
12 어떤 식품의 수분활성도(Aw)가 0.960이고 수증기압이 1.39일 때 상대습도는 몇%인가?

① 0.69%
② 1.45%
③ 139%
④ 96%

> 상대습도 = 수분활성도×100이므로 0.960×100 = 96%

탄수화물(당질)

★★★★
1 탄수화물의 구성요소가 아닌 것은?

① 탄소 　　　　　② 질소
③ 산소 　　　　　④ 수소

> 탄수화물(당질)과 지질은 탄소(C), 수소(H), 산소(O)로 이루어져 있으며, 단백질은 탄소, 수소, 산소에 질소(N)와 황(S) 등으로 이루어진 고분자 화합물이다.

★★
2 당질의 기능에 대한 설명 중 틀린 것은?

① 당질은 평균 1g당 4kcal를 공급한다.
② 혈당을 유지한다.
③ 단백질 절약작용을 한다.
④ 당질은 섭취가 부족해도 체내 대사의 조절에는 큰 영향이 없다.

> 당질의 섭취가 부족하면 단백질을 에너지원으로 사용하게 되어 근육이 빠지고, 간장보호 및 해독작용과 혈당을 유지시키는 등의 체내 대사조절에 문제가 생긴다.

★★★
3 탄수화물의 분류 중 5탄당이 아닌 것은?

① 갈락토스(galactose)
② 자일로스(xylose)
③ 아라비노스(arabinose)
④ 리보스(ribose)

> 단당류
> • 오탄당 : 리보스, 자일로스, 아라비노스
> • 육탄당 : 포도당, 과당(프럭토스), 갈락토스, 만노스

★★★★
4 다음 중 단당류인 것은?

① 포도당 　　　　② 유당
③ 맥아당 　　　　④ 전분

단당류	• 오탄당 : 리보스, 자일로스, 갈락토스, 만노스, 라피노스, 셀룰로스 • 육탄당 : 포도당, 과당, 갈락토스, 만노스
이당류	설탕, 맥아당, 유당
올리고당류	라피노스, 스타키오스
다당류	전분, 글리코겐, 셀룰로스, 이눌린, 펙틴, 키틴 등

★★
5 단맛을 가지고 있어 감미료로도 사용되며, 포도당과 이성체(isomer) 관계인 것은?

① 한천 　　　　　② 펙틴
③ 과당 　　　　　④ 전분

> 과당은 감미도가 높아 감미료로 사용되며, 포도당과 이성체 관계이다.
> ※ 이성체 : 분자식은 동일하나 구조가 달라 물리적·화학적인 성질을 달리하는 물질이 2종 이상 존재할 경우 이들 화합물을 이성체(isomer)라 한다.

★★★
6 단당류에서 부제탄소원자가 3개 존재하면 이론적인 입체이성체 수는?

① 8개 　　　　　② 2개
③ 4개 　　　　　④ 6개

> 부제탄소원자가 n개가 존재하면 이론적인 입체이성체 수는 2^n개가 존재한다. 따라서 $2^3 = 8$(개)가 존재한다.

★★★
7 당지질인 세레브로시드(cerebroside)를 주로 구성하고 있는 당은?

① 과당(fructose)
② 라피노스(raffinose)
③ 만노스(mannose)
④ 갈락토스(galactose)

> 당지질인 세레브로시드를 주로 구성하고 있는 당은 갈락토스이다.

★★★★
8 다음중 이당류가 아닌 것은?

① 설탕(sucrose) 　　　② 유당(lactose)
③ 과당(fructose) 　　　④ 맥아당(maltose)

> 과당은 단당류이다.

★★★
9 당류와 그 가수분해 생성물이 옳은 것은?

① 유당 = 포도당 + 갈락토스
② 맥아당 = 포도당 + 과당
③ 설탕 = 포도당 + 포도당
④ 이눌린 = 포도당 + 셀룰로스

정답 1② 2④ 3① 4① 5③ 6① 7④ 8③ 9①

- 맥아당 = 포도당+포도당
- 설탕 = 포도당+과당
- 이눌린은 다당류로 과당의 결합체이고 돼지감자, 우엉 등에 많이 함유되어 있다.

★★
10 맥아당은 어떤 성분으로 구성되어 있는가?

① 포도당 2분자가 결합된 것
② 과당과 포도당 각 1분자가 결합된 것
③ 과당 2분자가 결합된 것
④ 포도당과 전분이 결합된 것

맥아당은 2분자의 포도당(포도당+포도당)으로 결합된 이당류이다.

★★★
11 다음에서 설명하는 이당류는?

- 음식물 중에 적당량 존재하면 유용한 장내 세균의 발육을 왕성하게 하여 정장작용에 도움을 준다.
- 이 당의 분해산물인 단당류는 어린이 뇌신경을 형성하는데 도움을 주므로 성장기 어린이에게 아주 중요한 영양소이다.

① 맥아당(maltose)
② 유당(lactose)
③ 자당(sucrose)
④ 셀로비오스(cellobiose)

유당은 우유 속에 많이 함유되어 있고 칼슘과 단백질의 흡수를 돕고 정장작용을 하여 유아의 골격형성에 도움을 주며, 분해 산물인 갈락토스는 뇌신경의 주요 구성성분으로 어린이 뇌신경을 형성하는 데 도움을 주는 중요한 영양소이다.

★★★
12 칼슘과 단백질의 흡수를 돕고 정장 효과가 있는 것은?

① 설탕   ② 과당
③ 유당   ④ 맥아당

유당은 우유 속에 많이 함유되어 있고 칼슘과 단백질의 흡수를 돕고 정장작용을 하여 유아의 골격형성에 도움을 준다.

★★★★★
13 당류 중에 가장 단맛이 강한 것은?

① 포도당   ② 과당
③ 설탕   ④ 맥아당

감미도의 순서 : 과당(170) > 전화당(85~130) > 설탕(100) > 포도당(74) > 맥아당(60) > 갈락토스(33) > 유당(16)

★★★
14 다음 중 전화당의 구성성분과 그 비율로 옳은 것은?

① 포도당 : 과당이 1 : 1인 당
② 포도당 : 맥아당이 2 : 1인 당
③ 포도당 : 과당이 3 : 1인 당
④ 포도당 : 자당이 4 : 1인 당

전화당은 설탕(수크로스)을 가수분해하여 생긴 포도당과 과당의 등량(等量)의 혼합물이다. (포도당 : 과당 = 1 : 1)

★★
15 설탕을 포도당과 과당으로 분해하여 전화당을 만드는 효소는?

① 아밀라아제(amylase)
② 인버타아제(invertase)
③ 리파아제(lipase)
④ 피타아제(phytase)

인버타아제는 설탕을 가수분해하여 포도당과 과당으로 분해하여 전화당을 만드는 효소로 수크라아제라고도 한다.

★★★
16 환원성이 없는 당은?

① 포도당(Glucose)
② 과당(Fructose)
③ 설탕(Sucrose)
④ 맥아당(Maltose)

환원당은 환원성을 가진 당을 말하며 모든 단당류(포도당, 과당 등)와 맥아당, 유당 등이 있으며, 비환원당은 설탕과 전분 등이 있다.

정답 ▶ 10 ① 11 ② 12 ③ 13 ② 14 ① 15 ② 16 ③

17 ★★
인체 내에서 소화가 잘 안되며, 장내 가스발생인자로 잘 알려진 대두에 존재하는 소당류는?

① 스타키오스(stachyose) ② 과당(fructose)
③ 포도당(glucose) ④ 유당(lactose)

소당류인 라피노스와 스타키오스는 대두에 많이 존재하며, 소화효소로 소화가 되지 않는 당류로 장내에 가스를 발생시킨다.

18 ★★★
다음 중 다당류에 속하는 탄수화물은?

① 전분 ② 포도당
③ 과당 ④ 갈락토스

포도당, 과당, 갈락토스는 단당류이다.

19 ★★
올리고당의 특징이 아닌 것은?

① 장내 균총의 개선효과
② 변비의 개선
③ 저칼로리 당
④ 충치 촉진

올리고당은 충치의 방지효과를 가진다.

20 ★★★★
탄수화물이 아닌 것은?

① 젤라틴 ② 펙틴
③ 섬유소 ④ 글리코겐

젤라틴은 천연 단백질인 콜라겐을 물과 함께 가열하여 얻어지는 유도 단백질이다.

21 ★★★★
섬유소와 한천에 대한 설명 중 틀린 것은?

① 산을 첨가하여 가열하면 분해되지 않는다.
② 체내에서 소화되지 않는다.
③ 변비를 예방한다.
④ 모두 다당류이다.

섬유소와 한천은 모두 다당류로 체내에서 소화되지 않으나 장의 연동을 높여 변비를 예방한다.
한천에 산을 첨가하여 가열하면 분해된다.

22 ★★★
다음 설명 중 잘못된 것은?

① 식품의 셀룰로스는 인체에 중요한 열량영양소이다.
② 덱스트린은 전분의 중간분해산물이다.
③ 아밀로덱스트린은 전분의 가수분해로 생성되는 덱스트린이다.
④ 헤미셀룰로스는 식이섬유소로 이용된다.

식물의 세포벽을 구성하는 셀룰로스는 인체의 소화효소로 소화가 되지 않는 섬유성분으로 인체에 열량을 공급하지 않는다.

23 ★★★
식이섬유(dietary fiber)에 해당되지 않는 것은?

① 전분(starch) ② 키틴(chitin)
③ 펙틴(pectin)물질 ④ 셀룰로스(cellulose)

식이섬유에는 셀룰로스, 헤미셀룰로스, 펙틴, 키틴, 구아검, 알긴산, 한천 등이 있다.

지질

1 ★★★★
지질의 체내 주요 기능에 대한 설명으로 틀린 것은?

① 뼈와 치아를 형성한다.
② 지용성 비타민의 흡수를 돕는다.
③ 열량소 중에서 가장 많은 열량을 낸다.
④ 필수 지방산을 공급한다.

뼈와 치아를 형성하는 영양소는 인, 칼슘, 마그네슘 등의 무기질이다.

2 ★★
지방에 대한 설명으로 틀린 것은?

① 에너지가 높고 포만감을 준다.
② 모든 동물성 지방은 고체이다.
③ 기름으로 식품을 가열하면 풍미를 향상시킨다.
④ 지용성 비타민의 흡수를 좋게 한다.

지방은 상온에서 고체 형태인 지방과 액체 형태인 기름으로 존재하며, 동물성 유(油, 액체)에는 어유, 간유, 경유 등이 있다.

★★★★★

3 하루 필요 열량이 2,700kcal 일 때 이 중 14%에 해당하는 열량을 지방에서 얻으려 한때 필요한 지방의 양은?

① 36g ② 42g
③ 81g ④ 94g

> 2,700kcal × 0.14 = 378kcal
> 지방은 1g당 9kcal의 열량을 내므로 378kcal/9kcal = 42g

★★★★★

4 버터의 수분함량이 23%라면, 버터 20g은 몇 칼로리(kcal) 정도의 열량을 내는가?

① 180.0 kcal ② 61.6 kcal
③ 153.6 kcal ④ 138.6 kcal

> 버터에서 수분함량을 빼고 지방의 열량 9kcal를 곱해주면 된다.
> 20g×(1-0.23)×9kcal = 138.6kcal

★★★★★

5 중성지방의 구성성분은?

① 탄소와 질소
② 아미노산
③ 지방산과 글리세롤
④ 포도당과 지방산

> 지방은 화학적 구조에 따라 단순지질(중성지방), 복합지질, 유도지질로 나누어지며, 단순지질은 지방산과 글리세롤의 에스테르 결합이다.

★★

6 지방산의 불포화도에 의해 값이 달라지는 것으로 짝지어진 것은?

① 융점, 산가
② 검화가, 요오드가
③ 산가, 유화가
④ 융점, 요오드가

> 불포화도가 높을수록 융점이 낮아지고 요오드가는 높아진다.

★★★★

7 요오드값(iodine value)에 의한 식물성유의 분류로 맞는 것은?

① 건성유 - 올리브유, 우유유지, 땅콩기름
② 반건성유 – 참기름, 채종유, 면실유
③ 불건성유 – 아마인유, 해바라기유, 동유
④ 경화유 – 미강유, 야자유, 옥수수유

> • 건성유 : 들기름, 아마인유, 호두기름, 잣기름 등
> • 반건성유 : 대두유, 채종유, 해바라기유, 면실유, 참기름 등
> • 불건성유 : 땅콩기름, 동백기름, 올리브유 등
> • 경화유 : 수소를 첨가해서 만든 가공유지

★★★★

8 건성유에 대한 설명으로 옳은 것은?

① 고도의 불포화지방산 함량이 많은 기름이다.
② 포화지방산 함량이 많은 기름이다.
③ 공기 중에 방치해도 피막이 형성되지 않는 기름이다.
④ 대표적인 건성유는 올리브유와 낙화생유가 있다.

> 건성유는 식물성 유지로 불포화 지방산 함량이 많은 요오드가 130 이상의 기름을 말한다.(아마인유, 호두기름, 들깨기름 등)
>
> ② 불포화지방산의 함량이 많은 기름이다.
> ③ 공기 중에 방치하면 공기 중의 산소를 흡수하여 피막이 형성되고 결국 고화(固化)·건조된다.
> ④ 올리브유와 낙화생유(땅콩기름)는 불건성유이다.

★★★★★

9 다음 유지 중 건성유는?

① 올리브유 ② 참기름
③ 면실유 ④ 아마인유

> 건성유는 식물성 유지로 불포화 지방산 함량이 많은 요오드가 130 이상의 기름을 말한다.(아마인유, 호두기름, 들기름 등)

★★★

10 반건성유가 아닌 것은?

① 올리브유 ② 옥수수유
③ 면실유 ④ 참기름

> 반건성유는 건성유와 불건성유의 중간 성질을 가진 유지로 옥수수유, 대두유, 채종유, 면실유, 참기름 등이 있다.

정답 ▶ 3 ② 4 ④ 5 ③ 6 ④ 7 ② 8 ① 9 ④ 10 ①

★★★
11 불건성유에 속하는 것은?

① 들기름   ② 땅콩기름
③ 대두유   ④ 옥수수기름

불건성유는 요오드가 100 이하의 상온에서 방치해도 건조되지 않는 유지를 말하며, 올리브유, 팜야자유, 땅콩기름(낙화생유) 등이 있다.

★★★★
12 필수지방산이 아닌 것은?

① 아라키돈산(arachidonic acid)
② 스테아르산(stearic acid)
③ 리놀레산(linoleic acid)
④ 리놀렌산(linolenic acid)

신체를 정상적으로 성장·유지시키기 위하여 꼭 필요하지만 인체 내에서 합성되지 못하여 반드시 음식으로 섭취해야 하는 지방산을 필수지방산이라 하며, 리놀레산, 리놀렌산, 아라키돈산이 있다.

★★
13 18 : 2 지방산에 대한 설명으로 옳은 것은?

① 토코페롤과 같은 항산화성이 있다.
② 이중결합이 2개 있는 불포화지방산이다.
③ 탄소수가 20개이며, 리놀렌산이다.
④ 체내에서 생성되므로 음식으로 섭취하지 않아도 된다.

18 : 2 지방산은 18개의 탄소와 2개의 이중결합을 가진 불포화지방산이라는 뜻으로 필수지방산인 리놀레산을 말한다.
① 필수지방산은 불포화지방산으로 항산화성이 떨어진다.
③ 탄소수가 20개인 지방산은 아라키돈산이다.(20:4)
④ 필수지방산인 리놀레산은 체내에서 생성이 되지 않기 때문에 반드시 음식으로 섭취하여야 한다.

★★★★★
14 필수지방산에 속하는 것은?

① 리놀렌산   ② 올레산
③ 스테아르산   ④ 팔미트산

필수지방산의 종류 : 리놀레산, 리놀렌산, 아라키돈산

★★★
15 다음 유지류 중 필수지방산이 가장 많이 함유되어 있는 것은?

① 쇠기름   ② 콩기름
③ 버터   ④ 쇼트닝

필수지방산은 대두유(콩기름), 땅콩, 잣, 호두, 참깨 등의 식물성 식품에 많이 들어있다.

★★★
16 인을 함유하는 복합지방질로서 유화제로 사용되는 것은?

① 레시틴   ② 글리세롤
③ 스테롤   ④ 글리콜

레시틴은 지질과 인이 결합한 복합지질로서 유화력이 높아 유화제로 많이 사용된다. (난황과 대두유에 많이 함유)

★★
17 다음 중 유도지질(derived lipids)은?

① 왁스   ② 인지질
③ 지방산   ④ 단백지질

유도지질은 단순지질과 복합지질의 가수분해에 의해서 생성되는 지용성 물질로 지방산, 고급 알코올류, 비타민류 등이 있다.

단백질

★★
1 단백질의 구성단위는?

① 아미노산   ② 지방산
③ 과당   ④ 포도당

단백질은 아미노산들이 펩티드 결합으로 연결되어 있는 고분자 유기화합물이다.

★★★★
2 검정콩밥을 섭취하면 쌀밥을 먹었을 때보다 쌀에서 부족한 어떤 영양소를 보충할 수 있는가?

① 단백질   ② 탄수화물
③ 지방   ④ 비타민

콩의 주요 영양소는 단백질이고, 쌀의 주 영양소는 탄수화물이기 때문에 검정콩밥은 쌀에 부족한 단백질을 보충해 준다.

정답   11 ②   12 ②   13 ②   14 ①   15 ②   16 ①   17 ③ | 1 ①   2 ①

★★★
3 단백질의 특성에 대한 설명으로 틀린 것은?

① C, H, O, N, S, P 등의 원소로 이루어져 있다.
② 단백질은 뷰렛에 의한 정색반응을 나타내지 않는다.
③ 조단백질은 일반적으로 질소의 양에 6.25를 곱한 값이다.
④ 아미노산은 분자 중에 아미노기와 카르복실기를 갖는다.

> 뷰렛반응이란 단백질을 검출하는 반응으로, 단백질이 있으면 청자색(보라색)으로 변한다.
> ☞ 조단백질 : 식품의 전체질소를 측정하고 평균적인 질소계수 6.25를 곱하여 구하는 단백질을 말한다.

★★★
4 육류, 생선류, 알류 및 콩류에 함유된 주된 영양소는?

① 단백질
② 탄수화물
③ 지방
④ 비타민

> 영양소별 급원식품
> • 단백질 : 육류, 생선류, 알류 및 콩류
> • 탄수화물(당질) : 곡류 및 감자류
> • 지방 : 유지류
> • 무기질 및 비타민 : 과일과 채소류 등

★★
5 근육의 주성분이며 면역과 관계가 깊은 영양소는?

① 비타민
② 지질
③ 단백질
④ 무기질

> 단백질의 기능
> • 신체를 구성하고 조직을 보수하는 기능을 한다.
> • 체내의 생리기능이나 면역체계에 필요한 효소, 호르몬, 항체 등의 구성성분이다.
> • 체내에서 1g당 4kcal의 열량을 낸다.
> • 수분의 균형을 조절하고, 체성분의 중성을 유지시켜 준다.

★★
6 하루 필요 열량이 2500kcal일 경우 이 중의 18%에 해당하는 열량을 단백질에서 얻으려 한다면, 필요한 단백질의 양은 얼마인가?

① 50.0g
② 112.5g
③ 121.5g
④ 171.3g

> 2500kcal×0.18 = 450kcal
> 단백질은 1g당 4kcal의 열량을 공급하므로
> 450kcal/4kcal = 112.5g

★★★
7 성인여자의 1일 필요열량을 2000kcal라고 가정할 때, 이 중 15%를 단백질로 섭취할 경우 동물성 단백질의 섭취량은? (단, 동물성 단백질량은 일일 단백질양의 1/3로 계산한다.)

① 25 g
② 35 g
③ 75 g
④ 100 g

> 1일 단백질 섭취량 = 2000kcal×15% = 300kcal
> 이중 동물성 단백질은 300×1/3 = 100kcal
> 100/4 = 25g (단백질은 1g당 4kcal의 열량을 낸다)

★★★
8 필수아미노산이 아닌 것은?

① 메티오닌(methionine)
② 트레오닌(threonine)
③ 글루탐산(glutamic acid)
④ 라이신(lysine)

> 글루탐산은 비필수아미노산의 일종으로 단백질의 구성아미노산으로 가장 널리 존재한다.

★★
9 필수아미노산만으로 짝지어진 것은?

① 트립토판, 메티오닌
② 트립토판, 글리신
③ 라이신, 글루탐산
④ 류신, 알라닌

> 필수아미노산은 이소류신, 류신, 라이신, 발린, 메티오닌, 페닐알라닌, 트레오닌, 트립토판, 히스티딘, 아르기닌이 있다.

★★★★
10 다음 중 황함유 아미노산은?

① 메티오닌
② 프로린
③ 글리신
④ 트레오닌

> 황함유 아미노산은 시스틴, 시스테인, 메티오닌이 있다.

정답 3② 4① 5③ 6② 7① 8③ 9① 10①

★★★
11 불완전단백질의 함량이 가장 많은 것은?

① 생선　　　　　　② 옥수수
③ 우유　　　　　　④ 쇠고기

불완전단백질은 필수아미노산이 충분하지 못한 단백질로, 옥수수 단백질(제인)은 필수아미노산인 트립토판이 없다.

★★★
12 다음 중 단백가가 가장 높은 것은?

① 쇠고기　　　　　② 달걀
③ 대두　　　　　　④ 버터

달걀, 쇠고기, 우유 등이 단백가가 높은 식품이며, 그 중 달걀이 조금 더 높다.

★★
13 단백질에 관한 설명 중 옳은 것은?

① 인단백질은 단순단백질에 인산이 결합한 단백질이다.
② 지단백질은 단순단백질에 당이 결합한 단백질이다.
③ 당단백질은 단순단백질에 지방이 결합한 단백질이다.
④ 핵단백질은 단순단백질 또는 복합단백질이 화학적 또는 산소에 의해 변화된 단백질이다.

복합단백질
• 인단백질 : 단순단백질+인산
• 지단백질 : 단순단백질+지질
• 당단백질 : 단순단백질+당이나 그 유도체
• 핵단백질 : 단순단백질+핵산

★★★
14 카제인(casein)은 어떤 단백질에 속하는가?

① 당단백질
② 지단백질
③ 유도단백질
④ 인단백질

복합단백질
• 인단백질 : 우유의 카제인, 난황의 오보비텔린 등
• 당단백질 : 소화액의 뮤신, 난백의 오보무코이드 등
• 지단백질 : 난황의 리보비텔린 등
• 색소단백질 : 헤모글로빈, 미오글로빈 등

★★★
15 단백질의 변성 요인 중 그 효과가 가장 적은 것은?

① 가열　　　　　　② 산
③ 건조　　　　　　④ 산소

단백질 변성의 요인
• 물리적 요인 : 가열, 동결, 건조, 거품내기 등
• 화학적 요인 : 산, 알칼리, 염류, 금속이온 등
• 효소에 의한 변성 : 효소의 작용에 의한 변성 및 가수분해

★★★
16 단백질의 변성에 영향을 주는 요인으로 거리가 먼 것은?

① 유화제　　　　　② pH
③ 온도　　　　　　④ 수분

유화제는 잘 섞이지 않는 2종의 액체(보통 물과 기름)를 잘 섞이도록 해주는 작용제를 말한다. 단백질의 변성과는 관계가 없다.

★★★
17 제조 과정 중 단백질 변성에 의한 응고 작용이 일어나지 않는 것은?

① 치즈 가공　　　　② 두부 제조
③ 달걀 삶기　　　　④ 딸기잼 제조

딸기잼 제조는 다당류인 펙틴이 당과 산이 존재할 때 젤리를 형성하는 성질을 이용한 것이다.

★★★★★
18 경단백질로 가열에 의해 젤라틴으로 변하는 것은?

① 케라틴(keratin)　　② 콜라겐(collagen)
③ 히스톤(histone)　　④ 엘라스틴(elastin)

경단백질은 단순 단백질의 일종으로 염류용액이나 유기용매에 녹지 않는 단백질을 총칭한다. 콜라겐은 경단백질로서 가열하면 물을 흡수·팽윤하여 젤라틴으로 변한다.

★★★★
19 변성된 단백질 분자가 집합하여 질서정연한 망상 구조를 형성하는 단백질의 기능성과 관계가 먼 식품은?

① 두부　　　　　　② 어묵
③ 빵 반죽　　　　　④ 북어

두부, 어묵, 빵 반죽은 변성된 단백질 분자가 집합하여 망상구조를 형성하여 만들어지는 식품이다.

정답　11 ②　12 ②　13 ①　14 ④　15 ④　16 ①　17 ④　18 ②　19 ④

chapter 02

★★★★

20 식품의 단백질이 변성되었을 때 나타나는 현상이 아닌 것은?

① 소화효소의 작용을 받기 어려워진다.
② 용해도가 감소한다.
③ 점도가 증가한다.
④ 폴리펩티드(Polypeptide) 사슬이 풀어진다.

식품의 단백질이 변성되면 소화효소의 작용을 잘 받아 소화율이 증가한다.

비타민

★★★★

1 쌀에서 섭취한 전분이 체내에서 에너지를 발생하기 위해서 반드시 필요한 것은?

① 비타민 A   ② 비타민 B_1
③ 비타민 C   ④ 비타민 D

비타민 B_1(티아민)은 탄수화물이 에너지를 발생시킬 수 있도록 보조효소의 역할을 한다.

★★★

2 쌀과 같이 당질을 많이 먹는 식습관을 가진 한국인에게 대사상 꼭 필요한 비타민은?

① 비타민 B_1 ② 비타민 B_6
③ 비타민 A   ④ 비타민 D

비타민 B_1은 체내에서 탄수화물이 분해되어 에너지로 전환될 때 보조효소의 역할을 한다. 따라서 쌀을 많이 먹는 한국인에게 대사상 꼭 필요한 영양소이다.

★★★

3 다음 중 비타민 B_2의 함량이 가장 많은 식품은?

① 밀   ② 마가린
③ 우유   ④ 돼지고기

비타민 B_2(리보플라빈)는 우유, 생선, 달걀, 시금치 등에 많이 들어있다.

★★

4 비타민 B_2가 부족하면 어떤 증상이 생기는가?

① 구각염   ② 괴혈병
③ 야맹증   ④ 각기병

비타민 B_2의 부족시 구각염이나 설염이 생긴다.
• 괴혈병-비타민 C
• 야맹증-비타민 A
• 각기병-비타민 B_1

★★★

5 지용성 성분이 아닌 것은?

① 비타민 D   ② 비타민 E
③ 엽산   ④ 카로틴

엽산은 비타민 B_9로 수용성 비타민이다.

★★★

6 비타민에 대한 설명 중 틀린 것은?

① 카로틴은 프로비타민 A이다.
② 비타민 E는 토코페롤이라고도 한다.
③ 비타민 B_{12}는 망간(Mn)을 함유한다.
④ 비타민 C가 결핍되면 괴혈병이 발생한다.

비타민 B_{12}는 코발트(Co)를 함유한다.

★★★

7 영양 결핍증상과 원인이 되는 영양소의 연결이 잘못된 것은?

① 빈혈 – 엽산
② 구각염 – 비타민 B_{12}
③ 야맹증 – 비타민 A
④ 괴혈병– 비타민 C

비타민 B_{12}의 결핍증은 악성빈혈이며, 구각염은 비타민 B_2의 결핍증이다.

★★★★★

8 열에 의해 가장 쉽게 파괴되는 비타민은?

① 비타민 C   ② 비타민 A
③ 비타민 E   ④ 비타민 K

비타민 C는 열에 약하여 파괴되기 쉬운 영양소이다.

★★★
9 과실 중 밀감이 쉽게 갈변되지 않는 가장 주된 이유는?

① 비타민 A의 함량이 많으므로
② Cu, Fe 등의 금속이온이 많으므로
③ 섬유소 함량이 많으므로
④ 비타민 C의 함량이 많으므로

비타민 C는 강한 환원력이 있어 육류의 색 안정제, 밀가루의 품질개량제, 과채류의 갈변과 변색 방지제 등으로 사용되며 특히 밀감에 많이 들어 있어 쉽게 갈변되지 않는다.

★★★★★
10 채소의 가공 시 가장 손실되기 쉬운 비타민은?

① 비타민 A
② 비타민 D
③ 비타민 C
④ 비타민 E

비타민 C는 열, 빛, 산소, 물 등에 파괴되기 쉬운 영양소로 채소 가공 시 손실되기 쉽다.

★★★
11 육류의 색의 안정제, 밀가루의 품질개량제, 과채류의 갈변과 변색 방지제로 이용되는 비타민은?

① 나이아신(niacin)
② 리보플라빈(riboflavin)
③ 티아민(thiamin)
④ 아스코르빈산(ascorbic acid)

비타민 C는 아스코르빈산이라고도 불리는 천연산화방지제이다.

★★★
12 다음 중 물에 녹는 비타민은?

① 레티놀(Retinol)
② 토코페롤(Tocopherol)
③ 리보플라빈(Riboflavin)
④ 칼시페롤(Calciferol)

리보플라빈(비타민 B_2)은 수용성비타민이다.
비타민 A(레티놀), D(칼시페롤), E(토코페롤)은 지용성 비타민이다.

★
13 지용성 비타민만으로 된 항목은?

① 비타민 A, D, E, K
② 비타민 A, B, E, P
③ 비타민 B, C, P, K
④ 비타민 C, D, E, P

• 지용성 비타민 : 비타민 A, D, E, K
• 수용성 비타민 : 비타민 B군, C

★★★
14 비타민 A가 부족할 때 나타나는 대표적인 증세는?

① 괴혈병   ② 구루병
③ 불임증   ④ 야맹증

비타민 A가 부족하면 야맹증, 결막염, 안구 건조증 등이 나타난다. 괴혈병(비타민 C), 구루병(비타민 D), 불임증(비타민 E)

★★
15 근채류 중 생식하는 것보다 기름에 볶는 조리법을 적용하는 것이 좋은 식품은?

① 무   ② 고구마
③ 토란   ④ 당근

당근은 지용성 비타민인 비타민 A가 많이 함유되어 기름에 볶는 조리법을 사용하면 흡수율을 높일 수 있다.

★★
16 카로틴은 동물 체내에서 어떤 비타민으로 변하는가?

① 비타민 D   ② 비타민 B_1
③ 비타민 A   ④ 비타민 C

카로틴은 체내에서 비타민 A로 변화하는 프로비타민 A이다.

★★★
17 당근에 함유된 색소로서 체내에서 비타민 A의 효력을 갖는 것은?

① 안토시안   ② β-카로틴
③ 클로로필   ④ 플라본

β-카로틴(프로비타민 A)은 소장 및 간에 존재하는 효소의 활동으로 일부가 레티놀(비타민 A)로 전환된다.

정답 ▸ 9 ④ 10 ③ 11 ④ 12 ③ 13 ① 14 ④ 15 ④ 16 ③ 17 ②

18 비타민 A의 전구물질로 당근, 호박, 고구마, 시금치에 많이 들어 있는 성분은?

① 안토시아닌   ② 카로틴
③ 리코펜   ④ 에르고스테롤

> 비타민 A의 전구물질로 당근, 호박 고구마, 시금치에 많이 들어 있는 성분은 카로틴이다.
> ① 안토시아닌 : 플라보노이드계 색소로 적색, 자색, 청색의 색소
> ③ 리코펜(라이코펜) : 토마토, 수박 등에 들어있는 카로틴계 색소
> ④ 에르고스테롤 : 비타민 D의 전구체로 버섯, 효모 등에 많다.

19 햇볕에 말린 생선이나 버섯에 특히 많은 비타민은?

① 비타민 D   ② 비타민 E
③ 비타민 K   ④ 비타민 C

> 햇볕의 자외선이 체내의 콜레스테롤이나 에르고스테롤로부터 비타민 D를 합성한다.

20 동·식물체에 자외선을 쪼이면 활성화되는 비타민은?

① 비타민 A   ② 비타민 D
③ 비타민 E   ④ 비타민 K

> 비타민 D는 자외선에 의해 체내에서 콜레스테롤로부터 만들어진다.

21 다음 중 비타민 D_2의 전구물질로 프로비타민 D로 불리는 것은?

① 프로게스테론(progesterone)
② 에르고스테롤(ergosterol)
③ 시토스테롤(sitosterol)
④ 스티그마스테롤(stigmasterol)

> 에르고스테롤은 자외선을 받아 에르고칼시페롤(비타민 D)이 된다.

22 비타민 E에 대한 설명으로 틀린 것은?

① 물에 용해되지 않는다.
② 항산화작용이 있어 비타민 A나 유지 등의 산화를 억제해준다.
③ 버섯 등에 에르고스테롤(ergosterol)로 존재한다.
④ 알파 토코페롤(α-tocopherol)이 가장 효력이 강하다.

> 에르고스테롤은 비타민 D의 전구체로 햇빛에 노출되면 자외선의 작용으로 비타민 D가 된다.

23 생식기능 유지와 노화방지의 효과가 있고 화학명이 토코페롤(tocopherol)인 비타민은?

① 비타민 A
② 비타민 C
③ 비타민 D
④ 비타민 E

> 비타민 E(토코페롤)은 생식기능 유지와 항산화 기능을 가진다.

24 지용성 비타민의 결핍증이 틀린 것은?

① 비타민 A - 안구건조증, 안염, 각막 연화증
② 비타민 D - 골연화증, 유아발육 부족
③ 비타민 K - 불임증, 근육 위축증
④ 비타민 F - 피부염, 성장정지

> 비타민 K의 결핍증은 혈액응고의 지연이며, 불임증, 근육 위축증은 비타민 E의 결핍증이다.

무기질

1 무기질의 기능과 무관한 것은?

① 체액의 pH 조절
② 열량 급원
③ 체액의 삼투압 조절
④ 효소 작용의 촉진

> 무기질은 열량을 공급하지 않는다.

★★★★

2 식품의 산성 및 알칼리성을 결정하는 기준 성분은?

① 필수지방산 존재 여부
② 필수아미노산 존재 여부
③ 구성 탄수화물
④ 구성 무기질

식품을 연소시켰을 때 최종적으로 남는 무기질에 따라 식품의 산성과 알칼리성이 결정된다.
• 산성 식품 : 황, 인, 염소 등
• 알칼리성 식품 : 나트륨, 칼륨, 칼슘, 마그네슘 등

★★★★

3 알칼리성 식품에 대한 설명으로 옳은 것은?

① Na, K, Ca, Mg이 많이 함유되어 있는 식품
② S, P, Cl가 많이 함유되어 있는 식품
③ 당질, 지질, 단백질 등이 많이 함유되어 있는 식품
④ 곡류, 육류, 치즈 등의 식품

식품을 연소시켰을 때 최종적으로 남는 무기질에 따라 식품의 산성과 알칼리성이 결정된다.
• 산성 식품 : 황, 인, 염소 등(곡류, 육류, 생선류, 달걀류 등)
• 알칼리성 식품 : 나트륨, 칼륨, 칼슘, 마그네슘 등(채소, 과일, 우유, 버섯, 해조류 등)

★★★★★

4 알칼리성 식품에 해당하는 것은?

① 보리
② 달걀
③ 쇠고기
④ 송이버섯

송이버섯은 알칼리성 식품이다.
• 산성 식품 : 곡류, 육류, 생선류, 난류 등
• 알칼리성 식품 : 채소, 과일, 우유, 버섯, 해조류 등

★★★★★

5 알칼리성 식품에 속하는 것은?

① 어패류
② 채소류
③ 육류
④ 곡류

육류, 어패류, 곡류 등은 산성식품이다.

★★

6 산성 식품에 해당하는 것은?

① 곡류
② 사과
③ 감자
④ 시금치

산성 식품은 황(S), 인(P), 염소(Cl)와 같은 산성 원소가 많이 포함된 식품으로 곡류, 육류, 어류, 두류(대두 제외) 등이 있다.

★★

7 칼슘(Ca)의 기능이 아닌 것은?

① 골격 치아의 구성
② 혈액의 응고작용
③ 헤모글로빈의 생성
④ 신경의 전달

칼슘(Ca)은 골격 및 치아를 구성하고, 혈액응고, 신경전달, 근육의 수축과 이완등의 기능을 한다. 헤모글로빈을 생성하는 무기질은 철분(Fe)이다.

★★★★

8 양질의 칼슘이 가장 많이 들어 있는 식품끼리 짝지어진 것은?

① 곡류, 서류
② 돼지고기, 쇠고기
③ 우유, 건멸치
④ 달걀, 오리알

칼슘이 많이 들어 있는 제품은 우유 및 유제품과 건멸치 등 뼈째 먹는 생선, 녹색채소, 해조류 등이 있다.
곡류, 서류(탄수화물), 돼지고기, 쇠고기(단백질), 달걀, 오리알(단백질)

★★★★

9 체내 산·알칼리 평형유지에 관여하며 가공 치즈나 피클에 많이 함유된 영양소는?

① 철분
② 나트륨
③ 황
④ 마그네슘

나트륨은 산·알칼리의 평형을 유지하고, 삼투압을 조절하는 역할을 한다.

chapter 02

10 철(Fe)에 대한 설명으로 옳은 것은? ★★

① 헤모글로빈의 구성성분으로 신체의 각 조직에 산소를 운반한다.
② 골격과 치아에 가장 많이 존재하는 무기질이다.
③ 부족 시에는 갑상선종이 생긴다.
④ 철의 필요량은 남녀에게 동일하다.

> 철(Fe)은 헤모글로빈의 구성성분으로 신체의 각 조직에 산소를 운반하며 철의 필요량은 남자는 1일 10mg, 여자는 1일 14mg이다.

11 다음 중 어떤 무기질이 결핍되면 갑상선종이 발생될 수 있는가? ★★★

① 칼슘(Ca)   ② 요오드(I)
③ 인(P)   ④ 마그네슘(Mg)

> 무기질의 결핍증
> • 칼슘 : 구루병, 골다공증
> • 요오드 : 갑상선종, 크레틴병
> • 인 : 골연화증, 골격 및 치아의 성장부진
> • 마그네슘 : 근육경련

12 다른 식품과 비교하여 해조류에 많이 들어 있는 영양소는? ★

① 비타민   ② 단백질
③ 당질   ④ 요오드

> 요오드는 미역, 다시마, 김 등의 해조류에 많이 들어 있는 무기질이다.

13 무기질의 생리작용이 틀린 것은? ★

① 인(P) - 골격이나 치아의 형성, 에너지 대사의 관여
② 아연(Zn) - 인슐린의 성분
③ 황(S) - 비타민 B_{12}의 구성성분, 함유황 아미노산의 구성성분
④ 요오드(I) - 갑상선 호르몬의 구성성분

> 비타민 B_{12}의 구성성분은 코발트(Co)이다.

기초대사량과 열량의 계산

1 영양 권장량에 대한 설명으로 틀린 것은? ★★★

① 권장량의 값은 다양한 가정을 전제로 하여 제정된다.
② 권장량은 필요량보다 높다.
③ 권장량은 식생활 자료를 기초로 하여 구해진 값이다.
④ 보충제를 통하여 섭취 시 흡수율이나 대사상의 문제점도 고려한 값이다.

> 보충제의 섭취는 영양 권장량으로 고려하지 않는다.

2 한국인의 영양섭취기준에 의한 성인의 탄수화물 섭취량은 전체 열량의 몇 %정도인가? ★★★★

① 20~35%   ② 55~65%
③ 75~90%   ④ 90~100%

> 한국인의 영양섭취기준은 총 열량 중 탄수화물 55~65%, 지방 15~30%, 단백질 7~20%이다. (한국영양협회 2020년)

3 식단 작성 시 공급열량의 구성비로 가장 적절한 것은? ★★★

① 당질 50%, 지질 25%, 단백질 25%
② 당질 65%, 지질 20%, 단백질 15%
③ 당질 75%, 지질 15%, 단백질 10%
④ 당질 80%, 지질 10%, 단백질 10%

> 일반적인 영양소의 구성비는 당질(65%), 지질(20%), 단백질(15%)이다.

4 열량급원 식품이 아닌 것은? ★★★

① 감자   ② 쌀
③ 풋고추   ④ 아이스크림

> 열량급원은 탄수화물, 지질, 단백질이며, 보기에서 풋고추의 열량이 가장 적은 식품이다.

정답 10 ① 11 ② 12 ④ 13 ③ | 1 ④ 2 ② 3 ② 4 ③

***

5 1g당 발생하는 열량이 가장 큰 것은?

① 당질　　　　　　② 단백질
③ 지방　　　　　　④ 알코올

열량 영양소(1g당)			
탄수화물	지방	단백질	알코올
4kcal	9kcal	4kcal	7kcal

***

6 알코올 1g당 열량산출 기준은?

① 0 kcal　　　　　② 4 kcal
③ 7 kcal　　　　　④ 9kcal

****

7 우유 100g 중에 당질 5g, 단백질 3.5g, 지방 3.7g 이 함유되어 있다면 이때 얻어지는 열량은?

① 약 47 kcal
② 약 67 kcal
③ 약 87 kcal
④ 약 107 kcal

단백질과 탄수화물은 4kcal, 지방은 9kcal의 열량을 낸다.(1g당)
(5g + 3.5g) × 4kcal + (3.7g × 9kcal) = 67.3kcal

****

8 하루 동안 섭취한 음식 중에 단백질 70g, 지질 35g, 당질 400g이 있었다면 이때 얻을 수 있는 열량은?

① 1995 kcal
② 2095kcal
③ 2195kcal
④ 2295kcal

• 단백질 4kcal, 탄수화물 4kcal, 지방 9kcal
• (단백질 70g + 당질 400g) × 4kcal + (지질 35g × 9kcal) = 2195kcal

****

9 달걀 100g 중에 당질 5g, 단백질 8g, 지질 4.4g 이 함유되어 있다면 달걀 5개의 열량은 얼마인가? (단, 달걀 1개의 무게는 50g이다.)

① 91.6kcal　　　　② 229kcal
③ 274kcal　　　　④ 458kcal

• 당질과 단백질은 4kcal/g의 열량을 내고, 지방은 9kcal/g의 열량을 내므로,
• 달걀 1g당 열량 = $\frac{(5+8)\times4 + (4.4\times9)}{100}$ = 0.916kcal
• 달걀 5개(250g)의 열량 = 0.916kcal×250g = 229kcal

****

10 영양소와 급원식품의 연결이 옳은 것은?

① 동물성 단백질 – 두부, 쇠고기
② 비타민 A – 당근, 미역
③ 필수지방산 – 대두유, 버터
④ 칼슘 – 우유, 치즈

① 두부는 식물성 단백질이다.
② 미역에는 요오드가 많이 들어있다.
③ 필수지방산은 불포화지방산에 많이 있으며 대부분이 식물성 지방이다. 버터는 동물성 지방으로 포화지방산이 많다.

**

11 함유된 주요 영양소가 잘못 짝지어진 것은?

① 북어포 – 당질, 지방
② 우유 – 칼슘, 단백질
③ 두유 – 지방, 단백질
④ 밀가루 – 당질, 단백질

북어포는 생선을 말린 것으로 칼슘의 함량이 풍부하다.

**

12 각 식품에 대한 설명 중 틀린 것은?

① 쌀은 라이신, 트레오닌 등의 필수아미노산이 부족하다.
② 당근은 비타민 A의 급원식품이다.
③ 우유는 단백질과 칼슘의 급원식품이다.
④ 육류는 알칼리성 식품이다.

육류는 산성식품이다.

chapter **02**

SECTION 02 식품재료의 특수성분

[출제문항수 : 2~4문제]

식품의 맛, 식품의 냄새 및 향신료, 색소와 갈변 등에서 주로 출제됩니다.

01 식품의 맛

1 맛의 종류

① 맛의 4원미 : 단맛, 짠맛, 신맛, 쓴맛

② 보조맛 : 매운맛, 맛난맛, 떫은맛, 아린맛 등

③ 미각의 반응시간 : 짠맛 > 단맛 > 신맛 > 쓴맛 순

2 단맛

① 식품의 단맛 성분

당류	포도당, 과당(과실, 벌꿀), 맥아당(엿기름), 유당(모유, 우유) 등
당 알코올류	소르비톨, 자일리톨, 만니톨 등
황화합물	프로필 메르캅탄 등(양파)
기타	스테비오사이드(천연감미료), 아스파탐, 사카린(인공감미료) 등

② 감미도의 순서 : 감미를 측정하는 기준은 설탕이다.

> 과당(170) > 전화당(85~130) > 설탕(100) > 포도당(74) > 맥아당(60) >
> 갈락토오스(33) > 유당(16)

3 짠맛

① 짠맛은 무기 및 유기 알칼리염이 주성분으로 주로 음이온에서 짠맛을 느끼고, 양이온은 쓴맛을 낸다.

② 염화나트륨(NaCl)은 가장 순수한 짠맛을 가지고 있다.

③ 천일염은 순수한 염화나트륨이 아닌 소량의 염화칼륨(KCl), 염화마그네슘($MgCl_2$), 염화칼슘($CaCl_2$) 등을 함유하고 있어, 짠맛 이외에 쓴맛도 함께 느껴진다.

4 신맛

① 식품에서 신맛은 식욕을 증진시켜주는 작용을 한다.

② 신맛은 해리*된 수소이온이 내는 맛이다.

③ 신맛의 강도는 수소이온 농도(pH)에 비례한다.

④ 동일한 pH에서 유기산은 무기산보다 신맛이 더 강하다.

▶ 용어해설

• 소르비톨(sorbitol) : 당알코올의 하나로 천연으로 존재하기도 하며, 포도당을 화학적으로 환원시켜 생성시키는 감미료이다. 충치예방 및 당뇨병 환자에게 사용된다.

• 자일리톨(xylitol) : 충치의 원인이 되는 산을 형성하지 않는 천연 소재의 감미료. 충치예방 및 당뇨병 환자에게 사용된다.

• 만니톨(mannitol) : 갈조류(미역, 다시마 등) 표면의 흰 가루 성분으로 당 알코올의 일반적인 성질을 나타낸다. 양파, 곶감 등의 식물이나, 조류, 균류, 버섯류에도 존재한다.

• 프로필 메르캅탄(propyl mercaptan) : 양파나 파 등에서 매운맛을 내는 알릴설파이드 등의 황화합물을 가열하면 설탕의 50배의 단맛을 내는 프로필메르캅탄으로 변화된다.

• 스테비오사이드(stevioside) : 국화과의 다년생 식물 스테비아의 잎에 함유되어 있는 천연감미물질로 설탕(자당)의 약 100~200배의 감미도를 가진다.

解 : 풀려서
離 : 떨어짐

▶ 해리

• 화합물이 각각의 분자나 원자 또는 이온 등으로 나누어지는 현상

• 수소이온이 많으면 산성, 수산화이온이 많으면 알칼리성이다.

⑤ 신맛은 수산기(-OH)가 있으면 온건한 신맛을 내고, 아미노기(-NH₂)가 있으면 쓴맛이 짙은 신맛을 낸다.

⑥ 무기산은 신맛 이외에 쓴맛, 떫은맛 등이 혼합되어 불쾌한 맛을 낸다.

　　ⓔ 염산, 황산, 질산 등

⑦ 유기산은 상쾌한 맛과 특유의 감칠맛을 부여하여 식욕을 증진시킨다.

　　ⓔ 초산(식초, 김치류), 구연산(감귤, 딸기), 주석산(포도), 사과산(사과, 배), 젖산(요구르트, 김치류), 호박산(청주, 조개, 김치류) 등

5 쓴맛

쓴맛은 4원미 중 가장 민감하게 느껴지는 맛이다.

알카로이드계	• 카페인(Caffeine) : 녹차, 홍차, 커피, 코코아 • 테오브로민(Theobromine) : 코코아, 초콜릿
배당체	• 나린진(Naringin) : 밀감, 자몽의 과피 • 쿠쿠르비타신(Cucurbitacin) : 오이의 꼭지 • 퀘르세틴(quercetin) : 양파 껍질
케톤류	• 휴물론(humulon) : 맥주

▶ 용어해설
• 알칼로이드 : 질소를 함유하는 염기성 유기화합물로 식물계에 널리 분포하여 식물염기라고도 한다.
• 배당체 : 포도당 등의 당류와 알코올, 페놀 등의 수산기를 가진 유기화합물과 결합한 화합물(식물체에 널리 분포하며, 드물게 동물체에도 존재함)
• 케톤류 : 카르보닐기에 탄소 사슬이 결합된 화합물인 RCOR'를 총칭하여 케톤이라 한다.

6 지미(旨味) – 맛난맛, 감칠맛

맛난 맛은 4원미와 향기 등이 잘 조화된 맛으로 식품의 바람직한 향미를 강화시키고 바람직하지 않은 맛은 억제하여준다.

글루탐산(glutamic acid)	다시마, 김, 된장, 간장
구아닐산(guanylic acid)	표고버섯, 송이버섯, 느타리버섯
호박산(succinic acid)	조개, 호박, 청주
이노신산(inosinic acid)	가다랭이포, 멸치, 육류
베타인(betaine)	오징어, 새우, 문어 등
크레아티닌(creatinine)	어류, 육류
카르노신(carnosine)	육류, 어류
타우린(taurine)	오징어, 문어, 조개류

7 매운맛

① 매운맛은 미각이라기보다 통각이다.

② 일반적으로 매운맛은 향기를 동반하는 경우가 많다.

③ 매운맛은 식미에 긴장감을 주고 식욕을 증진시키며 살균작용을 한다.

④ 매운맛 성분

시니그린(sinigrin)	겨자
알리신(allicin)	마늘, 양파
디알릴 설파이드(diallyl sulfide)	마늘, 파, 양파

디메틸 설파이드(dimethyl sulfide)	무, 배추
차비신(chavicine)	후추
캡사이신(capsaicin)	고추
진저롤(gingerol), 진저론(zingerone), 쇼가올(shogaol)	생강
커큐민(curcumin)	카레(강황, 울금)
시나믹 알데히드(cinamic aldehyde)	계피
산쇼올(sanshool)	산초

8 떫은맛과 아린맛

1) 떫은맛

① 떫은맛은 혀의 점막 단백질을 응고시킴으로써 미각의 마비에 의한 수렴성*의 불쾌한 맛이다.

② 대표적인 성분으로 폴리페놀성 타닌(tannin)이 있다.

→ 덜 익은 감이나 과일, 차, 커피, 코코아, 밤속껍질 등에 많이 함유

③ 지방을 많이 함유하는 식품이 산패하여 나타나는 떫은맛은 유리지방산과 알데 히드에 의한 것이다.

④ 차의 제조나 포도주에 있어 떫은맛은 중요한 풍미이다.

▶ 수렴성 : 차를 마실 때 혀 안쪽에서 혀 가 수축되는 느낌

2) 아린맛

① 아린맛은 쓴맛과 떫은맛의 혼합미로 일종의 불쾌한 맛이다.

② 우엉, 죽순, 토란, 가지 등의 야채와 산채류 등에서 느낄 수 있다.

– 아린 맛을 제거하기 위하여 조리하기 전에 물에 담근다.

③ 죽순, 토란의 아린 맛 성분은 아미노산의 대사산물이다.

Check Up

▶ 떫은 맛에 관한 주요 단어
 – 미각의 마비, 수렴성, 타닌, 차, 커피

9 맛의 상호작용

맛의 상승	같은 종류의 맛을 가지는 두 가지 성분을 혼합하면 각각 가지고 있는 맛보다 훨씬 더 강하게 느끼는 현상 ⓔ 설탕에 포도당을 첨가하면 단맛이 더 증가한다.
맛의 억제(소실)	두 가지의 맛 성분을 혼합하였을 때 각각의 고유한 맛이 약하게 느끼는 현상 ⓔ 커피에 설탕을 넣으면 커피의 쓴맛이 설탕에 의해 감소한다.
맛의 대비(강화)	한 가지 맛 성분에 다른 맛 성분을 혼합하였을 때 주된 맛 성분을 더 강하게 느끼는 현상 ⓔ 설탕물에 미량의 소금을 넣으면 단맛이 증가한다.
맛의 변조	한 가지 맛 성분을 맛본 직후에 다른 맛을 보면 원래의 맛을 정상적으로 느끼지 못하는 현상 ⓔ 쓴 약을 먹고 물을 마시면 물이 달게 느껴진다.

⑩ 맛과 온도와의 관계

일반적으로 맛을 느끼는 최적온도는 단맛 20~50℃, 짠맛 30~40℃, 신맛 25~50℃, 쓴맛 40~50℃이다.

① 단맛 : 같은 당도라도 체온과 가까운 온도에서 가장 달게 느끼고, 체온보다 높거나 낮을 때 덜 달게 느낀다.
② 짠맛 : 뜨거울 때보다 식었을 때 더 짜게 느낀다.
③ 쓴맛 : 체온보다 낮을 때는 맛의 큰 변화를 느끼지 못하지만, 체온보다 높은 온도에서는 쓴맛이 약하게 느껴진다.
④ 신맛 : 온도에 크게 영향을 받지 않는다. 하지만 과일처럼 단맛과 신맛을 함께 함유한 음식물은 온도가 높으면 달게 느끼고, 온도가 낮으면 신맛을 강하게 느낀다.

Check Up

▶ 일반적으로 온도가 높을수록 단맛은 증가하고, 짠맛과 쓴맛은 감소하고, 신맛은 온도 변화에 영향을 받지 않는다.

02 ▶ 조미료

① 조미료의 분류

단맛	설탕, 물엿, 꿀, 올리고당, 스테비오사이드
짠맛	소금, 간장, 된장
신맛	식초, 빙초산
감칠맛	MSG, 복합조미료

Check Up

▶ 일반적인 조미료의 투입순서
  설탕 → 소금 → 간장 → 식초

② 조미료의 사용순서

① 조미료는 분자량이 큰 것부터 넣어야 침투가 잘 된다.
② 야채에 식초를 첨가하면 갈변되기 때문에 식초는 나중에 넣는다.
③ 조미료 사용 순서 : 설탕 → 소금 → 간장 → 식초
④ 향이 있는 조미료는 조리 중 불끄기 직전에 넣어야 향을 살릴 수 있다.

③ 주요 조미료의 특성

1) 소금
① 음식에 짠맛을 내는 기본 조미료이다.
② 무기질의 공급원이다.
③ 신맛을 줄여주고 단맛을 높여주는 효과가 있다.   물질이 가지고 있는 기본 성질
④ 제빵, 제면에 첨가하면 제품의 물성을 향상시킨다.
⑤ 효소의 작용을 억제하는 방부력을 지닌 보존료이다.
⑥ 온도에 따른 용해도의 차이가 거의 없다.
⑦ 공기 중의 수분을 흡수하는 성질(흡습성)이 있어 뚜껑을 닫아 보관하여야 한다.
⑧ 가열에 의한 두부의 경화를 억제하는 데 효과적이다.
⑨ 연제품 제조 시 어육 단백질을 용해하여 탄력성을 준다.

⑩ 채소 등을 소금 절임하면 삼투현상에 의하여 수분을 제거한다.

⑪ 아이스크림 제조 시 첨가하면 빙점을 강하시킨다.

⑩ 과다섭취 시 심장병, 고혈압, 신장병 등이 올 수 있다.

⑪ 소금의 종류

천일염 (호렴)	• 굵은 소금이라고도 하며 알이 굵고 약간 검은 빛을 띤다. • 염화마그네슘 및 불순물이 가장 많이 함유되어 있다. • 장을 담그거나, 채소를 절이고, 젓갈 등을 담글 때 주로 사용
재제염	호렴에서 불순물을 제거한 것으로 꽃소금이라고도 한다.
식탁염	이온교환법으로 정제도가 아주 높은 고운 입자로 식탁에서 간을 맞출 때 사용한다.
암염	돌에서 얻는 소금을 말하며 식염으로도 사용되나 주로 공업용으로 많이 사용된다.

2) 식초

① 살균력이 강하여 살균 및 방부효과가 있다.

② 생선의 비린내를 제거한다.

③ 생선의 단백질은 단단하게, 뼈는 연하게 해준다.

④ 단백질의 열 응고를 촉진시킨다.

⑤ 기름기 많은 재료에 넣으면 맛이 부드럽고 산뜻해진다.

⑥ 마요네즈를 만들 때 사용하면 유화액을 안정시켜준다.

⑦ 안토시안계 색소에 작용하여 붉은 빛을 선명하게 해준다.(초생강, 붉은 비츠 등)

⑧ 플라보노이드계 색소에 안정하여 선명한 백색을 유지시켜 준다.(무, 양파, 우엉, 연근 등)

⑨ 녹색채소에 들어있는 엽록소(클로로필)는 식초에 갈변을 일으키므로 조리할 때 가장 늦게 넣는 것이 좋다.

▶ **식초의 제조**
• 당류나 전분질이 풍부한 곡류, 과실류 등을 주원료로 하여 미생물(초산균이 가장 대표적)로 발효시켜 제조한다.
• 식초의 원료는 술이며, 화학적으로 알코올이 산화되어 식초산이 되는 것이다.
• 일반적으로 동양에서는 주로 곡류를 이용하고, 서양에서는 주로 과실이 이용되었다.

3) 설탕

① 수용성 : 설탕은 친수성으로 흡습성이 높고 물에 쉽게 녹는다.

② 방부성 : 농도가 높아지면 방부성을 가져 식품의 보존에 사용된다.

③ 노화지연 : 설탕은 전분의 노화를 지연시킨다.

④ 캐러멜화 : 설탕을 가열하면 서서히 갈변되어 캐러멜이 된다.

⑤ 젤리형성 : 펙틴에 당(설탕)과 산을 더하면 젤리가 된다.(젤리, 잼, 마멀레이드 등)

⑥ 이 외에 효모 발효 촉진 및 단백질 열응고 지연의 특성이 있다.

▶ 설탕과 소금은 흡습성이 있어 용기의 뚜껑을 닫아서 보관한다.

4) 화학조미료

화학적으로 합성하거나 자연식품에서 추출한 조미료이다.

구분	화학조미료	추출 대상 식품
아미노산계	글루탐산나트륨	다시마
	석신산(호박산)나트륨	조개류
핵산계	구아닐산나트륨	표고버섯
	이노신산나트륨	어류(멸치 등)나 육류의 고기

5) 간장과 된장

① 간장은 누룩곰팡이(황국균)를 이용하여 메주를 만들고, 메주를 소금물에 담가 숙성시켜 만든다.

② 숙성과정에서 단백질 분해(아미노산 생성), 당화작용(당분의 생성), 유기산, 방향물질 등이 생성된다.

③ 된장은 간장을 떠내고 남은 건더기를 이용하여 만든다.

④ 간장과 된장의 지미성분은 글루탐산이다.

6) 고추장

재료에 따라 찹쌀고추장, 보리고추장, 밀가루고추장 등이 있고, 모양이나 감칠맛은 찹쌀고추장이 좋고 보리고추장은 구수한 맛이 있다.

Check Up

▶ MSG(monosodium glutamate)
- L-글루탐산나트륨이 주성분인 아미노산계 조미료이다.
- 다시마의 감칠맛을 갖는 조미료이다.
- pH가 낮은 식품(간장, 식초, 소스 등)에서는 정미력(呈味力 : 맛을 나타내는 정도)이 떨어진다.
- 신맛과 쓴맛을 완화시키고 단맛에 감칠맛을 부여한다.

chapter 02

---

03 식품의 냄새

① 식품의 냄새 또는 향기는 맛이나 색깔과 마찬가지로 식품의 가치와 기호성에 큰 영향을 준다.

② 냄새는 휘발성 물질이 코 안의 후각신경을 자극함으로써 일어나는 감각이다.

▶ 일반적으로 우리에게 쾌감을 주는 냄새를 향(香, odor), 불쾌감을 주는 냄새를 취(臭, stink)라 하며 풍미(風味, flavour)란 식품의 냄새와 맛이 혼합된 종합 감각을 말하며, 넓은 의미에서 질감(texture)을 포함하기도 한다.

1 식물성 식품의 냄새

알코올 및 알데하이드류	주류와 과일, 채소류 등의 향기성분 📝 오이, 수박, 커피, 토마토, 아몬드 등
에스테르류(ester)	과일의 주된 향기성분으로 분자량이 커지면 향기도 강해진다. 📝 사과, 배, 복숭아, 바나나, 파인애플 등 대부분의 과일
테르펜류 (terpene)	녹차, 후추, 생강, 호프 등의 향기성분 약간의 자극적인 맛을 가지고 있어 매운맛 성분도 가짐
황화합물	마늘, 양파, 부추 등 주로 향신료와 채소류 중에 들어 있으며, 특유의 향기와 매운맛을 나타낸다.

❷ 동물성 식품의 냄새

어패류 및 육류	아민류(트리메틸아민 등), 암모니아, 메틸메르캅탄, 황화수소, 인돌 등
우유 및 유제품	유기산, 카르보닐 화합물, 디아세틸, 아세토인 등

❸ 향신료

① 향신료는 여러 방향성 식물의 뿌리, 열매, 꽃, 종자, 잎, 껍질 등에서 얻는다.
② 독특한 맛과 향으로 음식에 풍미를 더하고, 식욕을 증진시킨다.

향신료	특징	특수성분
후추	육류의 누린내와 생선의 비린내를 없애 식욕을 증진시킨다.	차비신
고추	매운맛과 향을 가지며 소화촉진의 효과가 있다.	캡사이신
겨자	• 매운맛과 특유의 향을 가진다. • 시니그린은 분해효소인 미로시나제에 의해 가수분해되어 알릴이소티오시아네이트(allyl isothiocyanate)를 생성하여 강한 매운 맛을 낸다. • 미로시나제는 40~45℃에서 가장 활발하기 때문에 따뜻한 물에 개어야 매운맛이 강해진다.	시니그린
생강	• 육류나 생선의 냄새를 없애는 데 사용하며 살균효과가 있다. • 고기나 생선 조리 후 탈취작용에 효과적이다.	진저론, 진저롤, 쇼가올
마늘	• 살균, 구충, 강장 작용을 하며 소화를 돕고 혈액순환을 돕는다. • 알리신은 마늘에 함유되어 있는 황화합물로 특유의 매운맛과 냄새를 낸다. • 알리신은 비타민 B_1의 흡수를 돕는다.	알리신
파	고기의 누린내와 생선의 비린내를 제거한다.	황화아릴
정향	• 못처럼 생겨서 정향(클로브, clove)이라고 한다. • 꽃봉오리를 이용하는 향신료이다. • 양고기, 피클, 청어절임, 마리네이드 절임 등에 사용	유게놀
기타	계피(시나믹 알데하이드), 박하(멘톨), 미나리(미르신), 커피(푸르푸릴알코올), 참기름(세사몰) 등	

▶ 커큐민
울금의 주성분으로 매운맛 성분이다.

1 식물성 색소의 분류

식물성 색소에는 색소체에 존재하는 지용성 색소와 세포액에 녹아있는 수용성 색소로 나누어진다.

수용성 색소	플라보노이드 (안토크산틴)	백색 · 담황색 채소 및 과일
	안토시아닌	적색 · 자색 · 청색의 채소 및 과일
	타닌	감 등의 미숙한 과일, 포도주, 차 등
지용성 색소	클로로필	녹색채소 및 과일
	카로티노이드	등황색 및 녹색채소 및 과일

▶ 안토크산틴(anthoxanthin)의 크산틴 (xanthine)을 한글 표기할 때 잔틴이라고도 표시하는 경우가 있으니 모두 알고 있는 것이 좋습니다.
   ⓐ 안토크산틴(안토잔틴), 크산토필(잔토필), 푸코크산틴(푸코잔틴), 아스타크산틴(아스타잔틴) 등

2 수용성 색소

1) **플라보노이드계**(안토크산틴, Anthoxanthine)

① 플라보노이드는 식물에 넓게 분포하는 황색계통의 색소로 안토크산틴, 안토시아닌, 타닌을 포함하지만 좁은 의미로는 안토크산틴(안토잔틴)만을 말한다.

② 플라보노이드(안토크산틴)는 백색이나 담황색을 띠는 수용성 색소로 식물의 뿌리, 줄기, 잎 등에 널리 분포되어 있다.

③ 콩, 밀, 쌀, 감자, 연근, 무, 양파, 옥수수 등에 많이 들어있다.

④ 플라보노이드의 성질과 변화

산	산성에서는 더욱 선명한 흰색을 띤다. ⓐ 초밥의 경우 밥에 식초를 넣으면 색이 더욱 희어진다.
알칼리	황색 또는 짙은 갈색으로 변한다. ⓐ 밀가루에 소다를 첨가하여 빵이나 튀김옷을 만들면 황색이 된다.
금속	철(Fe)과 결합하면 암갈색으로 된다. ⓐ 감자를 철제 칼로 자르면 절단면이 암갈색으로 변한다.
가열	노란색이 더욱 진해진다. ⓐ 감자, 양파, 양배추 등을 가열 조리하면 노란색이 진해진다.

2) **안토시아닌**(Anthocyanin)

① 적색 · 자색 · 청색의 채소 및 과일에 들어있는 수용성 색소이다.

② 당류와 결합하여 배당체를 구성하기도 하며, 배당체는 가수분해 되어 더욱 선명한 색을 가진다.

③ 안토시아닌 색소의 색 변화

산성	중성	알칼리성
적색	자색(보라색)	청색(또는 청자색)

▶ 생강은 담황색을 띠고 있으나 안토시아닌 색소를 가지고 있어 식초에 절이면 붉은색으로 변한다.

3) 타닌(tannin)

① 투명한 수렴성* 물질이나, 산화되면 갈색이나 흑갈색의 불용성 색소로 변한다.

② 차나 커피를 경수로 끓이면 경수 중의 칼슘이나 마그네슘 이온이 타닌과 결합하여 적갈색의 침전을 형성한다.

③ 타닌은 미숙한 과일, 곡류 등에 많이 들어있는 떫은맛을 내는 성분이다.

3 지용성 색소

1) 클로로필(Chlorophyll, 엽록소)

① 녹색 채소에 주로 존재하는 클로로필은 일명 '엽록소'라고도 한다.

② 엽록체 안에 들어있어 식물의 잎이나 줄기의 초록색을 나타낸다.

③ 물에 녹지 않고 유기용매인 아세톤, 에테르, 벤젠 등에 잘 녹는다.

④ 포르피린 환(porphyrin ring, 포르피린 고리)은 클로로필의 모핵이 되는 화합물로 중심에 마그네슘이온(Mg^{2+})을 가지고 있다.

⑤ 클로로필(엽록소)의 성질과 변화

반응기제	색상의 변화와 특징
산	• 클로로필은 산과 반응하면 중앙의 마그네슘(Mg)이 수소이온으로 치환되어 녹갈색의 페오피틴이 된다. • 배추김치나 오이김치를 오래 저장하면 녹갈색으로 변하는 것은 발효에 의해 생성된 유기산(초산, 젖산)이 클로로필과 접촉하여 페오피틴으로 변하기 때문이다.
알칼리	• 녹색의 엽록소가 더욱 선명한 클로로필린으로 변한다. • 녹색 채소를 데칠 때 알칼리성 물질(탄산수소나트륨 등)을 첨가하면 초록색은 보존되나, 알칼리에 불안정한 비타민 C 등이 파괴되고, 조직이 지나치게 연화된다.
효소	• 녹색의 엽록소가 식물 조직에 존재하는 클로로필라아제의 의해 더욱 선명한 초록색의 클로로필라이드로 변한다.
금속	• 클로로필의 마그네슘(Mg)을 구리(Cu)나 철(Fe) 등의 금속이온으로 치환하면 안정된 청록색으로 색소가 고정된다. • 구리나 철 등의 이온이나 그 염과 함께 가열하면 선명한 초록색을 유지한다. → 완두콩 통조림을 가열해도 녹색이 유지되는 것은 구리-클로로필(Cu-chlorophyll) 색소 때문이다.
열	• 녹색채소를 물속에서 끓이면 조직이 파괴되어 유기산이 유리된다. • 유리된 유리산은 클로로필에 작용하여 녹갈색의 페오피틴으로 변한다. • 녹색 채소를 데칠 때 처음 2~3분간 뚜껑을 열어 휘발성 산을 증발시켜 엽록소와 산의 접촉시간을 짧게 하면 녹갈색으로 변색되는 것을 방지할 수 있다.

▶ 수렴성(收斂性) : 수축시키는 성질을 말하며, 타닌이나 카테킨 등의 페놀성 물질에 의하여 미각기관의 단백질이 변성되어 느껴지는 감각이다.

▶ 외래어 표기에 따라 타닌은 탄닌으로 표기하기도 합니다.

2) 카로티노이드계 색소

① 카로티노이드계 색소는 동·식물 조직에 널리 분포하는 황색, 주황색, 적색의 지용성 색소로, 엽록소와 공존하는 경우 녹색에 가려 색이 잘 나타나지 않지만, 엽록소가 감소하거나 분해되면 나타난다.

② 카로틴은 비타민 A의 전구물질이다.

③ 종류 - 카로틴계, 크산토필계

카로틴계	• 라이코펜 : 토마토, 수박, 감 등
	• β-카로틴 : 당근, 녹황색 채소 등
크산토필계	• 푸코크산틴 : 다시마, 미역 등
	• 크립토크산틴 : 파파야, 망고 등

④ 카로티노이드의 성질과 변화

열, 산, 알칼리	• 열에 비교적 안정하여 조리 과정 중 성분의 손실이 거의 없다.
	• 약산, 약알칼리에 의해 색이 거의 변화하지 않는다.
산소, 햇빛, 산화 효소	• 공기 중의 산소, 햇빛, 산화효소 등에 의해 산화되어 변색된다.
	• 변색을 방지하려면 산소와의 접촉을 피하고, 햇빛이 차단되는 용기나 포장재를 선택해야 한다.

Check Up

▶ 주요 색소의 변화 정리

색소	고유색	산성	알칼리성
플라본	흰색 노란색	색 유지	노란색
안토시안	적색 자색 청색	적색	청자색
클로로필	녹색	노란색	색 유지
카로틴	황색, 주황색	색 유지	색 유지

4 동물성 색소

헴(Heme)	미오글로빈	근육조직에 함유되어 있는 육색소
	헤모글로빈	혈액에 함유되어 있는 혈색소
동물성 카로티노이드계		아스타잔틴(연어, 새우, 게 등), 루테인(달걀의 노른자), 멜라닌(오징어 먹물) 등

▶ 헴(Heme)
• 페로프로토포르피린(Ferroprotopor-phyrin)에 철 이온이 결합한 착염을 총칭한다.
• 단백질인 글로빈(globin)과 결합하여 헤모글로빈과 미오글로빈이 된다.
• 헤모글로빈과 미오글로빈은 철을 함유하고 있다.

1) 미오글로빈(Myoglobin)

① 혈액을 제거한 육류 및 그 가공품의 색은 95% 이상이 미오글로빈이다.

② 미오글로빈은 붉은색이며, 공기 중의 산소와 결합하여 선홍색의 옥시미오글로빈(Oxymyoglobin)이 되고, 계속 저장하거나 가열하면 갈색의 메트미오글로빈(metmyoglobin)이 된다.

2) 헤모글로빈(Hemoglobin)

① 동물의 혈액 속에 함유된 붉은색의 색소이다.

② 체내에 산소를 공급하는 산소 운반체이다.

3) 니트로소미오글로빈(Nitrosomyoglobin)

① 육류에 발색제(질산염, 아질산염 등)를 넣었을 때 나타나는 선홍색 물질

② 원료육의 미오글로빈이 갈색의 메트미오글로빈으로 변질되는 것을 방지

③ 가열에도 안정한 선홍색을 유지한다.

④ 비가열 식육제품인 햄, 소시지 등의 육가공품에 이용

4) 동물성 카로티노이드 색소

① 도미의 붉은 표피, 연어의 붉은 살, 새우, 갑각류(게 등) 껍데기에는 아스타잔틴(astaxanthin)이라는 카로티노이드 색소가 들어 있다.

② 아스타잔틴(아스타크산틴)은 원래 붉은색이지만 단백질과 결합한 상태에서는 청록색을 띤다. 가열하면 단백질이 변성되어 분리되므로 원래의 붉은색이 된다. 산화되면 적색의 아스타신(astacin)으로 변한다.

③ 달걀노른자 황색의 대부분은 루테인(lutein)이라는 카로티노이드 색소이다.

④ 우유의 유지방에는 카로티노이드 색소가 있어 버터나 치즈 등의 유제품 색상에 영향을 준다.

⑤ 문어나 오징어 먹물의 색소는 멜라닌(유멜라닌)이다.

▶ 아스타잔틴
(astaxanthin, 아스타크산틴)

| 붉은색 | ——(기본) |
| 단백질과 결합 |
| 청록색 | ——(일반적) |
| 가열, 산화 |
| 붉은색의 아스타신 |

05 식품의 갈변

1 식품의 갈변반응

① 갈변반응이란 식품에 원래 함유되어 있는 색소에 의한 것이 아닌, 조리나 가공, 저장 중에 식품의 성분들 사이의 반응, 효소 반응, 공기 중의 산소에 의한 산화 등에 의해 식품의 색이 갈색으로 변하는 것을 말한다.

② 식품이 갈변되면 맛, 냄새가 나빠지고 식품 성분의 변화를 일으켜 바람직하지 못한 경우가 대부분이지만, 홍차, 맥주, 간장, 제빵 제조와 같이 식품의 품질을 향상시키기도 한다.

③ 갈변반응의 구분

효소에 의한 갈변	• 폴리페놀 옥시다아제에 의한 갈변 • 티로시나아제에 의한 갈변
비효소적 갈변	• 마이야르 반응(Maillard reaction) • 캐러멜화(caramelization) 반응 • 아스코르빈산의 산화반응

2 효소적 갈변

1) 효소적 갈변의 종류

효소에 의한 갈변 반응은 페놀성 물질의 산화·축합에 의한 멜라닌 형성 반응이다.

폴리페놀 옥시다아제 (Polyphenol Oxidase)	• 차, 사과, 바나나, 살구 등 폴리페놀을 가지는 식물에 존재하는 산화효소이다. • 조직이 파괴되면 페놀성 물질이 공기 중의 산소와 결합하여 산화·중합·축합반응을 일으켜 멜라닌을 형성하여 갈변을 일으킨다. • 폴리페놀 옥시다아제는 소금에 의해서 불활성화 된다. 예 껍질을 벗긴 사과의 갈변, 홍차 발효

티로시나아제
(Tyrosinase)
	• 감자 갈변의 주요 물질이다. 감자에 들어 있는 티로신이
	  티로시나아제에 의해 산화되어 갈색이 된다.
	• 티로시나아제는 수용성으로 감자를 물속에 담가두면 갈변을
	  방지할 수 있다.

2) 효소적 갈변 억제방법

효소적 갈변반응의 원인은 효소, 산소, 기질이므로 이들 중 한 가지를 조절하여 갈변을 억제한다.

① 효소의 활성 제거
  • 가열처리(Blanching) : 가열처리로 단백질을 변성시켜 효소를 불활성화시킨다. (효소는 단백질로 이루어져 있다)
  • pH 조절 : 효소들은 모두 최적 반응 pH를 가지고 있다. 따라서 산을 이용하여 pH를 낮추면 효소들의 반응 속도가 급격하게 감소된다.(보통 pH 3.0 이하)
  • 온도 조절 : 효소의 최적온도 범위를 벗어나도록 온도를 조절하여 효소의 활성을 억제한다.(-10℃ 이하)
② 산소의 차단(산화억제)
  • 산소 차단 : 밀폐된 용기에 식품을 넣어 공기(산소)를 차단시켜 산화를 억제한다.
  • 고농도의 설탕물이나 저농도의 소금물에 담근다.
  • 사과, 배, 감자 등을 금속 칼로 처리하면 갈변되므로 사용하지 않거나 묽은 소금물에 넣어 갈변을 방지한다.
③ 기질의 환원
  • 효소에 의한 갈변반응은 산화반응이므로 기질을 환원시킴으로써 산화를 차단한다.
  • 아황산가스나 아황산염과 같은 환원제를 첨가한다.
④ 항산화제 첨가
  • 비타민 C(아스코르빈산)는 천연항산화제로 첨가하면 갈변을 억제할 수 있다.
  • 귤이나 오렌지 등은 비타민 C를 많이 함유하고 있어 갈변이 잘 일어나지 않는다.

③ 비효소적 갈변

1) 마이야르(Mailard, 메일라드) 반응

① 아미노산, 단백질 등의 아미노기(-NH₂)와 당의 카르보닐기(=CO)가 공존할 때, 갈색의 중합체인 멜라노이딘을 만드는 반응이다.
② 아미노-카르보닐(amino-carbonyl) 반응 또는 멜라노이딘(melanoidine) 반응이라고도 한다.
③ 외부의 에너지 공급 없이 자연발생적으로 일어나는 반응이다.
④ 식품은 갈색화 되고 독특한 풍미를 형성한다.
  예 간장, 된장, 커피 등의 갈색화

Check Up

▶ 마이야르반응에 영향을 주는 인자
  • pH : pH가 높을수록 갈변이 빠르게 이루어진다. (pH 6.5~8 정도)
  • 온도 : 온도가 높을수록 반응속도가 빠르다.
  • 수분 : 수분의 존재가 필수적(수분 10~20%정도에서 가장 갈변이 쉽다.)
  • 당의 종류, 아미노산의 종류, 반응물질의 농도 등에 따라 갈변속도가 달라진다.
  • 아황산염, 황산염, 칼슘염 등은 마이야르 반응을 억제한다.

2) 캐러멜화 반응(Caramelization)

① 당류를 160~180℃의 고온으로 가열시켰을 때 산화 및 분해산물에 의한 중합·축합으로 갈색 물질(캐러멜)을 형성하는 반응이다.

② 외부의 에너지 공급에 의하여 일어나는 반응

③ 식품의 향기와 맛, 색 등의 기호에 큰 영향을 준다.

　　예 빵, 과자, 약식 등의 갈색화

3) 아스코르빈산의 산화 반응

① 식품 중의 아스코르빈산이 비가역적으로 산화되어 항산화제로의 기능을 상실하고 그 자체가 갈색화 반응을 수반한다.

② 아스코르빈산은 항산화제 및 항갈변제로서 과채류의 가공식품에 널리 사용된다.

06 효소(enzyme)

1 효소의 특징

① 효소의 주된 성분은 단백질이다.

② 생체 내에서 일어나는 화학반응을 잘 일어나도록 하는 촉매의 역할을 한다.

③ 기질특이성이 있다. → 열쇠와 자물쇠처럼 반응을 일으키는 효소와 기질이 선택적이다.

④ 대개의 효소는 30~40℃에서 활성이 가장 크다.

⑤ 최적 pH는 효소마다 다르다.

2 주요 효소의 종류

구분	효소	작용
당질	아밀라아제(amylase)	전분(녹말) → 맥아당
	수크라아제(sucrase) 인버타아제(invertase)	설탕(sucrose) → 포도당, 과당
	말타아제(maltase)	맥아당(maltose) → 2분자의 포도당
	락타아제(lactase)	유당(lactose) → 포도당, 갈락토스
지질	리파아제(lipase)	지방(lipid) → 지방산, 글리세롤
단백질	프로테아제(protease)	단백질(protein) → 아미노산, 펩타이드 혼합물
	레닌(rennin)	우유의 카제인을 응고

▶ 외래어 표기에 따라 다음과 같이 표기하기도 합니다.
- 아밀라아제 – 아밀레이스
- 수크라아제 – 수크레이스
- 인버타아제 – 인버테이스
- 말타아제 　 – 말테이스
- 락타아제 　 – 락테이스
- 리파아제 　 – 라이페이스
- 프로테아제 – 프로테이스

▶ 프티알린(ptyalin)
침(타액) 속에 들어 있는 아밀라아제로 전분을 맥아당으로 분해시키는 효소이다.

식품의 맛

★★
1 4가지 기본적인 맛이 아닌 것은?

① 단맛
② 신맛
③ 떫은맛
④ 쓴맛

단맛, 짠맛, 신맛, 쓴맛은 4원미라 하여 가장 기본적인 맛이다.

★★★★
2 단맛을 내는 조미료에 속하지 않는 것은?

① 올리고당(oligosaccharide)
② 설탕(sucrose)
③ 스테비오사이드(stevioside)
④ 타우린(taurine)

단맛을 내는 감미료는 설탕을 비롯한 당류와 당 알코올류, 황화합물류 및 스테비오사이드, 아스파탐 등의 감미료 등이 있다. 타우린은 오징어 등에 많이 들어 있는 지미의 성분이다.

★★★★
3 단맛을 갖는 대표적인 식품과 가장 거리가 먼 것은?

① 사탕무   ② 감초
③ 벌꿀   ④ 곤약

곤약은 구약감자의 뿌리에서 생성된 가루를 묵처럼 젤리화한 제품으로 주성분은 글루코만난이다. 수분이 대부분(97%)으로 열량이 거의 없어 다이어트 식품으로 많이 사용되며, 단맛은 거의 없다.

★★
4 건조된 갈조류 표면의 흰 가루 성분으로 단맛을 나타내는 것은?

① 만니톨   ② 알긴산
③ 클로로필   ④ 피코시안

갈조류 표면의 흰 가루 성분은 만니톨 성분으로 양파, 곶감 등의 식물이나, 조류, 균류, 버섯류에도 존재한다.

★★
5 다음 중 당알코올로 충치 예방에 가장 적당한 것은?

① 맥아당   ② 글리코겐
③ 펙틴   ④ 소르비톨

단맛을 내는 당 알코올류로 충치예방에 적당한 것은 소르비톨과 자일리톨이다.

★★★★
6 양파를 가열 조리 시 단맛이 나는 이유는?

① 황화아릴류가 증가하기 때문
② 가열하면 양파의 매운맛이 제거되기 때문
③ 알리신이 티아민과 결합하여 알리티아민으로 변하기 때문
④ 황화합물이 프로필 메르캅탄(propyl mercaptan)으로 변하기 때문

양파를 가열 조리 시 단맛이 나는 이유는 황화합물이 가열에 의해 설탕의 50~70배 정도의 단맛을 내는 프로필 메르캅탄으로 변하기 때문이다.

★★★★
7 해리된 수소이온이 내는 맛과 가장 관계 깊은 것은?

① 짠맛   ② 단맛
③ 신맛   ④ 매운맛

해리된 수소이온이 내는 맛은 신맛이다.

★★
8 식품의 신맛에 대한 설명으로 옳은 것은?

① 신맛은 식욕을 증진시켜 주는 작용을 한다.
② 식품의 신맛의 정도는 수소이온농도와 반비례한다.
③ 동일한 pH에서 무기산이 유기산보다 신맛이 더 강하다.
④ 포도, 사과의 상쾌한 신맛 성분은 호박산(succinic acid)과 이노신산(inosinic acid)이다.

② 식품의 신맛의 정도는 수소이온농도와 비례한다.
③ 동일한 pH에서 유기산이 무기산보다 신맛이 더 강하다.
④ 포도(주석산), 사과(사과산)

정답 1 ③ 2 ④ 3 ④ 4 ① 5 ④ 6 ④ 7 ③ 8 ①

chapter 02

9 ★★★★ 김치의 독특한 맛을 나타내는 성분과 거리가 먼 것은?

① 지방　　　　　　② 유기산
③ 아미노산　　　　④ 젖산

> 김치는 초산, 젖산, 호박산 등의 유기산과 아미노산이 풍부한 식품이다.

10 ★★★ 딸기 속에 많이 들어 있는 유기산은?

① 사과산　　　　　② 호박산
③ 구연산　　　　　④ 주석산

> 딸기에는 구연산이 많이 들어있다.

11 ★★ 다음 중 산미도가 가장 높은 것은?

① 주석산　　　　　② 사과산
③ 구연산　　　　　④ 아스코르브산

> 주석산은 포도에 많이 들어 있는 산으로 산미도가 가장 높다.

12 ★★ 식품과 대표적인 맛성분(유기산)을 연결한 것 중 틀린 것은?

① 포도 – 주석산
② 감귤 – 구연산
③ 사과 – 사과산
④ 요구르트 – 호박산

> 요구르트에는 젖산이 많이 들어있다.

13 ★★ 신맛 성분과 주요 소재 식품의 연결이 틀린 것은?

① 구연산(citric acid) – 감귤류
② 젖산(lactic acid) – 김치류
③ 호박산(succinic acid) – 늙은 호박
④ 주석산(tartaric acid) – 포도

> 호박산은 국이나 전골 등에 국물 맛을 독특하게 내는 조개류의 지미성분이다.

14 ★★ 쓴맛물질과 식품소재의 연결이 잘못된 것은?

① 테오브로민(Theobromine) – 코코아
② 나린진(Naringin) – 감귤류의 과피
③ 휴물론(Humulone) – 맥주
④ 쿠쿠르비타신(Cucurbitacin) – 도토리

> 쿠쿠르비타신(Cucurbitacin)은 오이꼭지에 들어 있다.

15 ★★★ 알칼로이드성 물질로 커피의 자극성을 나타내고 쓴맛에도 영향을 미치는 성분은?

① 주석산(Tartaric acid)
② 카페인(Caffein)
③ 타닌(Tannin)
④ 개미산(Formic acid)

> 카페인은 커피에 함유된 알칼로이드(Alkaloid)의 일종으로 쓴 맛을 내며, 중추신경계에 작용하여 정신을 각성시키고 피로를 줄이는 등의 효과가 있다.

16 ★★ 간장, 다시마 등의 감칠맛을 내는 주된 아미노산은?

① 알라닌(alanine)
② 글루탐산(glutamic acid)
③ 리신(lysine)
④ 트레오닌(threonine)

> 간장, 다시마 등의 감칠맛을 내는 성분은 아미노산계 조미료인 글루탐산이다.

17 ★★★★★ 국이나 전골 등에 국물 맛을 독특하게 내는 조개류의 성분은?

① 요오드　　　　　② 주석산
③ 구연산　　　　　④ 호박산

> 조개류의 지미성분은 호박산이다.

정답　9 ①　10 ③　11 ①　12 ④　13 ③　14 ④　15 ②　16 ②　17 ④

★★
18 육류나 어류의 구수한 맛을 내는 성분은?

① 이노신산   ② 호박산
③ 알리신   ④ 나린진

육류나 어류의 구수한 맛을 내는 성분은 이노신산이다.

★★★
19 감칠맛 성분과 소재식품의 연결이 잘못된 것은?

① 베타인(Betaine) - 오징어, 새우
② 크레아티닌(Creatinine) - 어류, 육류
③ 카르노신(Carnosine) - 육류, 어류
④ 타우린(Taurine) - 버섯, 죽순

감칠맛 성분 중 타우린은 오징어, 문어, 조개류에 많이 들어있다.
버섯은 구아닐산, 죽순은 글루탐산이 많이 들어있다.

★★★
20 카레분으로 사용되는 울금의 매운 맛 성분은?

① 시나믹 알데히드(cinamic aldehyde)
② 커큐민(curcumin)
③ 캡사이신(capsaicin)
④ 차비신(chavicine)

시나믹 알데히드(계피), 캡사이신(고추), 차비신(후추)

★★★★★
21 매운맛을 내는 성분의 연결이 옳은 것은?

① 겨자 - 캡사이신(Capsaicin)
② 생강 - 호박산(Succinic acid)
③ 마늘 - 알리신(Allicin)
④ 고추 - 진저롤(Gingerol)

겨자(시니그린), 생강(진저롤, 진저론), 고추(캡사이신)

★★
22 식미에 긴장감을 주고 식욕을 증진시키며 살균작용을 돕는 매운맛 성분의 연결이 틀린 것은?

① 마늘 - 알리신
② 생강 - 진저롤
③ 산초 - 호박산
④ 고추 - 캡사이신

호박산은 청주, 조개, 김치 등에서 신맛을 내는 유기산으로 산도 조절제로 사용된다.
산초의 매운맛 성분은 산쇼올(sanshool)이다.

★★★★
23 떫은맛에 대한 설명으로 틀린 것은?

① 미각의 마비에 의한 수렴성의 불쾌한 맛이다.
② 지방을 많이 함유하는 식품의 오랜 저장 중 나타나는 떫은맛은 포화지방산에 의한 것이다.
③ 대표적인 성분으로는 폴리페놀성 타닌이 있다.
④ 떫은맛은 차의 제조에 있어서 중요한 풍미이다.

지방을 많이 함유하는 식품이 산패하여 나타나는 떫은맛은 유리지방산과 알데히드에 의한 것이다.

★★
24 차, 커피, 코코아, 과일 등에서 수렴성 맛을 주는 성분은?

① 타닌(tannin)
② 카로틴(carotene)
③ 엽록소(chlorophyll)
④ 안토시아닌(anthocyanin)

수렴성 맛은 차를 마실 때 혀 안쪽에서 혀가 수축되는 느낌을 갖게 하는 떫은맛을 말하는 것으로 타닌성분이 그 원인성분이다.

★
25 식물성 식품의 아린 맛에 대한 설명이 잘못된 것은?

① 대표적인 아린 맛 성분으로 무기염류, 배당체, 타닌, 유기산 등이 관계한다.
② 죽순, 토란의 아린 맛 성분은 아미노산의 대사산물이다.
③ 고사리, 우엉, 토란, 가지 등의 야채와 산채류에서 볼 수 있는 불쾌한 맛으로, 이 맛을 제거하기 위해 조리하기 전에 물에다 담근다.
④ 아린맛은 혀 표면의 점성 단백질이 일시적으로 변성, 응고되어 일어나는 수렴성의 불쾌한 맛이다.

혀 표면의 점성 단백질이 일시적으로 변성, 응고되어 일어나는 수렴성의 불쾌한 맛은 떫은맛이다.

정답 ▶ 18 ① 19 ④ 20 ② 21 ③ 22 ③ 23 ② 24 ① 25 ④

26 설탕용액에 미량의 소금을 가하여 단맛이 증가하는 현상은?

① 맛의 상쇄
② 맛의 변조
③ 맛의 대비
④ 맛의 발현

설탕물에 소금을 조금 넣으면 단맛이 증가하는 현상은 맛의 대비(강화) 효과이다.

27 단팥죽에 설탕 외에 약간의 소금을 넣으면 단맛이 더 크게 느껴진다. 이에 대한 맛의 현상은?

① 대비 효과
② 상쇄 효과
③ 상승 효과
④ 변조 효과

대비 효과는 한 가지 맛 성분에 다른 맛 성분을 혼합하였을 때 주된 맛 성분을 더 강하게 느끼는 현상을 말한다.

28 쓴 약을 먹은 직후 물을 마시면 단맛이 나는 것처럼 느끼게 되는 현상은?

① 변조현상
② 소실현상
③ 대비현상
④ 미맹현상

변조 현상은 한 가지 맛을 본 직후에 다른 맛을 정상적으로 느끼지 못하는 현상이다.

29 온도가 미각에 영향을 미치는 현상에 대한 설명으로 틀린 것은?

① 온도가 상승함에 따라 단맛에 대한 반응이 증가한다.
② 쓴맛은 온도가 높을수록 강하게 느껴진다.
③ 신맛은 온도 변화에 거의 영향을 받지 않는다.
④ 짠맛은 온도가 높을수록 약하게 느껴진다.

쓴맛은 온도가 높을수록 약하게 느껴진다.

30 음식의 온도와 맛의 관계에 대한 설명으로 틀린 것은?

① 국은 식을수록 짜게 느껴진다.
② 커피는 식을수록 쓰게 느껴진다.
③ 차게 먹을수록 신맛이 강하게 느껴진다.
④ 녹은 아이스크림보다 얼어 있는 것의 단맛이 약하게 느껴진다.

신맛은 온도에 크게 영향을 받지 않는다.

31 음식을 제공할 때 온도를 고려해야 하는데 다음 중 맛있게 느끼는 식품의 온도가 가장 높은 것은?

① 전골
② 국
③ 커피
④ 밥

일반적으로 전골이 95~98℃, 국은 70~75℃, 커피는 55~65℃, 밥은 40℃ 내외에서 가장 맛있게 느낀다고 한다.

조미료

1 조미료의 침투속도와 채소의 색을 고려할 때 조미료 사용 순서가 가장 합리적인 것은?

① 소금 → 설탕 → 식초
② 설탕 → 소금 → 식초
③ 소금 → 식초 → 설탕
④ 식초 → 소금 → 설탕

일반적인 조미료의 사용 순서 : 설탕 → 소금 → 간장 → 식초

2 짠맛을 내는 조미료인 소금에 대한 설명 중 틀린 것은?

① 신맛을 줄여주고, 단맛을 높여준다.
② 제빵, 제면에 첨가하면 제품의 물성을 향상시킨다.
③ 식품의 조리와 방부력을 지닌 보존료이며, 무기질의 공급원이다.
④ 온도에 따른 용해도의 차이가 크다.

소금은 온도에 따른 용해도의 차이가 거의 없다.

정답 **26** ③ **27** ① **28** ① **29** ② **30** ③ **31** ① | **1** ② **2** ④

3 소금의 용도가 아닌 것은?
★★

① 채소 절임 시 수분 제거
② 효소 작용 억제
③ 아이스크림 제조 시 빙점 강하
④ 생선구이 시 석쇠 금속의 부착 방지

생선구이 시 생선 중량의 2~3% 정도의 소금을 뿌리면 탈수가 일어나지 않아 좋다. 달구어진 석쇠에 생선을 구우면 석쇠에 덜 들러붙어 모양이 잘 유지된다.

4 가열에 의한 두부의 경화를 억제하는데 가장 효과적인 것은?
★★

① 소금   ② 식초
③ 전분   ④ 마늘

두부를 가열하면 조직이 경화되는데 이때 소금을 첨가하면 두부의 경화를 억제할 수 있다.

5 연제품 제조에서 탄력성을 주기위해 꼭 첨가해야 하는 것은?
★★★★

① 소금   ② 설탕
③ 펙틴   ④ 글루탐산소다

연제품 제조에서 어육단백질을 용해시키고 탄력성을 주기 위해 소금을 첨가한다.

6 소금의 종류 중 불순물이 가장 많이 함유되어 있고 가정에서 배추를 절이거나 젓갈을 담글 때 주로 사용하는 것은?
★★★★

① 호렴   ② 재제염
③ 식탁염   ④ 정제염

호렴은 굵은 소금 또는 천일염이라고도 하며, 정제되지 않아 불순물이 가장 많이 함유되어 있고, 채소나 생선을 절이거나 장을 담글 때 주로 사용된다.

7 굵은 소금이라고도 하며, 오이지를 담글 때나 김장 배추를 절이는 용도로 사용하는 소금은?
★★★★

① 천일염   ② 재제염
③ 정제염   ④ 꽃소금

천일염은 호렴이라고도 하며 알이 굵고 정제되지 않은 소금이다. 김장배추나 생선을 절이는 용도로 주로 사용한다.

8 식초의 기능에 대한 설명으로 틀린 것은?
★★★

① 단백질의 열응고 촉진
② 방부 및 살균작용
③ 생선의 비린내 제거
④ 우엉, 연근의 산화 촉진

우엉, 연근에 들어 있는 안토잔틴 색소는 식초(산)에 안정하여 갈변을 방지하고 더 선명한 색을 띤다.

9 식초의 기능에 대한 설명으로 틀린 것은?
★★★

① 생선에 사용하면 생선살이 단단해진다.
② 붉은 비츠(beets)에 사용하면 선명한 적색이 된다.
③ 양파에 사용하면 황색이 된다.
④ 마요네즈 만들 때 사용하면 유화액을 안정시켜 준다.

양파의 색소는 식초에 안정하여 더 선명한 백색을 유지한다.

10 다음 설명 중 이것은 어떤 조미료를 말하는가?
★★★★★

- 수란을 뜰 때 끓는 물에 이것을 넣고 달걀을 넣으면 난백의 응고를 돕는다.
- 작은 생선을 사용할 때 이것을 소량 가하면 뼈까지 부드러워진다.
- 기름기 많은 재료에 이것을 사용하면 맛이 부드럽고 산뜻해진다.
- 생강에 이것을 넣고 절이면 예쁜 적색이 된다.

① 설탕   ② 후추
③ 식초   ④ 소금

식초에 대한 설명이다.

정답 ▶ 3 ④ 4 ① 5 ① 6 ① 7 ① 8 ④ 9 ③ 10 ③

★★★★★

11 음식의 색을 고려하여 녹색채소를 무칠 때 가장 나중에 넣어야 하는 조미료는?

① 설탕　　　　　　② 식초
③ 소금　　　　　　④ 고추장

> 녹색채소의 엽록소는 산에 의해 녹회색이나 올리브색으로 변하므로 먹기 직전에 넣는 것이 좋다.

★★★

12 설탕의 특성을 설명한 것 중 틀린 것은?

① 설탕은 물에 녹기 쉽다.
② 설탕은 다른 당류와 함께 흡습성을 가지고 있다.
③ 설탕은 전분의 노화를 촉진시킨다.
④ 설탕은 농도가 높아지면 방부성을 지닌다.

> 설탕은 전분의 노화를 지연시킨다.

★★

13 공기 중의 습기를 흡수하는 성질이 있어 뚜껑을 닫아서 보관해야 하는 것으로만 묶인 것은?

① 된장, 고추장
② 소금, 설탕
③ 물엿, 마요네즈
④ 간장, 식초

> 설탕과 소금은 흡습성이 높아 밀봉하여 보관하여야 한다.

★★

14 다음 중 화학조미료는?

① 구연산
② HAP
③ 글루탐산나트륨
④ 효모

> 글루탐산나트륨은 화학 조미료이다.
> ※ HAP(Hydrolyzed Animal Protein) : 동물성 가수분해 단백질이다.

★★

15 MSG(monosodium glutamate)의 설명으로 틀린 것은?

① 아미노산계 조미료이다.
② pH가 낮은 식품에는 정미력이 떨어진다.
③ 흡습력이 강하므로 장기간 방치하면 안 된다.
④ 신맛과 쓴맛을 완화시키고 단맛에 감칠맛을 부여한다.

> MSG는 물에 잘 녹지만 흡습력이 강하지는 않다.

★

16 다음 중 간장의 지미(旨味)성분은?

① 아스코르빈산(ascorbic acid)
② 포도당(glucose)
③ 전분(starch)
④ 글루탐산(glutamic acid)

> 간장의 지미성분은 글루탐산이다.

식품의 냄새

★★★

1 과일의 주된 향기성분이며 분자량이 커지면 향기도 강해지는 냄새성분은?

① 알코올
② 에스테르류
③ 유황화합물
④ 휘발성 질소화합물

> 에스테르류는 사과, 배, 파인애플 등 대부분의 과일 향기의 주성분으로 분자량이 커지면 향기도 강해진다.

★★★★

2 사과, 바나나, 파인애플 등의 주요 향미성분은?

① 에스테르(ester)류　　② 고급지방산류
③ 유황화합물류　　　　④ 퓨란(furan)류

> 사과, 배, 바나나, 파인애플 등의 대부분 과일의 주요 향미성분은 에스테르류이다.

★★★
3 가열에 의해 고유의 냄새성분이 생성되지 않는 것은?

① 장어구이　　　　② 스테이크
③ 커피　　　　　　④ 포도주

단백질(아미노산)은 가열에 의하여 냄새성분을 생성하며, 커피나 캐러멜은 가열에 의해 탄 냄새를 생성한다. 포도주의 냄새성분인 알코올류는 가열에 의하여 냄새가 휘발되어 사라진다.

★★
4 조리에서 후추 가루의 작용과 가장 거리가 먼 것은?

① 생선 비린내 제거
② 식욕증진
③ 생선의 근육형태 변화방지
④ 육류의 누린내 제거

후추는 생선의 비린내, 육류의 누린내 등을 제거하여 식욕을 증진시키는 향신료이다.

★★
5 겨자를 갤 때 매운맛을 가장 강하게 느낄 수 있는 온도는?

① 20~25℃　　　　② 30~35℃
③ 40~45℃　　　　④ 50~55℃

일반적으로 미각은 50~60℃에서 매운맛을 강하게 느끼지만 겨자의 매운맛 성분인 시니그린(Sinigrin)을 분해시키는 효소인 미로시나제(Myrosinase)는 40~45℃ 정도에서 가장 활발하므로 따뜻한 물에서 개어야 매운맛이 강하게 난다.

★★
6 매운맛 성분과 소재 식품의 연결이 올바르게 된 것은?

① 알릴이소티오시아네이트(allyl isothiocyanate) - 겨자
② 캡사이신(capsaicin) - 마늘
③ 진저롤(gingerol) - 고추
④ 차비신(chavicine) - 생강

알릴이소티오시아네이트는 겨자나 고추냉이에 들어 있는 시니그린에서 생성되는 자극취와 매운맛을 갖는 성분이다.
캡사이신(고추), 진저롤(생강), 차비신(후추), 알리신(마늘)

★
7 생선이나 돼지고기의 조리 시 탈취효과를 얻기 위해서 사용되는 양념은?

① 고추　　　　　　② 간장
③ 생강　　　　　　④ 설탕

생강은 생선이나 돼지고기의 조리 시 냄새를 제거하기 위하여 사용되는 향신료이다.

★★★★
8 마늘의 매운맛과 향을 내는 것으로 비타민 B_1의 흡수를 도와주는 성분은?

① 알리신(allicin)
② 알라닌(alanine)
③ 헤스페리딘(hesperidine)
④ 아스타신(astacin)

마늘의 매운맛과 향을 내는 알리신은 비타민 B_1의 흡수를 도와준다.

★★★
9 못처럼 생겨서 정향이라고도 하며 양고기, 피클, 청어절임, 마리네이드 절임 등에 이용되는 향신료는?

① 클로브　　　　　② 코리앤더
③ 캐러웨이　　　　④ 아니스

정향(clove)은 꽃봉오리를 사용하는 향신료로 방부효과와 살균력이 강하다.

★★
10 식품의 냄새성분과 소재식품의 연결이 잘못된 것은?

① 미르신(myrcene) - 미나리
② 멘톨(menthol) - 박하
③ 푸르푸릴알코올(furfuryl alcohol) - 커피
④ 메틸메르캅탄(methyl mercaptan) - 후추

후추의 냄새성분은 차비신(chavicine)이다.
메틸메르캅탄은 악취성분이다.

chapter 02

★★★★★
11 향신료의 매운맛 성분 연결이 틀린 것은?

① 겨자 – 차비신(chavicine)
② 고추 – 캡사이신(capsaicin)
③ 생강 – 진저롤(gingerol)
④ 울금(curry 분) – 커큐민(curcumin)

겨자에는 시니그린이 매운맛을 내며, 차비신은 후추의 매운맛이다.

★★★
12 향신료와 그 성분이 바르게 된 것은?

① 생강-차비신(chavicine)
② 겨자-알리신(allicin)
③ 고추-캡사이신(capsaicin)
④ 후추-시니그린(sinigrin)

생강(진저롤), 겨자(시니그린), 후추(차비신), 마늘(알리신)

★★★
13 우리나라의 전통적인 향신료가 아닌 것은?

① 겨자   ② 생강
③ 고추   ④ 팔각

팔각은 중식요리의 필수 향신료로 고기요리에 많이 사용된다.

식품의 색

★
1 식소다(Baking soda)를 넣어 만든 빵의 색깔이 누렇게 되는 이유는?

① 밀가루의 플라본 색소가 가열에 의해서 변화된 것
② 밀가루의 플라본 색소가 퇴색된 것
③ 밀가루의 플라본 색소가 산에 의해서 변화된 것
④ 밀가루의 플라본 색소가 알칼리에 의해서 변화된 것

플라보노이드계 색소는 산성에서 흰색, 알칼리성에서 황색으로 변화된다. 밀가루에 들어 있는 플라본 색소가 알칼리인 식소다에 의해서 황색으로 변화된 것이다.

★★★
2 무나 양파를 오랫동안 익힐 때 색을 희게 하려면 다음 중 무엇을 첨가하는 것이 가장 좋은가?

① 식초   ② 생수
③ 소금   ④ 소다

무나 양파 등에 들어 있는 플라보노이드 색소는 산에 안정하여 조리할 때 산(식초)을 첨가하면 선명한 흰색을 유지할 수 있다.

★★
3 흰색 야채의 경우 흰색을 그대로 유지할 수 있는 방법으로 옳은 것은

① 야채를 데친 후 곧바로 찬물에 담가둔다.
② 약간의 식초를 넣어 삶는다.
③ 야채를 물에 담가 두었다가 삶는다.
④ 약간의 중조를 넣어 삶는다.

플라보노이드계 색소는 산에 안정하여 식초를 넣으면 흰색을 유지한다.

★★★
4 다음 설명이 잘못된 것은?

① 무초절임 쌈을 할 때 얇게 썬 무를 식초나 물에 담가두면 무의 색소 성분이 알칼리에 의해 더욱 희게 유지된다.
② 양파 썬 것의 강한 향을 없애기 위해 식초를 뿌려 효소 작용을 억제시킨다.
③ 사골의 핏물을 우려내기 위해 찬물에 담가 혈색소인 수용성 헤모글로빈을 용출시킨다.
④ 모양을 내어 양송이에 레몬즙을 뿌려 색이 변하는 것을 억제시킨다.

무에 들어 있는 플라보노이드 색소는 알칼리성에서 황색이나 짙은 갈색으로 변한다. 식초는 산성이고 무를 식초 물에 담가두면 산성에 의해 더욱 선명한 흰색을 유지한다.

★★
5 아래의 안토시아닌(anthocyanin)의 화학적 성질에 대한 설명에서 (   )안에 알맞은 것을 순서대로 나열한 것은?

anthocyanin은 산성에서는 (   ), 중성에서는 (   ), 알칼리성에서는 (   )을 나타낸다.

정답 11 ① 12 ③ 13 ④ | 1 ④ 2 ① 3 ② 4 ① 5 ①

① 적색 – 자색 – 청색

② 청색 – 적색 – 자색

③ 노란색 – 파란색 – 검정색

④ 검정색 – 파란색 – 노란색

안토시아닌은 적색·자색·청색의 채소 및 과일에 들어 있는 수용성 색소로 산성에서 적색, 중성에서 자색, 알칼리성에서 청색을 나타낸다.

★★★
6 생강을 식초에 절이면 적색으로 변하는데 이 현상에 관계되는 물질은?

① 안토시안 　　　　② 세사몰

③ 진저론 　　　　　④ 아밀라아제

생강은 담황색을 띠고 있으나 안토시아닌 색소를 가지고 있어 식초에 절이면 적색으로 변하게 된다.
※ 안토시안은 안토시아닌, 안토시아니딘과 당이 결합한 배당체를 합친 의미이다.

★★★★★
7 식초를 넣은 물에 적양배추를 담그면 선명한 적색으로 변하는데, 주된 원인 물질은?

① 안토시아닌 　　　② 멜라닌

③ 클로로필 　　　　④ 타닌

적양배추에 들어 있는 안토시아닌은 산성에서 적색을 나타낸다.

★★★
8 적자색 양배추를 채 썰어 물에 장시간 담가두었더니 탈색되었다. 이 현상의 원인이 되는 색소와 그 성질을 바르게 연결한 것은?

① 안토시아닌계 색소 – 수용성

② 플라보노이드계 색소 – 지용성

③ 헴계 색소 – 수용성

④ 클로로필계 색소 – 지용성

적자색 양배추에 들어 있는 안토시아닌은 수용성 색소로 물에 장시간 담가두면 탈색이 된다.

★★★
9 안토시아닌 색소가 함유된 채소를 알칼리 용액에서 가열하면 어떻게 변색하는가?

① 붉은색 　　　　　② 황갈색

③ 무색 　　　　　　④ 청색

안토시아닌 색소는 알칼리성과 만나면 청색으로 변색된다.

★★
10 색소 성분의 변화에 대한 설명 중 맞는 것은?

① 엽록소는 알칼리성에서 갈색화

② 플라본 색소는 알칼리성에서 황색화

③ 안토시안 색소는 산성에서 청색화

④ 카로틴 색소는 산성에서 흰색화

색소의 변화

색소	고유색	산성	알칼리성
플라본	흰색, 노란색	색유지	노란색
안토시안	적색, 보라색	적색	청자색
클로로필	녹색	노란색	색유지
카로틴	황색, 주황색	색유지	색유지

★★★
11 시금치를 오래 삶으면 갈색이 되는데 이때 변화되는 색소는 무엇인가?

① 클로로필 　　　　② 카로티노이드

③ 플라보노이드 　　④ 안토크산틴

시금치를 오래 삶으면 시금치에서 유기산이 휘발되어 물에 녹아 물이 산성을 띠게 된다. 시금치의 녹색색소인 클로로필은 산과 반응하면 중앙의 마그네슘이 수소이온으로 치환되어 갈색의 페오피틴이 된다.

★★★★
12 오이나 배추의 녹색이 김치를 담갔을 때 점차 갈색을 띠게 되는 것은 어떤 색소의 변화 때문인가?

① 카로티노이드(Carotenoid)

② 클로로필(Chlorophyll)

③ 안토시아닌(Anthocyanin)

④ 안토잔틴(Anthoxanthin)

녹색채소에 들어 있는 클로로필은 발효에 의해 생긴 유기산에 의해 갈색으로 변하게 된다.

★★★★★

13 오이피클 제조 시 오이의 녹색이 녹갈색으로 변하는 이유는?

① 클로로필리드가 생겨서
② 클로로필린이 생겨서
③ 페오피틴이 생겨서
④ 잔토필이 생겨서

> 오이피클 제조 시 발효에 의해 생성된 유기산(초산, 젖산)이 클로로필과 접촉하여 페오피틴으로 변하기 때문이다.

★★★

14 완두콩 통조림을 가열하여도 녹색이 유지되는 것은 어떤 색소 때문인가?

① chlorophyll(클로로필)
② Cu-chlorophyll(구리-클로로필)
③ Fe-chlorophyll(철-클로로필)
④ chlorophylline(클로로필린)

> 완두콩에 황산구리를 적당량 넣고 끓이면 녹색이 고정되는데, 이는 클로로필 분자의 마그네슘 이온이 구리 양이온으로 치환된 구리-클로로필 색소 때문이다.

★★★★★

15 토마토의 붉은 색을 나타내는 색소는?

① 안토시아닌
② 타닌
③ 클로로필
④ 카로티노이드

> 토마토의 붉은 색을 나타내는 색소는 카로티노이드계 색소인 라이코펜이다.

★★

16 카로티노이드(carotenoid) 색소와 소재식품의 연결이 틀린 것은?

① 베타카로틴(β-carotene) - 당근, 녹황색 채소
② 라이코펜(lycopene) - 토마토, 수박
③ 아스타크산틴(astaxanthin) - 감, 옥수수, 난황
④ 푸코크산틴(fucoxanthin) - 다시마, 미역

> 아스타크산틴(아스타잔틴)은 동물성 카로티노이드 색소로 도미, 연어의 붉은 살과 새우, 게 등의 갑각류에 들어있다.

★★

17 식품의 색소에 관한 설명 중 옳은 것은?

① 클로로필은 마그네슘을 중성원자로 하고 산에 의해 클로로필린이라는 갈색물질로 된다.
② 카로티노이드 색소는 카로틴과 크산토필 등이 있다.
③ 플라보노이드 색소는 산성-중성-알칼리성으로 변함에 따라 적색-자색-청색으로 된다.
④ 동물성 색소 중 근육색소는 헤모글로빈이고, 혈색소는 미오글로빈이다.

> ① 클로로필은 마그네슘을 중성 원자로 하고 수소 이온이 그 자리에 치환되어 갈색의 페오피틴이 된다.
> ③ 안토시아닌계 색소는 산성-중성-알칼리성으로 변함에 따라 적색-자색-청색으로 된다.
> ④ 동물성 색소 중 근육색소는 미오글로빈, 혈색소는 헤모글로빈이다.

★★★

18 다음 중 산으로 처리했을 때 나타나는 색의 변화로 옳은 것은?

① 적색양배추 : 청색을 나타낸다.
② 당근 : 별 변화 없다.
③ 양파 : 황색을 나타낸다.
④ 시금치 : 푸른색이 강해진다.

> ① 적색양배추의 색소는 안토시아닌으로 산으로 처리하면 적색을 나타낸다.
> ② 당근의 색소인 카로티노이드는 산에 안정적이라 색상의 변화가 없다.
> ③ 양파는 플라보노이드 색소가 있어 산에 안정하여 색상이 변하지 않는다.
> ④ 시금치 등의 녹색채소에는 클로로필 색소가 있으며, 산에 불안정하여 누런색으로 갈변된다.

★★★

19 다음 물질 중 동물성 색소는?

① 클로로필　　　　　② 플라보노이드
③ 헤모글로빈　　　　④ 안토잔틴

> 동물성 색소에는 미오글로빈(근육색소), 헤모글로빈(혈색소), 동물성 카로티노이드계 색소 등이 있다.

정답 **13** ③ **14** ② **15** ④ **16** ③ **17** ② **18** ② **19** ③

20 ★★★★ 신선한 생육의 환원형 미오글로빈이 공기와 접촉하면 분자상의 산소와 결합하여 옥시미오글로빈으로 되는데 이때의 색은?

① 어두운 적자색　　　② 선명한 적색
③ 어두운 회갈색　　　④ 선명한 분홍색

미오글로빈은 동물의 근육색소로 붉은색이며, 공기 중의 산소와 결합하여 선명한 적색의 옥시미오글로빈이 되고, 계속 저장하거나 가열하면 갈색의 메트미오글로빈이 된다.

21 ★★ 쇠고기 가공 시 발색제를 넣었을 때 나타나는 선홍색 물질은?

① 옥시미오글로빈(oxymyoglobin)
② 니트로소미오글로빈(nitrosomyoglobin)
③ 미오글로빈(myoglobin)
④ 메트미오글로빈(metmyoglobin)

니트로소미오글로빈은 쇠고기에 아질산염과 같은 발색제를 넣었을 때 나타나는 선홍색 물질로 비가열 식육제품인 햄, 소시지 등의 육가공품에 이용된다.

22 ★★ 동물성 식품의 색에 관한 설명 중 틀린 것은?

① 식육의 붉은색은 Myoglobin과 Hemoglobin에 의한 것이다.
② Heme은 페로프로토포피린(Ferroprotoporphyrin)과 단백질인 글로빈(Globin)이 결합된 복합 단백질이다.
③ Myoglobin은 적자색이지만 공기와 오래 접촉하여 Fe로 산화되면 선홍색의 Oxymyoglobin이 된다.
④ 아질산염으로 처리하면 가열에도 안정한 선홍색의 Nitrosomyoglobin이 된다.

붉은색의 미오글로빈은 공기(산소)와 오래 접촉하면 철이 산화되어 갈색의 메트미오글로빈이 된다.

23 ★★★★★ 꽃게탕 조리 시 꽃게 껍질은 붉은색으로 변하는데, 이 현상과 관련된 꽃게에 함유된 색소는?

① 아스타잔틴(astaxanthin)
② 멜라닌(melanin)
③ 구아닌(guanine)
④ 루테인(lutein)

새우나 게 등의 갑각류의 껍데기에 존재하는 아스타잔틴은 원래 붉은색이나 단백질과 결합하여 청록색을 띠고 있다. 이 색소를 가열하면 청록색의 아스타잔틴(Astaxanthin)에서 적색의 아스타신(Astacin)으로 변한다.

24 ★★★★★ 새우나 게와 같은 갑각류의 색소는 가열에 의해 아스타잔틴(astaxanthin)이 되고 이 물질은 다시 산화되어 아스타신(astacin)으로 변한다. 이 아스타신의 색은?

① 녹색　　　　　　　② 보라색
③ 청자색　　　　　　④ 붉은색

가열하여 붉은색을 가진 아스타잔틴은 다시 산화되어 붉은색의 아스타신으로 변한다.

25 ★★★★★ 난황에 주로 함유되어 있는 색소는?

① 클로로필　　　　　② 안토시아닌
③ 카로티노이드　　　④ 플라보노이드

난황의 함유되어 있는 색소는 동물성 카로티노이드계 색소 중 루테인이다.

26 ★★★ 스파게티와 국수 등에 이용되는 문어나 오징어 먹물의 색소는?

① 타우린(taurine)　　　② 멜라닌(melanin)
③ 미오글로빈(myoglobin)　④ 히스타민(histamine)

문어나 오징어 먹물의 색소는 멜라닌 색소 중 유멜라닌이다.

27 ★★★★★ 철과 마그네슘을 함유한 색소를 순서대로 나열한 것은?

① 안토시아닌, 플라보노이드
② 미오글로빈, 클로로필
③ 클로로필, 안토시아닌
④ 카로티노이드, 미오글로빈

미오글로빈(동물성 색소)은 철, 클로로필(엽록소)은 마그네슘을 함유하고 있다.

정답　**20** ②　**21** ②　**22** ③　**23** ①　**24** ④　**25** ③　**26** ②　**27** ②

식품의 갈변

1 ★★
식품의 변화에 관한 설명 중 옳은 것은?

① 일부 유지가 외부로부터 냄새를 흡수하지 않아도 이취현상을 갖는 것은 호정화이다.
② 천연의 단백질이 물리, 화학적 작용을 받아 고유의 구조가 변하는 것은 변향이다.
③ 당질을 180~200℃의 고온으로 가열했을 때 갈색이 되는 것은 효소적 갈변이다.
④ 마이야르 반응, 캐러멜화 반응은 비효소적 갈변이다.

비효소적 갈변에는 마이야르 반응, 캐러멜화 반응, 아스코르빈산 산화 반응이 있다.

2 ★★★★
갈변 반응과 직접적으로 관련이 없는 식품은?

① 홍차　　　　　② 맥주
③ 된장　　　　　④ 녹차

간장과 된장의 갈변은 비효소적 갈변인 마이야르 반응이고, 홍차는 폴리페놀산화효소에 의해 녹차 잎을 발효시키는 효소적 갈변이다.

3 ★★★★
효소의 주된 구성성분은?

① 지방　　　　　② 탄수화물
③ 단백질　　　　④ 비타민

효소는 단백질이 주된 구성성분으로, 자신은 변화하지 않고 반응 속도를 빠르게 만들어주는 촉매작용을 한다.

4 ★★★★
효소적 갈변반응에 의해 색을 나타내는 식품은?

① 분말 오렌지　　② 간장
③ 캐러멜　　　　④ 홍차

홍차는 산화효소인 폴리페놀 옥시다아제에 의해 녹차 잎을 발효시켜 제조한다.

5 ★★★
사과의 갈변현상에 영향을 주는 효소는?

① 폴리페놀 옥시다아제(polyphenol oxidase)
② 아밀라아제(amylase)
③ 리파아제(lipase)
④ 아스코비나아제(ascorbinase)

사과의 갈변은 효소적 갈변으로, 폴리페놀 옥시다아제라는 효소가 사과를 공기 중의 산소와 결합시켜 갈색이나 흑색으로 변화시킨다.

6 ★★★★★
사과를 깎아 방치했을 때 나타나는 갈변현상과 관계없는 것은?

① 산화효소　　　　② 산소
③ 페놀류　　　　　④ 섬유소

사과를 깎아 방치했을 때 사과의 페놀류가 폴리페놀 옥시다아제라는 산화효소가 작용하여 사과를 산화(산소와 결합)시켜 갈변을 일으킨다.

7 ★★★
감자를 썰어 공기 중에 놓아두면 갈변되는데 이 현상과 가장 관계가 깊은 효소는?

① 아밀라아제(Amylase)
② 티로시나아제(Tyrosinase)
③ 얄라핀(Jalapin)
④ 미로시나제(Myrosinase)

감자에 썰어 공기 준에 놓아두면 감자의 티로신이 티로시나아제에 의해 산화되어 갈색이 된다.

8 ★★
식품의 갈변현상을 억제하기 위한 방법과 거리가 먼 것은?

① 효소의 활성화
② 염류 또는 당 첨가
③ 아황산 첨가
④ 열처리

식품의 갈변현상은 효소적 갈변과 비효소적 갈변이 있으며 이 중 효소적 갈변은 효소를 불활성화시켜 갈변을 막는다.

정답　**1** ④　**2** ④　**3** ③　**4** ④　**5** ①　**6** ④　**7** ②　**8** ①

9 ★★★

식품의 효소적 갈변에 대한 설명으로 맞는 것은?

① 간장, 된장 등의 제조과정에서 발생한다.
② 블랜칭(Blanching)에 의해 반응이 억제된다.
③ 기질은 주로 아민(Amine)류와 카르보닐(Carbonyl) 화합물이다.
④ 아스코르빈산의 산화반응에 의한 갈변이다.

블랜칭은 채소를 냉동보관하기 전 전처리로 데치기를 하는 것으로 살균효과, 부피감소 효과, 효소의 파괴로 인한 갈변방지효과 등이 있다.

10 ★★

다음 중 사과, 배 등 신선한 과일의 갈변 현상을 방지하기 위한 가장 좋은 방법은?

① 철제 칼로 껍질을 벗긴다.
② 뜨거운 물에 넣었다 꺼낸다.
③ 레몬즙에 담가 둔다.
④ 신선한 공기와 접촉시킨다.

과일의 갈변현상은 효소에 의한 갈변현상으로 산을 이용하여 pH를 낮추면 효소의 활성이 줄어들어 갈변을 방지할 수 있다.

11 ★★★

식품의 가공 또는 저장, 조리 중 품질의 저하를 가져오는 갈색화 반응을 억제하는 방법과 거리가 먼 것은?

① 산소의 제거
② 환원제의 첨가
③ 실리콘오일의 첨가
④ 효소의 불활성화

효소적 갈변반응을 억제하는 방법은 효소의 불활성화, 환원제의 첨가, 산소의 제거, 아스코르빈산 첨가 등이 있다.

12 ★★★

효소적 갈변 반응을 방지하기 위한 방법이 아닌 것은?

① 가열하여 효소를 불활성화 시킨다.
② 효소의 최적조건을 변화시키기 위해 pH를 낮춘다.
③ 아황산가스 처리를 한다.
④ 산화제를 첨가한다.

효소에 의한 갈변반응은 산화반응이므로 환원제를 첨가하여 산화를 차단하는 것으로 막을 수 있다.

13 ★★

과일의 갈변현상을 억제하기 위한 방법으로 적합한 것은?

① 철로 된 칼로 껍질은 벗긴다.
② 설탕물에 담근다.
③ 껍질은 벗긴 후 바람이 잘 통하게 둔다.
④ 금속제 쟁반에 껍질 벗긴 과일을 담는다.

과일의 효소에 의한 갈변 방지법
• 고농도의 설탕 용액에 담근다.
• 저농도의 소금물에 담근다.
• 레몬즙이나 구연산 등 산성 처리한다.

14 ★★★

귤의 경우 갈변현상이 심하게 나타나지 않는 이유는?

① 비타민 C의 함량이 높기 때문에
② 갈변효소가 존재하지 않기 때문에
③ 비타민 A의 함량이 높기 때문에
④ 갈변의 원인 물질이 없기 때문에

귤에는 천연항산화제인 비타민 C의 함량이 높아 갈변현상이 심하게 나타나지 않는다.

15 ★★★★

아미노 카르보닐 반응에 대한 설명 중 틀린 것은?

① 당의 카르보닐 화합물과 단백질 등의 아미노기가 관여하는 반응이다.
② 마이야르 반응(Maillard reaction)이라고도 한다.
③ 비효소적 갈변반응이다.
④ 갈색 색소인 캐러멜을 형성하는 반응이다.

캐러멜 반응은 당류를 180~200℃의 고온으로 가열하였을 때 산화 및 분해산물에 의한 중합·축합으로 갈색물질(캐러멜)을 형성하는 반응이다.

정답 ▶ 9 ② 10 ③ 11 ③ 12 ④ 13 ② 14 ① 15 ④

★★★★★

16 식품의 가공·저장 시 일어나는 마이야르(Maillard) 갈변 반응은 어떤 성분의 작용에 의한 것인가?

① 수분과 단백질
② 당류와 단백질
③ 지방과 단백질
④ 당류와 지방

> 마이야르 갈변반응은 비효소적 갈변으로 간장, 된장, 식빵 등이 갈색화 되는 현상이다. 이는 당류와 단백질의 작용에 의한 것이다.

★★★★★

17 마이야르(Maillard)반응에 영향을 주는 인자가 아닌 것은?

① 수분
② 온도
③ 당의 종류
④ 효소

> 마이야르 반응은 식품의 갈변반응 중 비효소적 갈변반응이다.

★★★

18 간장이나 된장의 착색은 주로 어떤 반응이 관계하는가?

① 아미노 카르보닐(Aminocarbonyl) 반응
② 캐러멜(Caramel)화 반응
③ 아스코르빈산(Ascorbic acid) 산화반응
④ 페놀(Phenol) 산화반응

> 간장이나 된장의 갈변반응은 단백질의 아미노기와 당류의 카르보닐기가 반응하여 갈색의 멜라노이딘을 생성하는 반응으로, 아미노 카르보닐 반응 또는 마이야르 반응이라 한다.

★★★

19 식품의 갈변 현상 중 성질이 다른 것은?

① 고구마 절단면의 변색
② 홍차의 적색
③ 간장의 갈색
④ 다진 양송이의 갈색

> 식품의 갈변현상은 효소적 갈변과 비효소적 갈변이 있으며, ①, ②, ④는 효소적 갈변이며, ③의 간장의 갈변은 비효소적 갈변 중 마이야르 반응에 의한 것이다.

★★★

20 캐러멜화(caramelization) 반응을 일으키는 것은?

① 당류
② 아미노산
③ 지방질
④ 비타민

> 캐러멜화 반응은 당류를 160~180℃로 가열하였을 때 갈색 물질(캐러멜)을 형성하는 반응이다.

★★

21 설탕용액이 캐러멜로 되는 일반적인 온도는?

① 50~60℃
② 70~80℃
③ 100~110℃
④ 160~180℃

> 설탕 등의 당류를 160~180℃로 가열하면 캐러멜 반응으로 갈색물질이 생성된다.

효소

★★

1 효소에 대한 일반적인 설명으로 틀린 것은?

① 기질 특이성이 있다.
② 최적온도는 30~40℃정도이다.
③ 100℃에서도 활성은 그래도 유지된다.
④ 최적 pH는 효소마다 다르다.

> 효소는 단백질로 구성되어 일정온도를 넘어서면 단백질 구조가 변형되어 촉매로서의 활성을 잃어버린다.

★★★

2 다음 중 효소가 아닌 것은?

① 말타아제(Maltase)
② 펩신(Pepsin)
③ 레닌(Rennin)
④ 유당(Lactose)

> 유당(Lactose)은 포도당과 갈락토스가 결합한 이당류이며 유당의 분해효소는 락타아제(Lactase)이다.

★

3 지질의 소화효소는?

① 레닌
② 펩신
③ 리파아제
④ 아밀라아제

> 리파아제는 지질의 소화효소로 지방을 지방산과 글리세롤로 가수분해한다.

★★★★★

4 침(타액)에 들어 잇는 소화효소의 작용은?

① 전분을 맥아당으로 변화시킨다.
② 단백질을 펩톤으로 분해시킨다.
③ 설탕을 포도당과 과당으로 분해시킨다.
④ 카제인을 응고시킨다.

침에 들어 있는 소화효소는 아밀라아제(프티알린)로 전분을 맥아
당으로 변화시킨다.
② 펩신은 단백질을 펩톤으로 분해시킨다.
③ 수크라아제는 설탕을 포도당과 과당으로 분해시킨다.
④ 레닌은 카제인을 응고시킨다.

★★★

5 영양소와 그 소화효소가 바르게 연결된 것은?

① 단백질 – 리파아제
② 탄수화물 – 아밀라아제
③ 지방 – 펩신
④ 유당 – 트립신

• 단백질 : 펩신, 트립신
• 지방 : 리파아제
• 유당 : 락타아제

★★

6 영양소와 해당 소화효소의 연결이 잘못된 것은?

① 단백질-트립신
② 탄수화물-아밀라아제
③ 지방-리파아제
④ 설탕-말타아제

설탕(sucros)의 가수분해효소는 수크라아제(인버타아제)이다.

Korea food Cook Certification

SECTION 03 식품재료의 저장

 [출제문항수 : 1~2문제] 이 섹션은 기출문제 위주로 정리하시면 어렵지 않게 점수를 확보할 수 있습니다.

01 식품 보존 방법

Check Up

1 식품 보존 방법의 분류

① 물리적 처리에 의한 보존법 : 건조법, 냉각법, 가열살균법, 조사살균법
② 발효처리에 의한 보존법　　 : 발효식품, 절임식품, 곰팡이 발육식품
③ 화학적 처리에 의한 보존법 : 염장법, 당장법, 산 저장
④ 기타처리에 의한 보존법　　 : 훈연법

2 건조법

1) 자연건조법

천일건조법	바람과 햇볕을 이용하여 건조시키는 방법(김, 미역 등)
자연동건법	겨울철 저온에서 수분의 동결과 융해, 건조를 반복하는 방법 (북어의 제조)

2) 인공건조법

열풍건조법	가열한 공기를 식품 표면에 접촉시켜 수분을 증발시키는 방법
냉풍건조법	제습한 냉풍으로 수분을 증발시키는 방법
분무건조법	액체나 슬러리 상태의 식품을 열풍 중에 안개 모양으로 분무하여 건조시키는 방법 예 분유, 분말 커피, 분말 과즙 등
동결건조법 (냉동건조법, 진공동결건조법)	• 식품을 냉동시킨 후 진공 상태에서 얼음 결정을 승화시켜 건조하는 방법 • 고비용이나 원료의 풍미를 그대로 가진다. 예 인스턴트커피, 라면의 건더기 스프, 당면, 한천 등
배건법	식품을 직접 불에 볶아서 건조시키는 방법 예 커피 원두, 녹차, 보리차, 옥수수차 등

▶ 김, 미역 등은 산소, 광선, 수분 등에 의해 변질되므로 밀봉하여 산소와 수분을 차단하고 빛을 받지 않도록 보관하여야 한다.

3 냉장 · 냉동법

1) 냉장법
① 식품을 0~10℃의 온도에서 저장하는 방법이다.
② 미생물의 증식 억제, 신선도 유지, 동물의 자기소화 지연, 수분 증발 억제 등의 작용으로 품질이 오래 유지된다.
③ 효소활성이 낮아져 수확 후 호흡, 발아 등의 대사를 억제시키고, 산화에 의한 갈변을 방지한다.
④ 미생물의 증식 및 효소 작용을 완전히 억제할 수 없으므로, 장기간의 저장방법은 아니다.
⑤ 채소, 과일, 우유, 달걀, 수산물 등

2) 냉동법
① 식품을 0℃ 이하에서 얼려서 저장한다.
② 미생물이 이용할 수 있는 수분이 얼기 때문에 미생물의 생육이 억제된다.
　→ 미생물이 사멸된 것은 아니므로 상온에 두면 미생물이 다시 증식한다.
③ 효소작용, 화학적 작용, 수분 증발, 영양소 손실 등을 효과적으로 방지한다.
④ 식품의 동결 시 단백질 변성, 지방의 산화, 영양소(비타민 등) 손실 등의 변화가 일어난다.
⑤ 채소류는 블랜칭(데치기)한 후 냉동하고, 어육류는 1회 사용량씩 소포장으로 냉동하는 것이 좋다. → 한번 해동했던 식품은 다시 냉동하여 사용하지 않는다.
⑥ 급속 동결과 완만 동결

구분	급속 동결	완만 동결
방법	-40℃ 이하의 온도에서 짧은 시간에 동결한다.	급속 동결보다 높은 온도에서 동결한다.
얼음 결정	얼음 결정의 수가 많고, 크기가 작다.	얼음 결정의 수가 적고, 크기가 크다.
식품에 미치는 영향	단백질 변성이 적다. 드립* 발생이 적다.	단백질 변성이 크다. 드립 발생이 많다.
해동	수분이 식품 속으로 재흡수되어 조직의 변화가 적다.	수분이 식품 속으로 재흡수되지 않아 조직이 거칠고, 맛이 저하되며, 부패가 빨리 일어난다.

3) 움저장법
① 땅 속에 움을 만들어 고구마, 감자, 무, 배추 등의 식품을 저장하는 방법
② 움의 온도는 10℃ 내외, 습도 85% 정도가 적당하다.

Check Up

▶ 냉장보관법으로 미생물이나 기생충 등을 살균하거나 사멸시키지 못한다.

▶ **냉장고의 사용방법**
　• 뜨거운 음식은 식혀서 냉장고에 보관한다.
　• 문을 여닫는 횟수를 가능한 한 줄인다.
　• 식품의 수분이 건조되므로 밀봉하여 보관한다.
　• 조리하지 않은 식품과 조리한 식품은 분리해서 저장한다.
　• 오랫동안 저장해야 할 식품은 냉장고 중에서 가장 온도가 낮은 곳에 저장한다.
　• 생선과 버터를 가까이 두면 버터가 생선냄새를 흡수하여 좋지 않다.
　• 감자, 고구마를 5℃ 이하에서 보관하면 좋지 않은 맛을 내고, 색이 검게 변한다.
　• 바나나를 냉장보관하면 검게 변하므로 상온 보관하는 것이 좋다.
　• 빵은 0~5℃에서 노화가 가장 잘 일어나 딱딱해지므로 0℃ 이하로 보관하는 것이 좋다.

▶ 드립(drip) : 냉동한 식품을 해동하였을 때 분리되어 유출되는 액즙

4 절임에 의한 식품 저장

1) 염장법
① 식품에 소금을 첨가하면 삼투 현상에 의한 탈수로 미생물이 이용할 수 있는 수분량이 감소하여 미생물의 발육이 억제된다.
② 어류, 어란 등을 이용한 젓갈 제조, 가자미식해, 무짠지, 오이지 등의 식물성 식품의 저장 등에 사용된다.
③ 염장법의 소금 농도
- 일반적인 염장법의 소금농도 : 약 10%
- 젓갈류의 소금농도 : 약 20~25%

④ 염장법의 종류

건염법 (마른간법)	• 식품에 소금을 직접 뿌리는 방법 • 식염의 침투가 빠르다. • 품질이 균일하지 못하고, 지방질의 산화로 변색이 쉽게 일어난다.
염수법 (물간법)	식품을 적당한 농도의 소금 용액에 담가두는 방법
압착염장법	물간법에서 누름돌을 얹어 가압하면서 염장하는 방법
염수주사법	어육에 염수를 주사한 후 일반 염장법으로 저장하는 방법

2) 당장법
① 식품에 설탕을 첨가하여 삼투 현상에 의한 탈수로 미생물이 이용할 수 있는 수분의 양을 감소시켜 미생물의 발육을 억제한다.
② 당 농도가 50~60% 이상일 때 효과적이다.
   예 잼, 젤리, 마멀레이드 등

3) 산 저장법
산성에서 미생물이 잘 생육하지 못하는 원리를 이용하여 pH를 낮추어 미생물의 번식을 방지한다.
   예 오이 피클 등

4) 냉동염법
큰 생선이나 지방이 많은 생선을 서서히 절이고자 할 때 사용하는 젓갈 제조방법으로 생선을 일단 얼렸다가 소금으로 절이는 방법이다.

5 가스저장법(CA 저장법, 기체농도조절, Controlled Atmosphere)
① 과일이나 채소 등을 저장할 때 온도, 습도, 공기의 조성을 조절하여 장기 보존하는 방법이다.
② 주로 이산화탄소(CO_2)를 이용하며 질소나 오존도 이용되고 있다.
③ 과일은 수확 후에도 호흡작용을 통하여 후숙되므로 가스를 주입하여 호흡작용을 억제함으로써 저장기간을 늘리는 것이다.

호흡기 과일	• 수확 후에 호흡률이 증가되어 계속 숙성되는 과일 예 사과, 배, 바나나, 아보카도, 토마토 등
비호흡기 과일	• 수확 후에 호흡률이 감소되는 과일로 더 이상의 숙성이 어렵다. • 충분히 숙성된 후에 수확하는 것이 좋다. 예 딸기, 포도, 감귤, 레몬 등

⑥ 훈연법

① 나무의 불완전 연소에 의해 생기는 연기에 그을리는 방법이다.
② 연기 속의 페놀류 성분은 살균 및 항산화 작용이 있어 저장성을 높이고, 풍미, 특유의 색, 냄새, 맛을 부여한다.
③ 훈연 시 발생하는 연기성분 및 역할
 • 연기성분 : 페놀, 포름알데히드, 개미산, 아세트알데히드, 벤조피렌 등
 • 역할 : 훈연 시 산화방지제의 작용을 가지는 연기성분은 페놀과 포름알데히드 등으로 지방이 많은 햄, 베이컨, 햄, 소시지 등의 산화를 방지한다.
④ 훈연에 사용되는 나무
 • 수지의 함량이 적고, 향기가 좋으며, 방부성 물질의 발생량이 많은 것이 좋다.
 • 참나무, 떡갈나무, 단풍나무, 벚나무, 졸참나무, 자작나무 등
⑤ 훈연법의 종류

▶ 소나무, 잣나무 등의 침엽수는 수지분이 많아 제품을 검게 그을리고, 송진 냄새가 나기 때문에 쓰지 않는다.

온훈법	• 50~70℃의 고온에서 2~12시간 훈연하는 방법 예 꽁치, 고등어 등
냉훈법	• 10~30℃의 저온에서 1~3주간 훈연하는 방법 예 소시지, 햄, 베이컨
열훈법	• 고온에서 단시간 훈연 처리하여 저장성보다 향미에 중점을 두는 훈제법 • 단백질의 변성 외에 저장성은 거의 없다.
배훈법	• 100℃ 내외에서 2~4시간 훈연하는 방법 • 바로 먹을 수 있는 상태로 만드는 조리법

02 식품별 저장법

① 곡류

① 약품에 의한 저장 : 곡류의 저장에 가장 큰 문제인 병충해와 미생물, 특히 곰팡이에 의한 변질을 막기 위하여 약품처리를 하는 것이다.
② 저온저장 : 곡류의 생리적 작용 억제를 위하여 15℃ 이하의 저온에서 수분활성도 0.75 이하, 상대습도 70~80% 정도를 유지한다.
③ 가스저장(CA 저장) : 곡류의 호흡을 억제시키고 미생물의 번식을 막는다.

2 과일 · 채소류

① 냉장법 : 0℃ 정도의 온도에서 실내공기를 유통시키며 보관한다. 0℃ 이하에서 보관하면 세포가 죽어 오히려 급속하게 부패와 변질이 일어난다.

② ICF(Ice coating film) 저장 : 과일 · 채소류 표면에 물을 분무하여 동결시킨 후 −0.8~−1℃에서 저장하는 방법이다.

③ 피막제의 이용 : 주로 과일에 이용되며 과일의 표면에 피막제를 도포하여 과일의 표면에 피막을 만들어 주는 방법이다.

④ 플라스틱 필름 포장의 이용 : PE필름 등으로 밀봉하여 증산작용과 호흡작용을 억제하여 저장성을 높이는 방법이다.

3 육류

① 냉장 : 0~4℃, 습도 80~90%에서 단시일 저장

② 냉동 : −30℃에서 동결한 후 −10~−18℃에서 저장(3~6개월)

③ 건조 : 육포 등의 건조육

4 어패류

① 빙장법 : 수송하는 동안이나 단기간 저장 시에 얼음을 섞어서 보관하는 법을 말한다.

② 냉각저장 : 동결시키지 않고 0℃에서 저장하는 방법(단기간)

③ 동결저장 : −40~−50℃에서 급속 냉동한 후 −20℃에서 보관한다.

5 달걀

① 냉장법 : • 장기저장 : 0~5℃
  • 경제적 저장(단기) : 15℃

② 냉동법 : 달걀을 깨서 껍질을 제거하여 −40℃에서 급속냉동한 후 −12℃에서 저장한다. 저장과 운반이 편리하다.

③ 가스 저장법 : 달걀을 가스 저장법으로 보관하면 수분의 증발을 막고 미생물의 침입을 막을 수 있으며 이산화탄소의 발산을 막아 1년 정도까지 저장기간을 늘릴 수 있다.

④ 침지법 : 달걀을 3%의 물유리(Na_2SiO_3) 용액이나 생석회(生石灰) 포화용액에 담가서 저장하는 방법

6 가공 저장

1) 통조림 · 병조림

① 식품을 금속이나 유리로 만들어진 용기에 넣고 탈기*, 밀봉하고 가열살균하여 냉각시킨 것을 말한다.

② 미생물의 살균, pH와 혐기적조건 등의 조절을 통하여 미생물의 생육을 억제시켜 저장기간을 연장할 수 있다.

Check Up

▶ 달걀을 가스저장 하는 가장 중요한 이유 : 알껍질로 이산화탄소가 발산되는 것을 막기 위함

▶ 달걀은 큐티클 성분이 달걀 껍질을 감싸고 있어 수분의 증발방지, 미생물 침투 방지 등의 역할을 한다. 달걀을 씻으면 큐티클 성분이 손상되므로 달걀이 쉽게 상하게 된다. 따라서 달걀은 씻지 않고 보관하여야 한다.

▶ 탈기(脫氣)
  • 일반적으로 목적으로 하는 물질 혹은 환경에서 공기를 제거하는 것을 말한다.
  • 식품 자체 혹은 그 환경의 공기를 제거함으로써 지방의 산화, 비타민류의 산화, 산소적 갈변, 비산소적 갈변과 관내면 부식 등을 방지할 수 있다.

2) 레토르트 식품

① 레토르트 식품은 조리 가공한 여러 가지 식품을 플라스틱 필름 등의 파우치에 넣어 밀봉한 후 고압솥(레토르트)에 넣어 가열살균하여 장기간 보관할 수 있도록 만든 식품이다.

② 부드러운 팩을 사용한다는 점에서 통조림과는 구별된다.

> ▶ 스낵류의 질소충전포장
> 포테이토칩 등의 스낵류에 질소충전포장을 하면 스낵의 파손방지, 유지의 산화방지, 세균의 발육억제의 효과를 가진다.

기 출 유 형 | 따 라 잡 기

★는 출제빈도를 나타냅니다

★★★★

1 보존성에 대한 설명으로 틀린 것은?

① 장기저장이 가능한 통·병조림이라도 온도나 광선의 영향에 의해 품질변화가 일어난다.

② 수확 혹은 가공된 식품이 식용으로서 적합한 품질과 위생상태를 유지하는 성질을 말한다.

③ 신선식품은 보존성이 짧은 것이 많아 상품의 온도관리에 따라 그 보존기간이 크게 달라진다.

④ 유통과정, 소매점의 상품관리에 의해서는 보존기간이 변동될 수 없다.

상품의 보존기간은 유통과정이나 소매점의 상품관리에 따라 보존기간이 변동될 수 있다.

★★

2 장기간의 식품보존방법과 가장 관계가 먼 것은?

① 소금절임(염장)   ② 건조

③ 설탕절임(당장)   ④ 찜요리

식품의 보존 방법	
물리적 처리	건조법, 냉각법, 가열살균법, 조사살균법
발효처리	발효식품, 절임식품, 곰팡이 발육식품
화학적 처리	염장법, 당장법, 산 저장
기타처리	훈연법

★★★

3 어패류 가공에서 북어의 제조법은?

① 염건법   ② 소건법

③ 동건법   ④ 염장법

북어는 얼렸다 건조하는 자연동건법으로 제조한다.

★

4 식품의 건조방법 중 분무건조법으로 만들어지는 것은?

① 한천   ② 보리차

③ 분유   ④ 건조쌀밥

분유, 분말커피, 분말과즙 등은 분무건조법으로 제조한다.

★★

5 식품의 동결건조에 이용되는 주요 현상은?

① 융해   ② 기화

③ 승화   ④ 액화

식품의 동결건조법은 식품을 냉동시킨 후 진공 상태에서 얼음 결정을 승화시켜 전조하는 방법이다.

★★

6 주로 동결건조로 제조되는 식품은?

① 설탕   ② 당면

③ 크림케이크   ④ 분유

당면은 곡류전분을 성형한 이후 동결건조한 것이다.

※ 동결건조로 제조되는 식품은 당면, 한천, 인스턴트커피, 라면의 건더기 스프 등이 있다.

정 답   1④   2④   3③   4③   5③   6②

7 김의 보관 중 변질을 일으키는 인자와 거리가 먼 것은?

① 산소
② 광선
③ 저온
④ 수분

김을 보관할 때는 밀봉하여 산소와 수분을 차단하고 빛을 받지 않도록 보관해야 한다.

8 다음 중 저온저장의 효과가 아닌 것은?

① 미생물의 생육을 억제할 수 있다.
② 효소활성이 낮아져 수확 후 호흡, 발아 등의 대사를 억제할 수 있다.
③ 살균효과가 있다.
④ 영양가 손실 속도를 저하시킨다.

저온저장으로 살균효과를 기대할 수는 없다.

9 냉장고 사용 방법으로 틀린 것은?

① 뜨거운 음식은 식혀서 냉장고에 보관한다.
② 문을 여닫는 횟수를 가능한 한 줄인다.
③ 온도가 낮으므로 식품을 장기간 보관해도 안전하다.
④ 식품의 수분이 건조되므로 밀봉하여 보관한다.

식품을 냉장보관 하여도 미생물의 증식을 완전히 억제할 수 없으며, 또한 저온에서 생육하는 미생물도 있으므로 냉장보관법은 장기간의 보관법이 되지 못한다.

10 냉장고에 식품을 저장하는 방법에 대한 설명으로 옳은 것은?

① 생선과 버터는 가까이 두는 것이 좋다.
② 식품을 냉장고에 저장하면 세균이 완전히 사멸된다.
③ 조리하지 않은 식품과 조리한 식품은 분리해서 저장한다.
④ 오랫동안 저장해야 할 식품은 냉장고 중에서 가장 온도가 높은 곳에 저장한다.

① 생선과 버터를 가까이 두면 버터가 생선냄새를 흡수하여 좋지 않다.
② 식품을 냉장고에 보관한다고 해서 세균이 살균되는 것은 아니다.
④ 오랫동안 저장해야 할 식품은 냉장고 중에서 가장 온도가 낮은 곳에 보관하는 것이 좋다.

11 각 식품을 냉장고에서 보관할 때 나타나는 현상의 연결이 틀린 것은?

① 바나나 – 껍질이 검게 변한다.
② 고구마 – 전분이 변해서 맛이 없어진다.
③ 식빵 – 딱딱해진다.
④ 감자 – 솔라닌이 생성된다.

감자의 솔라닌은 상온에서 보관할 때 싹튼 감자에서 생성되는 독성분이다.

12 다음 중 상온에서 보관해야 하는 식품은?

① 바나나
② 사과
③ 포도
④ 딸기

바나나는 냉장보관하면 껍질이 검게 변하므로 상온에서 보관해야 하는 식품이다.

13 냉동실 사용 시 유의사항으로 맞는 것은?

① 해동시킨 후 사용하고 남은 것은 다시 냉동보관하면 다음에 사용할 때에도 위생상 문제가 없다.
② 액체류의 식품을 냉동시킬 때는 용기를 꽉 채우지 않도록 한다.
③ 육류의 냉동보관 시에는 냉기가 들어갈 수 있게 밀폐시키지 않도록 한다.
④ 냉동실의 서리와 얼음 등은 더운물을 사용하여 단시간에 제거하도록 한다.

액체류는 냉동되면 부피가 팽창하므로 용기를 꽉 채우면 안 된다.
① 위생상의 문제가 있어 해동시킨 식품은 다시 냉동시키지 않는다.
③ 육류를 냉동보관 할 때 밀폐시키지 않으면 건조에 의한 지방의 산화로 변색 및 품질저하가 일어날 수 있다.
④ 냉동실의 서리를 제거할 때 더운 물을 사용하면 냉각판이나 냉매관에 크랙이 생길 수 있다.

정답 ▸ 7 ③ 8 ③ 9 ③ 10 ③ 11 ④ 12 ① 13 ②

14 냉동보관에 대한 설명으로 틀린 것은?

① 냉동된 닭을 조리할 때 뼈가 검게 변하기 쉽다.
② 떡의 장시간 노화방지를 위해서는 냉동 보관하는 것이 좋다
③ 급속 냉동 시 얼음 결정이 크게 형성되어 식품의 조직 파괴가 크다.
④ 서서히 동결하면 해동 시 드립(drip)현상을 초래하여 식품의 질을 저하시킨다.

급속냉동 시 얼음 결정이 작게 형성되어 식품의 조직 손상을 적게 한다.

15 다음 중 식품의 냉동 보관에 대한 설명으로 틀린 것은?

① 미생물의 번식을 억제할 수 있다.
② 식품 중의 효소작용을 억제하여 품질 저하를 막는다.
③ 급속냉동 시 얼음 결정이 작게 형성되어 식품의 조직 파괴가 적다.
④ 완만냉동 시 드립(drip) 현상을 줄여 식품의 질 저하를 방지 할 수 있다.

급속냉동 시 발생하는 드립현상을 줄여 식품의 질 저하를 방지할 수 있다.

16 다음의 냉동 방법 중 얼음결정이 미세하여 조직의 파괴와 단백질 변성이 적어 원상유지가 가능하며 물리적 화학적 품질변화가 적은 것은?

① 침지동결법
② 급속동결법
③ 접촉동결법
④ 공기동결법

급속 동결과 완만 동결

급속 동결	완만 동결
• -40℃ 이하의 온도에서 짧은 시간에 동결한다. • 얼음 결정의 수가 많고, 크기가 작다. • 단백질 변성이 적다. • 드립 발생이 적다. • 수분이 식품 속으로 재흡수되어 조직의 변화가 적다.	• 급속 동결보다 높은 온도에서 동결한다. • 얼음 결정의 수가 적고, 크기가 크다. • 단백질 변성이 크다. • 드립 발생이 많다. • 수분이 식품 속으로 재흡수되지 않아 조직이 거칠고, 맛이 저하되며, 부패가 빨리 일어난다.

17 식품의 냉동에 대한 설명으로 틀린 것은?

① -40℃ 이하로 급속 동결하면 식품 조직의 손상이 크다.
② 식품을 냉동 보관하면 영양적인 손실이 적다.
③ 육류는 사용량에 따라 나누어 냉동한다.
④ 채소류는 블랜칭(blanching)한 후 냉동한다.

식품을 -40℃ 이하로 급속 동결하면 식품 조직의 손상을 최소화 할 수 있다.

18 식품의 냉동에 대한 설명으로 옳지 않은 것은?

① 냉동식품은 -10℃ 이하에서 보존하면 장기간 보존해도 무방하다.
② 육류나 생선은 원형 그대로 혹은 부분으로 나누어 냉동한다.
③ 채소류는 일반적으로 블랜칭(blanching)한 후 얼린다.
④ 냉동식품은 저온에서 보존되므로 영양적인 손실은 비교적 적다.

식품의 냉동이 장기간 보존하기 위한 방법이긴 하나 영구적인 방법은 아니다. 일반적으로 생선이나 해산물은 3개월, 햄, 소시지 등은 2개월, 쇠고기는 1년 정도까지 신선도를 유지한다.

19 저장식품을 만드는 데 사용되는 조미료가 아닌 것은?

① 겨자
② 식초
③ 설탕
④ 소금

저장식품을 만드는 데 사용되는 조미료는 소금(염장법), 설탕(당장법), 식초(산저장법) 등이 있다.

20 가자미식해의 가공원리는?

① 건조법
② 당장법
③ 냉동법
④ 염장법

가자미식해는 가자미를 엿기름, 고춧가루, 마늘, 생강, 소금 등에 넣어 염장법으로 삭혀서 먹는 음식이다.

정답 ▶ 14 ③ 15 ④ 16 ② 17 ① 18 ① 19 ① 20 ④

21 ★★★ 소금절임 시 저장성이 좋아지는 이유는?

① pH가 낮아져 미생물이 살아갈 수 없는 환경이 조성된다.
② pH가 높아져 미생물이 살아갈 수 없는 환경이 조성된다.
③ 고삼투성에 의한 탈수효과로 미생물의 생육이 억제된다.
④ 저삼투성에 의한 탈수효과로 미생물의 생육이 억제된다.

식품에 소금을 첨가하면 고삼투성에 의한 탈수로 미생물이 이용할 수 있는 수분량을 감소시켜 미생물의 발육을 억제한다.

22 ★★ 식품에 식염을 직접 뿌리는 염장법은?

① 물간법
② 마른간법
③ 압착염장법
④ 염수주사법

식품에 소금을 직접 뿌리는 방법은 마른간법(건염법)이다.

23 ★★ 어류의 염장법 중 건염법(마른간법)에 대한 설명 중 틀린 것은?

① 식염의 침투가 빠르다.
② 품질이 균일하지 못하다.
③ 선도가 낮은 어류로 염장을 할 경우 생산량이 증가한다.
④ 지방질의 산화로 변색이 쉽게 일어난다.

건염법(마른간법)은 식품(어류)에 소금을 직접 뿌리는 방법으로 소금의 침투가 빠르지만 소금에 닿는 부위가 일정치 않아 품질이 고르지 않고 지방이 공기와 접촉하여 산화되기 쉬운 단점이 있다.

24 ★★★ 어패류에 소금을 넣고 발효, 숙성시켜 원료 자체 내 효소의 작용으로 풍미를 내는 식품은?

① 어육소시지
② 어묵
③ 통조림
④ 젓갈

젓갈은 어패류에 20~30%의 식염을 가하여 부패를 억제하고 효소의 작용으로 발효·숙성시키는 식품이다.

25 ★★★★★ 젓갈의 숙성에 대한 설명으로 틀린 것은?

① 농도가 묽으면 부패하기 쉽다.
② 새우젓의 소금 사용량은 60% 정도가 적당하다.
③ 자기소화 효소작용에 의한 것이다.
④ 호염균의 작용이 일어날 수 있다.

새우젓의 소금 사용량은 20~30% 정도가 적당하다.

26 ★★★★ 젓갈 부패의 방지 방법이 아닌 것은?

① 고농도의 소금을 사용한다.
② 방습, 차광포장을 한다.
③ 합성보존료를 사용한다.
④ 수분활성도를 증가시킨다.

수분활성도를 높이면 젓갈의 미생물이 활성화되어 부패하기 쉽다.

27 ★★★ 젓갈제조 방법 중 큰 생선이나 지방이 많은 생선을 서서히 절이고자 할 때 생선을 일단 얼렸다가 절이는 방법은?

① 습염법
② 혼합법
③ 냉염법
④ 냉동염법

냉동염법은 큰 생선이나 지방이 많은 생선을 서서히 절이고자 할 때 생선을 일단 얼렸다가 절이는 젓갈제조의 방법이다.

28 ★★★★ 과실 저장고의 온도, 습도, 기체의 조성 등을 조절하여 장기간 동안 과실을 저장하는 방법은?

① 산 저장
② 자외선 저장
③ 무균포장 저장
④ CA 저장

과실 저장고의 온도, 습도, 기체의 조성 등을 조절하여 장기간 과실을 저장하는 방법은 CA 저장법(가스저장법)이다.

29 ★★ CA 저장에 가장 적합한 식품은?

① 육류
② 과일류

③ 우유   ④ 생선류

CA 저장은 공기조성을 바꾸어 식품을 장기 보존하는 방법으로 주로 과일류의 저장에 적합하다.

★★★★★
30 채소와 과일의 가스저장(CA저장) 시 필수 요건이 아닌 것은?

① pH 조절   ② 기체의 조절
③ 냉장온도 유지   ④ 습도 유지

CA 저장은 공기 중의 이산화탄소와 산소의 농도를 과실의 종류와 품종에 알맞게 조절하여 장기 보관할 수 있는 방법으로, 기체의 조절, 냉장온도의 유지, 습도 유지가 중요하다.

★★★★
31 탈기, 밀봉의 공정과정을 거치는 제품이 아닌 것은?

① 통조림   ② 병조림
③ 레토르트 파우치   ④ CA저장 과일

CA 저장법은 과일이 수확 후 호흡작용에 의하여 숙성되는 것을 억제하기 위하여 이산화탄소나 질소를 주입하여 저장하는 방법이다.

★★★
32 수확한 후 호흡작용이 특이하게 상승되므로 미리 수확하여 저장하면서 호흡작용을 인공적으로 조절할 수 있는 과일류와 가장 거리가 먼 것은?

① 아보카도   ② 사과
③ 바나나   ④ 레몬

• 호흡기 과일 : 수확 후에 호흡률이 증가되어 계속 숙성되는 과일(사과, 배, 바나나, 아보카도, 토마토 등)
• 비호흡기 과일 : 수확 후에 호흡률이 감소되는 과일로, 충분히 숙성된 후에 수확하는 것이 좋다.(딸기, 포도, 감귤, 레몬 등)

★★
33 훈연 시 육류의 보존성과 풍미 향상에 가장 많이 관여하는 것은?

① 유기산   ② 숯 성분
③ 탄소   ④ 페놀류

훈연할 때 연기 속의 페놀류 성분에 의한 살균 및 방부 작용으로 저장성이 높아지고 특유의 색, 냄새, 맛을 부여한다.

★★★
34 육가공 시 햄류에 사용하는 훈연법의 장점이 아닌 것은?

① 특유한 향미를 부여한다.
② 저장성을 향상시킨다.
③ 색이 선명해지고 고정된다.
④ 양이 증가한다.

햄류에 사용하는 훈연법은 주로 냉훈법(10~30℃에서 1~3주간 훈연하는 방법)을 사용하며 ①, ②, ③의 장점을 가진다. 양이나 부피가 증가하지는 않는다.

★★★
35 훈연식품을 만들 때 훈연재료로 부적합한 것은?

① 떡갈나무   ② 잣나무
③ 참나무   ④ 단풍나무

• 훈연에 쓰이는 훈연재료는 수지의 함량이 적고 향기가 좋으며, 방부성 물질의 발생량이 많은 것이 좋다. 참나무, 떡갈나무, 단풍나무 등
• 소나무, 잣나무 등의 침엽수는 수지분이 많아 제품을 검게 그을리고, 송진 냄새가 나기 때문에 쓰지 않는다.

★★
36 훈연에 대한 설명으로 틀린 것은?

① 햄, 베이컨, 소시지가 훈연제품이다.
② 훈연 목적은 육제품의 풍미와 외관 향상이다.
③ 훈연재료는 침엽수인 소나무가 좋다.
④ 훈연하면 보존성이 좋아진다.

소나무나 잣나무 등의 침엽 수목은 수지분이 많아 제품이 검게 되고 송진 냄새가 나기 때문에 쓰지 않는다.

★★
37 생선의 훈연 가공에 대한 설명으로 틀린 것은?

① 훈연 특유의 맛과 향을 얻게 된다.
② 연기 성분의 살균 작용으로 미생물 증식이 억제된다.
③ 열훈법이 냉훈법보다 제품의 장기 저장이 가능하다.
④ 생선의 건조가 일어난다.

열훈법은 고온에서 단시간 훈연 처리한 제품으로 저장성은 거의 없는 훈연법이다.

38 100℃ 내외의 온도에서 2~4시간동안 훈연하는 방법은?

① 냉훈법 　　　　　② 온훈법
③ 배훈법 　　　　　④ 전기훈연법

> 배훈법은 95~120℃에서 2~4시간 훈연 처리하여 바로 먹을 수 있는 상태로 만드는 조리법이다.

39 과일 채소류의 저장법으로 적합하지 않은 것은?

① 냉장법
② 호일포장 상온저장법
③ ICF(Ice Coating Film)저장법
④ 피막제 이용법

> 과일, 채소류의 저장법으로는 냉장법, ICF저장법, 피막제 이용법, 플라스틱 필름 포장법 등이 있다.

40 각 식품의 보관요령으로 틀린 것은?

① 냉동육은 해동, 동결을 반복하지 않도록 한다.
② 건어물은 건조하고 서늘한 곳에 보관한다.
③ 달걀은 깨끗이 씻어 냉장 보관한다.
④ 두부는 찬물에 담갔다가 냉장시키거나 찬물에 담가 보관한다.

> 달걀에는 얇은 막이 형성되어 있어 미세한 구멍으로 세균이 침투하는 것을 막아주는데 씻을 경우 이 막이 파괴되어 상하기 쉽다.

41 달걀의 저장방법으로 부적당한 것은?

① CA저장법 　　　　② 온훈법
③ 냉장법 　　　　　④ 침지법

> 달걀의 저장법에는 냉장법, 냉동법, CA저장법, 침지법, 건조법, 피단법 등이 있다.

42 다음 중 레토르트식품의 가공과 관계없는 것은?

① 통조림 　　　　　② 파우치
③ 플라스틱 필름 　　④ 고압솥

> 레토르트 식품은 조리 가공한 여러 가지 식품을 플라스틱 필름 등의 파우치에 넣어 밀봉한 후 고압솥(레토르트)에 넣어 가열살균하여 장기간 보관할 수 있도록 만든 식품이다. 부드러운 팩을 사용한다는 점에서 통조림과는 구별된다.

43 일반적으로 포테이토칩 등 스낵류에 질소충전포장을 실시할 때 얻어지는 효과로 가장 거리가 먼 것은?

① 유지의 산화 방지
② 스낵의 파손 방지
③ 세균의 발육 억제
④ 제품의 투명성 유지

> 스낵류 포장에 질소충전을 하면 스낵의 파손방지, 유지의 산화방지, 세균의 발육억제, 저장기간의 연장 등의 효과를 가진다.

44 식품과 그 보관방법의 연결이 옳은 것은?

① 쌀 - 식품창고
② 건물류 - 냉장고
③ 마요네즈 - 냉동고
④ 감자 - 냉장고

> ① 쌀 등의 곡류는 생리적 작용을 억제하기 위하여 15℃ 이하의 냉장보관이나 CA저장을 한다.
> ② 건물류는 건조하고 서늘한 곳에 보관한다.
> ③ 마요네즈를 냉동실에 보관하면 식용유가 분리되어 나온다.
> ④ 감자를 포함한 과일, 채소류 등은 냉장보관이나 ICF저장, 피막제나 플라스틱 필름 포장을 이용한다.

한식구매관리

이 과목은 3문제 정도가 출제됩니다. 출제되는 문제 수에 비하여 좀 까다로운 부분이 많은 과목입니다.
발주량과 대체식품, 원가부분에서 주로 출제되므로 기출문제 위주로 학습하시기 바랍니다.

Korea food, Cook Certification

SECTION 01 시장조사 및 구매관리

[출제문항수 : 1~2문제] 이 섹션은 출제 비율이 높은 것은 아니나 전체적으로 보셔야 하며, 특히 발주량, 대체 식품, 구매비용 등은 조금 까다로울 수 있으니 중점을 두어서 학습하시기 바랍니다.

01 시장조사

1 시장조사의 의의

① 구매활동에 필요한 자료를 수집하고 이를 분석 검토하여 보다 좋은 구매방법을 발견하고, 그 결과를 통하여 구매방침 결정, 비용절감, 이익증대를 도모하기 위한 조사이다.

② 시장조사는 품목, 품질, 수량, 가격, 시기, 구매거래처, 거래조건 등을 조사하여 구매계획을 실행 및 통제하기 위한 활동이다.

2 시장조사의 목적

① 구매예정가격의 결정
② 합리적인 구매계획의 수립
③ 신제품의 설계
④ 제품개량

3 시장조사의 종류

구분	내용
일반 기본 시장조사	전반적인 경제 및 관련업계의 동향, 기초자재의 시가, 구매처의 대금결제조건 등을 조사
품목별 시장조사	현재 구매하고 있는 물품의 수급 및 가격 변동에 대한 조사
구매거래처의 업태조사	안정적인 거래를 유지하기 위해서 주거래 업체의 상황 및 업무조사
유통경로의 조사	구매가격에 직접적인 영향을 미치는 유통경로를 조사한다.

02 식품 구매

1 식품 구매 시 고려사항
① 구매 식품 가격 상황과 출회표*를 고려하여 식품 구매계획을 세운다.
② 신선하고, 위생적이고 안전하여야 한다.
③ 적정한 가격이어야 하고, 값이 싼 대체 식품을 고려한다.
④ 가식부율 또는 폐기율을 고려한다.
⑤ 제철 식품을 구매하도록 한다.

> ▶ **출회표(出廻表)**
> 물품이 시장에 나와 도는 것을 정리한 표를 말한다.

2 식품의 구매법

곡류, 건어물	부패성이 적어 1개월분을 한 번에 구매한다.
육류	중량과 부위에 유의하여 구매하고 냉장 시설이 갖추어져 있으면 1주일분을 구매한다.
어류	부패성이 높고, 가격변동이 심하므로 필요에 따라 수시로 구매한다.
과일	산지별, 품종, 상자당 수량을 확인하고 필요에 따라 수시로 구매한다.
가공식품	제조일, 유통기한을 확인하여 구매

3 공급원의 선정 시 고려사항
① 구매등록의 변경이나 비상 발주의 경우에 응할 수 있는 능력을 고려한다.
② 공급자의 지리적 위치를 고려하여 운송 도중의 사고나 불편한 점이 없도록 해야 한다.
③ 공급자의 공장관리 상태, 노동력 상태에 대한 것을 고려하여야 한다.
④ 공급자의 식품에 관한 위생 지식, 상품감별지식과 경험의 유무를 파악한다.

4 공급업체 선정 방법
1) 경쟁입찰계약
① 입찰을 원하는 공급업체 중 급식소에서 원하는 물품과 품질에 맞는 입찰가격을 가장 합당하게 제시한 업체와 계약을 체결하는 방법이다.
② 일반경쟁입찰과 지명경쟁입찰이 있다.

2) 수의계약
① 공급업자들을 경쟁에 부치지 않고 계약 내용을 이행할 자격을 가진 특정업체와 계약을 체결하는 방법이다.
② 채소류, 두부, 생선 등 저장성이 낮고 가격변동이 많은 식품 구매 시 적합한 계약 방법
③ 복수 견적과 단일 견적이 있다.

> ▶ 일반적으로 수의계약은 경쟁입찰계약보다 구입비용이 비싼 계약방식이다.

1 폐기율, 가식부율(정미율), 정미량

① 식품에는 먹을 수 있는 부분과 먹을 수 없는 부분이 있다.

가식부율이 높은 식품 (버리는 부분이 적은 식품)	대두, 두부, 숙주나물, 고구마, 감자, 고추 등
폐기율이 높은 식품 (버리는 부분이 많은 식품)	생선류, 닭고기, 게, 수박, 파인애플 등

② 식품의 버리는 부분의 중량을 전체 식품량으로 나누어 100을 곱한 것을 폐기율이라 한다.

③ 식품에서 폐기율을 뺀 것을 가식부율(정미율)이라 한다.

④ 식품의 전체중량에서 정미율을 곱하면 정미량*을 구할 수 있다.

- 폐기율(%) = $\dfrac{\text{폐기량}}{\text{전체중량}} \times 100$

- 가식부율(%) = $\dfrac{\text{가식량}}{\text{전체중량}} \times 100 = 100 - \text{폐기율}$

- 정미량 = 전체중량 × 정미율(가식부율)

2 출고계수와 발주량

① 폐기율이 없는 식품 : 1인 분량(정미량)에 식수인원을 곱하여 발주

  (1인 정미중량×식수인원)

② 폐기율이 있는 식품 : 폐기율을 고려한 출고계수를 산출하여 정미중량과 식수인원을 곱하여 발주

③ 폐기율이 높을수록 출고계수가 커지며, 출고계수가 클수록 발주량이 많아진다.

- 출고계수 = $\dfrac{100}{\text{정미율(가식부율)}} = \dfrac{100}{100 - \text{폐기율}}$

- 발주량 = 출고계수 × 정미중량 × 식수인원

  $= \dfrac{100}{100 - \text{폐기율}} \times \text{정미중량} \times \text{식수인원}$

  $= \dfrac{\text{정미중량(1인분 순사용량)}}{\text{가식률}} \times 100 \times \text{식수}$

3 대체식품

① 원하는 식품이 없거나 가격이 너무 비쌀 경우 영양성분이 비슷한 다른 식품으로 대체할 수 있다.

② 대체식품의 구성
  - 탄수화물군 : 쌀, 보리, 밀가루, 감자, 고구마 등
  - 단백질군 : 쇠고기, 돼지고기, 콩, 두부, 고등어, 꽁치, 삼치 등

Check Up

▶ **정미량(정미중량)**
어떤 물품에서 포장이나 그릇의 무게를 뺀 순수한 내용물만의 무게를 뜻하는 말로 조리에서는 먹을 수 없는 부분을 제외하고 이용가능한 부위의 총량을 말한다.

예제) 단체급식소에서 식수인원 500명의 풋고추조림을 할 때 풋고추의 총발주량은 약 얼마인가? (단, 풋고추 1인분 30g, 풋고추의 폐기율 6%)

발주량 $= \dfrac{100}{100 - \text{폐기율}} \times \text{정미중량} \times \text{식수인원}$

$= \dfrac{100}{100 - 6} \times 30 \times 500 = 15.957\text{g} ≒ 16\text{kg}$

- 지방군 : 우유 및 유제품 및 유지류 등
- 비타민, 무기질군 : 채소류(배추, 상추, 깻잎, 시금치 등)

③ 대체식품량

$$대체식품량 = \frac{원래\ 식품량 \times 원래\ 식품함량}{대체\ 식품함량}$$

④ 구매비용

$$구매비용 = \frac{100}{가식부율} \times 필요량 \times kg당\ 단가$$

예제) 에너지 공급원으로 감자 160g을 보리쌀로 대체할 때 필요한 보리쌀의 양은? (단, 감자 당질함량 : 14.4%, 보리쌀 당질함량 : 68.4%)

$$대체식품량 = \frac{원래\ 식품량 \times 원래\ 식품함량}{대체\ 식품함량}$$
$$= \frac{160g \times 14.4}{68.4} \fallingdotseq 33.7g$$

예제) 김장용 배추포기김치 46kg을 담그려는데 배추 구매에 필요한 비용은 얼마인가? (단, 배추 5포기(13kg)의 갑은 13260원, 폐기율은 8%)

$$구매비용 = \frac{100}{가식부율} \times 필요량 \times kg당\ 단가$$
$$= \frac{100}{92} \times 46 \times \frac{13260}{13} = 51000원$$

별해) 정미량(전체중량×정미율)을 구하여 1단위의 가격을 구하고, 여기에 전체 중량을 곱하여 구하는 방법도 있다.

- 정미량 = 전체중량×정미율
  = 13kg×92% = 11.96kg
- 1kg당 단가 = $\frac{13260원}{11.96kg}$ = 1108.7원
- 46kg×1108.7원 = 51000원

기 출 유 형 | 따 라 잡 기

★는 출제빈도를 나타냅니다

★★

1 일반적인 식품의 구매방법으로 가장 옳은 것은?

① 고등어는 2주일분을 한꺼번에 구매한다.
② 느타리버섯은 3일에 한 번씩 구매한다.
③ 쌀은 1개월분을 한꺼번에 구매한다.
④ 소고기는 1개월분을 한꺼번에 구매한다.

일반적인 식품구매 방법
- 곡류 : 1개월분을 한꺼번에 구매
- 어류·과채류 : 필요에 따라 수시 구매
- 육류 : 냉장시설을 갖추고 있으면 1주일분을 구매

★★

2 단체급식의 식품구매에 대한 설명으로 틀린 것은?

① 폐기율을 고려한다.
② 값이 싼 대체식품을 구매한다.
③ 곡류나 공산품은 1년 단위로 구매한다.
④ 제철식품을 구매하도록 한다.

곡류나 건어물은 1개월 단위로 구매하고, 공산품은 제조일과 유통기한을 확인하여 구매한다.

★★★

3 구매목적에 맞는 공급원의 선정 시 고려해야 할 사항에 대한 설명으로 잘못된 것은?

① 구매등록의 변경이나 비상발주의 경우에 응할 수 있는 능력을 고려한다.
② 공급자의 지리적 위치를 고려하여 운송 도중의 사고나 불편한 점이 없도록 해야 한다.
③ 공급자의 공장관리 상태, 노동력 상태에 대한 것은 고려하지 않는다.
④ 공급자의 식품에 관한 위생지식, 상품감별지식과 경험의 유무를 파악한다.

공급원의 선정 시 공급자의 공장관리 상태, 노동력 상태에 대한 것도 고려해야 한다.

정답 ▶ 1③ 2③ 3③

Section 01 | 시장조사 및 구매관리 **203**

4 식품의 구매방법으로 필요한 품목, 수량을 표시하여 업자에게 견적서를 제출받고 품질이나 가격을 검토한 후 낙찰자를 정하여 계약을 체결하는 것은?

① 수의계약 ② 경쟁입찰
③ 대량구매 ④ 계약구매

> 문제는 경쟁입찰에 대한 내용이며, 수의계약은 공급업자들을 경쟁에 붙이지 않고 계약내용을 이행할 자격을 가진 특정업체와 계약을 체결하는 방법이다.

5 식품을 구매하는 방법 중 경쟁입찰과 비교하여 수의계약의 장점이 아닌 것은?

① 절차가 간편하다.
② 경쟁이나 입찰이 필요 없다.
③ 싼 가격으로 구매할 수 있다.
④ 경비와 인원을 줄일 수 있다.

> 경쟁입찰은 동일한 품질을 보장할 때 더 낮은 가격을 제시하는 업체를 선정하므로 수의계약보다 더 낮은 금액으로 물품을 구매할 수 있다.

6 다음 중 비교적 가식부율이 높은 식품으로만 나열된 것은?

① 고구마, 동태, 파인애플
② 닭고기, 감자, 수박
③ 대두, 두부, 숙주나물
④ 고추, 대구, 게

> 가식부율은 전체 식품에서 먹을 수 있는 부분의 비율로 껍질, 뼈 등 버리는 부분이 적은 대두, 두부, 숙주나물이 가식부율이 높다.

7 다음 중 일반적으로 폐기율이 가장 높은 식품은?

① 살코기 ② 달걀
③ 생선 ④ 곡류

> 생선은 뼈와 머리 등 버리는 부분이 많기 때문에 폐기율이 높은 재료이다.

8 가식부율이 70%인 식품의 출고계수는?

① 1.25 ② 1.43
③ 1.64 ④ 2.00

> $$출고계수 = \frac{100}{정미율(가식부율)} = \frac{100}{100-폐기율} = \frac{100}{70} = 1.43$$

9 단체급식소에서 식품구매량을 정하여 발주하는 식으로 옳은 것은?

① $발주량 = \dfrac{1인분\ 순사분량}{가식률} \times 100 \times 식수$

② $발주량 = \dfrac{1인분\ 순사분량}{가식률} \times 100$

③ $발주량 = \dfrac{1인분\ 순사분량}{폐기율} \times 100 \times 식수$

④ $발주량 = \dfrac{1인분\ 순사분량}{폐기율} \times 100$

> $$발주량 = \frac{100}{100-폐기율} \times 정미중량 \times 인원수$$
> $$= \frac{정미중량(1인분\ 순사분량)}{가식률} \times 100 \times 인원수$$

10 시금치나물을 조리할 때 1인당 80g이 필요하다면, 식수 인원 1500명에 적합한 시금치 발주량은? (단, 시금치 폐기율은 4%이다.)

① 100kg ② 110kg
③ 125kg ④ 132kg

> $$발주량 = \frac{100}{100-폐기율} \times 정미중량 \times 인원수$$
> $$= \frac{100}{100-4} \times 80 \times 1500 = 125000g = 125kg$$

★★★
11 단체급식소에서 식수인원 400명의 풋고추조림을 할 때 풋고추의 총발주량은 약 얼마인가? (단, 풋고추 1인분 30g, 풋고추의 폐기율 6%)

① 12kg   ② 13kg
③ 15kg   ④ 16kg

발주량 $= \dfrac{100}{100-6} \times 30 \times 400 = 12766g \fallingdotseq 13kg$

★★★★
12 급식인원이 1000명인 단체급식소에서 점심급식으로 닭조림을 하려고 한다. 닭조림에 들어가는 닭 1인 분량은 50g이며 닭의 폐기율이 15%일 때 발주량은 약 얼마인가?

① 50kg   ② 60kg
③ 70kg   ④ 80kg

발주량 $= \dfrac{100}{100-15} \times 50 \times 1000 = 58823g \fallingdotseq 59kg$

★★
13 각 식품에 대한 대체식품의 연결이 적합하지 않는 것은?

① 돼지고기 – 두부, 쇠고기, 닭고기
② 고등어 – 삼치, 꽁치, 동태
③ 닭고기 – 우유 및 유제품
④ 시금치 – 깻잎, 상추, 배추

닭고기는 단백질 급원으로 돼지고기, 쇠고기, 두부 등으로 대체할 수 있다.

★★★★
14 꽁치 160g의 단백질 양은?
(단, 꽁치 100g당 단백질 양은 24.9g)

① 28.7g   ② 34.6g
③ 39.8g   ④ 43.2g

꽁치 100g : 단백질 24.9g = 꽁치 160g : 단백질 xg
※ 단백질 xg $= \dfrac{24.9 \times 160}{100} = 39.8g$

★★★
15 쇠고기가 값이 비싸 돼지고기로 대체하려고 할 때 쇠고기 300g을 돼지고기 몇g으로 대체하면 되는가? (단, 식품분석표상 단백질함량은 쇠고기 20g, 돼지고기 15g이다.)

① 200g   ② 360g
③ 400g   ④ 460g

대체식품량 $= \dfrac{\text{원래 식품량} \times \text{원래식품함량}}{\text{대체식품함량}}$
$= \dfrac{300g \times 20g}{15g} = 400g$

★★★
16 감자 150g을 고구마로 대체하려면 고구마 약 몇 g이 있어야 하는가? (당질 함량은 100g당 감자 15g, 고구마 32g)

① 21g   ② 44g
③ 66g   ④ 70g

대체식품량 $= \dfrac{150g \times 15g}{32g} = 70.31g$

★★★
17 두부 50g을 돼지고기로 대치할 때 필요한 돼지고기의 양은? (단, 100g당 두부 단백질 함량 15g, 돼지고기 단백질 함량 18g이다.)

① 39.45g   ② 40.52g
③ 41.67g   ④ 42.81g

대체식품량 $= \dfrac{50g \times 15g}{18g} = 41.67g$

★★★★
18 김장용 배추포기김치 46kg을 담그려는데 배추 구매에 필요한 비용은 얼마인가? (단, 배추 5통(13kg)의 값은 11,960원, 폐기율은 8%)

① 23,920원   ② 38,934원
③ 42,320원   ④ 46,000원

구매 비용 $= \dfrac{100}{\text{가식부율}} \times \text{필요량} \times \text{kg당 단가}$
$= \dfrac{100}{100-8} \times 46 \times \dfrac{11,960}{13} = 46000원$

chapter 03

정답 11 ②   12 ②   13 ③   14 ③   15 ③   16 ④   17 ③   18 ④

★★★★

19 오징어 12kg을 25000원에 구매하였다. 모두 손질한 후의 폐기율이 35%였다면 실사용량의 kg당 단가는 얼마인가?

① 5556원 　　　　② 3205원
③ 2083원 　　　　④ 714원

- 실제사용량(정미량) =12kg×(1−0.35) = 7.8kg
- $\dfrac{25000원}{7.8kg}$ = 3205원

★★★

20 당근의 구매단가는 kg당 1,300원이다. 10kg 구매 시 표준수율이 86%이라면, 당근 1인분(80g)의 원가는 약 얼마인가?

① 51원 　　　　② 121원
③ 151원 　　　　④ 181원

- 정미량 = 전체중량×정미율 = 1kg×86% = 0.86kg
- 1kg당 단가 = $\dfrac{1300원}{0.86kg}$ = 1512원
- 당근 80g의 원가 = 1512원×$\dfrac{80g}{1000g}$ = 120.96원

SECTION 02 검수관리

Korea food, Cook Certification

[출제문항수 : 0~1문제]
이번 섹션은 약간은 상식적인 부분도 있으니 기출문제 위주로 학습하시기 바랍니다.

01 식품의 검수 및 식품 감별법

1 식품감별의 목적
① 올바른 식품 지식을 가짐으로써 불량식품을 적발한다.
② 불분명한 식품을 이화학적 방법 등에 의하여 밝힌다.
③ 식품의 일반분석이나 세균 검사 등에 의하여 위생상 유해한 성분을 검출하여 식중독을 미연에 방지한다.
④ 현장에서의 식품감별은 단시간 내에 이루어져야 하므로 감별자의 능력 및 풍부한 경험이 중요하다.

2 식품검수의 방법

관능적 방법	색, 맛, 향기, 광택 등 외관적 관찰에 의하여 행하는 방법
화학적 방법	영양소의 분석, 첨가물, 유해성분 등을 검출하는 방법
물리학적 방법	식품의 비중, 경도, 점도, 빙점 등을 측정하는 방법
생화학적 방법	효소반응, 효소 활성도, 수소이온농도 등을 측정하는 방법
검경적 방법	현미경을 사용하여 식품의 세포나 조직의 모양, 병원균, 기생충란 등의 존재를 검사하는 방법
세균학적 방법	균수 검사, 유해 병원균 검사 등

3 식품별 감별법

1) 곡류

쌀	• 빛깔이 맑고 윤기가 있어야 하며, 앞니로 씹었을 때 강도가 센 것이 좋다. • 낟알이 잘 여물어 알갱이가 고르고, 덜 익은 쌀이 거의 없어야 한다. • 가공한지 오래되지 않으며 쌀알에 흰 골이 생기지 않아야 한다. • 수분이 15~16%로 적당히 마른 것 • 곰팡이 냄새 등이 없어야 한다.
밀가루	• 흰색이며 냄새가 없고 잘 건조된 것 • 밀기울이 섞이지 않을 것 • 가루가 미세하고 감촉이 좋을 것

2) 채소류

① 엽채류

대파	• 뿌리에 가까운 흰색 부분이 굵고 긴 것이 좋다. • 굵기가 고르고 줄기가 시들거나 억세지 않아야 한다.
배추	• 잎이 두껍지 않고 연하며 굵은 섬유질이 없어야 한다. • 속에 심이 없고 알차야 하며 누런 떡잎이 없어야 한다.
상추	• 품종에 따른 고유의 색택을 띠며, 잎의 크기가 적당해야 한다. • 잎이 상하거나 짓무르지 않아야 한다.
깻잎	• 짙은 녹색을 띠고 향기가 나며 흰색 반점이 없어야 한다. • 잎이 마르지 않고 벌레 먹지 말아야 한다.
시금치	• 잎이 연녹색을 띠고 넓어야 한다. • 억센 줄기나 대가 없으며 떡잎진 부분이 없어야 한다.
양배추	• 심이 작고 속이 알차 무거운 것이 좋다. • 잎이 연하고 광택이 있는 것이 좋다.

② 과채류

오이	• 고유의 색택을 띠고, 가시가 많고, 무거운 느낌과 탄력이 있는 것이 좋다. • 휘어지지 않고 굵기가 일정해야 하며, 잘랐을 때 성숙한 씨가 없는 것이 좋다.
호박	• 고유의 색택을 띠고, 윤기가 나야 한다. • 휘지 않고 굵기가 균일해야 하며 탄력이 있어야 한다.
청고추	• 선명한 녹색을 띠고 윤기가 나야 하며, 맵지 않고 단맛이 나야 한다. • 휘어지지 않고 꼭지가 마르지 않아야 한다.
홍고추	• 선명한 붉은 색을 띠며 윤기가 나고, 약간의 매운 맛이 나야 한다. • 휘어지지 않고 꼭지가 마르지 않아야 한다.
피망	• 품종고유의 색택을 띠고, 윤기가 나야 한다. • 외형은 굵고 타원형이며 윗부분부터 아랫부분까지 크기가 균일해야 한다.

③ 구근류

감자 고구마	• 병충해, 외상, 부패, 발아 등이 없는 것이 좋다. • 형태가 바르고 겉껍질이 깨끗한 것이 좋다.
당근	• 둥글고 살찐 것으로 마디가 없고 잘랐을 때 단단한 심이 없는 것이 좋다.
무	• 속이 꽉 차 있고 육질은 치밀하며 단단하고, 연하고 무거운 것이 좋다. • 절단 시 바람이 들지 않고 까만 심이 없으며, 밝은 빛깔을 띠는 것이 좋다.
양파	• 외피가 짓무르지 않고 상처가 없어야 하며, 촉감은 단단하고 딱딱해 야 한다. 싹이 트지 않고 껍질은 광택이 있는 것이 좋다.
우엉	• 껍질이 매끈하고 수염뿌리가 없는 것으로 굵기가 일정한 것이 좋다.
토란	• 흙이 묻어 있고 수분이 많으며 단단하고 점액질이 있는 것이 좋다.

3) 육류

쇠고기	고기의 색이 적색을 띠는 것이 좋다.
돼지고기	• 고기의 색이 선홍색을 띠는 것이 좋다. • 고기의 색이 검붉은 것은 늙은 돼지에서 생산된 고기일 수 있다.
닭고기	신선한 광택이 있고 이취가 없으며, 특유의 향취가 있는 것이 좋다.
소시지, 햄	• 제조연월일은 가장 최근의 것이 좋다. • 손으로 눌렀을 때 탄력성이 있고 점질물이 없는 것이 좋다. • 절단하였을 때 신선하고, 육질이 밀착되어 있으며 특유의 향이 있 는 것이 좋다. • 소시지는 잘랐을 때 담황색이고, 이상한 냄새가 나지 않는 것이 좋다.
베이컨	• 특유의 훈취가 있고 광택이 있으며 지방이 끈적거리지 않는 것이 좋다.

Check Up

▶ 쇠고기, 돼지고기 공통
지방의 색은 담황색으로 단단하고, 탄력이 있어야 하고 향이 있는 것으로서 이취가 나지 않아야 한다.

4) 어패류

생어류	• 윤이 나고 싱싱한 광택이 있어야 하며, 비늘이 단단히 붙어 있어 야 한다. • 눈은 선명하고 돌출되어 있어야 하며, 아가미는 선명한 선홍색을 띠어야 한다. • 손가락으로 누르면 탄력이 있어야 하며, 뼈에 육질이 잘 밀착되어 있어야 한다.
건어류	광택이 좋고 탄력이 있으며 불쾌취가 나지 않는 것이 좋다.
패류	봄에는 산란시기로 맛이 없어지는 때이므로 겨울철이 더 좋다.
어육 연제품	• 특유의 향기를 가지고, 부패취가 나지 않아야 한다. • 표면에 점액질의 액즙이 있는 것은 고르지 않아야 한다.

5) 기타 식품의 감별법

버섯류	송이 버섯	봉오리가 작고, 줄기가 단단한 것이 좋다.
	말린 버섯	건조가 잘되고 변색, 변질되지 않은 것이 좋다.
해조류	미역, 다시마	• 건조가 잘 되고 육질이 두껍고 찢어져 흐트러지지 않는 것이 좋다.
	김	• 건조가 잘 되어 있고 표면에 구멍이 뚫리지 않은 것이 좋다. • 검은 색을 띠며 광택이 있으며, 불에 구우면 선명한 녹색을 나타낸다. • 겨울철에 수확하여 질소함량이 높다.
과일류	생과일	• 제철의 것으로 성숙하고 신선하며 청결한 것이 좋다. • 반점이나 해충 등이 없고 특유의 색과 향이 있는 것이 좋다.
난류	달걀 등	표면이 거칠거칠하고 광택이 없는 것이 좋다.(달걀의 조리 참조)
우유, 유제품	우유	• 용기, 뚜껑 등이 위생적으로 처리되어진 것으로 외관상 청결해야 하며, 오래되지 않아야 한다. • 신선한 우유의 pH는 6.5~6.7이며, 부패하면 산이 생성되어 산성화된다.
	버터	포장, 용기 등이 위생적인 것으로서 특유의 방향을 갖고 있고 변색되지 않은 담황색으로 냄새가 좋고 부패취가 없어야 한다.
저장 식품	통· 병조림	• 제조일자 및 유통기한을 확인하여 최근에 제조된 것이 좋다. • 외관이 더럽지 않고 상표가 변색되지 않은 것으로 뚜껑이 돌출되거나 들어가지 않아야 한다. • 두드렸을 때 맑은 소리가 나는 것이 좋다.

★★
1 식품감별의 목적 중 옳지 않은 것은?

① 올바른 식품지식을 가짐으로써 불량식품을 적발한
다.
② 불분명한 식품을 이화학적 방법 등에 의하여 밝힌
다.
③ 식품의 일반분석이나 세균검사 등에 의하여 위생
상 유해한 성분을 검출하여 식중독을 미연에 방지
한다.
④ 현장에서의 식품감별은 장시간 내에 이루어져야 하
므로 이화학적인 검사로는 사무처리가 어렵다.

현장에서의 식품감별은 단시간 내에 이루어져야 하므로 감별자의
경험과 능력이 중요하다.

★
2 식품 감별의 목적과 가장 거리가 먼 것은?

① 식중독을 미연에 방지
② 유해한 성분 검출
③ 영양성분양의 파악
④ 불량식품의 적발

식품 감별은 영양성분을 분석하거나 양을 측정하기 위하여 하
는 것은 아니다.

★★
3 식품검수 방법의 연결이 틀린 것은?

① 화학적 방법 : 영양소의 분석, 첨가물, 유해성분 등
을 검출하는 방법
② 검경적 방법 : 식품의 중량, 부피, 크기 등을 측정
하는 방법
③ 물리학적 방법 : 식품의 비중, 경도, 점도, 빙점 등
을 측정하는 방법
④ 생화학적 방법 : 효소반응, 효소 활성도, 수소이온
농도 등을 측정하는 방법

검경적 방법은 현미경을 사용하여 식품의 세포나 조직의 모양, 병
원균, 기생충란 등의 존재를 검사하는 방법이다.

★★★
4 식품의 감별법 중 틀린 것은?

① 쌀알은 투명하고 앞니로 씹었을 때 강도가 센 것
이 좋다.
② 생선은 안구가 돌출되어 있고 비늘이 단단하게 붙
어 있는 것이 좋다.
③ 닭고기의 뼈(관절) 부위가 변색된 것은 변질된 것으
로 맛이 없다.
④ 돼지고기의 색이 검붉은 것은 늙은 돼지에서 생산
된 고기일 수 있다.

닭고기는 신선한 광택이 있고 이취가 없으며 특유의 향취를 갖고
있는 것이 좋으며, 닭고기는 냉동과 해동과정에서 뼈 부분이 적색
으로 변색될 수 있으나 이는 변질로 인한 것이 아니다.

★★
5 식품감별 중 아가미 색깔이 선홍색인 생선은?

① 점액이 많은 생선
② 부패한 생선
③ 냉동한 생선
④ 신선한 생선

신선한 생선의 아가미는 선홍색을 띤다.

★★
6 다음 식품의 감별에 대한 설명으로 틀린 것은?

① 생선은 눈이 불룩하고 비늘은 광택이 있고, 단단히
부착된 것이 좋다.
② 패류는 겨울철이 산란시기로 맛이 없고, 봄철이 더
좋다.
③ 당근은 둥글고 살찐 것으로 마디가 없고 잘랐을 때
단단한 심이 없는 것이 좋다.
④ 오이는 색이 좋고 굵기가 고르며 만졌을 때 가시가
있으며 무거운 것이 좋다.

패류는 봄철이 산란시기로 맛이 없어지는 시기로, 겨울철이 더
좋다.

정답 ▶ **1** ④ **2** ③ **3** ② **4** ③ **5** ④ **6** ②

chapter **03**

7 식품의 감별법으로 옳은 것은?

① 돼지고기는 진한 분홍색으로 지방이 단단하지 않은 것
② 고등어는 아가미가 붉고 눈이 들어가고 냄새가 없는 것
③ 달걀은 껍질이 매끄럽고 광택이 있는 것
④ 쌀은 알갱이가 고르고 광택이 있으며 경도가 높은 것

① 돼지고기의 지방은 단단하고 탄력이 있는 것이 좋다.
② 고등어 등의 생선은 눈이 선명하고 돌출되어 있는 것이 좋다.
③ 달걀은 껍질이 거칠거칠하고 광택이 없는 것이 좋다.

8 다음 중 신선하지 않은 식품은?

① 생선 : 윤기가 있고 눈알이 약간 튀어나온 듯한 것
② 고기 : 육색이 선명하고 윤기 있는 것
③ 달걀 : 껍질이 반들반들하고 매끄러운 것
④ 오이 : 가시가 있고 곧은 것

신선한 달걀은 껍질이 거칠거칠하고 광택이 없는 것이다.

9 질이 좋은 김의 조건이 아닌 것은?

① 겨울에 생산되어 질소함량이 높다.
② 검은 색을 띠며 윤기가 난다.
③ 불에 구우면 선명한 녹색을 나타낸다.
④ 구멍이 많고 전체적으로 붉은 색을 띤다.

구멍이 없고 전체적으로는 흑자색을 띠는 것이 좋으며, 김이 공기에 노출되면 수분에 의해 붉은 색을 띠게 된다.

10 신선도가 저하된 식품의 상태를 설명한 것은?

① 쇠고기를 손가락으로 눌렀더니 자국이 생겼다가 곧 없어졌다.
② 당근 고유의 색이 진하다.
③ 햄을 손으로 눌렀더니 탄력이 있고 점질물이 없다.
④ 우유의 pH가 3.0 정도로 낮다.

신선한 우유의 pH는 6.5~6.7 정도이며 보존기간 중에 세균에 의해 산이 생성되어 산성화된다.

11 식품 감별법 중 옳은 것은?

① 오이는 가시가 있고 가벼운 느낌이 나며, 절단했을 때 성숙한 씨가 있는 것이 좋다.
② 양배추는 무겁고 광택이 있는 것이 좋다.
③ 우엉은 곱고 수염뿌리가 있는 것으로 외피가 딱딱한 것이 좋다.
④ 토란은 겉이 마르지 않고 잘랐을 때 점액질이 없는 것이 좋다.

① 오이는 색이 좋고 굵기가 고르며 만졌을 때 가시가 있으며 무겁고 절단했을 때 씨는 적은 것이 좋다.
③ 우엉은 껍질이 매끈하고 수염뿌리가 없는 것으로 굵기가 일정한 것이 좋다.
④ 토란은 흙이 묻어 있고 수분이 많으며 단단하고 점액질이 있는 것이 좋다.

12 식품을 고를 때 채소류의 감별법으로 틀린 것은?

① 오이는 굵기가 고르며 만졌을 때 가시가 있고 무거운 느낌이 나는 것이 좋다.
② 당근은 일정한 굵기로 통통하고 마디나 뿔이 없는 것이 좋다.
③ 양배추는 가볍고 잎이 얇으며 신선하고 광택이 있는 것이 좋다.
④ 우엉은 껍질이 매끈하고 수염뿌리가 없는 것으로 굵기가 일정한 것이 좋다.

양배추는 무겁고 잎이 연하며 신선하고 광택이 있는 것이 좋다.

13 식품구입 시의 감별방법으로 틀린 것은?

① 육류가공품인 소시지의 색은 담홍색이며 탄력성이 없는 것
② 밀가루는 잘 건조되고 덩어리가 없으며 냄새가 없는 것
③ 감자는 굵고 상처가 없으며 발아되지 않은 것
④ 생선은 탄력이 있고 아가미는 선홍색이며 눈알이 맑은 것

소시지는 신선하며 탄력성이 있고 잘랐을 때 담황색이며, 향이 육질과 함께 조화를 이루고 있는 것이 좋다.

★★★
14 식품의 감별법에 대한 설명 중 틀린 것은?

① 쇠고기 - 검인이 있는 것
② 오징어 - 발 중앙에 있는 눈이 물렁물렁한 것
③ 연제품 - 표면에 점액물질이 없는 것
④ 쌀 - 광택이 있고 이취가 없는 것

신선한 오징어는 눈이 선명하고 단단하다.

★★
15 다음 중 구매해도 좋은 것은?

① 오이 - 색이 좋고 가시가 없다.
② 오징어 - 몸통이 원형으로 붉은 색을 띠고 탄력성이 없다.
③ 우유 - 독특한 향기가 나며 물속에서 퍼지면서 내려간다.
④ 당근 - 둥글고 살찐 것으로 내부에 심이 없다.

★★★
16 식품을 구입할 때 식품감별이 잘못된 것은?

① 과일이나 채소는 색깔이 고운 것이 좋다.
② 육류는 고유의 선명한 색을 가지며, 탄력성이 있는 것이 좋다.
③ 어육 연제품은 표면에 점액질의 액즙이 없는 것이 좋다.
④ 토란은 겉이 마르지 않고, 갈랐을 때 점액질이 없는 것이 좋다.

토란은 겉이 마르고, 갈랐을 때 점액질이 없는 것은 수확한지 오래된 것이다.

★★★
17 식품 감별 시 품질이 좋지 않은 것은?

① 송이버섯은 봉우리가 작고 줄기가 단단한 것
② 무는 가벼우며 어두운 빛깔을 띠는 것
③ 토란은 껍질을 벗겼을 때 흰색으로 단단하고 끈적끈적한 감이 강한 것
④ 파는 굵기가 고르고 뿌리에 가까운 부분의 흰색이 긴 것

무는 속이 꽉 차 있고 육질은 치밀하며 단단하고, 연하고 무거워야 한다. 절단 시 바람이 들지 않고 까만 심이 없어야 한다.

정답 ▸ **14** ② **15** ④ **16** ④ **17** ②

Korea food, Cook Certification

SECTION 03 원가관리와 재고관리

[출제문항수 : 1~2문제] 이 섹션은 많이 어려운 문제가 나오지는 않으므로 교재에 있는 내용만 숙지하시면 점수를 확보할 수 있습니다.

01 원가 계산

1 원가와 비용
① 원가 : 제품의 제조, 판매, 서비스의 제공을 위하여 소비된 경제적 가치
② 비용 : 일정 기간 내에 기업의 경영활동으로 발생한 경제적 가치의 소비액

2 원가계산의 단계
① [1단계] 요소별 원가계산 : 제품의 원가를 재료비, 노무비, 경비의 3가지 요소로 세분하여 계산한다.
② [2단계] 부문별 원가계산 : 1단계에서 파악된 원가요소를 원가 부문별로 분류 집계하여 계산한다.
③ [3단계] 제품별 원가계산 : 각 부문별로 집계한 원가를 제품별로 배분하여 각 제품의 제조원가를 계산한다.

02 원가의 구조

1 원가의 분류

분류기준	원가
발생 형태	재료비, 노무비, 제조경비
원가 형태	고정비, 변동비
제품생산 관련성	직접비, 간접비

2 원가의 3요소

재료비	제품의 제조를 위하여 소비되는 물품의 원가 ⑩ 단체급식에는 급식 재료비, 재료 구입비 등
노무비	제품의 제조를 위하여 소비되는 노동의 가치 ⑩ 임금, 급료, 시간외 업무 수당, 임시직의 임금 등
경비	제품의 제조를 위하여 소비되는 재료비, 노무비 이외의 가치 ⑩ 수도, 전력비, 보험료, 감가상각비 등

Check Up

▶ 원가의 목적
① 가격 결정의 목적
② 원가 관리의 목적
③ 예산 편성의 목적
④ 재무제표 작성의 목적

▶ 원가계산의 기준
① 진실성의 원칙 : 실제로 발생한 원가를 사실대로 정확히 계산해야 함
② 발생기준의 원칙 : 모든 비용과 수익의 계산은 발생시점을 기준으로 해야 함
③ 계산경제성(중요성)의 원칙 : 원가계산을 할 때는 경제성을 고려해야 함
④ 확실성의 원칙 : 실행가능한 가장 확실성이 높은 방법을 선택해야 함
⑤ 정상성의 원칙 : 정상적으로 발생한 원가만을 계산해야 함
⑥ 비교성의 원칙 : 다른 일정 기간이나 부문의 원가와 비교할 수 있어야 함
⑦ 상호관리의 원칙 : 원가계산, 일반회계, 요소별, 부문별, 제품별 계산 간에 상호관리가 가능해야 함

③ 고정비와 변동비

원가는 생산량과 비용의 관계에 따라 고정비, 변동비 등으로 나누어진다.

고정비	생산량 증가와 관계없이 고정적으로 발생하는 비용 ⑩ 임대료, 인건비, 감가상각비 등
변동비	생산량에 따라 함께 증가하는 비용 ⑩ 전력비, 수도광열비, 가스비, 식재료비 등

Check Up

▶ 감가상각비
① 고정자산의 사용에 따른 가치의 감소를 연도에 따라 할당하여 자산 가격을 감소시키는 비용을 말한다.
② 고정자산의 가치를 모두 상각하기 전까지는 매월 부담해야하는 고정비이다.
③ 감가상각계산의 3요소 : 기초가격(취득가격), 내용년수(이용년수), 잔존가격

④ 직접비와 간접비

원가는 제품 생산 관련성에 따라 직접비와 간접비로 나누어진다.

직접비	특정 제품에 직접 부담시킬 수 있는 비용 ⑩ 직접재료비, 직접노무비 직접경비 등 ※ 외주가공비는 직접경비에 포함된다.
간접비	여러 제품에 공통적 또는 간접적으로 소비되는 비용 ⑩ 제조간접비, 일반관리비, 판매비 등

⑤ 원가계산의 구조

	직접 원가	제조원가	총 원가	판매가격
직접비	직접 경비 직접 노무비 직접 재료비	직접 원가	제조 원가	
간접비		제조 간접비		총 원가
			판매비 일반관리비	
				이익

① 직접원가 = 직접경비 + 직접노무비 + 직접재료비
② 제조원가 = 직접원가 + 제조간접비
③ 총원가 = 제조원가 + 일반관리비 + 판매비
④ 판매가격 = 총원가 + 이익

---

03 원가관리

원가계산을 통하여 원가를 합리적으로 절감하고, 경영활동의 전반을 합리화하는 활동을 말한다.

① 표준원가계산

① 미리 표준이 되는 원가를 설정하고, 실제원가와 비교하여 표준과 실제의 차이를 분석할 수 있는 원가계산 방법이다.
② 효과적인 원가관리에 공헌할 수 있다.

③ 재료비, 노무비, 경비 등 원가를 합리적으로 절감할 수 있다.

④ 경영기법상 실제원가를 통제하고 예산편성을 할 수 있다.

▶ 예정원가(견적원가, 예상원가)
제품의 제조 이전에 제품 제조에 소비
될 것으로 예상되는 원가를 산출한 사
전원가이다.

② 재료비 분석

• 식재료 비율(%) = $\dfrac{\text{식재료비}}{\text{매출액}} \times 100$

• 인건비 비율(%) = $\dfrac{\text{인건비}}{\text{매출액}} \times 100$

• 메뉴품목별 비율(%) = $\dfrac{\text{품목별 식재료비}}{\text{품목별 메뉴가격}} \times 100$

③ 손익분석

① 손익분기점 : 매출액과 총비용이 일치하여 이익도 손실도 발생하지 않는 지점을 말한다.

② 매출이 손익분기점 이상으로 늘어나면 이익이 발생하고 이하로 줄어들면 손실이 발생한다.

④ 원가율에 따른 판매가격의 결정

판매가격 = $\dfrac{\text{식품단가}}{\text{식품원가율(\%)}}$

04 재고관리

① 재고관리의 의의와 목적

1) 재고관리의 의의

재고관리는 물품의 수요가 발생했을 때 신속하고 경제적으로 적응할 수 있도록 재고를 최적의 상태로 관리하는 것을 말한다.

① 식재료의 원가를 계산하는 데 반드시 필요하며, 장부는 재고량이 쉽게 파악할 수 있도록 작성하여야 한다.

② 식재료의 재고량이 너무 많으면 보관비용이 증가하고, 재료가 상할 수 있어 적정한 재고를 유지하여야 한다.(적정 재고량만 보유)

③ 각 식품에 적당한 재고기간을 파악하여 이용하도록 한다.

④ 식품의 특성이나 사용 빈도 등을 고려하여 저장 장소를 정한다.

⑤ 단체급식소에서는 재료관리를 위하여 적어도 월 1회 이상의 재고관리가 필요하다.(→ 구매하고자 하는 식품의 단가는 최소한 1개월에 2회 이상 점검해야 한다.)

2) 재고관리의 목적
  ① 물품 부족으로 인한 급식생산계획의 차질을 미연에 방지할 수 있다.
  ② 정확한 재고 수량 파악으로 필요한 만큼만 주문할 수 있기 때문에 구매비용을
    절감할 수 있다.
  ③ 급식생산에 요구되는 식품재료에 일치하는 최소한의 재고량을 유지함으로써
    유지비용을 감소시킬 수 있다.
  ④ 도난과 부주의 및 부패로 인한 손실을 최소화할 수 있다.

2 재료비

1) 재료비의 의의
  ① 제품을 제조할 목적으로 구입하는 물품을 재료라 하고, 재료를 화폐가치로 환
    산한 것을 재료비라 한다.
  ② 재료비는 원가의 중요한 요소로 재료소비량에 재료의 단가를 곱하면 산출할
    수 있다.

> 재료의 소비액 = 재료 소비량×재료 소비단가

2) 재료 소비 가격의 계산법
  ① 계속기록법 : 재료의 수입, 불출 및 재고량을 계속하여 기록함으로써 재료 소
    비량을 파악하는 방법
  ② 재고조사법 : 전기 이월량과 당기 구입량의 합계에서 기말 재고량을 차감함으
    로써 당기 소비량을 산출하는 방법

> • 재료의 당기소비량 = (전기 이월량+당기 구입량) − 기말 재고량
> • 당월소비액 = (당월지급액+전월선급액+당월미지급액) − (당월선급액
>   +전월미지급액)

  ③ 역계산법 : 일정 단위를 생산하는데 소요되는 재료의 표준 수량을 정하고 그것
    에다 제품의 수량을 곱하여 전체 소비량을 산출하는 방법

> 재료의 당기소비량 = 제품 단위당 표준 소비량 ×생산량

3 재고자산 평가법

  ① 선입선출법(First-in, First Out) : 재료의 구입 순서에 따라 먼저 구입한 재료를 먼
    저 소비한다는 가정 하에 재료의 소비가격을 계산하는 방법
  ② 후입선출법(Last-in, First-Out) : 선입선출법의 반대개념으로 최근에 구입한 재료
    부터 먼저 사용한다는 가정 하에 재료의 소비가격을 계산하는 방법
  ③ 개별법 : 재료의 구입단가별로 가격표를 붙여 가격표에 표시된 구입 단가를 재
    료의 소비 가격으로 계산하는 방법
  ④ 총평균법 : 일정 기간 구매된 물품의 총액을 전체 구매 수량으로 나누어 평균 단
    가를 계산한 후 이 단가를 이용하여 남아있는 재고량의 가치를 산출하는 방법

⑤ 이동평균법 : 구입 단가가 다른 재료를 구입할 때마다 재고량과의 가중 평균 가를 산출하여 이를 재료의 소비 가격으로 계산하는 방법

④ 재고회전율

① 자금이 재고자산으로 묶여 있는 정도를 평가하는 척도이다.
② 일정기간 동안 재고가 몇 번 "0"에 도달하였다가 보충되었는가를 측정하는 것이다.
③ 재고회전율은 주로 월 1회 산출한다.
④ 재고회전율의 수치

표준치보다 낮으면	• 수요량이 적은 상태로 재고가 과잉상태이다. • 저장기간이 길어지고 식품손실이 커지는 등의 이유로 이익이 줄어든다. • 재고가 많아져 부정유출이나 종업원들의 낭비가 심해진다.
표준치보다 높으면	• 수요량이 많은 상태로 재고가 부족할 수 있다. • 재고부족으로 인한 생산지연, 긴급구매로 인한 생산비용 상승

• 식재료 재고회전율 $= \dfrac{\text{당기 식재료비 총액}}{\text{평균 재고가액}}$

• 평균 재고가액 $= \dfrac{\text{기초 재고가액 + 기말 재고가액}}{2}$

원가관리

★
1 제품의 생산과 판매를 위하여 소비된 경제 가치는?

① 판매비
② 원가
③ 비용
④ 재료비

원가는 제품의 제조, 판매, 서비스의 제공을 위하여 소비된 경제적 가치를 말한다.

★★★★
2 일정 기간 내에 기업의 경영활동으로 발생한 경제 가치의 소비액을 의미하는 것은?

① 손익
② 비용
③ 감가상각비
④ 이익

비용은 일정 기간 내에 기업의 경영활동으로 발생한 경제적 가치의 소비액을 말한다.

정답 1② 2②

3 원가계산의 목적으로 옳지 않은 것은?
★★★★

① 제품의 판매가격을 결정하기 위해서
② 경영손실을 제품가격에서 만회하기 위해서
③ 원가의 절감 방안을 모색하기 위해서
④ 예산편성의 기초자료로 활용하기 위해서

원가계산은 원가관리를 통하여 판매가격을 결정하고, 경영의 효율을 향상시키기 위한 예산편성, 원가절감 등의 비용절감 등의 목적을 달성하기 위하여 한다.

4 다음은 원가계산의 절차들이다. 이들 중 옳은 것은?
★★★

① 요소별 원가계산 → 부문별 원가계산 → 제품별 원가계산
② 요소별 원가계산 → 제품별 원가계산 → 부문별 원가계산
③ 부문별 원가계산 → 요소별 원가계산 → 제품별 원가계산
④ 제품별 원가계산 → 부문별 원가계산 → 요소별 원가계산

원가계산은 요소별-부문별-제품별의 단계로 원가계산을 한다.

5 발생형태를 기준으로 했을 때의 원가 분류는?
★★

① 개별비, 공통비
② 직접비, 간접비
③ 재료비, 노무비, 경비
④ 고정비, 변동비

재료비, 노무비, 경비의 분류는 발생형태를 기준으로 한 분류이다.

6 제품의 제조를 위하여 소비된 노동의 가치를 말하며 임금, 수당, 복리후생비 등이 포함되는 것은?
★★

① 노무비
② 재료비
③ 경비
④ 훈련비

노무비는 제품의 제조를 위하여 소비되는 노동의 가치를 말한다.

7 원가의 3요소에 해당되지 않는 것은?
★★★★

① 경비
② 직접비
③ 재료비
④ 노무비

원가의 3요소는 재료비, 노무비, 경비를 말한다.

8 매월 고정적으로 포함해야 하는 경비는?
★★

① 지급운임
② 감가상각비
③ 복리후생비
④ 수당

감가상각비는 고정자산의 가치를 모두 상각하기 전까지는 매월 부담해야하는 고정비이다.

9 식당의 원가 요소 중 급식자재비에 속하는 것은?
★★★

① 급료
② 조리 제식품비
③ 수도 광열비
④ 연구 재료비

급식자재비는 급식에 소요되는 모든 재료에 대한 비용을 말한다.

10 제품의 제조수량 증감에 관계없이 매월 일정액이 발생하는 원가는?
★★★

① 고정비
② 비례비
③ 변동비
④ 체감비

고정비는 생산량에 관계없이 일정액이 발생하는 원가를 말하며 임대료, 인건비, 감가상각비 등이 있다.

11 다음 중 고정비에 해당되는 것은?
★★

① 노무비
② 연료비
③ 수도비
④ 광열비

변동비는 생산량의 증감에 따라 변동되는 비용으로 연료비, 수도비, 광열비 등이 있다.

12 제조원가 중 감가상각비와 관계없는 항목은?
★★★

① 사용기술의 고지
② 취득가격
③ 잔존가격
④ 이용년수

정답 3 ② 4 ① 5 ③ 6 ① 7 ② 8 ② 9 ② 10 ① 11 ① 12 ①

> 감가상각의 3요소
> 기초가격, 내용년수, 잔존가격

★★★★
13 직접원가에 속하지 않는 것은?

① 직접 재료비　　　② 직접 노무비
③ 일반 관리비　　　④ 직접 경비

> 직접원가 = 직접재료비 + 직접노무비 + 직접경비

★★
14 급식부분의 원가요소 중 인건비는 어디에 해당하는가?

① 제조간접비　　　② 직접재료비
③ 직접원가　　　　④ 간접원가

> 급식부분의 인건비는 직접노무비로 직접원가에 해당한다.

★★★
15 간접원가에 속하는 것은?

① 인건비　　　　　② 급식비
③ 수선비　　　　　④ 보험료

> 간접원가는 여러 제품에 공통적으로 간접적으로 소비되는 비용으로 보험료, 연구비, 감가상각비 등이다.

★★★
16 다음 중 급식 부문의 간접원가에 속하지 않는 것은?

① 외주가공비　　　② 보험료
③ 연구연수비　　　④ 감가상각비

> 외주가공비는 직접경비에 속한다.

★★★
17 제품을 제조할 때 제품의 전체 또는 여러 종류의 제조를 위해 공통적으로 사용된 재료의 소비가액은?

① 간접재료비　　　② 직접재료비
③ 제조간접비　　　④ 주요재료비

> 간접재료비는 여러 종류의 제품에 공통적 또는 간접적으로 소비되는 재료비용을 말한다.

★★★
18 다음 중 원가의 구성으로 틀린 것은?

① 직접원가 = 직접재료비 + 직접노무비 + 직접경비
② 제조원가 = 직접원가 + 제조간접비
③ 총원가 = 제조원가 + 판매경비 + 일반관리비
④ 판매가격 = 총원가 + 판매경비

> 판매가격 = 총원가 + 이익

★★
19 원가의 종류가 바르게 설명된 것은?

① 직접원가 = 직접재료비, 직접노무비, 직접경비, 일반관리비
② 제조원가 = 직접재료비, 제조간접비
③ 총원가 = 제조원가, 지급이자
④ 판매가격 = 총원가, 직접원가

> 제조원가 = 직접원가 + 제조간접비
> ① 직접원가 = 직접재료비 + 직접노무비 + 직접경비
> ③ 총원가 = 제조원가 + 판매관리비(판매 + 일반관리비)
> ④ 판매가격 = 총원가 + 이익

★★★
20 다음 자료에 따라서 직접원가를 산출하면 얼마인가? (단위 : 원)

직접재료비	: 150,000	간접재료비	: 50,000
직접노무비	: 120,000	간접노무비	: 20,000
직접경비	: 5,000	간접경비	: 100,000

① 170,000원　　　　② 275,000원
③ 320,000원　　　　④ 370,000원

> 직접원가 = 직접재료비 + 직접노무비 + 직접경비
> 　　　　 = 150,000+120,000+5,000 = 275,000원

★★★
21 총원가에서 판매비와 일반관리비를 제외한 원가는?

① 직접원가　　　　　② 제조원가
③ 제조간접비　　　　④ 직접재료비

> 제조원가에 판매비와 일반관리비를 더하면 총원가를 구할 수 있다.

22 다음 자료에 의하여 제조원가를 산출하면?

직접재료비 : 60,000원	직접임금 : 100,000원
소모품비　: 10,000원	통신비　 : 10,000원
판매원급여 : 50,000원	

① 175,000원　　　　　② 180,000원
③ 220,000원　　　　　④ 230,000원

- 직접원가 : 직접재료비(60,000)+직접임금(100,000) = 160,000원
- 제조간접비 : 소모품비(10,000)+통신비(10,000) = 20,000원
- 제조원가 : 직접원가(160,000)+제조간접비(20,000) = 180,000원

23 총원가에 대한 설명으로 맞는 것은?

① 제조간접비와 직접원가의 합이다.
② 판매관리비와 제조원가의 합이다.
③ 판매관리비, 제조간접비, 이익의 합이다.
④ 직접재료비, 직접노무비, 직접경비, 직접원가, 판매관리비의 합이다.

총원가 = 제조원가 + 판매관리비(판매비 + 일반관리비)

24 총원가는 제조원가에 무엇을 더한 것인가?

① 제조간접비　　　　　② 이익
③ 판매가격　　　　　　④ 판매관리비

총원가 = 제조원가 + 판매비 및 일반관리비

25 원가에 대한 설명으로 틀린 것은?

① 원가의 3요소는 재료비, 노무비, 경비이다.
② 간접비는 여러 제품의 생산에 대하여 공통으로 사용되는 원가이다.
③ 직접비에 제조 시 소요된 간접비를 포함한 것은 제조원가이다.
④ 제조원가에 관리 비용만 더한 것은 총원가이다.

제조원가에 판매비와 일반관리비를 더한 것이 총원가이다.

26 다음 자료에 따라서 총원가를 산출하면 얼마인가?

직접재료비 : ₩150,000	간접재료비 : ₩50,000
직접노무비 : ₩100,000	간접노무비 : ₩20,000
직접경비　: ₩5,000	간접경비　 : ₩100,000
판매 및 일반관리비 : ₩10,000	

① ₩435,000　　　　　② ₩365,000
③ ₩265,000　　　　　④ ₩180,000

- 직접원가 = 직접재료비(150,000원) + 직접노무비(100,000원) + 직접경비(5,000원) = 255,000원
- 제조간접비 = 간접재료비(50,000원) + 간접노무비(20,000원) + 간접경비(100,000원) = 170,000원
- 총원가 = 직접원가(255,000원) + 제조간접비(170,000원) + 판매 및 일반관리비(10,000원) = 435,000원

27 어떤 음식의 직접원가는 500원, 제조원가는 800원, 총원가는 1000원이다. 이 음식의 판매관리비는?

① 200원　　　　　② 300원
③ 400원　　　　　④ 500원

- 총원가 = 제조원가 + 판매관리비
- 판매관리비 = 총원가－제조원가 = 1,000－800 = 200원

28 실제로 발생한 원가를 비교하는데 표준이 되는 원가는?

① 견적원가　　　　　② 예상원가
③ 실제원가　　　　　④ 표준원가

표준원가계산은 미리 표준이 되는 원가를 설정(표준원가)하고, 실제 발생한 원가와 비교하여 차이을 분석하는 방법이다.

29 표준원가계산의 목적이 아닌 것은?

① 효과적인 원가관리에 공헌할 수 있다.
② 노무비를 합리적으로 절감할 수 있다.
③ 제조기술을 향상시킬 수 있다.
④ 경영기법상 실제원가통제 및 예산편성을 할 수 있다.

표준원가계산은 원가를 합리적으로 절감하고 경영을 합리적으로 운영하기 위해서 하는 것으로 제조기술을 향상시키지는 않는다.

정답 ▶ 22 ② 23 ② 24 ④ 25 ④ 26 ① 27 ① 28 ④ 29 ③

30 1일 총매출액이 1,200,000원, 식재료비가 780,000원인 경우의 식재료비 비율은? ★★★★

① 55%　　　　　　② 60%
③ 65%　　　　　　④ 70%

식재료비 비율(%) = $\frac{식재료비(780,000원)}{매출액(1,200,000원)}$ ×100 = 65%

31 닭고기 20kg으로 닭강정 100인분을 판매한 매출액이 1,000,000원이다. 닭고기의 kg당 단가를 12,000원에 구입하였고 총 양념비용으로 80,000원이 들었다면 식재료의 원가 비율은? ★★★★

① 28%　　　　　　② 32%
③ 24%　　　　　　④ 40%

재료비 : (12,000원×20kg)+80,000 = 320,000원
원가비율(%) = $\frac{원가(320,000원)}{매출액(1,000,000원)}$ ×100 = 32%

32 미역국을 끓일 때 1인분에 사용되는 재료와 필요량, 가격이 아래와 같다면 미역국 10인분에 필요한 재료비는? (단, 총 조미료의 가격 70원은 1인분 기준임) ★★★★★

재료	필요량(g)	가격(원/100g당)
미역	20	150
쇠고기	60	850
총 조미료	–	70(1인분)

① 610원　　　　　　② 6,100원
③ 870원　　　　　　④ 8,700원

• 1인분 재료비 = 150×$\frac{20}{100}$+850×$\frac{60}{100}$+70 = 610원
• 10인분 재료비 = 610×10 = 6,100원

33 손익분기점에 대한 설명으로 틀린 것은? ★★

① 총비용과 총수익이 일치하는 지점
② 손해액과 이익액이 일치하는 지점
③ 이익도 손실도 발생하지 않는 지점
④ 판매총액이 모든 원가와 비용만을 만족시킨 지점

손익분기점은 한 기간 동안 총수익과 총비용이 일치하여 이익도 손실도 발생되지 않는 기점을 말한다.

34 식품원가율을 40%로 정하고 햄버거의 1인당 식품단가를 1000원으로 할 때 햄버거의 판매 가격은? ★★★

① 4,000원　　　　　　② 2,500원
③ 2,250원　　　　　　④ 1,250원

판매가격 = $\frac{식품단가}{식품원가율(%)}$ = $\frac{1,000}{40\%}$ = 2,500원

35 1kg당 20000원 하는 불고기용 돼지고기를 구매하여 1인당 100g씩 배식하려 한다. 식자재 원가비율을 40% 수준으로 유지하려 할 때 적절한 판매가격은? (단, 1인당 불고기 양념비는 400원이며 조리 후 중량 감소는 무시한다.) ★★

① 5000원　　　　　　② 5500원
③ 6000원　　　　　　④ 6500원

• 배식인원 1000g/100g = 10명
• 양념비 400원×10명 = 4,000원
• 불고기 1kg 비용 : 등심(20,000)+양념비(4,000) = 24,000원
• 불고기 100g 비용 : 24,000/10 = 2,400원
• 판매가격 = 식품단가(2,400원)/식품원가율(40%) = 6,000원

재고관리

1 다음 중 재고관리에 대한 설명으로 틀린 것은? ★

① 재고관리는 식자재의 원가를 계산하는데 반드시 필요하다.
② 단체급식소에서는 재료관리상 적어도 월 1회는 필요하다.
③ 식품수불부의 기록과 현물재고량의 불일치는 원가 상승과는 무관하다.
④ 장부를 정리할 때는 언제든 재고량이 쉽게 파악되도록 한다.

재고관리에서 식품수불부와 현물재고량이 불일치하면 사지 않아도 될 재료를 사거나, 사야할 재료를 적시에 사지 못하여 급하게 비싼 가격을 지불하고 구매할 수 있기 때문에 원가가 상승할 수 있다.

정답 ▶ **30** ③ **31** ② **32** ② **33** ② **34** ② **35** ③ | **1** ③

2 ★★★★

단체급식에서 식품의 재고관리에 대한 설명으로 틀린 것은?

① 각 식품에 적당한 재고기간을 파악하여 이용하도록 한다.
② 식품의 특성이나 사용 빈도 등을 고려하여 저장 장소를 정한다.
③ 비상시를 대비하여 가능한 한 많은 재고량을 확보할 필요가 있다.
④ 먼저 구매한 것은 먼저 소비한다.

물품부족으로 인한 급식생산 계획에 차질이 생기지 않을 정도의 재고만 보유하는 것이 좋다.

3 ★★★

재료의 소비액을 산출하는 계산식은?

① 재료 구매량 × 재료 소비단가
② 재료 소비량 × 재료 구매단가
③ 재료 소비량 × 재료 소비단가
④ 재료 구매량 × 재료 구매단가

재료의 소비액 = 재료 소비량×재료 소비단가

4 ★★★★★

재료소비량을 알아내는 방법과 거리가 먼 것은?

① 역계산법   ② 선입선출법
③ 계속기록법   ④ 재고조사법

선입선출법은 재고자산 평가방법이다.

5 ★

다음 자료를 가지고 재고조사법에 의하여 재료의 소비량을 산출하면 얼마인가?

- 전월이월량 : 200 kg
- 당월매입량 : 800 kg
- 기말재고량 : 300 kg

① 880kg   ② 700kg
③ 420kg   ④ 120kg

재료의 소비량 = (전월이월량+당월매입량) - 기말재고량
                = (200+800) - 300 = 700kg

6 ★★★

구매한 식품의 재고관리 시 적용되는 방법 중 최근에 구매한 식품부터 사용하는 것으로 가장 오래된 물품이 재고로 남게 되는 것은?

① 선입선출법(First-In, First-Out)
② 후입선출법(Last-In, First-Out)
③ 총 평균법
④ 최소-최대관리법

후입선출법은 가장 최근에 들어온 물품을 먼저 사용하는 방법으로 가장 오래된 물품이 재고로 남는다.

7 ★★★

다음은 간장의 재고 대상이다. 간장의 재고가 10병일 때 선입선출법에 의한 간장의 재고자산은 얼마인가?

입고일자	수량	단가
5일	5병	3,500원
12일	10병	3,000원
20일	8병	3,000원
27일	3병	3,500원

① 26,000원   ② 31,500원
③ 32,500원   ④ 35,000원

선입선출법은 가장 나중에 입고된 물품이 재고로 남는다.
(3×3,500) + (7×3000) = 31,500

8 ★★

10월 한달 간 과일통조림의 구매현황이 아래와 같고, 재고량이 모두 13캔인 경우 선입선출법에 따른 재고금액은?

날짜	구매량(캔)	구매단가(원)
10/1	20	1,000
10/10	15	1,050
10/20	25	1,150
10/25	10	1,200

① 14,500원   ② 150,000원
③ 15,450원   ④ 160,000원

월말재고 13개 중 25일(10개), 20일(3개)로 재고자산을 평가한다.
(1,200×10)+(1,150×3)=15,450원

chapter **03**

9 일정 기간 동안 구매된 물품의 총액을 전체 구매 수량으로 나누어 평균 단가를 계산한 후 이 단가를 이용하여 남아있는 재고량의 가치를 산출하는 방법은?

① 총평균법   ② 선입선출법
③ 최종구매가법   ④ 후입선출법

> 총평균법은 일정기간 동안 구매된 물품의 총액을 전체 구매수량으로 나누어 평균단가를 계산하고 이 단가를 이용하여 남은 재고의 가치를 평가하는 방법이다.

10 재고회전율에 대한 설명이 맞는 것은?

① 수요량과 재고회전율의 관계는 반비례한다.
② 재고량과 재고회전율의 관계는 정비례한다.
③ 일정기간동안 재고가 몇 번 0에 도달하였다가 보충되었는가를 측정하는 것이다.
④ 재고회전율이 표준보다 높을 때는 재고가 많다는 뜻이다.

> ① 수요량이 높으면 재고회전율이 높아지므로 정비례한다.
> ② 재고량이 많다는 것은 재고회전율이 낮아진다는 의미로 반비례관계이다.
> ③ 재고회전율이 표준보다 높을 때는 재고가 부족하다는 의미이다.

11 재고회전율이 표준치보다 낮은 경우에 대한 설명으로 틀린 것은?

① 긴급구매로 비용 발생이 우려된다.
② 종업원들이 심리적으로 부주의하게 식품을 사용하여 낭비가 심해진다.
③ 부정 유출이 우려된다.
④ 저장기간이 길어지고 식품 손실이 커지는 등 많은 자본이 들어가 이익이 줄어든다.

> 재고회전율은 자금이 재고자산으로 묶여있는 정도를 평가하는 척도로 재고회전율이 표준치보다 낮으면 재고가 많이 남아있는 상태이므로 긴급구매가 필요한 상황이 아니다.

12 아래와 같은 조건일 때 2월의 재고 회전율은 약 얼마인가?

> • 2월 초 초기 재고액 550,000원
> • 2월 말 마감 재고액 50,000원
> • 2월 한 달 동안의 소요 식품비 2,300,000원

① 4.66   ② 5.66
③ 6.66   ④ 7.66

> $$재고회전율 = \frac{당기\ 식재료비\ 총액}{평균\ 재고가액}$$
> $$= \frac{2,300,000}{\frac{550,000+50,000}{2}} = \frac{2,300,000}{300,000} = 7.66$$

CHAPTER

04

한식기초 조리실무

How To study

이 과목에서는16문항 정도가 출제됩니다. 조리기능사 시험에서 가장 핵심적인 부분이라 할 수 있는 부분으로 학습해야 할 양도 많습니다. 각 섹션별로 꼼꼼하게 학습하시고, 기출문제로 실력을 다지면 어렵지 않게 점수를 확보할 수 있습니다.

Korea food Cook Certification

조리의 개요

[출제문항수 : 1~2문제] 이 섹션은 출제비율은 높지 않지만 조리원리를 이해하는데 기초를 쌓는 부분입니다. 많은 시간을 투자하실 필요는 없지만 재료를 계량하는 방법은 출제빈도가 높으니 꼭 확인하시기 바랍니다.

01 조리의 정의와 목적

1 조리의 정의

식재료를 다듬는 것부터 시작하여 찌고, 끓이고, 굽고, 볶고, 조미하는 등의 처리를 하여 사람이 먹기에 알맞고 소화되기 쉬운 상태로 만드는 과정을 말한다.

2 조리의 목적

① 기호성 : 식품의 향미와 외관을 좋게 하여 식욕을 돋우기 위함이다.
② 영양성 : 영양소의 손실을 최소화하고, 소화를 용이하게 하여 영양 효율을 높이기 위함이다.
③ 안전성 : 세균 등의 위해요소를 제거하여 위생상 안전한 음식으로 만들기 위함이다.
④ 저장성 : 식품의 저장성을 높여 안전한 보관과 운반을 용이하게 하기 위함이다.

02 조리의 기초

1 조리와 물

물은 온도와 압력의 따라 고체(얼음), 액체, 기체(수증기) 상태로 존재한다.

① 비등점(끓는점) : 순수한 물은 1기압에서 100℃가 비등점이다.
② 빙점(어는점) : 순수한 물은 0℃에서 언다.
③ 비열 : 물질 1g을 1℃ 올리는데 필요한 열량(cal)을 말한다.
④ 잠열
　• 물질의 온도 변화 없이 상태 변화만 일어나는 경우의 열을 말한다.
　• 찜 요리는 수증기의 기화열(잠열)을 이용한 조리법이다.
⑤ 물의 경도
　• 물은 무기염(주로 칼슘염과 마그네슘염)의 함량에 따라 경수와 연수로 나누어진다.
　• 물의 경도는 식품의 조리에 많은 영향을 끼친다.
　　예 콩을 불릴 때 연수를 사용하면 빨리 무른다.
　　　 차를 끓일 때 경수를 사용하면 차의 맛과 색이 나빠진다.

▶ 물의 비열

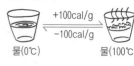

물(0℃)　+100cal/g　물(100℃)
　　　　 −100cal/g

② 조리와 열

1) 전도

① 물체가 열원에 직접적을 접촉됨으로써 가열되는 것이다.

② 열전도율이 크면 열이 전달되는 속도가 **빠르기** 때문에 빨리 가열되지만 그만큼 식는 속도도 **빠르다**.

③ 금속은 열전도율이 높고, 유리, 도자기는 열전도율이 낮다.

2) 대류

액체(물, 기름 등)나 기체(공기)를 가열하면 밀도차로 인해 가열된 물질이 이동하면서 열이 전해지는 현상이다.

3) 복사

① 열원으로부터 중간매체 없이 열이 직접 전달되는 현상이다.

② 전기, 가스레인지, 연탄불 등에 음식을 직접 노출시켜 굽는 방법이나 오븐을 사용하여 굽는 방법 등이 있다.

③ 조리과학을 위한 기초용어

1) 점성(viscosity)

① 액체의 끈끈한 정도를 말하며, 액체상태의 식품은 점성을 가진다.

② 점성이 클수록 액체는 끈끈해지며, 온도가 낮아지면 점성은 높아진다.

2) 탄성(elasticity)

① 외력을 받아 변형된 물체가 외력을 제거하면 원래의 상태로 돌아가려는 성질이다.

② 탄성은 식품의 조성에 따라 다르며, 점성과 함께 식품의 맛에 큰 영향을 준다.

▶ 가소성
외력에 의하여 모양이 변한 물체가 그 힘이 제거되어도 원래의 모양으로 돌아오지 않는 성질

3) 콜로이드(colloid)

① $0.1 \sim 0.01\mu$ 정도의 미립자가 어떤 물질에 분산되어 있는 상태를 말한다.

② 식물의 액포 속의 수용성 물질을 포함한 생물체를 구성하는 물질의 대부분이 콜로이드 상태로 존재한다.

③ 액체 상태를 졸(sol), 고체 상태를 젤(gel)이라 한다.

- 졸 상태 : 우유, 된장, 잣죽, 마요네즈 등
- 젤 상태 : 묵, 소스, 푸딩, 카스타드, 알찜, 양갱, 두부, 족편 등

Check Up

▶ 현탁액
- 콜로이드 입자보다 큰 고체입자(약 0.1μ 이상)가 분산되어 있는 액을 말한다.(흙탕물, 먹물 등)
- 탕수육 소스는 전분이 물에 분산되어 있는 현탁액이다.

4) 수소이온농도(pH)

① 식품의 산성, 알칼리성의 정도를 나타내는 수치로 pH 7(중성)이 기준이다.

② 식품의 조리는 pH 7(중성) 부근에서 이루어지며, 산성일 때 맛이 좋고, 알칼리성일 때 맛이 없다.

③ 중조(알칼리성)나 식초(산성) 등을 이용하여 pH 2~9까지는 적당히 응용하여 조리할 수 있다.

```
pH0          pH7          pH14
(산성) ←    (중성) →    (알칼리성)
```

5) 산화(oxidation)

① 어떤 물질이 산소와 화합하여 산화물이 되는 반응을 말한다.

② 산화작용은 식품의 맛과 외관을 나쁘게 하고, 영양가를 손실시키는 경우가 많다.

③ 특히 유지류는 공기 중에 가열하거나, 공기와 오랫동안 접촉시켜두면 산화가
　일어나 맛이 나빠지고, 산패가 일어난다.
④ 식품 중의 색소도 산화되어 갈변현상이 일어나는 것이 많다.

6) 삼투압(osmosis)

① 서로 다른 농도의 용액을 반투막으로 막아 놓았을 때 두 용액의 농도는 같은
　농도가 되려고 하는 성질을 가지는데 이 때 생기는 압력차가 삼투압이다.(수분
　이 빠져나오는 힘)
② 삼투압은 용질의 농도가 낮은 쪽에서 높은 쪽으로 용매가 옮겨간다.
③ 조리에서 채소나 생선을 소금에 절여 수분이 빠져나오게 하는 것은 삼투압의
　작용이다.

7) 비중(比重)

① 어떤 물질의 질량과 그것과 같은 체적의 표준물질의 질량의 비를 말한다.
② 액체의 경우 표준물질은 보통 4℃의 물을 이용한다.(4℃ 물의 비중 = 1)
③ 비중이 다른 물질을 물에 섞었을 때 비중이 높은 물질은 물에 가라앉는다.
　예 전분을 물에 풀었을 때 잠시 후 전분가루가 물에 가라앉는다.

━● 함께 알아두기

▶ 반투막(반투과성막)
　• 용액 속에서 입자가 큰 용질은 통과
　　시키지 않고 용매만 통과시키는 막
　　을 말한다.
　• 삼투현상은 순수한 용매를 포함한
　　저농도 용액에서 고농도 용액 쪽으
　　로 반투과성막을 경계로 용매(물)가
　　이동하는 현상이며 삼투압은 이때
　　용매가 이동하려는 힘이라고도 할
　　수 있다.

03 조리와 계량

1 계량

① 조리를 할 때 물, 식재료, 조미료 등의 사용량과 가열온도와 시간 등의 조절은
　조리의 기본이다.
② 정확한 계량을 하면 음식의 맛을 좋고 균일하게 유지할 수 있으며, 재료의 낭비
　를 줄여 보다 능률적이고 합리적인 조리를 할 수 있다.

2 정확한 계량 방법

1) 밀가루 등의 가루식품

① 밀가루 등의 가루식품은 부피보다 무게로 계량하는 것이 더 정확하지만 편의
　상 계량컵 등을 사용한다.
② 체로 쳐서 수북하게 담은 후 주걱(스파튤라)으로 평평하게 깎아서 측정한다.
③ 이때 밀가루를 누르거나 흔들지 않는다.

2) 설탕

① 백설탕 : 계량기에 담아 위를 막대 등으로 밀어 평평하게 한 후 잰다.
② 흑설탕(황설탕) : 흑설탕은 계량기구에 꼭꼭 눌러 담은 후 잰다.(체로 치지 않는다.)

3) 점성이 큰 액체

① 물엿, 꿀과 같은 점성이 높은 액체식품은 분할된 컵(할편 계량컵*)으로 계량한다.
② 점성이 높은 액체는 중간에 공간이 없도록 눌러 담는다.

Check Up

▶ 기본 계량단위
　• 1작은술 = 1tea Spoon = 1ts
　　= 물5mL = 물5g
　• 1큰술 = 1Table Spoon = 1TS
　　= 물15mL = 물15g = 3ts
　• 1컵 = 1Cup = 물200mL = 물200g
　　= 약 13TS+1ts

▶ 할편 계량컵
　점성이 높은 액체를 계량할 때 사용하
　는 컵으로 1컵, 3/4컵, 1/2컵, 1/4컵 등
　으로 나누어져 있는 컵을 말한다.

4) 액체식품 : 투명한 계량 용기를 사용하여 계량기구의 눈금과 액체 표면의 아랫부분이 일치되는 부분을 눈과 평행한 위치에서 측정한다.

5) 고체지방
① 버터, 마가린, 쇼트닝과 같은 고체지방은 저울로 계량하는 것이 더 정확하다.
② 컵이나 스푼으로 계량할 때는 실온에서 부드럽게 하여 계량컵에 꼭꼭 눌러 담아 칼이나 스파튤라로 깎아서 계량한다.
③ 고체지방은 계량 후 고무주걱으로 잘 긁어 옮긴다.

6) 된장이나 다진 고기 등
① 무게로 계량하는 것이 더 정확하다.
② 계량기구에 눌러 담아 빈 공간이 없도록 채워서 깎아 잰다.

Check Up

▶ 메니스커스(Meniscus)
• 모세관에 용액을 담았을 때 표면장력에 의해서 용액이 곡선의 형태를 나타내는 것을 말한다.
• 액체식품을 계량할 때는 계량기구의 눈금과 액체 표면의 아랫부분이 일치되는 부분을 눈과 평행한 위치에서 측정한다.

▶ 저울 사용법
저울은 수평으로 놓고 눈금은 정면에서 읽으며 바늘은 0에 고정시킨다.

04 조리의 기본 조작

1 가열조리법의 목적
① 씻기 : 흐르는 물에서 세척, 비벼 씻기
② 담그기(침수) : 팽윤, 변색, 용출, 조미료 침투의 목적으로 물이나 조미액에 담그기
③ 해동 : 식품 재료의 특성에 맞는 해동방법을 사용한다.
④ 분쇄와 마쇄 – 가루내기*, 다지기, 찧기
   • 분쇄 : 수분이 적은 재료를 곱고 작은 입자로 만드는 조작
   • 마쇄 : 수분이 많은 재료를 곱고 작은 입자로 만드는 조작
⑤ 혼합 : 재료를 균일하게 섞는 것
⑥ 압착 : 쥐어짜거나 누르기
⑦ 신장(신전) : 용도에 맞게 늘리는 조작
⑧ 성형 : 여러 가지 모양으로 자르고 묶고, 굳히고, 말기

2 기본 칼 기술 습득
1) 기본 칼질법
칼을 잡을 때는 힘을 주지 말아야 한다. 힘을 주어 잡으면 유연성이 결여되어 손을 벨 염려가 있다.

칼질법	특징
밀어 썰기	• 모든 칼질의 기본이 되는 칼질법으로 피로도와 소리가 작고, 안전사고도 적다. • 무, 양배추 및 오이 등을 채 썰 때 사용
작두 썰기 (칼끝 대고 눌러 썰기)	• 칼이 잘 들지 않을 때 편리하고, 칼이 27cm 이상일 때 적합 • 무나 당근같이 두꺼운 재료를 썰기에는 부적당하다.

Check Up

▶ 담그기(침수)의 특성
① 건조식품 및 식품의 수분 및 조미료 흡수
② 식품의 변색방지
③ 식품의 불필요한 성분 용출
④ 곡류, 두류 등은 충분히 침수시켜 조리시간을 단축시킨다.
⑤ 다만, 수용성 영양소가 손실될 수 있다.

▶ 가루내기의 특성
재료의 균질화와 열전도의 균일화, 조미료의 침투를 쉽게 하고 점탄성을 증가시킨다.

▶ 숫돌의 종류
숫돌 입자의 크기를 측정하는 단위를 입도라 하고, 기호 #로 나타낸다.

400#	• 거친 숫돌 • 새칼의 형상 조절, 형태가 깨지거나 이가 빠진 칼 등의 형태 수정
1000#	• 고운 숫돌, 일반적인 칼갈이에 많이 사용 • 굵은 숫돌로 간 다음 칼의 면을 부드럽게 하기 위하여 사용
4000~6000#	• 마무리용 고운 숫돌

칼끝 대고 밀어 썰기	• 밀어 썰기와 작두 썰기를 겸한 방법으로, 고기처럼 질긴 것을 썰 때 좋음 • 소리가 작고, 밀어 썰기보다 조금 쉽다. • 두꺼운 재료를 썰기에는 부적당하여 주로 양식조리에 많이 사용
후려 썰기	• 손목의 스냅을 이용하여 칼질하는 방법 • 정교함은 떨어지고 소리가 크지만 많은 양을 썰 때 적당함
칼끝 썰기	• 칼끝으로 양파의 뿌리 쪽을 그대로 두어 한쪽을 남기며 써는 방법 • 한식에서 다질 때 많이 사용한다.
당겨 썰기	• 칼끝을 도마에 대고 손잡이를 약간 들었다 당기며 눌러 써는 방법 • 오징어 채 썰기나 파 채 썰기 등에 적당한 방법
당겨서 눌러 썰기	• 내려치듯이 당겨 썰고 그대로 살짝 눌러 썰리게 하는 방법 • 초밥이나 김밥을 썰 때 사용
당겨서 밀어붙여 썰기	• 칼을 당겨서 썰어 놓은 회감을 차곡차곡 옆으로 밀어 붙여 겹쳐 가며 써는 방법 • 주로 회를 썰 때 많이 사용하는 칼질법
당겨서 떠내어 썰기	발라낸 생선살을 일정한 두께로 떠내는 방법
뉘어 썰기	오징어 칼질을 넣을 때 칼을 45° 정도 눕혀 칼집을 넣을 때 사용하는 칼질법
밀어서 깎아 썰기	우엉을 깎아 썰거나 무를 모양 없이 썰 때 많이 사용하는 방법
톱질 썰기	톱질하는 것처럼 왔다갔다하며 써는 방법
돌려 깎아 썰기	엄지손가락에 칼날을 붙이고 일정한 간격으로 돌려가며 껍질을 까는 방법
손톱 박아 썰기	마늘처럼 작고 모양이 불규칙적이고 잡기가 나쁠 때 손톱 끝으로 재료를 고정시키고 써는 방법

2) 식재료 썰기 방법

썰기방법	특징
편 썰기 (얄팍 썰기)	마늘, 생강, 생밤이나 삶은 고기를 모양 그대로 얇게 써는 방법
채 썰기	생채, 구절판이나 생선회에 곁들이는 채소를 썰 때 쓰는 방법

다지기	• 파, 마늘, 생강 등을 채 썰고, 채 썬 것을 가지런히 모아 직각으로 잘게 썬다. • 양념을 만드는 데 주로 쓰이며 크기는 일정하게 써는 것이 좋다.
막대 썰기	• 알맞은 크기의 막대모양으로 납작하게 썬다. • 무장과, 오이장과 등을 만들 때 사용
골패 썰기	• 무, 당근 등의 둥근 재료의 가장자리를 잘라내어 1×4cm 정도 크기의 직사각형(골패모양)으로 납작하게 썬다. • 겨자채 등의 재료를 썰 때 사용한다.
나박 썰기	가로와 세로가 비슷한 사각형으로 반듯하고 얇게 썬다.
깍둑 썰기	무나 감자 등을 막대 썰기하고, 같은 크기로 주사위처럼 썬다.
둥글려 깎기	각지게 썰어진 재료의 모서리를 둥글게 만드는 방법으로, 조리 후에 음식이 보기 좋게 된다.
통 썰기	모양이 둥근 오이, 당근, 연근 등을 통째로 둥글게 썬다. 두께는 필요에 따라 조절한다.
반달 썰기	통으로 썰기에 너무 큰 재료들을 길이로 반을 자르고, 원하는 두께로 반달 모양으로 썬다.
은행잎 썰기	감자, 당근 등의 재료를 길이로 십자 모양으로 4등분하고, 원하는 두께로 은행잎 모양으로 썬다.
어슷 썰기	오이, 파, 당근 등의 가늘고 길쭉한 재료를 사선으로 어슷하게 써는 방법
깎아 깎기	우엉 등의 재료를 칼날의 끝부분으로 연필 깎듯이 돌려가면서 얇게 썬다.
저며 썰기	표고, 고기 또는 생선포를 뜰 때 사용하는 방법. 칼몸을 뉘여서 재료를 안쪽으로 당기듯이 한 번에 썬다.
돌려 깎기	• 오이나 당근 등을 원통형으로 잘라 돌려가며 두루마리 풀 듯 돌려가며 써는 방법 • 그대로 사용하기보다는 다시 한번 길게 채를 썰어 사용한다.
솔방울 썰기	갑오징어나 오징어를 볶거나 데쳐서 회로 낼 때 큼직하게 모양을 내어 써는 방법
마구썰기	오이나 당근 등 긴 재료를 먹기 좋은 크기로 대충 썰어낸다. 채소의 조림에 주로 사용

1 가열조리법의 목적

① 위생적으로 안전한 식품을 만든다.(살균 및 살충)

② 식품의 조직과 성분에 변화를 준다.(전분의 변화, 단백질의 변성, 지방의 연화, 수분의 감소 또는 증가, 무기질 및 비타민의 감소 등)

③ 맛의 증가, 식품 촉감의 변화, 불호성 성분 제거, 향신료 및 조미료 침투

④ 소화흡수율 증가

2 습열조리

물이나 수증기 열을 매체로 하여 조리하는 방법으로 끓이기, 삶기, 찜, 조림 등이 있다.

1) 끓이기

① 물의 대류에 의해 열을 전달하는 조리법이다.

② 조직의 연화, 전분의 호화, 단백질의 응고, 콜라겐의 젤라틴화 등을 통하여 맛을 향상시킨다.

③ 삶기와 유사하나 끓이기는 조미료의 첨가로 맛을 향상시킬 수 있다.

장점	• 식품의 중심부까지 열이 전달되어 골고루 익힐 수 있다. • 식품의 맛 성분을 최대한 용출시킬 수 있다. • 조리 중에 조미가 편리하고, 재료식품에 조미료의 충분한 침투로 맛을 어우러지게 할 수 있다. • 온도 조절이 용이하고 한 번에 다량의 조리를 할 수 있다. • 재료의 수용성 성분이 유출되어 국물까지 이용할 수 있다. • 살균효과가 좋으며, 소화흡수가 용이하도록 만든다.
단점	• 영양분의 손실이 비교적 많다. • 식품의 모양이 변형되기 쉽다.

2) 삶기

① 끓는 물속에서 식품을 가열하는 조리법이다.

② 물의 대류에 의해 열이 식품 표면에 전달되고 다시 식품 내부로 전달되어 삶아진다.

③ 조직의 연화, 지미의 증가, 단백질 응고, 색의 안정과 발색, 불미 성분의 제거, 탈지방, 살균 소독 등의 효과가 있다.

④ 조미를 하지 않는 것이 끓이기와 다른 점이다.

3) 찜

① 물을 끓여 100℃에서 물이 수증기로 기화되는 기화열(잠열)을 이용한 조리법이다.

② 서양의 스튜(stew)와 유사한 조리법으로 국물이 많고 무르게 익힌다.

③ 수조육류, 어패류, 채소류 등 다양한 재료를 이용할 수 있다.

장점	• 풍미와 맛을 잘 유지시킨다.
	• 수용성 물질의 영양분 용출이 끓이기보다 적다.
	• 식품의 모양을 유지시켜 주며, 끓이기처럼 수분을 흡수하지 않는다.
	• 식품이 탈 염려가 적으며, 유동성인 재료도 용기에 넣어 찔 수 있다.
단점	• 가열 중에 조미가 어려우므로 가열 전후에 조미료를 첨가해야 한다.
	• 끓이기에 비하여 1/3~1/2의 시간이 더 소요된다.

4) 조림

① 어패류, 육류, 건어물, 두부, 채소 등의 재료에 간장, 고추장 등을 섞어 약한 불에서 오래 익히는 조리법이다.

② 찜과 달리 오래 보존할 수 있다.

③ 어패류 등 수분이 많은 재료는 물을 적게 넣고, 건물류는 수분을 흡수하므로 물을 넉넉히 넣고 조리한다.

④ 생선을 조리할 때는 국물과 조미료를 먼저 넣고 끓인 다음 생선을 넣어야 살이 부서지지 않고 맛이 좋다.

3 건열조리

유지(기름), 공기, 방사열, 금속판을 통하여 전달되는 열을 매체로 하는 조리법으로 구이, 튀김, 볶음 등이 있다.

1) 구이

① 구이는 식품을 불로 직접 또는 간접적으로 가열하는 조리법이다.

② 단백질이 응고, 수축되어 살이 단단해진다.

③ 지방(기름)이 녹아 나와 독특한 향기와 맛을 낸다.

④ 수용성 성분의 용출이 적다.

⑤ 구이의 종류

• 직접구이 : 석쇠 등을 사용하여 불 위에서 직접 굽는 방식

• 간접구이 : 프라이팬, 철판, 오븐 등을 사용하여 간접적으로 굽는 방식

2) 튀김

① 튀김은 식용 유지를 열의 매개체로 하여 가열하는 조리법이다.

② 고온에서 식품을 단시간에 조리하기 때문에 영양소 손실이 가장 적다.

③ 기름의 비열이 작아 온도의 변화가 심하므로 두꺼운 용기를 사용하는 것이 좋다.

④ 식용유지(기름)의 사용으로 높은 열량을 공급한다.

⑤ 기름의 맛이 더해져 맛이 좋아지며, 표면이 바삭바삭해 입안에서의 촉감이 좋아진다.

3) 볶음

① 프라이팬에 소량의 기름을 두르고 식품을 고온에서 단시간 가열하는 조리법이다.

② 고온에서 단시간 내에 조리하여 영양소 손실이 적고, 식품의 색도 유지된다.

Check Up

▶ **숯을 사용한 구이법**(직접구이)

• 숯에는 중금속, 벤조피렌 등 각종 유기 · 무기 물질이 함유되어 있다.

• 숯이 열화가 완전히 이루어진 상태에서 고기를 구어야 유해물질이 고기에 이행되는 것을 막을 수 있다.

• 고기를 구울 때 연기를 마시지 않도록 하여야 하며, 안전한 구이를 위해서는 석쇠보다 불판이 더 좋다.

chapter 04

③ 기름의 풍미가 가미되어 입안에서의 촉감과 맛이 좋아진다.

④ 조리 중 조미할 수 있으나 식품 표면에 얇은 기름막이 생성되어 쉽게 배어들지 않으므로 볶기 전에 미리 간을 하는 것이 좋다.

④ 초단파조리 – 전자레인지

① 초단파(microwave)를 이용하여 식품 내의 물 분자를 급속히 진동시켜 식품 자체 내에서 열이 생성되는 원리를 이용한다.

② 열전달이 빠르기 때문에 조리 시간이 단축된다.

③ 크기가 다른 식품을 함께 조리하면 익는 정도가 서로 다르기 때문에 주의해야 한다.

④ 갈변현상이 거의 일어나지 않아 감칠맛이 없다. 감칠맛을 내려면 미리 강한 불에 구운 다음 전자레인지를 사용한다.

⑤ 용기는 열에 강한 유리제품, 도자기, 나무, 종이 등을 사용한다. – 금속제, 법랑제 및 열에 약한 플라스틱제 용기는 사용할 수 없다.

서양요리의 조리방법

건열 조리	브로일링(Broiling)	석쇠 위쪽에 열원이 있는 직화 방식
	로스팅(Roasting)	오븐으로 구워내는 건열조리법
	팬 프라잉(Pan-Frying)	팬에 기름을 넣고 같이 조리하는 방식
습열 조리	스티밍(Steaming)	수증기로 찌거나 중탕하는 조리법
	보일링(Boiling)	100℃의 액체에서 가열하는 조리법
	시머링(Simmering)	85~95℃에서 은근히 끓이기
	포우칭(Poaching)	가볍게 데치는 방법
	블랜칭(Blanching)	끓인 물이나 증기로 데치는 방법
건열과 습열조리	스튜잉(Stewing)	• 작은 덩어리의 육류를 높은 열로 표면에 색을 낸 후 습열조리 • 우리나라의 갈비찜 조리법과 비슷한 서양식 조리법으로 물이나 소스를 재료가 잠길 정도로 충분히 넣고 은근한 불에 끓이는 방법
	브레이징(Braising)	• 덩어리가 큰 육류를 건열로 표면에 갈색이 나도록 구워 내부의 육즙이 나오지 않게 한 후 소량의 물, 우유와 함께 습열조리하는 방법 • 덩어리가 크고 결합조직이 많아 육질이 질긴 부위를 조리하는 방법

1 ★★★
조리를 하는 목적으로 적합하지 않은 것은?

① 소화흡수율을 높여 영양효과를 증진
② 식품 자체의 부족한 영양성분을 보충
③ 풍미, 외관을 향상시켜 기호성을 증진
④ 세균 등의 위해요소로부터 안전성 확보

식품 자체의 부족한 영양 성분을 보충하는 것은 조리 목적에 해당하지 않는다.

2 ★★★★
식품 조리의 목적으로 부적합한 것은?

① 영양소의 함량 증가
② 풍미향상
③ 식욕증진
④ 소화되기 쉬운 형태로 변화

식품 조리의 목적
① 기호성 : 식품의 풍미와 외관을 좋게 하여 식욕을 증진
② 영양성 : 영양소 손실을 최소화하고, 소화율을 높임
③ 안전성 : 위해요소를 제거하여 안전한 식품을 만듦
④ 저장성 : 저장성을 높여 보관과 운반을 용이하게 함

3 ★★★★
에너지 전달에 대한 설명으로 틀린 것은?

① 물체가 열원에 직접적으로 접촉됨으로써 가열되는 것을 전도라고 한다.
② 대류에 의한 열의 전달은 매개체를 통해서 일어난다.
③ 대부분의 음식은 복합적 방법에 의해 에너지가 전달되어 조리된다.
④ 열의 전달 속도는 대류가 가장 빨라 복사, 전도보다 효율적이다.

열의 전달 속도 : 복사 > 전도 > 대류

4 ★★
조리기구의 재질 중 열전도율이 커서 열을 전달하기 쉬운 것은?

① 유리   ② 도자기
③ 알루미늄   ④ 석면

금속은 열전도율이 높고, 유리, 도자기, 석면 등은 열전도율이 낮다.

5 ★★
탕수육을 만들 때 전분을 물에 풀어서 넣을 때 용액의 성질은?

① 젤(gel)   ② 현탁액
③ 유화액   ④ 콜로이드 용액

액체에 고체 미세입자가 분산한 부유계를 현탁액이라고 한다.

6 ★★★
전분 가루를 물에 풀어두면 금방 가라앉는데, 주된 이유는?

① 전분이 물에 완전히 녹으므로
② 전분의 비중이 물보다 무거우므로
③ 전분의 호화현상 때문에
④ 전분의 유화현상 때문에

비중은 어떤 물질의 질량과 그것과 같은 체적의 표준물질(4℃의 물)의 비를 나타내는 것으로 전분은 물보다 비중이 높아 물에 가라앉는다.

7 ★★★
계량컵을 사용하여 밀가루를 계량할 때 가장 올바른 방법은?

① 체로 쳐서 가만히 수북하게 담아 주걱으로 깎아서 측정한다.
② 계량컵에 그대로 담아 주걱으로 깎아서 측정한다.
③ 계량컵에 꼭꼭 눌러 담은 후 주걱으로 깎아서 측정한다.
④ 계량컵을 가볍게 흔들어 주면서 담은 후, 주걱으로 깎아서 측정한다.

밀가루는 체로 쳐서 가만히 수북하게 담아 주걱으로 깎아서 측정한다.

8 ★★★
식품을 계량하는 방법으로 틀린 것은?

① 밀가루 계량은 부피보다 무게가 더 정확하다.
② 흑설탕은 계량 전 체로 친 다음 계량한다.
③ 고체 지방은 계량 후 고무주걱으로 잘 긁어 옮긴다.
④ 꿀같이 점성이 있는 것은 계량컵을 이용한다.

흑설탕(황설탕)은 계량기구에 꼭꼭 눌러 담은 후 잰다.

chapter **04**

정답 ▶ 1② 2① 3④ 4③ 5② 6② 7① 8②

9 다음 중 계량 방법이 잘못 된 것은?

① 저울은 수평으로 놓고 눈금은 정면에서 읽으며 바늘은 0에 고정시킨다.
② 가루상태의 식품은 계량기에 꼭꼭 눌러 담은 다음 윗면이 수평이 되도록 스파튤라로 깎아서 잰다.
③ 액체식품은 투명한 계량 용기를 사용하여 계량컵의 눈금과 눈높이를 맞추어서 계량한다.
④ 된장이나 다진 고기 등의 식품재료는 계량기구에 눌러 담아 빈 공간이 없도록 채워서 깎아 잰다.

> 밀가루와 같은 가루상태의 식품은 체로 쳐서 누르지 않고 수북하게 담아 흔들지 말고 평평하게 깎아 측정한다.

10 식품의 계량 방법으로 옳은 것은?

① 흑설탕은 계량컵에 살살 퍼 담은 후, 수평으로 깎아서 계량한다.
② 밀가루는 체에 친 후 눌러 담아 수평으로 깎아서 계량한다.
③ 조청, 기름, 꿀과 같이 점성이 높은 식품은 분할된 컵으로 계량한다.
④ 고체지방은 냉장고에서 꺼내어 액체화한 후, 계량컵에 담아 계량한다.

> ① 흑설탕은 꼭꼭 눌러서 계량한다.
> ② 밀가루는 체로 쳐서 누르지 않고 수북하게 담아 흔들지 말고 평평하게 깎아 측정한다.
> ④ 버터, 마가린 등의 고체지방은 저울로 계량하는 것이 바람직하나, 컵이나 스푼으로 계량할 때는 실온에서 부드럽게 하여 계량컵에 꼭꼭 눌러 담아 깎아서 계량한다.

11 계량 방법이 잘못된 것은?

① 된장, 흑설탕은 꼭꼭 눌러 담아 수평으로 깎아서 계량한다.
② 우유는 투명기구를 사용하여 액체 표면의 윗부분을 눈과 수평으로 하여 계량한다.
③ 저울은 반드시 수평한 곳에서 0으로 맞추고 사용한다.
④ 마가린은 실온일 때 꼭꼭 눌러 담아 평평한 것으로 깎아 계량한다.

> 우유와 같은 액체는 투명기구를 사용하여 액체표면의 아래 부분을 눈과 같은 높이로 맞추어 계량한다.

12 다음 중 계량 방법이 올바른 것은?

① 쇼트닝을 계량할 때는 냉장온도에서 계량컵에 꼭 눌러 담은 뒤, 직선 스파튤라(spatula)로 깎아 측정한다.
② 마가린을 잴 때는 실온일 때 계량컵에 꼭꼭 눌러 담고 직선으로 된 칼이나 스파튤라(spatula)로 깎아 계량한다.
③ 흑설탕을 측정할 때는 체로 친 뒤 누르지 말고 가만히 수북하게 담고 직선 스파튤라(spatula)로 깎아 측정한다.
④ 밀가루를 잴 때는 측정 직전에 채로 친 뒤 눌러서 담아 직선 스파튤라(spatula)로 깎아 측정한다.

> ① 쇼트닝은 실온에서 계량한다.
> ③ 흑설탕은 꼭꼭 눌러서 계량한다.
> ④ 밀가루는 체로 쳐서 누르지 않고 수북하게 담아 흔들지 말고 평평하게 깎아 측정한다.

13 버터나 마가린의 계량 방법으로 가장 옳은 것은?

① 냉장고에서 꺼내어 계량컵에 눌러 담은 후 윗면을 직선으로 된 칼로 깎아 계량한다.
② 실온에서 부드럽게 하여 계량컵에 담아 계량한다.
③ 실온에서 부드럽게 하여 계량컵에 눌러 담은 후 윗면을 직선으로 된 칼로 깎아 계량한다.
④ 냉장고에서 꺼내어 계량컵의 눈금까지 담아 계량한다.

> 버터, 마가린과 같은 지방은 저울로 계량하는 것이 바람직하나, 컵이나 스푼으로 계량할 때는 실온에서 계량컵에 꼭꼭 눌러 담아 직선으로 된 칼이나 스파튤라로 깎아서 계량한다.

14 기본 조리조작에 대한 설명으로 맞는 것은?

① 마쇄 - 조리된 식품을 용도에 맞게 늘리는 조작
② 신전 - 재료를 압축시키는 조작
③ 분쇄 - 수분이 많은 식품을 자르는 저작
④ 혼합 - 재료를 균일하게 섞는 것

> ① 마쇄 : 수분이 많은 식품을 곱고 작은 입자로 만드는 조작
> ② 신전 : 조리된 식품을 용도에 맞게 늘리는 조작
> ③ 분쇄 : 수분이 적은 재료를 곱고 작은 입자로 만드는 조작

★★★

15 침수 조리에 대한 설명으로 틀린 것은?

① 곡류, 두류 등은 조리 전에 충분히 침수시켜 조미료의 침투를 용이하게 하고 조리시간을 단축시킨다.
② 불필요한 성분을 용출시킬 수 있다.
③ 간장, 술, 식초, 조미액, 기름 등에 담가 필요한 성분을 침투시켜 맛을 좋게 해준다.
④ 당장법, 염장법 등은 보존성을 높일 수 있고, 식품을 장시간 담가둘수록 영양성분이 많이 침투되어 좋다.

식품을 장시간 담가둘수록 영양성분의 손실이 많아진다.

★★★

16 겨자채를 만들기 위해 재료를 써는 모양으로 1cm×4cm 정도 크기의 직사각형으로 납작하게 써는 방법은?

① 나박썰기   ② 골패썰기
③ 막대썰기   ④ 깍둑썰기

① 나박썰기 : 무 등을 원하는 길이로 잘라 가로, 세로가 비슷한 사각형으로 얇게 써는 방법
② 골패썰기 : 무, 당근 등 둥근재료의 가장자리를 잘라내어 1×4cm 정도 크기의 직사각형으로 얇게 써는 방법
③ 막대썰기 : 막대모양으로 써는 방법으로, 채 써는 것보다 두껍게 썬다.
④ 깍둑썰기 : 2cm 정도의 주사위 모양으로 써는 방법

★★

17 가열조리 시 얻을 수 있는 효과가 아닌 것은?

① 병원균 살균   ② 소화흡수율 증가
③ 효소의 활성화   ④ 풍미의 증가

효소는 가열에 의하여 불활성화된다.

★★

18 끓이는 조리법의 단점은?

① 식품의 중심부까지 열이 전도되기 어려워 조직이 단단한 식품의 가열이 어렵다.
② 영양분의 손실이 비교적 많고 식품의 모양이 변형되기 쉽다.
③ 식품의 수용성분이 국물 속으로 유출되지 않는다.
④ 가열 중 재료식품에 조미료의 충분한 침투가 어렵다.

끓이는 조리법은 영양분의 손실이 비교적 많고 식품의 모양이 변형되기 쉬운 조리법이다.
① 식품의 중심부까지 열이 전달되어 골고루 익힐 수 있다.
③ 식품의 수용성 성분이 국물 속으로 유출되어 영양소의 손실이 비교적 많은 조리법이다.
④ 재료식품에 조미료의 충분한 침투로 맛을 어우러지게 할 수 있다.

★★★★

19 습열조리법으로 조리하지 않는 것은?

① 편육   ② 장조림
③ 불고기   ④ 꼬리곰탕

습열조리는 물을 이용하여 조리하는 방법으로 삶기, 끓이기, 찜, 조림 등이 있으며, 불고기는 건열 조리법이다.

★★★

20 가열조리 중 건열조리에 속하는 조리법은?

① 찜   ② 구이
③ 삶기   ④ 조림

• 건열조리 : 구이, 튀김, 볶음 등
• 습열조리 : 찜, 삶기, 조림 등

★★★★★

21 구이에 의한 식품의 변화 중 틀린 것은?

① 살이 단단해 진다.
② 독특한 향기와 맛을 낸다.
③ 수용성 성분의 유출이 매우 크다.
④ 기름이 녹아 나온다.

구이는 습열조리에 비하여 수용성 성분의 유출이 적다.
① 결합조직의 단백질이 응고하여 수축하므로 살이 단단해진다.
② 지방함량이 높을수록 풍미가 더 좋다.
④ 지방층의 조직이 용해되어 외부로 녹아나온다.

★★

22 숯을 이용하여 고기를 구울 때의 설명으로 틀린 것은?

① 열화가 이루어지기 전에 고기를 구어야 유해물질이 고기에 이행되는 것을 막을 수 있다.
② 숯에는 중금속, 벤조피렌 등 각종 유기·무기 물질이 함유되어 있다.
③ 안전한 구이를 위해서는 석쇠보다 불판이 더 좋다.

④ 숯불 가까이서 고기를 구울 때 연기를 마시지 않도록 한다.

> 숯이 열화가 완전히 된 상태에서 고기를 구워야 유해물질이 고기에 이행되는 것을 막을 수 있다.

★★★
23 열원의 사용방법에 따라 직접구이와 간접구이로 분류할 때 직접구이에 속하는 것은?

① 오븐을 사용하는 방법
② 프라이팬에 기름을 두르고 굽는 방법
③ 숯불 위에서 굽는 방법
④ 철판을 이용하여 굽는 방법

> 직접구이는 불과 직접 접촉하여 굽는 방식이고, 간접구이는 불과 식품사이에 열전달의 매개체인 팬이나 석쇠 등을 이용하는 방법이다.

★★
24 다음의 육류요리 중 영양분의 손실이 가장 적은 것은?

① 탕
② 편육
③ 장조림
④ 산적

> 산적은 고기와 야채를 꼬챙이에 꿰어 구운 음식으로, 직화에 의하여 고기 표면의 단백질이 응고되므로 내부 단백질과 기타의 용출성 물질의 유실을 막을 수 있으므로 영양분의 손실이 가장 적다.

★
25 가열하는 조리방법에 대한 내용 중에서 틀린 것은?

① 물을 이용한 삶기는 조미를 하지 않는 것이 끓이기와 다른 점이다.
② 볶음은 100도(섭씨)이상의 고온에서 단시간 조리하기 때문에 색이 그대로 유지되고 좋은 향미를 내지만 수용성 성분의 영양가 용출이 많다.
③ 찜은 식품 모양을 그대로 유지시켜 주며 수용성 물질의 영양분 용출도 끓이기보다 적다.
④ 끓는 물에서의 데치기는 끓이기보다 시간이 절약되면서 조직을 연하게 하고, 효소 작용을 억제시켜 색을 더 좋게 해 준다.

> 볶음은 수용성 성분의 용출이 적어 영양소 손실이 적다.

★★★
26 단시간에 조리되므로 영양소의 손실이 가장 적은 조리방법은?

① 튀김
② 볶음
③ 구이
④ 조림

> 튀김은 고온에서 식품을 단시간 가열하기 때문에 영양소의 손실이 가장 적다.

★★★
27 가열조리방법에 대한 설명으로 옳은 것은?

① 구이는 높은 온도에서 가열 조리하는 방법으로 독특한 풍미를 갖는다.
② 삶기는 물이 100℃로 물이 끓을 때 발생하는 수증기의 기화열을 이용한 것이다.
③ 굽기, 볶기, 조리기, 튀기기는 건열조리 방법이다.
④ 데치기는 식품의 모양을 그대로 유지하며, 수용성 성분의 용출이 적은 것이 특징이다.

> ② 수증기의 기화열을 이용한 조리법은 찜이다.
> ③ 조리기는 습열조리 방법이다.
> ④ 식품의 모양을 유지하고, 수용성 성분의 용출이 적은 조리법은 찜이다.

★★★★
28 전자레인지의 주된 조리 원리는?

① 복사
② 전도
③ 대류
④ 초단파

> 전자레인지는 초단파를 이용하여 식품 내의 물분자를 급속히 진동시켜 식품 자체 내에서 열이 생성되는 원리를 이용한다.

★★★
29 극초단파(Microwave) 조리에 대한 설명으로 옳지 않은 것은?

① 물분자가 급속히 진동하여 열이 발생하는 원리를 이용한 것이다.
② 갈변현상이 잘 일어난다.
③ 조리시간이 빠르다.
④ 그릇 종류는 열에 강한 유리제품, 도자기, 나무, 종이를 사용할 수 있다.

> 전자레인지는 극초단파를 이용하여 조리하는 기기로 갈변현상이 거의 일어나지 않아 감칠맛이 떨어진다.

정답 23 ③ 24 ④ 25 ② 26 ① 27 ① 28 ④ 29 ②

★★
30 서양요리 조리방법 중 습열조리와 거리가 먼 것은?

① 브로일링(Broiling)　　② 스티밍(Steaming)

③ 보일링(Boiling)　　　 ④ 시머링(Simmering)

- 브로일링(Broiling) : 석쇠 위쪽에 열원이 있는 직화 방식
- 스티밍(Steaming) : 수증기로 찌거나 중탕하는 조리법
- 보일링(Boiling) : 100℃의 액체에서 가열하는 조리법
- 시머링(Simmering) : 85~95℃에서 은근히 끓이기

★★
31 서양요리 조리방법 중 건열조리와 거리가 먼 것은?

① 브로일링(Broiling)

② 로스팅(Roasting)

③ 팬 후라잉(Pan-Frying)

④ 시머링(Simmering)

시머링은 습열조리법으로 낮은 온도에서 은근히 끓이는 방법이다.
- 브로일링 : 석쇠 위쪽에서 가열하는 오버히트방식
- 로스팅 : 오븐으로 구워내는 건열조리법
- 팬후라잉 : 팬에 기름을 넣고 같이 조리하는 방식

★★★
32 곰국이나 스톡을 조리하는 방법으로 은근하게 오랫동안 끓이는 조리법은?

① 포우칭(poaching)

② 스티밍(steaming)

③ 블랜칭(blanching)

④ 시머링(simmering)

시머링은 습열조리법으로 85~95℃에서 은근히 끓이는 방법이다.
- 포우칭(Poaching) : 가볍게 데치는 방법
- 스티밍(Steaming) : 찜통에서 음식을 쪄내는 방법
- 블랜칭(Blanching) : 끓인 물이나 증기로 데치는 방법

정답 **30** ①　**31** ④　**32** ④

Korea food Cook Certification

SECTION 02 조리장 시설 및 설비관리

POINT! 이번 섹션은 상식적인 부분도 많으므로 그리 어렵지는 않습니다. 기출문제 위주로 정리하시기 바랍니다.

01 조리장의 기본 조건과 관리

1 조리장의 조건

1) 조리장의 기본 조건

조리장을 신축하거나 개조할 때 위생성 → 능률성 → 경제성의 순서로 고려한다.

2) 조리장의 입지조건

① 환경적인 측면
- 채광, 환기, 건조, 통풍 우수, 위생적 환경
- 양질의 음료수 공급과 배수 용이
- 공해, 소음, 악취 등의 유해환경으로부터 배제

② 건축구조 측면
- 조리장 내부에 조리실과 처리실이 구분
- 음식의 운반과 배선이 편리
- 식재료의 반입 및 오물 반출이 용이
- 비상시 출입문과 통로에 방해되지 않음

2 작업공간의 설계

작업의 흐름은 구매 → 검수 → 저장 → 전처리 → 조리 → 장식·배식 → 식기세척 및 수납의 순서로 이루어지며, 가능한 이동거리를 짧게 하여 작업공간을 설계한다.

1) 검수 및 저장공간

① 검수공간 : 식품 판별이 가능한 충분한 조도 확보
② 저장공간 : 검수공간과 조리공간 사이에 위치
③ 저장공간의 면적 : 식품반입횟수, 저장식품의 양, 급식체계 및 제공식수 등에 따라 달라진다.
④ 저장공간은 일반저장 공간보다 냉장저장 공간이 더 넓어야 한다.
⑤ 식품 보관 시 오염 예방을 위해 바닥과 벽에 식품이 직접 닿지 않도록 함
⑥ 검수 및 저장공간에 저울과 온도계 반드시 구비하고, 계측기나 운반차 등을 구비해두면 편리함

2) 전처리 공간

전처리 공간은 식품의 주 조리에 앞서 1차적으로 처리하는 공간이므로 주 조리 공간과 가까운 곳에 위치하는 것이 좋다.

3) 조리 공간

① 조리공간은 음식을 안전하고 신속하며 효율적으로 생산할 수 있고, 작업 동선이 최소가 되도록 작업대 및 기기들을 배치하는 것이 좋다.

② 조리공간에는 음식물 또는 원재료를 보관할 수 있는 시설과 냉장시설을 갖추어야 한다.

③ 조리장 안에는 조리시설 · 세척시설 · 폐기물 용기 및 손 씻는 시설을 각각 설치하여야 한다.

④ 조리장 내에는 배수시설이 잘 되어 있어야 한다.

⑤ 배수구와 폐기물 용기에는 덮개가 있어야 한다.

⑥ 폐기물 용기는 오물이나 악취가 누출되지 않도록 내수성 재질을 사용해야 한다.

⑦ 개수대는 생선용과 채소용을 구분하는 것이 식중독균의 교차오염을 방지하는 데 효과적이다.

⑧ 가열, 조리하는 공간에는 환기장치가 필요하다.

Check Up

▶ 채소/과일처리구역
  ① 물을 많이 사용하므로 급/배수 시설이 중요하다.
  ② 흙이나 오물, 쓰레기 등의 처리가 용이해야 한다.
  ③ 냉장 보관시설이 잘되어야 한다.

4) 배식공간

배식공간은 배선공간과 식당으로 나누어진다. 배선공간은 조리된 음식을 그릇이나 식판에 담는 곳이고, 식당은 식사와 함께 휴식을 취하는 장소이다.

5) 식기반납 및 세척공간

조리공간 및 배식공간과 분리함으로써 음식이 오염 되는 것을 막는다.

③ 조리장과 식당 면적

1) 식당의 면적

① 식당의 면적 = (1인당 필요면적+식기 회수 공간)×취식자수

② 일반적으로 1인당 필요면적은 1인당 $1m^2$, 식기회수공간은 필요면적의 10%로 한다.

③ 직사각형의 구조가 효율적으로 길이는 폭에 대하여 2~3배 정도가 좋다.

2) 조리장의 면적

① 조리장의 면적은 조리인원, 조리기기, 식단 등을 고려하여 산출한다.

② 조리장의 면적은 식당 넓이의 1/3이 기준이다.

---

02 조리장의 구조와 설비

① 조리장의 건물

1) 조리장의 기본시설

① 충분한 내구력을 가진 구조여야 하며, 배수 및 청소가 쉬운 구조여야 한다.

② 마감 재료는 내수성, 내화성, 방습성, 내열성, 내충성, 내마모성 등을 가진 것

chapter 04

을 써야 한다.

③ 창문, 출입구 등은 방서, 방충을 위한 금속망 설비를 한다.

④ 조리장에는 식품 및 식기류의 세척을 위한 위생적인 세척시설을 갖추어야 한다.

⑤ 조리원 전용의 위생적 수세시설을 갖춘다.

⑥ 조리실의 형태는 장방형(직사각형)이 정방형(정사각형) 보다 좋다.

2) 벽, 천정

① 내벽은 바닥 면으로부터 1.5m 이상 불침투성, 내산성, 내열성, 내수성 재료로 설비해야 한다.

② 벽의 마감재로는 자기타일, 모자이크타일, 금속판, 내수합판 등이 좋다.

③ 천장의 색은 벽에 비하여 밝은 색으로 하는 것이 좋다.

3) 창문

① 창문은 자연채광과 환기를 위한 중요한 시설이며, <u>창문의 면적을 가장 우선적으로 고려한다.</u>

② 자연광이 들어오는 곳에 위치하는 것이 중요하며, 방향은 남향이 좋다.

③ 창 면적은 바닥 면적의 1/5~1/7(약 15~20%) 정도가 바람직하고, 최소한 바닥면적의 10% 이상이 되어야 한다.

④ 창문은 직사광선을 막을 수 있도록 설계한다.

⑤ 해충의 침입을 막을 수 있도록 방충망을 설치한다.

4) 조리장의 바닥

① 물청소를 할 수 있는 내수재를 사용하며, 배수가 잘 되도록 20cm 높게 구축한다.

② 습기, 기름, 음식의 오물 등이 스며들지 않아야 한다.

③ 미끄럽지 않고 산, 알칼리, 유기용액 및 열에 강해야 한다.

④ 배수를 위한 물매는 1/100 이상으로 해야 한다.

⑤ 대형 냉동시설의 바닥은 내구성이 강한 타일로 하고, <u>주방바닥보다 높게 하여야 한다.</u>

⑥ 공사비와 유지비가 저렴하고, 영구적으로 색상을 유지할 수 있어야 한다.

⑦ 고무타일, 합성수지타일 등이 잘 미끄러지지 않아 적당하다.

> ▶ 물매 : 경사의 정도를 나타내는 말로 수평 길이에 대한 높이(높이/길이)로 나타내어 지붕이나 바닥면의 경사도를 나타낸다.

2 급수 및 배수시설

1) 급수시설

① 먹는 물 수질기준에 적합한 물을 공급할 수 있는 시설을 갖추어야 한다.

② 화장실, 폐기물 처리시설, 동물사육장 등 지하수가 오염될 우려가 있는 장소로부터 영향을 받지 않는 위치여야 한다. (지하수는 오염의 위험이 있기 때문에 가급적 사용하지 않는다.)

2) 배수시설

① 하수도에서 들어오는 악취와 쥐, 해충 등의 침입을 막기 위해 트랩을 설치하여야 한다.

② 트랩(trap)

곡선형 트랩	• 관을 S자, U자, P자 형태로 구부려 물을 채워 놓은 것이다. • 찌꺼기가 많은 경우 막힐 우려가 많아 적합하지 않다.
드럼 트랩	• 드럼 모양의 수조를 두고 다량의 봉수를 채워 놓은 것이다. • 청소가 용이한 구조로 찌꺼기가 많은 경우에 적합한 구조이다.
그리스 트랩	배수구 뒤에 접속하여 기름성분이 하수구로 들어가는 것을 방지하는 기능을 한다.

❸ 환기시설

① 조리장은 위생상 필요한 환기시설을 갖추어야 한다.

② 환기방식에는 창문을 이용한 자연환기와 회전창, 송풍기(Fan), 배기용 환풍기(Hood)를 이용한 인공환기가 있다.

③ 환기효과를 높이기 위한 중성대*(neutral zone)는 천장 가까이 두는 것이 좋다.

❹ 조명시설

① 작업하기 충분한 조명도 및 균등한 조명도를 유지해야 한다.

② 조명 시 유해가스가 발생하지 않아야 한다.

③ 눈의 보호를 위해서 가급적 간접조명이 되도록 해야 한다.

④ 조도는 50럭스 이상을 유지하는 것이 중요하다.

⑤ 조명의 방법

• 직접조명 : 조명효율이 크고 경제적이지만, 강한 음영으로 불쾌감을 준다.

• 간접조명 : 음영이 생기지 않고 온화한 느낌을 주지만 효율이 낮고 유지비가 비싸다.

• 반간접조명 : 직접조명과 간접조명의 절충형

❺ 조리대(작업대)

① 조리대의 배치는 일의 순서에 따라 좌에서 우로 배치한다.(오른손잡이 기준)

② 조리대에는 조리에 필요한 용구나 기기 등의 설비를 가까이 배치한다.

③ 각 작업공간이 다른 작업의 통로로 이용되지 않도록 한다.

④ 식기와 조리용구의 세정장소와 보관 장소를 가까이 두어 동선을 절약시킨다.

⑤ 조리대 배치에 따른 분류

ㄷ자형	• 동선의 방해를 받지 않으며, 가장 효율적이며 짜임새가 있다. • 대규모의 조리장에 적합하다.
ㄴ자형	조리장이 좁은 경우에 사용된다.
병렬형	180°의 회전을 해서 피로가 빨리 온다.
일렬형	작업 동선이 길고 비능률적이다.
아일랜드형	• 동선을 단축시킬 수 있고 공간 활용이 자유롭다. • 환풍기와 후드의 수를 최소화할 수 있다.

▶ 중성대(neutral zone)
실내와 외기의 압력차가 없어지는 위치를 말한다. 즉, 공기의 유입과 유출이 갈리는 중간지점이 중성대이다.

Check Up

▶ 후드(Hood)
• 조리공간의 냄새, 증기, 열과 식기 세척공간의 증기를 방출하는 역할을 한다.
• 후드의 경사각은 30도, 형태는 4방 개방형이 가장 효율적이다.
• 가열기구의 설치범위보다 넓어야 흡입 효율성이 높다.

chapter 04

ㄷ자형   ㄴ자형   병렬형

일렬형   아일랜드형

6 집기류와 식기류

1) 조리기기

조리기기 선택 기준 : 위생성, 능률성, 경제성

조리기기	용도
가스렌지/ 오븐	• 가스를 열원으로 이용하는 조리기구로 팬요리, 베이킹, 로스팅 등의 다양한 요리 가능
냉장고/ 냉동고	• 냉장고는 0~10℃, 냉동고는 -5~-20℃의 온도를 유지 • 대류가 용이하도록 식품량을 조절하여 투입 • 건조되지 않아야 할 식품은 밀폐된 용기에 넣어 보관 • 식품마다 적정한 냉각온도가 다르므로 식품 넣는 장소에 주의 • 뜨거운 것은 식힌 후 냉장/냉동고에 넣어 보관
온장고	• 배식하기 전 음식이 식지 않도록 보관하기 위하여 사용한다. • 65~70℃를 유지한다.
인덕션	• 전기를 열원으로 상부에 놓인 금속성 조리기구와 자기마찰에 의하여 가열 • 가열속도가 빠르고 열의 세기를 쉽게 조절할 수 있다.
그리들	• 전, 부침개, 팬케이크 등을 만들 때 사용하는 두꺼운 철판으로 만들어진 기구
그릴러 (브로일러)	• 굵은 석쇠나 철판 형태의 굽는 기기
살라만더	• 불꽃이 위에서 아래로 내려오는 하향식 열기기 • 구이를 할 때 겉 표면의 색깔을 나타내는데 주로 사용하는 조리기기
프라이어	• 금속에 기름을 담아 하부에서 열을 가하여 각종 튀김을 만들 수 있는 조리기기
스팀 솥	• 고온, 고압에 의해 빠른 시간 내에 다량의 음식을 끓이고 데치고 볶아낼 수 있는 조리기기
컨벡션 오븐	• 전기를 이용하여 발생한 뜨거운 공기를 팬으로 강제 대류시켜 로스팅하는 전기오븐 • 조리시간이 짧고 대량조리에 적합하나, 식품표면이 건조해지기 쉽다.

2) 조리기구

조리기구	용도
필러(Peeler)	당근, 감자, 무 등의 껍질을 벗기는 기구
그라인더(Grinder)	고기를 갈 때 사용하는 기구
슬라이서(Slicer)	육류, 햄 등을 얇게 써는 기구

조리기구	용도
초퍼(Chopper)	육류, 채소 등의 식품을 다지는 기구
육류 파운더 (meat pounder)	고기를 연화시키기 위하여 가볍게 때리는 고기용 망치
믹서(Mixer)	식품을 분쇄하기, 뒤섞기, 젓기, 혼합하기, 거품내기, 크림 등을 만드는 기구
블렌더(blender)	믹서와 비슷하며, 칼날과 용기가 분리되어 사용에 제약이 없는 기구
휘퍼(Whipper)	달걀을 거품내거나 반죽할 때 사용
세미기	쌀을 세척하는 기기

3) 식기류
① 제공자, 이용 고객의 측면을 모두 고려하여 선택한다.
② 이용고객 측면 : 위생적이고, 너무 무겁지 않고, 크기가 적당하고, 쉽게 뜨거워지지 않고, 음식이 잘 식지 않고, 식욕을 돋우고 쉽게 싫증이 나지 않는 디자인이어야 한다.
③ 제공자 측면 : 가볍고 쉽게 깨지지 않아야 하며, 식기용 세제에 강한 재질이어야 하며, 가열소독할 수 있는 내열성 재질이어야 한다.

> 식기필요량 = 전체 이용고객의 수×1.1(식수변동률)×1.07(식기파손율)

4) 조리기구의 관리 및 시설위생
① 알루미늄 냄비는 부드러운 솔을 사용하여 중성세제로 닦는다.
② 주철로 만든 국솥 등은 수세 후 습기를 건조시킨다.
③ 스테인리스 스틸제의 작업대는 스펀지를 사용하여 중성세제로 닦는다.
④ 철강제의 구이 기계류는 오물을 세제로 씻고 습기를 건조시킨다.
⑤ 주방냄비는 세척 후 열처리를 해 둔다.
⑥ 나무 도마는 사용 후 깨끗이 하고 일광소독을 한다.
⑦ 튀김기(deep fryer)를 사용 후에는 기름을 뽑아내어 걸러 찌꺼기가 남아있지 않도록 한다.
⑧ 주방의 천정, 바닥, 벽면은 주기적으로 청소한다.

7 방충·방서시설
① 조리장에는 방충과 방서를 위한 시설을 갖추어야 한다.
② 방충망은 30메시*(mesh) 이상이어야 한다.
③ 위생해충은 영구적인 박멸이 어렵기 때문에 정기적으로 약제를 사용하여 구제하여야 한다.

▶ 메시(Mesh)
1인치의 정사각형 속에 포함되는 그물눈의 수를 말한다.(30메시는 1인치의 정사각형 안에 30개의 그물눈이 있다는 의미이다)

chapter 04

1 아래 [보기] 중 단체급식 조리장을 신축할 때 우선적으로 고려할 사항 순으로 배열된 것은? ★★★★

> 가. 위생   나. 경제   다. 능률

① 다 → 나 → 가
② 나 → 가 → 다
③ 가 → 다 → 나
④ 나 → 다 → 가

> 조리장을 신축하거나 개조할 때 위생성 → 능률성 → 경제성의 순서로 고려한다.

2 조리작업장의 위치선정 조건으로 적합하지 않은 것은? ★★★

① 보온을 위해 지하인 곳
② 통풍이 잘 되며 밝고 청결한 곳
③ 음식의 운반과 배선이 편리한 곳
④ 재료의 반입과 오물의 반출이 쉬운 곳

> 지하는 통풍과 채광이 나쁘기 때문에 조리작업장으로 적합하지 않다.

3 작업장에서 발생하는 작업의 흐름에 따라 시설과 기기를 배치할 때 작업의 흐름이 순서대로 연결된 것은? ★★★★

> ㉠ 전처리   ㉡ 장식 · 배식
> ㉢ 식기세척 · 수납   ㉣ 조리
> ㉤ 식재료의 구매 · 검수

① ㉤ - ㉠ - ㉣ - ㉡ - ㉢
② ㉠ - ㉡ - ㉢ - ㉣ - ㉤
③ ㉤ - ㉣ - ㉡ - ㉠ - ㉢
④ ㉢ - ㉠ - ㉣ - ㉤ - ㉡

> 식재료의 구매·검수 → 전처리 → 조리 → 장식·배식 → 식기세척·수납의 순으로 작업이 진행된다.

4 검수 및 저장 공간으로 맞지 않는 것은? ★★★

① 검수공간은 식품을 판별할 수 있도록 충분한 조도가 확보되어야 한다.
② 계측기나 운반차 등을 구비해 두면 편리하다.
③ 저장 공간의 크기는 식품반입횟수, 저장식품의 양 등을 고려하여야 한다.
④ 저장 공간으로는 냉장저장 공간 보다 일반저장 공간이 더 넓어야 한다.

> 저장공간은 일반저장 공간보다 냉장저장 공간이 넓어야 한다.

5 물품의 검수와 저장하는 곳에서 꼭 필요한 집기류는? ★★

① 칼과 도마   ② 대형 그릇
③ 저울과 온도계   ④ 계량컵과 계량스푼

> 물품을 검수할 때는 저울이 필요하고, 저장 시에는 저장 온도를 측정할 수 있는 온도계가 필요하다.

6 주방 설비 구역 중 특히 다음과 같은 점에 유의하여 설비해야 하는 곳은? ★★★

> • 물을 많이 사용하므로 급/배수 시설이 중요하다.
> • 흙이나 오물, 쓰레기 등의 처리가 용이해야 한다.
> • 냉장 보관시설이 잘 되어야 한다.

① 가열조리 구역   ② 식기세척 구역
③ 육류처리 구역   ④ 채소/과일처리 구역

> 채소·과일은 물을 많이 사용하고, 냉장보관하여야 한다.

7 취식자 1인당 취식면적을 1.3m², 식기회수 공간을 취사면적의 10%로 할 때, 1회 350인을 수용하는 식당의 면적은? ★★

① 500.5m²   ② 455.5m²
③ 485.5m²   ④ 525.5m²

> 식당의 면적 = 1인당 필요면적+식기회수공간(10%)×피급식자수
> = (1.3 + 0.13)×350 = 500.5m²

정답 ▶ 1 ③ 2 ① 3 ① 4 ④ 5 ③ 6 ④ 7 ①

8 총고객수 900명, 좌석수 300석, 1좌석당 바닥면적 1.5m²일 때, 필요한 식당의 면적은?

① 300m²   ② 350m²
③ 400m²   ④ 450m²

총고객수는 식당의 면적과 관계가 없다.
• 식당의 면적 = 1좌석당 바닥면적×좌석수
• 식당의 면적 = 1.5m²×300석 = 450m²

9 급식 시설에서 주방면적을 산출할 때 고려해야 할 사항으로 가장 거리가 먼 것은?

① 피급식자의 기호
② 조리 기기의 선택
③ 조리 인원
④ 식단

주방면적의 산출 시 피급식자의 기호는 고려해야 할 사항과 가장 거리가 있다.

10 조리장의 설비 및 관리에 대한 설명 중 틀린 것은?

① 조리장 내에는 배수시설이 잘되어야 한다.
② 하수구에는 덮개를 설치한다.
③ 폐기물 용기는 목재 재질을 사용한다.
④ 폐기물 용기는 덮개가 있어야 한다.

폐기물 용기는 오물, 악취 등이 누출되지 않도록 내수성 재질을 사용한다.

11 조리공간에 대한 설명이 가장 올바르게 된 것은?

① 조리실의 형태는 장방형보다 정방형이 좋다.
② 천장의 색은 벽에 비해 어두운 색으로 한다.
③ 벽의 마감재로는 자기타일, 모자이크타일, 금속판, 내수합판 등이 좋다.
④ 창면적은 벽면적의 40~50%로 한다.

① 조리실의 형태는 장방형(직사각형)이 더 좋다.
② 천장의 색은 벽에 비해 밝은 색으로 한다.
④ 창면적은 바닥면적의 15~20% 정도가 바람직하다.

12 창문을 통한 자연채광과 환기를 위해 가장 우선적으로 고려할 사항은?

① 창틀의 재질   ② 창의 면적
③ 창의 모양   ④ 창틀의 색

자연채광과 환기를 위해서는 창의 면적이 가장 중요하며, 창은 바닥면적의 15~20% 정도가 바람직하다.

13 조리장의 관리에 대한 설명 중 부적당한 것은?

① 충분한 내구력이 있는 구조일 것
② 배수 및 청소가 쉬운 구조일 것
③ 창문, 출입구 등은 방서, 방충을 위한 금속망 설비 구조일 것
④ 바닥과 바닥으로부터 10 cm까지의 내벽은 내수성 자재의 구조일 것

조리장의 내벽은 바닥 면으로부터 1.5m 이상 내수성 자재의 구조로 한다.

14 주방의 바닥조건으로 맞는 것은?

① 산이나 알칼리에 약하고 습기, 열에 강해야 한다.
② 바닥전체의 물매는 1/20이 적당하다.
③ 조리작업을 드라이 시스템화 할 경우의 물매는 1/100 정도가 적당하다.
④ 고무타일, 합성수지타일 등이 잘 미끄러지지 않으므로 적당하다.

조리장 바닥 재질의 조건
• 물청소를 할 수 있는 내수재를 사용한다.
• 기름, 음식의 오물 등이 스며들지 않아야 한다.
• 미끄럽지 않고 산, 알칼리, 유기용액에 강해야 한다.
• 영구적으로 색상을 유지할 수 있어야 한다.
• 공사비와 유지비가 저렴해야 한다.
• 배수를 위한 물매는 1/100 이상으로 한다.
• 고무타일, 합성수지 타일 등이 적당하다.
※ 물매(경사진 정도) = 높이/길이

chapter 04

15 ★★★ 급식소의 시설·설비 조건으로 가장 거리가 먼 것은?

① 지하수 공급이 용이한 곳
② 안전하고 쾌적한 환경
③ 일정시간 내에 조리, 배식할 수 있는 곳
④ 음식을 위생적으로 처리할 수 있는 곳

지하수는 오염의 가능성이 있기 때문에 급식소에서 사용하지 않는 것이 좋다.

16 ★★★★ 기름성분이 하수구로 들어가는 것을 방지하기 위해 가장 바람직한 하수관의 형태는?

① 드럼   ② 그리스 트랩
③ P 트랩   ④ S 트랩

그리스트랩(grease trap)은 배수구 뒤에 접속하여 기름성분이 하수구로 들어가는 것을 방지하는 기능을 한다.

17 ★★★★ 조리장의 설비에 대한 설명 중 틀린 것은?

① 조리장에는 위생상 필요한 환기시설을 갖추어야 한다.
② 조리장에는 음식물 또는 원재료를 보관할 수 있는 시설과 냉장시설을 갖추어야 한다.
③ 그리스(grease) 트랩은 하수관으로 지방 유입을 방지한다.
④ 대형 냉동시설의 바닥은 내구성이 강한 타일로 하고, 주방바닥보다 낮게 한다.

조리장의 바닥은 물청소가 가능한 내수재질의 내구성이 강한 재질이 좋으며, 냉동시설은 주방바닥보다 높게 하여야 감전사고 및 기계의 고장을 예방할 수 있다.

18 ★★★ 조리실의 후드(hood)는 어떤 모양이 가장 배출효율이 좋은가?

① 1방형   ② 2방형
③ 3방형   ④ 4방형

조리실의 후드는 4방형이 가장 배출효율이 좋으며, 가열기구의 설치범위보다 넓어야 흡입 효율이 좋다.

19 ★★★ 주방에서 후드(Hood)의 가장 중요한 기능은?

① 실내의 습도를 유지시킨다.
② 실내의 온도를 유지시킨다.
③ 증기, 냄새 등을 배출시킨다.
④ 바람을 들어오게 한다.

후드의 역할
• 환기 효과 : 유해 공기는 내보내고 신선한 공기를 들인다.
• 탈취 효과 : 조리 시의 냄새, 주방냄새, 음식냄새 등을 탈취시킨다.
• 먼지제거 효과 : 조리 시 발생하는 먼지나, 세균, 박테리아 등을 배출한다.

20 ★★★★ 조리 시 발생하는 많은 열과 연기 등을 빨아들이는 환풍기는 어느 정도의 크기로 결정하는 것이 가장 효과적인가?

① 가열기구 설치범위와 상관없다.
② 가열기구의 설치 범위보다 작게 하여 집중적으로 흡입하도록 한다.
③ 가열기구의 설치범위보다 넓어야 흡입하는 효율성이 높다.
④ 가열기구의 설치범위와 똑같은 크기로 하는 것이 효율적이다.

조리 시 사용되는 환풍기(후드)의 크기는 가열기구의 설치 범위보다 15cm 이상 넓어야 효율성이 좋다.

21 ★★ 조리실의 설비에 관한 설명으로 맞는 것은?

① 조리실 바닥의 물매는 청소 시 물이 빠지도록 1/10 정도로 해야 한다.
② 조리실의 바닥면적은 창면적의 1/2~1/5로 한다.
③ 배수관의 트랩의 형태 중 찌꺼기가 많은 오수의 경우 곡선형이 효과적이다.
④ 환기설비인 후드(hood)의 경사각은 30°로, 후드의 형태는 4방개방형이 가장 효율적이다.

① 조리실 바닥의 물매는 1/100 이상으로 한다.
② 조리실의 창 면적은 바닥면적의 1/5~1/7 정도가 적당하다.
③ 배수에 찌꺼기가 많은 오수인 경우 수조형 트랩이 적당하다.

★★★
22 눈 보호를 위해 가장 좋은 인공조명 방식은?

① 직접조명   ② 간접조명
③ 반직접조명   ④ 전반확산조명

눈 보호를 위해 가장 좋은 조명은 간접조명이며, 효율이 가장 좋은 조명은 직접조명이다.

★★★★
23 조리대를 배치할 때 동선을 줄일 수 있는 효율적인 방법 중 잘못된 것은?

① 조리대의 배치는 오른손잡이를 기준으로 생각할 때 일의 순서에 따라 우에서 좌로 배치한다.
② 조리대에는 조리에 필요한 용구나 기기 등의 설비를 가까이 배치한다.
③ 각 작업공간이 다른 작업의 통로로 이용되지 않도록 한다.
④ 식기와 조리용구의 세정장소와 보관 장소를 가까이 두어 동선을 절약시킨다.

조리대의 배치는 오른손잡이를 기준으로 생각할 때 일의 순서에 따라 좌에서 우로 배치해야 동선을 줄일 수 있다.

★★★
24 다음은 어떤 설비기기 배치 형태에 대한 설명인가?

• 대규모 주방에 적합하다.
• 가장 효율적이며 짜임새가 있다.
• 동선의 방해를 받지 않는다.

① 일렬형   ② 병렬형
③ ㄷ자형   ④ 아일랜드형

ㄷ자형 작업대는 동선의 방해를 받지 않고 효율이 좋아 대규모의 주방에 적합한 방식이다.

★★★
25 조리대 배치형태 중 환풍기와 후드의 수를 최소화할 수 있는 것은?

① 일렬형   ② 병렬형
③ ㄷ자형   ④ 아일랜드형

아일랜드형은 조리대를 주방의 한 가운데에 놓는 방식으로 환풍기와 후드의 수를 최소화할 수 있는 조리대 배치 형태이다.

★
26 냉장고 사용이 잘못된 것은?

① 대류가 용이하도록 식품량을 조절하여 넣는다.
② 빨리 냉각시키기 위해 뜨거운 것을 넣어 보관한다.
③ 건조되지 않아야 할 식품은 밀폐된 용기에 넣어 보관한다.
④ 식품마다 적정한 냉각온도가 다르므로 식품 넣는 장소에 주의한다.

뜨거운 것을 냉장고에 넣을 때는 식힌 후 넣어야 한다.

★★★
27 다음 중 배식하기 전 음식이 식지 않도록 보관하는 온장고내의 유지 온도로 가장 적합한 것은?

① 15~20℃   ② 35~40℃
③ 65~70℃   ④ 105~110℃

배식하기 전 음식이 식지 않도록 65~70℃ 정도의 온장고에 보관하는 것이 좋다.

★★
28 뜨거워진 공기를 팬(fan)으로 강제 대류시켜 균일하게 열이 순환되므로 조리시간이 짧고 대량조리에 적당하나 식품표면이 건조해지기 쉬운 조리기기는?

① 틸팅튀김팬(Tilting Fry Pan)
② 튀김기(Fryer)
③ 증기솥(Steam Kettles)
④ 컨벡션 오븐(Convectioin Oven)

컨벡션 오븐은 전기를 이용하여 발생한 뜨거운 열을 팬으로 강제 대류시켜 조리하는 조리기로 대량조리에 적당하나 식품표면이 건조해지기 쉬운 단점이 있다.

chapter 04

정답 22 ② 23 ① 24 ③ 25 ④ 26 ② 27 ③ 28 ④

Section 02 | 조리장 시설 및 설비관리   **249**

29 급식조리용 기기 중에서 고온, 고압에 의해 빠른 시간 내에 다량의 음식을 끓이고 데치고 볶아낼 수 있는 조리기기는?

① 전기오븐   ② 스팀 솥
③ 스팀오븐   ④ 전기솥

스팀 솥은 고온, 고압의 증기로 밥을 짓거나 찜요리, 다량의 음식을 데치고 볶아낼 수 있는 조리기기이다.

30 다량으로 전, 부침개 등을 조리할 때 사용되는 기기로서 열원은 가스이며 불판 밑에 버너가 있는 가열기기는?

① 그리들   ② 살라만다
③ 만능조리기   ④ 가스레인지 오븐

그리들(griddle)은 두꺼운 철판에 하부에서 열을 가하여 전, 부침개, 달걀요리, 팬케이크 등을 조리할 때 사용한다.

31 조리용 기기의 사용법이 틀린 것은?

① 필러(peeler) : 채소 다지기
② 슬라이서(slicer) : 일정한 두께로 썰기
③ 세미기 : 쌀 세척하기
④ 블랜더(blender) : 액체 교반하기

필러는 당근, 감자, 무 등의 껍질을 벗기는 도구이다. 채소 등을 다지는 기구는 초퍼이다.

32 다음 중 조리용 기기 사용이 틀린 것은?

① 필러(Peeler) : 감자, 당근 껍질 벗기기
② 슬라이서(Slicer) : 쇠고기 갈기
③ 세미기 : 쌀의 세척
④ 믹서 : 재료의 혼합

슬라이서는 육류나 햄 등을 얇게 써는 기구이다.

33 조리용 소도구의 용도가 옳은 것은?

① 믹서 (Mixer) - 재료를 다질 때 사용
② 휘퍼 (Whipper) - 감자 껍질을 벗길 때 사용
③ 필러 (Peeler) - 골고루 섞거나 반죽할 때 사용

④ 그라인더 (Grinder) - 쇠고기를 갈 때 사용

• 믹서 : 골고루 섞거나 반죽할 때 사용하며 블랜더, 쥬서도 같은 용도이다.
• 휘퍼 : 달걀을 거품내거나 반죽할 때 사용한다.
• 필러 : 당근, 감자, 무 등의 껍질을 벗기는 기구이다.

34 다음의 용도에 알맞은 기기는?

조리 준비를 위해 식품의 뒤섞기, 젓기, 혼합하기, 거품내기, 크림 등을 만들 수 있다.

① 믹서   ② 번철
③ 토스터   ④ 필러

식품의 섞기, 젓기, 혼합하기, 거품내기 등을 하는 조리기기는 믹서이다.

35 시설위생을 위한 사항으로 적합하지 않은 것은?

① 주방냄비를 세척 후 열처리를 해둔다.
② 주방의 천정, 바닥, 벽면도 주기적으로 청소한다.
③ 나무 도마는 사용 후 깨끗이 하고 일광소독을 하도록 한다.
④ deep fryer의 경우 기름은 매주 뽑아내어 걸러 찌꺼기가 남아있는 일이 없도록 한다.

deep fryer는 식품을 튀기는 기기로, 사용 후에는 기름을 뽑아내어 찌꺼기가 남아있지 않도록 해야 한다.

36 조리장 내에서 사용되는 기기의 주요 재질별 관리 방법으로 부적합한 것은?

① 알루미늄제 냄비는 거친 솔을 사용하여 알칼리성 세제로 닦는다.
② 주철로 만든 국솥 등은 수세 후 습기를 건조시킨다.
③ 스테인리스 스틸제의 작업대는 스펀지를 사용하여 중성세제로 닦는다.
④ 철강제의 구이 기계류는 오물을 세제로 씻고 습기를 건조시킨다.

알루미늄제 냄비는 부드러운 솔을 사용하여 중성 세제로 닦는다.

정답 ▶ 29 ② 30 ① 31 ① 32 ② 33 ④ 34 ① 35 ④ 36 ①

Korea food Cook Certification

SECTION 03 전분의 조리

[출제문항수 : 1~2문제] 조리이론은 모두가 중요한 부분이며, 전반적으로 고르게 출제가 됩니다. 그 중에서도 전분은 호화, 노화, 호정화, 당화 등 출제빈도가 높은 부분이 많습니다. 이론과 기출문제 위주로 확실하게 학습하시기 바랍니다.

01 전분의 구조

1 전분의 특성

① 전분은 식물 조직에 함유되어 있는 대표적인 저장 다당류로, 아밀로오스와 아밀로펙틴으로 이루어져 있다.

② 달지는 않지만 온화한 맛을 준다.

③ 찬물에 쉽게 녹지 않으며, 더운물에서는 부풀어 호화된다.

④ 가열하면 팽윤되어 점성을 갖는다.

⑤ 식혜, 엿 등은 전분의 효소작용을 이용한 식품이다.

2 아밀로오스와 아밀로펙틴

구분	아밀로오스(Amylose)	아밀로펙틴(Amylopectin)
구성성분	포도당	
결합구조	• 직쇄상 구조 • $\alpha-1, 4$결합	• 직쇄상의 기본구조에 포도당이 가지를 친 측쇄(곁사슬)를 가진 구조 • $\alpha-1, 4$결합과 $\alpha-1, 6$ 결합
요오드반응	청색	보라색
호화, 노화	빠르다	느리다

Check Up 영역

> ▶ 찹쌀과 멥쌀의 전분구성
> • 멥쌀, 일반곡물 : 아밀로오스 20% 정도, 아밀로펙틴 80% 정도
> • 찹쌀, 찰옥수수 : 아밀로펙틴 100%

chapter 04

02 전분의 호화

1 전분의 호화(糊化, Gelatinization, α-화)

① 전분에 물을 넣고 가열하면 전분층을 형성하고 있는 미셀(micelle) 구조에 물이 침투하여 팽윤되고, 70~75℃ 정도에서 미셀구조가 파괴되어 전분입자의 형태는 없어지고 점성이 높은 반투명의 콜로이드* 상태로 되는 현상이다.

　⃞예 생쌀에 물을 넣고 가열하여 밥이 되는 현상

② 물과 가열에 의하여 β-전분(생 전분)이 α-전분(익은 전분)으로 변화하는 현상이다.

$$\beta \text{ 전분(생 전분) + 물} \xrightarrow{\text{가열}} \alpha\text{전분(익은 전분)}$$

③ 호화된 전분은 소화 효소의 작용을 받기 쉬워 소화가 잘 된다.

> ▶ 콜로이드
> 보통 현미경으로 관찰할 수 없는 크기의 입자가 어느 정도 균일하게 분산되어 있는 상태
> ⃞예 우유, 된장국, 수프 등

② 전분의 호화에 영향을 주는 요인

호화속도	조건
빠르다 (호화촉진)	• 온도가 높을수록 • 전분의 입자가 클수록 • 아밀로오스 함량이 많을수록 • 수분함량 많을수록 • 알칼리성
느리다 (호화지연)	• 호화촉진 조건의 반대 경우 • 아밀로펙틴 함량이 많을수록 • 설탕, 산, 소금

03 전분의 노화(Retrogradation, β-화)

① 전분의 노화

① 호화된 전분이 실온에서 오랫동안 방치되면 원래의 결정 상태로 되돌아가 부분적으로 결정화되는 현상

> ⓔ 밥, 떡 등이 실온이나 냉장 온도에서 딱딱하게 굳어진다.

② 익은 전분(α-전분)이 날 전분(β-전분)으로 변화되는 현상

③ 노화된 전분은 맛과 질감이 저하된다.

② 전분의 노화에 영향을 주는 요인

① 아밀로오스 함량이 많을수록 노화되기 쉽고, 아밀로펙틴 함량이 많을수록
> (ⓔ 찹쌀) 노화되기 어렵다.

② 수분 함량 30~60%, 온도 0~5℃에서 가장 잘 일어난다.

③ pH가 산성일 때 노화가 촉진된다. (산은 노화를 촉진시킨다.)

③ 전분의 노화 억제 방법

① 수분 함량 감소 : 수분 함량을 10~15% 이하로 감소시킨다.(굽기, 튀기기)
> ⓔ 라면, 건빵 등

② 탈수제의 역할을 하는 설탕 첨가 ⓔ 양갱, 케이크 등

③ 온도 조절 : 0℃ 미만(급속냉동) 또는 60℃ 이상(보온)에서 저장
> ⓔ 냉동 떡, 보온밥통에 보관된 밥 등
> 냉장보관이 아님

④ 유화제를 사용하면 노화가 억제된다.

Check Up

▶ 호화와 노화의 과정

생전분 (β전분)

호화 │ 물+가열

익은전분 (α전분)

노화 │ 실온, 냉장

생전분 (β전분)

1 전분의 호정화 (dextrinization)

① 전분에 물을 가하지 않고 160~170℃ 이상의 고온으로 가열하면 가용성 전분이 된 다음 호정(덱스트린)으로 변화되는데, 이 과정을 '호정화'라고 한다.

② 물리적 변화만을 일으키는 호화와 다르게, 가수분해와 같은 화학적 변화가 일어난다.

③ 전분보다 분자량이 적은 덱스트린*으로 분해되기 때문에 용해성이 증가하고 점성은 낮아지며, 소화효소의 작용을 받기 쉬워진다.

④ 색과 풍미가 바뀌어 비효소적 갈변이 일어난다.

⑤ 호정화는 곡류를 볶을 때, 토스트를 만들 때, 쌀이나 옥수수 등을 튀긴 팽화 식품에서 볼 수 있다.

　⑩ 미숫가루, 누룽지, 토스트, 뻥튀기, 팝콘 등

▶ 덱스트린(Dextrin)
포도당과 맥아당을 제외한 전분의 가수분해물을 총칭하여 덱스트린 또는 호정이라 한다.

2 전분의 당화

① 전분에 산 또는 효소를 작용시켜 포도당, 맥아당 및 각종 덱스트린으로 가수분해하는 과정을 '당화'라 한다.

② 당화를 통하여 생성된 분해물들은 물에 녹고 단맛을 가지고 있어 전분당이라 하며 물엿, 결정포도당, 이성화당 등이 있다.

③ 주로 효소에 의한 가수분해법이 많이 사용된다.

④ 식혜, 물엿, 조청 등의 제조에 당화가 사용된다.

⑤ 가수분해에 이용되는 효소 : α-아밀라아제, β-아밀라아제

α-amylase (액화효소)	• 전분을 무작위적으로 가수분해하여 덱스트린, 맥아당, 포도당을 생성하는 효소이다. • 전분의 α-1, 4결합을 가수분해한다. 　(α-1, 6결합은 가수분해하지 못한다.) • 발아중인 곡류의 종자에 많이 들어 있다. • 최적온도 : 48~51℃
β-amylase (당화효소)	• 전분 분자를 맥아당(말토오스) 단위로 가수분해하여 덱스트린, 맥아당 등을 생성하는 효소이다. • 엿기름, 감자류, 콩류 등에 들어 있다. • 최적온도 : 50~60℃

Check Up

▶ 식혜
• 엿기름으로 쌀의 전분을 부분적으로 당화시킨 음식이다.
• 엿기름에는 밥을 삭힐 수 있는 β-아밀라아제가 많이 들어 있다.
• 맥아당(엿당)은 전통적으로 제조한 식혜에서 맥아의 효소작용으로 단맛을 내는 중요한 물질이다.
• β-아밀라아제의 작용을 활발하게 하기 위하여 당화온도를 50~60℃에 맞춘다.
• 밥의 전분이 당으로 분해되어 용출되므로 밥알이 가벼워져 뜨게 된다.
• 식혜 물에 뜨기 시작한 밥알은 건져내어 냉수에 헹구어 놓았다가 차게 식힌 식혜에 띄워 낸다.

chapter 04

1 ★★★
전분에 대한 설명으로 틀린 것은?

① 찬물에 쉽게 녹지 않는다.
② 달지는 않으나 온화한 맛을 준다.
③ 동물 체내에 저장되는 탄수화물로 열량을 공급한다.
④ 가열하면 팽윤되어 점성을 갖는다.

전분은 식물체에 의하여 합성되는 다당류로 찬물에 쉽게 녹지 않으며, 더운물에서는 부풀어 호화되며, 가열하면 팽윤되어 점성을 가진다. 동물 체내에 저장되는 다당류는 글리코겐으로 필요할 때 포도당으로 분해되어 에너지를 공급한다.

2 ★★★★★
아밀로펙틴만으로 구성된 것은?

① 고구마 전분
② 멥쌀 전분
③ 보리전분
④ 찹쌀 전분

찹쌀의 전분은 아밀로펙틴만으로 이루어져 있다.

3 ★★★
아밀로펙틴에 대한 설명으로 틀린 것은?

① 찹쌀은 아밀로펙틴으로만 구성되어 잇다.
② 기본단위는 포도당이다.
③ α-1, 4 결합과 α-1, 6 결합으로 되어 있다.
④ 요오드와 반응하면 갈색을 띤다.

아밀로펙틴은 요오드와 반응하면 보라색을 띤다.

4 ★★
탄수화물의 조리가공 중 변화되는 현상과 가장 관계 깊은 것은?

① 거품생성   ② 호화
③ 유화   ④ 산화

호화는 전분(탄수화물)에 물을 넣고 가열하면 전분 입자가 물을 흡수하여 크게 팽창하며 반투명의 콜로이드 상태로 되는 현상을 말한다.

5 ★★
전분의 호화에 대한 설명으로 맞는 것은?

① α-전분이 β-전분으로 되는 현상이다.
② 전분의 미셀(Micelle)구조가 파괴된다.
③ 온도가 낮으면 호화시간이 빠르다.
④ 전분이 덱스트린(Dextrin)으로 분해되는 과정이다.

① β-전분(날 전분)이 α-전분(익은 전분)으로 되는 현상이다.
③ 호화온도가 높을수록 호화시간이 빠르다.
④ 전분이 덱스트린으로 분해되는 과정은 호정화이다.

6 ★★★
쌀 전분을 빨리 α-화 하려고 할 때 조치사항은?

① 아밀로펙틴 함량이 많은 전분을 사용한다.
② 수침시간을 짧게 한다.
③ 가열온도를 높인다.
④ 산성의 물을 사용한다.

① 아밀로오스 함량이 많을수록, ② 수분함량이 많을수록, ③ 온도가 높을수록, ④ 알칼리성일 때 호화(α-화)가 촉진된다.

7 ★★★
전분의 호화와 점성에 대한 설명 중 옳은 것은?

① 곡류는 서류보다 호화온도가 낮다.
② 전분의 입자가 클수록 빨리 호화된다.
③ 소금은 전분의 호화와 점도를 촉진시킨다.
④ 산 첨가는 가수분해를 일으켜 호화를 촉진시킨다.

① 곡류는 서류보다 호화온도가 높다.
③ 소금은 전분의 호화와 점도를 억제한다.
④ 산은 호화를 방해하고 알칼리는 호화를 촉진시킨다.

8 ★★★
샌드위치를 만들고 남은 식빵을 냉장고에 보관할 때 식빵이 딱딱해지는 원인물질과 그 현상은?

① 단백질 - 젤화
② 지방 - 산화
③ 전분 - 노화
④ 전분 - 호화

식빵의 전분이 노화되면 빵 특유의 탄력성이 없어져 딱딱해지며, 맛과 향기도 좋지 않게 변한다.

정답 ▶ 1③ 2④ 3④ 4② 5② 6③ 7② 8③

9 노화가 잘 일어나는 전분은 다음 중 어느 성분의 함량이 높은가? ★★★

① 아밀로오스(amylose)
② 아밀로펙틴(amylopectin)
③ 글리코겐(glycogen)
④ 한천(agar)

아밀로오스 함량이 높은 전분은 노화가 빨리 일어나고, 아밀로펙틴의 함량이 높은 전분은 노화가 천천히 일어난다.

10 찹쌀떡이 멥쌀떡보다 더 늦게 굳는 이유는? ★★★

① pH가 낮기 때문에
② 수분함량이 적기 때문에
③ 아밀로오스의 함량이 많기 때문에
④ 아밀로펙틴의 함량이 많기 때문에

찹쌀의 전분은 아밀로펙틴으로만 이루어져 노화가 잘 일어나지 않는다.

11 전분의 노화에 영향을 미치는 인자에 대한 설명 중 틀린 것은? ★★★

① 수분함량 10% 이하인 경우 노화가 잘 일어나지 않는다.
② 노화가 가장 잘 일어나는 온도는 0~5℃이다.
③ 아밀로오스 함량이 많은 전분일수록 노화가 빨리 일어난다.
④ 다량의 수소 이온은 노화를 저지한다.

수소 이온이 많다는 것은 산성을 나타내는 것으로, 산성에서는 노화가 촉진된다.

12 다음 중 전분이 노화되기 가장 쉬운 온도는? ★★

① 0~5℃   ② 10~15℃
③ 20~25℃   ④ 30~35℃

전분의 노화에 영향을 주는 요인
• 아밀로오스 함량이 많을수록 노화되기 쉽다.
• 수분 함량 : 30~60%에서 잘 일어난다.
• 온도 : 0~5℃에서 가장 잘 일어난다.
• pH : 산성에서 노화가 촉진된다.

13 다음 중 전분의 호화상태를 유지시키는 가장 효율적인 방법은? ★★★

① 염장법
② 일광건조법
③ 급속냉동법
④ 산 저장법

전분의 노화방지법
• 수분함량을 15% 이하로 한다.
• 유화제를 사용한다.
• 설탕을 첨가한다.
• 냉동시키거나 60℃ 이상에서 보관한다.

14 전분 식품의 노화를 억제하는 방법으로 적합하지 않은 것은? ★★★★★

① 설탕을 첨가한다.
② 식품을 냉장 보관한다.
③ 식품의 수분함량을 15% 이하로 한다.
④ 유화제를 사용한다.

전분의 노화는 0~5℃의 냉장온도에서 빠르게 일어나므로 냉장보관을 피해야 한다.

15 전분의 노화를 억제하는 방법으로 적합하지 않은 것은? ★★★

① 수분함량 조절
② 냉동
③ 설탕의 첨가
④ 산의 첨가

산은 노화를 촉진시키므로 산의 첨가는 노화를 억제하지 못한다.

16 떡의 노화를 방지할 수 있는 방법이 아닌 것은? ★★★★★

① 찹쌀가루의 함량을 높인다.
② 설탕의 첨가량을 늘인다.
③ 급속 냉동시켜 보관한다.
④ 수분함량을 30~60%로 유지한다.

떡은 수분함량 30~60%에서 노화가 잘 일어난다.

chapter 04

17 전분에 물을 가하지 않고 160℃ 이상으로 가열하면 가용성 전분을 거쳐 덱스트린으로 분해되는 반응은 무엇이며, 그 예로 바르게 짝지어진 것은?

① 호화 – 식빵
② 호화 – 미숫가루
③ 호정화 – 찐빵
④ 호정화 – 뻥튀기

전분의 호정화에 대한 설명이며 뻥튀기, 팝콘 등이 있다.

18 미숫가루를 만들 때 건열로 가열하면 전분이 열분해되어 덱스트린이 만들어진다. 이 열분해과정을 무엇이라고 하는가?

① 호화   ② 노화
③ 호정화   ④ 전화

전분에 물을 가하지 않고 160℃ 이상의 고온으로 가열하면 가용성 전분을 거쳐 덱스트린으로 변화되는데, 이 과정을 호정화라고 한다.

19 전분의 호정화에 대한 설명으로 옳지 않은 것은?

① 호정화란 화학적 변화가 일어난 것이다.
② 호화된 전분보다 물에 녹기 쉽다.
③ 전분을 150~190℃에서 물을 붓고 가열할 때 나타나는 변화이다
④ 호정화 되면 덱스트린이 생성된다.

전분의 호정화는 전분에 물을 넣지 않고, 고온에서 가열할 때 나타나는 변화이다.

20 전분에 효소를 작용시키면 가수분해되어 단맛이 증가하여 조청, 물엿이 만들어지는 과정은?

① 호화   ② 노화
③ 호정화   ④ 당화

전분에 산이나 효소를 이용하여 가수분해하면 단맛이 증가하는데 이를 당화라고 한다.

21 α-amylase에 대한 설명으로 틀린 것은?

① 전분의 α-1, 4 결합을 가수분해 한다.
② 전분으로부터 덱스트린을 형성한다.
③ 발아중인 곡류의 종자에 많이 있다.
④ 당화 효소라고 한다.

• α-amylase : 액화효소
• β-amylase : 당화효소

22 식혜를 만드는 과정에서 밥과 엿기름을 섞은 후 보온을 유지하게 된다. 이 과정의 조리과학적 설명으로 옳지 않은 것은?

① 엿기름 내의 β-amylase의 작용이 활발하도록 최적 온도를 유지하는 것이다.
② β-amylase가 작용하면 전분이 맥아당으로 당화하여 단맛이 증가한다.
③ 당화효소인 β-amylase의 최적온도인 40℃에서 보온해야 한다.
④ 밥의 전분이 당으로 분해되어 용출되므로 밥알이 가벼워져 뜰 수 있게 된다.

당화효소인 β-amylase의 최적온도인 50~60℃에서 보온해야 한다.

23 전통적인 식혜 제조방법에서 엿기름에 대한 설명이 잘못된 것은?

① 엿기름의 효소는 수용성이므로 물에 담그면 용출된다.
② 엿기름을 가루로 만들면 효소가 더 쉽게 용출된다.
③ 엿기름가루를 물에 담가 주면서 주물러 주면 효소가 더 바쁘게 용출된다.
④ 식혜 제조에 사용되는 엿기름의 농도가 낮을수록 당화 속도가 빨라진다.

엿기름에 들어 있는 당화효소 β-amylase가 전분 분자를 가수분해하여 맥아당, 덱스트린 등을 생성한다. 따라서 엿기름의 농도가 높다는 것은 당화효소가 많다는 뜻으로 당화 속도가 빨라진다.

정답 ▶ **17** ④ **18** ③ **19** ③ **20** ④ **21** ④ **22** ③ **23** ④

24 식혜를 만들 때 엿기름을 당화시키는데 가장 적합한 온도는?

① 10~20℃ 　　　　② 30~40℃
③ 50~60℃ 　　　　④ 70~80℃

엿기름에 들어 있는 당화효소 β-아밀라아제는 50~60℃에서 가장 활발하게 작용한다.

25 호화와 노화에 대한 설명으로 옳은 것은?

① 쌀과 보리는 물이 없어도 호화가 잘된다.
② 떡의 노화는 냉장고보다 냉동고에서 더 잘 일어난다.
③ 호화된 전분을 80℃ 이상에서 급속건조하면 노화가 촉진된다.
④ 설탕의 첨가는 노화를 지연시킨다.

① 쌀이나 보리는 수분이 많을수록 호화가 잘된다.
② 냉장 온도에서 떡의 노화가 가장 잘 일어난다.
③ 호화된 전분의 수분함량을 10~15%로 건조하거나, 60℃ 이상으로 보관하면 전분의 노화를 억제시킬 수 있다.
④ 설탕의 첨가는 탈수제의 역할을 하여 노화를 지연시킨다.

26 전분의 변화에 대한 설명으로 옳은 것은?

① 호정화란 전분에 물을 넣고 가열시켜 전분입자가 붕괴되고 미셀구조가 파괴되는 것이다.
② 호화란 전분을 묽은 산이나 효소로 가수분해 시키거나 수분이 없는 상태에서 160~170℃로 가열하는 것이다.
③ 전분의 노화를 방지하려면 호화전분을 0℃ 이하로 급속 동결 시키거나 수분을 15% 이하로 감소시킨다.
④ 아밀로오스의 함량이 많은 전분이 아밀로펙틴이 많은 전분보다 노화되기 어렵다.

① 호화란 전분에 물을 넣고 가열하면 전분의 미셀구조가 파괴되며 점성과 투명도가 큰 콜로이드상태로 되는 것이다.
② 당화는 전분을 산이나 효소로 가수분해하는 것이며, 호정화는 전분에 물을 가하지 않고 160℃ 이상의 고온으로 가열하는 것이다.
④ 아밀로펙틴이 많은 전분이 노화되기 어렵다.

27 ( )에 알맞은 용어가 순서대로 나열된 것은?

당면은 감자, 고구마, 녹두 가루에 첨가물을 혼합, 성형하여 ( )한 후 건조, 냉각하여 ( )시킨 것으로 반드시 열을 가해 ( )하여 먹는다.

① α화 - β화 - α화
② α화 - α화 - β화
③ β화 - β화 - α화
④ β화 - α화 - β화

α화는 호화를 말하고 β화는 노화 또는 생전분화를 말한다.
당면은 성형하여 α화(호화)한 후 건조·냉각하여 β화(노화)시킨 제품이며 먹을 때는 반드시 열을 가해 α화하여 먹는다.

chapter 04

Korea food Cook Certification

곡류의 조리 및 가공

[출제문항수 : 1~2문제]
이 섹션에서는 쌀과 보리, 그리고 밀가루를 학습합니다. 밀가루의 조리부분이 가장 출제빈도가 높은 편이니 집중하여 공부하시기 바랍니다.

01 쌀과 보리의 조리

1 쌀

1) 벼의 구조

왕겨, 쌀겨층, 배유, 배아로 구성된다.

쌀겨 (호분층)	• 단백질, 지질, 비타민, 무기질, 효소 등이 풍부하지만 섬유소가 많고 단단하여 소화가 잘되지 않는다. 미강층이라고도 한다.
배유 (전분층)	• 전분이 많고 섬유소가 적어 소화 · 흡수율이 쌀겨층보다 높다. • 쌀에서 식용으로 사용되는 부분이다.
배아 (쌀눈)	• 비타민, 지방산, 미네랄 등이 많이 함유되어 있으며, 특히 비타민 B_1이 많다. • 쌀 영양분의 2/3가 쌀눈에 있다.

2) 현미

① 벼에서 왕겨만 제거한 것으로, 쌀겨층, 배유, 배아로 구성된다.
② 90%의 배유와 8%의 쌀겨층으로 구성된다.

3) 백미

① 현미에서 쌀겨층을 제거하고 배유만 남은 것이다. 영양가가 높은 배아를 제거하여 영양가가 낮다.
② 도정도가 증가할수록 쌀의 빛깔이 좋아지고, 조리 시간이 단축되며, 밥맛과 소화율은 높아지나 영양소의 손실이 커진다.

4) 쌀 가공식품

① 강화미 : 도정을 할 때 비타민 B가 많은 쌀겨층 및 배아를 제거하기 때문에 정백미에 비타민 B_1, 비타민 B_2 등을 첨가한 쌀이다.
② 팽화미 : 쌀을 고압으로 가열하여 급히 분출시킨 것으로 팽화 중에 호화되어 소화가 용이하다. 튀긴 쌀 또는 뻥튀기라고 한다.
③ α-화미 : 쌀을 쪄서 α-화하고 고온에서 급속히 탈수, 건조시켜 만든 식품으로, 끓는 물을 부으면 2~3분 후에 밥이 되는 즉석식품이다.

Check Up

▶ 쌀의 주성분은 탄수화물이고, 대부분이 전분이다.
▶ 쌀에 많이 함유되어 있는 비타민 B군은 수용성 비타민으로 열에 안정적이다.

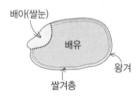

▶ 도정 : 쌀겨층을 제거하는 과정

Check Up

▶ 강화미에는 비타민 B_1, B_2를 가장 우선적으로 강화하며, 비타민 B_3(나이아신), 칼슘, 아미노산 등을 첨가하여 백미의 영양을 강화한다.
→ 우유나 고기 등의 동물성 식품에 있는 비타민 B_{12}는 곡류의 영양소 강화에 사용되지 않는다.

② 보리

① 보리의 고유한 단백질은 호르데인(Hordein)이다.

② 압맥*이나 할맥*은 수분흡수가 빨라 조리가 간편하고 소화율을 높여준다.

③ 맥아(malt, 엿기름)

• 보리나 밀 등의 곡류를 발아시킨 것이다.

• 보리가 발아될 때 생성되는 α-, β-아밀라아제를 이용하여 전분을 액화 및 당화시켜 맥주, 주정, 물엿, 식혜 등을 제조한다.

▶ 할맥(割麥)과 압맥(壓麥)
① 할맥 : 일반 보리쌀은 가운데 깊은 고랑이 있어 외관과 식미를 나쁘게 하므로 골을 따라 절단하고 다시 도정하여 두 개의 보리쌀로 만든 것이다.
② 압맥 : 보리쌀을 가열하여 압편 롤러를 통과시켜 누른 보리쌀을 말한다. 조직이 파괴되어 조리가 용이하고 소화율이 향상된다.

02 밀가루의 조리

① 밀가루의 성분

구분	내용
탄수화물	밀 중량의 70% 정도를 차지하고 있으며 대부분은 전분이고, 나머지는 덱스트린, 셀룰로오스, 당류, 펜토산 등이다.
단백질	• 밀가루 단백질의 대부분은 글루텐으로 약 75%를 차지한다. • 밀가루 단백질인 글루테닌과 글리아딘에 물을 넣어 반죽하면 글루텐이 형성된다. • 이 외에 알부민, 글로불린 등의 단백질이 있다. ※ 글루테닌과 글리아딘은 물에 녹지 않는 비수용성 단백질이다.
기타	지방(1~2%), 회분(무기질), 비타민, 수분 등

② 밀가루의 종류와 용도

밀가루는 밀가루의 탄력성과 점성을 좌우하는 글루텐의 생성 정도에 따라 강력분 (글루텐 형성이 가장 큼), 중력분, 박력분으로 분류한다.

종류	글루텐 함량	성질	용도
강력분 (경질의 밀)	13% 이상	탄력성, 점성, 수분 흡착력이 강하다.	식빵, 마카로니, 스파게티 등
중력분	10~13%	중간 정도의 특성을 가진 다목적용	칼국수면, 만두피 등
박력분 (연질의 밀)	10% 이하	탄력성, 점성, 수분 흡착력이 약하다.	튀김옷, 케이크, 과자류 등

Check Up

▶ 글루텐(Gluten)
① 밀가루에 물을 넣고 반죽하면 형성되는 점탄성을 가진 단백질이다.
② 반죽에서 글루테닌(Glutenin)은 강도를 글리아딘(Gliadin)은 탄성을 강하게 한다.
③ 반죽을 오래 할수록 질기고 점성이 강한 글루텐이 형성된다.
④ 밀가루 제품의 가공특성에 가장 큰 영향을 미치는 성분이다.
⑤ 메밀가루처럼 글루텐이 거의 없어 찰기가 떨어지는 곡류에는 밀가루를 약간 섞어 면을 뽑는다. 이 때 밀가루는 결착제의 역할을 한다.

③ 글루텐 형성에 영향을 미치는 요인

1) 글루텐 형성 촉진 요인

① 물 : 재료들을 잘 섞이도록 하여 글루텐의 형성을 돕는다.

② 달걀 : 달걀 단백질이 가열에 의해 응고되면서 글루텐의 형성을 돕는다.

③ 소금 : 밀가루의 글리아딘의 점성을 강화시키고, 글루텐의 망상 구조를 치밀하게 하여 반죽에 탄성을 높인다.

Check Up

▶ 반죽에서 물의 기능
① 글루텐의 형성을 돕는다.
② 전분의 호화를 돕는다.
③ 소금의 용해를 도와 반죽에 골고루 섞이게 한다.
④ 탄산가스의 형성을 돕는다.
⑤ 다른 여러 가지 재료들을 잘 섞이도록 한다.

2) 글루텐 형성 억제 요인

유지 (지방)	• 연화작용 : 글루텐의 형성을 방해하여 반죽을 부드럽고 연하게 한다. • 팽화작용 : 공기를 포집하여 반죽을 팽창시킨다.
설탕	단백질 수화에 필요한 수분을 설탕이 흡수하여 글루텐의 형성을 억제한다.

④ 밀가루 팽창제

① 팽창제의 종류

물리적 팽창제	• 공기, 수증기 • 반죽 과정의 공기포집, 달걀의 거품, 물의 수증기 등
화학적 팽창제	• 탄산가스(CO_2)를 발생시켜 팽창 • 중조(식소다, 중탄산나트륨), 베이킹파우더
생리적 팽창제	• 탄산가스를 발생시켜 팽창 • 효모(이스트)

② 빵 반죽의 발효 시 가장 적합한 온도는 25~30℃이다.(이스트의 최적온도 : 30℃)

③ 밀가루에는 플라보노이드 색소가 있어서 중조를 팽창제로 사용하면 플라보노이드 색소가 알칼리에 반응하여 황색으로 변색된다.

④ 설탕은 이스트의 먹이로 발효를 촉진시킨다.

⑤ 달걀은 공기를 포집, 기포를 형성하여 팽창제 역할을 한다.

⑤ 밀가루를 이용한 조리

1) 튀김옷

튀김에 입히는 겉 부분을 말하며 주로 밀가루(박력분), 녹말가루, 빵가루 등을 사용한다.

① 글루텐 함량이 많은 강력분을 사용하면 튀김 내부에서 수분이 증발되지 못하므로 바삭하게 튀겨지지 않는다.

② 중력분에 10~30%의 전분을 혼합하면 박력분과 비슷한 효과를 얻을 수 있다.

③ 중조(식소다)를 소량 넣으면 가열 중 탄산가스가 발생하면서 수분도 방출되어 튀김이 바삭해진다.

④ 달걀을 넣으면 달걀 단백질이 열 응고되면서 수분을 방출하거나 수분의 흡수를 방해하여 튀김이 바삭하게 튀겨진다.

⑤ 튀김옷을 반죽할 때 적게 저으면 글루텐 형성을 방지하여 바삭한 튀김을 만들 수 있다.

⑥ 얼음물에 반죽을 하면 점도를 낮게 유지하여 바삭하게 된다.

▶ 반죽물의 온도가 높으면 글루텐 형성이 증가하여 바삭함이 떨어진다.

Check Up

▶ 반죽에서 유지의 연화작용(쇼트닝)
  ① 글루텐의 표면을 둘러싸서 글루텐이 더 이상 길게 성장하지 못하게 하여 반죽을 부드럽고 연하게 하는 작용
  ② 동물성 유지(포화지방산)가 식물성 유지(불포화지방산) 보다 더 효과적이다.
  ③ 기름의 온도가 높을수록 효과가 커진다.
  ④ 달걀의 단백질이 많을수록 쇼트닝 작용은 감소된다.
  ⑤ 반죽횟수와 시간에 비례하여 효과가 커진다.
  • 동물성 유지 : 버터, 쇼트닝, 라드 등
  • 식물성 유지 : 마가린 등

2) 국수

① 끓는 물에 넣는 국수의 양이 지나치게 많아서는 안 된다.

② 국수 무게의 6~7배 정도의 물에서 삶는다.

③ 국수를 넣은 후 물이 다시 끓기 시작하면 찬물을 한 컵 정도 넣는다.

④ 국수가 다 익으면 많은 양의 냉수 또는 얼음물에서 **빠르게** 식혀야 식감이 쫄깃해진다.

⑤ 국수를 삶는 물은 pH 6~7 정도의 일반음용수가 적당하다.

기 출 유 형 ㅣ 따 라 잡 기

★는 출제빈도를 나타냅니다

★★★

1 현미는 벼의 어느 부위를 벗겨낸 것인가?

① 과피와 종피　　② 겨층

③ 겨층과 배아　　④ 왕겨층

현미는 벼에서 왕겨층만 제거한 것으로, 쌀겨층, 배유, 배아로 구성된다.

★★★

2 곡류에 함유되어 있는 비타민의 특징이 아닌 것은?

① 조리가공에 의해 소화·흡수가 증가된다.

② 대부분이 수용성이며 열에 불안정하다.

③ 정곡(도정)에 의해 감소된다.

④ 대부분 비타민 B군이다.

곡류에 함유되어 있는 비타민은 대부분 비타민 B군(특히 B_1)이다. 비타민 B는 수용성 비타민이며 열에 안정하다.

★★

3 쌀의 도정도가 증가할 때 나타나는 현상은?

① 빛깔이 좋아진다.

② 조리시간이 증가한다.

③ 소화율이 낮아진다.

④ 영양분이 증가한다.

도정은 쌀겨층을 제거하는 것을 말하며 도정도가 증가할수록 쌀의 빛깔이 좋아지고, 조리시간이 짧아지며, 밥맛과 소화율은 좋아지지만 영양소의 손실이 커진다.

★★

4 다음 중 쌀 가공식품이 아닌 것은?

① 현미　　② 강화미

③ 팽화미　　④ α-화미

현미는 쌀 가공식품이 아니라 벼에서 왕겨층을 제거한 것이다.

★★

5 강화미에서 가장 우선적으로 강화해야 할 영양소로 짝지어진 것은?

① 비타민 A, 비타민 B_1

② 비타민 D, 칼슘

③ 비타민 B_1, 비타민 B_2

④ 비타민 D, 나이아신

강화미는 백미에 부족한 비타민 B_1과 B_2를 우선적으로 보강하고 이외에 다른 비타민, 아미노산, 칼슘 등을 보강한다.

★★

6 쌀을 지나치게 문질러서 씻을 때 가장 손실이 큰 비타민은?

① 비타민 A　　② 비타민 B_1

③ 비타민 D　　④ 비타민 E

쌀을 지나치게 문질러서 씻으면 수용성 비타민인 비타민 B_1이 손실된다. 비타민 A, D, E는 지용성 비타민이다.

정답 1④ 2② 3① 4① 5③ 6②

7 보리를 할맥 도정하는 이유가 아닌 것은? ★★

① 소화율을 증가시키기 위해
② 조리를 간편하게 하기 위해
③ 수분 흡수를 빠르게 하기 위해
④ 부스러짐을 방지하기 위해

> 할맥도정은 섬유소를 제거한 것으로 조리가 간편하고 수분흡수가 빨라지며 소화율도 좋아진다.

8 글루텐을 형성하는 단백질을 가장 많이 함유한 것은? ★★★

① 밀   ② 쌀
③ 보리   ④ 옥수수

> 글루텐을 형성하는 단백질은 밀에 가장 많이 함유되어 밀가루로 만들어 사용한다.

9 밀가루를 물로 반죽하여 면을 만들 때 반죽의 점성에 관계하는 주성분은? ★★★★★

① 글로불린(globuiln)
② 글루텐(gluten)
③ 아밀로펙틴(amylopectin)
④ 덱스트린(dextrin)

> 밀가루에 들어 있는 글리아딘과 글루테닌 단백질에 물을 넣어 반죽하면 글루텐을 형성하여 탄력성과 점성을 갖게 된다.

10 메밀국수에 밀가루를 섞어 쓰는 주요 용도는? ★★★

① 결착제   ② 팽창제
③ 영양강화제   ④ 기포제

> 메밀가루는 글루텐의 함량이 거의 없어 찰기가 떨어지므로 밀가루를 약간 섞어 찰기를 보충하여 면을 뽑는다. 따라서 밀가루는 결착제의 역할을 한다.

11 박력분에 대한 설명으로 맞는 것은? ★★★★

① 경질의 밀로 만든다.
② 다목적으로 사용된다.
③ 탄력성과 점성이 약하다.

④ 마카로니, 식빵 제조에 알맞다.

> ① 박력분은 연질의 밀로 만든다.
> ② 다목적으로 사용되는 밀가루는 중력분이다.
> ④ 마카로니, 식빵 등의 제조에 사용되는 밀가루는 강력분이다.

12 전통적으로 비스킷 및 튀김의 제품적성에 가장 적당한 밀가루는? ★★★

① 반강력분   ② 박력분
③ 강력분   ④ 중력분

> 비스킷 등의 과자류와 튀김 등에는 박력분을 사용한다.

13 가정에서 많이 사용되는 다목적 밀가루는? ★★★

① 강력분   ② 중력분
③ 박력분   ④ 초강력분

> 가정에서 가장 많이 사용되는 다목적 밀가루는 중력분이다.
> • 강력분 : 식빵, 마카로니 등
> • 중력분 : 칼국수, 만두피 등
> • 박력분 : 쿠기, 케이크, 튀김옷 등

14 글루텐 형성 능력이 가장 큰 밀가루는? ★★★★

① 중력분   ② 강력분
③ 약력분   ④ 박력분

> 글루텐의 함량에 따라
> 강력분(13% 이상) > 중력분(10~13%) > 박력분(9% 이하)

15 강력분을 사용하지 않는 것은? ★★★

① 케이크   ② 식빵
③ 마카로니   ④ 피자

> • 강력분 : 식빵, 마카로니 등
> • 중력분 : 칼국수, 만두피 등
> • 박력분 : 쿠기, 케이크, 튀김옷 등

정답 ▶ **7** ④ **8** ① **9** ② **10** ① **11** ③ **12** ② **13** ② **14** ② **15** ①

16 밀가루 반죽에 사용되는 물의 기능이 아닌 것은?

① 탄산가스 형성을 촉진한다.
② 소금의 용해를 도와 반죽에 골고루 섞이게 한다.
③ 글루텐의 형성을 돕는다.
④ 전분의 호화를 방지한다.

물은 전분의 호화를 돕는다.

17 밀가루로 빵을 만들 때 첨가하는 다음 물질 중 글루텐(Gluten) 형성을 도와주는 것은?

① 설탕   ② 지방
③ 중조   ④ 달걀

달걀은 가열하면 달걀 단백질이 응고되면서 글루텐의 형성을 도와준다. 지방이나 설탕은 글루텐 형성을 방해하는 물질이다.

18 밀가루를 반죽할 때 연화(쇼트닝)작용과 팽화작용의 효과를 얻기 위해 넣는 것은?

① 소금   ② 지방
③ 달걀   ④ 이스트

유지(지방)는 밀가루 반죽에서 글루텐이 더 이상 길게 성장하지 못하게 하여 반죽을 부드럽고 연하게 만드는 연화작용을 한다. 또한 반죽 중에 공기를 포집하여 팽창시키는 팽화작용도 한다.

19 밀가루 반죽 시 지방의 연화작용에 대한 설명으로 틀린 것은?

① 포화지방산으로 구성된 지방이 불포화지방산보다 효과적이다.
② 기름의 온도가 높을수록 쇼트닝 효과가 커진다.
③ 반죽횟수 및 시간과 반비례한다.
④ 난황이 많을수록 쇼트닝 작용이 감소된다.

밀가루 반죽 시 지방의 연화작용은 반죽횟수 및 시간에 비례한다.

20 약과를 반죽할 때 필요 이상으로 기름과 설탕을 넣으면 어떤 현상이 일어나는가?

① 매끈하고 모양이 좋아진다.
② 튀길 때 둥글게 부푼다.
③ 튀길 때 모양이 풀어진다.
④ 켜가 좋게 생긴다.

기름과 설탕은 반죽에서 글루텐 형성을 억제하기 때문에 약과를 반죽할 때 기름과 설탕이 너무 많이 들어가면 튀길 때 모양이 풀어진다.

21 밀가루 반죽 시 넣는 첨가물에 관한 설명으로 옳은 것은?

① 유지는 글루텐 구조형성을 방해하여 반죽을 부드럽게 한다.
② 소금은 글루텐 단백질을 연화시켜 밀가루 반죽의 점탄성을 떨어뜨린다.
③ 설탕은 글루텐 망사구조를 치밀하게 하여 반죽을 질기고 단단하게 한다.
④ 달걀을 넣고 가열하면 단백질의 연화작용으로 반죽이 부드러워진다.

유지와 설탕은 글루텐 형성을 억제하여 반죽을 부드럽게 하고, 소금과 달걀은 글루텐 형성을 촉진하여 점탄성을 강하고 딱딱하게 만든다.

22 다음 중 빵 반죽의 발효 시 가장 적합한 온도는?

① 15~20℃   ② 25~30℃
③ 45~50℃   ④ 55~60℃

효모(Yeast)의 발효 최적 온도는 25~30℃이다.

23 밀가루 제품에서 팽창제의 역할을 하지 않는 것은?

① 소금   ② 달걀
③ 이스트   ④ 베이킹파우더

효모(이스트)와 베이킹파우더는 대표적인 팽창제이고 달걀은 엔젤케이크나 머랭 등의 제품에서 팽창제로 사용된다.

정답 ▶ 16 ④ 17 ④ 18 ② 19 ③ 20 ③ 21 ① 22 ② 23 ①

24 식소다(baking soda)를 넣어 만든 빵의 색깔이 누렇게 되는 이유는?

① 밀가루의 플라본 색소가 산에 의해서 변색된다.
② 밀가루의 플라본 색소가 알칼리에 의해서 변색된다.
③ 밀가루의 안토시아닌 색소가 가열에 의해서 변색된다.
④ 밀가루의 안토시아닌 색소가 시간이 지나면서 퇴색된다.

> 밀가루에는 플라보노이드(플라본) 색소가 있어 식소다(알칼리성)를 넣으면 황색으로 변한다.

25 튀김옷에 대한 설명으로 잘못된 것은?

① 글루텐의 함량이 많은 강력분을 사용하면 튀김 내부에서 수분이 증발되지 못하므로 바삭하게 튀겨지지 않는다.
② 달걀을 넣으면 달걀 단백질이 열 응고됨으로써 수분을 방출하므로 튀김이 바삭하게 튀겨진다.
③ 식소다를 소량 넣으면 가열 중 이산화탄소를 발생함과 동시에 수분도 방출되어 튀김이 바삭해진다.
④ 튀김옷에 사용하는 물의 온도는 30℃ 전후로 해야 튀김옷의 점도를 높여 내용물을 잘 감싸고 바삭해진다.

> 물의 온도가 높으면 글루텐 형성이 증가하여 바삭함이 떨어진다. 튀김옷 반죽의 물 온도는 낮은 온도나 얼음물로 반죽한다.

26 튀김옷의 재료에 관한 설명으로 틀린 것은?

① 중조를 넣으면 탄산가스가 발생하면서 수분도 증발되어 바삭하게 된다.
② 달걀을 넣으면 달걀 단백질의 응고로 수분 흡수가 방해되어 바삭하게 된다.
③ 글루텐 함량이 높은 밀가루가 오랫동안 바삭한 상태를 유지한다.
④ 얼음물에 반죽을 하면 점도를 낮게 유지하여 바삭하게 된다.

> 튀김옷에 사용하는 밀가루는 글루텐 함량이 낮은 박력분을 사용해야 밀가루가 오랫동안 바삭함을 유지할 수 있다.

27 국수를 삶는 방법으로 부적합한 것은?

① 끓는 물에 넣는 국수의 양이 지나치게 많아서는 안 된다.
② 국수 무게의 6~7배 정도의 물에서 삶는다.
③ 국수를 넣은 후 물이 다시 끓기 시작하면 찬물을 넣는다.
④ 국수가 다 익으면 많은 양의 냉수에서 천천히 식힌다.

> 국수가 익으면 꺼내어 많은 양의 냉수에서 단시간에 냉각시켜야 면이 쫄깃해진다.

28 곡류의 특성에 관한 설명으로 틀린 것은?

① 곡류의 호분층에는 단백질, 지질, 비타민, 무기질, 효소 등이 풍부하다.
② 멥쌀의 아밀로오스와 아밀로펙틴의 비율은 보통 80 : 20이다.
③ 밀가루로 면을 만들었을 때 잘 늘어나는 이유는 글루텐성분의 특성 때문이다.
④ 맥아는 보리의 싹을 틔운 것으로서 맥주제조에 이용된다.

> 멥쌀의 아밀로오스와 아밀로펙틴의 비율은 보통 20 : 80이다.

29 곡류에 관한 설명으로 옳은 것은?

① 강력분은 글루텐의 함량이 13% 이상으로 케이크 제조에 알맞다.
② 박력분은 글루텐의 함량이 10% 이하로 과자, 비스킷 제조에 알맞다.
③ 보리의 고유한 단백질은 오리제닌(Oryzenin)이다.
④ 압맥·할맥은 소화율을 저하시킨다.

> ① 강력분은 글루텐 함량 13% 이상으로 식빵 제조에 알맞다.
> ③ 보리의 고유한 단백질은 호르데인(Hordein)이다.
> ④ 압맥이나 할맥은 소화율을 좋게 만들어 준다.

SECTION 05 두류와 서류의 조리 및 가공

[출제문항수 : 1~2문제] 이 섹션은 두류와 서류의 조리에 대한 부분으로서 두류의 특성과 두부가공품(특히 두부)에 대한 출제빈도가 높은 편입니다.

01 두류의 조리

1 두류의 특징 및 특성

① 콩 단백질은 주로 글로불린(globulin)에 속하는 글리시닌(glycinin)이다.

② 글리시닌은 필수아미노산*을 골고루 함유하고 있다.

③ 콩을 익히면 단백질의 소화율과 이용률이 좋아진다.

▶ 날콩에는 트립신 저해제(안티트립신)가 함유되어 생식할 경우 단백질 효율이 떨어진다.

④ 대두와 팥에는 사포닌 성분이 있어 거품을 내며, 용혈작용*이 있으나 가열하면 파괴된다.

⑤ 두유에 염화마그네슘, 탄산칼슘 등을 첨가하여 단백질을 응고시킨 것이 두부이다.

⑥ 콩이나 콩나물을 삶을 때 뚜껑을 닫으면 산소를 차단하여 콩 비린내 생성을 방지할 수 있다.

⑦ 완두콩을 조리할 때 적당량의 황산구리를 첨가하면 녹색을 보다 선명하게 보유할 수 있다.

2 두류의 분류

구분	특징	식품
단백질과 지질 함량이 높은 것	• 식용유지의 원료로 이용	대두, 땅콩 등
단백질과 당질 함량이 높은 것	• 전분을 추출하여 떡이나 과자의 소나 고물로 이용 • 전분이 많아 가열하면 쉽게 무름	팥, 녹두, 강낭콩, 동부콩 등
채소의 성질을 가진 것	• 비타민 C 함량이 비교적 높음	풋완두, 껍질콩

① 흰콩이나 검정콩은 물에 5~6시간 정도 담그면 본래 콩 무게의 90~100%의 물을 흡수한다.

② 팥은 흡수시간이 너무 길어 부패될 우려가 있어 물에 불리지 않고 바로 가열한다.

③ 팥은 삶을 때 물이 끓으면 그 물을 버리고 다른 물을 부어서 끓여야 한다.

▶ 팥의 사포닌은 알칼로이드 성분으로 특유의 쓸쓸한 맛과 위장이 약한 사람의 경우 배탈이 날 수 있으므로 처음 삶은 물은 버리는 것이 좋다.

▶ 필수아미노산
이소류신, 류신, 라이신, 발린, 메티오닌, 페닐알라닌, 트레오닌, 트립토판, 알기닌, 히스티딘

▶ 용혈작용(용혈독성)
적혈구를 용해시키는 작용이다. 즉, 적혈구의 막을 용해시켜 내부의 헤모글로빈이 방출되어 산소운반체가 없어지고, 최악의 경우에는 사망할 수도 있다. 사포닌이 가진 독성이다.

▶ 피트산(Phytic acid)
• 콩 식품 중에 1~1.5% 함유되어 있다.
• 칼슘, 마그네슘, 철, 아연, 망간과 같은 무기질의 체내 흡수를 방해한다.
• 항산화제 역할도 한다.

chapter 04

Check Up

▶ 두류의 수분 흡수율
흰콩 > 검정콩 > 강낭콩 > 팥

④ 콩나물은 대두를 발아시킨 것이고, 숙주나물은 녹두를 싹 틔운 것이다.

③ 두류의 연화법
① 1%의 식염용액(소금물)에 담갔다가 그 용액에 삶으면 콩의 연화가 잘 된다.
② 약알칼리성의 중조($NaHCO_3$, 탄산수소나트륨)를 넣어 콩을 삶으면 빨리 무르지만, 비타민 B_1이 손실된다.
③ 콩을 불릴 때 연수를 사용하면 빨리 무른다.

④ 두류 가공품

1) 두부
① 두부는 콩단백질인 글리시닌이 열과 무기염류(금속염)에 변성(응고)되는 성질을 이용하여 만든다.
② 두부 응고제 : 황산칼슘($CaSO_4$), 염화마그네슘($MgCl_2$), 염화칼슘($CaCl_2$)
③ 두부를 비롯한 전두부, 유바, 가공두부 등이 있다.

두부	대두를 원료로 하여 얻은 대두액에 응고제를 가하여 응고시킨 것
전두부	대두를 미세화하여 얻은 전두유액에 응고제를 가하여 응고시킨 것
유바	대두액을 일정한 온도로 가열하면 생성되는 피막을 채취하여 이를 가공한 것
가공두부	두부 또는 전두부 제조 시 다른 식품을 첨가하거나 두부 또는 전두부에 다른 식품이나 식품첨가물을 가하여 가공한 것

2) 된장
① 찐콩과 누룩*을 넣고 물과 소금을 넣어 일정 기간 숙성시킨 대표적인 콩 발효 식품이다.
② 간장이나 된장을 만들 때 누룩곰팡이(koji)에 의해 단백질이 가수분해된다.
③ 재래식 된장은 메주로 간장을 담근 후 간장을 뜨고 난 간장박에 소금을 넣어 만든다.
④ 된장의 발효 숙성 시 단백질 분해, 당화작용, 알코올 발효, 유기산 생성의 변화가 일어난다.
⑤ 된장이 숙성된 후 얼마 안 되어 산패가 일어나 신맛이 생기거나 색이 진하게 되는 이유는 수분과다, 염분부족, 금속염(Fe^{2+} 또는 Cu^{2+})이 많은 물을 사용한 경우이다.

3) 간장
① 간장은 재래식 간장(메주 간장), 개량식 간장(코지 간장, 양조식 간장), 아미노산 간장(화학간장)이 있다.
② 발효간장(재래식, 개량식 간장), 산 분해간장(아미노산 간장), 혼합간장으로 분류하기도 한다.

4) 고추장

① 고추장은 곡류, 메주가루 또는 코지, 소금, 고춧가루, 물을 원료로 제조한다.

② 고추장의 구수한 맛은 단백질이 분해하여 생긴 맛이다.

③ 고추장의 전분 원료로 찹쌀가루, 보릿가루, 밀가루를 사용한다.

④ 고추장의 원료인 전분이 당화되어 된장보다 단맛이 더욱 강하다.

5) 청국장

청국장은 대두를 푹 무르게 삶은 후 납두균으로 40℃ 전후에서 16~18시간 동안 실과 같은 점액성 물질이 생기도록 발효시킨 것이다.

02 ▸ 서류의 조리

■ 서류의 특징

① 서류는 영양성분을 식물의 뿌리나 줄기에 저장하는 식물로 감자, 고구마 등이 있다.

② 서류는 탄수화물 급원식품으로 열량 공급원이다.

③ 무기질이 다량 함유되어 있으며, 특히 칼륨의 함량이 비교적 높다.

④ 수분함량이 높아 저장성이 떨어지므로 움저장, 냉장보관 또는 CA 저장을 한다.

■ 감자

① 감자는 고구마보다 덜 달고 담백하기 때문에 주식으로 이용하기도 한다.

② 감자는 껍질을 벗겨두면 감자의 티로신이 티로시나아제에 의하여 산화되어 갈변된다.

③ 갈변을 방지하려면 밀폐된 용기에 보관하거나 물에 담가 공기를 차단한다.

④ 감자의 분류 : 소금물(소금 1컵 : 물 11컵)에서 표면에 뜨면 점질감자, 가라앉으면 분질감자이다.

분질감자	• 전분함량이 높은 감자를 말하며 전분이 많아 조리 시에 잘 부서지고, 수분이 적어 건조하고 익히면 보슬보슬해진다. • 용도 : 구이용, 메쉬드 포테이토*, 쪄먹는 용도
점질감자	• 전분함량이 낮은 감자를 말하며 전분성분이 적어 잘 부서지지 않고 수분이 많아 촉촉하다. • 용도 : 감자조림, 감자튀김, 샐러드나 수프 등

▶ 메쉬드 포테이토(Mashed Potato)
점성이 없고 보슬보슬한 충분히 숙성된 분질의 감자로 만들어야 한다.

■ 고구마

① 고구마를 가열하면 전분을 맥아당으로 분해하는 β-amylase에 의하여 단맛이 증가한다.

② 식소다를 첨가한 튀김옷이나 찐빵에 고구마를 넣으면 녹색으로 변한다. 이는 고구마에 들어 있는 안토시아닌 색소가 식소다(알칼리)에 의해 청색을 띠게 되고, 이것이 카로티노이드의 황색과 합쳐져 녹색을 띠게 되기 때문이다.

1 대두에 관한 설명으로 틀린 것은? ★★

① 콩 단백질의 주요 성분인 글리시닌은 글로불린에 속한다.
② 아미노산의 조성은 메티오닌, 시스테인이 많고 라이신, 트립토판이 적다.
③ 날콩에는 트립신 저해제가 함유되어 생식할 경우 단백질 효율을 저하시킨다.
④ 두유에 염화마그네슘이나 탄산칼슘을 첨가하여 단백질을 응고시킨 것이 두부이다.

대두는 필수아미노산이 풍부하며 특히 라이신의 함량이 높아 곡류에 부족한 라이신을 보충할 수 있다.

2 대두를 구성하는 콩 단백질의 주성분은? ★★★

① 글리아딘
② 글루텔린
③ 글루텐
④ 글리시닌

콩 단백질의 대부분은 글로불린에 속하는 글리시닌이다.

3 대표적인 콩 단백질인 글로불린(Globulin)이 가장 많이 함유하고 있는 성분은? ★★★

① 글리시닌(Glycinin)
② 알부민(Albumin)
③ 글루텐(Gluten)
④ 제인(Zein)

대표적인 콩 단백질인 글로불린은 글리시닌을 80%정도를 함유하고 있다.

4 대두의 성분 중 거품을 내며 용혈작용을 하는 것은? ★★★

① 사포닌　　　　　② 레닌
③ 아비딘　　　　　④ 청산배당체

대두에 들어 있는 사포닌 성분은 기포성이 있고, 용혈작용을 한다.

5 두류에 대한 설명으로 적합하지 않은 것은? ★★★

① 콩을 익히면 단백질 소화율과 이용률이 더 높아진다.
② 1%의 소금물에 담갔다가 그 용액에 삶으면 연화가 잘된다.
③ 콩에는 거품의 원인이 되는 사포닌이 들어있다.
④ 콩의 주요 단백질은 글루텐이다.

콩의 주요 단백질은 글로불린에 속하는 글리시닌이다.

6 콩이나 콩나물을 삶을 때 뚜껑을 닫으면 콩 비린내 생성을 방지할 수 있다. 그 이유는? ★★★

① 건조를 방지해서
② 산소를 차단해서
③ 색의 변화를 차단해서
④ 오래 삶을 수 있어서

콩이나 콩나물을 삶을 때 뚜껑을 닫으면 산소가 차단되어 콩 비린내 생성을 방지할 수 있다.

7 완두콩을 조리할 때 정량의 황산구리를 첨가하면 특히 어떤 효과가 있는가? ★★

① 비타민이 보강된다.
② 무기질이 보강된다.
③ 냄새를 보유할 수 있다.
④ 녹색을 보유할 수 있다.

완두콩을 삶을 때 적당량의 황산구리를 첨가하면 녹색을 유지할 수 있다.

8 팥을 삶을 때 물이 끓으면 그 물을 버리고 다른 물을 부어 끓이는 이유는 어떤 성분 때문인가? ★★

① 티아민나제　　　　② 안티트립신
③ 배당체　　　　　　④ 알칼로이드

팥에 들어 있는 사포닌은 알칼로이드 성분으로 씁쓸한 맛이 있으며, 위장이 약한 사람은 배탈이 날 수 있으므로 처음 삶은 물을 버리고 다른 물을 부어 다시 끓여 사용한다.

정답 1② 2④ 3① 4① 5④ 6② 7④ 8④

9 두류의 조리 시 두류를 연화시키는 방법으로 틀린 것은? ★★★

① 1% 정도의 식염용액에 담갔다가 그 용액으로 가열한다.
② 초산용액에 담근 후 칼슘, 마그네슘 이온을 첨가한다.
③ 약알칼리성의 중조수에 담갔다가 그 용액으로 가열한다.
④ 습열조리 시 연수를 사용한다.

> 콩단백질인 글리시닌은 칼슘, 마그네슘 등의 무기염류에 응고된다.

10 중조를 넣어 콩을 삶을 때 가장 문제가 되는 것은? ★★★

① 비타민 B_1의 파괴가 촉진됨
② 콩이 잘 무르지 않음
③ 조리수가 많이 필요함
④ 조리시간이 길어짐

> 중조를 넣어 콩을 삶으면 콩이 빨리 무르지만 비타민 B_1의 파괴가 촉진되는 단점이 있다.

11 메주용으로 대두를 단시간 내에 연하고 색이 곱도록 삶는 방법이 아닌 것은? ★★

① 소금물에 담갔다가 그 물로 삶아준다.
② 콩을 불릴 때 연수를 사용한다.
③ 설탕물을 섞어주면서 삶아준다.
④ $NaHCO_3$ 등 알칼리성 물질을 섞어서 삶아준다.

> 두류의 연화법
> ① 1% 정도의 식염용액에서 가열하면 콩이 빨리 무른다.
> ② 연수를 사용하면 빨리 무른다.
> ④ 약알칼리성의 중조수에서 가열하면 빨리 무르지만, 비타민 B_1이 손실된다.

12 두부제조의 주체가 되는 성분은? ★★

① 레시틴　　　　② 글리시닌
③ 자당　　　　　④ 키틴

> 두부 제조의 주체 성분은 대두 단백질인 글리시닌이다.

13 두부를 만드는 과정은 콩 단백질의 어떠한 성질을 이용한 것인가? ★★★★

① 건조에 의한 변성
② 동결에 의한 변성
③ 효소에 의한 변성
④ 무기염류에 의한 변성

> 두부는 대두단백질인 글리시닌이 무기염류(금속염)와 열에 의해 응고되는 성질을 이용한 것이다.

14 두부를 만들 때 콩 단백질을 응고시키는 재료와 거리가 먼 것은? ★★★

① $MgCl_2$　　　　② $CaCl_2$
③ $CaSO_4$　　　　④ H_2SO_4

> 두부 응고제에는 황산칼슘($CaSO_4$), 염화마그네슘($MgCl_2$), 염화칼슘($CaCl_2$) 등이 있다. ※ H_2SO_4(황산)

15 두부제조 시 압착·성형 후 절단하여 물속에서 수 시간 침지하는 주된 이유는? ★★★★

① 부피를 증대시키기 위해
② 간수(응고제)를 제거하기 위해
③ 무게를 증가시키기 위해
④ 응고를 촉진시키기 위해

> 두부는 대두단백질을 간수(응고제)와 열을 이용하여 응고시켜 만드는 것으로 간수를 제거하기 위하여 압착·성형 후 수 시간 물속에 침지시킨다.

16 두부를 새우젓국에 끓이면 물에 끓이는 것보다 더 (　　　　　　　). 괄호 안에 알맞은 말은? ★★★

① 단단해진다.
② 부드러워진다.
③ 구멍이 많이 생긴다.
④ 색깔이 하얗게 된다.

> 두부를 새우젓국에 끓이면 새우젓국에 있는 나트륨이 두부 속에 남아있는 응고제가 열작용으로 활발해지는 것을 막아주어 부드럽게 된다.

chapter 04

17 두부를 부드러운 상태로 조리하려고 할 때의 조치 사항으로 적합하지 않은 것은? ★★

① 찌개를 끓일 때 두부를 나중에 넣는다.
② 소금을 가하여 두부를 조리한다.
③ 칼슘 이온을 첨가하여 콩 단백질과의 결합을 촉진시킨다.
④ 식염수에 담가두었다가 조리한다.

칼슘 이온을 첨가하여 콩 단백질과의 결합이 촉진되면 단단하고 질감이 좋지 않은 두부가 된다.

18 전분을 주재료로 이용하여 만든 음식이 아닌 것은? ★★★

① 도토리묵   ② 크림수프
③ 두부   ④ 죽

두부는 콩 단백질에 무기염류를 첨가하여 응고시키는 제품이다.

19 된장의 발효 숙성 시 나타나는 변화가 아닌 것은? ★★

① 당화작용   ② 단백질 분해
③ 지방산화   ④ 유기산 생성

된장의 발효·숙성 시 단백질 분해, 당화, 알코올발효, 유기산 생성의 변화가 일어난다.

20 두류가공품 중 발효과정을 거치는 것은? ★★★

① 두유   ② 피넛버터
③ 유부   ④ 된장

된장은 콩과 코지균을 섞어 소금물에 넣고 일정기간 발효시키는 과정을 거친다.

21 청국장을 만들 때 40~50℃에 두면 끈끈한 점질물을 생성하는 균은 무엇인가? ★★

① 납두균   ② 흑국균
③ 젖산균   ④ 황국균

청국장을 만들 때 끈끈한 점질물을 생성하는 균은 납두균이다.

22 고추장에 대한 설명으로 틀린 것은? ★★

① 고추장은 곡류, 메주가루, 소금, 고춧가루, 물을 원료로 제조한다.
② 고추장의 구수한 맛은 단백질이 분해하여 생긴 맛이다.
③ 고추장은 된장보다 단맛이 더 약하다.
④ 고추장의 전분 원료로 찹쌀가루, 보릿가루, 밀가루를 사용한다.

고추장의 원료인 찹쌀가루, 멥쌀가루, 보릿가루 등에 많이 들어 있는 전분이 당화되어 된장보다 단맛이 더 강하다.

23 다음 가공 장류 중 삶은 콩에 코지(koji)를 이용하여 만든 장류가 아닌 것은? ★★

① 간장   ② 된장
③ 청국장   ④ 고추장

청국장은 납두균을 이용한 장류이며, 간장, 된장, 고추장은 코지를 이용하여 만든 장류이다.

24 감자에 대한 설명이다. 틀린 것은? ★★

① 감자의 갈변은 티로신에 의해 발생한다.
② 감자의 갈변을 막기 위해 물속에 담근다.
③ 점질의 감자는 감자조림에 적합하다.
④ 분질의 감자는 감자튀김에 적합하다.

감자튀김은 잘 부서지지 않는 점질 감자가 적합하다.

25 점성이 없고 보슬보슬한 매쉬드 포테이토(mashed potato)용 감자로 가장 알맞은 것은? ★★★

① 전분의 숙성이 불충분한 수확 직후의 햇감자
② 10℃ 이하의 찬 곳에 저장한 감자
③ 충분히 숙성한 분질의 감자
④ 소금 1컵 : 물 11컵의 소금물에서 표면에 뜨는 감자

매쉬드 포테이토용 감자는 충분히 숙성한 분질의 감자로 만든다. ④의 조건에서 표면에 뜨는 감자는 점질 감자이다.

정답 **17** ③ **18** ③ **19** ③ **20** ④ **21** ① **22** ③ **23** ③ **24** ④ **25** ③

★★
26 감자는 껍질을 벗겨 두면 색이 변화되는데 이를 막기 위한 방법은?

① 물에 담근다.
② 냉장고에 보관한다.
③ 냉동시킨다.
④ 공기 중에 방치한다.

감자의 갈변은 감자의 티로신이 티로시나아제에 의해 산화되어 갈색이 된다. 감자를 밀폐된 용기에 넣거나 물에 담가 산소와 차단을 시키면 갈변을 막을 수 있다.

★★
27 감자류(서류)에 대한 설명으로 틀린 것은?

① 열량 공급원이다.
② 수분함량이 적어 저장성이 우수하다.
③ 탄수화물 급원식품이다.
④ 무기질 중 칼륨(K) 함량이 비교적 높다.

서류는 수분함량이 높아 저장성이 좋지 못하며, 감자는 싹이 나면 솔라닌과 같은 독성물질이 생성된다.

★★
28 고구마 가열 시 단맛이 증가하는 이유는?

① protease가 활성화되어서
② surcease가 활성화되어서
③ 알파-amylase가 활성화되어서
④ 베타-amylase가 활성화되어서

고구마를 가열하면 β-아밀라아제는 고구마의 전분을 맥아당으로 분해하여 단맛을 증가시킨다.

정답 26 ① 27 ② 28 ④

Korea food Cook Certification

SECTION 06 수산물의 조리 및 가공

[출제문항수 : 1~2문제] 이 섹션에서는 어패류의 신선도 및 자기소화, 어패류의 조리법 등의 출제빈도가 높습니다. 기출문제를 확인하면서 이론을 공부하시면 어렵지 않게 공부하실 수 있습니다.

01 어패류의 영양성분

어패류는 필수 아미노산과 필수 지방산을 골고루 가지고 있는 우수한 단백질 급원식품이다.

영양소	특징
탄수화물	• 갑각류와 조개류의 근육에 글리코겐 형태로 존재하여 감미를 준다.
단백질	• 근섬유의 주체를 형성하는 미오신, 액틴, 액토미오신이 70%를 차지한다. • 소금 용액에 녹는 성질이 있어 어묵 제조에 사용된다. • 콜라겐과 엘라스틴의 함량이 적어 육류보다 육질이 연하다.
지방	• 어류의 맛을 좌우하는 요소로 어류의 종류, 부위, 계절 등에 따라 달라진다. • 불포화지방산이 약 80%를 차지하고 있어 산화 및 변패가 빠르게 진행된다. • 일반적으로 해수어가 담수어에 비하여 지방 함량이 높다.
비타민	• 비타민 B군의 함량이 높고, 지방이 많은 생선은 비타민 A와 D의 우수한 급원이다.
무기질	• 인, 황, 요오드의 함량이 많고, 나트륨, 칼륨, 구리, 마그네슘 등도 함유되어 있다.

02 어패류의 종류와 특징

1 어패류의 종류

① 서식하는 물의 성질에 따라 해수어와 담수어로 나눈다.
② 해수어의 구분

Check Up

▶ 연어의 분홍색살은 근육색소가 아닌 적색의 카로티노이드 색소에 기인하며, 고기의 성질은 흰살생선과 비슷하기 때문에 붉은살생선으로 분류하지 않는다.

흰살생선	• 지방분이 적어 살코기가 흰색인 어류이다.(5% 이하의 지방) • 해저 깊은 곳에 살면서 운동성이 적은 것이 특징이다. • 도미, 민어, 조기, 광어, 가자미 등이 있다.

붉은살생선	• 지방분이 많고 살코기가 붉은색인 어류이다.(5~20%의 지방) • 흰살 어류에 비하여 수분함량이 적다. • 주로 얕은 바다에 살면서 운동량이 활발한 것이 특징이다. • 꽁치, 고등어, 청어
연체류	• 연하고 무른 몸의 무척추동물로 주로 바다에 서식하며, 일부 는 패각을 가지고 있다. • 조개류(패류), 문어, 꼴뚜기, 오징어, 낙지 등

Check Up

▶ **혈합육**
① 어류의 체측을 따라 분포하는 어두운 적색의 근육을 말한다.
② 정어리, 꽁치, 고등어 등 운동성이 활발한 생선(붉은살생선)의 육질에 많다. – 운동성이 적은 흰살생선의 육질에는 혈합육의 함량이 적다.
③ 헤모글로빈과 미오글로빈의 함량이 높다.
④ 비타민 B군의 함량이 높다.

② 어류의 특징

① 어류의 근육조직은 수육류보다 근섬유의 길이가 짧고, 결합조직도 훨씬 적다.
② 생선은 산란기 직전이 가장 살이 찌고 지방이 많아 맛이 좋고 산란기 이후에는 지방이 적어져 맛이 없어진다.
③ 어류는 사후강직 시에 맛이 좋고, 자기소화가 일어나면서 부패가 시작된다.

③ 오징어

① 오징어는 가로방향으로 평행하게 근섬유가 발달된 평활근으로, 말린 오징어는 옆으로 잘 찢어진다.
② 가열하면 근육섬유와 콜라겐섬유 때문에 수축하거나 표피의 안쪽으로 둥글게 말린다.
③ 오징어의 근육은 색소를 가지지 않으므로 껍질을 벗긴 오징어는 가열하면 백색이 된다.
④ 신선한 오징어는 무색투명하며, 껍질에는 적갈색의 색소포가 있다.
⑤ 오징어의 살이 붉은색을 띠는 것은 신선하지 못한 것이다.
⑥ 오징어의 4겹 껍질 중 제일 안쪽의 진피는 몸의 축 방향으로 크게 수축한다.
⑦ 무늬를 내고자 칼집을 넣을 때에는 내장 쪽에 넣어야 아름다운 모양을 만들 수 있다.
⑧ 가열에 의해 고무처럼 질겨지고 단단해지기 때문에 오래 가열하지 않는 것이 좋다.
⑨ 오징어의 훈제 공정 : 수세 → 염지 및 조미 → 훈연
⑩ 눈이 맑고 튀어나와 있으며, 살이 탱탱한 것이 신선한 오징어이다.

Check Up

▶ 오징어의 신선도가 떨어짐에 따라 표피의 색소체가 터져 껍질 전체가 붉은색을 띠며 부패하면 색소가 살로 스며들어가 적갈색이 된다.

03 어패류의 신선도

① 사후강직(사후경직)

① 동물의 사후 일정시간이 지나면 근육이 딱딱하게 굳어지는 현상을 말한다.
② 어패류의 사후강직은 사후 1~4시간에서 최대강직상태가 된다.
③ 붉은살생선이 흰살생선보다 사후강직이 빨리 시작된다.

Check Up

▶ 동물의 사후강직은 동물의 크기가 작을수록 빠르며, 일반적으로 어류의 사후강직이 육류보다 빠르다.

② 자기소화

① 자기소화는 사후강직이 끝난 후 근육 단백질을 비롯한 여러 가지 물질이 자체 내에 함유되어 있던 단백질 분해효소의 작용으로 분해되는 것을 말한다.

② 자기소화가 일어나면 부패가 시작되면서 풍미가 저하된다.

③ 신선도가 떨어진 생선의 냄새

① 신선도가 떨어진 생선의 냄새성분 : 트리메틸아민, 암모니아, 황화수소, 피페리딘, 메틸메르캅탄, 인돌, 스카톨, 지방산 등

② 생선 비린내의 주성분은 트리메틸아민(Trimethylamine, TMA)*이다.

④ 어류의 신선도 판정

1) 관능적 판정법

구분	신선한 것	신선하지 못한 것
피부	광택과 특유의 색채가 있다.	광택이 없으며, 복부로부터 차츰 변색된다.
육질	생선의 육질이 단단하고 탄력성이 있다.	육질의 탄력성이 없다.
비늘	비늘이 고르게 밀착되어 있다.	비늘이 떨어지거나 잘 벗겨진다.
눈	눈알이 밖으로 돌출되어 있고, 선명하다.	눈알이 혼탁하고 떨어지기 쉽다.
아가미	아가미는 선홍색이고 꽉 닫혀 있다.	회녹색을 띠며 악취가 난다.
근육	근육은 뼈에 밀착되어 잘 떨어지지 않는다.	뼈에서 힘없이 분리된다.
내장	내장이 단단히 붙어있다.	항문으로 장 내용물이 흘러나온다.

2) 화학적 판정법

① 휘발성 염기질소(VBN) 함량이 낮을수록 신선하다.

② 트리메틸아민(TMA)의 함량이 낮을수록 신선하다.

③ 히스타민의 함량이 낮을수록 신선하다.

3) 세균학적 판정법

상태	세균 수
신선한 상태	$10^5/g$
초기부패	$10^7 \sim 10^8/g$

Check Up

▶ 어류의 부패속도

① 어류는 육류에 비하여 수분이 많고 조직구조가 연하기 때문에 자기소화 효소 및 미생물의 작용이 활발하게 이루어져 부패하기 쉽다.

② 담수어가 해수어보다 자기소화가 빨라 부패 속도가 빠르다.

③ 냉장고에 보관하는 것이 얼음물에 보관하는 것보다 오래 보관할 수 있다.

④ 통째로 보관하는 것이 토막을 쳐서 보관하는 것보다 오래 보관할 수 있다.

▶ 트리메틸아민(Trimethylamine, TMA)

① 생선 비린내의 가장 주된 성분이다.

② 불쾌한 어취는 트리메틸아민의 함량과 비례한다.

③ 트리메틸아민 옥사이드(TMAO)가 세균 등의 환원효소에 의해 환원되어 생성된다.

④ 담수보다 해수어에서 더 많이 생성된다.

⑤ 수용성이므로 물에 씻으면 많이 없어진다.

⑥ 어패류의 신선도 판정 시 초기부패의 기준이 되는 물질이다.

▶ 트리메틸아민 옥사이드
(TMAO, trimethylamine oxide)

① 어류의 근육에 많이 포함되어 있는 성분으로 환원되면 비린내를 내는 트리메틸아민이 된다.

② 즉, 신선한 어류에는 트리메틸아민 옥사이드가 많으며, 신선도가 떨어지면 트리메틸아민이 많아진다.

▶ 어육의 pH 변화
• 죽은 직후 7.0~7.5
• 사후경직 후 6.0~6.6

1 가열에 의한 어패류의 변화

1) 단백질의 변화

① 어패류의 단백질은 열, 산, 염에 의해 응고되어 살이 단단해진다.

② 결합조직 단백질인 콜라겐은 가열하면 수축되고, 계속 가열하면 물을 흡수·팽윤하여 젤라틴으로 용해된다.

③ 근육섬유 단백질은 가열하면 응고하고 수축하여 살이 단단해지고 중량은 감소한다.

④ 생선은 수조육보다 결합조직이 적으므로 물이나 양념장이 끓을 때 넣어야 생선의 원형을 유지하고 영양손실을 줄일 수 있다.

⑤ 가열하여 조리하면 열응착성*이 강해진다.

> ▶ 열응착성
> 어류를 가열조리 할 때 단백질인 미오겐이 생선내부의 물과 만나 녹아내려 석쇠의 금속이온과 결합하여 눌러 붙는 것을 말한다.

2) 껍질의 수축

생선의 진피층(껍질)을 구성하고 있는 콜라겐은 가열에 의해 수축된다. 껍질에 칼집을 넣어주면 생선의 모양을 유지시킬 수 있다.

3) 지방의 용출

가열에 의해 지방층의 조직이 용해되어 외부로 녹아 나온다.

4) 색의 변화

새우, 게, 가재 등의 갑각류는 가열에 의해 익으면 변색한다.

2 생선 비린내의 제거

① 생선의 비린내의 주된 성분은 트리메틸아민(TMA)이다.

② 트리메틸아민(TMA)은 수용성으로 물에 씻으면 비린내를 많이 제거할 수 있다.

③ 산(레몬즙, 식초)이나 생강즙을 넣으면 트리메틸아민과 결합하여 냄새가 없는 물질을 생성한다.

④ 황을 함유하고 있는 마늘, 파, 양파 등을 넣으면 강한 냄새와 맛으로 비린내를 감소시킨다.

⑤ 고추와 겨자의 매운 맛은 미뢰를 마비시켜 비린내 억제효과를 낸다.

⑥ 된장, 고추장은 비린내 성분을 흡착시켜 비린 맛을 못 느끼게 한다.

⑦ 알코올(술)은 생선의 어취를 없애고 맛의 향상에 도움을 준다.

⑧ 조리하기 전 생선을 우유에 담가놓으면 우유의 단백질이 트리메틸아민을 흡착하여 비린내를 제거한다.

> **Check Up**
>
> ▶ 비린내 제거 재료
> 물, 우유, 식초, 레몬, 술, 생강, 마늘, 파, 양파, 고추장, 겨자, 된장, 고추장, 알코올 등 (설탕, 소다는 아님)

3 어류의 조리

1) 조림

① 가시가 많은 생선을 조릴 때에는 식초를 약간 넣고 약한 불에서 졸이면 뼈째로 먹을 수 있다.

② 양념장이 끓을 때 생선을 넣어야 겉이 먼저 응고되어 살이 부서지지 않고, 맛성분의 유출도 막을 수 있다.

> **Check Up**
>
> ▶ 생선조리 시 산(식초, 레몬즙 등)의 역할
> ① 식초나 레몬즙 등의 산은 생선가시를 부드럽게 한다.
> ② 생선의 비린내를 제거한다.
> ③ pH가 산성이 되어 미생물의 증식을 방지한다.
> ④ 단백질을 응고시켜 생선살을 단단하게 만든다.

chapter 04

③ 가열시간이 너무 길면 어육에서 탈수작용이 일어나 맛이 없다.

2) 탕, 찌개
① 처음 가열할 때 수 분간 뚜껑을 열어 비린성분을 휘발시킨다.
② 물을 끓인 다음 생선을 넣으면 생선살이 풀어지지 않아 국물이 맑다.
③ 생강, 술, 설탕, 간장, 파, 마늘 등의 양념을 사용하는데, 특히 생강과 술이 탈취효과가 좋다.
④ 생강은 끓고 난 후(생선 단백질이 응고된 후)에 넣는 것이 효과적이다.
　　▶ 열변성되지 않은 어육단백질이 생강의 탈취작용을 방해하기 때문이다.
⑤ 가열시간이 너무 길면 어육에서 탈수 작용이 일어나 맛이 없어진다.
⑥ 선도가 낮은 생선은 양념을 진하게 하고 뚜껑을 열고 끓인다.

3) 구이
① 지방 함량이 높은 생선이 낮은 생선보다 풍미가 더 좋다.
② 생선 중량 대비 2~3%의 소금을 뿌리면 탈수가 일어나지 않으면서 간이 맞도록 구울 수 있다.
③ 생선을 구울 때 후라이팬이나 석쇠에 들러붙지 않게 하려면
　• 달구어진 석쇠에 생선을 구우면 석쇠에 덜 들러붙어 모양이 잘 유지된다.
　• 구이 기구의 금속면을 테프론(tefron)*으로 처리한 것을 사용한다.
　• 기구의 표면에 기름을 칠하여 막을 만들어 준다.
④ 구이에 적당한 열원으로는 방사열이 풍부한 것이 좋다.

4) 기타
① 튀김 : 튀김옷은 박력분을 사용하고, 180℃에서 2~3분간 튀기는 것이 좋다.
② 전유어 : 흰살 생선을 이용하여야 담백하고, 비린 냄새 제거에는 생강즙이 효과적이다.
③ 생선숙회 : 신선한 생선편을 끓는 물에 살짝 데치거나 끓는 물을 생선에 끼얹어 회로 이용한다.

5) 패류의 조리
① 패류의 근육은 생선보다 더 연하여 쉽게 상하므로 가급적 살아있을 때 조리하거나 신선한 것을 사용하여야 한다.
② 단백질의 급격한 응고를 피하기 위하여 낮은 온도(82~85℃)에서 서서히 익히도록 한다.

05 어패류의 가공과 저장

① 어패류 가공품
1) 어육연제품(생선묵 등)
① 미오신 함량이 높은 어육을 소금과 함께 으깨어 가열하여 익히면 생선묵이 된다.
② 염용성 단백질인 미오신이 소금(식염)에 녹으며, 미오신과 액토미오신이 서로 뒤엉키며 입체적 망상구조를 형성하고 젤(Gel) 상태로 되는데 이를 수리미

▶ **테프론**(tefron)
미국의 듀폰사에서 만든 불소수지로 내열성, 비점착성, 절연안전성 등이 뛰어나 후라이팬의 코팅제 및 주방기기 등에 많이 사용된다.

Check Up

▶ 생선구이 시 일어나는 현상
① 식품 특유의 맛과 향이 잘 생성된다.
② 식품자체의 수용성 성분이 표피 가까이로 이동된다.
③ 고온으로 가열되므로 표면의 단백질이 응고된다.
④ 탈수현상이 일어나 수용성 물질의 손실이 커진다.
⑤ 탕이나 찌개 등의 조리법보다는 수용성 영양소의 손실이 적다.

(surimi)라 하고, 각종 연제품의 원료가 된다.

③ 어육 가공품의 원료육인 수리미를 이용하여 가마보코(어묵), 게맛살, 새우맛살 등을 만든다.

④ 생선묵 점탄성의 주체성분은 단백질인 미오신과 액토미오신이다.

⑤ 생선묵의 점탄성과 결착성을 강화하기 위하여 전분이나 달걀을 첨가한다.

2) 기타 가공품

훈제품, 건제품, 조미식품, 젓갈, 통·병조림, 레토르트 파우치 등

훈제품	어패류를 염지하여 적당한 염미를 부여한 후 훈연하여 특수한 풍미나 보존성을 높인 것 **예** 오징어, 청어, 연어, 송어 등
건제품	어패류나 해조류를 건조시켜 미생물이 번식하지 못하도록 하여 저장성을 높인 것 **예** 마른 오징어, 굴비, 마른 멸치, 명태(북어) 등
조미식품	그대로 먹거나 또는 불에 구워서 먹을 수 있도록 만든 것 **예** 쥐포, 오징어포, 연어포 등
발효식품 (젓갈)	어패류의 살, 내장, 난소 등에 소금이나 방부제를 넣어 자체 효소에 의한 자기소화 및 발효를 통하여 특수한 풍미를 나게 한 식품 **예** 새우젓, 멸치젓, 조개젓, 오징어젓, 창란젓, 명란젓 등

2 어패류의 저장 및 해동법

1) 어패류의 저장 특징

① 어패류는 수조육보다 불포화지방산이 많아 산패가 잘되기 때문에 수조육과는 취급방식이 달라야 한다.

② 어패류는 수조육보다 수분함량이 많고, 결합조직이 적어 조직이 연약하며, 미생물의 생육이 활발하여 쉽게 부패한다.

③ 냉동한 어패류는 -18℃ 이하에서 4개월 정도 저장이 가능하다.(육류는 1년 정도)

④ 생선을 손으로 여러 번 만지면 세균의 오염이 심해지므로 바로 냉동 또는 냉장 보관하는 것이 좋다.

⑤ 어패류의 가공품인 조리 냉동식품, 연제품, 염장품, 훈제품, 통조림 및 그 가공품 등은 그 자체가 저장법이다.

2) 냉동생선의 해동법

① 냉동육류나 어류를 급속해동하면 조직세포가 손상되고 단백질이 변성되어 드립(drip)이 생기므로 저온에서 완만하게 해동시키는 것이 좋다.

② 5~10℃의 냉장고에서 서서히 자연해동 시킨다.

③ 냉동조리식품이나 냉동반조리식품은 급속해동을 하는 것이 좋다.

06 해조류의 조리

1) 미역
① 갈조류로 알칼리성 식품이다.
② 칼슘과 요오드가 많이 함유되어 있어 산후조리 및 갑상선 치료에 도움이 된다.
③ 탄수화물의 대부분은 난소화성으로 열량이 거의 없다.
④ 점액질 물질인 알긴산은 갈조류의 세포막을 구성하는 다당류로 열량이 거의 없다.

2) 김
① 홍조류로 알칼리성 식품이다.
② 지방은 거의 없으며, 단백질이 풍부하고 특히 필수아미노산이 많이 들어있다.
③ 칼슘, 칼륨, 철, 인 등 무기질도 골고루 함유하고 있다.
④ 아미노산인 글리신과 알라닌은 감칠맛을 낸다.
⑤ 마른 김을 구우면 색소가 변화하여 선명한 녹색을 띤다.

▶ 해조류의 종류
• 녹조류 : 파래, 청각, 청태 등
• 갈조류 : 미역, 다시마, 톳, 모자반 등
• 홍조류 : 김, 우뭇가사리 등

기 출 유 형 | 따 라 잡 기

★는 출제빈도를 나타냅니다

1 ★★★★
생선의 육질이 육류보다 연한 주된 이유는?

① 콜라겐과 엘라스틴의 함량이 적으므로
② 미오신과 액틴의 함량이 많으므로
③ 포화지방산의 함량이 많으므로
④ 미오글로빈 함량이 적으므로

생선은 육류에 비하여 콜라겐과 엘라스틴의 함량이 적어 육질이 연하다.

2 ★★
어류의 지방 함량에 대한 설명으로 옳은 것은?

① 흰살생선은 5% 이하의 지방을 함유한다.
② 흰살생선이 붉은살생선보다 함량이 많다
③ 산란기 이후 함량이 많다.
④ 등 쪽이 배 쪽보다 함량이 많다.

② 붉은살생선의 지방 함량이 더 높다.
③ 산란기 직전이 가장 살이 찌고 지방이 많아 맛이 좋다.
④ 배 쪽이 등 쪽보다 지방 함량이 더 높다.

3 ★★
어패류에 관한 설명 중 틀린 것은?

① 붉은살생선은 깊은 바다에 서식하며 지방함량이 5% 이하이다.
② 문어, 꼴뚜기, 오징어는 연체류에 속한다.
③ 연어의 분홍살 색은 카로티노이드 색소에 기인한다.
④ 생선은 자가소화에 의하여 품질이 저하된다.

깊은 바다에 주로 서식하며 지방 함량이 5% 이하인 생선은 흰살생선이다.

4 ★★
어류의 혈합육에 대한 설명으로 틀린 것은?

① 정어리, 고등어, 꽁치 등의 육질에 많다.
② 비타민 B군의 함량이 높다.
③ 헤모글로빈과 미오글로빈의 함량이 높다.
④ 운동이 활발한 생선은 함량이 낮다.

혈합육이란 어류의 체측을 따라 분포하는 암적색의 근육으로, 운동성이 활발한 생선은 혈합육의 함량이 높다.

정답 ▶ 1 ① 2 ① 3 ① 4 ④

278   제4장 | 한식 기초 조리실무

5 일반적으로 생선의 맛이 좋아지는 시기는?

② 산란기 몇 개월 전   ② 산란기 때
③ 산란기 직후   ④ 산란기 몇 개월 후

생선은 산란기 전에 가장 살이 찌고 지방이 많아 맛이 좋고 산란기 이후에는 지방이 적어져 맛이 없게 된다.

★★★★

6 오징어에 대한 설명으로 틀린 것은?

① 가열하면 근육섬유와 콜라겐섬유 때문에 수축하거나 둥글게 말린다.
② 살이 붉은색을 띠는 것은 색소포에 의한 것으로 신선도와는 상관이 없다.
③ 신선한 오징어는 무색투명하며, 껍질에는 짙은 적갈색의 색소포가 있다.
④ 오징어의 근육은 평활근으로 색소를 가지지 않으므로 껍질을 벗긴 오징어는 가열하면 백색이 된다.

오징어의 살이 붉은색을 띠는 것은 색소포의 파괴에 의한 것으로 신선도가 떨어질수록 붉은색을 띤다.

★★★★

7 오징어에 대한 설명으로 틀린 것은?

① 가로로 형성되어 있는 근육섬유는 열을 가하면 줄어드는 성질이 있다.
② 무늬를 내고자 오징어에 칼집을 넣을 때에는 껍질이 붙어있던 바깥쪽으로 넣어야 한다.
③ 오징어의 4겹 껍질 중 제일 안쪽의 진피는 몸의 축 방향으로 크게 수축한다.
④ 오징어는 가로방향으로 평행하게 근섬유가 발달되어 있어 말린 오징어는 옆으로 잘 찢어진다.

무늬를 내고자 칼집을 넣을 때 내장이 있던 안쪽에 넣어야 한다.

★★★★★

8 생선의 자기소화 원인은?

① 세균의 작용   ② 단백질 분해효소
③ 염류   ④ 질소

자기소화는 사후강직이 끝난 후 자체 내에 함유되어 있던 여러 단백질 분해효소의 작용으로 근육 단백질 등이 분해되는 것을 말한다.

★★★

9 어류의 부패속도에 대하여 가장 올바르게 설명한 것은?

① 해수어가 담수어보다 쉽게 부패한다.
② 얼음물에 보관하는 것보다 냉장고에 보관하는 것이 더 쉽게 부패한다.
③ 토막을 친 것이 통째로 보관하는 것보다 쉽게 부패한다.
④ 어류는 비늘이 있어서 미생물의 침투가 육류에 비해 늦다.

① 담수어가 자기소화가 빨라 쉽게 부패한다.
② 얼음물보다는 냉장고에 보관하는 것이 더 오래간다.
④ 어류의 비늘이 미생물의 침투를 막아주지는 못하며, 어류는 수분이 많고 조직구조가 연하기 때문에 자기소화가 활발하여 부패하기 쉽다.

★★★★

10 다음 냄새 성분 중 어류와 관계가 먼 것은?

① 트리메틸아민(trimethylamine)
② 암모니아(ammonia)
③ 피페리딘(piperidine)
④ 디아세틸(diacetyl)

• 디아세틸은 버터 등 유제품의 냄새(향) 성분이다.
• 피페리딘은 담수어의 비린내 성분이다.

★★★

11 어패류의 주된 비린 냄새 성분은?

① 아세트알데히드(acetaldehyde)
② 부티르산(butyric acid)
③ 트리메틸아민(trimethylamine)
④ 트리메틸아민옥사이드(trimethylamine oxide)

트리메틸아민은 생선 비린내를 내는 성분으로, 어패류의 신선도 검사에 이용된다. 수용성이기 때문에 조리 시 물에 씻으면 비린내를 줄일 수 있다.

★★★★★

12 어류의 변질 현상에 대한 설명으로 틀린 것은?

① 휘발성 물질의 양이 증가한다.
② 세균에 의한 탈탄산반응으로 아민이 생성된다.
③ 아가미가 선명한 적색이다.
④ 트리메틸아민의 양이 증가한다.

아가미가 선명한 적색이면 신선한 어류이다.

13 어취의 성분인 트리메틸아민(TMA : trimethylamine)에 대한 설명 중 맞는 것은?

① 어취는 트리메틸아민의 함량과 반비례한다.
② 지용성이므로 물에 씻어도 없어지지 않는다.
③ 주로 해수어의 비린내 성분이다.
④ 트리메틸아민 옥사이드(Trimethylamine oxide)가 산화되어 생성된다.

① 어취는 트리메틸아민의 함량과 비례한다.
② 수용성이므로 물에 씻으면 어취가 없어진다.
④ 트리메틸아민 옥사이드가 환원되어 생성된다.

14 부패된 어류에 나타나는 현상은?

① 아가미의 색깔이 선홍색이다.
② 육질은 탄력성이 있다.
③ 눈알은 맑지 않다.
④ 비늘은 광택이 있고 점액이 별로 없다.

어류의 신선도 판별법
• 생선의 육질이 단단하고 탄력성이 있다.
• 아가미는 선홍색이고 꼭 닫혀 있다.
• 비늘이 고르게 밀착되어 있고, 광택이 있다.
• 눈알이 밖으로 돌출되어 있고, 선명하다.
• 근육이 뼈에 밀착되어 잘 떨어지지 않는다.

15 신선한 생선의 특징이 아닌 것은?

① 아가미의 빛깔이 선홍색인 것
② 눈알이 밖으로 돌출된 것
③ 비늘이 잘 떨어지며 광택이 있는 것
④ 손가락으로 눌렀을 때 탄력성이 있는 것

신선한 생선은 비늘이 고르게 밀착되어 잘 떨어지지 않으며, 광택이 있다.

16 어류의 신선도에 관한 설명으로 틀린 것은?

① 어류는 사후경직 전 또는 경직 중이 신선하다.
② 경직이 풀려야 탄력이 있어 신선하다.
③ 신선한 어류는 살이 단단하고 비린내가 적다.
④ 신선도가 떨어지면 조림이나 튀김조리가 좋다.

어류는 사후경직이 끝나고 단백질 분해효소의 작용에 의해 자기소화가 일어나며 부패가 시작된다.

17 신선도가 저하된 생선의 설명으로 옳은 것은?

① 히스타민(Histamine)의 함량이 많다.
② 꼬리가 약간 치켜 올라갔다.
③ 비늘이 고르게 밀착되어 있다.
④ 살이 탄력적이다.

부패과정에서 세균(모르가니균)에 의한 탈탄산 반응이 일어나 알레르기를 일으키는 히스타민(Histamine)을 많이 생성한다.

18 미생물학적으로 식품 1g당 세균수가 얼마일 때 초기부패단계로 판정하는가?

① $10^3 \sim 10^4$ ② $10^4 \sim 10^5$
③ $10^7 \sim 10^8$ ④ $10^{12} \sim 10^{13}$

식품 1g 중 생균수가 $10^7 \sim 10^8$이면 초기부패로 판정한다.

19 어류를 가열 조리할 때 일어나는 변화와 거리가 먼 것은?

① 결합조직 단백질인 콜라겐의 수축 및 용해
② 근육섬유단백의 응고 · 수축
③ 열응착성이 약해진다.
④ 지방이 용출된다.

어류를 가열조리 할 때 단백질인 미오겐이 생선 내부의 물과 만나 녹아내려 석쇠의 금속이온과 결합하여 눌어붙는 것을 열응착성이라 한다. 가열하여 조리하면 열응착성은 강해진다.

20 생선을 껍질이 있는 상태로 구울 때 껍질이 수축되는 주원인 물질과 그 처리방법은?

① 생선살의 색소 단백질, 소금에 절이기
② 생선살의 염용성 단백질, 소금에 절이기
③ 생선 껍질의 지방, 껍질에 칼집 넣기
④ 생선 껍질의 콜라겐, 껍질에 칼집 넣기

생선의 진피층(껍질)을 구성하고 있는 콜라겐은 가열에 의해 수축한다. 껍질에 칼집을 넣어주면 생선의 모양을 유지시킬 수 있다.

정답   **13** ③   **14** ③   **15** ③   **16** ②   **17** ①   **18** ③   **19** ③   **20** ④

21 ★★ 생선을 씻을 때 주의사항으로 틀린 것은?

① 물에 소금을 10% 정도 타서 씻는다.
② 냉수를 사용한다.
③ 체표면의 점액을 잘 씻도록 한다.
④ 어체에 칼집을 낸 후에는 씻지 않는다.

> 생선·조개 등을 씻을 때 바닷물 농도인 3%의 소금물로 씻어준다. 너무 높은 농도의 소금물을 사용하면 삼투현상으로 감칠맛 성분이 유실된다.

22 ★★★ 생선의 비린내를 억제하는 방법으로 부적합한 것은?

① 물로 깨끗이 씻어 수용성 냄새 성분을 제거한다.
② 처음부터 뚜껑을 닫고 끓여 생선을 완전히 응고시킨다.
③ 조리 전에 우유에 담가 둔다.
④ 생선 단백질이 응고된 후 생강을 넣는다.

> 생선은 처음 가열할 때 수 분간 뚜껑을 열어 비린 성분을 휘발시키는 것이 좋다.

23 ★★★★★ 생선을 조리 할 때 생선의 냄새를 없애는 데 도움이 되는 재료로서 가장 거리가 먼 것은?

① 식초   ② 우유
③ 설탕   ④ 된장

> 설탕은 어취를 제거하는데 도움이 되지 않는다.
> ※ 생선의 비린내를 제거할 수 있는 재료 : 식초, 레몬, 술, 생강, 마늘, 파, 양파, 고추, 겨자, 된장, 고추장, 우유 등

24 ★★★ 생선 비린내를 제거하는 방법으로 틀린 것은?

① 우유에 담가두거나 물로 씻는다.
② 식초로 씻거나 술에 넣는다.
③ 소다를 넣는다.
④ 간장, 된장을 사용한다.

> 생선 비린내 제거방법
> • 비린내 성분은 수용성이므로 물로 씻는다.
> • 산(식초나 레몬즙)으로 씻거나 첨가한다.
> • 간장, 된장, 고추장을 넣는다.
> • 생강즙, 마늘, 파, 양파, 고추, 겨자 등을 넣는다.
> • 술(알코올)을 넣는다.
> • 우유에 담가두었다가 조리한다.

25 ★★★ 생선의 조리방법에 대한 설명이 잘못된 것은?

① 생선의 선도에 따라 조리법을 달리한다.
② 식초나 레몬을 생선 조리 시에 넣으면 생선 가시를 더욱 단단하게 한다.
③ 생선의 비린내를 제거하기 위해 생강, 술을 넣는다.
④ 물이 끓을 때 생선을 넣으면 모양이 유지된다.

> 식초나 레몬 등의 산은 생선 살이 단단해지고, 생선 가시를 연하게 한다.

26 ★★★ 생선에 레몬즙을 뿌렸을 때의 현상이 아닌 것은?

① 신맛이 가해져서 생선이 부드러워진다.
② 생선의 비린내가 감소한다.
③ pH가 산성이 되어 미생물의 증식이 억제된다.
④ 단백질이 응고된다.

27 ★★★ 생선 조리에 대한 설명으로 옳은 것은?

① 생선에 식초를 바르거나 석쇠를 달군 후 구이를 하는 것은 지방을 빨리 굳게 하기 위해서이다.
② 생강이나 파를 넣을 때는 생선과 함께 넣어 향이 배도록 한다.
③ 조림할 때 양념장을 끓이다가 생선을 넣으면 겉이 먼저 응고되어 살이 부서지지 않는다.
④ 처음 10분 정도는 뚜껑을 닫고 끓여야 생선의 제맛을 낼 수 있다.

> ① 식초를 바르거나 석쇠를 달구는 것은 단백질을 빨리 굳게 하기 위해서이다.
> ② 생강이나 파는 생선이 익은 후 넣어야 탈취 효과가 있다.
> ③ 생선은 결합조직이 적으므로 양념장이 끓을 때 넣어야 생선의 원형을 유지하고 영양 성분의 유출을 막을 수 있다.
> ④ 처음에는 뚜껑을 열고 끓여 비린 성분을 휘발시키는 것이 좋다.

28 ★★★ 생선조리 방법으로 적합하지 않은 것은?

① 탕을 끓일 경우 국물을 먼저 끓인 후 생선을 넣는다.
② 생강은 처음부터 넣어야 어취 제거에 효과적이다.
③ 생선조림은 양념장을 끓이다가 생선을 넣는다.
④ 생선 표면을 물로 씻으면 어취가 감소된다.

> 변성되지 않은 어육단백질이 생강의 탈취작용을 저해하므로 비린내 감소를 위해 생강을 넣을 때는 생선이 익은 후(단백질이 변성된 후) 넣어야 탈취효과가 있다.

정답 21 ①   22 ②   23 ③   24 ③   25 ②   26 ①   27 ③   28 ②

chapter 04

29 생선의 조리 방법에 대한 설명으로 틀린 것은?

① 생강과 술은 비린내를 없애는 용도로 사용한다.
② 처음 가열할 때 수 분간은 뚜껑을 약간 열어 비린내를 휘발시킨다.
③ 모양을 유지하고 맛 성분이 밖으로 유출되지 않도록 양념간장이 끓을 때 생선을 넣기도 한다.
④ 선도가 약간 저하된 생선은 조미를 비교적 약하게 하여 뚜껑을 덮고 짧은 시간 내에 끓인다.

선도가 낮은 생선은 양념을 진하게 하고 뚜껑을 열고 끓인다.

30 생선의 조리 방법에 관한 설명으로 옳은 것은?

① 선도가 낮은 생선은 양념을 담백하게 하고 뚜껑을 닫고 잠깐 끓인다.
② 지방함량이 높은 생선보다는 낮은 생선으로 구이를 하는 것이 풍미가 더 좋다.
③ 생선조림은 오래 가열해야 단백질이 단단하게 응고되어 맛이 좋아진다.
④ 양념간장이 끓을 때 생선을 넣어야 맛 성분의 유출을 막을 수 있다.

① 선도가 낮은 생선은 양념을 진하게 하고 뚜껑을 열고 끓인다.
② 지방함량이 높은 생선이 낮은 생선보다 풍미가 더 좋다.
③ 가열시간이 너무 길면 어육에 탈수작용이 일어나 맛이 없다.

31 생선을 구울 때 일어나는 현상에 대한 설명으로 틀린 것은?

① 식품 특유의 맛과 향이 잘 생성된다.
② 식품 자체의 수용성 성분이 표피 가까이로 이동된다.
③ 고온으로 가열되므로 표면의 단백질이 응고된다.
④ 식품 표면 주위에 수분이 많아져 수용성 물질의 손실이 적다.

생선을 구울 때 탈수가 일어나 수용성 성분의 손실이 크다.
생선 중량의 2~3%의 소금을 뿌리면 탈수도 예방하고, 간도 맞출 수 있다.

32 생선을 후라이팬이나 석쇠에 구울 때 들러붙지 않도록 하는 방법으로 옳지 않은 것은?

① 낮은 온도에서 서서히 굽는다.
② 기구의 금속면을 테프론(teflon)으로 처리한 것을 사용한다.
③ 기구의 표면에 기름을 칠하여 막을 만들어 준다.
④ 기구를 먼저 달구어서 사용한다.

낮은 온도에서 서서히 구우면 육즙이 빠져나와 들러붙게 된다.

33 어패류의 조리법에 대한 설명으로 옳은 것은?

① 조개류는 높은 온도에서 조리하여 단백질을 급격히 응고시킨다.
② 바닷가재는 껍질이 두꺼우므로 찬물에 넣어 오래 끓여야 한다.
③ 작은 생새우는 강한 불에서 연한 갈색이 될 때까지 삶은 후 배 쪽에 위치한 모래정맥을 제거한다.
④ 생선숙회는 신선한 생선 편을 끓는 물에 살짝 데치거나 끓는 물을 생선에 끼얹어 회로 이용한다.

① 조개류는 낮은 온도에서 서서히 익혀야 질기지 않다.
② 바닷가재는 오래 끓이면 육질이 질겨지므로 뜨거운 물에 15~20분 정도 삶는 것이 좋다.
③ 새우의 모래정맥은 쓴맛을 내므로 삶기 전에 제거한다.

34 어묵의 탄력과 가장 관계 깊은 것은?

① 수용성 단백질 – 미오겐
② 염용성 단백질 – 미오신
③ 결합 단백질 – 콜라겐
④ 색소 단백질 – 미오글로빈

어묵에 점탄성을 부여하는 물질은 염용성 단백질인 미오신과 액토미오신이다.

35 어육을 가공하여 탄성이 있는 젤(gel)상태의 연제품을 만들 때 필수적으로 첨가해야 하는 것은?

① 식염   ② 설탕
③ 들기름   ④ 마늘

어육의 단백질인 미오신은 소금에 녹는 성질이 있어 어육연제품 제조에 이용된다.

정답 **29** ④ **30** ④ **31** ④ **32** ① **33** ④ **34** ② **35** ①

36 생선묵의 점탄성을 부여하기 위해 첨가하는 물질은? ★★★★★

① 소금　　　　　　② 전분
③ 설탕　　　　　　④ 술

생선묵 제조 시 점탄성을 부여하기 위하여 전분을 첨가한다.
※ 소금도 어육단백질을 분해하여 탄력성을 주기 때문에 보기 항목에 전분이 없으면 답이 될 수 있으니 잘 구별하기 바랍니다.

37 생선의 자기소화를 주로 이용해서 제조하는 수산가공품은? ★★★

① 생선묵　　　　　② 게맛살
③ 젓갈　　　　　　④ 자반생선

젓갈은 생선 자체 내에 있는 효소의 작용(생선의 자기소화작용)으로 맛과 풍미를 내는 식품이다.

38 냉동생선을 해동하는 방법으로 위생적이며 영양손실이 가장 적은 경우는? ★★★★★

① 23~25℃의 흐르는 물에 담가둔다.
② 40℃의 미지근한 물에 담가둔다.
③ 18~22℃의 실온에 둔다.
④ 냉장고 속에서 해동한다.

육류나 어류는 급속해동을 하면 조직세포가 손상되고 단백질이 변성 되어 드립(Drip)이 생기므로 냉장고 속에서 완만 해동하는 것이 좋다.

39 냉동된 육·어류의 해동방법으로 가장 바람직한 것은? ★★★

① 5~10℃에서 자연해동
② 0℃ 이하 저온 해동
③ 전자레인지 고주파 해동
④ 비닐 팩에 넣어 온탕해동

높은 온도에서 해동하면 조직 세포가 손상되고 단백질이 변성되어 드립이 생기므로 저온에서 완만 해동하는 것이 좋다.
반조리식품이나 조리식품은 급속 해동을 한다.

40 미역에 대한 설명으로 틀린 것은? ★★★

① 갈조식물이다.
② 칼슘과 요오드가 많이 함유되어 있다.
③ 점액질 물질인 알긴산은 중요한 열량 급원이다.
④ 알칼리성 식품이다.

미역, 다시마 등의 해조류에 많이 함유되어 있는 알긴산은 식품에 점성을 주고 안정제, 유화제로 널리 사용되는 다당류이나, 열량급원은 아니다.

41 홍조류에 속하며 무기질이 골고루 함유되어 있고 단백질도 많이 함유된 해조류는? ★★★★★

① 김　　　　　　　② 미역
③ 우뭇가사리　　　④ 다시마

홍조류인 김은 무기질이 풍부하고 단백질의 함량도 높다.
• 녹조류 : 파래, 청각
• 갈조류 : 미역, 다시마
• 홍조류 : 김, 우뭇가사리

42 홍조류에 속하는 해조류는? ★★★

① 김　　　　　　　② 청각
③ 미역　　　　　　④ 다시마

43 김에 대한 설명 중 옳은 것은? ★★

① 붉은색으로 변한 김은 불에 잘 구우면 녹색으로 변한다.
② 건조 김은 조미김보다 지질함량이 높다.
③ 김은 칼슘, 칼륨 및 인이 풍부한 알칼리성 식품이다.
④ 김의 감칠맛은 단맛과 지미를 가진 cystine, mannit 때문이다.

① 김을 잘못 보관하면 붉은색으로 변하며, 붉은색으로 변한 김은 구워도 녹색으로 변하지 않는다.
② 건조 김은 지질함량이 거의 없으나 조미김은 기름으로 조리하여 지질함량이 높아진다.
④ 김의 감칠맛은 아미노산인 글리신과 알라닌 때문이다.

chapter **04**

SECTION 07 육류의 조리 및 가공

[출제문항수 : 1~2문제] 이 섹션에서는 육류의 사후강직과 숙성, 가열조리에 의한 육류의 변화, 육류의 연화법 및 조리법 등에 대한 문제가 많이 출제됩니다. 육류의 부위별 용도도 자주 출제되는 부분이니 기출문제 위주로 익혀두시기 바랍니다..

01 육류의 영양성분

■ 육류의 일반성분

1) 수분

육류에는 70~75%의 수분이 있으며, 수분의 함량은 육류의 가공성, 보수성, 저장성, 맛, 색 등에 영향을 준다.

2) 단백질

① 단백질은 수분을 제외한 육류의 대부분을 차지한다.

② 식육 단백질은 근장 단백질, 근원섬유 단백질, 육기질 단백질로 이루어져 있다.

근장 단백질	• 수용성 단백질로 색소단백질과 효소 등을 구성한다. • 미오겐(myogen)류, 글로불린(globulin), 미오글로빈(myoglobin) 등
근원섬유 단백질	• 염용성 단백질로 골격근을 구성하는 가장 기본적인 단백질이다. • 근육의 수축과 이완, 사후강직, 식육의 보수성, 결착성 등을 나타냄 • 미오신(myosin), 액틴(actin), 액토미오신(actomyosin) 등
육기질 단백질	• 불용성 단백질로서 결체조직을 구성한다. • 콜라겐(collagen), 엘라스틴(elastin)

3) 지질

고기의 종류, 부위, 연령 등에 따라 함량변동(5~40%)이 가장 큰 영양소이다.

4) 탄수화물

① 주로 글리코겐으로 함유되어 있으며 대부분 근육과 간에 존재한다.

② 심한 운동으로 피로가 심할 때 육류의 글리코겐* 함량이 적다.

5) 무기질과 비타민

① 무기질은 1% 내외로 비교적 양적 변동이 적은 편이다.

② 비타민 B가 풍부하며, 특히 돼지고기에 비타민 B_1이 현저히 많이 들어있다.

③ 지용성 비타민과 비타민 C는 거의 없다.

▶ 글리코겐(glycogen)
• 동물의 체내에 저장되는 탄수화물로 동물 전분이라고도 한다.
• 주로 간과 근육에 저장되며, 필요할 때 포도당으로 분해되어 에너지를 공급한다.

02 사후강직과 숙성

1 사후강직(사후경직)

① 동물이 도축된 후 화학변화에 의하여 근육의 수축현상이 일어나 질긴 상태가 되는 현상을 말한다.

② 미오신이 액틴과 결합하여 액토미오신을 만들고, 이 액토미오신이 근육을 수축시킨다.

③ 도살되면 호흡과 혈액 순환이 정지되어 산소 공급이 차단되어 세포 내는 혐기적인 상태가 되고, 해당작용에 의해 글리코겐이 젖산으로 변하여 축적되므로 pH가 낮아진다.

④ 사후강직 시기에는 보수성이 저하되고, 육즙이 많이 유출된다.

⑤ 사후강직시간은 동물의 종류나 도살 전의 동물의 상태에 따라 다르다.

⑥ 도살 직전 심한 운동으로 피로가 심하면 글리코겐 함량이 적어 사후강직 개시시간이 빨라진다.

⑦ 사후강직 상태의 고기는 단단하고 질기며 맛이 없고, 가열해도 쉽게 연해지지 않는다.

2 자기소화 및 숙성

① 사후강직이 해제된 육류를 냉장 온도에서 보관하면 세포내의 단백질 분해효소에 의한 자기소화가 이루어진다.

② 자가분해효소로는 카텝신(cathepsin) A, B, C형 등이 있다.

③ 숙성과정에서 단백질이 분해되어 아미노산, 펩티드 등의 가용성 질소화합물이 생성된다.

④ 자기소화가 이루어지면 근육의 연화, 각종 맛 성분의 생성, 육즙의 증가 등으로 맛이 좋아진다.

⑤ 습도 85~90%, 온도 1~3℃에서 쇠고기는 7~17일, 돼지고기는 1~2일, 닭고기는 8~24시간 정도 저온숙성시킨다.

⑥ 고온에서는 숙성은 빠르지만 부패가 일어나기 쉽다.

⑦ 육류가 숙성에 의한 품질향상효과가 가장 크다.

⑧ 어패류 및 육류의 자기소화(숙성) 과정이 끝나면 세균이 침입하여 부패가 시작된다.

03 가열에 의한 육류의 변화

1 중량의 손실

① 단백질이 응고되면서 용적이 수축하고 중량도 20~40% 정도 감소한다.

② 단백질이 열변성되어 보수성*이 감소함으로 육즙이 용출되어 중량이 감소한다.

③ 가열온도가 높을수록, 가열시간이 길수록 더 많이 수축하고, 수분도 많이 유출된다.

④ 육류의 지방은 근 수축과 수분손실을 적게 한다.

Check Up

▶ 도축 후 변화
  사후강직 → 자기소화 → 부패

Check Up

▶ 소 또는 말고기는 12~24시간, 돼지고기는 72시간, 닭고기는 12시간 정도 강직현상이 있다.

▶ 사후강직 시 육류의 pH 변화과정
  ① 도살 →
  ② 호흡과 혈액순환 정지 →
  ③ 산소공급 차단 →
  ④ 세포 내는 혐기적인 상태 →
  ⑤ 해당작용 →
  ⑥ 글리코겐이 젖산으로 변화 →
  ⑦ pH가 낮아짐

▶ 자기소화 이후 육류의 pH 변화
  효모와 곰팡이 등이 산과 단백질의 질소를 분해하여 암모니아를 생성함으로 pH가 상승(알칼리성)한다.

Check Up

▶ 쇠고기가 숙성에 의해 품질향상 효과가 가장 크다.

▶ 보수성 : 물질이 수분을 보호하려는 성질

chapter 04

2 결합조직(결체조직)의 변화
① 결합조직의 대부분을 구성하는 콜라겐은 물과 함께 60~65℃에서 가열하면 젤라틴화되어 조직이 부드러워진다.
② 콜라겐이 젤라틴으로 많이 변할수록 고기가 연해진다.

3 색의 변화
① 육류의 색소단백질인 미오글로빈은 공기 중에 산소와 결합하여 선홍색의 옥시미오글로빈이 된다.
② 공기 중에 장기간 방치나 가열하면 메트미오글로빈으로 변하여 갈색을 띤다.
③ 닭고기는 쇠고기나 돼지고기에 비하여 미오글로빈의 함량이 현저히 낮기 때문에 선명한 적색을 나타내지 못하고 분홍빛을 나타낸다.

Check Up

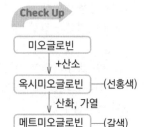

4 기타 변화
1) 향기의 변화
고기를 가열조리할 때 고기 중에 있는 유리아미노산, 유기산, 핵산분해물질 등이 상호작용을 하여 맛과 향기를 낸다.

2) 영양가의 손실
① 고기를 익히면 소화는 잘되지만, 영양소의 손실이 커진다.
② 가열 시간이 길수록 비타민의 손실이 커지며, 비타민 B_1이 열에 의한 손실이 크다.

04 육류의 조리

1 육류의 연화법
① 천연 단백질 분해효소*가 들어있는 과일즙을 넣어준다.
  • 고기에 즙을 뿌린 후 포크로 찔러주고 일정시간 두면 연화가 된다.
  • 고기는 작은 조각이나 두껍지 않은 것이 효과가 좋으며, 두꺼운 로스트용 고기는 숙성시키는 것이 더 좋다.
  • 천연 단백질 분해효소는 85℃ 이상으로 가열하면 불활성화된다.
  • 배즙음료나 파인애플 통조림 등의 가공식품은 제조과정에서 열처리를 거치기 때문에 단백질 분해효소가 파괴되어 연화작용을 하지 못한다.
② 고기의 근섬유나 결합조직을 섬유의 반대방향으로 썰거나, 두들기거나, 칼집을 넣어준다.
③ 장시간 물에 끓이면 콜라겐이 젤라틴화되어 연해진다.
④ 설탕을 넣으면 연해진다.
⑤ 간장이나 소금(1.3~1.5%)을 적당량 사용하여 단백질의 수화를 증가시킨다.
⑥ 토마토, 식초, 포도주 등으로 수분 보유율을 높인다.

● 함께 알아두기
▶ 천연 단백질 분해효소

파파야	파파인(Papain)
파인애플	브로멜린(Bromelin)
배	프로테아제(Protease)
무화과	피신(Ficin)
키위	액티니딘(actinidin)

쇠고기와 돼지고기의 부위별 조리법

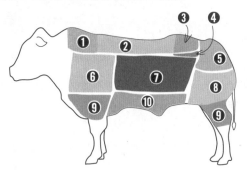

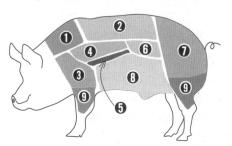

명칭	특징	주요 용도
❶ 목심	지방이 적고 육질이 질긴 편이다.	불고기, 국거리, 구이
❷ 등심	살코기에 지방이 종횡으로 가는 그물처럼 섞여 있어 육질이 연하고 풍미가 좋은 특등육이다.	구이, 스테이크
❸ 채끝	지방이 적당하고 육질이 연하다.	찌개, 지짐, 구이
❹ 안심	갈비 안쪽에 붙은 고기로 육질은 등심과 비슷하나 고기 두께가 좀 얇다.	고급 스테이크, 전골, 구이
❺ 우둔	지방이 적은 붉은 살코기로 육질이 연하고 맛이 좋다.	산적, 육포, 육회, 장조림
❻ 앞다리	약간 질긴 편이다.	불고기, 육회, 장조림, 구이
❼ 갈비	부드럽고 적당한 지방이 있어 풍미가 좋다.	구이, 찜, 탕
❽ 설도	근육으로 되어 있어 지방이 적고 질긴 편이다.	산적, 육포, 육회, 불고기
❾ 사태	지방이 적고 결체조직이 많아 질긴 편이다.	국, 탕, 찌개, 찜
❿ 양지	섬유가 섞여 질기고, 지방이 많다.	편육, 국, 장조림
⓫ 소꼬리	육질은 질기나 젤라틴 성분이 많아 쫄깃하고 담백한 국물을 낸다.	찜, 탕, 국

명칭	특징	주요 용도
❶ 목심	지방이 적당하며 풍미가 좋다.	소금구이, 보쌈
❷ 등심	육질이 부드러우며 지방이 적다.	튀김, 구이
❸ 앞다리	지방이 적고 육질이 섬세하다.	불고기, 찌개
❹ 갈비	육질이 쫄깃하며 풍미가 좋다.	찜, 구이, 강정
❺ 갈매기살	힘살이 많아 쫄깃하다. 횡경막과 간 사이에 있는 살로 돼지에만 존재하는 부위이다.	구이
❻ 안심	지방이 적당하며 육질의 결이 곱다.	장조림, 돈가스
❼ 뒷다리	지방이 적고 육질이 섬세하다.	다진고기, 구이
❽ 삼겹살	지방이 많고 풍미가 좋다.	다진고기, 구이
❾ 사태	지방이 적고 질긴 편이다.	국, 찌개, 찜

▶ **쇠고기의 등급판정**
　① 육질등급 : 근내지방도, 육색, 지방색, 조직감, 성숙도에 따라 육질등급을 매긴다.
　② 육량등급 : 등지방두께, 배최장근단면적, 도체의 중량을 측정하여 산정된 육량지수에 따라 육량등급을 매긴다.

❷ 냉동육

① 냉동육은 보존을 목적으로 식육을 동결시킨 것이다.

② 좋은 품질을 유지하기 위하여 급속냉동을 한다.

③ 냉동육의 해동은 5~7℃의 냉장고에서 완만해동하는 것이 좋다.

④ 냉동육은 일단 해동 후에는 다시 냉동하지 않는 것이 좋다.

⑤ 냉동육은 해동 후 조리하는 것이 조리시간을 단축시킬 수 있다.

⑥ 냉동과 해동을 아무리 잘해도 신선한 고기의 맛과 질감을 능가하지는 못한다.

⑦ 냉동 중 육질의 변화

- 육내의 수분이 동결되어 체적 팽창이 이루어진다.
- 건조에 의한 감량이 발생한다.
- 고기 단백질이 변성되어 고기의 맛을 떨어뜨린다.
- 단백질 용해도는 감소한다.

❸ 육류의 습열조리법

물이나 액체를 넣어 조리하는 방법으로 결합조직이 많은 사태, 꼬리, 양지육, 장정육 등을 사용한다.

1) 탕 조리

① 사골의 핏물을 우려내기 위해서 찬물에 담가 혈색소인 수용성의 헤모글로빈을 용출시킨다.

② 찬물에 고기를 넣고 끓여야 추출물이 최대한 용출되어 맛이 좋아진다.

③ 냄새 제거를 위해 양파, 마늘, 생강 등의 향신료를 넣어 같이 끓이면 좋다.

④ 육류를 오래 끓이면 콜라겐이 젤라틴화 되어 고기가 연해지고 맛있는 국물을 만든다.

Check Up ▶

▶ 탕 요리는 찬물에, 편육 요리는 끓는 물에

2) 편육 조리

① 끓는 물에 고기를 덩어리째 넣고 끓인다.

② 끓는 물에 고기를 넣으면 고기의 표면이 먼저 응고되어 내부 성분의 용출이 덜 된다.

③ 돼지고기 편육은 생강을 넣어 방취작용을 하는데, 고기가 거의 익은 후(단백질이 변성된 후) 넣는 것이 좋다.

④ 편육을 썰 때 결이 근육섬유의 길이와 반대방향이 되도록 얇게 썰어야 부드럽게 먹을 수 있다.

3) 장조림 조리

① 물에 고기를 넣고 끓이다가 나중에 간장과 설탕을 넣는다.

② 처음부터 간장과 설탕을 넣으면 고기 내의 수분이 빠져나와 단단해지고 잘 찢기지 않는다.

4) 찜 조리
① 찜은 쇠고기의 사태, 돼지고기, 닭고기 등이 이용된다.
② 고기를 삶아서 익힌 후에 건져서 양념과 여러 가지 고명을 넣고 다시 끓인다.

4 육류의 건열조리법
물이나 액체를 가하지 않고 건열이나 직화로 익히는 방법으로 숯불구이, 팬구이, 오븐구이 등이 있다.

① 운동량이 적은 연한 부위, 결체조직이 거의 없고 지방이 잘 분포된 등심, 안심, 염통, 콩팥, 간 등을 사용한다.
② 직화에 의하여 고기 표면의 단백질이 응고되므로 내부 단백질과 기타 용출성 성분의 유출을 막는다.
③ 석쇠를 먼저 뜨겁게 달구어 사용하면 고기가 빠르게 응고, 수축, 건조되어 석쇠에 들어붙지 않는다.
④ 로스팅(roasting)은 육류나 조육류의 큰 덩어리 고기를 통째로 오븐에 구워내는 조리방법을 말한다.

▶ 육류용 온도계(육 온도계)
육류의 탕, 편육, 구이 조리 등 육류의 익은 정도를 알기 위하여 육 온도계를 사용한다.

05 육류의 가공과 저장

1 육류가공품

1) 햄(ham)
① 대표적인 육가공품으로 돼지고기를 소금에 절인 후 훈연하여 만든 독특한 풍미와 방부성을 가진 제품이다.
② 주로 돼지의 뒷다리 부위를 이용한다.

2) 소시지(sausage)
① 소시지는 돼지고기와 내장, 선지 등의 원료육을 갈아 젤라틴, 전분 등의 증량제 및 조미료, 향신료 등을 혼합한 후 동물창자나 인공 케이싱*에 넣어 가열하거나 훈연 또는 발효시킨 제품이다.
② 주로 돼지고기가 사용되고, 그 밖에 쇠고기, 양고기, 고래고기 등도 사용된다.

3) 베이컨(bacon)
지방을 적당히 포함한 복부육(삼겹살)을 원료로 염지, 훈연한 것으로 햄을 제조할 때와 같은 살균 목적의 가열처리가 없으므로 특히 위생적인 취급이 필요하다.

2 육류의 저장
① 냉장 : 0~4℃, 습도 80~90%에서 단시일 저장한다.
② 냉동 : • 일단 -30℃ 이하에서 동결한 후 저장한다.
  • -10~-18℃에서 저장하면 쇠고기는 6~8개월, 돼지고기는 3~4개월 저장이 가능하다.
③ 건조 : 건포를 말한다.

●함께 알아두기

▶ 건조방법의 유무에 따른 소시지
  • 더메스틱 소시지 : 원료를 케이싱에 채워 끓는 물에 삶은 소시지
  • 드라이 소시지 : 케이싱에 채운 후 훈연하여 건조시킨 소시지

▶ 케이싱(Casing)
소시지 제조과정 중 훈연가열처리하기 위해 반죽이나 혼합물을 용기에 담아야 하는데 이 용기를 케이싱이라 하며, 동물의 내장을 이용한 천연케이싱과 인조케이싱이 있다.

★★

1 육류의 근원섬유에 들어있으며, 근육의 수축 이완에 관여하는 단백질은?

① 미오겐(Myogen)
② 미오신(Myosin)
③ 미오글로빈(Myoglobin)
④ 콜라겐(Collagen)

> 미오신은 육류의 근원섬유에 들어있으며, 액틴과 결합하여 액토미오신이 되어 근육을 수축시킨다.

★★★

2 다음 중 근육 단백질은?

① 케라틴   ② 미오신
③ 히스티딘   ④ 카제인

> 근육을 구성하는 주요 단백질은 미오신, 액틴 등이 있다.

★★★

3 육류의 글리코겐(glycogen) 함량이 적을 때는?

① 심한 운동으로 피로가 심할 때
② 사료를 충분히 섭취하였을 때
③ 운동을 하지 않고 휴식을 하였을 때
④ 적온에 방치하여 두었을 때

> 육류의 탄수화물은 글리코겐으로 근육과 간에 저장되며, 동물이 심한 운동으로 피로가 심할 때 함량이 적다.

★★

4 다음 육류 중 비타민 B_1의 함량이 가장 많은 것은?

① 쇠고기   ② 돼지고기
③ 양고기   ④ 토끼고기

> 육류에는 비타민 B가 많이 들어있으며, 특히 돼지고기에는 비타민 B_1이 현저하게 많이 들어있다.

★★

5 동물이 도축된 후 화학변화가 일어나 근육이 긴장되어 굳어지는 현상은?

① 사후경직   ② 자기소화
③ 산화   ④ 팽화

> 동물이 도축되면 근육 단백질인 미오신과 액틴이 결합하여 액토미오신을 만들고, 이 액토미오신이 근육을 수축시켜 굳어지게 만드는 데 이를 사후경직이라고 한다.

★★★

6 육류 사후강직의 원인물질은?

① 액토미오신(actomyosin)
② 젤라틴(gelatin)
③ 엘라스틴(elastin)
④ 콜라겐(collagen)

> 육류가 도축되면 단백질인 미오신과 액틴이 결합하여 액토미오신을 만들고, 이 액토미오신이 근육을 수축시켜 사후강직을 일으킨다.

★★★

7 육류의 사후경직을 설명한 것 중 틀린 것은?

① 근육에서 호기성 해당과정에 의해 산이 증가된다.
② 해당과정으로 생성된 산에 의해 pH가 낮아진다.
③ 경직 속도는 도살 전의 동물의 상태에 따라 다르다.
④ 근육의 글리코겐이 젖산으로 된다.

> 도축 후 근육에서 혐기성 해당과정에 의해 글리코겐이 젖산으로 변화되어 산이 증가하므로 pH는 낮아진다.
> ※ 혐기성 : 공기를 필요로 하지 않는 것을 말함

★★★

8 육류의 사후강직과 숙성에 대한 설명으로 틀린 것은?

① 사후강직은 근섬유가 미오글로빈(Myoglobin)을 형성하여 근육이 수축되는 상태이다.
② 도살 후 글리코겐이 혐기적 상태에서 젖산을 생성하여 pH가 저하된다.
③ 사후강직 시기에는 보수성이 저하되고 육즙이 많이 유출된다.
④ 자기분해효소인 카텝신(cathepsin)에 의해 연해지고 맛이 좋아진다.

> 육류의 사후강직은 근육단백질인 미오신과 액틴이 결합하여 액토미오신(Actomyosin)이 되어 근육을 수축시켜 일어난다.
> ※ 미오글로빈은 동물의 육색소이다.

정답 ▶ 1 ②   2 ②   3 ①   4 ②   5 ①   6 ①   7 ①   8 ①

9 어패류와 육류에서 일어나는 자기소화의 원인은?

① 식품 속에 존재하는 산에 의해 일어난다.
② 식품 속에 존재하는 염류에 의해 일어난다.
③ 공기 중의 산소에 의해 일어난다.
④ 식품 속에 존재하는 효소에 의해 일어난다.

어패류와 육류에서 일어나는 자기소화는 식품 속에 존재하는 세포 내의 단백질 분해효소에 의해 일어난다.

10 육류의 사후경직 후 숙성과정에서 나타나는 현상이 아닌 것은?

① 근육의 경직상태 해제
② 효소에 의한 단백질 분해
③ 가용성 질소화합물의 증가
④ 액토미오신의 합성

액토미오신은 사후강직을 일으키는 단백질이다.

11 숙성에 의해 품질향상 효과가 가장 큰 것은?

① 생선　　　　② 조개
③ 쇠고기　　　④ 오징어

육류는 자기소화(숙성)에 의하여 근육이 연화되고 각종 맛 성분이 생성되고, 육즙이 증가하여 맛이 좋아진다.

12 동물성 식품의 시간에 따른 변화 경로는?

① 사후강직 → 자기소화 → 부패
② 자기소화 → 사후강직 → 부패
③ 사후강직 → 부패 → 자기소화
④ 자기소화 → 부패 → 사후강직

육류 및 어류 등 동물성 식품은 도살 후 사후강직, 자기소화, 부패의 단계로 변화한다.

13 육류를 가열할 때 일어나는 변화 중 틀린 것은?

① 중량증가　　　② 풍미의 생성
③ 비타민의 손실　④ 단백질의 응고

육류를 가열하면 단백질이 응고되면서 수축하고 무게도 감소한다.

14 육류를 가열조리 할 때 일어나는 변화로 옳은 것은?

① 보수성의 증가
② 단백질의 변패
③ 육단백질의 응고
④ 미오글로빈이 옥시미오글로빈으로 변화

단백질이 응고되면서 수축·분해된다.
① 육단백질의 보수성이 감소된다.
② 단백질의 변패는 신선하지 못한 경우에 일어난다.
④ 미오글로빈이 메트미오글로빈으로 변화한다.

15 불고기를 먹기에 적당하게 구울 때 나타나는 현상은?

① 단백질의 변성
② 단백질이 C, H ,O, N으로 분해
③ 탄수화물의 노화
④ 탄수화물이 C ,H, O로 분해

가열에 의한 단백질의 변성
• 육류의 단백질이 열에 의해 응고되면서 수축하고 무게도 감소한다.
• 결합조직의 콜라겐이 젤라틴화되어 조직이 부드러워진다.

16 육류의 결합조직을 장시간 물에 넣어 가열했을 때의 변화는?

① 콜라겐이 젤라틴으로 된다.
② 액틴이 젤라틴으로 된다.
③ 미오신이 콜라겐으로 된다.
④ 엘라스틴이 콜라겐으로 된다.

육류의 결합조직의 대부분을 차지하는 콜라겐은 물과 함께 장시간 가열하면 젤라틴이 되어 조직이 부드러워진다.

chapter 04

17 고기의 질긴 결합조직 부위를 물과 함께 장시간 끓였을 때 연해지는 이유는? ★★★

① 엘라스틴이 알부민으로 변화되어 용출되어서
② 엘라스틴이 젤라틴으로 변화되어 용출되어서
③ 콜라겐이 알부민으로 변화되어 용출되어서
④ 콜라겐이 젤라틴으로 변화되어 용출되어서

육류를 물과 함께 장시간 끓이면 육류의 결합조직의 콜라겐이 젤라틴으로 변화되어 조직이 부드러워진다.

18 육류 조리 시의 향미성분과 관계가 먼 것은? ★★★★

① 핵산 분해물질
② 유기산
③ 유리 아미노산
④ 전분

전분은 식물성으로 육류 조리 시의 향미성분과는 관계가 없다.

19 쇠고기를 가열하였을 때 생성되는 근육색소는? ★★

① 헤모글로빈(hemoglobin)
② 미오글로빈(myoglobin)
③ 옥시헤모글로빈(oxyhemoglobin)
④ 메트미오글로빈(metmyoglobin)

쇠고기의 근육색소는 미오글로빈이고 공기 중의 산소와 결합하여 선홍색의 옥시미오글로빈이 되며, 계속 저장하거나 가열하면 갈색의 메트미오글로빈이 된다.

20 식육이 공기와 접촉하여 선홍색이 될 때 선홍색의 주체 성분은? ★★★

① 옥시미오글로빈(Oxymyoglobin)
② 미오글로빈(Myoglobin)
③ 메트미오글로빈(Metmyoglobin)
④ 헤모글로빈(Hemoglobin)

식육의 색은 95% 이상이 미오글로빈이다. 미오글로빈은 공기 중의 산소와 결합하여 선홍색의 옥시미오글로빈이 되고, 계속 저장하거나 가열하면 갈색의 메트미오글로빈이 된다.

21 육류 조리 과정 중 색소의 변화 단계가 바르게 연결된 것은? ★★

① 미오글로빈 – 메트미오글로빈 – 옥시미오글로빈 – 헤마틴
② 메트미오글로빈 – 옥시미오글로빈 – 미오글로빈 – 헤마틴
③ 미오글로빈 – 옥시미오글로빈 – 메트미오글로빈 – 헤마틴
④ 옥시미오글로빈 – 메트미오글로빈 – 미오글로빈 – 헤마틴

고기가 공기 중에 노출되면 미오글로빈의 철(Fe)에 산소가 결합하게 되어 선홍색을 띠는 옥시미오글로빈이 되고, 더 오래 공기 중에 방치되면 메트미오글로빈으로 변하여 갈색을 띠게 한다.
※ 헤마틴(Hematin) : 헤모글로빈을 산화시켜 얻은 메트헤모글로빈의 색소 부분이다.

22 닭튀김을 하였을 때 살코기 색이 분홍색을 나타내는 것은? ★★

① 변질된 닭이므로 먹지 못한다.
② 병에 걸린 닭이므로 먹어서는 안 된다.
③ 근육성분의 화학적 반응이므로 먹어도 된다.
④ 닭의 크기가 클수록 분홍색 변화가 심하다.

식육의 색에 관계하는 색소는 미오글로빈이며, 선명한 적색을 나타낸다. 닭고기는 쇠고기나 돼지고기에 비하여 미오글로빈의 함량이 현저히 낮기 때문에 선명한 적색을 나타내지 못하고 분홍빛을 나타낸다.

23 다음의 요리들은 육류 조리의 어떤 원리를 특히 이용한 것인가? ★

사태찜, 족편, 꼬리곰탕, 쇠머리 편육

① 콜라겐 결합조직의 젤라틴화
② 단백질의 열에 의한 응고
③ 국물의 부드럽고, 진한 맛
④ 오랜 시간의 가열에 의한 연화

콜라겐이 많은 사태 등의 고기에 물을 넣고 장시간 끓이면 콜라겐이 젤라틴이 되어 고기가 연해진다.

정답 ▶ **17** ④ **18** ④ **19** ④ **20** ① **21** ③ **22** ③ **23** ①

24 소고기의 부위별 용도와 조리법 연결이 틀린 것은?

① 앞다리 – 불고기, 육회, 장조림
② 설도 – 탕, 샤브샤브, 육회
③ 목심 – 불고기, 국거리
④ 우둔 – 산적, 장조림, 육포

설도는 지방이 적고 질긴 부위로 불고기, 육회, 육포 등으로 이용한다.

25 부드러운 살코기로서 맛이 좋으며 구이, 전골, 산적용으로 적당한 쇠고기 부위는?

① 양지, 사태, 목심
② 안심, 채끝, 우둔
③ 갈비, 삼겹살, 안심
④ 양지, 설도, 삼겹살

구이, 전골, 산적용으로 적당한 쇠고기 부위는 안심, 채끝, 우둔이다.

26 쇠고기의 부위 중 탕, 스튜, 찜 조리에 가장 적합한 부위는?

① 목심   ② 설도
③ 양지   ④ 사태

쇠고기의 부위 중 사태는 지방이 적고 질긴 편이기 때문에 탕, 스튜, 찜 조리에 가장 적합하다.

27 쇠고기 부위 중 결체조직이 많아 구이에 가장 부적당한 것은?

① 등심   ② 갈비
③ 사태   ④ 채끝

사태는 지방이 적고 결체조직이 많아 질기기 때문에 구이에 적당하지 않고, 찜, 탕, 찌개 등 장시간 조리하는 요리에 적합하다.

28 쇠고기 등급에서 육질등급의 판단 기준이 아닌 것은?

① 등지방 두께   ② 근내지방도
③ 육색   ④ 지방색

근내지방도, 육색, 지방색, 조직감, 성숙도에 따라 육질등급을 매긴다. 등지방 두께는 육량등급의 판단기준이다.

29 다음 중 돼지고기에만 존재하는 부위명은?

① 사태살   ② 갈매기살
③ 채끝살   ④ 안심살

갈매기살은 돼지의 횡격막과 간 사이에 있는 살로 돼지고기에만 있다.

30 펜토산(pentosan)으로 구성된 석세포가 들어있으며, 즙을 갈아 넣으면 고기가 연해지는 식품은?

① 배   ② 유지
③ 귤   ④ 레몬

배에는 단백질 분해효소인 프로테아제가 있어 고기에 배즙을 갈아 넣으면 고기가 연해진다.

31 단백질의 분해효소로 식물성 식품에서 얻어지는 것은?

① 펩신(Pepsin)   ② 트립신(Trypsin)
③ 파파인(Papain)   ④ 레닌(Rennin)

• 파파인은 파파야에서 얻어지는 단백질 분해효소이다.
• 파인애플(브로멜린), 무화과(피신) 등이 있다.

32 브로멜린(bromelin)이 함유되어 있어 고기를 연화시키는 데 이용되는 과일은?

① 사과   ② 파인애플
③ 귤   ④ 복숭아

단백질 분해효소
브로멜린(파인애플), 파파야(파파인), 무화과(피신), 배(프로테아제), 키위(액티니딘)

★★

33 무화과에서 얻는 육류의 연화효소는?

① 피신   ② 브로멜린
③ 파파인   ④ 레닌

> 무화과에 들어 있는 천연 단백질 분해효소는 피신(Ficin)이다.

★★★

34 육류의 연화작용에 관여하지 않는 것은?

① 파파야   ② 파인애플
③ 레닌   ④ 무화과

> 레닌은 우유 단백질인 카제인의 응유효소이다.
> 단백질 분해효소 : 파파야(파파인), 파인애플(브로멜린), 무화과 (피신)

★★

35 고기를 연하게 하기위해 사용하는 과일에 들어 있는 단백질 분해효소가 아닌 것은?

① 피신(ficin)
② 브로멜린(bromelin)
③ 파파인(papain)
④ 아밀라아제(amylase)

> 아밀라아제는 탄수화물의 분해효소이다.
> 피신(무화과), 브로멜린(파인애플), 파파인(파파야)

★★★

36 육류의 연화방법 중 단백질 분해효소가 들어 있는 식품이 아닌 것은?

① 파파야(papaya)   ② 키위
③ 마늘   ④ 파인애플

> 육류의 단백질 분해효소
> 파파야(파파인), 키위(액티니딘), 파인애플(브로멜린), 무화과(피신), 배(프로테아제) 등

★★

37 육류의 연화방법으로 바람직하지 않은 것은?

① 근섬유나 결합조직을 두들겨 주거나 잘라준다.
② 배즙 음료, 파인애플 통조림으로 고기를 재워 놓는다.
③ 간장이나 소금(1.3~1.5%)을 적당량 사용하여 단백질의 수화를 증가시킨다.

④ 토마토, 식초, 포도주 등으로 수분 보유율을 높인다.

> 배즙 음료나 파인애플 통조림 등의 가공식품은 제조과정에서 열처리를 거치기 때문에 단백질 분해효소의 작용이 이루어지지 않는다.

★★

38 갈비구이를 하기 위한 양념장을 만드는 데 사용되는 양념 중 육질의 연화작용을 돕는 역할을 하는 재료로 짝지어진 것은?

① 참기름, 후춧가루   ② 배, 설탕
③ 양파, 청주   ④ 간장, 마늘

> 파파야의 파파인(Papain), 파인애플의 브로멜린(Bromelin), 무화과의 피신(Ficin), 배의 프로테아제(Protease) 등의 효소나 설탕을 첨가하면 고기를 연화시킬 수 있다.

★★

39 고기를 연화시키려고 생강, 키위, 무화과 등을 사용할 때 관련된 설명으로 틀린 것은?

① 단백질의 분해를 촉진시켜 연화시키는 방법이다.
② 두꺼운 로스트용 고기에 적당하다.
③ 즙을 뿌린 후 포크로 찔러주고 일정 시간 둔다.
④ 가열온도가 85℃ 이상이 되면 효과가 없다.

> 천연 단백질 분해효소를 이용하여 고기를 연화할 때 작은 조각이나 두껍지 않은 고기가 적당하며, 두꺼운 로스트용 고기는 부드러운 부위를 선택하거나 숙성의 방법을 사용하는 것이 좋다.

★★★

40 육류의 연한 정도와 관계가 가장 적은 것은?

① 조리온도와 시간   ② 고기의 부위
③ 고기의 냄새   ④ 결체조직의 양

> 고기의 냄새는 육류의 연한 정도와는 관계가 없다.

★★★

41 고기의 연화방법에 대한 설명 중 틀린 것은?

① 잔 칼집을 넣어 근섬유길이를 짧게 한다.
② 고기의 근섬유의 결과 같은 방향으로 썰어준다.
③ 조리 시 과즙이나 레몬을 넣어준다.
④ 단백질 연화작용을 하는 설탕을 첨가하여 조리한다.

정답   **33** ①   **34** ③   **35** ④   **36** ③   **37** ②   **38** ②   **39** ②   **40** ③   **41** ②

고기를 근섬유의 결과 반대방향으로 썰어준다.

★★
42 냉동육에 대한 설명으로 틀린 것은?

① 냉동육은 일단 해동 후에 다시 냉동하지 않는 것이 좋다.
② 냉동육의 해동 방법에는 여러 가지가 있으나 냉장고에서 해동하는 것이 좋다.
③ 냉동육은 해동 후 조리하는 것이 조리시간을 단축시킬 수 있다.
④ 냉동육은 신선한 고기보다 더 좋은 맛과 질감을 갖는다.

육류를 냉동시키면 단백질의 변성이나 드립이 발생하여 품질이 떨어질 수 있다. 육류를 냉장시키면 숙성에 의해서 신선한 고기보다 더 좋은 맛과 질감을 얻을 수 있다.

★★★★
43 냉동시켰던 쇠고기를 해동하니 드립(drip)이 많이 발생했다. 다음 중 가장 관계가 깊은 것은?

① 탄수화물의 호화
② 지방의 산패
③ 무기질의 분해
④ 단백질의 변성

냉동시켰던 쇠고기를 해동할 때 단백질의 변성이 일어나 드립현상이 일어난다.

★★★★★
44 다음 중 식육의 동결과 해동 시 조직 손상을 최소화 할 수 있는 방법은?

① 급속동결, 급속해동
② 급속동결, 완만해동
③ 완만동결, 급속해동
④ 완만동결, 완만해동

식육의 동결은 급속동결해야 조직의 파괴를 줄일 수 있고 해동 시에는 급속해동을 하면 조직 세포가 손상되고 단백질이 변성되어 드립현상이 생기므로 5~7℃의 냉장 온도에서 완만해동 시킨다.

★★
45 냉동 육류를 해동시키는 방법 중 영양소 파괴가 가장 적은 것은?

① 실온에서 해동한다.
② 40℃의 미지근한 물에 담근다.
③ 냉장고에서 해동한다.
④ 비닐봉지에 싸서 물속에 담근다.

육류, 어류는 급속 해동하면 조직 세포가 손상되고 단백질이 변성되어 드립(Drip)이 생기므로 5~7℃의 냉장 온도에서 완만해동 시킨다.

★★★
46 육류를 끓여 국물을 만들 때 설명으로 맞는 것은?

① 육류를 오래 끓이면 근육조직인 젤라틴이 콜라겐으로 용출되어 맛있는 국물을 만든다.
② 육류를 찬물에 넣어 끓이면 맛 성분의 용출이 잘되어 맛있는 국물을 만든다.
③ 육류를 끓는 물에 넣고 설탕을 넣어 끓이면 맛 성분의 용출이 잘되어 맛있는 국물을 만든다.
④ 육류를 오래 끓이면 질긴 지방조직인 콜라겐이 젤라틴화 되어 맛있는 국물을 만든다.

육류의 탕 조리 시에는 찬물에 고기를 넣고 끓여야 추출물이 최대한 용출되어 맛있는 국물을 만든다.
① 콜라겐이 젤라틴으로 변화한다.
③ 찬물에 넣고 끓여야 맛 성분의 용출이 잘된다.
④ 콜라겐과 젤라틴은 단백질이다.

★★
47 육류조리에 대한 설명으로 맞는 것은?

① 목심, 양지, 사태는 건열조리에 적당하다.
② 안심, 등심, 염통, 콩팥은 습열조리에 적당하다.
③ 편육은 고기를 냉수에서 끓이기 시작한다.
④ 탕류는 고기를 찬물에 넣고 끓이며, 끓기 시작하면 약한 불에서 끓인다.

탕류는 찬물에 고기를 넣고 끓이고, 끓기 시작하면 약한 불에서 충분히 끓여주어야 추출물이 최대한 용출된다.
① 양지, 사태는 육질이 질겨 습열조리에 적당하다.
② 안심, 등심, 염통, 콩팥은 건열조리에 적당하다.
③ 편육 조리 시에는 끓는 물에 고기를 넣고 끓여야 고기의 표면이 먼저 응고되어 내부 성분의 용출이 덜 된다.

정답 42 ④ 43 ④ 44 ② 45 ③ 46 ② 47 ④

48 육류조리에 대한 설명으로 틀린 것은? ★★★★

① 탕 조리 시 찬물에 고기를 넣고 끓여야 추출물이 최대한 용출된다.
② 장조림 조리 시 간장을 처음부터 넣으면 고기가 단단해지고 잘 찢기지 않는다.
③ 편육 조리 시 찬물에 넣고 끓여야 잘 익은 고기 맛이 좋다.
④ 불고기용으로는 결합조직이 되도록 적은 부위가 적당하다.

편육 조리 시에는 끓는 물에 고기를 넣고 끓여야 고기의 표면이 먼저 응고되어 내부 성분의 용출이 덜 된다.

49 조리 시 일어나는 현상과 그 원인으로 연결이 틀린 것은? ★★★★

① 오이무침의 색이 누렇게 변함 - 식초를 미리 넣었기 때문
② 튀긴 도넛에 기름 흡수가 많음 - 낮은 온도에서 튀겼기 때문
③ 장조림 고기가 단단하고 잘 찢어지지 않음 - 물에서 먼저 삶은 후 양념간장을 넣어 약한 불로 서서히 졸였기 때문
④ 생선을 굽는데 석쇠에 붙어 잘 떨어지지 않음 - 석쇠를 달구지 않았기 때문

장조림의 고기가 단단해지고 잘 찢기지 않는 이유는 처음부터 간장과 설탕을 넣어 고기 내의 수분이 빠져나왔기 때문이다.

50 편육을 끓는 물에 삶아 내는 이유는? ★★

① 고기 냄새를 없애기 위해
② 육질을 단단하게 하기 위해
③ 지방 용출을 적게 하기 위해
④ 국물에 맛 성분이 적게 용출되도록 하기 위해

편육 조리 시에는 끓는 물에 고기를 넣고 끓여야 고기의 표면이 먼저 응고되어 내부 성분의 용출이 덜 된다.

51 육류조리방법에 대한 설명으로 옳은 것은? ★★★

① 돼지고기찜에 토마토를 넣으려면 처음부터 함께 넣는다.
② 편육은 끓는 물에 넣어 삶는다.
③ 탕을 끓일 때는 끓는 물에 소금을 약간 넣은 후 고기를 넣는다.
④ 장조림을 할 때는 먼저 간장을 넣고 끓여야 한다.

편육 조리 시 끓는 물에 고기를 넣으면 고기의 표면이 먼저 응고되어 내부 성분의 용출이 덜 된다.
① 토마토는 무르지 않도록 나중에 넣는다.
③ 탕을 끓일 때는 찬물에 고기를 넣고 끓인다.
④ 장조림을 할 때는 간장을 나중에 넣는다.

52 베이컨류는 돼지고기의 어느 부위를 가공한 것인가? ★★

① 볼기부위
② 어깨살
③ 복부육
④ 다리살

베이컨류는 복부의 삼겹살 부위를 가공한다. 이 부위는 지방과 살이 번갈아 있어 지방이 많고 짙은맛이 난다.

53 육류 및 육가공품에 대한 설명으로 틀린 것은? ★★★★

① 육포는 소고기를 얇게 썰어 양념을 바른 다음 햇볕에 말린 것이다.
② 소시지는 건조과정의 유무에 따라 더메스틱 소시지와 드라이 소시지로, 내용물의 상태에 따라 분쇄한 것과 유화시킨 것으로 나눌 수 있다.
③ 햄은 주로 앞다리 부위의 다리살을 원료로 하여 염지와 훈연과정을 거쳐 만든 제품이다.
④ 베이컨은 돼지의 복부육을 원료로 하여 염지, 건조 후 훈연한 것이다.

햄은 주로 돼지의 뒷다리 부위를 이용하여 염지와 훈연과정을 거쳐 독특한 풍미와 방부성을 가진 제품이다.

Korea food Cook Certification

달걀의 조리 및 가공

[출제문항수 : 1~2문제] 이 섹션은 달걀의 조리특성 및 달걀을 이용한 식품, 달걀의 신선도, 달걀가공품(특히 마요네즈) 및 저장방법 등의 출제가 많이 됩니다. 기출문제로 출제경향을 파악하며 공부하면 어렵지 않게 점수를 확보할 수 있습니다.

01 달걀의 구조와 성분

1 달걀의 기본적 특성

① 각종 아미노산이 풍부하여 식품 중에 단백가가 가장 높다.
② 양질의 단백질과 불포화지방산, 철, 인 등의 무기질과 비타민 등의 급원식품이다.
③ 달걀의 구성

난황(30%)	• 단백질(약 15%)과 지방(약 30%)이 풍부하고, 레시틴, 세팔린과 같은 인지질, 각종 비타민(특히 비타민 A), 무기질이 풍부하게 들어있다. • 수분은 50% 정도이며, 비타민 A는 프로비타민 형태로 존재한다. • 난황의 단백질은 리포비텔린, 리포비텔리닌, 리베틴이 있다. • 인지질인 레시틴(lecithin)은 유화제로 사용된다.
난백(60%)	• 약 90%가 수분이며 나머지는 거의 단백질로 오브알부민(ovalbumin)이 대부분이다. • 이 외에 콘알부민, 오보뮤코이드, 글로불린, 오브글로불린 등의 단백질이 있다. • 난백은 기포성에 영향을 준다.
난각(10%)	달걀의 껍질이며, 까칠까칠할수록 신선란이다.

02 달걀의 조리

1 달걀 조리의 특성

1) 열응고성

① 난백은 60℃에서 응고되기 시작하여 65℃에서 완전 응고, 난황은 65℃에서 응고하기 시작하여 70℃에서 완전 응고한다.
② 달걀의 열응고성을 이용하여 농후제 또는 젤 형성제로 사용한다.

chapter 04

③ 응고성에 영향을 주는 요인

달걀 용액의 농도	• 달걀을 희석시키면 응고온도가 높아진다.
가열온도와 시간	• 가열온도가 높으면 단단하게 응고된다. • 낮은 온도에서 가열하면 부드럽고 연한 응고물이 된다.
첨가물	• 설탕을 넣으면 응고온도가 높아지고 부드러워진다.(응고 지연) • 식초(산)나 소금을 넣으면 응고온도가 낮아지고 단단해진다. (응고 촉진)

2) 기포성

① 난백을 휘저으면 공기방울이 액체 속으로 들어가 거품(기포)이 생성된다.

② 난백의 기포성에 관여하는 단백질은 글로불린(Globulin)이다.

③ 기포성에 영향을 주는 요인

온도	• 난백의 기포성은 30℃ 전후에서 가장 좋다. 따라서 냉장온도보다 실내온도에 저장했을 때 점도가 낮고 표면장력이 작아져 거품이 잘 생긴다.
pH	• 난백의 기포성은 난백의 등전점*인 pH 4.8 정도에서 가장 좋기 때문에 산(식초, 레몬 등)을 조금 넣으면 점도가 낮아져 거품이 잘 일어난다.
달걀의 신선도	• 신선한 달걀보다 묵은 달걀이 수양난백이 많아 거품이 쉽게 형성되나 안정성은 떨어진다.
첨가물	• 우유, 기름은 거품의 발생을 방해한다. • 소금은 소량 첨가 시 기포형성을 돕는다. • 산(식초, 레몬 등)을 조금 첨가하면 거품이 잘 생긴다. • 설탕은 기포를 섬세하게 만들어 기포의 안정성을 높인다.
교반시간	• 교반시간이 길어지면 거품의 용적은 작아지지만 가만히 두면 굵은 거품을 형성한다. • 거품형성에는 전동교반기가 수동교반기보다 효과가 크다.

3) 유화성

① 난황의 유화성은 인지질인 레시틴(Lecithin) 성분 때문이다.

② 난황에 액체유를 넣고 계속 저으면 레시틴이 유화제로 작용하여 마요네즈가 만들어진다.

等電點 : pH의 이온상태가 같아지는 지점, 즉 전기적으로 중성인 지점

▶ 단백질의 등전점
- 단백질의 기본단위인 아미노산은 물에 녹아 양이온과 음이온을 가진다.
- 용매의 pH에 따라 이동하여 적당한 pH에서 이동도가 0이 되는데 이 점을 등전점이라 한다.
- 단백질의 등전점에서 용해도는 최소가 되고, 기포성은 최대가 된다.

●─함께 알아두기
▶ 유화성
- 서로 혼합되지 않는 물과 기름과 같은 2종의 액체를 섞이도록 하는 성질
- 서로 잘 섞여 안정된 에멀션(유탁액)을 만들기 위하여 제3의 물질을 가하여 주는데 이를 유화제라 한다.
- 난황의 레시틴이 대표적이며, 난백은 난황의 1/4 정도의 유화성을 가진다.
- 수중유적형과 유중수적형이 있으며, 이는 유지의 조리에서 다룬다.

2 달걀의 이용

열응고성의 이용	농후제	알찜, 수란, 커스터드, 푸딩 등
	결합제	만두속, 전, 크로켓 등
기포성의 이용	팽창제	엔젤케이크, 시폰케이크, 머랭 등
	간섭제	캔디, 셔벗(sherbet) 등
유화성의 이용	유화제	마요네즈 등
색		황색, 백색 지단 등
향기		각종 음식

● 함께 알아두기

▶ 머랭(meringue)
① 달걀흰자에 거품을 내고 설탕, 아몬드, 바닐라 등을 첨가하여 낮은 온도의 오븐에서 구워낸 제품
② 달걀흰자에 거품을 충분히 낸 후 설탕을 첨가하면 거품이 안정된다.
③ 머랭에는 우유가 사용되지 않는다.

▶ 국이 짜게 되었을 경우
달걀흰자를 거품 내어 끓을 때 넣어주면, 국물의 짠맛을 감소시킬 수 있다.

03 달걀의 신선도 및 품질변화

1 달걀의 신선도

① 외관법 : 달걀의 껍질이 거칠고, 광택이 없으며, 흔들었을 때 소리가 없는 것이 신선한 달걀이다.

② 투시법 : 빛을 통해 볼 때 맑고 기실이 작은 것이 신선한 달걀이다.

③ 비중법 : 6~10%의 소금물에 달걀을 넣어 가라앉으면 신선한 달걀이고 위로 뜨면 오래된 달걀이다.

④ 난황계수 · 난백계수 측정법
- 달걀을 깨뜨려 측정하는 방법으로 난황계수, 난백계수가 높은 것이 신선하다.
- 신선한 달걀의 난황계수는 0.36~0.44, 난백계수는 0.14~0.17이다.
- 난황계수 0.25 이하인 것은 오래된 달걀이다.

⑤ 기타 달걀의 신선도 판별법
- 깨뜨렸을 때 난황이 터지지 않고 난백도 쉽게 퍼지지 않는 것이 신선하다.
- 농후난백이 수양난백보다 많은 것이 신선하다.
- 깨보면 많은 양의 난백이 난황을 에워싸고 있는 것이 신선하다.
- 삶아 반으로 잘랐을 때 노른자가 가운데에 위치하면 신선하다.
- 삶았을 때 난황표면이 쉽게 암록색으로 변하면 신선하지 않은 달걀이다.

Check Up

• 난황계수 = $\dfrac{난황의\ 높이}{난황의\ 직경}$

• 난백계수 = $\dfrac{농후\ 난백의\ 높이}{농후\ 난백의\ 직경}$

2 달걀 삶기와 변색

1) 가열에 의한 달걀의 변색

① 달걀을 15분 이상 오래 삶으면 난황 표면이 암녹색으로 변한다.

② 난황의 철(Fe)과 난백의 황화수소(H_2S)가 결합하여 황화철(FeS)을 만들기 때문이다.

③ 황화철(FeS)은 높은 온도에서 가열할수록, 삶는 시간이 길어질수록 많이 생성된다.

④ 신선한 달걀은 변색이 거의 일어나지 않는다.

chapter 04

2) 달걀 삶기
  ① 달걀은 100℃ 정도에서 12분 정도 삶으면 완숙이 된다.
  ② 삶은 달걀을 냉수에 즉시 담그면
    • 부피가 수축하여 난각과의 공간이 생기므로 껍질이 잘 벗겨진다.
    • 외부의 압력이 낮아져 생성된 황화수소가 난각을 통하여 외부로 배출되므로 황화철의 생성을 줄일 수 있다.

04 ◢ 달걀의 가공과 저장

1 마요네즈
난황의 유화력을 이용한 대표적인 가공식품으로 난황, 샐러드유, 식초, 조미료, 향신료 등을 혼합하여 유화시킨 조미식품이다.

1) 마요네즈의 제조와 특징
  ① 달걀은 신선하고 끈기 있는 것을 사용하고, 사용되는 기름은 냄새가 없고 고도로 분리정제가 된 것을 사용한다.
  ② 처음부터 기름을 한꺼번에 넣으면 분리되므로 조금씩 가하면서 한 방향으로 빠르게 저어준다.
  ③ 기름이 차가우면 잘 섞이지 않으므로 약간 더운 기름을 사용하면 안정된 마요네즈를 형성한다.
  ④ 식초는 산미를 주고, 방부성을 부여한다.

2) 마요네즈 제조 시 분리되는 경우
  ① 유화제에 비해 기름의 양이 너무 많을 경우
  ② 기름을 너무 빨리 넣을 경우
  ③ 초기의 유화액 형성이 불완전할 경우
  ④ 기름을 첨가하고 젓는 속도를 천천히 할 경우
  ⑤ 기름의 온도가 너무 낮아서 분산이 잘 안 될 경우
  ⑥ 달걀의 신선도가 떨어지는 경우

3) 마요네즈 저장 중에 분리되는 경우
  ① 고온에서 저장 또는 냉동시켰을 경우
  ② 뚜껑을 열어 건조시킨 경우

2 기타
동결란, 건조란, 피단, 카스테라, 아이스크림 등이 있다.

Check Up ▸
▶ 분리된 마요네즈의 재생방법
새로운 난황에 분리된 것을 조금씩 넣으면서 한방향으로 힘차게 저어준다.

③ 달걀의 저장

1) 달걀의 저장 중 변화

① 호흡작용을 통해 산도(pH)가 상승하여 알칼리성이 된다.

② 농후난백이 수양화되어 점성이 없고 묽어진다.

③ 주위의 냄새를 흡수하며, 흰자에서는 황화수소가 생성된다.

④ 난황막이 약화되어 깨뜨렸을 때 터지고 옆으로 퍼진다.

⑤ 수분이 증발하여 중량이 감소한다.

2) 달걀의 저장법

냉장법	• 내용물이 얼지 않을 정도의 저온에서 저장한다.(장기 0~5℃, 단기 15℃ 정도) • 달걀은 주변의 냄새를 흡수하므로 냉장고 내부는 청결하고 냄새가 나지 않아야 한다.
냉동법	• 껍질을 제거하고 내용물을 분리하거나 전액란(全液卵)으로 −40℃에서 급속냉동한 후 −12℃에서 저장한다. • 저장이 간편하고 운반도 편리하다.
가스저장법	• 달걀을 밀폐용기에 넣고 용기 용적의 60%의 탄산가스나 질소가스를 혼합한 공기 중에 저온으로 저장한다. • 수분의 증발을 막고 미생물의 침입을 막을 수 있다.
피복법 (도포법)	• 달걀 껍질에 파라핀, 합성수지, 젤라틴 등을 발라 알껍질 표면의 기공을 막는 방법 • 미생물의 침입을 막고, 탄산가스나 수분의 증발을 막을 수 있다.

1 달걀에 대한 설명으로 틀린 것은?
★★

① 식품 중 단백가가 가장 높다.
② 난황의 레시틴은 유화제이다.
③ 난백의 수분이 난황보다 많다.
④ 당질은 글리코겐 형태로만 존재한다.

달걀에는 약 4% 정도의 당질이 있으나 글리코겐 형태로만 존재하는 것은 아니다.

2 달걀의 난황 속에 있는 단백질이 아닌 것은?
★★★

① 리포비텔린(Lipovitellin)
② 리포비텔리닌(Lipovitellenin)
③ 리베틴(Livetin)
④ 레시틴(Lecithin)

레시틴은 난황에 많이 함유하고 있는 인지질 성분으로 유화제 역할을 한다.

3 달걀의 가공 적성이 아닌 것은?
★★★★★

① 열응고성　　　② 기포성
③ 쇼트닝성　　　④ 유화성

달걀의 조리적 특성은 열응고성, 기포성, 유화성이 있다.

4 달걀의 열응고성에 대한 설명으로 틀린 것은?
★★★★

① 산이나 식염을 첨가하면 응고가 촉진된다.
② 높은 온도에서 계속 가열하면 질겨진다.
③ 노른자는 65℃ 정도에서 응고가 시작된다.
④ 설탕은 응고 온도를 낮추어준다.

설탕은 달걀의 응고 온도를 높인다.

5 달걀의 열응고성에 대한 설명 중 옳은 것은?
★★★

① 식초는 응고를 지연시킨다.
② 소금은 응고 온도를 낮추어 준다.
③ 설탕은 응고 온도를 내려주어 응고물을 연하게 한다.

④ 온도가 높을수록 가열시간이 단축되어 응고물은 연해진다.

① 식초는 응고 온도를 낮추고(응고촉진), 단단하게 만든다.
③ 설탕은 응고 온도를 높이고, 응고물을 부드럽게 만든다.
④ 온도가 높을수록 응고물이 단단해진다.

6 난백의 기포성에 영향을 주는 인자에 대한 설명으로 옳은 것은?
★★★

① 난백의 온도가 낮을수록 기포 생성이 용이하다.
② 설탕은 난백의 기포성은 증진되나 안정성이 감소된다.
③ 레몬즙을 넣으면 단백질 점도가 저하되어 기포성은 좋아진다.
④ 물을 40% 첨가하면 기포성은 저하되고 안정성은 증가된다.

난백은 등전점인 pH 4.8 부근에서 가장 기포성이 좋으므로 소량의 산(레몬즙)을 첨가하면 기포성이 좋아진다.
① 30℃ 내외에서 기포가 가장 잘 생성된다.
② 설탕은 기포를 섬세하게 만들어 기포의 안정성을 높인다.
④ 물을 첨가하면 기포성은 좋아지나 안정성은 떨어진다.

7 단백질의 등전점에 대한 설명으로 옳은 것은?
★★★

① 기포성이 최소가 된다.
② 용해도가 최소가 된다.
③ 점도가 최대가 된다.
④ 삼투압이 최대가 된다.

단백질의 등전점에서 용해도는 가장 낮고, 기포성은 최대가 된다.

8 난백의 기포성에 대한 설명으로 틀린 것은?
★★

① 난백에 올리브유를 소량 첨가하면 거품이 잘 생기고 윤기도 난다.
② 난백은 냉장온도보다 실내온도에 저장했을 때 점도가 낮고 표면장력이 작아져 거품이 잘 생긴다.
③ 신선한 달걀보다는 어느 정도 묵은 달걀이 수양난백이 많아 거품이 쉽게 형성된다.
④ 난백의 거품이 형성된 후 설탕을 서서히 소량씩 첨가하면 안정성 있는 거품이 형성된다.

정답 ▶ 1 ④　2 ④　3 ③　4 ④　5 ②　6 ③　7 ②　8 ①

우유, 기름은 기포의 발생을 저해한다.

9 난백으로 거품을 만들 때의 설명으로 옳은 것은?

① 레몬즙을 1~2방울 떨어뜨리면 거품 형성을 용이
하게 한다.
② 지방은 거품 형성을 용이하게 한다.
③ 소금은 거품의 안정성에 기여한다.
④ 묵은 달걀보다 신선란이 거품 형성을 용이하게 한다.

난백을 만들 때 레몬즙 등의 산을 첨가하면 단백질 점도가 저하되
어 기포형성을 도와준다.
② 지방은 기포력을 저하시킨다.
③ 소량의 소금은 기포성을 좋게 만들며, 안정성을 위해서는 설
탕을 첨가한다.
④ 묵은 달걀(오래된 달걀)이 거품형성은 잘되나 안정성은 떨어
진다.

10 달걀의 기포형성을 도와주는 물질은?

① 산, 수양난백   ② 우유, 소금
③ 우유, 설탕   ④ 지방, 소금

• 산(식초, 레몬즙)에서 기포는 더 잘 일어난다.
• 수양난백은 묽은 흰자를 말하며 기포가 잘 일어난다.
• 설탕, 우유, 기름은 기포의 발생을 저해한다.

11 다음 중 난황에 들어있으며 마요네즈 제조 시 유화제 역할을 하는 성분은?

① 글로불린   ② 갈락토스
③ 레시틴   ④ 오브알부민

레시틴은 난황에 많이 들어 있는 인지질로서 마요네즈 제조 시 천
연유화제로 이용된다.

12 달걀의 기포성을 이용한 것은?

① 달걀찜   ② 푸딩(pudding)
③ 머랭(meringue)   ④ 마요네즈(mayonnaise)

• 머랭은 달걀흰자의 거품을 이용하여 만드는 과자의 일종이다.
• 달걀찜, 푸딩(열응고성), 마요네즈(유화성)

13 마요네즈를 만들 때 기름의 분리를 막아주는 것은?

① 난황   ② 난백
③ 소금   ④ 식초

마요네즈를 만들 때 기름의 분리를 막는 유화제 역할을 하는 것
은 난황의 레시틴이다.

14 달걀의 유화성을 이용한 대표적인 식품은?

① 우유   ② 마요네즈
③ 미음   ④ 치즈

달걀의 난황에 기름을 넣고 한 방향으로 힘차게 저어주면 마요네
즈를 만들 수 있다.

15 달걀의 조리 중 상호관계로 가장 거리가 먼 것은?

① 응고성 – 계란찜
② 유화성 – 마요네즈
③ 기포성 – 스펀지케이크
④ 가소성 – 수란

• 수란은 열응고성을 이용한 조리이다.
• 가소성은 외력에 의하여 모양이 변한 물체가 그 힘이 제거되어
도 원래의 모양으로 돌아오지 않는 것을 말한다.

16 밀가루 반죽에 달걀을 넣었을 때 달걀의 작용으로 틀린 것은?

① 반죽에 공기를 주입하는 역할을 한다.
② 팽창제의 역할을 해서 용적을 증가시킨다.
③ 단백질 연화 작용으로 반죽을 연하게 한다.
④ 영양, 조직 등에 도움을 준다.

밀가루 반죽에서 달걀은 반죽을 단단하게 한다.

chapter 04

17 달걀의 이용이 바르게 연결된 것은? ★★★★

① 농후제 – 크로켓
② 결합제 – 만두속
③ 팽창제 – 커스터드
④ 유화제 – 푸딩

> **달걀의 이용**
> • 농후제 : 알찜, 커스터드, 푸딩
> • 결합제 : 만두속, 전, 크로켓
> • 팽창제 : 엔젤케이크, 머랭
> • 유화제 : 마요네즈

18 달걀의 기능을 이용한 음식의 연결이 잘못된 것은? ★★★

① 응고성 – 달걀찜
② 팽창제 – 시폰케이크
③ 간섭제 – 맑은 장국
④ 유화성 – 마요네즈

> 달걀을 이용한 음식 중 간섭제는 캔디, 셔벗 등이 있고 맑은 장국은 액체와 고체로 이루어진 콜로이드이다.

19 국이 짜게 되었을 때 국물의 짠맛을 감소시킬 수 있는 방법으로 타당한 것은? ★★

① 달걀흰자를 거품 내어 끓을 때 넣어준다.
② 잘 저은 젤라틴 용액을 끓을 때 넣어준다.
③ 2% 설탕 용액이나 술을 넣어준다.
④ 건조된 월계수 잎을 끓을 때 넣어준다.

> 달걀흰자는 국물의 염도를 흡착하여 짠맛을 감소시켜준다.
> ② 젤라틴은 용액을 응고시키는 역할을 하며, ③과 ④는 냄새를 제거하는 방법이다.

20 달걀에 우유를 섞어 만든 요리가 아닌 것은? ★★★

① 오믈렛(Omelet)
② 머랭(Meringue)
③ 스크램블드 에그(Scrambled Egg)
④ 커스타드(Custard)

> 머랭은 달걀흰자에 설탕과 아몬드, 바닐라 등의 향신료를 섞어 만든 것으로 우유는 들어가지 않는다.

21 다음 중 신선란의 특징은? ★★★★

① 난황이 넓적하게 퍼진다.
② 기실부가 거의 생성되지 않았다.
③ 수양난백이 농후난백보다 많다.
④ 삶았을 때 난황표면이 쉽게 암록색으로 변한다.

> **신선한 달걀**
> • 표면이 까칠까칠하고 광택이 없으며 흔들었을 때 소리가 없는 것
> • 깨뜨렸을 때 난황이 쉽게 퍼지지 않는 것
> • 빛을 통해 볼 때 맑고 기실이 작은 것
> • 6%의 염수에 달걀을 넣었을 때 가라앉는 것
> • 농후난백이 수양난백보다 많은 것
> • 난황계수가 높은 것

22 신선한 달걀의 감별법 중 틀린 것은? ★★★

① 햇빛(전등)에 비출 때 공기집의 크기가 작다.
② 흔들 때 내용물이 흔들리지 않는다.
③ 6% 소금물에 넣어서 떠오른다.
④ 깨뜨려 접시에 놓으면 노른자가 볼록하고 흰자의 점도가 높다.

> 6%의 소금물에 달걀을 넣어 가라앉으면 신선한 달걀이고 위로 뜨면 오래된 달걀이다.

23 달걀의 신선도를 판정하는 올바른 방법이 아닌 것은? ★★

① 껍질이 까칠까칠한 것
② 달걀은 흔들어보아 소리가 들리지 않는 것
③ 6~10% 소금물에 담그면 위로 뜨는 것
④ 달걀을 깨어보아 난황계수가 0.36~0.44인 것

> 6~10%의 식염수에 넣었을 때 뜨지 않는 것이 신선하다.

24 신선한 달걀의 난황계수(yolk index)는 얼마 정도인가? ★★

① 0.14~0.17
② 0.25~0.30
③ 0.36~0.44
④ 0.55~0.66

> 신선한 달걀의 난황계수는 0.36~0.44이며, 0.25 이하인 것은 오래된 것이다.

정답 17 ② 18 ③ 19 ① 20 ② 21 ② 22 ③ 23 ③ 24 ③

25 달걀 후라이를 하기 위해 프라이팬에 달걀을 깨뜨려 놓았을 때 다음 중 가장 신선한 달걀은?

① 난황이 터져 나왔다.
② 난백이 넓게 퍼졌다.
③ 난황은 둥글고 주위에 농후난백이 많았다.
④ 작은 혈액 덩어리가 있었다.

난황이나 난백이 넓게 퍼지거나 작은 혈액 덩어리가 있는 달걀은 신선하지 못한 달걀이다.

26 50g의 달걀을 접시에 깨뜨려 놓았더니 난황 높이는 1.5cm, 난황 직경은 4cm이었다. 이 달걀의 난황계수는?

① 0.188　　　　② 0.232
③ 0.336　　　　④ 0.375

$$난황계수 = \frac{난황의\ 높이}{난황의\ 직경} = \frac{1.5}{4} = 0.375$$

27 달걀을 삶았을 때 난황 주위에 일어나는 암녹색의 변색에 대한 설명으로 옳은 것은?

① 신선한 달걀일수록 색이 진해진다.
② 100℃의 물에서 5분 이상 가열 시 나타난다.
③ 난황의 철과 난백의 황화수소가 결합하여 생성된다.
④ 낮은 온도에서 가열할 때 색이 더욱 진해진다.

난황의 철분과 난백의 황화수소가 결합하여 황화철을 만들기 때문이다.
① 신선하지 않은 달걀일수록 색이 진해진다.
② 100℃에서 5분 정도 가열하면 달걀은 반숙이 된다.
④ 높은 온도에서 가열할 때 색이 진해진다.

28 완숙한 계란의 난황 주위가 변색하는 경우를 잘못 설명한 것은?

① 난백의 유황과 난황의 철분이 결합하여 황화철(FeS)을 형성하기 때문이다.
② pH가 산성일 때 더 신속히 일어난다.
③ 신선한 계란에서는 변색이 거의 일어나지 않는다.
④ 오랫동안 가열하여 그대로 두었을 때 많이 일어난다.

오래된 달걀일수록 pH가 상승하여 황화수소가 쉽게 발생하므로 황화철의 생성도 쉽게 된다. 따라서 달걀의 pH가 알칼리성일 때 변색이 더 쉽게 일어난다.

29 달걀 삶기에 대한 설명 중 틀린 것은?

① 달걀을 완숙하려면 98~100℃의 온도에서 12분 정도 삶아야 한다.
② 삶은 달걀을 냉수에 즉시 담그면 부피가 수축하여 난각과의 공간이 생기므로 껍질이 잘 벗겨진다.
③ 달걀을 오래 삶으면 난황 주위에 생기는 황화수소는 녹색이며 이로 인해 녹변이 된다.
④ 달걀은 70℃ 이상의 온도에서 난황과 난백이 모두 응고한다.

달걀을 오래 삶으면 난백의 황이 가열에 의해 분해되어 황화수소를 만들고, 이 황화수소가 난황의 철과 결합하여 암녹색의 황화철을 생성하여 녹변이 된다.

30 달걀을 삶은 직후 찬물에 넣어 식히면 노른자 주위의 암녹색의 황화철이 적게 생기는데 그 이유는?

① 찬물이 스며들어가 황을 희석시키기 때문
② 황화수소가 난각을 통하여 외부로 발산되기 때문
③ 찬물이 스며들어가 철분을 희석하기 때문
④ 외부의 기압이 낮아 황과 철분이 외부로 빠져 나오기 때문

달걀을 삶은 직후 찬물에 넣어 식히면 난백의 황화수소가 난각을 통하여 외부로 발산되기 때문에 황화철의 생성이 적어진다.

31 마요네즈에 대한 설명으로 틀린 것은?

① 식초는 산미를 주고, 방부성을 부여한다.
② 마요네즈를 만들 때 너무 빨리 저어주면 분리되므로 주의한다.
③ 사용되는 기름은 냄새가 없고, 고도로 분리정제가 된 것을 사용한다.
④ 새로운 난황에 분리된 마요네즈를 조금씩 넣으면서 저어주면, 마요네즈 재생이 가능하다.

마요네즈를 만들 때 빨리 저을수록 좋다.

정답 ▶ 25 ③　26 ④　27 ③　28 ②　29 ③　30 ②　31 ②

32 마요네즈 제조 시 안정된 마요네즈를 형성하는 경우는?

① 기름을 빠르게 많이 넣을 때
② 달걀 흰자만 사용할 때
③ 약간 더운 기름을 사용할 때
④ 유화제 첨가량에 비하여 기름의 양이 많을 때

① 마요네즈 제조 시 기름은 천천히 적은 양을 넣는다.
② 난황의 레시틴 성분이 천연유화제로서 마요네즈를 안정시킨다.
④ 유화제 첨가량과 기름의 양을 적당히 맞추어야 한다.

33 마요네즈가 분리되는 경우가 아닌 것은?

① 기름을 첨가하고 천천히 저어주었을 때
② 기름의 온도가 너무 낮을 때
③ 기름의 양이 많았을 때
④ 신선한 마요네즈를 조금 첨가했을 때

마요네즈가 분리되는 경우
• 유화제에 비해 기름의 양이 너무 많을 경우
• 기름을 너무 빨리 넣을 경우
• 초기의 유화액 형성이 불완전할 경우
• 기름을 첨가하고 젓는 속도를 천천히 할 경우
• 기름의 온도가 너무 낮아서 분산이 잘 안 될 경우
• 달걀의 신선도가 떨어지는 경우

34 마요네즈 제조 시 분리되는 이유와 거리가 먼 것은?

① 노른자를 풀고 나서 기름을 한 방울씩 떨어뜨렸다.
② 초기의 유화액 형성이 불완전하다.
③ 유화제에 비해 기름의 비율이 너무 높다.
④ 기름을 너무 빨리 넣는다.

마요네즈 제조 시 분리되는 이유는 ②, ③, ④ 외에 난황의 신선도가 떨어지는 경우, 기름의 온도가 낮아서 분산이 잘 되지 않는 경우, 기름의 양이 너무 많은 경우 등이다.

35 분리된 마요네즈를 재생시키는 방법으로 가장 적합한 것은?

① 기름을 더 넣어 한 방향으로 빠르게 저어준다.
② 레몬즙을 넣은 후 기름과 식초를 넣어 저어준다.
③ 분리된 마요네즈를 양쪽 방향으로 빠르게 저어준다.
④ 새로운 난황에 분리된 것을 조금씩 넣으며 한 방향으로 저어준다.

분리된 마요네즈를 재생시키는 방법
• 새로운 난황에 분리된 마요네즈를 조금씩 넣어 힘차게 저어준다.
• 난황이 유화제 역할을 하며, 한쪽 방향으로 힘차게 저어준다.

36 달걀을 이용한 조리식품과 관계가 없는 것은?

① 오믈렛   ② 수란
③ 치즈   ④ 커스터드

치즈는 우유를 응고시켜 만드는 식품으로 달걀을 사용하지 않는다.

37 달걀에서 시간이 지남에 따라 나타나는 변화가 아닌 것은?

① 호흡작용을 통해 알칼리성으로 된다.
② 흰자의 점성이 커져 끈적끈적해진다.
③ 흰자에서 황화수소가 검출된다.
④ 주위의 냄새를 흡수한다.

달걀이 시간이 지나 신선도가 떨어지면 달걀흰자는 점성이 떨어져 묽어진다.

38 달걀의 보존 중 품질변화에 대한 설명으로 틀린 것은?

① 수분의 증발   ② 농후난백의 수양화
③ 난황막의 약화   ④ 산도(pH)의 감소

달걀이 오래되어 부패하기 시작하면 암모니아가 생성되어 pH는 상승한다.

39 달걀 저장 중에 일어나는 변화로 옳은 것은?

① pH 저하   ② 중량 감소
③ 난황계수 증가   ④ 수양난백 감소

① 암모니아가 생성되어 pH는 올라간다.
② 난각을 통하여 수분이 증발하고 공기로 채워지기 때문에 중량이 감소한다.
③ 오래된 달걀의 난황계수는 감소한다.
④ 오래된 달걀은 수양난백이 증가한다.

Korea food Cook Certification

SECTION 09 채소와 과일의 조리 및 가공

[출제문항수 : 1~2문제] 이 섹션에서는 채소와 과일의 색소 변화, 채소의 조리, 과일의 젤리화 등의 출제빈도가 높습니다. 색소의 변화는 식품학에서 다루었던 부분이며, 크게 어려운 부분 없이 공부하실 수 있는 부분입니다.

01 채소의 색소와 갈변

채소의 색소와 특징

클로로필 (Chlorophyll)	• 녹색 채소에 있는 마그네슘(Mg)을 함유한 색소이다. • 산성에서 갈색의 페오피틴(pheophytin)으로 변한다. • 알칼리성에서 안정하여 녹색을 유지 　→ 중조(식소다)를 사용하면 조직이 연화되고, 선명한 녹색을 유지하지만, 비타민 C는 손실된다.
안토시아닌 (Anthocyanin)	• 산성 – 적색, 중성 – 자색(보라색), 알칼리 – 청색 • 생강을 식초(산)에 절이면 적색으로 변한다. • 철 등의 금속이온과 결합하면 안정된 청색을 띤다. 　→ 가지, 우엉 등을 삶을 때 백반(알칼리)을 넣으면 안정된 청자색을 띤다. • 삶을 때 생성되는 유기산은 안토시아닌을 적색으로 만든다. 　→ 뚜껑을 닫고, 소량의 조리수를 사용하면 선명한 적색을 얻을 수 있다.
플라보노이드 (Flavonoid)	• 산에 안정하여 양파, 무, 연근을 식초 물에 담그면 갈변되지 않고 흰색을 유지한다. • 알칼리에 불안정하여 양파, 무, 연근 등을 식소다 물에 담그거나, 밀가루 반죽에 소다를 넣으면 황색으로 변한다.
카로티노이드 (Carotenoid)	• 당근, 호박, 수박, 토마토 등의 황색, 주황색이다. • 산, 알칼리, 열에 비교적 안정적이다. • 공기 중에 산소나 산화효소에 의해 산화되거나 퇴색한다.

Check Up

▶ 조리에 의한 색 변화

색소	산성	염기성
클로로필	불안정 (갈색)	안정 (녹색)
안토시안	안정 (적색)	불안정 (청색)
플라보 노이드	안정 (흰색)	불안정 (노란색)
카로티 노이드	안정 (색유지)	안정 (색유지)

▶ 녹색채소(클로로필)의 색 보존방법
뚜껑을 열고, 다량의 조리수를 사용하여 채소를 데친다.

chapter 04

02 채소의 조리와 가공

채소의 조리 방법

1) 채소의 조리 특성
　① 채소의 조리는 채소가 지니는 특유의 질감과 맛을 살리고 영양소를 최대한 보유하도록 하는 적절한 조리법을 선택한다.
　② 대부분의 채소는 조리함으로써 섬유소가 연화되고, 부분적으로 전분이 호화되어 맛이 더욱 좋아지고 소화도 쉬워진다.

③ 조리 중 손실이 가장 큰 영양소는 비타민 C이고, 비타민 A와 C는 산화에 약하다.

함께 알아두기

▶ 비타민 C의 보존방법
- 열, 빛, 물, 산소 등에 쉽게 파괴되는 민감한 영양소이다.
- 식품을 공기와 접촉하지 않은 상태로 찬 곳에 보관한다.
- 물에 접촉하는 시간이 길수록 손실이 커진다.
- 조리할 때 식품을 잘게 썰지 않고, 절단면을 크게 하지 않으며, 짧은 시간에 조리를 마친다.

② 채소의 조리 및 취급

① 조리방법

삶기	채소를 물에 넣고 끓이는 방법으로 수용성 물질의 손실이 가장 크다.
찌기	열도 높지 않고 수용성 물질이 용출될 우려도 없으므로 영양성분의 손실이 적다.
볶기	물을 사용하지 않으므로 수용성 물질이 용출될 우려는 없지만, 열에 의한 성분 파괴가 일어난다.
튀기기	수용성 물질이 용출될 우려도 없고, 단시간 조리로 열에 의한 성분 파괴도 적다.
굽기	고열이 채소에 직접 접촉되므로 열에 의한 성분 파괴가 크다.

② 채소를 삶을 때 중조(알칼리)를 첨가하면 색은 더욱 선명해지고, 섬유조직이 쉽게 연화된다. → 비타민 C는 알칼리에 불안정하여 많이 파괴된다.

③ 채소를 삶을 때 산을 첨가하면 채소의 질감을 단단하게 하지만 갈변이 된다.
→ 연근을 삶을 때 식초를 3~5% 첨가하면 조직이 단단해져서 씹을 때 질감이 좋아진다.

④ 채소를 데칠 때 1~2%의 식염을 첨가하면 채소가 부드러워지고 푸른색을 잘 유지한다.

⑤ 죽순을 쌀뜨물에 삶으면 불미 성분이 제거된다.

⑥ 샐러드용 채소는 냉수에 담갔다가 물기를 빼고 사용하면 조직감이 살아 아삭거린다.

⑦ 도라지의 쓴맛을 빼내기 위하여 소금물에 주물러서 절인다.

⑧ 배추, 셀러리, 파 등은 밑동이 아래로 가도록 세워서 보관한다.

⑨ 쑥은 소금물에 살짝 담근 후 데치면 푸른색을 유지할 수 있다.

⑩ 셀러리는 수분이 많아 신문지에 싸서 냉장고에 보관한다. 냉동보관은 적합하지 않다.

⑪ 당근 등의 녹황색 채소는 지용성 비타민을 많이 함유하고 있어 기름에 볶는 조리법을 사용하면 지용성 비타민의 흡수가 잘 된다.

③ 데치기(Blanching)

① 적은 양의 식재료를 많은 양의 물에 짧은 시간에 재빨리 익혀내는 조리법으로 주로 녹색채소에 많이 이용된다.

② 휘발성 유기산을 휘발시키기 위하여 뚜껑을 열고 끓는 물에 데친다.

③ 섬유소가 알맞게 연해지면 가열을 중지하고 얼음물 또는 찬물에 식힌다.

④ 조리수의 양과 가열시간은 비타민 C 손실 및 변색의 중요한 요소이다.

Check Up

▶ 채소를 냉동하기 전 블랜칭 (Blanching)을 하는 이유
효소의 불활성화, 미생물 번식의 억제, 산화반응 억제, 부피의 감소, 수분의 감소, 살균효과 등이 있어 저장성이 높아진다.

조리수의 양	• 채소를 데칠 때 생성되는 유기산은 클로로필 색소를 갈색의 페오피틴으로 변화시킨다. • 뚜껑을 열고 다량의 조리수를 사용하여 유기산을 휘발 및 희석시킨다. • 조리수의 양이 많을수록 비타민 C의 손실은 커진다.
가열시간	• 가능한 한 단시간 가열해야 변색 및 비타민 C의 손실을 줄일 수 있다. • 데친 후 바로 찬물에 헹구면 비타민 C의 자가분해를 방지할 수 있다.

4 채소의 가공

1) 침채류

① 채소를 주원료로 소금만 쓰거나 고추장, 간장, 된장, 술지게미 중 한 가지 또는 여러 가지를 섞어 담근 일종의 염장식품이다.

→ 배추김치, 동치미, 깍두기, 단무지, 오이지, 마늘절임, 송이절임, 피클 등

② 숙성기간 중 삼투작용, 효소작용, 각종 미생물에 의한 발효작용 등을 통하여 독특한 맛과 풍미가 있다.

③ 원료가 되는 무, 배추, 고추 등은 비타민 B와 C, 무기질 등을 공급한다.

④ 숙성되면서 초산균, 젖산균, 호박산 등의 산미를 주는 성분이 생성된다.

⑤ 젖산균은 정장작용을 하여 건강에 이로움을 준다.

⑥ 김치의 특징

• 절임을 할 때의 소금물 농도는 10% 정도가 적당하다.

• 배추의 염도는 10~12% 정도가 적당하다.

• 총산함량이 0.6~0.8%일 때 김치의 맛이 가장 좋다.

• 산막효모*는 김치의 연부*에 관여하는 미생물이다.

• 많이 익은 김치는 산이 많이 생성되어 섬유소가 단단해져 오래 끓여도 쉽게 연해지지 않는다.

• 익을수록 많이 생성된 유기산은 녹색의 클로로필을 갈색의 페오피틴으로 변화시키므로 김치가 갈변된다.

2) 토마토 가공

① 토마토 퓨레 : 토마토를 으깨어 껍질, 씨 등을 없앤 과육이나 액즙(토마토 펄프)을 졸인 것(고형분 24% 미만)

② 토마토 페이스트 : 토마토 퓨레를 농축하여 고형분 24% 이상인 것

③ 토마토 케첩 : 토마토 퓨레를 농축시키고 설탕, 소금, 식초, 향신료 등을 첨가해서 만든다.

④ 이 외에 토마토 쥬스, 토마토 칠리소스 등이 있다.

Check Up

▶ 녹색 채소의 조리 방법 중 중요 포인트

① 중조(알칼리)를 넣으면 색이 선명해지나, 비타민 C의 손실이 크고, 조직이 물러진다.

② 식초(산)를 넣으면 갈변이 되고(페오피틴 생성), 조직이 단단해진다.
→ 식초는 먹기 직전에 첨가한다.

③ 채소를 데칠 때는 뚜껑을 열어 유기산을 휘발시키고 찬물로 빨리 헹구어 낸다.
→ 시금치를 데칠 때 생성되는 수산(옥살산)은 체내에서 칼슘의 흡수를 방해한다.

④ 1~2%의 식염수에 데치면 색이 선명해지고, 채소가 부드러워지나 뭉그러지지 않으며, 비타민 C의 산화도 억제해 준다.

▶ 산막효모
김치, 간장, 된장 등을 양조 또는 저장 중 표면에 증식하는 효모로 식염 하에서 피막을 만드는 유해균으로 특유의 악취와 김치의 연부현상에 관여한다.

▶ 연부현상

① 김치의 배추나 무가 물러지는 현상을 연부현상이라 한다.

② 배추나 무의 조직을 구성하는 펙틴이 호기성인 산막효모가 생성하는 펙틴분해효소에 의해 분해되어 발생한다.

③ 연부현상을 줄이기 위한 방법

• 김치와 공기와의 접촉을 차단

• 저장 시 꼭 눌러 담아 내부의 공기를 제거하여 호기성 미생물의 생장번식을 막는다.

• 숙성의 적기를 넘기지 않도록 하고, 저온에서 발효시킴

chapter 04

❶ 과일의 젤화(젤리화)

① 과실에 함유되어 있는 펙틴*은 당과 산이 존재할 때 젤(gel)화 된다.
- 펙틴 1~1.5% 이상, 당 60~70%, pH 3.0~3.5에서 잼 또는 젤리가 만들어진다.
- 과실에 설탕을 넣고 가열하면, 펙틴과 설탕, 과실 속의 유기산이 상호 작용하여 잼 또는 젤리가 만들어진다.
- 대표적인 식품 : 잼, 젤리, 마멀레이드 등

② 펙틴과 유기산이 많은 딸기, 사과, 포도, 살구, 감귤 등이 잼에 적당하다.

③ 배와 감은 펙틴과 유기산이 부족하여 잼을 만들기에 적합하지 않다.

▶ 펙틴
- 세포막이나 세포간질에서 셀룰로오스와 함께 존재하는 복합다당류
- 식물의 잎, 껍질, 열매 등 모든 부분에 존재
- 과실의 젤화에서 점성을 증가시켜 구조를 형성하는 역할을 한다.

▶ 잼 또는 젤리를 만들 때 가장 적합한 설탕 양은 60~70%이다.

❷ 과일의 조리

1) 과일의 조리방법

① 과일조리의 가장 기본적인 방법은 과일을 물 또는 시럽에 넣고 끓이는 것이다.
(적당한 농도비율 - 설탕 1 : 물 2)

② 조직을 연하게 하려면 먼저 물에서 적당한 경도까지 조리한 다음 설탕을 첨가한다.(→ 설탕을 너무 많이 넣으면 과일의 향이 나빠진다.)

③ 연한 과일은 소량의 물로 천천히 조심스럽게 가열해야 모양을 유지할 수 있다.

④ 딸기는 서서히 가열을 하여 세포의 호흡에 필요한 산소를 완전히 소모하면 색을 선명하게 보존할 수 있다.

2) 기타 과일의 특이점

① 수박
- 수박의 붉은색은 카로티노이드계 색소인 라이코펜이다.
- 칼륨(K)이 많이 들어있고, 비타민 A, B, C가 소량 들어있다.
- 수분과 당분이 많으며, 과즙은 이뇨효과가 있고 신장병에 좋다.

② 바나나는 과일 중에 당질의 함량이 가장 높은 과일이다.

③ 아보카도는 양질의 지방을 많이 함유한 과일이다.

④ 미숙한 과일에 많은 타닌(떫은맛을 냄)은 과일이 성숙함에 따라 감소한다.

⑤ 과일이 얼면 조직이 파괴되어 맛과 향이 저하되기 때문에 냉동시키지 않는다.

●─**함께 알아두기**

▶ 과일을 물에 넣어 가열하면
① 섬유소는 연화되고 세포막이 변성되어 투과성을 잃는다.
② 세포 사이사이 공간에 있는 공기가 물로 대치되어 생과일 때보다 투명하게 된다.
③ 조직을 단단하게 결착시키는 불용성의 프로토펙틴(protopectin)이 용해성인 펙틴(pectin)으로 변하여 조직이 부드럽게 된다.
④ 과일의 색소는 유기산, 조리수의 pH, 무기질 등에 의한 반응으로 색이 변한다.
⑤ 과일의 향미 성분은 휘발성인 유기산과 에스테르(ester)이므로, 가열하면 손실이 크다.
⑥ 가열과 산화에 약한 비타민 C의 손실이 크므로 조리시간을 짧게 하는 것이 좋다.

❸ 과일 가공품

젤리	과일즙에 설탕을 넣고 가열 · 농축한 후 냉각시킨 것
잼	과일의 과육을 전부 이용하여 점성을 띠게 농축한 것
마멀레이드	과일즙에 설탕, 과일의 껍질, 과육의 얇은 조각을 섞어 가열, 농축한 것으로, 주로 감귤류(오렌지 등)의 껍질과 과육으로 만든 잼
프리저브	과일 전체를 그대로 시럽에 넣고 조려 연하고 투명하게 만든 것
과일음료	천연과실음료, 농축과일음료, 과즙함유음료 등 • 스쿼시(squash) : 과일주스에 설탕을 섞은 농축액 음료수 • 에이드(ade) : 과즙에 설탕을 넣고 물 또는 탄산수로 희석시킨 음료수

★★★
1 채소류에 관한 설명 중 틀린 것은?

① 비타민과 무기질을 많이 함유하고 있다.
② 채소류의 색소에는 클로로필(Chlorophyll), 카로티노이드(Carotenoid), 플라보노이드(Flavonoid), 안토시아닌(Anthocyanin)계가 있다.
③ 안토시아닌(Anthocyanin) 색소는 붉은색이나 보라색을 띠는데 산성용액에서는 청색으로 변한다.
④ 당근에는 아스코비나아제(Ascorbinase)가 함유되어 있다.

안토시아닌 색소는 과실, 채소, 꽃 등에 존재하는 빨간색이나 보라색의 색소이며 산성용액에서 붉은색, 알칼리 용액에서는 청자색을 띤다.

★★★
2 녹색채소를 수확 후에 방치할 때 점차 그 색이 갈색으로 변하는 이유는?

① 엽록소가 페오피틴(pheophytin)으로 변했으므로
② 엽록소의 수소(H)가 구리(Cu)로 치환되었으므로
③ 엽록소가 클로로필라이드(chlorophyllide)로 변했으므로
④ 엽록소의 마그네슘(Mg)이 구리(Cu)로 치환되었으므로

녹색채소를 수확한 후 방치할 때 갈색으로 변하는 이유는 엽록소(클로로필)가 갈색의 페오피틴(Pheophytin)으로 변했기 때문이다.

★★
3 채소 조리 시 색의 변화로 맞는 것은?

① 시금치는 산을 넣으면 녹황색으로 변한다.
② 당근은 산을 넣으면 퇴색된다.
③ 양파는 알칼리를 넣으면 백색으로 된다.
④ 가지는 산에 의해 청색으로 된다.

시금치 등의 녹색채소에 들어 있는 클로로필은 산에 불안정하여 산을 넣으면 녹황색이나 갈색으로 변한다.
② 당근(카로티노이드) : 산이나 알칼리에 색이 안변함
③ 양파(플라보노이드) : 알칼리에 황색으로 변함
④ 가지(안토시안) : 알칼리에 의해 청색으로 변함

★★
4 자색 양배추, 가지 등 적색채소를 조리할 때 색을 보존하기 위한 가장 바람직한 방법은?

① 뚜껑을 열고 다량의 조리수를 사용한다.
② 뚜껑을 열고 소량의 조리수를 사용한다.
③ 뚜껑을 덮고 다량의 조리수를 사용한다.
④ 뚜껑을 덮고 소량의 조리수를 사용한다.

양배추, 가지 등의 적색채소의 색소는 안토시아닌이고, 이 색소는 산성에 적색을 나타내므로, 삶을 때 뚜껑을 덮고 소량의 조리수를 사용하면 유기산이 생성되어 선명한 적색을 나타낸다.
※ 녹색채소의 색을 보존하기 위해서는 뚜껑을 열고, 다량의 조리수를 사용하여 조리한다.

★★★★
5 조리방법에 대한 설명 중 틀린 것은?

① 양파의 매운맛 성분은 가열하면 단맛을 내는 프로필 메르캅탄을 형성한다.
② 사골의 핏물을 우려내기 위해 찬물에 담가 혈색소인 수용성 헤모글로빈을 용출시킨다.
③ 모양을 내어 썬 양송이에 레몬즙을 뿌려 색이 변하는 것을 억제시켰다.
④ 무초절이쌈을 할 때 얇게 썬 무를 식소다 물에 담가 두면 무의 색이 더 희게 된다.

무에 들어 있는 플라보노이드 색소는 알칼리성(식소다)에서 누런색으로 변색되므로, 무초절이쌈을 할 때 식초 물에 담가두어야 더 희게 된다.

★★
6 식품을 삶는 방법에 대한 설명으로 틀린 것은?

① 연근을 엷은 식초 물에 삶으면 하얗게 삶아 진다.
② 가지를 백반이나 철분이 녹아있는 물에 삶으면 색이 안정된다.
③ 완두콩은 황산구리를 적당량 넣은 물에 삶으면 푸른빛이 고정된다.
④ 시금치를 저온에서 오래 삶으면 비타민 C의 손실이 적다.

시금치는 끓는 물에 소금을 넣어 살짝 데치고 찬물로 헹구어야 비타민 C의 손실을 적게 할 수 있다.
① 연근의 플라보노이드는 산성에서 안정하여 흰색을 유지한다.
② 가지의 안토시아닌은 알칼리나 금속이온과 결합하면 안정된 청색을 가진다.
③ 완두콩의 클로로필에 있는 마그네슘 이온이 구리이온으로 치환되어 선명한 녹색을 유지한다.

정답 1 ③ 2 ① 3 ① 4 ④ 5 ④ 6 ④

chapter 04

7 채소의 조리가공 중 비타민 C의 손실에 대한 설명이 맞는 것은?

① 시금치를 데칠 때 사용수의 양이 많으면 비타민 C의 손실이 적다.
② 당근을 데칠 때 크기를 작게 할수록 비타민 C의 손실이 적다.
③ 무채를 곱게 썰어 공기 중에 장시간 방치해도 비타민 C의 손실에는 영향이 없다.
④ 동결처리한 시금치는 낮은 온도에 저장할수록 비타민 C의 손실이 적다.

수용성인 비타민 C는 ① 사용수의 양이 많아 물에 접촉하는 시간이 길수록 손실이 크다.
②, ③ 절단면이 많아질수록, 공기 중에 방치되는 시간이 길수록 산화가 잘되어 손실이 크다.

8 채소의 무기질, 비타민의 손실을 줄일 수 있는 조리방법은?

① 데치기　　　② 끓이기
③ 삶기　　　　④ 볶음

수용성 비타민이나 무기질은 물에 녹아 영양 손실이 크므로, 데치기, 끓이기, 삶기보다 볶음 조리가 영양 손실이 적다.

9 녹색채소를 데칠 때 색을 선명하게 하기 위한 조리방법으로 부적합한 것은?

① 휘발성 유기산을 휘발시키기 위해 뚜껑을 열고 끓는 물에 데친다.
② 산을 희석시키기 위해 조리수를 다량 사용하여 데친다.
③ 섬유소가 알맞게 연해지면 가열을 중지하고 냉수에 헹군다.
④ 조리수의 양을 최소로 하여 색소의 유출을 막는다.

휘발성 유기산은 뚜껑을 열고 데침으로 휘발시키고, 비휘발성 유기산은 다량의 물을 사용하여 유기산을 희석시킴으로써 색소의 갈변을 방지할 수 있다.

10 녹색 채소를 데칠 때 소다를 넣을 경우 나타나는 현상이 아닌 것은?

① 채소의 질감이 유지된다.
② 채소의 색을 푸르게 고정시킨다.
③ 비타민 C가 파괴된다.
④ 채소의 섬유질을 연화시킨다.

녹색채소에 들어 있는 클로로필 색소는 소다(알칼리)를 첨가하면 채소의 색을 푸르게 고정시키지만, 알칼리에 불안정한 비타민 C가 파괴되고 섬유질이 지나치게 연화되어 질감이 떨어지게 된다.

11 녹색 채소 조리 시 중조($NaHCO_3$)를 가할 때 나타나는 결과에 대한 설명으로 틀린 것은?

① 진한 녹색으로 변한다.
② 비타민 C가 파괴된다.
③ 페오피틴(Pheophytin)이 생성된다.
④ 조직이 연화된다.

산에 의해 엽록소가 갈색의 페오피틴을 형성하는데, 시금치 데칠 때 노랗게 되는 이유이다. 중조는 알칼리로 갈변을 방지한다.

12 채소류를 취급하는 방법으로 맞는 것은?

① 쑥은 소금에 절여 물기를 꼭 짜낸 후 냉장 보관한다.
② 샐러드용 채소는 냉수에 담갔다가 사용한다.
③ 도라지의 쓴맛을 빼내기 위해 1% 설탕물로만 담근다.
④ 배추나 셀러리, 파 등은 옆으로 뉘어서 보관한다.

샐러드용 채소는 냉수에 담갔다가 물기를 빼고 사용하면 조직감이 살아 아삭거린다.
① 쑥은 소금물에 살짝 담갔다가 데치면 푸른색을 유지한다.
③ 도라지의 쓴맛을 빼기 위해서는 소금물에 주물러서 절인다.
④ 배추나 셀러리, 파 등은 밑동이 아래로 가도록 세워서 보관한다.

13 냉동저장 채소로 가장 적합하지 않은 것은?

① 완두콩　　　② 브로컬리
③ 컬리플라워　④ 셀러리

셀러리는 수분이 많아 냉동저장이 적합하지 않은 채소이다.

정답　**7** ④　**8** ④　**9** ④　**10** ①　**11** ③　**12** ②　**13** ④

14 당근 등의 녹황색 채소를 조리할 경우 기름을 첨가하는 조리방법을 선택하는 주된 이유는?
★★

① 색깔을 좋게 하기 위하여
② 부드러운 맛을 위하여
③ 비타민 C의 파괴를 방지하기 위하여
④ 지용성 비타민의 흡수를 촉진하기 위하여

당근 등의 근채류는 생식보다 기름에 볶는 조리법을 사용하면 지용성 비타민의 흡수율을 높여준다.

15 채소를 냉동하기 전 블랜칭(blanching)하는 이유로 틀린 것은?
★★★

① 효소의 불활성화
② 미생물 번식의 억제
③ 산화반응 억제
④ 수분감소 방지

채소의 블랜칭 : 효소의 불활성화, 미생물 번식의 억제, 산화반응 억제, 수분감소 효과를 가져와 저장성을 높일 수 있다.

16 푸른 색 채소의 색과 질감을 고려할 때 데치기의 가장 좋은 방법은?
★★

① 식소다를 넣어 오랫동안 데친 후 얼음물에 식힌다.
② 공기와의 접촉으로 산화되어 색이 변하는 것을 막기 위해 뚜껑을 닫고 데친다.
③ 물을 적게 하여 데치는 시간을 단축시킨 후 얼음물에 식힌다.
④ 많은 양의 물에 소금을 약간 넣고 데친 후 얼음물에 식힌다.

① 식소다를 넣고 오랫동안 데치면 조직이 연화되어 질감이 떨어진다.
②, ③ 유기산을 휘발시키기 위하여 녹색 채소는 다량의 조리수에서 뚜껑을 열고 데친다.

17 시금치의 녹색을 최대한 유지시키면서 데치려고 할 때 가장 좋은 방법은?
★★★

① 100℃ 다량의 조리수에서 뚜껑을 열고 단시간에 데쳐 재빨리 헹군다.
② 100℃ 다량의 조리수에서 뚜껑을 닫고 단시간에 데쳐 재빨리 헹군다.
③ 100℃ 소량의 조리수에서 뚜껑을 열고 단시간에 데쳐 재빨리 헹군다.
④ 100℃ 소량의 조리수에서 뚜껑을 닫고 단시간에 데쳐 재빨리 헹군다.

시금치를 데칠 때는 100℃ 다량의 조리수에서 뚜껑을 열고 단시간에 데쳐 냉수에 재빨리 헹군다.

18 칼슘의 흡수를 방해하는 인자는?
★★

① 유당   ② 단백질
③ 비타민 C   ④ 옥살산

녹색채소(대표식품 : 시금치)에 있는 옥살산(수산)은 체내에서 칼슘의 흡수를 방해하여 신장결석을 일으킨다. 이를 제거하기 위해 뚜껑을 열고 데친다.

19 푸른 채소를 데칠 때 색을 선명하게 유지시키며 비타민 C의 산화도 억제해 주는 것은?
★★★

① 소금   ② 설탕
③ 기름   ④ 식초

1%의 식염수에 데치면 색이 선명해지고 조직이 파괴되지 않아 물러지지 않으며 비타민 C의 산화도 억제해준다.

20 채소를 데치는 요령으로 적합하지 않은 것은?
★★

① 1~2% 식염을 첨가하면 채소가 부드러워지고 푸른 색을 유지할 수 있다.
② 연근을 데칠 때 식초를 3~5% 첨가하면 조직이 단단해져서 씹을 때의 질감이 좋아진다.
③ 죽순을 쌀뜨물에 삶으면 불미 성분이 제거된다.
④ 고구마를 삶을 때 설탕을 넣으면 잘 부스러지지 않는다.

고구마를 삶을 때 설탕을 넣는 것은 부스러짐하고는 상관이 없다. 다만 설탕과 소금을 조금 넣어주면 단맛이 더 강해진다.

chapter 04

★★★
21 채소를 데칠 때 뭉그러짐을 방지하기 위한 가장 적당한 소금의 농도는?

① 1% ② 10%
③ 20% ④ 30%

> 채소를 데칠 때 뭉그러짐을 방지하기 위한 소금의 농도는 1~2% 이다.

★★
22 김치류의 신맛 성분이 아닌 것은?

① 초산(Acetic acid)
② 호박산(Succinic acid)
③ 젖산(Lactic acid)
④ 수산(Oxalic acid)

> 김치는 숙성하면서 초산, 호박산, 젖산 등의 산미성분이 생성되어 김치에 신맛을 준다.
> 수산(옥살산)은 녹색채소에 있는 성분으로 체내에서 칼슘의 흡수를 방해하여 신장결석을 일으킨다.

★★★★
23 신 김치로 찌개를 조리할 때 잎의 조직이 단단해지는 주된 이유는?

① 고춧가루가 조직에 침투되기 때문에
② 김치에 함유된 산이 조직을 단단하게 하기 때문에
③ 세포간의 물질이 쉽게 용해될 수 없기 때문에
④ 함유된 단백질이 응고하기 때문에

> 김치가 익으면 발효에 의하여 유기산(초산, 젖산)이 생성되며, 이 산에 의해 섬유소가 단단해진다.

★
24 열무김치가 시어지면 색깔이 변하는데 이는 무엇 때문인가?

① 단백질의 증가
② 탄수화물의 증가
③ 비타민, 무기질의 증가
④ 유기산의 증가

> 김치류는 많이 익을수록 유기산이 많이 생성되고, 녹색채소의 클로로필이 유기산과 만나 갈색의 페오피틴이 형성되기 때문에 갈변하게 된다.

★★
25 김치를 담근 배추와 무가 물러졌을 때 그 원인에 해당되지 않는 것은?

① 김치 담글 때 배추와 무를 충분히 씻지 않았다.
② 김치 국물이 적어 국물 위로 김치가 노출되었다.
③ 김치를 꺼낼 때마다 꾹꾹 눌러 놓지 않았다.
④ 김치 숙성의 적기가 경과되었다.

> 김치의 배추나 무가 물러지는 현상을 연부현상이라고 하며, 이는 배추 등의 조직을 구성하는 펙틴이 호기성 미생물이 생성한 펙틴분해효소에 의해 분해됨으로 일어난다. 연부현상을 줄이는 방법으로는 공기와의 접촉을 없애고 저온에서 발효시키는 방법이 있다.

★★★★★
26 김치 저장 중 김치조직의 연부현상이 일어나는 이유에 대한 설명으로 가장 거리가 먼 것은?

① 조직을 구성하고 있는 펙틴질이 분해되기 때문에
② 미생물이 펙틴분해효소를 생성하기 때문에
③ 용기에 꼭 눌러 담지 않아 내부에 공기가 존재하여 호기성 미생물이 성장번식하기 때문에
④ 김치가 국물에 잠겨 수분을 흡수하기 때문에

> 김치의 연부현상은 공기와의 접촉을 막는 것으로 방지할 수 있으므로, 김치가 국물 위로 노출되지 않아야 한다.

★★★
27 토마토 퓨레를 농축하여 버터, 설탕, 소금 등의 조미료를 첨가하여 만든 것은?

① 토마토 페이스트 ② 토마토 케첩
③ 토마토 소스 ④ 토마토 주스

> • 토마토 퓨레 : 토마토를 으깨어 껍질, 씨 등을 없앤 과육이나 액즙(토마토 펄프)을 졸인 것 (고형분 24% 미만)
> • 토마토 페이스트 : 토마토 퓨레를 농축하여 고형분 24% 이상인 것
> • 토마토 케첩 : 토마토 퓨레를 농축시키고 설탕, 소금, 식초, 향신료 등을 첨가해서 만든다.

★★★★★
28 과실의 젤리화 3요소와 관계없는 것은?

① 젤라틴 ② 당
③ 펙틴 ④ 산

> 과실의 젤리화 3요소는 펙틴, 당(설탕), 산이다.

29 산과 당이 존재하면 특징적인 젤(gel)을 형성하는 것은?

① 섬유소(Cellulose) 　② 펙틴(Pectin)
③ 전분(Starch) 　④ 글리코겐(Glycogen)

펙틴 1~1.5%, 유기산 0.3%를 함유한 과즙에 설탕 60~70%를 넣으면 젤을 형성한다.

30 과일 잼 가공 시 펙틴은 주로 어떤 역할을 하는가?

① 신맛증가 　② 구조형성
③ 향 보존 　④ 색소 보존

• 펙틴은 당과 산이 존재하면 젤을 형성하는 성질이 있어 잼 가공 시 구조형성을 하는 역할을 한다.
• 잼은 펙틴 1~1.5% 이상, 당 60~70%, pH 3.0~3.5에서 형성

31 잼 또는 젤리를 만들 때 설탕의 양으로 가장 적합한 것은?

① 20~25% 　② 40~45%
③ 60~70% 　④ 80~85%

잼은 펙틴 1~1.5% 이상, 당 60~70%, pH 3.0~3.5에서 형성되므로 잼의 설탕함량은 60~70% 정도이다.

32 펙틴을 젤(gel)화 하여 얻는 식품으로만 묶인 것은?

① 잼, 크림, 버터
② 잼, 젤리, 마말레이드
③ 크림, 젤리, 마가린
④ 젤리, 치즈, 마요네즈

펙틴은 당과 산이 존재하면 젤을 형성하는 성질이 있어 잼, 젤리, 마멀레이드 등을 만들 수 있다.

33 사과나 딸기 등이 잼에 이용되는 가장 중요한 이유는?

① 과숙이 잘되어 좋은 질감을 형성하므로
② 펙틴과 유기산이 함유되어 잼 제조에 적합하므로
③ 색이 아름다워 잼의 상품 가치를 높이므로
④ 새콤한 맛 성분이 잼 맛에 적합하므로

사과나 딸기 등의 과일에는 펙틴과 유기산이 많이 들어있어 잼 제조에 적합하다.

34 펙틴과 산이 적어 잼 제조에 가장 부적합한 과일은?

① 사과 　② 배
③ 포도 　④ 딸기

배와 감에는 펙틴과 유기산이 부족하여 잼을 만들기 어렵다.

35 과일에 물을 넣어 가열했을 때 일어나는 현상이 아닌 것은?

① 세포막은 투과성을 잃는다.
② 섬유소는 연화된다.
③ 삶아진 과일은 더 투명해진다.
④ 가열하는 동안 과일은 가라앉는다.

과일에 물을 넣고 가열하면 섬유소는 연화되고, 세포막은 변성되어 투과성을 잃으며, 세포 사이의 공기가 물로 대치되어 생과일 때보다 투명해진다.

36 냉장했던 딸기의 색깔을 선명하게 보존할 수 있는 조리법은?

① 서서히 가열한다.
② 짧은 시간에 가열한다.
③ 높은 온도로 가열한다.
④ 전자렌지에서 가열한다.

냉장했던 딸기는 서서히 가열하여 조직 내에 남아있는 산소를 모두 소모시키면 변색을 막을 수 있다.

chapter 04

★
37 수박에 대한 설명 중 옳지 않은 것은?

① 과육의 색은 안토시안 색소이다.
② 무기질로서 K이 많고 비타민 A, B, C가 소량 들어 있다.
③ 과즙은 이뇨효과가 있고 신장병에 좋다.
④ 수분과 당분이 많아서 여름 과실로 적합하다.

수박과 토마토의 붉은색은 카로티노이드계 색소인 라이코펜이다.

★★★
38 당질의 함량이 가장 많은 과일은?

① 바나나　　　　② 수박
③ 배　　　　　　④ 머스크멜론

바나나는 100g 당 21g의 당질을 가지고 있어 다른 과일보다 약 2배 정도 당질이 많다.

★★
39 과일의 일반적인 특성과는 다르게 지방함량이 가장 높은 과일은?

① 아보카도　　　② 수박
③ 바나나　　　　④ 감

아보카도는 멕시코가 원산인 열대과일로 양질의 지방을 함유한 과일이다. 지방의 대부분이 불포화지방산인 리놀산이며, 콜레스테롤의 수치는 낮다.

★★
40 과일이 성숙함에 따라 일어나는 성분변화가 아닌 것은?

① 과육은 점차로 연해진다.
② 엽록소가 분해되면서 푸른색은 옅어진다.
③ 비타민 C와 카로틴 함량이 증가한다.
④ 타닌은 증가한다.

타닌은 떫은맛을 내는 성분으로 미숙한 과일에 많이 함유되어 있지만 과일이 성숙해감에 따라 감소한다.

★★
41 과일의 갈변을 방지하는 방법으로 바람직하지 않은 것은?

① 레몬즙, 오렌지즙에 담가둔다.
② 희석된 소금물에 담가둔다.
③ -10℃ 온도에서 동결시킨다.
④ 설탕물에 담가둔다.

과일이 얼면 조직이 파괴되어 맛과 향이 저하되고 해동 시 쉽게 변색과 부패가 된다. 과일은 10℃ 정도의 상온에서 보관하는 것이 좋다.

★★★★
42 마멀레이드(marmalade)에 대하여 바르게 설명한 것은?

① 과일즙에 설탕을 넣고 가열·농축한 후 냉각시킨 것이다.
② 과일의 과육을 전부 이용하여 점성을 띠게 농축한 것이다.
③ 과일즙에 설탕, 과일의 껍질, 과육의 얇은 조각을 섞어 가열, 농축한 것이다.
④ 과일을 설탕 시럽과 같이 가열하여 과일이 연하고 투명한 상태로 된 것이다.

① 젤리　② 잼　③ 마멀레이드　④ 프리저브

★
43 과일 전체를 그대로 시럽에 넣고 조려 연하고 투명하게 만드는 것을 무엇이라고 하는가?

① 잼(Jam)
② 마멀레이드(Marmalade)
③ 컨서브(Conserve)
④ 프리저브(Preserve)

과일 전체를 그대로 시럽에 넣고 조려 연하고 투명하게 만드는 것을 프리저브라고 한다.

★★★★★
44 과실 주스에 설탕을 섞은 농축액 음료수는?

① 시럽(syrup)　　　② 스쿼시(squash)
③ 탄산음료　　　　④ 젤리(jelly)

스쿼시는 과실주스에 설탕을 섞은 농축액 음료를 말하며, 과즙에 설탕을 넣고 물 또는 탄산수로 희석한 것을 에이드라고 한다.

Korea food Cook Certification

SECTION 10 우유 및 유지의 조리 및 가공

[출제문항수 : 1~2문제] 이 섹션은 우유의 조리에서는 우유단백질인 카제인의 응고와 이를 이용한 치즈 등의 가공식품 등이 중요하며, 유지의 조리에서는 유지의 조리특성, 유지의 변화 및 발연점, 유지의 산패, 튀김기름의 조건 및 특징까지 거의 모두가 중요하다고 볼 수 있습니다.

01 우유의 조리

1 우유의 성분과 특징

1) 우유의 성분

영양소	특징
단백질	• 카제인(약 80%) : 산과 레닌에 응고한다. • 유청단백질(약 20%) : 락토글로불린, 락트알부민 등이 있으며, 열에 응고한다.
탄수화물	• 탄수화물의 99.8% 이상이 유당(lactose, 젖당)이다. • 유당은 장내세균의 번식을 도와 정장작용을 하며, 칼슘의 흡수를 촉진시킨다.
지질	• 60~70%의 포화지방산과 25~35%의 불포화지방산, 인지질, 콜레스테롤 등을 함유한다. • 영양과 풍미에 영향을 준다.
무기질	• 칼륨, 칼슘, 인, 마그네슘, 염소, 황, 나트륨 등
비타민	• 동물의 영양에 필요한 거의 모든 비타민을 함유한다. • 비타민 D는 부족한 편이라 보강하여 강화우유를 만든다.

2) 우유의 가열에 의한 변화

① 피막 형성
  • 40℃ 이상으로 가열하면 표면의 수분이 증발하며 단백질의 응고가 일어나 피막을 형성한다.

② 고온으로 장시간 가열하면
  • 캐러멜 반응과 메일라드(maillard, 마이야르) 반응 등의 갈색화가 일어난다.
  • 필수아미노산인 라이신(lysine)의 손실이 가장 크다.
    → 열에 강한 비타민 A는 손실이 크지 않다.

③ 유청 단백질(락토글로불린, 락트알부민)
  • 60℃ 이상에서 변성이 시작되어 용기 바닥이나 옆에 눌어붙는다.
    → 카제인은 열에 비교적 안정하여 잘 응고되지 않는다.

◆─함께 알아두기

▶ 우유를 데울 때 생성되는 피막을 억제하는 방법
  • 우유를 희석하여 데우기
  • 저어가며 데우기
  • 뚜껑을 닫고 데우기 등
  • 피막은 한 번 제거하여도 새로운 피막이 몇 번에 걸쳐 생성된다.

▶ 우유를 데우는 방법
  • 이중냄비(중탕)에서 저어가며 데운다.

chapter 04

3) 카제인(Casein)의 응고

레닌(rennin)에 의한 응고	• 카제인을 응고시키는 효소로 젖먹이와 송아지 등의 포유 동물 위 점막에 존재한다. • 카제인이 레닌에 의하여 응고되는 성질을 이용하여 치즈를 만든다.
산에 의한 응고	• 카제인은 우유 자체 내의 박테리아에 의해 생성된 산이나 산의 첨가로 응고, 침전된다. • 토마토 크림 수프를 만들 때 처음부터 우유와 토마토를 함께 넣고 끓이면 토마토에 들어 있는 산 때문에 카제인이 응고되어 덩어리가 생긴다. • 요구르트 : 우유에 유산균을 넣고 발효시키면 유산균이 생성한 산에 의하여 응고되는 성질을 이용
폴리페놀 화합물에 의한 응고	• 폴리페놀 화합물은 우유 단백질을 탈수시켜 응고시킨다. • 폴리페놀 화합물은 타닌, 카테킨, 안토시아닌 등이 있다.

② 우유 조리의 특징

우유는 조리 시에 주재료보다는 부재료로 사용되며, 음식에 다양한 용도를 제공한다.

① 음식의 색을 희게 한다 – 화이트소스, 치킨 알라킹, 차우더 스프 등은 우유의 색으로 인해 음식의 색이 희게 된다.
② 음식의 갈색화 반응을 일으킨다 – 우유의 단백질과 유당이 마이야르 반응과 캐러멜 반응을 일으켜 음식의 갈색화 및 풍미를 향상시킨다.
③ 젤(gel)의 강도를 높여준다 – 우유의 단백질은 열에 응고되므로 달걀에 우유를 첨가하면 동량의 물을 첨가한 것보다 단단한 제품을 얻을 수 있다.
④ 냄새를 탈취한다 – 우유에 존재하는 콜로이드 입자는 냄새를 흡착하여 제거한다(생선 조리 시 생선을 우유에 담그면 비린내가 제거된다.)
⑤ 기호성을 향상시킨다 – 우유에 함유된 콜로이드 입자가 음식에 윤활감을 주어 입안에서의 촉감을 좋게 한다.

③ 우유의 살균법

저온 장시간살균법(LTLT법)	61~65℃에서 30분간 가열하는 살균
고온 단시간살균법(HTST법)	70~75℃에서 15~30초간 가열하는 살균
초고온 순간살균법(UHT법)	130~140℃에서 2~3초간 가열하여 살균

▶ 용어 해설
• 저온장시간(LTLT) : low temperature long time
• 고온단시간(HTST) : high temperature short time
• 초고온 순간(UHT) : ultra-high temperature

1 우유의 종류와 특징

1) 우유의 종류

생유(生乳)	• 젖소에서 생산하여 가공이나 살균작업을 거치지 않은 생우유 • 병원성 박테리아가 있어 전염병의 위험이 있고 소화가 잘되지 않는다.
시유(市乳, Market milk)	• 음용하기 위하여 가공한 액상 우유로 시장에서 판매되는 우유 (Market milk) • 가수분해에 의한 변질이 가장 큰 문제가 된다. → 유제품의 저장 중에 리파아제와 같은 지방분해효소가 지방을 가수분해하면, 휘발성 지방산이 유리되어 불쾌하고 자극적인 냄새가 나게 된다.

2) 우유의 균질화(Homogenization)

① 우유의 균질화는 우유 지방의 입자 크기를 미세하게 만드는 과정이다.

② 우유를 균질기(homogenizer)로 고압하여 작은 구멍으로 분출시켜 지방구를 미세하게 분쇄시킨다.

③ 지방구 크기를 $0.1{\sim}2.2\,\mu m$ 정도로 균일하게 만들 수 있다.

④ 큰 지방구의 크림층 형성을 방지한다.

⑤ 지방의 소화를 용이하게 하며, 향미와 점도가 증가하여 더 진한 맛을 느끼게 된다.

2 유제품의 종류

1) 치즈

① 제조방법에 따른 분류

자연치즈	• 레닌이나 산으로 우유 단백질을 응고시킨 후 숙성시킨 것 • 젖산균은 유당을 발효시켜 젖산을 생성하고, 젖산은 잡균번식을 억제하고 레닌의 응고작용을 돕는다. • 레닌을 이용한 응고법이 주로 사용된다.
가공치즈	• 자연치즈에 유화제를 섞어 가열한 후 식혀서 굳힌 것 • 발효가 더 이상 진행되지 않기 때문에 저장성이 좋다. • 약 85℃에서 살균하여 Pasteurized Cheese라고도 한다.

② 수분함량에 따른 분류

연성치즈(수분 55% 이상)	크림치즈, 카멜벌트(까망베르)치즈 등
반경성치즈(수분 45~55%)	블루치즈, 고르곤졸라치즈 등
경성치즈(수분 45% 이하)	체다치즈, 에멘탈치즈 등

━함께 알아두기

▶ **신선한 우유** : 물이 담긴 컵 속에 한 방울 떨어뜨렸을 때 구름같이 퍼져가며 내려간다.

▶ **시유의 종류**

전유	유지방 함량 3.0% 이상인 우유
탈지 우유	우유의 지방을 0.1% 이내로 줄인 우유
저지방 우유	우유의 지방을 2% 이내로 줄인 우유
저염 우유	전유 속의 나트륨을 칼륨으로 교환시킨 우유

▶ **유당불내증**(유당소화장애증)
사람에 따라 유당을 분해하는 효소(락타아제)가 없거나 부족하여 유당을 잘 소화시키지 못하고 설사, 복부경련, 구토, 메스꺼움 등의 증세를 나타내는 질환

chapter 04

2) 버터

① 우유에서 크림을 분리하여 교반하고 유지방을 모아서 굳힌 것이다.

② 독특한 맛과 향기를 가져 음식에 풍미를 준다.

③ 냄새를 빨리 흡수하므로 밀폐하여 저장하여야 한다.

④ 유화성에 따른 분류로 유중수적형(W/O)이다.

⑤ 성분은 지방함량이 80% 이상을 차지한다.

⑥ 지방산은 포화지방산과 불포화지방산을 모두 함유하며, 소화율이 높다.

▶ 디아세틸(diacetyl)
  버터, 크림 등 유제품의 향기 성분

3) 기타 유제품

농축유	• 우유의 수분을 증발시켜 농축시킨 것으로 설탕을 첨가한 가당연유와 설탕을 첨가하지 않은 무당연유로 나눌 수 있다. • 가당연유는 설탕의 방부력을 이용하므로 살균과정을 거치지 않고, 무당연유는 방부력이 없어 살균과정을 거친다.
분유	• 전지유, 탈지유 등의 수분을 5% 이하로 건조시킨 것 📍 전지분유, 탈지분유 등
발효유	• 살균 처리한 우유에 유산균을 넣고 발효시킨 것 📍 요구르트, 사워크림 등
아이스크림	우유에 공기를 불어넣어 부드러운 조직으로 만든 것
크림	• 우유에서 유지방을 분리한 것 📍 지방 함량에 따라 커피크림, 휘핑크림, 플라스틱크림 등

03 유지의 조리 및 가공

▣ 유지의 종류

상온에서 액체인 것을 유(油, Oil), 고체인 것을 지(脂, Fat)라고 한다.

동물성 유지	고체 상태가 많고, 포화지방산이 많이 함유되어 있다. 📍 우지(牛脂), 라드*(Lard), 어유(魚油) 등
식물성 유지	융점이 낮아 액체 상태가 많고, 불포화지방산이 많이 함유되어 있다. 📍 옥수수유, 대두유, 참기름, 올리브유 등
가공 유지 (경화 유지)	식물성 기름(불포화지방산)에 수소를 첨가하고 니켈을 촉매제로 사용하여 실온에서 고체가 되게 가공한 경화유(硬化油)이다. 📍 쇼트닝, 마가린 등 ※ 트랜스 지방 : 불포화지방산에 수소를 첨가하는 과정에서 발생하며, 각종 성인병의 원인이 되는 좋지 못한 지방이다.

●─ 함께 알아두기

▶ 라드(lard)
  돼지의 지방을 녹여 표백, 여과, 수소를 첨가하여 만든 반고체의 식용기름

▶ 어유(魚油)
  • 생선에서 채취한 기름으로 불포화지방산이 많고 요오드가가 높은 건성유이다.
  • 산화되기 쉽고 비린내가 나므로 경화유로 만든 다음 마가린이나 비누의 원료로 사용한다.

▶ 버터와 마가린
  • 버터는 우유의 지방을 추출하여 만든 크림을 발효시켜 만드는 동물성 유지이다.
  • 마가린은 식물성 유지를 구성하고 있는 불포화지방산의 이중결합에 수소 등을 첨가하여 녹는점이 높은 포화지방산의 형태로 변화시킨 고체의 유지제품이다.
  • 마가린은 버터와 풍미가 비슷하여 버터의 대용품으로 많이 사용된다.
  • 마가린과 버터의 지방함량은 80% 이상이다.

☑ 유지의 채유법

용출법	동물성 기름의 채취법 • 건식용출법(건열처리법) : 동물성 유지를 가열하여 분리되어 나오는 기름을 채취(돼지비계 기름) • 습식용출법(증기처리법) : 원료를 물에 넣고 가열하여 수면에 뜬 기름을 걷어내는 방법(생선 간유)
압착법	주로 식물성 기름의 채취 방법으로 유지에 압력을 가하여 짜내는 법(참기름 등)
추출법	용제를 사용하여 추출하는 방법(식용유 등)

☑ 유지의 조리

1) 가소성

① 버터를 식빵 표면에 얇게 펴 바를 수 있는 것처럼 외부에서 힘을 주었을 때 원상태로 회복되지 않는 성질을 말한다.

② 유지가 상온에서 고체모양을 유지시켜주는 성질로 버터나 마가린이 가지는 중요한 성질이다.

2) 쇼트닝성

① 쇼트닝성은 제품에 부드러움과 바삭함을 주는 성질이다.

② 연화작용 : 밀가루에 지방을 넣어 반죽하면 글루텐의 형성을 막아 부드럽게 된다.

③ 이외에 윤활작용, 공기포집작용, 유화작용 등이 있다.

━함께 알아두기

▶ **쇼트닝(shortening) 효과**
쿠키나 페이스트리에 유지를 첨가하였을 때 반죽과정 중에 공기가 많이 들어가게 하고 녹말입자, 글루텐, 물 등으로 구성된 각층에 들어가 불연속 매트릭스를 형성하여 제품을 가볍게 하여 생기는 특성

3) 유화성

유화(emulsion)는 서로 녹지 않는 두 가지 액체가 어느 한 쪽에 작은 입자 상태로 분산되어 있는 상태를 말한다.

수중유적형 (O/W, oil in water)	물 속에 기름이 산포되어 있다. 예 우유, 마요네즈, 아이스크림, 생크림, 크림수프, 잣죽 등
유중수적형 (W/O, water in oil)	기름 속에 물이 산포되어 있다. 예 버터, 마가린

4) 크리밍성

① 고형지방이 교반(믹싱)에 의하여 내부에 공기를 품으며 크림이 되는 성질이다.

② 크리밍성이 큰 유지일수록 밀가루의 팽창을 돕고 품질도 높인다.

③ 마가린과 쇼트닝은 지방 입자가 작아 크리밍성이 크고 버터는 크리밍성이 낮다.

5) 기타

① 열전달 매개체 : 유지는 100℃ 이상으로 온도가 올라가기 때문에 물보다 짧은 시간에 조리가 가능하다. 주로 튀김요리에 많이 이용되는 성질이다.

② 음식맛의 증진제 : 미량의 휘발성 성분을 포함하며, 그 향기로 좋은 맛과 향을 부여한다.

4 유지를 가열할 때 일어나는 변화

① 중합반응*이 일어나 점도가 높아진다.

② 유리지방산의 함량이 높아지므로 발연점이 낮아진다.

③ 연기 성분으로 알데히드(aldehyde), 케톤(ketone) 등이 생성된다.

④ 색이 진해지고 거품현상이 생기며, 강한 냄새가 나 풍미가 떨어진다.

⑤ 유지를 가열하면 불포화지방산의 함량이 낮아져 요오드가가 낮아진다.

⑥ 지방은 고온에서 산화가 촉진되므로 산가, 과산화물가, 카르보닐가 등이 높아진다.

⑦ 유지의 산패 및 불포화지방산의 감소 등으로 인하여 영양가가 감소한다.

▶ 중합반응
 • 작은 분자가 연속적으로 결합을 하여 분자량이 큰 분자 하나를 만드는 반응
 • 유지의 가열 시 지방분자가 결합하여 더 큰 지방분자를 형성하면서 점도가 증가하게 된다.

5 유지의 발연점

1) 발연점과 아크롤레인(Acrolein)

① 발연점 : 유지를 가열할 때 표면에서 푸른 연기가 발생할 때의 온도

② 발연점에서는 아크롤레인이 생성되어 자극적인 냄새와 좋지 않은 맛을 내기 때문에 식품의 품질을 저하시킨다.

③ 발연점이 높은 유지일수록 조리에 유리하다.

2) 유지의 발연점이 낮아지는 요인

① 가열시간 및 사용횟수가 늘어날수록

② 유리지방산의 함량이 많을수록

③ 유지에 불순물이 많을수록

④ 노출된 유지의 표면적이 넓을수록

3) 식용유지의 발연점

① 포도씨유 : 250℃, 대두유 : 238℃, 옥수수유 : 232℃, 라드 : 190℃, 올리브유 : 190℃

② 발연점이 높을수록 튀김용으로 적합하다.

04 유지의 산패

1 유지의 산패(산화)에 영향을 미치는 요소

① 산패의 직접적인 원인물질은 산소(공기)이다.

② 온도가 높을수록 유지의 산패를 촉진한다.

③ 금속류, 광선 및 자외선은 유지의 산패를 촉진한다.

④ 수분이 많을수록 유지의 산패를 촉진한다.

⑤ 지방분해효소는 유지의 산패를 촉진한다.

⑥ 불포화도가 높을수록 산패가 활발하게 일어난다.

●━ 함께 알아두기

▶ 지방산의 산패
 ① 포화지방산보다 불포화지방산이 산패가 잘 일어난다.
 ② 이중결합을 가지고 있는 불포화지방산 중 이중결합 수가 많을수록 산패가 잘 일어난다.
 ③ 이중결합수 : 카프롤레산(1개), 리놀레산(2개), 리놀렌산(3개)
 ④ 아이코사펜타에노산(EPA)은 고도 불포화지방산으로 이중결합을 5개 가지고 있으며 등푸른 생선의 어유에 많이 함유되어 있다.

② 산패방지법

① 공기 중의 산소를 차단하고 어두운 장소에서 불투명한 용기에 보관한다.

→ 기름을 철제 용기나 철제 팬에 보관하면 금속에 의한 산화가 촉진된다.

② 서늘한 곳에서 보관한다.

→ 유지를 냉장 또는 냉동 보관한다고 해서 산패를 완전히 방지할 수 있는 것은 아니다.

③ 사용한 기름은 식힌 후 이물질을 걸러내고 보관하며, 단시일 내에 사용한다.

④ 산패를 억제하는 물질 : 토코페롤(비타민 E), 참기름(세사몰), 면실유(고시폴), 콩기름(레시틴) 등

③ 유지의 산패도 측정

산가*	산가가 높은 유지는 변질된 것을 의미한다.
카르보닐가	산패가 진행되면 카르보닐가는 증가한다.
과산화물가	산패가 진행되면 과산화물가는 증가한다.
아세틸가	산패가 진행되면 아세틸가는 증가한다.
굴절율	불포화도가 높을수록 굴절율은 증가한다.
기타	오븐안정성시험, TBA 시험 등

▶ 산패도 측정 용어해설

• 산가 : 유지 1g에 함유되어 있는 유리지방산을 중화하는데 필요한 수산화칼륨(KOH)의 mg수

• 카르보닐가 : 유지의 자동산화 최종 단계에서 생성되는 카르보닐화합물의 양을 측정

• 과산화물가 : 유지 1kg에 함유된 과산화물의 밀리몰(mM) 수로 표시

• 아세틸가 : 유지 1g을 비누화하여 유리되는 아세트산을 중화하는데 필요한 수산화칼륨의 mg수

• 유지의 굴절률 : 얇은 기름층에서 빛의 투과속도에 대한 진공에서의 빛의 속도의 비율을 나타낸 값을 말하며, 탄소수 및 불포화지방산의 함량이 높을수록 증가하여 식용유지의 품질평가에 이용되기도 한다.

• 오븐안정성시험 : 유지를 65℃ 정도의 오븐에서 강제 산화시켜 산패도를 측정하는 방법

• TBA 시험 : 유지의 산패가 진행됨에 따라 생성되는 Carbonyl 화합물 중 Malonadehyde의 생성을 측정

05 튀김조리

① 튀김 기름의 조건

① 발연점이 높아야 한다.

② 산패에 대한 안정성이 있어야 한다.

③ 수분이 없어야 한다.

④ 자극적인 냄새가 나지 않아야 한다.

⑤ 거품이 일어나지 않고 점성의 변화가 적어야 한다.

② 튀김조리의 특성 및 고려사항

1) 튀김기름의 특징

① 온도(열), 수분, 공기(산소), 이물질은 튀김기름의 가수분해나 산패를 가져와 품질을 저하시킨다.

② 기름은 비열이 낮아 온도가 쉽게 상승하고 쉽게 저하된다.

→ 튀김 조리 시 직경이 좁고 두꺼운 용기를 사용한다.

③ 기름의 열용량에 비하여 재료의 열용량이 크면 온도의 회복이 늦어져 익는 시간이 오래 걸리고, 흡유량도 많아진다.

④ 기름의 온도를 일정하게 유지하기 위해 가능한 한 많은 양의 기름을 사용한다.

⑤ 천연 동물성 지방은 융점이 높아 식으면 기름이 굳어 질감이 저하되므로 튀김 기름으로 적당하지 않다.

2) 튀김옷

① 튀김옷으로 사용하는 밀가루는 글루텐의 양이 적은 박력분을 사용한다.

② 튀김옷을 만들 때 지나치게 오래 섞지 않는다.

③ 튀김옷에 중조를 첨가하면 탄산가스가 발생하여 바삭한 튀김이 되지만 영양소 (비타민)의 손실이 생긴다.

3) 튀김조리의 방법

① 튀길 식품의 양이 많은 경우 적당량을 나누어서 튀기는 것이 좋다.

② 수분이 많은 음식은 미리 수분을 어느 정도 제거하고 사용한다.

③ 재료의 크기가 크면 속까지 익히기 어렵고, 튀기는 시간이 길어져 흡유량이 많아진다.

④ 이물질을 제거하면서 튀긴다.

⑤ 튀긴 후 과도하게 흡수된 기름은 종이를 사용하여 제거한다.

⑥ 약과는 낮은 온도에서 서서히 튀긴다.

③ 튀김기름의 온도

① 튀김은 기름의 온도관리에 유의하여야 한다. 적정온도는 180~196℃ 정도이다.

② 튀김기름의 온도 측정은 튀김용기의 중앙부분을 잰다.

③ 튀김기름의 온도가 낮으면 익는 시간이 오래 걸리고, 흡유량이 많아진다.

④ 튀김기름의 온도가 너무 높으면 겉은 타고 속은 익지 않는다.

튀김기름의 온도 측정은
튀김용기의 중앙부분을 잰다.

④ 튀김조리 시 흡유량이 많아지는 원인

① 튀김 조리 시 흡유량이 많으면 입안에서의 느낌이 좋지 않고, 소화율도 떨어진다.

② 다음과 같을 때 튀김의 흡유량이 많아진다.

• 튀김 시간이 길어질수록

• 튀기는 식품의 표면적이 클수록

• 튀김 기름을 여러 번 재사용하면

• 튀기는 온도가 너무 낮으면

• 튀김 재료에 당이나 지방 함량이 높으면

우유의 조리

★★

1 우유에 함유된 단백질이 아닌 것은?

① 락토스(lactose)

② 카제인(casein)

③ 락트알부민(lactalbumin)

④ 락토글로불린(lactoglobulin)

락토스(유당)는 포도당과 갈락토스로 이루어진 이당류이다.

★★

2 우유에 들어있는 비타민 중에서 함유량이 적어 강화우유에 사용되는 지용성 비타민은?

① 비타민D   ② 비타민 C

③ 비타민 B$_1$ ④ 비타민 E

강화우유에 사용되는 지용성 비타민은 비타민 D(칼시페롤)이다.

★★★

3 우유를 가열할 때 용기 바닥이나 옆에 눌어붙은 것은 주로 어떤 성분인가?

① 카제인(casein)   ② 유청(whey) 단백질

③ 레시틴(lecithin)   ④ 유당(lactose)

우유를 가열할 때 변성되어 눌어붙는 성분은 유청 단백질이다.
※ 카제인은 열에 비교적 안정하다.

★★★

4 우유를 높은 온도로 가열하면 메일라드(Maillard) 반응이 일어난다. 이때 가장 많이 손실되는 성분은?

① 아르기닌(arginine)

② 칼슘(Ca)

③ 라이신(lysine)

④ 설탕(sucrose)

리신(라이신)은 필수아미노산으로 마이야르 반응이 잘 일어나 식품의 갈변에 많이 이용되지만, 다른 화합물과 결합하면 영양상 효과가 없어지므로 비유효성 라이신(리신)이라고도 한다.

★★★★

5 우유는 가열하지 않고 마시는 것이 영양적인 면이나 맛에서 더 좋다. 그 이유 중 부적당한 것은?

① 직화에 가열하면 눌어붙을 수 있다.

② 가열하면 비타민 A의 손실이 가장 크다.

③ 가열하면 일부 단백질이 변성된다.

④ 가열하면 피막이 생긴다.

비타민 A는 지용성 비타민으로 열에 강한 편이다.
①, ③ 우유를 가열하면 유청 단백질이 변성되며 눌어붙는다.
④ 우유를 가열하면 표면의 수분이 증발하면서 단백질의 응고가 일어나 피막이 형성된다.

★★★

6 우유를 데울 때 생기는 피막을 억제하는 방법으로 부적합한 것은?

① 용기의 뚜껑을 닫고 데운다.

② 우유를 저어가며 가열한다.

③ 처음 생긴 피막만을 제거하면 된다.

④ 우유를 희석하여 데운다.

우유를 데울 때 생기는 피막은 표면의 수분이 증발하면서 단백질이 응고가 일어나 주변의 지방과 유당을 감싸는 형태로 막이 형성된다. 처음 피막을 제거해도 새로운 막이 형성되지만 몇 차례 반복하면 생성되지 않는다.

★★

7 우유를 데울 때 가장 좋은 방법은?

① 냄비에 담고 끓기 시작할 때까지 강한 불로 데운다.

② 이중냄비에 넣고 젓지 않고 데운다.

③ 냄비에 담고 약한 불에서 젓지 않고 데운다.

④ 이중냄비에 넣고 저으면서 데운다.

우유를 데울 때는 이중냄비(중탕)에서 저으면서 가열한다.

★★

8 치즈 제조에 사용되는 우유 단백질을 응고시키는 효소는?

① 프로테아제(Protease)   ② 레닌(Rennin)

③ 아밀라아제(Amylase)   ④ 말타아제(Maltase)

레닌은 우유 단백질인 카제인을 응고시키는 효소로 치즈 제조에 사용된다.

정답 1 ① 2 ① 3 ② 4 ③ 5 ② 6 ③ 7 ④ 8 ②

chapter **04**

9 카제인(Casein)이 효소에 의하여 응고되는 성질을 이용한 식품은?

① 아이스크림　　　② 치즈
③ 버터　　　　　　④ 크림스프

우유 단백질의 대부분을 차지하는 카제인은 응유효소인 레닌에 잘 응고되고 이 성질을 이용하여 치즈를 만든다.

10 우유에 산을 넣으면 응고물이 생기는데 이 응고물의 주체는?

① 유당　　　　　　② 레닌
③ 카제인　　　　　④ 유지방

카제인은 산, 레닌, 폴리페놀 물질, 염류에 의해 응고된다.

11 토마토 크림스프를 만들 때 나타나는 응고 현상은?

① 산에 의한 우유의 응고
② 레닌에 의한 우유의 응고
③ 염류에 의한 밀가루의 응고
④ 가열에 의한 밀가루의 응고

토마토 크림스프를 만들 때 처음부터 우유와 토마토를 함께 넣고 끓이면 토마토에 들어 있는 산 때문에 카제인이 응고되어 덩어리가 생긴다.

12 요구르트 제조는 우유 단백질의 어떤 성질을 이용하는가?

① 응고성　　　　　② 용해성
③ 팽윤　　　　　　④ 수화

요구르트는 살균 처리한 우유에 유산균을 넣고 발효시킨 것으로, 단백질이 산(유산균)에 의해 응고되는 응고성이 이용된다.

13 우유를 응고시키는 요인과 거리가 먼 것은?

① 가열　　　　　　② 레닌(Rennin)
③ 산　　　　　　　④ 당류

카제인은 산이나 레닌에 의해 응고되고, 락토글로불린과 락트알부민은 열에 의해 응고된다.

14 다음 중 우유에 첨가하면 응고현상을 나타낼 수 있는 것으로만 짝지어진 것은?

① 설탕 – 레닌(Rennin) – 토마토
② 레닌(Rennin) – 설탕 – 소금
③ 식초 – 레닌(Rennin) – 페놀(Phenol) 화합물
④ 소금 – 설탕 – 카제인(Casein)

카제인은 산, 레닌, 폴리페놀 물질, 염류에 의해 응고된다.

15 우유의 저온장시간살균법에서의 처리 온도와 시간은?

① 50~55℃에서 50분간　　② 63~65℃에서 30분간
③ 76~78℃에서 15초간　　④ 130℃에서 1초간

우유의 저온장시간 살균법은 61~65℃에서 30분간 살균하는 방법이다.

16 우유의 살균방법으로 130~ 150℃에서 0.5~5초간 가열하는 것은?

① 저온살균법　　　　　② 고압증기멸균법
③ 고온단시간살균법　　④ 초고온순간살균법

우유의 살균법
• 저온살균법 : 61~65℃에서 30분간 가열하는 방법
• 고온단시간살균법 : 70~75℃에서 15~30초간 살균하는 방법
• 초고온순간살균법 : 130~150℃에서 0.5~5초간 살균하는 방법

17 시유 및 낙농제품에서 특히 문제가 되는 유지의 변질은?

① 변향에 의한 변질　　② 가수분해에 의한 변질
③ 가열에 의한 변질　　④ 중합에 의한 변질

시유 등 유제품의 저장 중에 리파아제와 같은 지방 분해 효소가 작용하면 지방은 가수분해되어 휘발성 지방산이 유리된다. 유리된 지방산은 약간의 가수분해에도 불쾌하고 자극적인 냄새가 나게 된다.

정답　9 ②　10 ③　11 ①　12 ①　13 ④　14 ③　15 ②　16 ④　17 ②

18 ★★ 우유에 대한 설명으로 틀린 것은?

① 시판되고 있는 전유는 유지방 함량이 3.0% 이상이다.
② 저지방우유는 유지방을 0.1% 이하로 낮춘 우유이다.
③ 유당소화장애증이 있으면 유당을 분해한 우유를 이용한다.
④ 저염우유란 전유 속의 Na(나트륨)을 K(칼륨)과 교환시킨 우유를 말한다.

- 저지방우유 : 우유의 지방을 2% 이내로 줄인 우유
- 탈지우유 : 우유의 지방을 0.1% 이내로 줄인 우유

19 ★★ 다음 중 신선한 우유의 특징은?

① 투명한 백색으로 약간의 감미를 가지고 있다.
② 물이 담긴 컵 속에 한 방울 떨어뜨렸을 때 구름같이 퍼져가며 내려간다.
③ 진한 황색이며 특유한 냄새를 가지고 있다.
④ 알코올과 우유를 동량으로 섞었을 때 백색의 응고가 일어난다.

물에 우유를 한 방울 떨어뜨렸을 때 뿌옇게 흩어지면 오래된 우유이다.

20 ★★★ 가공치즈(Processed Cheese)의 설명으로 틀린 것은?

① 자연치즈에 유화제를 가하여 가열한 것이다.
② 일반적으로 자연치즈 보다 저장성이 높다.
③ 약 85℃에서 살균하여 Pasteurized Cheese라고도 한다.
④ 가공치즈는 매일 지속적으로 발효가 일어난다.

가공치즈는 자연치즈를 갈아 유화제를 섞어 가열한 후 식혀서 굳힌 것으로 발효가 더 이상 진행되지 않기 때문에 저장성이 좋다.

21 ★★ 치즈 제품을 굳기에 따라 구분할 때 일반적으로 가장 경도가 높은 것은?

① 체다 치즈(Cheddar Cheese)
② 블루 치즈(Blue Cheese)
③ 카멤벌트 치즈(Camembert Cheese)
④ 크림 치즈(Cream Cheese)

체다 치즈는 수분함량이 적은 천연 치즈로 경도가 가장 높은 경성치즈로 구분되며 그 외의 보기들은 연성 또는 반경성 치즈로 구분한다.

22 ★★★ 버터의 특성이 아닌 것은?

① 독특한 맛과 향기를 가져 음식에 풍미를 준다.
② 냄새를 빨리 흡수하므로 밀폐하여 저장하여야 한다.
③ 유중수적형이다.
④ 성분은 단백질이 80% 이상이다.

버터는 지방의 함량이 80% 이상, 수분이 16%, 무지고형분이 4%이다.

23 ★★★ 우유의 가공에 관한 설명으로 틀린 것은?

① 크림의 주성분은 우유의 지방성분이다.
② 분유는 전지유, 탈지유 등을 건조시켜 분말화한 것이다.
③ 저온살균법은 63~65℃에서 30분간 가열하는 것이다.
④ 무당연유는 살균 과정을 거치지 않고, 가당연유만 살균 과정을 거친다.

무당연유는 우유를 1/3 정도로 농축시킨 가공품으로 방부력이 없어 통조림하여 살균하며, 가당연유는 우유에 설탕을 첨가하는 가공품으로 당분의 방부력을 이용하여 보관하므로 살균과정을 거치지 않는다.

24 ★★★ 우유 가공품 중 발효유에 속하는 것은?

① 가당연유　　　　　② 무당연유
③ 전지분유　　　　　④ 요구르트

요구르트는 살균 처리한 우유에 유산균을 넣고 발효시킨 것이다.

25 ★★★ 우유 가공품이 아닌 것은?

① 치즈　　　　　　　② 버터
③ 마요네즈　　　　　④ 액상 발효유

마요네즈는 달걀의 난황에 식초와 기름을 넣어 만든 제품으로 우유 가공품이 아니다.

chapter 04

유지의 조리

★★★
1 돼지의 지방조직을 가공하여 만든 것은?

① 헤드치즈   ② 라드
③ 젤라틴   ④ 쇼트닝

> 라드는 돼지고기의 지방을 녹여 표백, 여과, 수소를 첨가하여 만든 반고체의 식용기름이다.

★★
2 다음 동물성 지방의 종류와 급원 식품이 잘못 연결된 것은?

① 라드 – 돼지고기의 지방조직
② 우지 – 소고기의 지방조직
③ 마가린 – 우유의 지방
④ DHA – 생선기름

> 마가린은 식물성 유지에 수소를 첨가하고 니켈을 촉매제로 사용하여 고체화시킨 가공유지이다.

★★
3 어유의 일반적인 특징은?

① 어유는 포화지방산이 많고 요오드가가 적다.
② 어유는 불포화지방산이 적고 요오드가가 높다.
③ 어유에는 불포화지방산이 많고 요오드가가 높다.
④ 어유는 불포화지방산이 적고 요오드가가 적다.

★★
4 식물성 유지가 아닌 것은?

① 올리브유   ② 면실유
③ 피마자유   ④ 버터

> 버터는 우유에서 비중이 가벼운 우유지방을 추출하여 만든 크림을 발효시켜 만드는 제품으로 동물성 유지이다.

★★★
5 지방의 경화에 대한 설명으로 옳은 것은?

① 물과 지방이 서로 섞여 있는 상태이다.
② 불포화지방산에 수소를 첨가하는 것이다.
③ 기름을 7.2℃까지 냉각시켜서 지방을 여과하는 것이다.
④ 반죽 내에서 지방층을 형성하여 글루텐 형성을 막는 것이다.

> 지방의 경화는 식물성유지에 많이 들어있는 불포화지방산에 니켈을 촉매로 수소를 첨가하여 포화지방산으로 변화시키는 것으로 마가린, 쇼트닝 등이 있다.

★★★★
6 버터 대용품으로 생산되고 있는 식물성 유지는?

① 쇼트닝   ② 마가린
③ 마요네즈   ④ 땅콩버터

> 버터는 우유의 유지방으로 만들고 마가린은 식물성 유지에 수소를 첨가하고 니켈을 촉매제로 하여 결정화시킨 가공유지로 버터와 풍미가 비슷하여 대용품으로 많이 사용된다.

★★★★★
7 식물성 액체유를 경화 처리한 고체기름은?

① 라드   ② 쇼트닝
③ 마요네즈   ④ 버터

> 식물성 기름에 수소를 첨가하고 니켈을 촉매로 하여 만든 가공유지로 쇼트닝, 마가린 등이 있다. 쇼트닝은 라드의 대용품으로 개발되었다.

★★★★
8 불포화지방산을 포화지방산으로 변화시키는 경화유에는 어떤 물질이 첨가되는가?

① 산소
② 수소
③ 질소
④ 칼슘

> 경화유(가공유지)는 불포화지방산에 수소를 첨가하여 액체유를 고체로 만든 것으로 마가린, 쇼트닝 등이 있다.

★★★
9 트랜스지방은 식물성 기름에 어떤 원소를 첨가하는 과정에서 발생하는가?

① 수소
② 질소
③ 산소
④ 탄소

> 트랜스 지방은 액체유를 고체 상태로 가공하기 위하여 불포화지방산에 수소를 첨가하는 과정에서 발생하여 건강에 좋지 못한 영향을 끼친다.

정답 1 ②   2 ③   3 ③   4 ④   5 ②   6 ②   7 ②   8 ②   9 ①

10 버터와 마가린의 지방함량은 얼마인가? ★★

① 50% 이상
② 60% 이상
③ 70% 이상
④ 80% 이상

버터나 마가린의 지방함량은 80% 이상이고 나머지는 대부분 수분이다.

11 식빵에 버터를 펴서 바를 때처럼 버터에 힘을 가한 후 그 힘을 제거해도 원래 상태로 돌아오지 않고 변형된 상태로 유지하는 성질은? ★★★★

① 유화성
② 가소성
③ 쇼트닝성
④ 크리밍성

가소성은 외부의 힘에 의해 형태가 변한 물체가 외력이 없어져도 원래의 형태로 돌아오지 않는 성질을 말한다.

12 쿠키나 페이스트리에 유지를 첨가하였을 때 반죽 과정 중에 공기가 많이 들어가게 하고 녹말입자, 글루텐, 물 등으로 구성된 각층에 들어가 불연속 매트릭스를 형성하여 제품을 가볍게 하여 생기는 특성은? ★★★

① 유화 현상
② 갈변 작용
③ 쇼트닝 효과
④ 연수 작용

쇼트닝 효과는 제과나 제빵의 반죽에 유지를 첨가하여 반죽과정에서 공기를 포집하여 적당한 부피와 조직을 만들고, 글루텐의 형성을 방해하여 빵에는 부드러움을, 과자에는 바삭함을 주는 효과를 말한다.

13 유화(Emulsion)와 관련이 적은 식품은? ★★★

① 버터
② 생크림
③ 묵
④ 우유

묵은 한천을 이용하여 젤화시킨 식품이다.

14 다음 중 수중유적형 제품의 대표적인 예로 맞는 것은? ★★★★★

① 우유, 마요네즈
② 버터, 마가린
③ 마가린, 아이스크림
④ 버터, 마요네즈

• 수중유적형(O/W) : 우유, 마요네즈, 아이스크림
• 유중수적형(W/O) : 버터, 마가린

15 다음 유화상태 식품 중 유중수적형 식품은? ★★★

① 우유
② 생크림
③ 마가린
④ 마요네즈

16 다음 중 유화의 형태가 나머지 셋과 다른 것은? ★★★★

① 우유
② 버터
③ 마요네즈
④ 아이스크림

17 식품과 유지의 특성이 잘못 짝지어진 것은? ★★★

① 버터크림 - 크리밍성
② 쿠키 - 점성
③ 마요네즈 - 유화성
④ 튀김 - 열매체

쿠키는 유지의 쇼트닝성과 관련이 깊다.

18 유지를 가열할 때 생기는 변화에 대한 설명으로 틀린 것은? ★★

① 유리지방산의 함량이 높아지므로 발연점이 낮아진다.
② 연기 성분으로 알데히드(aldehyde), 케톤(ketone) 등이 생성된다.
③ 요오드값이 높아진다.
④ 중합반응에 의해 점도가 증가된다.

요오드값은 유지를 구성하는 지방산 중 불포화지방산의 함량을 나타내는 값이며, 유지를 가열하면 불포화지방산의 함량이 감소되어 요오드값이 낮아진다.

정답 ▶ 10 ④ 11 ② 12 ③ 13 ③ 14 ① 15 ③ 16 ② 17 ② 18 ③

19 기름을 여러 번 재가열할 때 일어나는 변화에 대한 설명으로 맞는 것은?

> ㉠ 풍미가 좋아진다.
> ㉡ 색이 진해지고, 거품 현상이 생긴다.
> ㉢ 산화중합반응으로 점성이 높아진다.
> ㉣ 가열분해로 항산화 물질이 생겨 산패를 억제한다.

① ㉠, ㉡
② ㉠, ㉢
③ ㉡, ㉢
④ ㉢, ㉣

㉠ 색이 진해지고 거품과 강한 냄새가 생겨 풍미가 떨어진다.
㉣ 가열분해로 유리지방산과 카르보닐 화합물 등이 생겨 산패가 일어난다.

20 유지를 가열할 때 유지 표면에서 엷은 푸른 연기가 나기 시작할 때의 온도는?

① 팽창점
② 연화점
③ 용해점
④ 발연점

발연점이란 유지를 가열할 때 표면에서 푸른 연기가 발생할 때의 온도를 말하며, 이 때 아크롤레인이 생성되어 자극적인 냄새와 좋지 않은 맛을 낸다.

21 기름을 지나치게 가열할 때 생기는 자극성이 강한 물질은?

① 리놀렌산
② 아크롤레인
③ 글리세롤
④ 부티르산

아크롤레인은 유지를 가열할 때 표면에서 푸른 연기가 나는 발연점에서 생성되어 자극적인 냄새와 좋지 않은 맛을 내는 성분이다.

22 유지의 발연점과 관련된 설명 중 옳은 것은?

① 발연점이 높은 유지가 조리에 유리하다.
② 가열 횟수가 많으면 발연점이 높아진다.
③ 정제도가 높으면 발연점이 낮아진다.
④ 유리지방산의 양이 많으면 발연점이 높아진다.

② 가열횟수가 많으면 발연점이 낮아진다.
③ 정제도가 높으면(불순물이 적으면) 발연점이 높아진다.
④ 유리지방산의 함량이 높으면 발연점이 낮아진다.

23 유지의 발연점에 영향을 주는 인자와 거리가 먼 것은?

① 용해도
② 유리지방산의 함량
③ 노출된 유지의 표면적
④ 불순물의 함량

유지의 발연점에 영향을 주는 요소
• 가열시간 및 사용횟수가 늘어날수록 발연점이 낮아진다.
• 유리지방산의 함량이 많을수록 발연점이 낮아진다.
• 유지에 불순물이 많을수록 발연점이 낮아진다.
• 노출된 유지의 표면적이 넓을수록 발연점이 낮아진다.

24 유지의 발연점이 낮아지는 원인에 대한 설명으로 틀린 것은?

① 유리지방산의 함량이 낮은 경우
② 튀김기의 표면적이 넓은 경우
③ 기름에 이물질이 많이 들어 있는 경우
④ 오래 사용하여 기름이 지나치게 산패된 경우

유리지방산의 함량이 높을수록 발연점이 낮아진다.

25 다음 중 발연점이 가장 높은 것은?

① 옥수수유
② 들기름
③ 참기름
④ 올리브유

식용유지의 발연점
포도씨유 250℃, 대두유 238℃, 옥수수유 232℃, 라드 190℃, 올리브유 190℃, 들기름 180℃, 참기름 178℃

26 발연점을 고려했을 때 튀김용으로 가장 적합한 기름은?

① 쇼트닝(유화제 첨가)
② 참기름
③ 대두유
④ 피마자유

발연점이 높은 대두유가 가장 적합하다.
• 식용유지의 발연점 : 포도씨유 250℃, 대두유 238℃, 옥수수유 232℃, 라드 190℃, 올리브유 190℃

정답 ▶ 19 ③ 20 ④ 21 ② 22 ① 23 ① 24 ① 25 ① 26 ③

27 기름을 오랫동안 저장하여 산소, 빛, 열에 노출되었을 때 색깔, 맛, 냄새 등이 변하게 되는 현상은?

① 발효　　　　　　② 부채
③ 산패　　　　　　④ 변질

산패는 기름 등의 유지식품이 산소, 빛, 열 등에 의해 산화되어 변질되는 것을 말한다.

28 유지의 산패에 영향을 미치는 인자에 대한 설명으로 맞는 것은?

① 저장 온도가 0℃ 이하가 되면 산패가 방지된다.
② 광선은 산패를 촉진하나 그 중 자외선은 산패에 영향을 미치지 않는다.
③ 구리, 철은 산패를 촉진하나 납, 알루미늄은 산패에 영향을 미치지 않는다.
④ 유지의 불포화도가 높을수록 산패가 활발하게 일어난다.

유지의 산패에 영향을 미치는 요소
• 온도가 높을수록 유지의 산패를 촉진한다. → 유지를 냉동·냉장시킨다고 산패를 완전히 방지하지는 못한다.
• 금속류, 광선 및 자외선은 유지의 산패를 촉진한다.
• 수분이 많을수록 유지의 산패를 촉진한다.
• 지방분해효소는 유지의 산패를 촉진한다.
• 불포화도가 높을수록 산패가 활발하게 일어난다.

29 다음 중 기름의 산패가 촉진되는 경우는?

① 밝은 창가에 보관할 때
② 갈색병에 넣어 보관할 때
③ 저온에서 보관할 때
④ 뚜껑을 꼭 막아 보관할 때

기름의 산패는 빛, 공기, 온도, 수분, 금속 등에 의하여 일어나기 때문에 이물질을 걸러내고 직경이 좁은 그릇이나 갈색병에 담아 밀봉하여 빛이 들지 않는 곳에서 저온 보관하는 것이 좋다.

30 지방의 산패를 촉진시키는 요인이 아닌 것은?

① 효소　　　　　　② 자외선
③ 철, 구리 등 금속　④ 토코페롤

토코페롤은 항산화제로 유지의 산패를 방지한다.

31 유지의 산패에 영향을 미치는 인자와 거리가 먼 것은?

① 온도　　　　　　② 광선
③ 수분　　　　　　④ 기압

유지의 산패에 영향을 끼치는 인자는 온도, 금속, 광선(자외선), 수분, 지방산의 불포화도, 지방분해효소 등이 있다.

32 조리 시 산패의 우려가 가장 큰 지방산은?

① 카프롤레산(Caproleic acid)
② 리놀레산(Linoleic acid)
③ 리놀렌산(Linolenic acid)
④ 아이코사펜타에노산(Eicosapentaenoic acid)

지방산의 산패는 이중결합의 수가 많은 불포화지방산일수록 잘 일어나며, 아이코사펜타에노산(EPA)은 이중결합을 5개 가지고 있는 고도불포화지방산이다.

33 튀김유의 보관방법으로 옳지 않은 것은?

① 갈색병에 담아 서늘한 곳에 보관한다.
② 철제 팬에 튀긴 기름은 다른 그릇에 옮겨서 보관한다.
③ 이물질을 걸러서 광선의 접촉을 피해 보관한다.
④ 직경이 넓은 팬에 담아 서늘한 곳에 보관한다.

유지는 빛, 공기, 금속, 수분 등에 의하여 산패가 일어나기 때문에 이물질을 걸러내고 직경이 좁은 그릇이나 갈색 병에 담아 밀봉하여 서늘한 곳에 보관하는 것이 좋다.

34 참기름이 다른 유지류보다 산패에 대하여 비교적 안정성이 큰 이유는 어떤 성분 때문인가?

① 레시틴(lecithin)
② 세사몰(sesamol)
③ 고시폴(gossypol)
④ 인지질(phospholipid)

참기름에는 천연항산화물질인 세사몰이 들어있어 다른 유지류보다 산패에 안정성이 크다.

정답　27 ③　28 ④　29 ①　30 ④　31 ④　32 ④　33 ④　34 ②

35 유지의 산패도를 나타내는 값으로 짝지어진 것은? ****

① 비누화가, 요오드가
② 요오드가, 아세틸가
③ 과산화물가, 비누화가
④ 산가, 과산화물가

> 유지의 산패도를 나타내는 값 : 산가, 과산화물가, 카르보닐가 등

36 유지의 변패정도를 나타내는 변수가 아닌 것은? *

① 카르보닐가　　② 요오드가
③ 과산화물가　　④ 산가

> 요오드가는 지방산 중 불포화지방산의 함량을 나타내는 값이다.

튀김 조리

1 튀김 시 기름에 일어나는 변화를 설명한 것 중 틀린 것은? **

① 기름은 비열이 낮기 때문에 온도가 쉽게 상승하고 쉽게 저하된다.
② 튀김 재료의 당, 지방함량이 많거나 표면적이 넓을 때 흡유량이 많아진다.
③ 기름의 열용량에 비하여 재료의 열용량이 큰 경우 온도의 회복이 빠르다.
④ 튀김옷으로 사용하는 밀가루는 글루텐의 양이 적은 것이 좋다.

> 기름의 열용량보다 재료의 열용량이 큰 경우 온도의 회복이 늦어져 익는 시간이 오래 걸리고, 기름의 흡수가 많아진다.

2 튀김 음식을 할 때 두꺼운 용기를 사용하는 가장 주된 이유는? ****

① 기름의 비열이 작아 온도가 쉽게 변하므로
② 기름의 비중이 작아 물 위에 쉽게 뜨므로
③ 기름의 비열이 커서 온도가 쉽게 변화되므로
④ 기름의 비중이 커서 물 위에 쉽게 뜨므로

> 튀김을 할 때 두꺼운 용기를 사용하는 이유는 기름의 비열이 작아 온도가 쉽게 변하기 때문이다.

3 튀김에 대한 설명으로 맞는 것은? **

① 기름 온도를 일정하게 유지하기 위해 가능한 한 적은 양의 기름을 사용한다.
② 기름은 비열이 낮기 때문에 온도가 쉽게 변화된다.
③ 튀김에 사용했던 기름은 철로 된 튀김용 그릇에 담아 그대로 보관한다.
④ 튀김 시 직경이 넓고, 얇은 용기를 사용하면 온도 변화가 작다.

> ① 가능한 많은 양의 기름을 사용하는 것이 온도를 유지하고 바삭한 튀김을 하는 데 좋다.
> ③ 튀김에 사용했던 기름은 유리병에 담고 밀폐시켜 직사광선을 피해 보관한다.
> ④ 기름은 비열이 낮아 온도가 쉽게 변하기 때문에 튀김 시 직경이 좁고, 두꺼운 용기를 사용하는 것이 좋다.

4 튀김음식을 할 때 고려할 사항과 가장 거리가 먼 것은? **

① 튀길 식품의 양이 많은 경우 동시에 모두 넣어 1회에 똑같은 조건에서 튀긴다.
② 수분이 많은 식품은 미리 어느 정도 수분을 제거한다.
③ 이물질을 제거하면서 튀긴다.
④ 튀긴 후 과도하게 흡수된 기름은 종이를 사용하여 제거한다.

> 튀길 음식의 양이 너무 많으면 기름의 온도가 내려가고 기름이 넘칠 수 있으므로 적당량을 나누어서 튀기는 것이 좋다.

5 튀김에 관한 사항 중 옳지 않은 것은? ***

① 약과는 낮은 온도에서 서서히 튀긴다.
② 튀김기름의 온도관리에 유의해야 한다.
③ 재료의 크기를 크게 하면 맛있는 튀김이 된다.
④ 튀김옷을 만들 때 지나치게 오랫동안 섞지 않는다.

> 튀김재료의 크기가 크면 속까지 익히기 어렵고, 시간이 길어지면 기름의 흡수가 많아져 바삭함이 떨어질 수 있다.

★★★

6 다음 중 영양소의 손실이 가장 큰 조리법은?

① 바삭바삭한 튀김을 위해 튀김옷에 중조를 첨가한다.
② 푸른 채소를 데칠 때 약간의 소금을 첨가한다.
③ 감자를 껍질째 삶은 후 절단한다.
④ 쌀을 담가놓았던 물을 밥물로 사용한다.

튀김옷에 중조(식소다)를 넣으면 탄산가스가 발생해 바삭한 튀김이 되지만, 중조의 알칼리성으로 인해 비타민이 파괴된다.

★★

7 튀김기름을 여러 번 사용하였을 때 일어나는 현상이 아닌 것은?

① 불포화지방산의 함량이 감소한다.
② 흡유량이 작아진다.
③ 튀김 시 거품이 생긴다.
④ 점도가 증가한다.

튀김기름을 여러 번 사용하면 튀김의 흡유량이 많아져 질이 저하된다.

★★★

8 튀김 조리 시 흡유량에 대한 설명으로 틀린 것은?

① 흡유량이 많으면 입안에서의 느낌이 나빠진다.
② 흡유량이 많으면 소화속도가 느려진다.
③ 튀김시간이 길어질수록 흡유량이 많아진다.
④ 튀기는 식품의 표면적이 클수록 흡유량은 감소한다.

튀기는 식품의 표면적이 클수록 흡유량은 많아진다.

정답 ▶ 6 ① 7 ② 8 ④

Korea food Cook Certification

SECTION
11 냉동식품 외 기타

 POINT!

[출제문항수 : 0~1문제] 이 섹션의 출제비중은 높지 않습니다. 그 중 한천과 젤라틴이 중요하고, 나머지는 기출문제를 통해 정리하시기 바랍니다.

01 냉동식품의 조리

1 식품의 냉장과 냉동

1) 식품의 냉장

① 냉장은 식품의 온도를 0~4℃의 저온에서 저장하는 방법이다.

② 부패세균의 생육이나 효소 작용을 억제하여 식품을 보존한다.

③ 미생물의 생육을 완전히 억제하지 못하므로, 기간이 경과되면 변질된다.

> **Check Up**
> ▶ 식품의 냉장법은 장기간의 보존법이 되지 못한다.

2) 식품의 냉동

① 냉동은 0℃ 이하의 온도에서 식품을 동결시켜 저장하는 방법이다.

② 고온균이나 중온균이 생육할 수 없고, 효소의 활성이 크게 떨어지므로 장기저장이 가능하다.

③ 미생물은 −5℃ 이하에서 증식하지 못하지만, 균 자체가 사멸하는 것은 아니므로 냉동식품도 변질된다.

④ 육류나 생선은 원형 그대로 또는 부분으로 나누어서 냉동한다.

⑤ 채소류는 블랜칭(데침)한 후 냉동한다.

⑥ 1회 사용량씩 소포장으로 냉동하며, 한번 해동한 식품은 다시 냉동하지 않는다.

> **Check Up**
> ▶ 냉동의 종류
> ① 급속냉동
> • −40℃ 이하의 온도에서 짧은 시간에 동결
> • 식품 중의 얼음 결정이 작게 형성되어 조직의 파괴가 적다.
> ② 완만냉동
> • −4~−29℃의 온도에서 서서히 동결
> • 식품 중의 얼음 결정이 크게 형성되어 조직이 손상된다.

2 냉동식품의 조리

1) 냉동식품

① 냉동식품이란 제조 · 가공 또는 조리한 식품을 장기 보존할 목적으로 냉동처리, 냉동 보관하는 것으로서 용기 · 포장에 넣은 식품을 말한다.

② 일반적으로 −18℃ 이하에서 유지 · 보관되는 식품으로 수확기나 어획기에 관계없이 유통이 가능하며, 유통 시에 낭비가 없는 인스턴트성 식품이다.

③ 냉동식품은 저장 중 비교적 신선한 풍미를 유지하고, 영양가 손실이 적으며, 조리시간이 짧은 장점을 가진다.

2) 냉동식품의 해동

① 해동은 냉동식품을 동결 전 상태로 복원시켜 식용이나 가공할 수 있는 상태로 전환시키는 작업을 말한다.

② 생선의 냉동품은 반 정도 해동하여 조리하는 것이 안전하다.

③ 냉동식품을 완전해동하지 않고 직접 가열하면 효소나 미생물에 의한 변질의 염려가 적다.

④ 일단 해동된 식품은 더 쉽게 변질되므로 필요한 양만큼만 해동하여 사용한다.

3) 해동 방법

완만 해동 (저온 해동)	• 5~7℃의 냉장온도에서 서서히 해동시키는 방법 • 육류 및 어류는 급속해동하면 조직세포가 손상되고, 단백질이 변성되어 드립이 생기므로 완만 해동시킨다.
급속 해동 (가열 해동)	• 습열처리, 건열처리 등의 열을 가하여 해동시키는 방법 • 반조리 또는 완전조리 식품 등은 해동과 가열을 동시에 한다.
실온 해동	공기 중에 해동하는 방법으로 저온해동보다 빠르지만 식품의 표면과 내부의 온도차가 커서 식품의 맛이 저하되는 단점이 있다.
수중 해동	물이 공기보다 열전도가 좋으므로 해동이 빠르며, 급할 때는 흐르는 물에서 해동한다.(육류, 어류 등)
전자레인지 해동	해동시간이 빠르며 식품의 변질이 거의 없고 해동 중 감량도 적다. 또한 산화작용을 최소화하고 변색과 풍미가 저하되는 현상을 막을 수 있다.(반조리식품, 냉동야채)

02 한천과 젤라틴

한천이나 젤라틴은 단독의 식품으로서는 가치가 없으나 응고제로서 다른 식품과 혼합하여 식품의 질감을 좋게 하여 준다.

1 한천

① 한천은 우뭇가사리 등의 홍조류 세포벽 성분인 점질성의 복합다당류를 추출하여 만든다.

② 한천의 용도
- 식품의 응고제 및 유제품, 청량음료의 안정제
- 푸딩, 양갱, 한천젤리 등의 젤화제
- 곰팡이 · 세균 등을 배양하는 배지*

③ 한천을 물에 담그면 물을 흡수하여 팽윤*한다. 부피는 약 20배 정도로 커진다.

④ 한천은 80~100℃에서 용해되며, 30℃ 부근에서 굳어져 젤화되는데 온도가 낮을수록 빨리 굳는다.

⑤ 일단 젤화된 한천은 80~85℃에서도 잘 녹지 않으나, 그 이상의 온도에서는 녹는다.

⑥ 한천은 식품에 0.5~1.5% 정도 사용하며, 농도가 높을수록 빨리 응고되며 단단한 젤이 형성된다.

⑦ 양갱을 만들 때 설탕은 점성, 탄력성, 투명도를 증가시킨다.

⑧ 산과 우유는 젤의 강도를 약하게 한다.

⑨ 산을 첨가하여 가열하면 분해된다.

●━함께 알아두기

▶ 한천
• 주성분은 다당류인 갈락탄(galavtan)으로 아가로오스(agarose, 70%로 젤 형성 능력이 큼)와 아가로펙틴(agaro-pectin)으로 구성되어 있다.
• 홍조류를 깨끗이 손질하여 햇볕으로 표백한 후 잘 삶아서 점액을 얻어 그릇에 냉각하여 고체화시킨 것이 '우무'이며, 이 우무를 잘라서 동결시킨 것을 해빙하고 불순물을 제거하고 잘 건조시킨 것이다.

▶ 배지 : 곰팡이 · 세균의 증식, 보존, 수송 등을 위해 사용되는 액체 또는 고형의 재료를 말한다.

▶ 팽윤 : 물질이 물을 흡수하여 부피가 커지는 현상을 말한다.

Check Up

▶ 설탕의 농도가 높을수록 젤의 강도는 증가한다.
▶ 양갱의 제조에 필요한 재료는 한천, 팥앙금, 설탕 등이며 젤라틴은 들어가지 않는다.

❷ 젤라틴

① 젤라틴은 동물의 가죽, 뼈(연골)에 다량 존재하는 콜라겐을 가수분해하여 얻는 동물 단백질이다.

　→ 젤라틴과 키틴은 동물에서 추출되는 천연 검질 물질이다.

② 족편, 젤리, 아이스크림, 마시멜로우, 푸딩 등을 만들 때 응고제, 유화제, 안정제로 사용된다.

③ 젤라틴을 물에 담그면 흡수·팽윤해서 부피가 6~10배 정도 커진다.

④ 팽윤된 젤라틴은 35℃ 이상으로 가열하면 녹는다.

⑤ 3~15℃에서 응고되며, 온도가 낮을수록 빨리 응고되므로 냉장고에 넣으면 빨리 응고된다.

⑥ 젤라틴은 식품의 2~4% 정도 사용하며, 농도가 높을수록 빨리 응고되며 단단하다.

⑦ 산을 첨가하면 젤라틴 젤이 부드러워지고, 알칼리를 첨가하면 젤라틴 젤이 단단해진다.

⑧ 단백질 분해효소를 사용하면 응고력이 약해진다.

⑨ 설탕은 젤의 강도를 약화시킨다.

　→ 설탕의 농도가 높을수록 천천히 응고되고, 부드러운 젤이 형성된다.

Check Up

▶ 한천과 젤라틴의 비교

구분	한천	젤라틴
원재료	식물성 (우뭇가사리)	동물성(콜라겐)
사용 제품	푸딩, 양갱, 한천젤리	족편, 젤리, 아이스크림 등
용해 온도	80~100℃	35℃
응고 온도	30℃ 부근에서 젤화	3~15℃에서 젤화

03　설탕의 조리

❶ 설탕 조리의 특성

① 수용성 : 친수성으로 흡습성이 높고 물에 쉽게 녹는다.

② 점성 : 설탕의 농도가 높을수록, 온도가 낮을수록 점성이 높다.

③ 방부성 : 설탕의 농후용액은 방부성이 높아 식품의 보존에 사용된다.

④ 결정성 : 설탕의 포화용액을 냉각하면 결정이 석출된다. (폰당, 빙설탕 등)

⑤ 캐러멜화 : 설탕을 고온으로 가열하면 갈변되어 캐러멜이 된다.

⑥ 젤리형성 : 펙틴, 산, 설탕을 넣고 가열하면 젤리(잼)가 형성된다. (잼, 마멀레이드 등)

⑦ 발효성 : 설탕은 효모(이스트)의 먹이로 발효를 촉진시킨다.

⑧ 단백질의 열응고 억제작용 : 푸딩에 첨가한 설탕은 달걀의 열응고를 지연시켜 부드러운 촉감의 푸딩을 만든다.

❷ 설탕의 조리

1) 시럽(syrup)

① 설탕액을 100℃에서 가열하고 당도를 60% 정도 함유하고 있는 액체이다.

② 당과 함께 다량의 수분을 함유하기 때문에 설탕과 물의 혼합물이라고 할 수 있다.

③ 독특한 향미를 가지므로 젤리, 핫케이크의 시럽, 냉음료의 감미료 등으로 사용된다.

2) 캔디

설탕을 이용해서 만든 캔디는 설탕 결정의 형태에 따라 다음과 같이 구분한다.

① 결정형 캔디 : 폰당(fondant), 퍼지(fudge) 등
② 비결정형 캔디 : 캐러멜(Caramel), 마시멜로우(Marshmallow), 태피(Taffy), 젤리(Jelly) 등

04 기호식품

1 차(tea)

① 제조과정에서 발효과정을 거쳤는지의 여부에 따라 녹차, 홍차, 우롱차로 크게 나눈다.

녹차	차의 어린 잎이나 새싹을 발효시키지 않고 그대로 증기로 쪄서 산화효소를 파괴시킨 뒤 비벼서 말린 것
홍차	찻잎을 발효시켜 증기로 쪄서 말린 것으로 발효하는 동안 산화효소의 작용으로 엽록소가 분해되어 녹색이 없어지고 타닌과 기타 성분이 산화, 중합되어 홍색이 된다.
우롱차	찻잎을 홍차의 반 정도로 발효시킨 다음 건조, 압착, 가열처리한 것으로 녹차와 홍차의 중간 제품이다.

2) 차 끓이기

① 차를 끓일 때 타닌의 떫은맛은 최소화하고, 향미 성분은 최대한 우려내는 것이 기본이다.
② 물의 온도는 85~93℃의 약간 식힌 것을 사용하면 휘발성인 방향성 물질의 손실을 줄일 수 있다.
③ 물은 연수가 좋으며, 기구도 금속성보다는 유리나 도자기로 된 것이 좋다.

2 커피(coffee)

① 커피의 맛성분은 쓴맛을 내는 카페인과 떫은맛을 내는 타닌이 있다.
② 볶은 커피에는 카페인산 등이 있어 쓴맛과 신맛을 주고 구연산, 사과산, 주석산 등이 소량 존재한다.
③ 알칼리도가 높은 물로 끓이면 커피의 산이 중화되어 커피의 맛이 감퇴된다.

① 해파리를 끓는 물에 오래 삶으면 질겨지므로 살짝 데쳐서 사용한다.

② 양장피는 끓는 물에 삶은 후 찬물에 헹구어 조리한다.

③ 도토리묵에서 떫은맛이 심하게 나면 따뜻한 물에 담가두었다가 사용한다.

④ 청포묵의 겉면이 굳었을 때는 끓는 물에 담갔다 건져 부드럽게 한다.

⑤ 멸치국물을 낼 때 찬물에 멸치를 넣고 끓여야 수용성 단백질과 지미성분이 쉽게 용출되어 맛이 좋아진다.

⑥ 물오징어 등을 삶을 때 둥글게 말리는 것은 콜라겐 섬유의 수축 때문이다.

⑦ 채소를 끓는 물에 짧게 데치면 기공을 닫아 색과 영양의 손실이 적다.

⑧ 채소를 잘게 썰어 끓이면 수용성 영양소의 손실이 커진다.

⑨ 콩나물국의 색을 맑게 만들기 위해 소금으로 간을 한다.

⑩ 부드러운 채소 조리 시 그 맛을 제대로 유지하려면 조리시간을 단축해야 한다.

⑪ 무초절이쌈을 할 때 얇게 썬 무를 식초물에 담가두면 무의 색이 더 희게 된다.

⑫ 모양을 내어 썬 양송이에 레몬즙을 뿌리면 색이 변하는 것을 억제시킬 수 있다.

⑬ 튀김 시 기름의 온도를 측정하기 위하여 소금을 떨어뜨리는 것은 튀김기름의 산패에 영향을 준다.

⑭ 감자는 센 불로 가열 후 뚜껑을 덮고 중불에서 뜸들이기를 한다.

⑮ 사골의 핏물을 우려내기 위해 찬물에 담가 혈색소인 수용성 헤모글로빈을 용출시킨다.

⑯ 뼈는 뜨거운 물에 한번 헹궈내고 찬물에서 낮은 불로 오랫동안 끓인다.

⑰ 사태나 양지머리와 같은 질긴 고기의 국물을 맛있게 맛을 내기 위해서는 약한 불에 서서히 끓인다.

⑱ 떡이나 빵을 찔 때 너무 오래 찌면 물이 생겨 형태와 맛이 저하된다.

⑲ 빵을 갈색이 나게 잘 구우려면 건열로 갈색반응이 일어날 때까지 충분히 구워야 한다.

⑳ 빵을 증기로 찌거나 전자레인지를 이용하여 조리하면 갈색반응 등의 풍미가 충분히 나타나지 않는다.

▶ 이 부분은 조리에서 종합적인 부분으로 어느 한쪽의 카테고리로 분류하기 곤란한 부분을 모아놓은 것입니다. 이론과 문제풀이 위주로 익혀두시기 바랍니다.

냉동식품의 조리

★★
1 식품의 냉동에 대한 설명으로 틀린 것은?

① 육류나 생선은 원형 그대로 혹은 부분으로 나누어 냉동한다.
② 채소류는 블랜칭(blanching)한 후 냉동한다.
③ 식품을 냉동 보관하면 영양적인 손실이 적다.
④ -10℃ 이하에서 보존하면 장기간 보존해도 위생상 안전하다.

미생물은 -5℃ 이하에서 증식하지 못하지만, 균 자체가 사멸하는 것이 아니므로 장기간 보존할 때 변질될 수 있다.

★★★
2 조리에 사용하는 냉동식품의 특성이 아닌 것은?

① 완만 동결하여 조직이 좋다.
② 장기간 보존이 가능하다.
③ 저장 중 영양가 손실이 적다.
④ 비교적 신선한 풍미가 유지된다.

냉동식품은 급속 동결하여야 조직이 좋다.

★★★★
3 냉동식품을 해동하는 방법으로 틀린 것은?

① 7℃ 이하의 냉장온도에서 자연 해동시킨다.
② 전자레인지오븐에서 해동한다.
③ 35℃ 이상의 온수에 담가 2시간 정도 녹인다.
④ 직접가열 조리하면서 해동한다.

35℃ 정도의 물속에서 해동하면 선도저하 및 세균증식 등이 발생하여 식품의 품질이 떨어진다. 반조리 식품 등의 냉동식품은 해동과 동시에 가열을 하여 조리한다.

★★★★
4 냉동식품의 해동에 관한 설명으로 틀린 것은?

① 비닐봉지에 넣어 50℃ 이상의 물속에서 빨리 해동시키는 것이 이상적인 방법이다.
② 생선의 냉동품은 반 정도 해동하여 조리하는 것이 안전하다.

③ 냉동식품을 완전해동하지 않고 직접 가열하면 효소나 미생물에 의한 변질의 염려가 적다.
④ 일단 해동된 식품은 더 쉽게 변질되므로 필요한 양만큼만 해동하여 사용한다.

50℃ 정도의 물속에서 해동시키면 단백질의 변성, 선도저하, 세균증식 등 품질저하가 나타난다.

★★
5 냉동식품의 조리에 대한 설명 중 틀린 것은?

① 쇠고기의 드립(Drip)을 막기 위해 높은 온도에서 빨리 해동하여 조리한다.
② 채소류는 가열처리가 되어 있어 조리하는 시간이 절약된다.
③ 조리된 냉동식품은 녹기 직전에 가열한다.
④ 빵, 케익은 실내 온도에서 자연 해동한다.

육류나 어류는 높은 온도에서 급속해동을 하면 조직세포가 파괴되고 단백질이 변성되어 드립이 생기므로 저온에서 완만해동하여야 한다.

★★★
6 다음 식품 중 직접 가열하는 급속해동법이 많이 이용되는 것은?

① 생선   ② 소고기
③ 냉동피자   ④ 닭고기

냉동피자 등의 반조리식품이나 완전조리식품은 직접 가열하며 조리하는 급속해동법을 많이 사용한다.

★★
7 조리식품이나 반조리식품의 해동방법으로 가장 적합한 방법은?

① 상온에서의 자연 해동
② 냉장고를 이용한 저온 해동
③ 흐르는 물에 담그는 청수 해동
④ 전자레인지를 이용한 해동

냉동식품 중 조리식품이나 반조리식품의 해동은 해동과 동시에 가열하는 급속해동법과 전자레인지를 이용한 해동법이 적당하다.

한천과 젤라틴

1 우뭇가사리를 주원료로 이들 점액을 얻어 굳힌 해조류 가공 제품은?

① 젤라틴
② 곤약
③ 한천
④ 키틴

> 한천은 우뭇가사리와 같은 홍조류를 주원료로 이들 점액을 굳힌 해조류 가공제품이다.

2 한천에 대한 설명으로 틀린 것은?

① 젤은 고온에서 잘 견디므로 안정제로 사용된다.
② 홍조류의 세포벽 성분인 점질성의 복합다당류를 추출하여 만든다.
③ 30℃부근에서 굳어져 젤화된다.
④ 일단 젤화되면 100℃이하에서는 녹지 않는다.

> 한천은 80~100℃에서 용해되며, 일단 젤화되면 85℃ 정도에서도 잘 녹지 않으나, 그 이상의 온도에서는 녹는다.

3 건조 한천을 물에 담그면 물을 흡수하여 부피가 커지는 현상은?

① 이장
② 응석
③ 투석
④ 팽윤

> 팽윤은 물질이 물을 흡수하여 부피가 커지는 현상을 말하며 한천을 물에 담그면 약 20배 정도 부피가 커진다.

4 한천의 용도가 아닌 것은?

① 훈연제품의 산화방지제
② 푸딩, 양갱 등의 젤화제
③ 유제품, 청량음료 등의 안정제
④ 곰팡이, 세균 등의 배지

> 한천은 양갱, 젤리, 푸딩, 아이스크림, 요구르트, 청량음료 등의 젤화제, 안정제, 증점제, 노화방지제로 사용되며, 미생물 배양 배지의 재료로도 이용된다.

5 양갱을 만들 때 필요한 재료가 아닌 것은?

① 한천
② 팥앙금
③ 젤라틴
④ 설탕

> 양갱을 만들 때 필요한 재료는 팥앙금, 한천, 설탕 등이며, 젤라틴은 들어가지 않는다.

6 다음 중 한천을 이용한 조리 시 젤 강도를 증가시킬 수 있는 성분은?

① 설탕
② 과즙
③ 지방
④ 수분

> 한천은 설탕의 농도가 높을수록 젤의 강도가 높아지고, 산과 우유는 젤의 강도를 약하게 만든다.

7 젤라틴의 원료가 되는 식품은?

① 한천
② 과일
③ 동물의 연골
④ 쌀

> 젤라틴은 동물의 연골 등에 다량 존재하는 콜라겐을 가수분해하여 얻어진다.

8 동물에서 추출되는 천연 검질 물질로만 짝지어진 것은?

① 펙틴 구아검
② 한천, 알긴산 염
③ 젤라틴, 키틴
④ 가티검, 전분

> 동물에서 추출되는 천연 검질은 젤라틴과 키틴이 있다.

9 젤라틴에 대한 설명으로 옳은 것은?

① 과일젤리나 양갱의 제조에 이용한다.
② 해조류로부터 얻은 다당류의 한 성분이다.
③ 산을 아무리 첨가해도 젤 강도가 저하되지 않는 특징이 있다.
④ 3~10℃에서 젤화되며 온도가 낮을수록 빨리 응고한다.

정답 1③ 2④ 3④ 4① 5③ 6① 7③ 8③ 9④

①, ② 한천은 양갱의 제조에 사용되며, 해조류에서 얻어지는 다당류의 한 성분이다.
③ 젤라틴은 산을 첨가하면 젤 강도가 저하되고, 알칼리를 첨가하면 강도가 강해진다.

젤라틴은 족편, 젤리, 아이스크림, 마시멜로우, 푸딩 등을 만들 때 응고제, 유화제, 안정제로 사용된다.

★★
10 젤라틴의 응고에 관한 내용으로 틀린 것은?

① 젤라틴의 농도가 높을수록 빨리 응고된다.
② 설탕의 농도가 높을수록 빨리 응고된다.
③ 염류는 젤라틴이 물을 흡수하는 것을 막아 단단하게 응고시킨다.
④ 단백질 분해효소를 사용하면 응고력이 약해진다.

설탕의 농도가 높을수록 젤라틴 젤의 강도를 약화시키므로 설탕의 농도가 높을수록 천천히 응고된다.

★★★★
11 일반적으로 젤라틴이 사용되지 않는 것은?

① 양갱
② 아이스크림
③ 마시멜로우
④ 족편

• 한천 : 양갱의 제조, 여러 가지 응고제, 미생물 배지 등으로 이용
• 젤라틴 : 아이스크림, 젤리, 족편, 마시멜로우 등의 응고제, 유화제, 안정제로 사용

★★★
12 다음 젤라틴을 이용하는 음식이 아닌 것은?

① 두부
② 족편
③ 과일젤리
④ 아이스크림

두부는 콩 단백질에 무기염류를 첨가하여 응고시키는 제품으로 젤라틴과는 상관이 없다.

★★★
13 아이스크림 제조 시 사용되는 안정제는?

① 전화당
② 바닐라
③ 레시틴
④ 젤라틴

chapter 04

14 젤 형성을 이용한 식품과 젤 형성 주체성분의 연결
이 바르게 된 것은?

① 양갱 – 펙틴
② 도토리묵 – 한천
③ 과일 잼 – 전분
④ 족편 – 젤라틴

> 양갱 – 한천, 도토리묵 – 전분, 과일 잼 – 펙틴

15 다음 중 한천과 젤라틴의 설명 중 틀린 것은?

① 한천은 해조류에서 추출한 식물성 재료이며 젤라틴
은 육류에서 추출한 동물성 재료이다.
② 용해온도는 한천이 35℃, 젤라틴이 80℃ 정도로 한
천을 사용하면 입에서 더욱 부드럽고 단맛을 빨리
느낄 수 있다.
③ 응고 온도는 한천이 25~35℃, 젤라틴이 10~15℃
로 제품을 응고시킬 때 젤라틴은 냉장고에 넣어야
더 잘 굳는다.
④ 모두 후식을 만들 때도 사용하는데 대표적으로 한
천으로는 양갱, 젤라틴으로는 젤리를 만든다.

> 한천의 용해온도는 80~100℃이고, 젤라틴의 용해 온도는 35℃
> 이상이다.

16 젤라틴과 한천에 관한 설명으로 틀린 것은?

① 한천은 보통 28~35℃에서 응고되는데 온도가 낮을
수록 빨리 굳는다.
② 한천은 식물성 급원이다
③ 젤라틴은 젤리, 양과자 등에서 응고제로 쓰인다.
④ 젤라틴에 생 파인애플을 넣으면 단단하게 응고한
다.

> 젤라틴에 생 파인애플과 같은 산을 첨가하면 젤이 부드러워진다.

설탕 및 기호식품

1 당 용액으로 만든 결정형 캔디는?

① 폰당(Fondant)
② 캐러멜(Caramel)
③ 마시멜로우(Marshmallow)
④ 젤리(Jelly)

> • 결정형 캔디 : 폰당, 퍼지
> • 비결정형 캔디 : 캐러멜, 젤리, 마쉬멜로우, 태피

2 커피를 끓이는 방법에 대한 설명으로 옳은 것은?

① 알칼리도가 높은 물로 끓이면 커피 중의 산이 중화
되어 커피의 맛이 감퇴된다.
② 타닌은 쓴맛을 주는 성분으로 커피를 끓여도 유출
되지 않는다.
③ 원두커피는 냉수에 넣고 오래 끓이면 모든 성분이
잘 우러나와 맛과 향이 증진된다.
④ 굵게 분쇄된 원두커피는 여과법으로 준비하는 경우
맛과 향이 최대, 최적의 상태로 우러나온다.

> ② 커피의 맛 성분에는 쓴맛을 내는 카페인과 떫은맛을 내는 타
> 닌이 있다.
> ③ 커피를 너무 오래 끓이면 커피의 맛 성분 이외의 불필요한 성
> 분까지 우러나 풍미를 떨어뜨린다.
> ④ 굵게 분쇄된 원두커피를 여과법으로 추출하는 경우 맛 성분을
> 충분히 우러낼 수 없다.

조리 종합

1 각 조리법의 유의사항으로 옳은 것은?

① 떡이나 빵을 찔 때 너무 오래 찌면 물이 생겨 형태
와 맛이 저하된다.
② 멸치국물을 낼 때 끓는 물에 멸치를 넣고 끓여야 수
용성 단백질과 지미성분이 빨리 용출되어 맛이 좋
아진다.
③ 튀김 시 기름의 온도를 측정하기 위하여 소금을 떨
어뜨리는 것은 튀김기름에 영향을 주지 않으므로
온도계를 사용하는 것보다 더 합리적이다.
④ 물오징어 등을 삶을 때 둥글게 말리는 것은 가열에
의해 무기질이 용출되기 때문이므로 내장이 있는
안쪽 면에 칼집을 넣어준다.

정답 1① 2① | 1① 2③ 3① 4③

② 멸치국물을 낼 때 찬물에 멸치를 넣고 끓여야 수용성 단백질과 지미성분이 쉽게 용출되어 맛이 좋아진다.
③ 튀김 시 기름의 온도를 측정하기 위하여 소금을 떨어뜨리는 것은 튀김기름의 산패에 영향을 준다.
④ 물오징어 등을 삶을 때 둥글게 말리는 것은 콜라겐 섬유의 수축 때문이다.

2 ★★
조리 시 첨가하는 물질의 역할에 대한 설명으로 틀린 것은?

① 식염 - 면 반죽의 탄성 증가
② 식초 - 백색채소의 색 고정
③ 중조 - 펙틴 물질의 불용성 강화
④ 구리 - 녹색채소의 색 고정

• ① 소금을 면 반죽에 첨가하면 물성(탄성)이 좋아진다.
• ② 백색채소에 주로 분포하는 플라보노이드 색소는 식초(산)를 첨가하면 더욱 선명한 흰색을 띤다.
• ④ 녹색채소의 클로로필 색소는 구리나 철 등의 이온과 결합하면 더욱 선명한 녹색을 유지한다.

3 ★★★
다음 중 식품의 손질방법이 잘못된 것은?

① 해파리를 끓는 물에 오래 삶으면 부드럽게 되고 짠맛이 잘 제거된다.
② 청포묵의 겉면이 굳었을 때는 끓는 물에 담갔다 건져 부드럽게 한다.
③ 양장피는 끓는 물에 삶은 후 찬물에 헹구어 조리한다.
④ 도토리묵에서 떫은맛이 심하게 나면 따뜻한 물에 담가두었다가 사용한다.

해파리를 끓는 물에 오래 삶으면 질겨지므로 살짝 데쳐서 사용한다.

★★

4
기본 조리법에 대한 설명 중 틀린 것은?

① 채소를 끓는 물에 짧게 데치면 기공을 닫아 색과 영양의 손실이 적다.
② 로스팅(roasting)은 육류나 조육류의 큰 덩어리 고기를 통째로 오븐에 구워내는 조리방법을 말한다.
③ 감자, 뼈 등은 찬물에 뚜껑을 열고 끓여야 물을 흡수하여 골고루 익는다.
④ 튀김을 할 때 온도는 160~180℃가 적당하다.

• 감자는 뚜껑을 닫고 삶는다.
• 뼈는 뜨거운 물에 한번 헹궈내고 찬물에 낮은 불로 오랫동안 끓인다.

5 ★★★
식품의 풍미를 증진시키는 방법으로 적합하지 않은 것은?

① 부드러운 채소 조리 시 그 맛을 제대로 유지하려면 조리시간을 단축해야 한다.
② 빵을 갈색이 나게 잘 구우려면 건열로 갈색반응이 일어날 때까지 충분히 구워야 한다.
③ 사태나 양지머리와 같은 질긴 고기의 국물을 맛있게 맛을 내기 위해서는 약한 불에 서서히 끓인다.
④ 빵은 증기로 찌거나 전자오븐으로 시간을 단축시켜 조리한다.

빵을 증기로 찌거나 전자오븐으로 시간을 단축시켜 조리하면 건열 오븐에서 조리한 것과 같은 맛과 풍미가 떨어진다.

6 ★★
조리방법에 대한 설명으로 옳은 것은?

① 채소를 잘게 썰어 끓이면 빨리 익으므로 수용성 영양소의 손실이 적어진다.
② 전자레인지는 자외선에 의해 음식이 조리된다.
③ 콩나물국의 색을 맑게 만들기 위해 소금으로 간을 한다.
④ 푸른색을 최대한 유지하기 위해 소량의 물에 채소를 넣고 데친다.

① 채소를 잘게 썰어 끓이면 수용성 영양소의 손실이 커진다.
② 전자레인지는 식품 내의 물분자를 급속히 진동시켜 열을 발생시켜 조리한다.
④ 채소의 푸른색을 유지하기 위하여 뚜껑을 열고 다량의 조리수를 사용하여 데친다.

chapter 04

한식조리

[출제문항수 : 4문제]

How To study

이 섹션은 새로운 출제기준으로 추가된 부분입니다. 출제비율에 비하여 학습량도 조금 많을 수 있으나 교재를 중심으로 학습하시면 그리 어렵지 않게 점수를 확보하실 수 있습니다.

Korea food Cook Certification

SECTION 01 한식의 개요

01 한국음식의 종류

1 주식류

구분	내용
밥	• 한국 음식의 주식 중 가장 기본이 되는 음식 • 재료에 따라 흰밥, 잡곡밥, 별미밥, 비빔밥 등이 있다.
죽	• 곡물의 5~7배 정도의 물을 붓고 오랫동안 끓여 호화시킨 음식이다. • 주식 및 별미식, 환자식, 보양식 등으로 이용된다.
국수	• 밀가루 · 메밀가루 등의 곡식가루를 반죽하여 긴 사리로 뽑아 만든 음식 • 젓가락 문화의 발달을 가져왔다.
만두	• 밀가루 반죽을 얇게 밀어서 소를 넣고 빚어, 장국에 삶거나 찐 음식 • 추운 북쪽 지방에서 즐겨 먹는 음식이다.
떡국	• 멥쌀가루를 찐 후 가래떡 모양으로 만든 후 어슷하게 썰어 장국에 끓이는 음식 • 새해 첫날에 꼭 먹는 음식이다.

2 부식류

구분	내용
국	채소 · 어패류 · 육류 등을 넣고 물을 많이 부어 끓인 음식(맑은장국 · 토장국 · 곰국 · 냉국 등)
찌개	국보다 국물은 적고 건더기가 많으며 간이 센 편으로 맑은 찌개와 토장찌개가 있다.
전골	반상과 주안상을 차릴 때 육류 · 어패류 · 버섯류 · 채소류 등에 육수를 넣고 즉석에서 끓여 먹는 음식
찜	주재료에 양념하여 물을 붓고 푹 익혀, 약간의 국물이 어울리도록 끓이거나 쪄내는 음식이다.
선	선은 좋은 재료를 뜻하는 것으로 호박 · 오이 · 가지 · 배추 · 두부 등 식물성 재료에 쇠고기 · 버섯 등으로 소를 넣고 육수를 부어 잠깐 끓이거나 찌는 음식이다.
숙채	채소를 끓는 물에 데쳐서 무치거나 기름에 볶는 음식
생채	계절별로 나오는 신선한 채소류를 익히지 않고 초장 · 고추장 · 겨자즙 등에 새콤달콤하게 무친 것

▶ 별미밥 : 채소류 · 어패류 · 육류 등을 섞어 지은 밥

▶ 한식 고명
• 음식의 겉모양을 좋게 하기 위하여 음식 위에 뿌리거나 얹는 것
• 음식을 돋보이게 하고, 맛과 영양을 보충한다.
• 달걀지단(황백지단), 미나리 초대, 고기완자, 알쌈, 버섯류, 실고추, 홍고추, 풋고추, 통깨, 호두, 대추, 잣, 은행 등

※ 달걀지단 : 달걀을 흰자와 노른자로 나누어서 풀어놓은 달걀을 부어 얇게 펴서 양면을 지져 용도에 맞는 모양으로 썰어서 쓴다.

※ 미나리 초대 : 미나리의 줄기 부분만 꼬지에 가지런하게 꿰어 밀가루를 묻혀 달걀 푼 것을 씌우고, 번철에 기름을 두르고 양면을 지진 것을 마름모꼴이나 골패모양으로 썰어 탕, 신선로 등에 넣는다.

※ 고기완자 : 쇠고기를 곱게 다져 양념하여 고루 섞어 동글게 빚는다.

※ 알쌈 : 쇠고기를 곱게 다져서 양념하여 콩알만큼씩 만들어 번철에 기름을 두르고 익혀낸 다음, 흰자와 노른자로 분리하여 푼 달걀을 번철에 한 숟가락씩 떠놓고 반쯤 익으면 익힌 쇠고기를 놓고 반으로 접어 반달모양으로 지진다. 신선로나 된장찌개의 고명으로 사용

구분	내용
조림	육류 · 어패류 · 채소류 등에 간장이나 고추장을 넣고, 간이 스며들도록 약한 불에서 오랜 시간 익히는 조리법
초	해삼 · 전복 · 홍합 등에 간장 양념을 넣고 약한 불에서 끓이다가 녹말을 물에 풀어 넣어 익힌 음식
볶음	육류 · 어패류 · 채소류 등을 손질하여 기름에만 볶는 것과 간장 · 설탕 등으로 양념하여 볶는 것 등이 있다.
구이	육류 · 어패류 · 채소류 등을 재료 그대로 또는 양념 후에 불에 구운 음식
전 · 적	• 전 : 육류 · 어패류 · 채소류 등의 재료를 다지거나 얇게 저며 밀가루와 달걀로 옷을 입혀서 기름에 지진 음식 • 적 : 재료를 양념하여 꼬치에 꿰어 굽는 음식
회	육류나 어류 · 채소 등을 날로 먹거나 또는 끓는 물에 살짝 데쳐서 초고추장 등에 찍어 먹는 음식
편육	쇠고기나 돼지고기를 삶아 눌러서 물기를 빼고 얇게 저며 썬 음식
족편	쇠머리나 쇠족 등을 장시간 고아서 응고시켜 썬 음식
마른 찬	육류 · 생선 · 해물 · 채소 등을 저장하여 먹을 수 있도록 소금에 절이고 양념하여 말리거나 튀겨서 먹는 음식
장아찌	무 · 오이 · 도라지 · 마늘 등의 채소를 간장 · 된장 · 고추장 등에 넣어 오래두고 먹는 저장음식
젓갈	어패류의 내장이나 새우 · 멸치 · 조개 등에 소금을 넣어 발효시킨 음식
김치	배추나 무 등의 채소를 소금에 절여서 고추 · 마늘 · 파 · 생강 · 젓갈 등의 양념을 넣고 버무려 익힌 음식

02 한식의 상차림과 세시음식

1 상차림의 종류

상차림은 한 상에 차려놓은 찬품의 이름과 수효를 말하는데, 그 규모는 그 음식 대접이 어떤 뜻을 가졌는가에 따라 정해진다.

1) 초조반상(아침상)
① 응이*, 미음 및 죽 등의 유동식을 중심으로 한다.
② 죽상 : 죽과 함께 맵지 않은 국물김치(동치미, 나박김치), 젓국찌개 및 마른 찬 등을 곁들여낸다.

2) 반상(飯床)
① 밥과 반찬을 주로 하여 차리는 정식 상차림이다.
② 신분에 따라 임금님에게는 수라상, 어른에게는 진짓상, 아랫사람에게는 밥상이라 불린다.

▶ 응이
• 율무, 녹두 등의 곡물을 갈아 얻은 앙금으로 죽보다 묽은 상태로 만든 것을 말한다.
• 율무를 뜻하는 의이(薏苡)가 변한 말이다.

▶ 수라상은 십이첩 반상, 양반집은 구첩 반상을 최고의 상차림으로 하여 5첩, 7첩, 9첩 등 홀수로 첩 수가 정해진다.

③ 한사람이 먹도록 차린 반상을 외상(독상), 두 사람 이상이 먹도록 차린 반상을 겸상이라 한다.

④ 반찬의 수에 따라 반상의 첩 수가 정해진다.

⑤ 첩 수에 포함되지 않는 음식(기본음식) : 밥, 국, 김치, 장류, 찌개, 찜, 전골

3) **장국상**(면상 · 만두상 · 떡국상) : 장국(면 · 만두 · 떡국)을 주식으로 차리는 상

4) **주안상**(酒案床) : 술안주가 되는 음식으로 차리는 상

5) **교자상**(交子床)

① 명절, 잔치 또는 회식 때 많은 사람을 초대하여 음식을 대접할 때 보통 4~6명을 기준으로 차리는 상

② 술과 안주를 주로 하는 건교자상, 식사를 위주로 한 식교자상, 이 두 가지를 섞어 차린 얼교자상이 있다.

2 세시(歲時) 음식

절식 음식과 시절 음식을 통틀어 세시 음식이라 한다.

① 절식 음식 : 명절 음식으로 그 의미에 맞도록 차리는 음식을 말한다.

② 시절 음식 : 계절별로 나는 식재료로 차리는 음식을 말한다.

월	명절 및 절기	음식의 종류
1월	설날	떡국, 만두, 식혜, 수정과 등
	대보름	오곡밥, 김구이, 약식, 복쌈, 부럼, 나물 등
5월	단오	준치만두, 제호탕, 앵두화채 등
6월	유두	편수, 임자수탕, 깻국 등
7월	삼복	육개장, 잉어구이, 오이소박이 등
8월	한가위	송편, 토란탕, 잡채, 닭찜 등
11월	동지	팥죽, 동치미, 경단, 식혜 등
12월	그믐	골동반(비빔밥), 만두, 떡국, 완자탕 등

▶ **복쌈** : 정월대보름에 복을 싸서 먹는다는 의미로 김이나 나물에 밥을 싸서 먹는 풍속이다.

▶ **준치만두** : 단오에 먹는 절식으로 준치와 쇠고기를 섞어 완자 모양으로 빚은 만두

▶ **편수** : 채소로 만든 소를 넣어 만든 만두로 주로 여름철에 먹는다.

기 출 유 형 | 따 라 잡 기   ★는 출제빈도를 나타냅니다

1 ★ 반상차림에서 기본식에 포함되지 않는 것은?

① 간장 ② 탕
③ 밥 ④ 회

반상차림의 기본식 : 밥, 국, 김치, 장류, 찌개, 찜, 전골(탕)

2 ★★ 수라상의 찬품 가짓수는?

① 5첩 ② 7첩
③ 9첩 ④ 12첩

반상(飯床)은 밥과 반찬을 주로 하여 차리는 정식 상차림으로 임금에게 올리는 상을 수라상이라 하며, 12첩 반상을 올렸다.

3 한국 음식 상차림에 대한 설명으로 틀린 것은?
★★★

① 죽상은 죽과 함께 동치미, 맑은젓국찌개, 마른 찬을 곁들여 낸 상이다.
② 주안상은 술안주가 되는 음식으로 차린 상이다.
③ 얼교자상은 약과나 정과를 주식으로 차린 상이다.
④ 장국상(면상 · 만두상 · 떡국상)은 평상시 점심식사나 잔치 때 차린 상이다.

교자상(交子床)은 명절이나 잔치 때 많은 사람이 함께 모여 식사를 할 때 차리는 상으로 술과 안주를 주로 하는 건교자상과 식사를 위주로 한 식교자상, 이 두 가지를 섞어 차린 얼교자상이 있다.

4 응이에 대한 설명으로 틀린 것은?
★★★

① 쌀알을 굵게 갈아 쑨 것이다.
② 율무, 녹두 등이 재료로 사용된다.
③ 죽보다 묽은 상태로 마실 수 있는 정도이다.
④ 율무를 뜻하는 의이(薏苡)가 변한 말이다.

쌀알을 굵게 갈아 쑨 것은 죽이며, 응이는 율무, 녹두 등의 곡물을 갈아 얻은 앙금으로 죽보다 묽은 상태로 만든 것을 말한다.

5 아래와 같은 음식으로 차린 식단은 몇 첩 반상인가?
★★★

팥밥, 아욱국, 열무김치, 고등어구이, 콩나물, 무숙 짱아찌

① 3첩 반상   ② 7첩 반상
③ 5첩 반상   ④ 9첩 반상

밥, 국, 김치, 장류, 찌개, 찜, 전골은 첩 수에 들어가지 않는 기본음식이다. 위의 보기는 팥밥, 아욱국, 열무김치를 제외한 3첩 반상이다.

6 반상차림에서 첩 수에 들어가는 것만으로 나열된 것은?
★★★

① 국, 김치, 전골   ② 전, 구이, 전골
③ 숙채, 구이, 회   ④ 밥, 찌개, 장류

첩 수에 들어가지 않는 음식은 기본음식이라 하며 밥, 국, 김치, 장류, 찌개, 찜, 전골이다.

7 다음과 같은 식단은 몇 첩 반상인가?
★★

보리밥, 냉이국, 장조림, 쑥갓나물, 무숙 짱아찌, 배추김치, 간장

① 7첩 반상   ② 3첩 반상
③ 9첩 반상   ④ 5첩 반상

밥, 국, 김치, 장류, 찌개, 찜, 전골은 첩 수에 들어가지 않는 기본음식이다. 보리밥, 냉이국, 배추김치, 간장을 제외한 3첩 반상이다.

8 정월 대보름날(음력 1월 15일)의 절식이 아닌 것은?
★

① 오곡밥   ② 떡국
③ 복쌈   ④ 약식

정월 대보름에는 오곡밥, 복쌈, 약식, 김구이, 부럼, 나물 등을 먹는다. 떡국은 설날의 대표적인 절식이다.

9 오월 단오날(음력 5월 5일)의 절식은?
★★

① 준치만두   ② 오곡밥
③ 진달래 화채   ④ 토란탕

오월 단오날에는 준치만두, 제호탕, 앵두화채 등을 먹는다.

10 한가위 절식으로 적합하지 않은 것은?
★

① 닭찜   ② 송편
③ 토란탕   ④ 편수

편수는 채소로 만든 소를 넣어 만든 만두로 6월 유두의 절식이다.

11 섣달 그믐날의 절식은?
★★

① 육개장   ② 편수
③ 무시루떡   ④ 골동반(비빔밥)

섣달(12월) 그믐의 가장 대표적인 절식은 골동반(비빔밥)이다.

chapter 05

Korea food Cook Certification

SECTION 02 한식 조리

01 밥 조리

① 밥 짓기

1) 쌀 씻기 : 쌀을 너무 문질러 씻으면 비타민 B_1 등 수용성 비타민의 손실이 크다.

2) 불리기

   ① 쌀의 호화를 돕기 위하여 밥을 짓기 전 쌀을 침수시킨다.

   ② 쌀을 담가두는 동안 최대 20~30%의 수분흡수가 일어난다.

   ③ 수침시간은 여름 30분, 겨울 90분 정도이다.

3) 물의 양

   ① 밥을 지을 때 사용할 물의 양은 쌀 전분을 호화시키는데 필요한 양에다 증발하는 물의 양을 더한 것이다.

   ② 쌀의 종류, 건조 상태에 따라 다르며, 일반적으로 맛있게 지어진 밥은 쌀 무게의 약 1.2~1.4배의 물을 흡수한다.

   ③ 햅쌀과 찹쌀은 묵은쌀보다 물을 약간 적게 붓는다.

   ④ 쌀의 종류에 따라 조절해야 할 물의 양은 다음과 같다.

구분	중량에 따른 물의 양	부피에 따른 물의 양
백미	1.5배	1.2배
햅쌀	1.4배	1.1배
찹쌀	1.1~1.2배	0.9~1배

   ⑤ 가열

온도상승기	• 불리기를 통해 20~30%의 물을 이미 흡수한 쌀의 입자는 온도가 상승하면 더 많은 물을 흡수하여 팽윤한다. • 60~65℃에서 호화가 시작되며 이때 강한 화력으로 10~15분 가열한다.
비등기	• 쌀의 팽윤이 계속되면 호화가 진행되어 점성이 높아져서 점차 움직이지 않게 된다. • 화력은 중간 정도로 하여 5분 정도 유지한다.
증자기	• 쌀 입자가 수증기에 의해 쪄지는 상태이다. • 쌀 입자의 내부가 호화 · 팽윤하도록 화력을 약하게 해서 보온이 되도록 한다. • 이 상태를 15~20분 정도 유지하고 유리된 물이 거의 없어졌을 때 불을 끈다.

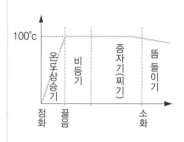

뜸 들이기	<ul><li>고온 중에 일정 시간 그대로 유지하게 하는 것이다.</li><li>쌀알 중심부의 전분이 호화되어 맛있는 밥이 된다.</li><li>뜸 들이는 시간이 너무 길면 수증기가 밥알 표면에서 응축되어 밥맛이 떨어진다.</li><li>뜸 들이는 도중에 밥을 가볍게 뒤섞어서 물의 응축을 막도록 한다.</li></ul>

2 밥맛에 영향을 주는 요소

① pH 7~8 정도의 물이 가장 밥맛이 좋고, 산성이 높을수록 밥맛이 떨어진다.

② 묵은쌀로 밥을 할 때는 햅쌀보다 물의 양을 더 많이 해야 한다.

③ 너무 오래되어 지나치게 건조된 쌀은 밥맛이 나쁘다.

④ 약간의 소금(0.03%)을 첨가하면 밥맛이 좋아진다.

⑤ 밥맛은 토질과 쌀의 품종에 따라 달라지며, 같은 쌀이라도 물의 양이나 열원에 따라 밥맛이 달라질 수 있다.

02 죽 조리

1 죽의 개요

① 곡물의 5~7배 정도의 물을 붓고 오랫동안 끓여 호화시켜 유동식 상태로 만든 음식이다.

② 주재료는 곡물이지만 다른 어떤 재료도 죽의 소재가 될 수 있어 변화의 폭이 넓다.

③ 죽의 농도는 용도별에 따라 차이가 있고 발전되고 있다.

④ 죽은 주식으로뿐만 아니라, 별미식, 환자식 및 보양식 등으로 이용되어 왔다.

2 죽조리의 특징

① 밥과 죽은 그 끓이는 과정이 비슷하며, 밥과 죽의 큰 차이는 물의 함량이라고 볼 수 있다.

② 오랫동안 끓여서 소화되기 좋은 상태로 조리한다.

③ 많은 물을 붓고 끓여 양을 많게 한다. → 소량의 재료로 많은 사람이 먹을 수 있다.

④ 죽 맛에 영향을 주는 요소는 밥맛에 영향을 주는 요소와 같다.

3 죽의 영양 및 효능

① 죽의 열량은 100g당 30~50kcal 정도로 밥의 1/3~1/4 정도이다.

② 팥죽은 산모의 젖이 많이 나게 하고 해독작용이 있으며 체내 알코올을 배설시켜 숙취를 완화하고 위장을 다스리는 데 이용된다.

③ 찹쌀은 멥쌀보다 소화가 잘되고 위장을 보호하여, 민간에서는 위장병이 생겼을 때 찹쌀로 미음이나 죽을 쑤어 먹었다.

④ 주식보다 별미식의 용도 및 식욕 촉진제 역할로 각광을 받고 있다.

▶ 죽의 구분
- 옹근죽 : 쌀알을 으깨지 않고 그대로 쑤는 흰죽
- 무리죽 : 쌀을 완전히 곱게 갈아서 쑨 죽
- 미음 : 쌀이나 좁쌀 등을 끓여 고운 체로 걸러낸 죽
- 응이 : 율무, 녹두 등의 곡물을 갈아 얻은 앙금으로 죽보다 묽은 상태로 만든 것
- 암죽 : 곡식이나 밤의 가루로 묽게 쑨 죽으로 모유 대용으로도 사용한다.

chapter 05

4 죽의 조리방법

① 주재료인 곡물을 미리 물에 담가서 충분히 수분을 흡수시킨다.

② 일반적인 죽의 물 분량은 쌀 용량의 5~6배 정도가 적당하다.

③ 죽에 넣을 물을 계량하여 처음부터 전부 넣어서 끓인다.

　→ 도중에 물을 보충하면 죽 전체가 잘 어우러지지 않는다.

④ 죽을 쑤는 냄비나 솥은 두꺼운 재질이 좋다.

　→ 돌이나 옹기로 된 것이 열을 부드럽게 전하여 오래 끓이기에 적합하다.

⑤ 죽을 쑤는 동안에 너무 자주 젓지 않도록 하며, 반드시 나무 주걱으로 젓는다.

⑥ 불의 세기는 중불 이하에서 서서히 오래 끓인다.

⑦ 간은 곡물이 완전히 호화되어 부드럽게 퍼진 후에 한다.

　→ 간은 아주 약하게 하고 먹는 사람의 기호에 따라 간장 · 소금 · 설탕 · 꿀 등으로 맞추도록 한다.

03 국(탕) 조리

1 국, 육수

1) 국(탕)

① 국은 밥과 함께 먹는 국물 요리로, 재료에 물을 붓고 간장이나 된장으로 간을 하여 끓인 것이다.

② 쇠고기, 닭고기, 생선, 채소류, 해조류 등이 주재료로 쓰인다.

③ 국의 종류에는 소금이나 국간장으로 간을 한 맑은장국, 된장으로 간을 한 된장국(토장국), 뼈나 살코기, 내장을 푹 고아 만든 곰국, 그리고 국물을 차게 만든 냉국이 있다.

국류	무 맑은국, 시금치 토장국, 미역국, 북엇국, 콩나물국 등
탕류	조개탕, 갈비탕, 육개장, 추어탕, 우거지탕, 감자탕, 설렁탕, 머위 깻탕, 비지탕 등

2) 국물과 육수

① 국물과 육수는 용도에 따라, 내고자 하는 음식의 맛에 따라 여러 가지가 쓰인다.

② 국물과 육수의 양과 맛에 따라 음식의 맛이 결정된다.

국물	• 국, 찌개 따위의 음식에서 건더기를 제외한 물 • 맑은 맹물, 쌀뜨물, 고기를 끓인 육수, 멸치 · 가다랭이 등을 우린 물 등
육수	• 육류 또는 가금류, 뼈, 건어물, 채소류, 향신채 등을 넣고 물에 충분히 끓여 국물로 사용하는 재료 • 다시마 육수, 사골 육수, 소고기 육수 등

② 조리기구

① 육수는 장시간 끓이므로 수분의 증발을 되도록 적게 하여야 한다.

② 육수를 끓일 때는 두께가 두꺼운 냄비를 사용하는 것이 좋다.

③ 냄비의 둘레보다 높이가 있는 깊숙한 것이 증발량이 적고 온도를 일정하게 유지하기에 알맞다.

> 육수를 끓일 때 (특히 뼈 육수) 스테인리스 통은 국물이 잘 우려지지 않기 때문에 사용하지 않는 것이 좋다.

③ 국 조리하기

1) 재료의 종류에 맞게 국물을 만든다

① 맑은 육수는 깊은 맛보다는 깔끔하고 개운한 맛을 낼 때 끓이는 것으로 육질 부위를 주로 사용한다.

② 크게 닭 육수, 조개탕 육수, 다시마 육수, 콩나물 국물로 나누어질 수 있다.

③ 간장은 재래식 간장을 사용하고, 소금은 굵은 소금이 좋다.

④ 고기만 넣고 오래 끓여도 국물이 탁해지므로 유의한다.

    → 일반적으로 고기를 넣은 후 최대 2시간~2시간 30분 이내에 끝내야 육수가 맑다.

2) 주재료와 부재료의 배합에 맞게 국을 조리한다

① 재료를 선정하여 적절히 배합한다.

    • 재료를 적절히 배합하면 영양소를 서로 보충해 준다.

② 국물의 양을 조절하여 결정한다.

    • 국물의 양은 1인당 1컵 반(300cc) 정도가 적당하다.

    • 국물 맛을 위해 소고기 · 멸치 · 마른 새우 · 조개 등을 넣는다.

    • 국의 맛은 간을 맞추는 간장 · 된장 · 고추장의 맛에 크게 좌우된다.

    • 건더기는 국물의 3분의 1 정도가 적당하다.

> 깔끔한 국물 맛을 내기 위해서는 여러 종류의 육류를 같이 넣고 끓이지 않도록 한다.

3) 재료의 종류와 크기에 따라 끓이는 시간을 조절한다

① 끓이는 시간은 건더기의 종류와 크기에 따라 차이가 있다.

② 대략 감자 15~20분, 콩나물 5~8분, 당근 15~20분, 무 15분, 미역 5분, 배추 5~8분, 토란 10~15분, 호박 7분, 두부 2분, 파 4~6분 정도이다.

> 육수에 국간장을 넣을 때는 끓는 과정에 넣어야 간장의 날 냄새가 나지 않는다.

04   찌개 조리

① 찌개의 개요

1) 찌개의 특징

① 국보다 국물은 적고 건더기가 많은 음식이다.

② 섞는 재료와 간을 하는 재료에 따라 구분된다.

맑은 찌개	• 소금이나 새우젓으로 간을 맞춘 찌개 • 두부젓국찌개와 명란젓국찌개
탁한 찌개	• 된장이나 고추장으로 간을 맞춘 찌개 • 된장찌개, 생선찌개, 순두부찌개, 청국장찌개, 두부고추장찌개, 호박감정*, 오이감정, 계감정 등

> 찌개는 궁중 용어로 '조치'라고도 한다.

> 감정
> • 된장, 고추장 등 장류를 넣고 걸쭉하게 끓여낸 찌개
> • 국물의 양 : 국 > 감정 > 찌개
> • 민어감정, 병어감정, 게감정, 오이감정 등

> 지짐이
> • 국보다 국물이 적고 좀 짜게 끓인 국물음식
> • 감정과 거의 같으나 장류로 조미하지 않음

2) 찌개의 종류

명란젓국찌개	명란젓과 두부, 무, 파 등을 한데 넣어 새우젓국으로 간을 맞춘, 담백한 맛의 찌개
된장찌개	두부와 채소, 소고기 등 여러 가지 재료를 함께 넣고 국물을 넉넉하게 부어 끓이는 찌개
생선찌개	• 흰살생선인 민어, 조기, 대구, 동태 등을 사용하여 고추장과 고춧가루로 매운맛을 내는 찌개 • 고추장만을 사용하는 것보다 고춧가루를 섞어서 사용하면 더 시원한 맛이 난다.
순두부찌개	연한 순두부를 이용하여 매운맛을 낸 찌개로 조갯살, 굴, 소고기, 돼지고기 등의 재료와 잘 어울린다.
청국장찌개	불린 콩을 삶아 발효시켜서 만든 청국장을 장국에 풀어 두부와 김치 등을 넣고 끓인다.

2 재료의 특징

1) 소고기

① 육류부위에 따라 지방함량, 맛, 질감이 다르므로 조리목적에 따라 부위를 선택하여 사용한다.

② 찌개나 전골처럼 오랫동안 끓이는 조리법은 결합조직이 많은 사태나 양지머리를 사용한다.

③ 찬물에 담가 핏물을 충분히 제거하고 사용한다.

▶ 소고기의 조리법
  • 습열조리법(탕, 편육, 찜 등) : 양지, 사태, 목심 등 결합조직이 많은 부위
  • 건열조리(구이 등) : 안심, 등심, 채끝, 우둔 등 지방이 많고 결합조직이 적은 부위

2) 생선

① 생선찌개는 주로 흰살생선인 민어, 동태, 조기 등을 사용하고 고추장과 고춧가루로 매운맛을 낸다.

② 생선은 흐르는 물에 표피, 아가미, 내장 순으로 손으로 살살 문지르면서 씻는다.

③ 생선을 용도에 맞게 자른 뒤에는 영양소나 맛 성분이 유실되지 않도록 물로 씻지 말아야 한다.

▶ 트리메틸아민(해수어)과 피페리딘(담수어)
  • 생선의 비린내성분으로 수용성이고 표피에 많이 분포한다.
  • 소금물보다는 흐르는 물에 씻는 것이 좋다. – 소금물은 호염성 세균인 장염비브리오균이 번식하기 쉽다.

3) 기타 재료

① 조개 : 살아있는 것을 구입하여 껍질 세척 후 3~4%의 소금물에 담가 해감시킨다.

② 낙지 : 머리에 칼집을 내고 내장과 먹물을 제거한다. 굵은 소금과 밀가루를 뿌려 다리와 몸통을 주물러 둔 후 씻을 때 껍질을 제거한다.

③ 게 : 수세미나 솔로 깨끗하게 닦은 후 배 부분에 덮여있는 삼각형의 딱지를 떼어내고 몸통과 등딱지를 분리한다. 몸통에 붙어 있는 모래주머니와 아가미를 제거하고 발끝은 가위로 잘라낸다.

④ 새우 : 모양을 유지하기 위해 머리와 꼬리는 제거하지 않고 몸통 껍질만 벗긴다. 가열하면 배를 구부리듯 둥글게 수축하는데 이를 방지하기 위해 꼬챙이를 머리부터 꼬리 쪽으로 끼우거나 배 쪽에 잔 칼집을 넣는다.

⑤ 다시마 : 찬물에 담가 두거나 끓여서 감칠맛 성분을 우려낸다.

05 전·적 조리

1 전·적 조리의 개요

1) 전(煎)

① 만드는 법

육류, 가금류, 어패류, 채소류 등을 지지기 좋은 크기로 하여 얇게 저미거나 채 썰기 또는 다져서 소금과 후추로 조미한 다음 밀가루와 달걀 물을 입혀서 번철이나 프라이팬에 기름을 두르고 부쳐 낸다.

② 특징

- 우리나라 음식 중 기름의 섭취를 가장 많이 할 수 있는 방법이다.
- 다양한 재료를 사용하고, 식물성기름을 사용하여 영양적으로 우수한 조리 방법이다.
- 전유어, 전유아, 저냐 등으로 부르며, 궁중에서는 전유화라고 하였다.

③ 지짐은 빈대떡이나 파전처럼 재료들을 밀가루 푼 것에 섞어서 직접 기름에 지 져 내는 음식을 말한다.

2) 적(炙)

① 고기를 비롯한 재료를 꼬치에 꿰어서 불에 구워 조리하는 것이다.

② 재료를 꼬치에 꿸 때는 반드시 꼬치에 꿰인 처음 재료와 마지막 재료가 같아야 하는데, 그 꿰는 재료에 따라 산적 음식에 대한 이름을 붙이기 때문이다.

산적	• 익히지 않은 재료를 양념하고, 꼬치에 꿰어서 옷을 입히지 않고 굽는 것 • 소고기산적, 섭산적*, 장산적*, 닭산적, 어산적*, 떡산적 등
누름적 (누르미)	• 재료를 양념하여 꼬치에 꿰고, 전을 부치듯이 밀가루와 달걀 물을 입혀서 속 재료가 잘 익도록 누르면서 지진다. (김치적, 두릅적, 지짐누름적 등) • 재료를 양념하여 익힌 다음 꼬치에 꿰는 방법도 있다.

> ▶ 섭산적
> 다진 쇠고기, 두부를 섞어 양념하여 넓적하게 모양을 낸 뒤 석쇠에 구운 것
>
> ▶ 장산적
> 쇠고기를 곱게 다져서 양념을 하여 구운 다음 간장에 다시 조린 것
>
> ▶ 어산적
> 민어 등 흰살생선과 양념한 쇠고기를 꼬치에 꿰어 구운 것
>
> ▶ 섭산적과 장산적은 꼬치에 꿰지 않고 한입 크기정도로 썰어 그릇에 담는다.

2 전을 반죽할 때의 재료 선택 방법

① 밀가루, 멥쌀가루, 찹쌀가루를 사용 : 반죽이 너무 묽어서 전의 모양이 형성되지 않고 뒤집기가 어려울 때 한다.

② 달걀흰자와 전분을 사용 : 전을 도톰하게 만들 때 딱딱하지 않고 부드럽게 하고자 할 경우 또는 흰색을 유지하고자 할 때 사용한다.

③ 달걀과 밀가루, 멥쌀가루, 찹쌀가루를 혼합하여 사용 : 전의 모양을 형성하기도 하고 점성을 높이고자 할 때 사용한다.

④ 속 재료를 더 넣어야 하는 경우 : 속 재료가 부족하여 전이 넓게 처지게 될 경우 밀가루나 달걀을 추가하면 점성은 높여주나 전이 딱딱해지므로, 속 재료를 더 준비하여 사용하는 것이 좋다.

❸ 전과 적의 재료 손질법

1) 전 조리에 알맞은 재료 손질

곡류	지나치게 곱게 가는 것은 좋지 않으며 약간 거칠게 가는 것이 구수하고 맛이 좋다.
생고기	칼로 다지거나 기계에 갈아서 두부, 채소 등과 같은 부재료와 함께 섞고, 밀가루와 달걀을 넣어 알맞은 농도를 맞춘다.
육류의 내장	얇게 포를 뜨기 어려운 간이나 허파 등은 삶아 식힌 후 썰어서 사용한다.
생선류	• 포를 떠서 사용하기도 하고 갑각류, 패류, 연체류와 비슷하게 다지거나 갈아서 사용한다. • 관자, 새우, 굴, 홍합 등 전으로 사용하기에 알맞은 크기라면 원형대로 사용한다.
채소, 버섯류	알맞은 크기로 잘라 원형을 살려서 사용할 수도 있으며, 깻잎, 피망, 고추, 양파 등과 같이 속을 만들어 채우는 방법이 있다.

2) 적 조리에 알맞은 재료 손질

① 꼬치용 고기 부위는 살코기 부위로 하며, 꼬치의 길이에 맞추어 폭과 두께를 정한다.

② 고기와 해물은 익으면 수축하므로 다른 재료보다 약간 큰 편으로 썬 후 잔칼질하고 양념하여 살짝 표면을 익힌 후 필요한 크기로 썰어서 사용한다.

섭산적	소고기의 힘줄이나 지방, 핏물을 제거하여 곱게 다지고, 두부는 면보로 물기를 짜서 곱게 으깨어 사용하여야 반죽이 질지 않아 원하는 모양으로 만들 수 있다.
어산적	생선의 포를 떠서 껍질을 벗긴 후 지질 때 오그라들지 않도록 잔칼집을 넣고 소금과 후춧가루를 뿌려 5분 정도 두었다가 물기를 제거한 후 사용한다.
채소	끓는 소금물에 데친 후 찬물에 헹구어 물기를 제거하여 밑간한다.
버섯	꼬치의 크기에 맞추어 썰어서 소금과 밑간으로 양념한다.

❹ 전 · 적의 조리기구

1) 프라이팬

① 가볍고 코팅이 쉽게 벗겨지지 않아야 한다.

② 금속 조리기구나 철수세미 등과 함께 사용하지 않아야 한다.

③ 사용 후에는 바로 세척하여야 기름때가 눌어붙는 것을 방지한다.

2) 번철(그리들, griddle)

① 그리들은 두께가 10mm 정도의 철판으로 만들어진 것으로서 철판 볶음요리, 달걀부침, 전 등을 대량으로 조리할 때 주로 사용한다.

② 번철은 항상 사용하기 전에 미리 예열하여야 식품이 철판에 달라붙지 않는다.

3) 석쇠

석쇠는 사용하기 전 반드시 예열하고 기름을 바른 후에 식품을 올려 사용해야 석쇠에 식품이 달라붙지 않는다.

06 생채·숙채·회조리

1 생채와 숙채

1) 생채

① 생채는 익히지 않고 날로 무친 채소나 나물을 말한다.

② 자연의 색, 향, 맛을 그대로 느낄 수 있으며, 씹을 때의 아삭아삭한 촉감과 신선한 맛을 느낄 수 있다.

③ 가열 조리하지 않으므로 영양소의 손실이 적고, 특히 비타민을 풍부하게 섭취할 수 있다.

④ 생채는 나쁜 맛이 없고 조직은 연해야 하며 위생적으로 다루어야 한다.

⑤ 재료를 씻을 때는 조직에 상처가 나지 않도록 하고 풍미와 영양소 손실을 적게 해야 한다.

⑥ 파, 마늘을 많이 쓰지 않고, 진한 맛보다는 산뜻한 맛을 내는 것이 좋다.

⑦ 양념으로 식초와 설탕을 많이 사용하여 새콤한 맛을 나게 한다.

⑧ 겨자채나 냉채는 생채 분류에 속하며, 특히 겨자채는 채소 외에 편육이나 전복, 새우 등의 해산물을 삶아 차게 식혀서 함께 무치기도 한다.

⑨ 채소의 가식부위

분류	가식 부위	종류
잎채소	지상부의 줄기나 잎	배추, 양배추, 상추, 시금치, 미나리, 쑥갓, 갓, 케일, 셀러리, 파슬리, 양상추 등
줄기채소	지하 줄기에서 나온 싹이나 잎	파, 부추, 죽순, 아스파라거스 등
뿌리채소 (근채류)	지하에 양분을 저장한 뿌리	무, 당근, 순무, 마늘, 양파, 생강, 도라지, 더덕, 우엉, 연근, 비트, 콜라비 등
열매채소	열매	고추, 오이, 가지, 호박, 토마토, 피망, 참외, 딸기, 수박 등
꽃채소	꽃봉오리, 꽃잎, 꽃받침	브로콜리, 컬리플라워, 아티쵸크 등

2) 숙채

① 채소나 나물을 데치기, 삶기, 찌기, 볶기 등의 방법으로 익혀서 조리하는 방법이다.

② 채소를 익혀서 조리하는 것은 재료의 쓴맛이나 떫은맛을 없애고 부드러운 식

▶ 생채류와 숙채류
- 생채류 : 무, 도라지, 오이, 더덕, 상추, 배추, 미나리 산나물, 실파, 해파리 생채 등
- 숙채류 : 고사리, 도라지, 비름, 취, 숙주, 냉이, 콩나물 등
- 기타 채류 : 잡채, 탕평채, 월과채, 죽순채, 구절판 등

chapter 05

감을 줄 수 있다.

③ 채소를 익히는 방법

채소	익히는 방법
콩나물, 숙주나물, 기타 나물 등	대개 끓는 물에 데쳐서 무친다.
호박, 오이, 도라지 등	소금에 절였다가 팬에 기름을 두르고 볶아서 익힌다.
시금치, 쑥갓 등	끓는 물에 소금을 약간 넣어 살짝 데치고 찬물에 헹군다.
묵	전분질을 풀처럼 쑤어 그릇에 부어 응고시켜 채류*와 함께 무친다.

2 회와 숙회

1) 회

① 육류, 어패류, 채소류를 썰어서 날로 초간장, 초고추장, 소금, 기름 등에 찍어 먹는 조리법이다.

② 회는 무엇보다 재료가 신선해야 하고 날로 먹기 때문에 재료를 위생적이고 정갈하게 다루어야 한다.

③ 날것을 먹는 조리법이므로 특히 조리기구의 위생에 각별하게 신경 써야 한다.

2) 숙회

① 육류, 어패류, 채소류를 끓는 물에 삶거나 데쳐서 익힌 후 썰어서 초고추장이나 겨자즙 등을 찍어 먹는 조리법이다.

② 문어숙회, 오징어숙회, 미나리강회, 파강회, 어채, 두릅회 등이 있다.

3 생채 · 숙채 · 회 · 숙회 조리별 분류

생채류		무생채, 도라지생채, 오이생채, 더덕생채, 해파리냉채, 파래무침, 실파무침, 상추생채, 배추, 미나리, 산나물
숙채류		고사리나물, 도라지나물, 애호박나물, 시금치나물, 숙주나물, 비름나물, 취나물, 무나물, 냉이나물, 콩나물, 시래기, 탕평채, 죽순채
회류	생것(생회)	육회, 생선회
	익힌 것(숙회)	문어숙회, 오징어숙회, 낙지숙회, 새우숙회, 미나리강회, 파강회, 어채, 두릅회,
	기타 채류	잡채, 원산잡채, 탕평채, 겨자채, 월과채, 죽순채, 대하잣즙채, 해파리냉채, 콩나물잡채, 구절판

▶ 채류
- 잡채 : 다양한 채소를 볶아서 당면과 함께 무친 음식
- 탕평채 : 잡채, 청포묵을 쇠고기, 채소, 지단 등과 함께 버무린 음식
- 겨자채 : 신선한 채소와 배, 편육 등을 겨자장으로 무친 음식

▶ 갑회(甲膾)
소의 내장으로 만든 회를 말하며, 양, 간, 천엽, 콩팥 등이 주재료이다.

▶ 강회
- 미나리나 실파 등을 데쳐 엄지손가락 정도의 굵기와 길이로 돌돌 감은 음식으로 초고추장에 찍어 먹는다.
- 편육, 달걀(황지단, 백지단), 홍고추 등이 들어간다.
- 미나리강회, 쑥갓강회, 파강회, 쪽파강회 등이 있다.

1 조림·초의 개요 및 특징

1) 조림

① 조림은 어패류, 육류, 채소 등을 간이 충분히 스며들도록 약한 불에서 오래 익혀 만든 음식이다.

② 생선조림을 할 때 흰살생선은 간장을 주로 사용하고, 붉은 살 생선이나 비린내가 나는 생선은 고춧가루나 고추장을 넣어 조린다.

③ 소고기 장조림, 돼지고기 장조림, 생선조림, 두부조림, 감자조림, 풋고추조림 등이 있다.

④ 조림의 조리방법
- 재료를 큼직하게 썬 다음 간을 하고 처음에는 센 불에서 가열하다가 중불에서 은근히 속까지 간이 배도록 조리고 약불에서 오래 익힌다.
- 주로 간장으로 간을 맞추고 국물 속에 여러 가지 향신 채소 등을 넣고 가열하여 식품이 부드러워지고 양념과 맛이 배어드는 조리법이다.

▶ 조림을 궁중에서는 '조리개'라고 하였다.

2) 초(炒)

① 초(炒)는 '볶는다'는 뜻으로 조림과 비슷한 방법이나 윤기가 나는 것이 특징이다.

② 이용되는 양념장에 따라 전복초, 홍합초, 삼합초, 해삼초 등이 있다.

③ 초의 조리법은 건열조리보다는 습열조리법이다.

④ 초의 종류 - 전복, 홍합, 해삼, 건조갯살 등

전복초	• 전복을 삶아 칼집을 내어 양념한 뒤에 소고기와 함께 조린 음식 • 마른 전복을 불려서 얇게 저며서 소고기와 간장, 설탕, 후춧가루를 넣고 조리다가 거의 졸아들면 녹말을 넣고 참기름을 넣어 윤기 나게 한다. • 홍합과 소라 등도 같은 방법으로 한다.
홍합초	• 홍합을 데쳐 소고기와 함께 양념하여 조린 음식으로 대표적인 밑반찬감이다. • 마른 홍합은 잘 불리고 생홍합은 살짝 데친 후 볶다가 조림간장, 설탕과 함께 초를 만든다.
삼합초	홍합, 전복, 해삼, 양념한 소고기를 모두 합쳐 조린 음식이다.

2 볶음 조리

① 볶음은 소량의 지방을 이용해 뜨거운 팬에서 음식을 익히는 방법이다.

② 높은 온도에서 단시간 내에 조리하여야 영양소 손실도 적고, 원하는 질감, 색, 향 등을 얻을 수 있다.
→ 볶음용 팬은 미리 예열하여 뜨겁게 만들어 놓는다.

③ 큰 냄비를 사용하여 바닥에 닿는 면이 넓어야 재료가 균일하게 익으며 양념장이 골고루 배어든다.

④ 조리 중 식품 표면에 얇은 기름막이 형성되어 양념이 쉽게 배어들지 않으므로, 볶기 전에 미리 양념하는 것이 좋다.

▶ 오이갑장과
오이를 막대 모양으로 썰어 소금에 절인 후 소고기, 표고버섯과 함께 볶아 익힌 것

1 구이 조리의 개요 및 특징

① 구이는 건열조리법이다.

② 육류, 가금류, 어패류, 채소류 등의 재료를 그대로 또는 소금이나 양념을 하여 불에 직접 굽거나 철판 및 도구를 이용하여 구워 익힌 음식이다.

③ 구이 조리의 방법

직접구이	석쇠나 망을 이용하여 직접 불 위에 식품을 굽는 방법으로 복사열을 이용한다.
간접구이	프라이팬, 석쇠 등의 전도열을 이용한 조리법
오븐구이	직접구이와 간접구이의 혼합으로 복사, 전도, 대류의 열전달원리가 적용된 조리법이다.

2 재료에 따른 구이의 분류

구분	종류
육류	갈비구이, 너비아니구이, 방자(소금)구이, 콩팥구이, 제육구이, 양갈비구이 등
가금류	닭구이, 생치(꿩)구이, 메추라기구이, 오리구이 등
어패류	갈치구이, 도미구이, 북어구이, 낙지호롱, 오징어구이, 대합구이, 키조개구이 등
채소류 및 기타	더덕구이, 송이구이, 표고구이, 가지구이, 김구이 등

3 양념에 따른 구이의 분류

구분	종류
소금구이	방자구이, 청어구이, 고등어구이, 김구이 등
간장양념구이	가리구이, 너비아니구이, 장포육, 염통구이, 닭·생치(꿩)구이, 도미·민어·삼치구이, 낙지호롱 등
고추장양념구이	제육구이, 병어구이, 북어구이, 장어구이, 오징어구이, 뱅어포구이, 더덕구이 등

4 구이의 조리법

① 고추장 양념장은 미리 만들어 3일 정도 숙성하여야 고춧가루의 거친 맛이 없고 맛이 깊어진다.

② 유장은 간장과 참기름의 비율을 1 : 3 정도로 만든다.

③ 간장 양념은 양념 후 30분 정도 재워 두는 것이 좋으며 오래 두면 육즙이 빠져 육질이 질겨진다.

▶ 구이
• 방자구이 : 얇게 썬 소고기를 양념 없이 소금과 후추로만 간을 하는 구이요리
• 가리구이 : 쇠갈비 살을 편으로 계속 이어 뜨고 칼집을 내어 양념장에 재어 두었다가 구운 음식
• 너비아니구이 : 흔히 불고기라고 하는 것으로 궁중음식으로 소고기를 저며서 양념장에 재어 두었다가 구운 음식
• 장포육 : 소고기를 도톰하게 저며서 두들겨 부드럽게 한 후 양념하여 굽고 또 반복해서 구운 포육
• 낙지호롱 : 낙지머리를 볏짚에 끼워서 양념장을 발라가며 구운 음식

④ 너비아니 구이를 할 때는 고기를 결대로 썰면 질기므로 결 반대 방향으로 썬다.

⑤ 화력이 너무 약하면 고기의 육즙이 흘러나와 맛이 없어지므로 중불 이상에서 굽는다.

⑥ 숯불에 구우면 맛과 향이 좋다.

⑦ 석쇠나 프라이팬은 미리 예열해 두어야 재료가 달라붙지 않는다.

기 출 유 형 | 따 라 잡 기

★는 출제빈도를 나타냅니다

★★★

1 쌀을 침지할 때 수분의 흡수 속도와 관계가 없는 것은?

① 침지온도　　　　② 품종
③ 침지시간　　　　④ 수분의 열전도

쌀을 침지할 때의 수분흡수 속도는 품종, 저장시간, 침지온도와 시간, 쌀알의 길이와 폭의 비 등과 관계가 있다.

★

2 쌀의 호화를 돕기 위해 밥을 짓기 전에 침수시키는데 이때 최대 수분 흡수량은?

① 5~10%　　　　② 20~30%
③ 55~65%　　　　④ 75~85%

밥을 지을 때 호화를 빠르게 하고 밥맛을 좋게 하기 위하여 쌀을 침수시켜 불리기를 한다. 이때 최대 수분흡수량은 20~30% 정도이다.

★★

3 밥 짓기에 대한 설명으로 가장 잘못된 것은?

① 쌀을 미리 물에 불리는 것은 가열 시 열전도를 좋게 하여주기 위함이다
② 밥물은 쌀 중량의 2.5배, 부피의 1.5배 정도 되도록 붓는다.
③ 쌀 전분이 완전히 알파화 되려면 98도씨 이상에서 20분 정도 걸린다
④ 밥맛을 좋게 하기 위하여 0.03% 정도의 소금을 넣을 수 있다.

밥물의 양은 쌀 중량의 1.5배, 부피의 1.2배 정도로 하는 것이 좋다.

★★

4 밥 짓기 과정의 설명으로 옳은 것은?

① 쌀을 씻어서 2~3시간 푹 불리면 맛이 좋다.
② 햅쌀은 묵은쌀보다 물을 약간 적게 붓는다.
③ 쌀은 80~90℃에서 호화가 시작된다.
④ 묵은쌀인 경우 쌀 중량의 약 2.5배 정도의 물을 붓는다.

① 쌀의 수침시간은 여름 30분, 겨울 90분 정도가 적당하다.
③ 쌀의 호화는 60~65℃에서 시작된다.
④ 묵은쌀은 쌀 중량의 약 1.5배의 물을 붓는다.

★

5 보통 백미로 밥을 지으려할 때 쌀과 물의 분량이 바른 것은?

① 쌀 부피의 2배, 중량의 1.5배
② 쌀 중량의 3배, 부피의 1.5배
③ 쌀 중량의 1.5배, 부피의 1.2배
④ 쌀 부피의 3배, 중량의 1.2배

백미로 밥을 지으려 할 때 물의 분량은 쌀 중량의 1.5배, 쌀 부피의 1.2배 정도이다.

★★

6 일반적으로 맛있게 지어진 밥은 쌀 무게의 약 몇 배 정도의 물을 흡수하는가?

① 1.2~1.4배　　　　② 2.2~2.4배
③ 3.2~4.4배　　　　④ 4.2~5.4배

밥을 지을 때 쌀은 일반적으로 무게의 약 1.2~1.4배의 물을 흡수한다.(백미기준)

정답 1④ 2② 3② 4② 5③ 6①

7 쌀의 조리에 관한 설명으로 옳은 것은? ★★

① 쌀을 너무 문질러 씻으면 지용성 비타민의 손실이 크다.
② pH 3~4의 산성물을 사용해야 밥맛이 좋아진다.
③ 수세한 쌀은 3시간 이상 물에 담가 놓아야 흡수량이 적당하다.
④ 묵은쌀로 밥을 할 때는 햅쌀보다 밥물량을 더 많이 한다.

> 묵은쌀은 수분의 함량이 적어 물량을 더 많이 해야 한다.
> ① 쌀을 너무 문질러 씻으면 수용성 비타민의 손실이 크다.
> ② 산성물을 사용하면 밥맛이 떨어진다.
> ③ 쌀은 30분~1시간 정도 불리는 것이 적당하다.

8 밥맛을 좌우하는 요소를 설명한 것 중 잘못된 것은? ★

① 같은 쌀이라도 밥물의 양에 따라 밥맛이 달라질 수 있다.
② 밥물이 산성일수록 밥맛이 좋아진다.
③ 같은 쌀이라도 밥 짓는 열원에 따라 밥맛이 달라질 수 있다.
④ 수확 후 오래된 쌀일수록 밥맛이 나빠진다.

> 밥물은 pH 7~8 정도에서 가장 맛이 좋고, 산성일수록 밥맛이 나빠진다.

9 다음은 죽의 맛에 영향을 주는 요소이다. 가장 거리가 먼 것은? ★★

① 죽은 pH 7~8 정도의 물로 끓일 때 가장 맛이 좋다.
② 너무 오래되어 지나치게 건조된 쌀을 사용하면 맛이 떨어진다.
③ 약간의 소금을 첨가하면 맛이 좋아진다.
④ 약간의 식초를 첨가하여 물을 산성으로 만들면 맛이 좋아진다.

> 죽은 pH7~8일 때 가장 맛이 좋으며, 산성이 높아질수록 맛이 떨어진다.

10 죽을 조리하는 방법이다. 잘못된 것은? ★★

① 주재료인 곡물을 미리 물에 담가 충분히 수분을 흡수시킨다.
② 죽에 넣을 물을 계량하여 처음부터 모든 재료를 다 넣어 끓인다.
③ 죽을 끓일 때는 열전달이 좋은 얇은 재질의 냄비 등을 사용한다.
④ 죽을 쑤는 동안 너무 자주 젓지 않도록 해야 한다.

> 죽을 조리할 때 사용하는 용기는 두꺼운 재질의 냄비나 솥을 사용하여 열을 부드럽고 오래 전달하도록 해야 한다.

11 다음은 국을 조리하는 방법이다. 가장 거리가 먼 것은? ★

① 육수에 국간장은 처음부터 넣고 끓여야 간이 잘 배고 맛이 좋다.
② 국의 맛은 간을 맞추는 간장, 된장, 고추장의 맛에 크게 좌우된다.
③ 맑은 육수에는 육·어류의 뼈 부위는 사용하지 않는다.
④ 건더기는 국물의 1/3 정도가 적당하다.

> 국간장을 육수에 넣을 때 끓는 과정에 넣어야 간장의 날 냄새가 나지 않는다.

12 국을 조리하는 방법으로 가장 알맞은 것은? ★

① 맑은 육수는 육·어류의 육질 부위를 주로 사용하며, 오래 끓여 지미 성분을 충분히 우려낸다.
② 육수를 끓일 때는 국물이 가장 잘 우러나는 스테인리스 통을 사용하는 것이 좋다.
③ 냄비는 두께가 두꺼운 것이 좋으며, 둘레가 넓어야 열을 골고루 받을 수 있어 좋다.
④ 국을 조리할 때 간장은 재래식 간장이 좋으며, 소금은 굵은 소금을 사용한다.

> ① 맑은 육수를 낼 때 육질부위만을 사용하더라도 너무 오래 끓이면 국물이 탁해질 수 있다.
> ② 스테인레스 통은 국물이 잘 우러나지 않기 때문에 피하는 것이 좋다.
> ③ 냄비는 둘레보다 깊이가 깊은 용기가 증발량이 적고 온도를 일정하게 유지하기 때문에 좋다.

13 다음은 국에 대한 설명이다. 가장 거리가 먼 것은? ★

① 국의 종류에는 맑은장국, 토장국, 곰국, 냉국 등이 있다.
② 육수는 장시간 끓이므로 수분의 증발을 되도록 적게 하여야 한다.
③ 깔끔한 국물 맛을 내기 위해서는 여러 종류의 육류를 같이 넣고 끓이지 않는 것이 좋다.
④ 건더기는 국물의 10분의 1 정도가 적당하다.

국을 조리할 때 건더기는 국물의 3분의 1정도가 적당하다.

14 찌개에 대한 설명으로 틀린 것은? ★★★

① 고추장으로 조미한 찌개는 감정이라고 한다.
② 생선찌개는 주로 흰살생선인 민어, 동태, 조기 등을 사용하고 고추장과 고춧가루로 매운맛을 낸다.
③ 찌개는 궁중 용어로 조치라고 한다.
④ 청국장찌개는 두부, 채소, 소고기를 함께 넣고 비지와 된장 국물을 부어 끓이는 찌개이다.

청국장찌개는 불린 콩을 삶아 발효시켜서 만든 청국장을 장국에 풀어 두부와 김치 등을 넣고 끓인 찌개를 말한다.

15 찌개에 대한 설명으로 틀린 것은? ★★★

① 조치라고도 한다.
② 국보다 국물이 많다.
③ 맑은 찌개는 두부젓국찌개가 있다.
④ 탁한 찌개는 된장이나 고추장으로 간을 맞춘다.

찌개는 국보다 국물은 적고 건더기가 많은 음식이다.

16 찌개조리에 대한 설명으로 틀린 것은? ★★★

① 조개는 깨끗하게 씻은 후 소금물에 담가 해감 시킨다.
② 생선은 소금물에 담갔다가 깨끗이 씻어 사용한다.
③ 찌개에 사용되는 소고기는 결합조직이 많은 사태나 양지가 적합하다.
④ 흰살생선 중 콜라겐 함량이 많아 단단한 광어, 우럭, 명태 등이 많이 사용된다.

생선의 비린내성분은 수용성이라 흐르는 물에 깨끗이 씻는 것이 좋으며, 소금물에 담그는 것은 호염성인 장염비브리오균이 번식할 수 있기 때문에 좋지 않다.

17 전, 적에 대한 설명으로 틀린 것은? ★★★

① 적은 주로 육류와 채소 등을 꼬치에 꿰어 구운 것이다.
② 장산적은 꼬치에 끼운 재료를 지져 간장에 조린 것이다.
③ 전은 전유어, 저냐라고도 부르며 궁중에서는 전유화라고 하였다.
④ 섭산적은 다진 쇠고기, 두부를 섞어 양념하여 구운 것이다.

장산적은 쇠고기를 곱게 다져서 양념을 하여 구운 다음 간장에 다시 조린 것을 말한다.

18 전과 적에 대한 설명이다. 가장 거리가 먼 것은? ★

① 전은 다양한 재료를 사용하여 식물성기름에 지지는 방법으로 영양적으로 우수한 조리방법이다.
② 산적은 재료를 꼬치에 꿸 때 처음 재료와 마지막 재료가 같아야 한다.
③ 산적은 재료를 양념하여 꼬치에 꿰고, 꼬치에 밀가루나 달걀 물을 입혀서 지지는 음식이다.
④ 적을 조리할 때 고기와 해물은 익으면 수축하므로 다른 재료보다 약간 큰 편으로 손질한다.

산적은 재료를 꼬치에 꿰어서 옷을 입히지 않고 굽는 것을 말한다.

19 다음 채소류 중 일반적으로 꽃 부분을 식용으로 하는 것과 거리가 먼 것은? ★★★

① 브로콜리(Broccoli)
② 컬리플라워(Cauliflower)
③ 비트(Beets)
④ 아티쵸크(Artiohoke)

꽃 부분을 주요 식용부위로 하는 화채류는 브로콜리(Broccoli), 컬리플라워(Cauliflower), 아티쵸크(Artiohoke) 등이 있다. 비트(Beets)는 뿌리채소이다.

정답 **13** ④ **14** ④ **15** ② **16** ② **17** ② **18** ③ **19** ③

chapter **05**

20 ★ 전이나 적에 대한 설명으로 잘못된 것은?

① 전을 반죽할 때 너무 묽어서 전의 모양이 형성되지 않으면 밀가루나 쌀가루를 사용하여 점도를 올려준다.
② 섭산적을 만들 때 두부는 면보로 물기를 짜서 곱게 으깨어 사용한다.
③ 프라이팬은 세제와 철수세미를 이용하여 기름을 깨끗하게 제거하여야 한다.
④ 번철은 사용하기 전에 미리 예열하여야 식품이 철판에 달라붙지 않는다.

> 프라이팬은 식품이 눌어붙지 않도록 코팅이 되어 있어 금속조리 기구나 철수세미 등을 사용하면 안 된다.

21 ★ 채소를 분류할 때 근채류에 속하는 것은?

① 죽순   ② 토마토
③ 시금치   ④ 우엉

> 근채류는 채소의 뿌리를 식용으로 하는 채소를 말하며, 무, 당근, 양파, 우엉, 비트 등이 있다.

22 ★★★ 한식을 조리법에 따라 분류하여 나열한 것 중 틀린 것은?

① 생채 – 더덕생채, 상추생채
② 숙채 – 비름나물, 취나물
③ 숙채 – 고사리나물, 숙주나물
④ 생채 – 오이생채, 월과채

> • 생채류 : 무, 도라지, 오이, 더덕, 상추, 배추, 미나리 산나물, 실파, 해파리 생채 등
> • 숙채류 : 고사리, 도라지, 비름, 취, 숙주, 냉이, 콩나물 등
> • 기타 채류 : 잡채, 탕평채, 월과채, 죽순채, 구절판 등

23 ★★★ 갑회의 주재료로 옳은 것은?

① 낙지, 오징어, 문어
② 홍두깨, 우둔, 아롱사태
③ 꼬막, 대합, 가리비
④ 양, 간, 천엽

> 갑회(甲膾)는 소의 내장으로 만든 회를 말하며, 양, 간, 천엽, 콩팥 등이 주재료이다.

24 ★★★ 강회의 재료로 사용되지 않는 것은?

① 수란   ② 홍고추
③ 편육   ④ 쪽파

> 강회는 미나리나 실파 등을 데쳐 엄지손가락 정도의 굵기와 길이로 돌돌 감은 음식으로 편육, 달걀, 홍고추 등이 들어간다.
> 달걀은 지단으로 부쳐 사용하며, 수란은 사용하지 않는다.

25 ★★★ 조림에 대한 설명으로 틀린 것은?

① 주로 반상에 오르는 찬품이다.
② 단시간에 센 불에서 오래 조린다.
③ 흰살생선은 주로 간장으로 조린다.
④ 조림은 조리개라고도 한다.

> 조림은 재료에 간을 하고 처음에는 센 불에서 가열하다가 중불에서 은근히 속까지 간이 배도록 조리고, 약불에서 오래 익히는 것이다.

26 ★★★ 조림과 초(炒)의 특징으로 틀린 것은?

① 조림은 어패류, 육류, 채소 등을 간이 충분히 스며들도록 약한 불에서 오래 익혀 만든 음식이다.
② 생선조림을 할 때 붉은 살 생선이나 비린내가 나는 생선은 고춧가루나 고추장을 넣어 조린다.
③ 초 조리는 건열조리법을 이용하고 양념장에 따라 전복초, 홍합초, 삼합초 등이 있다.
④ 초는 간을 약하게 하여 조리 국물이 걸쭉하고 윤기가 나게 만든다.

> 초 조리법은 건열조리보다는 습열조리법이다.

27 ★★★ 초(炒)조리에 많이 사용되는 식재료는?

① 건조갯살, 북어
② 감, 해삼
③ 홍합, 전복
④ 오이, 겨자

> 초(炒)조리는 볶는다는 뜻으로 조림과 비슷한 방법이나 윤기가 나는 것이 특징인 조리이다. 전복, 해삼, 홍합, 건조갯살 등이 이용된다.

28 다음은 볶음 조리에 대한 설명이다. 틀린 것은?

① 볶음은 높은 온도에서 단시간에 조리하여야 영양소의 손실을 막고, 식품의 색도 유지할 수 있다.
② 바닥이 넓은 냄비는 열 손실이 크기 때문에 바닥이 좁고 작은 냄비를 사용하는 것이 좋다.
③ 조리 중에 식품 표면에 얇은 기름막이 형성되어 양념이 잘 배지 않기 때문에 미리 양념하는 것이 좋다.
④ 기름의 풍미가 가미되어 입안에서의 촉감과 맛이 좋아진다.

볶음 조리에 사용하는 용기는 바닥면이 넓어야 재료가 균일하게 익고, 양념장이 골고루 배어든다.

29 오이를 막대 모양으로 썰어 소금에 절인 후 소고기, 표고버섯과 함께 볶아 익힌 것은?

① 오이갑장과
② 오이생채
③ 오이감정
④ 오이선

오이갑장과에 대한 설명이다. 감정은 찌개, 선은 찜과 같은 조리법을 말한다.

30 다음은 구이 조리에 관한 설명이다. 옳지 않은 것은?

① 브로일링은 구이의 직접조리법으로 복사열을 이용하여 직화로 굽는 방법이다.
② 석쇠를 이용하여 재료를 구울 때 석쇠를 미리 달구면 재료가 달라붙는다.
③ 방자구이는 얇게 썬 소고기를 양념없이 소금과 후추로만 간을 한다.
④ 구이는 사용하는 양념에 따라 소금구이, 간장양념구이, 고추장양념구이로 나눌 수 있다.

구이 조리를 할 때 석쇠나 철판은 미리 예열시켜놓아야 고기나 다른 재료들이 달라붙지 않는다.

31 구이 조리를 할 때 유의해야 할 점이다. 잘못된 것은?

① 너비아니 구이를 할 때 고기는 결대로 썰어야 고기가 부드럽다.
② 화력이 약하면 고기의 육즙이 흘러나와 맛이 없어지므로 중불 이상에서 굽는다.
③ 유장은 간장과 참기름의 비율을 1 : 3 정도로 만든다.
④ 고추장 양념장은 미리 만들어 3일 정도 숙성하여야 고춧가루의 거친 맛이 없어진다.

너비아니 구이를 할 때 고기를 결대로 썰면 질기므로 결 반대방향으로 썰어야 한다.

정답 **28** ② **29** ① **30** ② **31** ①

CHAPTER

06

최근 출제유형을 분석한
실전모의고사

최근 적중률 높은 문제만 쏙쏙!
최근 출제경향을 분석하여 수험준비에 만전을 기하였습니다. 시험 전 반드시 5회 모의고사를 한번 더 익히며
마무리하기 바랍니다.

최종점검 – 최신 출제경향에 맞추어 엄선한 문제를 통해 마무리하자!

실전모의고사 제1회

▶실력테스트를 위해 문제 옆 해설란을 가리고 문제를 풀어보세요 ▶정답은 376쪽에 있습니다.

01 조리의 기능과 거리가 먼 것은?

① 외관상으로 식욕을 자극하게 한다.
② 소화를 용이하게 한다.
③ 위생적으로 안전하게 한다.
④ 농약의 잔류를 없앤다.

02 분리된 마요네즈를 재생시키는 방법으로 가장 적합한 것은?

① 난황이나 잘 유화된 마요네즈를 조금씩 넣으며 한 방향으로 저어준다.
② 레몬즙을 넣은 후 기름과 식초를 넣어 저어준다.
③ 분리된 마요네즈를 양쪽 방향으로 빠르게 저어준다.
④ 기름을 더 넣어 한 방향으로 빠르게 저어준다.

03 돼지고기에만 존재하는 부위명은?

① 채끝살　　　　　② 사태살
③ 안심살　　　　　④ 갈매기살

04 식품위생법상 식품접객업 영업을 하려는 자는 몇 시간의 식품위생교육을 미리 받아야 하는가?

① 2시간　　　　　② 4시간
③ 6시간　　　　　④ 8시간

05 육류 및 육가공품에 대한 설명으로 틀린 것은?

① 육포는 소고기를 얇게 썰어 양념을 바른 다음 햇볕에 말린 것이다.
② 소시지는 건조과정의 유무에 따라 더메스틱 소시지와 드라이 소시지로, 내용물의 상태에 따라 분쇄한 것과 유화시킨 것으로 나눌 수 있다.
③ 햄은 주로 앞다리 부위의 다리살을 원료로 하여 염지와 훈연과정을 거쳐 만든 제품이다.
④ 베이컨은 돼지의 복부육을 원료로 하여 염지, 건조 후 훈연한 것이다.

---

01 조리의 기능
• 기호성 : 향미와 외관을 향상시켜 식욕을 자극
• 영양성 : 영양소 손실 최소화 및 소화를 용이하게 함
• 안전성 : 위생적으로 안전하게 함
• 저장성 : 식품의 저장성을 높여줌

02 난황이나 잘 유화된 마요네즈를 조금씩 넣으면서 한 방향으로 저어주거나 새로운 난황에 분리된 마요네즈를 조금씩 넣어주며 한 방향으로 힘차게 저어주면 분리된 마요네즈를 재생시킬 수 있다.

03 갈매기살은 돼지의 횡격막과 간 사이에 있는 부위로 돼지고기에만 존재한다.

04 식품접객업 영업을 하려는 자는 6시간의 식품위생교육을 받아야 한다.
※ 식품접객업 : 휴게음식점, 일반음식점, 단란주점, 유흥주점, 위탁급식, 제과점영업

05 햄은 주로 돼지의 뒷다리 부위를 이용하여 염지와 훈연과정을 거쳐 독특한 풍미와 방부성을 가진 제품이다.

06 식품의 변화현상에 대한 설명 중 틀린 것은?

① 산패 : 유지식품의 지방질 산화
② 부패 : 단백질이 부패미생물에 의해 분해
③ 발효 : 화학물질에 의한 유기화합물의 분해
④ 변질 : 식품의 품질 저하

07 탄수화물의 구성 요소가 아닌 것은?

① 수소   ② 질소
③ 탄소   ④ 산소

08 오염된 토양에서 맨발로 작업할 경우 감염될 수 있는 기생충은?

① 회충   ② 간흡충
③ 폐흡충   ④ 구충

09 우엉, 연근의 색을 하얗게 유지하는 방법으로 가장 적합한 것은?

① 설탕물에 담근다.   ② 소다를 탄 물에 담근다.
③ 식초물에 담근다.   ④ 소금물에 담근다.

10 숯을 사용하여 고기 구울 때의 설명으로 틀린 것은?

① 숯불 가까이서 고기를 구울 때 연기를 마시지 않도록 한다.
② 열화가 이루어지기 전에 고기를 구어야 유해물질이 고기에 이행되는 것을 막을 수 있다.
③ 안전한 구이를 위해서는 석쇠보다 불판이 더 좋다.
④ 숯에는 중금속, 벤조피렌 등 각종 유기 · 무기물질이 함유되어 있다.

11 장기간의 식품보존방법으로 부적당한 것은?

① 건조법   ② 냉장법
③ 산저장법(초지법) ④ 염장법

12 콩이나 콩나물을 삶을 때 뚜껑을 닫으면 콩 비린내 생성을 방지할 수 있다. 그 이유는?

① 오래 삶을 수 있어서   ② 산소를 차단해서
③ 건조를 방지해서   ④ 색의 변화를 차단해서

13 인체의 체온조절에 영향을 주는 온열인자와 거리가 먼 것은?

① 복사열   ② 기습
③ 기압   ④ 기온

---

06 발효는 당질의 식품이 미생물에 의해 분해되어 알코올과 유기산 등의 유용한 물질을 만드는 것이다.

07 탄수화물(당질)은 탄소(C), 수소(H), 산소(O)로 이루어져 있다.

08 십이지장충(구충)은 경피 감염되는 기생충으로 오염된 논이나 밭에서 맨발로 작업하면 감염의 위험이 높다.

09 우엉, 연근에 들어있는 안토잔틴 색소는 식초(산)에 안정하여 갈변을 방지하고 더 선명한 색을 띤다.

10 숯이 열화가 완전히 이루어진 상태에서 고기를 구어야 유해물질이 고기에 이행되는 것을 막을 수 있다.

11 냉장법은 식품을 0~10℃의 온도에서 저장하는 방법으로 장기저장법으로는 적합하지 않다.

12 콩이나 콩나물을 삶을 때 뚜껑을 닫으면 산소를 차단하여 콩비린내 생성을 방지할 수 있다.

13 • 감각온도의 3요소 : 기온, 기습, 기류
• 4대 온열요소 : 기온, 기습, 기류, 복사열

14 튀김유의 보관방법으로 옳지 않은 것은?

① 직경이 넓은 팬에 담아 서늘한 곳에 보관한다.
② 갈색 병에 담아 서늘한 곳에 보관한다.
③ 이물질을 걸러서 광선의 접촉을 피해 보관한다.
④ 철제 팬으로 튀긴 기름은 다른 그릇에 옮겨서 보관한다.

15 적외선에 속하는 파장은?

① 400nm   ② 600nm
③ 200nm   ④ 800nm

16 식중독 발생 시 즉시 취해야 할 행정직 조치는?

① 연막 소독   ② 식중독 발생신고
③ 원인식품의 폐기처분   ④ 역학 조사

17 식품에 사용되는 소금의 역할이 아닌 것은?

① 탈수작용   ② 효소정지작용
③ 방부효과   ④ 당화작용

18 지질의 체내 주요 기능에 대한 설명으로 틀린 것은?

① 열량소 중에서 가장 많은 열량을 낸다.
② 필수 지방산을 공급한다.
③ 지용성 비타민의 흡수를 돕는다.
④ 뼈와 치아를 형성한다.

19 조리사 면허증 재교부를 할 수 없는 경우는?

① 면허증을 양도한 경우
② 면허증이 헐어 못쓰게 된 경우
③ 면허증을 잃어버린 경우
④ 면허증의 기재사항에 변경이 있는 경우

20 효소에 의한 갈변을 억제하는 방법으로 옳은 것은?

① 산소 접촉   ② 환원성물질 첨가
③ 금속이온 첨가   ④ 기질 첨가

21 식품 중의 맛 성분에 대한 설명으로 옳은 것은?

① 맛은 농도에 따라 변화 없이 언제나 절대적이다.
② 단맛은 쓴맛, 짠맛, 신맛에 비하여 가장 예민하게 감지된다.
③ 당류와 당알코올류는 대표적인 감칠맛 성분이다.
④ 온도에 따라 맛 성분을 느낄 수 있는 정도가 달라진다.

해설

14 튀김유의 보관방법
튀김유는 빛과 공기에 의하여 산패가 일어나기 때문에 이물질을 걸러내고 직경이 좁은 그릇이나 갈색 병에 담아 밀봉하여 보관하는 것이 좋다.

15 적외선은 780nm 이상의 파장을 가진다.

16 식중독 발생 시 지체 없이 관할 시장, 군수, 구청장에게 보고하여야 하며, 역학조사를 통한 원인이 발견되기 전까지 원인식품을 보존해야 한다.

17 당화작용은 전분이 가수분해효소에 의하여 포도당, 맥아당 및 각종 덱스트린으로 분해되는 과장을 말하며, 소금의 역할은 아니다.

18 뼈와 치아를 형성하는 영양소는 인, 칼슘, 마그네슘 등의 무기질이다.

19 조리사의 면허는 양도하거나 대여하면 안 된다.

20 효소에 의한 갈변을 억제하는 방법은 효소의 활성제거, 산소의 차단, 금속이온 차단, 환원성물질 첨가(기질의 환원), 항산화제 첨가 등이 있다.

21 식품의 맛은 온도에 따라 맛 성분을 느끼는 정도가 달라진다.

22 우유의 저온장시간살균법에서의 처리 온도와 시간은?

① 130℃에서 1초간

② 72~75℃에서 15초간

③ 50~55℃에서 50분간

④ 63~65℃에서 30분간

저온장시간살균법(LTLT법)은 61~65℃ 정도에서 30분간 살균하는 방법이다.

23 우리나라에서 출생 후 가장 먼저 인공능동면역을 실시하는 것은?

① 홍역   ② 결핵

③ 백일해   ④ 파상풍

인공능동면역은 예방 접종으로 면역을 얻는 것을 말하며, 출생 후 4주 이내에 BCG(결핵 백신)를 가장 먼저 접종한다.

24 초(炒)조리에 많이 사용되는 식재료는?

① 건조갯살, 북어   ② 감, 해삼

③ 홍합, 전복   ④ 오이, 겨자

초(炒)조리는 볶는다는 뜻으로 조림과 비슷한 방법이나 윤기가 나는 것이 특징인 조리이다. 전복, 해삼, 홍합, 건조갯살 등이 이용된다.

25 식품위생법령에 명시된 목적이 아닌 것은?

① 건전한 유통 · 판매 도모

② 식품에 관한 올바른 정보 제공

③ 국민보건의 증진에 이바지

④ 식품영양의 질적 향상 도모

식품 위생의 목적
• 식품으로 인하여 생기는 위생상의 위해(危害)를 방지
• 식품영양의 질적 향상을 도모
• 식품에 관한 올바른 정보를 제공
• 국민보건의 증진

26 우유를 응고시키는 요인과 거리가 먼 것은?

① 가열   ② 지방

③ 카제인(casein)   ④ 산

우유는 산이나 응유효소인 레닌에 의하여 카제인이 응고되고, 락토글로불린 등의 유청단백질은 열에 의해 응고된다.

27 비타민 A의 전구체가 아닌 것은?

① β-카로틴(carotene)

② 비오틴(biotin)

③ 크립토크산틴(cryptoxanthin)

④ α-카로틴(carotene)

카로티노이드계 색소는 비타민 A의 전구체이며, 크립토크산틴은 카로티노이드계 색소이다.
비오틴은 비타민 B복합체 또는 비타민 H로 불리는 수용성 비타민이다.

28 반건성유에 속하는 것은?

① 아마인유   ② 올리브유

③ 피마자유   ④ 참기름

• 건성유 : 들기름, 잣기름, 호두기름
• 반건성유 : 옥수수유, 대두유, 참기름
• 불건성유 : 올리브유, 팜야자유, 낙화생유

29 경구감염병균과 비교하여 식중독세균이 가지는 일반적인 특성은?

① 수인성 발생이 크다.

② 소량의 균으로도 발병한다.

③ 잠복기가 짧다.

④ 2차 발병률이 매우 높다.

경구 감염병과 세균성 식중독의 비교

구분	경구 감염병	세균성 식중독
균의 양	미량으로도 감염	다량의 균과 독소
2차감염	빈번하다	거의 없다
잠복기간	비교적 길다	비교적 짧다
면역형성	비교적 잘된다	면역형성이 거의 없다

chapter 06

30 단백질 급원식품으로만 연결된 것은?

① 치즈, 달걀, 생선

② 두부, 깨소금, 당근

③ 소고기, 한천, 시금치

④ 달걀, 버터, 감자

31 어류의 염장 시 식염의 침투속도에 대한 설명으로 틀린 것은?

① 식염의 불순물이 많을수록 침투속도가 빠르다.

② 어류의 껍질이 얇으면 식염의 침투 속도가 빠르다.

③ 어류의 지방함량이 적을수록 식염의 침투가 빠르다.

④ 식염의 농도가 높으면 침투속도가 빠르다.

32 강회의 재료로 사용되지 않는 것은?

① 수란   ② 홍고추

③ 편육   ④ 쪽파

33 한국인의 영양권장량에서 지방은 전체 열량의 몇 % 정도로 섭취할 것을 권장하고 있는가?

① 60~65%   ② 35~45%

③ 15~30%   ④ 50~55%

34 식품 중 존재하는 수분에 대한 설명으로 옳은 것은?

① 식품 내의 모든 수분은 0℃ 이하에서 모두 동결된다.

② 식품 중 수분은 자유수와 결합수로 분류된다.

③ 식품 내의 수분은 압착하면 모두 제거될 수 있다.

④ 물은 염류, 당류의 용매가 아니다.

35 조리실의 설비에 관한 설명으로 맞는 것은?

① 환기설비인 후드(hood)의 경사각은 30°로, 후드의 형태는 4방개방형이 가장 효율적이다.

② 조리실의 바닥면적은 창면적의 1/2~1/5로 한다.

③ 조리실 바닥의 물매는 청소 시 물이 빠지도록 1/10 정도로 해야 한다.

④ 배수관의 트랩 형태 중 찌꺼기가 많은 오수의 경우 곡선형이 효과적이다.

36 칼슘의 흡수를 촉진시키는 물질은?

① 타닌   ② 젖산

③ 수산   ④ 피틴산

---

30 단백질의 급원식품은 육류, 생선, 달걀, 우유(치즈) 등의 동물성 식품과 두부(두류), 곡류, 견과류 등의 식물성 식품이 있다.

31 **염장에 영향을 미치는 요인**
- 순수한 식염의 침투가 빠르다.
- 식염의 농도가 높을수록 침투속도가 빠르다.
- 식염의 온도가 높을수록 침투속도가 빠르다.
- 어류의 지방함량이 적을수록 침투속도가 빠르다.
- 어류의 껍질이 얇을수록 침투속도가 빨라진다.

32
- 강회는 미나리나 실파 등을 데쳐 엄지손가락 정도의 굵기와 길이로 돌돌 감은 음식으로 편육, 달걀, 홍고추 등이 들어간다.
- 달걀은 지단으로 부쳐 사용하며, 수란은 사용하지 않는다.

33 **한국인 영양섭취기준(한국영양협회)**
총 열량 중 탄수화물 55~65%, 지방 15~30%, 단백질 7~20%

34 **유리수와 결합수의 차이**

유리수(자유수)	결합수
• 용매로 작용	• 용매로 작용 못함
• 미생물의 발아와 번식이 가능하다.	• 미생물의 발아와 번식이 불가능하다.
• 0℃ 이하에서 동결된다.	• -20℃에서도 잘 얼지 않는다.
• 4℃에서 비중이 제일 크다.	• 유리수보다 밀도가 크다.
• 표면장력이 크다.	• 100℃ 이상으로 가열해도 제거되지 않는다.
• 100℃에서 증발하여 수증기가 된다.	• 식품조직을 압착하여도 제거하기 어렵다.
• 건조로 쉽게 제거가 가능하다.	

35 ② 조리실의 창 면적은 바닥면적의 1/5(20%)~1/7(약15%) 정도가 적당하다.
③ 조리실 바닥의 물매는 1/100 이상으로 한다.
④ 배수에 찌꺼기가 많은 오수인 경우 수조형 트랩이 적당하다.

36 칼슘의 흡수를 촉진시키는 것으로 비타민 C와 D, 아미노산, 유당과 젖산 등이 있으며, 수산(옥살산)과 철분 등은 칼슘의 흡수를 방해한다.

37 세계보건기구(WHO)의 주요 기능이 아닌 것은?

① 국제적인 보건사업의 지휘 및 조정
② 회원국에 대한 기술지원 및 자료공급
③ 유행성 질병 및 감염병 대책 후원
④ 세계식량계획 설립

37 **세계보건기구(WHO)의 주요 기능**
  • 국제적인 보건사업의 지휘 및 조정
  • 회원국에 대한 기술지원 및 자원공급
  • 전문가 파견에 의한 기술자문 활동
  • 유행성 질병 및 감염병 대책 후원 등

38 일정 기간 동안 구입된 물품의 총액을 전체 구입 수량으로 나누어 평균 단가를 계산한 후 이 단가를 이용하여 남아 있는 재고량의 가치를 산출하는 방법은?

① 총평균법　　　　② 선입선출법
③ 최종구매가법　　④ 후입선출법

38 총평균법은 일정기간 동안 구입된 물품의 총액을 전체 구입수량으로 나누어 평균단가를 계산하고 이 단가를 이용하여 남은 재고의 가치를 평가하는 방법이다.

39 식품과 그 식품에서 유래될 수 있는 독성물질의 연결이 틀린 것은?

① 모시조개 – 베네루핀　② 맥각 – 에르고톡신
③ 은행 – 말토리진　　　④ 복어 – 테트로도톡신

39 은행-아미그달린, 말토리진-곰팡이독

40 식품위생법에서 총리령으로 정하는 식품위생검사기관이 아닌 것은?

① 특별시 · 광역시 · 도 보건환경연구원
② 지방식품의약품안전청
③ 국립보건원
④ 식품의약품안전평가원

40 **총리령으로 정하는 식품위생검사기관**
  ① 식품의약품안전평가원
  ② 지방식품의약품안전청
  ③ 특별시 · 광역시 · 도 및 특별자치도에 설치하는 보건환경연구원

41 조리 시 나타나는 현상과 그 원인 색소의 연결이 옳은 것은?

① 식초를 가한 양배추의 색이 짙은 갈색이다. – 플라보노이드계
② 산성성분이 많은 물로 지은 밥의 색이 누렇다. – 클로로필계
③ 데친 시금치나물이 누렇게 되었다. – 안토시안계
④ 커피를 경수로 끓여 그 표면이 갈색이다. – 타닌계

41 차나 커피의 타닌은 경수로 끓이면 경수 중의 칼슘이나 마그네슘 이온과 결합하여 갈색의 침전을 만든다.

42 다음 중 가장 단맛이 강한 것은?

① 포도당　　　　② 맥아당
③ 설탕　　　　　④ 과당

42 **감미도의 순서**
  과당(170) 〉 전화당(85~130) 〉 설탕(100) 〉 포도당(74) 〉 맥아당(60) 〉 갈락토오스(33) 〉 유당(16)

43 화재 시 연소물의 온도를 발화점 이하로 낮추어 소화하는 방법은?

① 질식효과
② 냉각효과
③ 제거효과
④ 억제효과

43 **소화의 원리**

냉각 소화	연소물의 온도를 인화점 및 발화점 이하로 낮추어 소화
질식 소화	산소공급을 차단하거나 산소 농도를 희석시켜 소화
제거 소화	가연물질을 다른 위치로 이동시켜 연소를 방지 또는 중단시킴
억제 소화	연소의 연쇄반응을 차단하고 억제하는 방법

44 화학적 식중독의 원인이 아닌 것은?

① 제조과정 중에 혼입되는 유해 중금속
② 식품 자체에 함유되어 있는 동·식물성 유해 물질
③ 제조, 가공 및 저장 중에 혼입된 유해 약품류
④ 기구, 용기, 포장재료에서 용출·이행하는 유해 물질

45 식혜를 제조할 때 이용되는 주 효소는?

① 프로테아제(protease)
② 리파아제(lipase)
③ 카탈라아제(catalase)
④ 아밀라아제(amylase)

46 살균제가 아닌 것은?

① 이산화염소
② 차아염소산나트륨
③ 안식향산나트륨
④ 고도표백분

47 응이에 대한 설명으로 틀린 것은?

① 쌀알을 굵게 갈아 쑨 것이다.
② 율무, 녹두 등이 재료로 사용된다.
③ 죽보다 묽은 상태로 마실 수 있는 정도이다.
④ 율무를 뜻하는 의이(薏苡)가 변한 말이다.

48 찌개조리에 대한 설명으로 틀린 것은?

① 조개는 깨끗하게 씻은 후 소금물에 담가 해감 시킨다.
② 생선은 소금물에 담갔다가 깨끗이 씻어 사용한다.
③ 찌개에 사용되는 소고기는 결합조직이 많은 사태나 양지가 적합하다.
④ 흰살생선 중 콜라겐 함량이 많아 단단한 광어, 우럭, 명태 등이 많이 사용된다.

49 일반음식점의 영업신고는 누구에게 하는가?

① 식품의약품안전처장
② 보건소장
③ 특별자치(시장)도지사 또는 시장·군수·구청장
④ 보건복지부장관

50 식품첨가물에 대한 설명 중 틀린 것은?

① 사카린나트륨은 사용기준이 정해져 있다.
② 합성 착향료는 착향 목적 외에도 어떤 식품이든 사용해도 된다.
③ L-글루탐산 나트륨(MSG)은 조미료로 사용된다.
④ 살균료는 최종식품 완성 전에 제거하여야 한다.

44 식품 자체에 함유되어 있는 독성물질에 의한 식중독은 자연독 식중독이다.

45 식혜를 제조할 때 전분을 당화시키는 효소는 β-아밀라아제이다.

46 안식향산나트륨은 보존료(방부제)로 사용된다.

47 쌀알을 굵게 갈아 쑨 것은 죽이며, 응이는 율무, 녹두 등의 곡물을 갈아 얻은 앙금으로 죽보다 묽은 상태로 만든 것을 말한다.

48 생선의 비린내성분은 수용성이라 흐르는 물에 깨끗이 씻는 것이 좋으며, 소금물에 담그는 것은 호염성인 장염비브리오균이 번식할 수 있기 때문에 좋지 않다.

49 일반음식점의 영업신고는 특별자치(시장)도지사 또는 시장·군수·구청장에게 한다.

50 식품첨가물은 그 기준과 규격이 정하여져 있으며, 그 기준과 규격에 맞지 않는 식품첨가물은 사용하면 안 된다.

51 유동파라핀의 사용 용도는?

① 추출제　　　　　② 소포제
③ 이형제　　　　　④ 껌기초제

52 광화학적 오염물질에 해당하지 않는 것은?

① 오존　　　　　　② 알데히드
③ 탄화수소　　　　④ 케톤

53 아밀로펙틴으로만 구성된 것은?

① 찹쌀 전분　　　　② 보리 전분
③ 고구마 전분　　　④ 멥쌀 전분

54 판매가격이 5000원인 메뉴의 식재료비가 2000원인 경우 이 메뉴의 식재료비 비율은?

① 40%　　　　　　② 20%
③ 30%　　　　　　④ 10%

55 검정콩밥을 섭취하면 쌀밥을 먹었을 때보다 쌀에서 부족한 어떤 영양소를 보충할 수 있는가?

① 지방　　　　　　② 단백질
③ 비타민　　　　　④ 탄수화물

56 식중독을 일으키는 호염성의 해수세균은?

① 황색포도상구균 식중독
② 살모넬라 식중독
③ 병원성대장균 식중독
④ 장염비브리오 식중독

57 한천이 가장 많이 함유하고 있는 영양소는?

① 무기질　　　　　② 지방
③ 탄수화물　　　　④ 단백질

58 급식 부문의 간접원가에 속하지 않는 것은?

① 보험료
② 감가상각비
③ 연구연수비
④ 외주가공비

---

51 이형제는 빵을 구울 때 기계에서 빵을 쉽게 분리하기 위하여 사용하는 첨가물이며, 유동파라핀만 허용되어 있다.

52 광화학적 오염물질은 분진, 매연 등 1차 오염물질이 태양에너지와 광화학적 반응에 의해 생성되는 오염물질로 오존, 알데히드, 케톤, 과산화물 등이 있다.

53 찹쌀 전분은 아밀로펙틴으로만 구성되어 있기 때문에 노화가 잘 일어나지 않는다.

54 식재료비 비율(%) = $\dfrac{\text{식재료비}(2000)}{\text{총매출액}(5000)} \times 100$
= 40%

55 콩의 주요 영양소는 단백질이고, 쌀의 주 영양소는 탄수화물이기 때문에 검정콩밥은 쌀에 부족한 단백질을 보충해 준다.

56 장염비브리오균은 호염성 세균으로 어패류의 생식 시 식중독을 일으킨다.

57 한천은 우뭇가사리 등의 홍조류 세포벽 성분인 점질성의 복합다당류를 추출하여 만들며, 주성분이 다당류(탄수화물)이다.

58 외주가공비는 직접원가에 포함된다.

chapter 06

59 식품을 고를 때 채소류의 감별법으로 틀린 것은?

① 오이는 굵기가 고르며 만졌을 때 가시가 있고 무거운 느낌이 나는 것이 좋다.

② 우엉은 무거운 껍질이 매끈하고 수염뿌리가 없는 것으로 굵기가 일정한 것이 좋다.

③ 당근은 일정한 굵기로 통통하고 마디나 뿔이 없는 것이 좋다.

④ 양배추는 가볍고 잎이 얇으며 신선하고 광택이 있는 것이 좋다.

60 아미노카보닐 반응, 캐러멜 반응, 전분의 호정화가 일어나는 온도의 범위는?

① 50~100℃   ② 200~300℃

③ 20~50℃   ④ 100~200℃

59 양배추는 심이 작고 속이 알차 무거운 것이 좋다. 잎이 연하고(얇고) 광택이 있는 것은 좋다.

60 아미노카보닐 반응은 100~120℃, 캐러멜화 반응은 180~200℃, 전분의 호정화 반응은 160℃ 이상에서 잘 일어난다.

【실전모의고사 제1회 | 정답】

01 ④	02 ①	03 ④	04 ③	05 ③	06 ③	07 ②	08 ④	09 ③	10 ②
11 ②	12 ②	13 ③	14 ①	15 ④	16 ②	17 ④	18 ④	19 ①	20 ②
21 ④	22 ④	23 ②	24 ③	25 ①	26 ②	27 ②	28 ④	29 ③	30 ①
31 ①	32 ①	33 ③	34 ②	35 ①	36 ②	37 ④	38 ①	39 ③	40 ③
41 ④	42 ④	43 ②	44 ②	45 ④	46 ③	47 ①	48 ②	49 ③	50 ②
51 ③	52 ③	53 ①	54 ①	55 ②	56 ④	57 ③	58 ④	59 ④	60 ④

실전모의고사 제2회

▶ 실력테스트를 위해 문제 옆 해설란을 가리고 문제를 풀어보세요 ▶ 정답은 385쪽에 있습니다.

01 열경화성수지로부터 용출되어 화학적 식중독의 원인이 되는 물질은?

① 포름알데히드(formaldehyde)

② 아플라톡신(aflatoxin)

③ 니트로사민(N-nitrosamine)

④ 솔라닌(solanine)

01 포름알데히드는 열경화성수지를 만드는 원료로 사용되며, 열경화성수지에서 용출되어 현기증, 구토, 경련, 소화기능 장애 등을 일으킨다.

02 과일의 과육 전부를 이용하여 점성을 띠게 농축한 잼(jam)을 만드는 조건으로 옳지 않은 것은?

① 60~65%의 설탕이 필요하다.

② 펙틴과 산이 적당량 함유된 과일이 좋다.

③ 펙틴의 함량은 0.1%일 때 잘 형성된다.

④ 최적의 산(pH)은 3.0~3.3 정도이다.

02 펙틴 1~1.5% 이상, 당 60~70%, pH 3.0~3.5에서 잼 또는 젤리가 만들어진다.

03 필수아미노산만으로 짝지어진 것은?

① 류신, 알라닌

② 트립토판, 메티오닌

③ 라이신, 글루탐산

④ 트립토판, 글리신

03 **필수아미노산**
류신, 이소류신, 라이신, 발린, 메티오닌, 트레오닌, 페닐알라닌, 트립토판, 히스티딘, 아르기닌

04 삼투압을 이용한 식품의 저장법에 사용되는 조미료가 아닌 것은?

① 소금

② 식초

③ 참기름

④ 설탕

04 절임은 삼투압을 이용하여 식품의 저장기간을 늘리는 방법으로 염장(소금), 당장(설탕), 산 저장(식초)법 등이 있다.

05 식품위생법상 식품위생 수준의 향상을 위하여 필요한 경우 조리사에게 교육을 받을 것을 명할 수 있는 자는?

① 관할 경찰서장

② 관할 시장

③ 보건복지부장관

④ 식품의약품안전처장

05 식품의약품안전처장은 식품위생 수준 및 자질의 향상을 위하여 필요한 경우 조리사와 영양사에게 교육을 받을 것을 명할 수 있다.

06 계량컵을 사용하여 밀가루를 계량할 때 가장 올바른 방법은?

① 계량컵을 가볍게 흔들어 주면서 담은 후, 주걱으로 깎아서 측정한다.

② 계량컵에 꼭꼭 눌러 담은 후 측정한다.

③ 계량컵에 그대로 담아 주걱으로 깎아서 측정한다.

④ 체로 쳐서 가만히 수북하게 담아 주걱으로 깎아서 측정한다.

06 밀가루는 체로 쳐서 가만히 수북하게 담아 주걱으로 깎아서 측정한다.

07 김장용 배추포기김치 46kg을 담그려는데 배추 구입에 필요한 비용은 얼마인가? (단, 배추 5포기(13kg)의 값은 13260원, 폐기율은 8%)

① 46000원 ② 51000원
③ 38934원 ④ 23920원

07 구매비용 $= \dfrac{100}{\text{가식부율}} \times \text{필요량} \times \text{kg당 단가}$

$= \dfrac{100}{92} \times 46 \times \dfrac{13260}{13} = 51000$원

08 한천과 젤라틴에 대한 설명으로 틀린 것은?

① 모두 후식을 만들 때도 사용하는데 대표적으로 한천으로는 양갱, 젤라틴으로는 젤리를 만든다.
② 응고온도는 한천이 25~35℃, 젤라틴은 10~15℃로 제품을 응고시킬 때 젤라틴은 냉장고에 넣어야 더 잘 굳는다.
③ 한천은 해조류에서 추출한 식물성 재료이며, 젤라틴은 육류에서 추출한 동물성 재료이다.
④ 용해온도는 한천이 35℃, 젤라틴이 80℃정도로 한천을 사용하면 입에서 더욱 부드럽고 단맛을 빨리 느낄 수 있다.

08 한천은 80~100℃에서 용해되며, 젤라틴은 35℃ 정도에서 용해된다.

09 유화액의 상태가 같은 것으로 묶여진 것은?

① 우유, 버터, 마요네즈
② 우유, 마요네즈, 아이스크림
③ 크림수프, 마가린, 마요네즈
④ 버터, 아이스크림, 마가린

09 • 수중유적형(O/W) : 우유, 마요네즈, 아이스크림 등
• 유중수적형(W/O) : 버터, 마가린 등

10 식품위생법상 식품첨가물의 사용목적이 아닌 것은?

① 산화 ② 표백
③ 착색 ④ 감미

10 "식품첨가물"이란 식품을 제조 · 가공 · 조리 또는 보존하는 과정에서 감미(甘味), 착색(着色), 표백(漂白) 또는 산화방지 등을 목적으로 식품에 사용되는 물질을 말한다.

11 당지질인 세레브로시드(cerebroside)를 주로 구성하고 있는 당은?

① 과당(fructdse) ② 라피노오스(raffinose)
③ 만노오스(mannose) ④ 갈락토오스(galactose)

11 당지질인 세레브로시드를 주로 구성하고 있는 당은 갈락토오스이다.

12 육류의 가열 변화에 의한 설명으로 틀린 것은?

① 고기의 지방은 근수축과 수분손실을 적게 한다.
② 근섬유와 콜라겐은 45℃에서 수축하기 시작한다.
③ 가열한 고기의 색은 메트미오글로빈(metmyoglobin)이다.
④ 생식할 때보다 풍미와 소화성이 향상된다.

12 근섬유의 수축은 45~80℃에서 일어나며, 결체조직인 콜라겐의 수축은 60~65℃에서 시작한다.

13 중조를 넣어 콩을 삶을 때 가장 문제가 되는 것은?

① 비타민 B_1의 파괴가 촉진된다.
② 조리시간이 길어진다.
③ 조리수가 많이 필요하다.
④ 콩이 잘 무르지 않는다.

13 중조를 넣어 콩을 삶으면 콩이 빨리 무르지만 비타민 B_1의 파괴가 촉진되는 단점이 있다.

14 식품의 감별법 중 틀린 것은?

① 닭고기의 뼈(관절) 부위가 변색된 것은 변질된 것으로 맛이 없다.
② 돼지고기의 색이 검붉은 것은 늙은 돼지에서 생산된 고기일 수 있다.
③ 쌀알은 투명하고 앞니로 씹었을 때 강도가 센 것이 좋다.
④ 생선은 안구가 돌출되어 있고 비늘이 단단하게 붙어 있는 것이 좋다.

14 닭고기는 신선한 광택이 있고 이취가 없으며 특유의 향취를 갖고 있는 것이 좋으며, 닭고기는 냉동과 해동과정에서 뼈 부분이 적색으로 변색될 수 있으나 이는 변질로 인한 것이 아니다.

15 대기오염에 의한 가장 대표적인 인체 피해는?

① 비뇨기계질환
② 소화기계질환
③ 순환기계질환
④ 호흡기계질환

15 호흡기계는 입, 코, 기관, 기관지, 폐 등으로 구성되어 호흡작용을 하며, 대기오염으로 가장 큰 피해를 볼 수 있다.

16 자가품질검사와 관련된 내용으로 틀린 것은?

① 자가품질검사에 관한 기록서는 2년간 보관하여야 한다.
② 기구 및 용기·포장의 경우 동일한 재질의 제품으로 크기나 형태가 다를 경우에는 재질별로 자가품질검사를 실시할 수 있다.
③ 영업자가 다른 영업자에게 식품 등을 제조하게 하는 경우에는 식품등을 제조하게 하는 자 또는 직접 그 식품등을 제조하는 자가 자가품질검사를 실시하여야 한다.
④ 자가품질검사주기의 적용시점은 제품의 유통기한 만료일을 기준으로 산정한다.

16 자가품질검사주기의 적용시점은 다른 규정이 없는 한 제품제조일을 기준으로 산정한다.

17 어류의 혈합육에 대한 설명으로 틀린 것은?

① 정어리, 고등어, 꽁치 등의 육질에 많다.
② 비타민 B군의 함량이 높다.
③ 색소는 글리신과 포도당이 주를 이룬다.
④ 운동성이 많은 붉은 살 생선은 함량이 높다.

17 색소는 헤모글로빈과 미오글로빈이 주를 이룬다.

18 의약으로서 섭취하는 것을 제외한 모든 음식물은 무엇을 정의한 것인가?

① 항생제
② 화학적 합성품
③ 식품
④ 식품첨가물

18 식품위생법에서 "식품"은 모든 음식물(의약으로 섭취하는 것은 제외한다)을 말한다.

19 튀김 방법에 대한 설명 중 틀린 것은?

① 튀김용의 기름은 발연점이 높은 것을 사용하는 것이 좋다.
② 튀김옷은 반죽할 때 많이 젓지 않는 것이 좋다.
③ 기름은 처음부터 한꺼번에 다량으로 사용하는 것보다 조금씩 보충하면서 쓰는 것이 좋다.
④ 튀김옷으로는 글루텐 함량이 많은 강력분이 적당하고 강력분이 없으면 중력분에 전분을 10~30% 정도 넣어 혼합하여 사용한다.

19 튀김옷으로는 글루텐 함량이 적은 박력분을 사용한다.

20 기본 조리조작에 대한 설명으로 맞는 것은?

① 마쇄 – 조리된 식품을 용도에 맞게 늘리는 조작

② 신전 – 재료를 압축시키는 조작

③ 분쇄 – 수분이 많은 식품을 자르는 조작

④ 혼합 – 재료를 균일하게 섞는 것

20 ① 마쇄 : 수분이 많은 식품을 곱고 작은 입자로 만드는 조작
② 신전 : 조리된 식품을 용도에 맞게 늘리는 조작
③ 분쇄 : 수분이 적은 재료를 곱고 작은 입자로 만드는 조작

21 조림과 초(炒)의 특징으로 틀린 것은?

① 조림은 어패류, 육류, 채소 등을 간이 충분히 스며들도록 약한 불에서 오래 익혀 만든 음식이다.

② 생선조림을 할 때 붉은 살 생선이나 비린내가 나는 생선은 고춧가루나 고추장을 넣어 조린다.

③ 초 조리는 건열조리법을 이용하고 양념장에 따라 전복초, 홍합초, 삼합초 등이 있다.

④ 초는 간을 약하게 하여 조리 국물이 걸쭉하고 윤기가 나게 만든다.

21 초 조리법은 건열조리보다는 습열조리법이다.

22 항산화 기능을 가지고 있어 항산화제로도 사용되는 비타민은?

① 비타민 E   ② 비타민 K

③ 비타민 B_1 ④ 비타민 D

22 비타민 C와 E는 항산화 기능을 가지고 있어 천연항산화제로 사용된다.

23 미생물의 생육을 위해 필요한 조건이 아닌 것은?

① 온도   ② 영양물질

③ pH   ④ 자외선

23 미생물 증식을 위한 3대조건은 영양소, 수분, 온도이며, 미생물에 따라 최적의 생육 pH가 있다. 자외선은 살균에 사용된다.

24 총고객수 900명, 좌석수 300석, 1좌석당 바닥면적 $1.5m^2$ 일 때, 필요한 식당의 면적은?

① $350\ m^2$ ② $300\ m^2$

③ $400\ m^2$ ④ $450\ m^2$

24 총고객수는 식당의 면적과 관계가 없다.
• 식당의 면적 = 1좌석당 바닥면적×좌석수
• 식당의 면적 = $1.5m^2$×300석 = $450m^2$

25 치즈 제조에 사용되는 우유 단백질을 응고시키는 효소는?

① 레닌(rennin)   ② 아밀라아제(amylase)

③ 말타아제(maltase)   ④ 프로테아제(protease)

25 레닌은 우유 단백질인 카제인을 응고시키는 응유효소로 치즈를 만들 때 사용된다.

26 마가린, 쇼트닝, 튀김유 등은 식물성 유지에 무엇을 첨가하여 만드는가?

① 탄소   ② 수소

③ 염소   ④ 산소

26 마가린, 쇼트닝 등의 가공유지(경화유지)는 식물성 유지에 수소를 첨가하여 만든다.

27 식품에서 유지성분의 추출을 목적으로 사용되는 식품첨가물은?

① 초산비닐수지   ② 규소수지

③ n-헥산   ④ 유동파라핀

27 유지의 추출을 용이하게 사용하는 식품첨가물을 추출제라고 하며, n-hexane(헥산)이 사용된다.

28 쌀 전분을 급히 α- 화 하려고 할 때 조치사항으로 옳은 것은?

① 수침시간을 짧게 한다.
② 가열온도를 높인다.
③ 산성의 물을 사용한다.
④ 아밀로펙틴 함량이 많은 전분을 사용한다.

29 식중독의 예방법 중 잘못된 것은?

① 식품 중에 식중독균이 부착되지 않도록 할 것
② 식품 중에 식중독균이 증식하지 않도록 할 것
③ 식품 중에 오염된 균은 철저히 살균할 것
④ 식품 중에 1차 오염만 방지할 것

30 알칼리성 식품에 대한 설명으로 옳은 것은?

① 당질, 지질, 단백질 등이 많이 함유되어 있는 식품
② Na, K, Ca, Mg이 많이 함유되어 있는 식품
③ S, P, Cl 이 많이 함유되어 있는 식품
④ 곡류, 육류, 치즈 등의 식품

31 부패의 설명으로 가장 옳은 것은?

① 탄수화물 식품이 발효에 의해 분해되는 상태
② 단백질 식품이 미생물에 의해 분해되는 상태
③ 비타민 식품이 광선에 의해 분해되는 상태
④ 유지 식품이 산소에 의해 산화되는 상태

32 N-nitroso 화합물에 대한 설명으로 옳지 않은 것은?

① 아질산염이나 질산염이 전구물질이다.
② nitrosodimethylamine (NDMA)이 발암성과 간 장해를 일으킨다.
③ nitrosoamine과 nitrosoamide로 대별된다.
④ 육색을 나타내는 착색제로 허용하고 있다.

33 갑회의 주재료로 옳은 것은?

① 낙지, 오징어, 문어
② 홍두깨, 우둔, 아롱사태
③ 꼬막, 대합, 가리비
④ 양, 간, 천엽

34 식품위생법상 영업신고 대상 업종이 아닌 것은?

① 즉석판매제조·가공업 ② 양곡가공업 중 도정업
③ 식품냉동 냉장업 ④ 식품운반업

---

28 **전분의 호화**
- 온도가 높을수록, 수분이 많을수록, 아밀로오스 함량이 많을수록, 전분 입자가 클수록 빨리 호화된다.
- 알칼리는 호화를 촉진시킨다.
- 산과 설탕, 소금은 호화를 지연시킨다.

29 식중독을 예방하기 위해서는 식품 중의 1차 오염 뿐 아니라 2차 오염 및 교차오염 등을 방지하는 종합적인 위생 점검을 하여야 한다.

30 식품을 연소시켰을 때 최종적으로 남는 무기질에 따라 식품의 산성과 알칼리성이 결정된다.

산성식품	황, 인, 염소 등 (곡류, 육류, 생선류, 달걀류 등)
알칼리성식품	나트륨, 칼륨, 칼슘, 마그네슘 등 (채소, 과일, 우유, 버섯, 해조류 등)

31 부패는 단백질 식품이 미생물에 의해 분해되어 변질되는 것을 말한다.

32 N-nitroso화합물은 발색제로 사용되는 아질산염이나 질산염이 산성조건하에서 제2급 아민이나 아미드류와 반응하여 생성되는 발암물질이며, 착색제는 아니다.

33 갑회(甲膾)는 소의 내장으로 만든 회를 말하며, 양, 간, 천엽, 콩팥 등이 주재료이다.

34 양곡관리법에 따른 양곡가공업 중 도정업은 영업신고를 하지 않아도 되는 업종이다.

35 소독약의 구비조건이 아닌 것은?

① 부식성이 없을 것
② 표백성이 강할 것
③ 경제적이고 구입이 용이할 것
④ 살균력이 좋을 것

36 즉석판매제조·가공업소 내에서 소비자에게 원하는 만큼 덜어서 직접 최종 소비자에게 판매하는 대상식품이 아닌 것은?

① 어육제품
② 우동
③ 식빵
④ 된장

36 즉석판매제조·가공업소에서 소비자가 원하는 만큼 덜어서 판매할 수 없는 식품은 통·병조림 제품, 레토르트식품, 냉동식품, 어육제품, 특수용도식품, 식초, 전분이다.
※ 특히 장류(된장)는 즉석판매제조·가공업에서는 덜어서 팔 수 있으나, 소분판매업에서는 덜어서 판매할 수 없다.

37 과량조사 시에 열사병의 원인이 될 수 있는 것은?

① 마이크로파
② 적외선
③ 엑스선
④ 자외선

37 적외선은 고열물체의 복사열을 운반하여 열선이라고도 하며, 과량조사 시에 열사병의 원인이 될 수 있다.

38 원가의 3요소에 해당되지 않는 것은?

① 판매관리비
② 노무비
③ 경비
④ 재료비

38 원가의 3요소는 재료비, 노무비, 경비를 말한다.

39 시금치의 녹색을 최대한 유지시키면서 데치려고 할 때 가장 좋은 방법은?

① 100℃ 소량의 조리수에서 뚜껑을 열고 단시간에 데쳐 재빨리 헹군다.
② 100℃ 다량의 조리수에서 뚜껑을 닫고 단시간에 데쳐 재빨리 헹군다.
③ 100℃ 다량의 조리수에서 뚜껑을 열고 단시간에 데쳐 재빨리 헹군다.
④ 100℃ 소량의 조리수에서 뚜껑을 닫고 단시간에 데쳐 재빨리 헹군다.

39 시금치를 데칠 때는 100℃ 다량의 조리수에서 뚜껑을 열고 단시간에 데쳐 냉수에 재빨리 헹군다.

40 오징어 먹물의 주 색소는?

① 멜라닌
② 클로로필
③ 플라보노이드
④ 안토잔틴

40 문어나 오징어 먹물의 색소는 멜라닌 색소 중 유멜라닌이다.

41 무기질의 급원식품이 잘못 연결된 것은?

① I - 해조류, 어패류
② Ca - 멸치, 우유, 미역
③ Fe - 육류, 난황, 간
④ K - 우유, 돼지고기, 쇠고기

41 칼륨(K)의 급원식품은 시금치, 양배추, 감자, 바나나 등이다.

42 냉동식품의 해동법으로 틀린 것은?

① 빵가루를 묻힌 튀김류는 동결상태 그대로 다소 높은 온도의 기름에 튀겨낸다.

② 반조리 또는 조리된 식품은 실온에서 완만하게 해동하여 조리한다.

③ 채소는 냉동 전에 가열처리를 하므로 조리할 때에는 끓는 물에 바로 넣고 끓여 해동과 조리를 동시에 한다.

④ 육류, 어류는 냉장고 내에서 저온 해동시켜 즉시 조리한다.

42 반조리 또는 조리된 냉동식품은 해동과 가열을 동시에 하는 급속해동(가열해동)법을 사용한다.

43 피난기구의 화재안전기준상 사용자의 몸무게에 따라 자동적으로 내려올 수 있는 기구 중 사용자가 교대하여 연속적으로 사용할 수 있는 것은?

① 구조대 　　　　　　② 완강기

③ 피난사다리 　　　　④ 공기안전매트

43 완강기는 고층건물 화재 시 몸에 밧줄을 매고 높은 층에서 사용자의 몸무게에 따라 자동적으로 내려올 수 있도록 만든 비상용 기구이며, 사용자가 교대로 반복 사용할 수 있다.

44 호화와 노화에 대한 설명으로 옳은 것은?

① 쌀과 보리는 물이 없어도 호화가 잘된다.

② 떡의 노화는 냉장고보다 냉동고에서 더 잘 일어난다.

③ 호화된 전분을 80℃ 이상에서 급속건조하면 노화가 촉진된다.

④ 설탕의 첨가는 노화를 지연시킨다.

44 ① 쌀이나 보리는 수분이 많을수록 호화가 잘된다.
② 냉장 온도에서 떡의 노화가 가장 잘 일어난다.
③ 호화된 전분의 수분함량을 10~15%로 건조하거나, 60℃ 이상으로 보관하면 전분의 노화를 억제시킬 수 있다.
④ 설탕의 첨가는 탈수제의 역할을 하여 노화를 지연시킨다.

45 감염경로와 질병과의 연결이 틀린 것은?

① 공기감염 - 공수병 　　　② 비말감염 - 인플루엔자

③ 우유감염 - 결핵 　　　　④ 음식물감염 - 폴리오

45 공수병(광견병)은 피부점막을 통하여 바이러스가 침입하여 발생한다.

46 감염병예방법의 제 1급, 2급, 3급 감염병의 순서가 바르게 연결된 것은?

① 페스트 - 장티푸스 - 파상풍

② 디프테리아 - 말라리아 - 홍역

③ 콜레라 - 홍역 - 백일해

④ 백일해 - 파라티푸스 - 일본뇌염

46 페스트(1급) – 장티푸스(2급) – 파상풍(3급)
• 1급 : 페스트, 디프테리아
• 2급 : 콜레라, 홍역, 백일해, 파라티푸스
• 3급 : 말라리아, 일본뇌염, 파상풍

47 반상차림에서 첩 수에 들어가는 것만으로 나열된 것은?

① 국, 김치, 전골 　　　　② 전, 구이, 전골

③ 숙채, 구이, 회 　　　　④ 밥, 찌개, 장류

47 밥, 국, 김치, 장류, 찌개, 찜, 전골은 첩 수에 들어가지 않는 기본음식이다.

48 어류의 냄새 성분이 아닌 것은?

① 암모니아 　　　　　② 피페리딘

③ 트리메틸아민 　　　④ 디-아세틸

48 디-아세틸은 버터 등 유제품의 냄새(향) 성분이다. 피페리딘(담수어의 비린내), 트리메틸아민(해수어의 비린내)

49 부패한 감자에서 생성되는 유해물질은?

① 아코니틴(aconitine)

② 셉신(sepsine)

③ 솔라닌(solanine)

④ 시큐톡신(cicutoxin)

50 과실 저장고의 온도, 습도, 기체 조성 등을 조절하여 장기간 과실을 저장하는 방법은?

① CA 저장

② 자외선 저장

③ 산 저장

④ 무균포장 저장

51 불완전 단백질의 함량이 가장 많은 것은?

① 생선

② 옥수수

③ 우유

④ 쇠고기

52 살모넬라(Salmonella)에 대한 설명으로 틀린 것은?

① 그람음성, 간균으로 동식물계에 널리 분포하고 있다.

② 발육 적온은 37℃ 이며, 10℃ 이하에서는 거의 발육하지 않는다.

③ 살모넬라균에는 장티푸스를 일으키는 것도 있다.

④ 내열성이 강한 독소를 생성한다.

53 강화미 제조 시 첨가하는 영양성분은?

① 비타민 B_1

② 비타민 C

③ 비타민 K

④ 비타민 P

54 지방에 관한 설명 중 틀린 것은?

① 유지류는 체중 증가에 주요한 요인이 될 수 있다.

② 포화지방산은 혈청내의 콜레스테롤량과 중성지방량을 증가시킨다.

③ 체내에서 콜레스테롤은 심장병을 유발하여 유해하므로 전혀 섭취하지 않아야 한다.

④ 쇼트닝이나 마가린은 식물성기름에 수소를 첨가하여 제조한 가공유지이다.

55 달걀에 우유를 섞어 만든 요리가 아닌 것은?

① 스크램블드에그(scrambled egg)

② 커스터드(custard)

③ 머랭(meringue)

④ 오믈렛(omelet)

---

49 부패한 감자에 생성되어 중독을 일으키는 물질은 셉신이다.
- 아코니틴 – 부자의 신경독
- 솔라닌 – 싹튼 감자
- 시큐톡신 – 독미나리

50 과실 저장고의 온도, 습도, 기체의 조성 등을 조절하여 장기간 과실을 저장하는 방법은 CA저장법이다.

51 불완전 단백질은 필수아미노산이 충분하지 못한 단백질로 옥수수 단백질(제인)은 필수아미노산인 트립토판이 없다.

52 살모넬라는 세균성 감염형 식중독균으로 독소를 생성하지 않는다.

53 쌀은 도정 시에 비타민 B가 많은 왕겨부분을 제거하기 때문에 정백미에 비타민 B_1, 비타민 B_2 등을 첨가하여 강화미를 만든다.

54 과다한 콜레스테롤은 심장병, 고혈압 등을 발생시키는 원인이 되지만 적당량의 콜레스테롤은 해독작용, 적혈구 보호작용, 지질의 운반 등의 생리작용을 한다.

55 머랭은 달걀흰자에 설탕을 섞어 만든 디저트이다.

56 공중보건사업을 효율적으로 수행하기 위한 최소한의 단위는?

① 직장　　　　　　② 지역주민
③ 가정　　　　　　④ 개인

56 공중보건사업의 최소단위는 지역사회이며, 더 나아가 국민 전체를 대상으로 한다.

57 생선조리 시 식초를 적당량 넣었을 때 장점이 아닌 것은?

① 어취를 제거한다.
② 생선의 가시를 연하게 해준다.
③ 살을 연하게 하여 맛을 좋게 한다.
④ 살균효과가 있다.

57 식초는 생선의 단백질을 응고시켜 생선살을 단단하게 만든다.

58 수분의 작용을 맞게 설명한 것은?

① 호르몬의 주요 구성성분이다.
② 영양소를 운반하는 작용을 한다.
③ 높은 열량을 공급하여 추위를 막을 수 있다.
④ 5대 영양소에 속하는 영양소이다.

58 인체 내에서 수분은 영양소를 운반하는 작용을 한다.
　① 호르몬의 주요 구성성분은 단백질이다.
　③ 열량 공급 영양소 : 탄수화물, 지방, 단백질
　④ 5대 영양소 : 탄수화물, 지방, 단백질, 무기질, 비타민

59 상수의 먹는 물 수질기준 항목이 아닌 것은?

① 오존　　　　　　② 카드뮴
③ 질산성 질소　　　④ 탁도

59 오존은 먹는 물 수질기준 항목이 아니다.

60 찌개에 대한 설명으로 틀린 것은?

① 고추장으로 조미한 찌개는 감정이라고 한다.
② 생선찌개는 주로 흰살생선인 민어, 동태, 조기 등을 사용하고 고추장과 고춧가루로 매운맛을 낸다.
③ 찌개는 궁중용어로 조치라고 한다.
④ 청국장찌개는 두부, 채소, 소고기를 함께 넣고 비지와 된장국물을 부어 끓이는 찌개이다.

60 청국장찌개는 불린 콩을 삶아 발효시켜서 만든 청국장을 장국에 풀어 두부와 김치 등을 넣고 끓인 찌개를 말한다.

[실전모의고사 제2회 | 정답]

01 ①	02 ③	03 ②	04 ③	05 ④	06 ④	07 ②	08 ④	09 ②	10 ①
11 ④	12 ②	13 ①	14 ①	15 ④	16 ④	17 ③	18 ③	19 ④	20 ④
21 ③	22 ①	23 ④	24 ④	25 ①	26 ②	27 ③	28 ②	29 ④	30 ②
31 ②	32 ④	33 ④	34 ②	35 ②	36 ①	37 ②	38 ①	39 ③	40 ①
41 ④	42 ②	43 ②	44 ④	45 ①	46 ①	47 ③	48 ④	49 ②	50 ①
51 ②	52 ④	53 ①	54 ③	55 ③	56 ②	57 ③	58 ②	59 ①	60 ④

실전모의고사 제3회

▶실력테스트를 위해 문제 옆 해설란을 가리고 문제를 풀어보세요 ▶정답은 394쪽에 있습니다.

01 식품위생법령상 식품의 원료관리 및 제조·가공·조리·소분·유통의 모든 과정에서 위해한 물질이 식품에 섞이거나 식품이 오염되는 것을 방지하기 위한 식품안전관리인증기준을 고시할 수 있는 자는?

① 식품위생감시원

② 보건소장

③ 보건복지부장관

④ 식품의약품안전처장

02 튀김에 관련된 설명으로 옳은 것은?

① 튀김기름은 발연점이 낮을수록 좋다.

② 밀가루는 중력분보다 박력분이 좋다.

③ 크로켓은 저온에서 오래 튀기는 것이 좋다.

④ 튀김에 한 번 사용한 기름은 햇빛이 잘 비치는 곳에서 보관한다.

03 유지의 산패도를 나타내는 값으로 짝지어진 것은?

① 과산화물가, 비누화가　　② 요오드가, 아세틸가

③ 산가, 과산화물가　　　　④ 비누화가, 요오드가

04 세계보건기구(WHO) 보건헌장에 의한 건강의 의미로 가장 적합한 것은?

① 질병과 허약의 부재상태를 포함한 육체적으로 완전무결한 상태

② 각 개인의 건강을 제외한 사회적 안녕이 유지되는 상태

③ 육체적으로 완전하며 사회적 안녕이 유지되는 상태

④ 단순한 질병이나 허약의 부재상태를 포함한 육체적·정신적 및 사회적 안녕의 완전한 상태

05 메주용으로 대두를 단시간 내에 연하고 고운 색이 되도록 삶는 방법이 아닌 것은?

① 설탕물을 섞어주면서 삶아준다.

② 콩을 불릴 때 연수를 사용한다.

③ 소금물에 담갔다가 그 물로 삶아준다.

④ $NaHCO_3$ 등 알칼리성 물질을 섞어서 삶아준다.

---

01 식품의약품안전처장은 식품의 원료관리 및 제조·가공·조리·소분·유통의 모든 과정에서 위해한 물질이 식품에 섞이거나 식품이 오염되는 것을 방지하기 위하여 각 과정의 위해요소를 확인·평가하여 중점적으로 관리하는 기준(식품안전관리인증기준)을 식품별로 정하여 고시할 수 있다.

02 튀김에 사용하는 밀가루는 글루텐 함량이 낮은 박력분을 사용한다.

03 유지의 산패도를 측정하는 도구는 산가, 과산화물가, 카르보닐가 등이 있다.

04 "건강"이란 단순한 질병이나 허약하지 않은 상태를 포함한 육체적, 정신적, 사회적 안녕이 완전한 상태를 말한다.

05 두류를 빠르게 연화시키는 방법

• 1%의 소금물에 담갔다가 그 용액에 삶는다.

• 약알칼리성의 물질을 넣어 삶는다.

• 연수를 사용하여 삶는다.

06 어패류의 주된 비린 냄새 성분은?

① 아세트알데히드(acetaldehyde)

② 트리메틸아민(trimethylamine)

③ 부티르산(butyric acid)

④ 트리메틸아민옥사이드(trimethylamineoxide)

06 어패류의 주된 비린내 성분은 트리메틸아민이며, 이 외에 피페리딘, 암모니아, 황화수소, 인돌, 스카돌 등 이 있다.

07 돼지고기를 삶는 방법으로 가장 적합한 것은?

① 생강은 처음부터 같이 넣어야 탈취효과가 크다.

② 한 번 삶아서 찬물에 식혔다가 다시 삶는다.

③ 찬물에 고기를 넣어서 삶는다.

④ 물이 끓으면 고기를 넣어서 삶는다.

07 돼지고기를 삶을 때 끓는 물에 고기를 넣어야 고기의 표면이 먼저 응고되어 내부 성분의 용출이 덜 된다. 생강은 고기가 거의 익은 후에 넣어야 탈취효과가 좋다.

08 영양소와 인체 내 주요 기능의 연결이 틀린 것은?

① 지방 - 에너지 공급

② 무기질 - 생리작용 조절

③ 단백질 - 체조직 구성

④ 비타민 - 체온 조절

08 비타민은 생명유지에 필수적인 물질로 대부분 생리 작용 조절제의 역할을 한다.

09 어패류 조리 방법 중 틀린 것은?

① 생선조리에 사용하는 파, 마늘은 비린내 제거에 효과적이다.

② 생선조리 시 식초를 넣으면 생선살이 단단해진다.

③ 조개류는 낮은 온도에서 서서히 조리하여야 단백질의 급격한 응고로 인한 수축을 막을 수 있다.

④ 생선은 결체조직의 함량이 높으므로 주로 습열조리법을 사용해야 한다.

09 생선은 결체조직의 함량이 낮아 잘 부서지기 때문에 건열조리를 많이 사용한다. 습열조리를 할 때는 물이 끓을 때 넣어야 모양이 잘 유지되고, 영양 손실도 줄일 수 있다.

10 육류의 발색제로 사용되는 아질산염이 산성조건에서 식품 성분과 반응하여 생성되는 발암물질은?

① 벤조피렌(benzopyrene)

② 니트로사민(nitrosamine)

③ 지질 과산화물(aldehyde)

④ 포름알데히드(formaldehyde)

10 육류 및 어육제품의 발색제로 사용되는 아질산염이 산성조건에서 제2급 아민이나 아미드류와 반응하여 생성되는 발암물질이다.

11 식품취급자가 손을 씻는 방법으로 적합하지 않은 것은?

① 손을 씻은 후 비눗물을 흐르는 물에 충분히 씻는다.

② 팔에서 손으로 씻어 내려온다.

③ 역성비누원액을 몇 방울 손에 받아 30초 이상 문지르고 흐르는 물로 씻는다.

④ 살균효과를 증대시키기 위해 역성비누액에 일반비누액을 섞어 사용한다.

11 역성비누는 유기물이 존재하면 살균효과가 떨어지므로 일반비누와 사용할 경우 일반비누로 때를 깨끗이 씻어낸 후 역성비누를 사용해야 한다.

12 알코올 1g당 열량산출 기준은?

① 7 kcal ② 0 kcal
③ 9 kcal ④ 4 kcal

13 일반적인 가열조리방법으로 예방이 불가능한 식중독은?

① 황색포도상구균 식중독
② 살모넬라 식중독
③ 병원성대장균 식중독
④ 장염비브리오 식중독

14 식품의 갈변 현상 중 성질이 다른 것은?

① 홍차의 적색 ② 고구마 절단면의 갈색
③ 다진 양송이의 갈색 ④ 간장의 갈색

15 한국인의 영양소섭취기준에 의한 성인의 탄수화물 섭취량은 전체 열량의 몇 % 정도인가?

① 55~65% ② 20~35%
③ 90~100% ④ 75~90%

16 오이를 막대모양으로 썰어 소금에 절인 후 소고기, 표고버섯과 함께 볶아 익힌 것은?

① 오이갑장과 ② 오이생채
③ 오이감정 ④ 오이선

17 식품위생법령상 공무원 중 식품위생감시원의 자격요건에 해당되지 않는 것은?

① 위생사
② 대학에서 약학졸업자
③ 식품관련 단체소속직원
④ 영양사

18 식품위생법상 조리사가 면허 취소처분을 받은 경우 면허증을 반납하여야 할 기간은?

① 5일 ② 15일
③ 7일 ④ 지체 없이

19 조리된 상태의 냉동식품을 해동하는 가장 좋은 방법은?

① 가열해동 ② 실온해동
③ 저온해동 ④ 청수해동

---

12 열량 영양소(1g당)

구분	열량산출
탄수화물	4kcal
단백질	4kcal
지방	9kcal
알코올	7kcal

13 황색포도상구균의 균체는 열에 약하나 균체가 생성하는 독소(엔테로톡신)는 열에 강하여 일반적인 가열조리법으로는 예방이 어렵다.

14 식품의 갈변현상은 효소적 갈변과 비효소적 갈변이 있으며, ①, ②, ③은 효소적 갈변이며, ④의 간장의 갈변은 비효소적 갈변 중 마이야르 반응에 의한 것이다.

15 한국인의 영양섭취기준은 총 열량 중 탄수화물 55~65%, 지방 15~30%, 단백질 7~20%이다. (한국영양협회 2020년)

16 오이갑장과에 대한 설명이다. 감정은 찌개, 선은 찜과 같은 조리법을 말한다.

17 식품위생감시원의 자격요건
① 위생사, 영양사, 식품기사, 식품산업기사 등
② 의학, 한의학, 약학, 수의학, 식품학, 미생물학 등의 학부를 졸업하거나 이와 같은 수준 이상의 자격이 있는 자
③ 외국에서 위생사 등의 면허를 받고 식품의약품안전처장이 적당하다고 인정하는 자
④ 1년 이상 식품위생행정에 관한 사무에 종사한 경험이 있는 자 등

18 조리사가 그 면허의 취소처분을 받은 경우에는 지체 없이 면허증을 특별자치시장·특별자치도지사·시장·군수·구청장에게 반납하여야 한다.

19 냉동피자 등의 반조리식품이나 완전조리식품은 직접 가열하며 조리하는 급속해동법을 많이 사용한다.

20 포도당(glucose)이 함유되어 있지 않은 것은?

① 설탕(sucrose)　　　　② 유당(lactose)

③ 맥아당(maltose)　　　④ 아라비노스(arabinose)

21 유화(emulsion)에 의해 형성된 식품이 아닌 것은?

① 마요네즈　　　　　　② 주스

③ 잣죽　　　　　　　　④ 우유

22 향신료의 매운맛 성분 연결이 틀린 것은?

① 생강 – 진저롤(gingerol)

② 울금(분) – 커큐민(curcumin)

③ 겨자 – 차비신(chavicine)

④ 고추 – 캡사이신(capsaicin)

23 일반적으로 신선한 어패류의 수분활성도(Aw)는?

① 0.98~0.99　　　　　② 1.10~1.15

③ 0.50~0.55　　　　　④ 0.65~0.66

24 식품에 대한 설명으로 옳지 않은 것은?

① 한천 – 다시마를 삶아서 그 액을 냉각시켜 젤리 모양으로 응고시
킨 후 건조하여 제조한다.

② 버터 – 우유에서 분리된 유지방의 크림을 가열하여 살균과 효소
를 불활성화시킨 후 교반하여 제조한다.

③ 고추냉이 가루 – 고추냉이 무를 엷게 썰어 60℃ 이하에서 건조 ·
분말하여 전분, 색소, 향료, 겨자가루를 첨가하여 제조한다.

④ 곤약 – 토란과 식물인 곤약의 알줄기를 건조시켜 분쇄한 가루에
물을 넣고 삶은 후 석회유를 넣어 제조한다.

25 전분 호화에 영향을 미치는 인자와 가장 거리가 먼 것은?

① 전분의 종류　　　　　② 유화제

③ 가열온도　　　　　　④ 수분

26 월중 소비액을 파악하기 위한 계산식으로 가장 적합한 것은?

① 월초재고액 – 월중매입액 – 월말재고액

② 월초재고액 + 월중매입액 – 월말재고액

③ 월중매입액 – 월말재고액

④ 월말재고액 + 월중매입액 + 월말소비액

27 마늘과 같이 섭취할 때 흡수가 증진되는 비타민은?

① 비타민 A　　　　　　② 비타민 C

③ 비타민 B_1　　　　　④ 비타민 K

20 아라비노스는 오탄당의 단당류이다.
설탕은 포도당과 과당, 유당은 포도당과 갈락토스,
맥아당은 포도당과 포도당(이분자의 포도당)으로 구
성되어 있다.

21 유화(emulsion)는 서로 녹지 않는 두 가지 액체가 어
느 한 쪽에 작은 입자 상태로 분산된 상태를 말하며,
유화에 의해 형성된 식품으로 우유, 버터, 생크림, 마
요네즈, 잣죽, 크림수프 등이 있다.

22 겨자의 매운맛 성분은 시니그린이고, 차비신은 후추
의 매운맛 성분이다.

23 신선한 어패류, 채소, 과일의 수분활성도는 0.98~
0.99이다.

24 한천은 우뭇가사리 등의 홍조류를 삶아서 그 액을 냉
각시켜 만든다. 다시마는 갈조류이다.

25 전분의 호화에 영향을 미치는 인자는 전분의 종류,
수분함량, 가열온도, pH, 소금, 설탕 등이 있다.

26 월중소비액은 월초재고액에 월중매입액을 더하고,
남은 월말재고액을 빼주면 구할 수 있다.

27 마늘의 알리신은 비타민 B_1의 흡수를 도와준다.

28 채소를 건조할 때 블랜칭(blanching)을 하는 가장 큰 목적은?

① 색소 파괴로 인한 표백 효과
② 무기질의 흡수 촉진
③ 소화력 증진
④ 효소의 불활성화

28 채소를 블랜칭 하면 효소의 불활성화, 미생물 번식 억제, 살균효과 및 부피와 수분의 감소, 산화반응 억제 등의 효과를 가진다.

29 버섯의 유독성분이 아닌 것은?

① 팔린(phaline) ② 아마니타톡신(amanitatoxin)
③ 무스카린(muscarine) ④ 엔테로톡신(enterotoxin)

29 엔테로톡신은 황색포도상구균이 만들어내는 독소(장독소)이다.

30 한식을 조리법에 따라 분류하여 나열한 것 중 틀린 것은?

① 생채 – 더덕생채, 상추생채
② 숙채 – 비름나물, 취나물
③ 숙채 – 고사리나물, 숙주나물
④ 생채 – 오이생채, 월과채

30 • 생채류 : 무, 도라지, 오이, 더덕, 상추, 배추, 미나리 산나물, 실파, 해파리생채 등
• 숙채류 : 고사리, 도라지, 비름, 취, 숙주, 냉이, 콩나물 등
• 기타채류 : 잡채, 탕평채, 월과채, 죽순채, 구절판 등

31 감자 껍질을 벗길 때 사용하는 도구는?

① 박피기(필러) ② 믹서
③ 레인지 ④ 교반기

31 감자나 채소의 껍질을 벗기는 도구는 필러(peeler, 박피기)이다.

32 어떤 음식의 직접원가는 500원, 제조원가는 800원, 총원가는 1000원이다. 이 음식의 판매관리비는?

① 200원 ② 500원
③ 400원 ④ 300원

32 • 총원가 = 제조원가 + 판매관리비
• 판매관리비 = 총원가 – 제조원가
= 1,000 – 800 = 200원

33 식품으로 인한 식중독 중 섭취 전 100℃에서 30분 정도 가열 처리했을 때 예방효과가 가장 큰 것은?

① 아플라톡신 오염 식품 ② 수은 오염 생선
③ 독이 든 모시조개 ④ 살모넬라 오염 식품

33 살모넬라는 열에 약하여 60℃ 이상에서 20~30분 가열하면 사멸시킬 수 있다.

34 비타민 영양결핍 증상과 원인이 되는 영양소가 잘못 연결된 것은?

① 엽산 – 악성빈혈 ② 비타민 C – 괴혈병
③ 비타민 A – 야맹증 ④ 비타민 D – 각기병

34 비타민 D의 결핍증은 구루병이나 골다공증이며, 각기병은 비타민 B_1의 결핍증이다.

35 화학적 식중독에 대한 설명으로 틀린 것은?

① 체내분포가 느려 사망률이 낮다.
② 중독량에 달하면 급성 증상이 나타난다.
③ 체내에 축적되면 만성중독이 일어난다.
④ 체내흡수가 빠르다.

35 화학적 식중독은 체내흡수가 빠르고, 중독 시 사망률도 높다.

36 생선의 자기소화를 주로 이용해서 제조하는 수산가공품은?

① 젓갈   ② 게맛살

③ 생선묵   ④ 자반생선

36 젓갈은 생선 자체 내에 있는 효소의 작용(생선의 자기소화작용)으로 맛과 풍미를 내는 식품이다.

37 과실류나 채소류 등 식품의 살균목적 이외에 사용하여서는 아니 되는 살균소독제는? (단, 참깨에는 사용 금지)

① 양성비누   ② 에틸알코올

③ 차아염소산나트륨   ④ 과산화수소수

37 차아염소산나트륨은 과실류, 채소류, 식기, 음료수 등을 살균하기 위하여 사용된다.

38 설탕을 포도당과 과당으로 분해하여 전화당을 만드는 효소는?

① 리파아제(lipase)   ② 피타아제(phytase)

③ 아밀라아제(amylase)   ④ 인버타아제(invertase)

38 인버타아제는 설탕을 가수분해하여 포도당과 과당으로 분해하여 전화당을 만드는 효소로 수크라아제라고도 한다.

39 쌀을 침지할 때 수분의 흡수속도와 관계가 없는 것은?

① 침지온도   ② 품종

③ 침지시간   ④ 수분의 열전도

39 쌀을 침지할 때의 수분 흡수속도는 품종, 저장시간, 침지온도와 시간, 쌀알의 길이와 폭의 비 등과 관계가 있다.

40 식품첨가물의 사용 목적이 아닌 것은?

① 질병예방   ② 품질개량

③ 관능적 요소 개선   ④ 변질, 부패방지

40 식품첨가물은 식품의 품질개량, 변질(부패)방지, 관능적 요소 개선, 영양강화 등 식품의 가치를 향상시키기 위하여 사용한다.

41 결핍되면 갑상선종이 발생될 수 있는 무기질은?

① 마그네슘(Mg)   ② 요오드(I)

③ 인(P)   ④ 칼슘(Ca)

41 요오드가 부족하면 갑상선종이 발생될 수 있다.
결핍증 : 마그네슘(근육경련), 인(골연화증 및 성장부진), 칼슘(구루병, 골다공증)

42 과채, 식육 가공 등에 사용하여 식품 중 색소와 결합하여 식품 본래의 색을 유지하게 하는 식품첨가물은?

① 식용타르색소   ② 발색제

③ 천연색소   ④ 표백제

42 발색제는 식품에 존재하는 색소와 결합하여 식품의 색을 보다 선명하게 하거나 본래의 색을 유지시키는 식품첨가물이다.

43 식품위생법상 식품의약품안전처장의 허가를 받아야 하는 영업은?

① 즉석판매제조·가공업   ② 식품조사처리업

③ 단란주점영업   ④ 일반음식점영업

43 식품조사처리업은 식품의약품안전처장의 허가를 받아야 한다.

44 젤라틴의 응고에 관한 설명으로 틀린 것은?

① 젤라틴의 농도가 높을수록 빨리 응고된다.

② 염류는 젤라틴의 응고를 방해한다.

③ 단백질 분해효소를 사용하면 응고력이 약해진다.

④ 설탕의 농도가 높을수록 응고가 방해된다.

44 염류는 젤라틴이 물을 흡수하는 것을 막아 더 단단하게 응고시킨다.

45 찌개에 대한 설명으로 틀린 것은?

① 조치라고도 한다.
② 국보다 국물이 많다.
③ 맑은 찌개는 두부젓국찌개가 있다.
④ 탁한 찌개는 된장이나 고추장으로 간을 맞춘다.

46 피부의 전층과 근육, 뼈 등의 심부 조직까지 손상이 파급된 상태로서 심각한 장애를 초래할 수 있는 화상은?

① 3도 화상　　　　② 1도 화상
③ 2도 화상　　　　④ 4도 화상

47 식품을 구매하는 방법 중 경쟁입찰과 비교하여 수의계약의 장점이 아닌 것은?

① 싼 가격으로 구매할 수 있다.
② 절차가 간편하다.
③ 경비와 인원을 줄일 수 있다.
④ 경쟁이나 입찰이 필요 없다.

48 규폐증에 대한 설명으로 틀린 것은?

① 암석가공업, 도자기 공업, 유리제조업의 근로자들이 주로 많이 발생한다.
② 일반적으로 위험요인에 노출된 근무 경력이 1년 이후부터 자각 증상이 발생한다.
③ 대표적인 진폐증이다.
④ 먼지 입자의 크기가 $0.5 \sim 5.0 \mu m$일 때 잘 발생한다.

49 다음 중 단백질 식품이 부패할 때 생성되는 물질이 아닌 것은?

① 아민류　　　　② 레시틴
③ 암모니아　　　　④ 황화수소(H_2S)

50 병원체가 바이러스(virus)인 질병은?

① 장티푸스　　　　② 발진열
③ 유행성 간염　　　④ 결핵

51 유지의 화학적 성질을 바르게 설명한 것은?

① 아세틸가 - 휘발성 지방산이 많을수록 증가
② 산가 - 신선한 기름일수록 증가
③ 굴절률 - 불포화도가 높을수록 증가
④ 검화가 - 고급지방산이 많을수록 증가

45 찌개는 국보다 국물은 적고 건더기가 많은 음식이다.

46 화상의 등급
- 1도 : 해당 부위에 열감 및 약간의 통증
- 2도 : 1도 화상에 물집이 더해진 상태
- 3도 : 피부 전층이 손상된 상태
- 4도 : 피부 전층을 비롯해 근육이나 신경까지 손상을 입어 심각한 장애를 초래할 수 있는 상태

47 경쟁입찰은 동일한 품질을 보장할 때 더 낮은 가격을 제시하는 업체를 선정하므로 수의계약보다 더 낮은 금액으로 물품을 구입할 수 있다.

48 규폐증은 규산의 농도와 작업환경에 따라 달라지겠지만 보통 15~20년 정도 노출되어야 발병한다.

49 레시틴은 난황이나 대두유에 많이 함유되어 있는 천연유화제이다.

50 유행성 간염의 병원체는 바이러스이다.
- 장티푸스, 결핵 – 세균
- 발진열 – 리케차

51 굴절률은 탄소수 및 불포화지방산의 함량이 높을수록 증가하여 식용유지의 품질평가에 이용되기도 한다.

52 조리실의 후드(hood)는 어떤 모양이 가장 배출효율이 좋은가?

① 1방형
② 4방형
③ 2방형
④ 3방형

53 단백질의 등전점에 대한 설명으로 옳은 것은?

① 기포성이 최소가 된다.
② 용해도가 최소가 된다.
③ 점도가 최대가 된다.
④ 삼투압이 최대가 된다.

54 공기의 자정작용과 관계가 없는 것은?

① 산화작용
② 세정작용
③ 살균작용
④ 환원작용

55 찹쌀떡이 멥쌀떡보다 더 늦게 굳는 이유는?

① pH가 낮기 때문에
② 아밀로오스의 함량이 많기 때문에
③ 수분함량이 적기 때문에
④ 아밀로펙틴의 함량이 많기 때문에

56 조리 시 일어나는 현상과 그 원인으로 연결이 틀린 것은?

① 튀긴 도넛에 기름 흡수가 많음 - 낮은 온도에서 튀겼기 때문이다.
② 장조림 고기가 단단하고 잘 찢어지지 않음 - 물에서 먼저 삶은 후 양념간장을 넣어 약한 불로 서서히 졸였기 때문이다.
③ 오이무침의 색이 누렇게 변함 - 식초를 미리 넣었기 때문이다.
④ 생선을 굽는데 석쇠에 붙어 잘 떨어지지 않음 - 석쇠를 달구지 않았기 때문이다.

57 달걀 삶기에 대한 설명 중 틀린 것은?

① 달걀을 완숙하려면 98~100℃의 온도에서 12분 정도 삶아야 한다.
② 달걀은 70℃ 이상의 온도에서 난황과 난백이 모두 응고한다.
③ 달걀을 오래 삶으면 난황 주위에 생기는 황화수소는 녹색이며 이로 인해 녹변이 된다.
④ 삶은 달걀을 냉수에 즉시 담그면 부피가 수축하여 난각과의 공간이 생기므로 껍질이 잘 벗겨진다.

---

52 조리실의 후드는 4방형이 가장 배출효율이 좋다.

53 단백질의 등전점에서 용해도는 가장 낮고, 기포성은 최대가 된다.

54 공기의 자정작용에는 희석, 세정, 산화, 살균작용 및 광합성에 의한 교환작용이 있다.

55 찹쌀의 전분은 아밀로펙틴으로만 이루어져 노화가 잘 일어나지 않는다.

56 장조림의 고기가 단단해지고 잘 찢기지 않는 이유는 처음부터 간장과 설탕을 넣어 고기 내의 수분이 빠져나왔기 때문이다.

57 달걀을 오래 삶으면 난백의 황이 가열에 의해 분해되어 황화수소를 만들고, 이 황화수소가 난황의 철과 결합하여 암녹색의 황화철을 생성하여 녹변이 된다.

58 자외선이 인체에 미치는 작용이 아닌 것은?

① 구루병 예방　　　　② 살균작용
③ 일사병 예방　　　　④ 신진대사 촉진

59 쥐의 매개에 의한 질병이 아닌 것은?

① 페스트　　　　② 쯔쯔가무시병
③ 유행성출혈열　　　　④ 규폐증

60 식품위생법상 식품소분업 판매를 할 수 있는 식품은?

① 식초　　　　② 벌꿀
③ 전분　　　　④ 레토르트식품

58 자외선은 살균작용이 있고, 콜레스테롤과 결합하여 비타민 D를 생성하여 구루병 예방 및 신진대사를 촉진시킨다.

59 규폐증은 분진(유리규산)이 많은 작업장에서 근무할 때 많이 발생하는 직업병이다.

60 식품소분업 판매를 할 수 없는 식품은 어육제품, 통·병조림 제품, 레토르트식품, 특수용도식품, 전분, 장류 및 식초이다.

【실전모의고사 제3회 | 정답】

01 ④	02 ②	03 ③	04 ④	05 ①	06 ②	07 ④	08 ④	09 ④	10 ②
11 ④	12 ①	13 ①	14 ④	15 ①	16 ①	17 ③	18 ④	19 ①	20 ④
21 ②	22 ③	23 ①	24 ①	25 ②	26 ②	27 ④	28 ④	29 ④	30 ④
31 ①	32 ①	33 ④	34 ④	35 ①	36 ①	37 ③	38 ④	39 ④	40 ①
41 ②	42 ②	43 ②	44 ②	45 ②	46 ④	47 ①	48 ②	49 ②	50 ③
51 ③	52 ②	53 ②	54 ④	55 ④	56 ②	57 ③	58 ③	59 ④	60 ②

최종점검 – 최신 출제경향에 맞추어 엄선한 문제를 통해 마무리하자!

실전모의고사 제4회

해설

▶ 실력테스트를 위해 문제 옆 해설란을 가리고 문제를 풀어보세요 ▶ 정답은 403쪽에 있습니다.

01 식품위생법상 식품위생의 대상이 되지 않는 것은?

① 식품 및 식품첨가물　　② 의약품
③ 식품, 용기 및 포장　　④ 식품, 기구

01 "식품위생"이란 식품, 식품첨가물, 기구 또는 용기ㆍ포장을 대상으로 하는 음식에 관한 위생을 말한다.

02 어패류에 소금을 넣고 발효 숙성시켜 원료 자체 내 효소의 작용으로 풍미를 내는 식품은?

① 통조림　　② 어육소시지
③ 어묵　　④ 젓갈

02 젓갈은 생선 자체 내에 있는 효소의 작용(생선의 자기소화작용)으로 맛과 풍미를 내는 식품이다.

03 다음 중 발연점이 가장 높은 것은?

① 콩기름(정제)　　② 아마인유(정제)
③ 참기름(비정제)　　④ 올리브유(비정제)

03 포도씨유(250℃), 대두유(238℃), 옥수수유(232℃), 돼지기름(190℃), 올리브유(190℃), 들기름(180℃), 참기름(178℃), 아마인유(106℃)

04 두부의 응고제 중 간수의 주성분은?

① KCl　　② NaOH
③ KOH　　④ MgCl₂

04 두부응고제로 황산칼슘($CaSO_4$), 염화마그네슘($MgCl_2$), 염화칼슘($CaCl_2$) 등이 사용된다.

05 수인성 감염병으로 볼 수 없는 것은?

① 파상풍　　② 유행성 간염
③ 장티푸스　　④ 세균성 이질

05 수인성 감염병은 세균들에 오염된 오염수나 음식물을 통해서 감염되는 질병으로 장티푸스, 파라티푸스, 콜레라, 세균성 이질, 유행성 간염, 전염성 설사 등이 있다.

06 조리사 면허를 받을 수 없거나 면허 취소에 해당하지 않는 것은?

① 마약이나 그 밖의 약물에 중독이 된 경우
② 업무정지기간 중에 조리사의 업무를 하는 경우
③ 조리사 면허의 취소처분을 받고 그 취소된 날로부터 2년이 지나지 아니한 경우
④ 면허를 타인에게 대여하여 사용하게 한 경우

06 조리사 면허의 취소처분을 받고 그 취소된 날부터 1년이 지나지 아니한 경우 면허를 받을 수 없다.

07 원가는 통제 가능 원가와 통제 불가능 원가로 분류할 수 있다. 다음 중 불가능 원가에 속하는 것은?

① 감가상각비　　② 통신비
③ 식재료비　　④ 인건비

07 • 통제가능원가 : 식재료비, 인건비, 사무비, 통신비, 광열비 등
• 통제불가능원가 : 임대료, 감가상각비

chapter 06

08 마요네즈에 대한 설명으로 틀린 것은?

① 마요네즈는 대표적인 호화식품이다.
② 마요네즈 중량의 65% 이상이 식물성 기름이다.
③ 난황, 식용유, 식초, 소금 등이 사용된다.
④ 유화상태는 레시틴, 단백질 복합체에 의해 유지된다.

08 마요네즈는 달걀의 유화성을 이용한 식품이다.

09 수입소고기 두 근을 30000원에 구입하여 50명의 식사를 공급하였다. 식단가격을 2500원으로 정한다면 식품의 원가율은 얼마인가?

① 24 %　　　　　② 83 %
③ 12 %　　　　　④ 42 %

09 매출액 $= 2,500 \times 50 = 125,000$원

원가비율 $= \dfrac{원가(30,000)}{매출액(125,000)} \times 100 = 24\%$

10 전분가루를 물에 풀어두면 금방 가라앉는 주된 이유는?

① 전분의 유화현상 때문에
② 전분의 비중이 물보다 무거우므로
③ 전분이 물에 완전히 녹으므로
④ 전분의 호화현상 때문에

10 비중은 어떤 물질의 질량과 그것과 같은 체적의 표준물질(4℃의 물)의 비를 나타내는 것으로 전분은 물보다 비중이 높아 물에 가라앉는다.

11 대기오염을 일으키는 가장 영향력이 큰 것은?

① 기온역전일 때　　　② 고기압일 때
③ 바람이 불 때　　　　④ 저기압일 때

11 기온 역전 현상은 상부 기온이 하부 기온보다 높을 때를 말한다. 지표면의 기온이 지표면 상층부보다 낮아지면 대기오염물질의 확산이 이루어지지 못하므로 대기오염이 더 심해진다.

12 단백질의 열변성에 대한 설명으로 옳은 것은?

① 수분이 적게 존재할수록 잘 일어난다.
② 단백질에 설탕을 넣으면 응고온도가 높아진다.
③ 전해질이 존재하면 변성속도가 늦어진다.
④ 보통 30℃에서 일어난다.

12 단백질에 설탕을 넣으면 응고온도가 높아진다.
① 수분이 많을수록 잘 일어난다.
③ 전해질이 존재하면 변성속도가 빨라진다.
④ 단백질의 열변성은 보통 60~70℃에서 일어난다.

13 감염병의 병원체를 내포하고 있어 감수성 숙주에게 병원체를 전파시킬 수 있는 근원이 되는 모든 것을 의미하는 것은?

① 미생물　　　　　② 감염원
③ 병원소　　　　　④ 감염경로

13 감염원은 병을 일으키는 병원체와 병원체가 증식하면서 다른 숙주에 전파시킬 수 있는 상태로 저장되어 있는 병원소를 포함하는 의미이다.

14 식품의 응고제로 쓰이는 수산물 가공품은?

① 한천　　　　　　② 셀룰로오스
③ 젤라틴　　　　　④ 펙틴

14 한천은 식품의 응고제와 안정제, 미생물 배양의 배지, 양갱 및 한천젤리 등의 제조에 이용되는 해조류 가공품이다.

15 다음 중 가장 강한 살균력을 갖는 것은?

① 근적외선　　　　② 적외선
③ 가시광선　　　　④ 자외선

15 자외선은 일광 중에서 가장 파장이 짧은 광선으로 살균력이 강하여 살균 및 소독에 사용된다.

16 유류 화재 시 소화 방법으로 가장 부적절한 것은?

① B급 화재 소화기를 사용한다.
② 다량의 물을 부어 끈다.
③ 모래를 뿌린다.
④ ABC 소화기를 사용한다.

16 유류화재(B급) 시 물을 뿌리면 뜨거운 온도에 물이 기화하면서 불길이 폭발하듯이 치솟게 된다.

17 효소와 기질식품의 연결이 틀린 것은?

① 우레아제(urease) - 육류
② 파파인(papain) - 버터
③ 레닌(rennin) - 우유
④ 아밀라아제(amylase) - 식빵

17 파파인은 파파야에 들어있는 단백질 분해효소이다.

18 전, 적에 대한 설명으로 틀린 것은?

① 적은 주로 육류와 채소 등을 꼬치에 꿰어 구운 것이다.
② 장산적은 꼬치에 끼운 재료를 지져 간장에 조린 것이다.
③ 전은 전유어, 저냐라고도 부르며 궁중에서는 전유화라고 하였다.
④ 섭산적은 다진 쇠고기, 두부를 섞어 양념하여 구운 것이다.

18 장산적은 쇠고기를 곱게 다져서 양념을 하여 구운 다음 간장에 다시 조린 것을 말하며, 꼬치에 꿰지 않는다.

19 다음에서 설명하는 중금속은?

• 도료, 제련, 배터리, 인쇄 등의 작업에 많이 사용되며 유약을 바른 도자기 등에서 중독이 일어날 수 있다.
• 중독 시 안면창백, 연연(鉛緣), 말초 신경염 등의 증상이 나타난다.

① 납   ② 주석
③ 비소   ④ 구리

19 납은 도료, 제련, 배터리, 인쇄 등의 작업에 많이 사용되며, 유약을 바른 도자기 등에서 중독이 일어날 수 있다. 중독 시 안면창백, 말초 신경염 등의 증상이 나타난다.

20 알칼리 식품에 해당하는 것은?

① 고구마   ② 돼지고기
③ 달걀   ④ 고등어육

20 산성 · 알칼리성식품

산성	곡류, 육류, 생선류, 난류 등
알칼리성	채소, 과일, 우유, 버섯, 해조류 등

21 유지의 자동산화에 대한 설명으로 맞는 것은?

① 유지의 자동산화의 직접적인 원인물질은 산소이다.
② 유지의 불포화지방산은 산화되기 어렵다.
③ 유지분자에 자외선을 조사하면 산화가 억제된다.
④ 지질 가수분해효소는 자동산화를 느리게 한다.

21 ② 불포화도가 높은 지방산일수록 산화되기 쉽다.
③ 자외선은 유지의 산화를 촉진시킨다.
④ 지질 가수분해효소는 유지의 산화를 촉진시킨다.

22 다음 중 수질의 오염지표와 관계가 먼 것은?

① 생물학적 산소요구량   ② 용존산소
③ 링켈만 비탁표   ④ 화학적 산소요구량

22 수질의 오염지표로 용존 산소(DO), 화학적 산소요구량(COD), 생물학적 산소요구량(BOD)이 사용된다.

chapter 06

23 과일이 성숙함에 따라 일어나는 성분변화에 대한 설명으로 틀린 것은?

① 엽록소가 분해되면서 푸른색은 옅어진다.
② 비타민 C와 카로틴 함량이 증가한다.
③ 과육은 점차로 연해진다.
④ 타닌이 증가한다.

24 정상 체액의 균형을 조절하고 인체의 정상적인 산과 염기의 평형을 유지시키고 나트륨과 길항작용이 있는 무기질은?

① 아연(Zn) ② 인(P)
③ 칼륨(K) ④ 마그네슘(Mg)

25 작업환경 조건에 따른 질병의 연결이 맞는 것은?

① 채석장 - 소화불량 ② 저기업 - 잠함병
③ 고기압 - 고산병 ④ 조리장 - 열쇠약

26 산패한 유지에서 나타나는 현상이 아닌 것은?

① 점도가 증가한다. ② 요오드가가 증가한다.
③ 산가가 증가한다. ④ 불쾌한 냄새가 난다.

27 에탄올 발효 시 생성되는 메탄올의 가장 심각한 중독 증상은?

① 경기 ② 환각
③ 구토 ④ 실명

28 식품에 단맛을 주기 위해 사용할 수 있는 합성감미료는?

① 규소수지 ② 사카린나트륨
③ 구연산칼륨 ④ 롱갈릿

29 식초를 넣은 물에 적양배추를 담그면 선명한 적색으로 변하는데 그 주요 원인 물질은?

① 멜라닌 ② 타닌
③ 안토시아닌 ④ 클로로필

30 곰팡이 독(mycotoxin) 중에서 간장독을 일으키는 독소가 아닌 것은?

① 아이스란디톡신(islanditoxin)
② 시트리닌(citrinin)
③ 루테오스키린(luteoskyrin)
④ 아플라톡신(aflatoxin)

23 타닌은 미숙한 과일에 많이 들어 있어 떫은맛을 내며, 과일이 성숙함에 따라 감소한다.

24 칼륨(K)은 정상 체액의 균형을 조절하고, 산과 염기의 평형 유지, 근육의 수축과 이완작용 등의 기능을 한다.

25 • 채석장 – 진폐증
• 저기압 – 고산병
• 고기압 – 잠함병

26 요오드가는 유지를 구성하는 지방산 중 불포화지방산의 많고 적음을 나타내는 값으로 건성유, 반건성유, 불건성유의 구분 척도이다.

27 메틸알코올(메탄올)은 에탄올 발효 시 펙틴이 있으면 생성되는 물질로 시신경의 염증으로 인한 실명의 원인이 되는 물질이다.

28 사용이 허용된 합성감미료는 사카린나트륨, 아스파탐, D–소르비톨, 자일리톨이 있다.

29 적양배추에 들어있는 안토시아닌은 산성에서 적색을 나타낸다.

30 시트리닌은 신장에 장애를 일으키는 신장독이다.

31 생선조리 시 어취 제거를 위하여 사용하는 재료와 거리가 먼 것은?

① 설탕   ② 우유
③ 청주   ④ 생강

32 냉동보관에 대한 설명으로 틀린 것은?

① 급속냉동할 경우 얼음 결정이 크게 형성되어 식품의 조직 파괴가 크다.
② 서서히 동결하면 해동 시 드립(drip) 현상을 초래하여 식품의 질을 저하시킨다.
③ 떡의 장시간 노화방지를 위해서는 냉동보관하는 것이 좋다.
④ 냉동된 닭을 조리할 때 뼈가 검게 변하기 쉽다.

33 식품등의 공전을 작성·보급하는 자는?

① 국립검역소장   ② 식품의약품안전처장
③ 농림축산식품부장관   ④ 보건환경연구원장

34 사과, 배, 복숭아 등의 주된 향기 성분은?

① 알코올류   ② 에스테르류
③ 테르펜류   ④ 황화합물류

35 신선한 우유의 특징에 대한 설명으로 맞는 것은?

① 물이 담긴 컵 속에 한 방울 떨어뜨렸을 때 구름같이 퍼져가며 내려간다.
② 알코올과 우유를 동량으로 섞었을 때 백색의 응고가 일어난다.
③ 진한 황색이며 특유한 냄새를 가지고 있다.
④ 투명한 백색으로 약간의 감미를 가지고 있다.

36 찹쌀가루와 멥쌀가루를 동일한 조건에서 증기로 가열하면 찹쌀가루가 멥쌀가루보다 더 끈기 있는 것은 찹쌀의 어떤 성분이 많기 때문인가?

① 아밀로오스(amylose)
② 설탕(sucrose)
③ 아밀로펙틴(amylopectin)
④ 글루텐(gluten)

37 식품의 변질 현상에 대한 설명 중 잘못된 것은?

① 변패는 탄수화물, 지방에 미생물이 작용하여 변화된 상태
② 부패는 단백질에 미생물이 작용하여 유해한 물질을 만든 상태
③ 산패는 유지식품이 산화되어 냄새발생, 색택이 변화된 상태
④ 발효는 탄수화물에 미생물이 작용하여 먹을 수 없게 변화된 상태

38 겨자의 매운맛에 대한 설명 중 틀린 것은?

① 매운맛 성분은 시니그린이다.

② 흑겨자는 매운맛이 없어 조리에 이용되지 않는다.

③ 겨자를 40℃ 전후의 따뜻한 물로 개면 맛이 향상된다.

④ 겨자를 갠 후 시간이 경과되면 매운맛이 약화된다.

39 우유에 많이 함유된 단백질로 치즈의 원료가 되는 것은?

① 알부민(albumin) ② 미오신(myosin)

③ 글로불린(globulin) ④ 카제인(casein)

40 황색포도상구균에 의한 식중독에 대한 설명으로 틀린 것은?

① 주요 증상은 구토, 설사, 복통 등이다.

② 장독소(enterotoxin)에 의한 독소형이다.

③ 잠복기는 1~5시간 정도이다.

④ 감염형 식중독을 유발하며 사망률이 높다.

41 식품위생법의 정의에 따른 "기구"에 해당하지 않는 것은?

① 식품 또는 식품첨가물에 직접 닿는 기구

② 식품 섭취에 사용되는 기구

③ 식품 운반에 사용되는 기구

④ 농산품 채취에 사용되는 기구

42 100℃ 내외의 온도에서 2~4시간 동안 훈연하는 방법은?

① 온훈법 ② 냉훈법

③ 전기훈연법 ④ 배훈법

43 비타민과 결핍증의 연결이 옳은 것은?

① 비타민 C – 괴혈병

② 비타민 B_1 – 구순구각염

③ 비타민 A – 구루병

④ 비타민 D – 야맹증

44 한국음식 상차림에 대한 설명으로 틀린 것은?

① 죽상은 죽과 함께 동치미, 맑은젓국찌개, 마른 찬을 곁들여 낸 상이다.

② 주안상은 술안주가 되는 음식으로 차린 상이다.

③ 얼교자상은 약과나 정과를 주식으로 차린 상이다.

④ 장국상(면상 · 만두상 · 떡국상)은 평상시 점심식사나 잔치 때 차린 상이다.

---

38 흑겨자의 시니그린은 분해효소인 미로시나제에 의해 가수분해되어 알릴이소시아네이트를 생성하여 강한 매운맛을 내며, 알릴이소시아네이트는 휘발성이라 겨자를 갠 후 시간이 경과하면 매운맛이 약화된다.

※미로시나아제는 40~45℃에서 가장 활발하기 때문에 따뜻한 물에 개어야 매운맛이 강해진다.

39 우유에 많이 함유된 단백질로 치즈의 제조에 사용되는 단백질은 카제인이다.

40 황색포도상구균 식중독은 독소형 식중독이다.

41 **식품위생법상 '기구'의 정의**
- 음식을 먹을 때 사용하거나 담는 것
- 식품 또는 식품첨가물을 채취 · 제조 · 가공 · 조리 · 저장 · 소분 · 운반 · 진열할 때 사용하는 것
- 식품 또는 식품첨가물에 직접 닿는 기계 · 기구나 그 밖의 물건(농업과 수산업에서 식품을 채취하는 데에 쓰는 기계 · 기구나 그 밖의 물건은 제외)

42 배훈법은 95~120℃에서 2~4시간 훈연 처리하여 바로 먹을 수 있는 상태로 만드는 조리법이다.

43 • 비타민 B_1 – 각기병
• 비타민 A – 야맹증
• 비타민 D – 구루병
• 비타민 B_2 – 구순구각염

44 교자상(交子床)은 명절이나 잔치 때 많은 사람이 함께 모여 식사를 할 때 차리는 상으로 술과 안주를 주로 하는 건교자상과 식사를 위주로 한 식교자상, 이 두 가지를 섞어 차린 얼교자상이 있다.

45 사용이 금지된 착색료는?

① β – 카로틴(β-Carotene)

② 삼이산화철(Ironsesqui oxide)

③ 수용성 안나토(Annato water soluble)

④ 로다민 B(Rodamine B)

46 온장고에는 보통 몇 ℃ 정도에서, 어떤 식품을 저장하는 것이 적당한가?

① 100℃ 정도에서, 국류

② 35℃ 정도에서, 조리 직전의 냉동육

③ 50℃ 정도에서, 냉채류

④ 65℃ 정도에서, 밥류

47 조림에 대한 설명으로 틀린 것은?

① 주로 반상에 오르는 찬품이다.

② 단시간에 센 불에서 오래 조린다.

③ 흰살 생선은 주로 간장으로 조린다.

④ 조림은 조리개라고도 한다.

48 조리과정 중 비타민 C의 손실을 최소화하는 방법이 아닌 것은?

① 감자는 삶기보다 찌거나 볶는 조리법을 선택한다.

② 콩나물은 데치기보다 전자레인지로 익힌다.

③ 깍두기에 당근도 같이 첨가한다.

④ 무생채에 식초를 첨가한다.

49 조리용 기기의 사용법이 틀린 것은?

① 필러(peeler) : 채소 다지기

② 슬라이서(slicer) : 일정한 두께로 썰기

③ 세미기 : 쌀 세척하기

④ 블랜더(blender) : 액체 교반하기

50 먹다 남은 찹쌀떡을 보관하려고 할 때 노화가 가장 빨리 일어나는 보관 방법은?

① 냉동고 보관　　② 냉장고 보관

③ 온장고 보관　　④ 상온 보관

51 소고기 성분 중 일반적으로 살코기에 비해 간에 특히 더 많은 것은?

① 섬유소, 비타민 C　② 비타민 A, 무기질

③ 전분, 비타민 A　　④ 단백질, 전분

45 로다민 B는 사용이 금지되어있는 착색료이다.

46 온장고에서의 보관은 배식하기 전 음식이 식지 않도록 65~70℃ 정도에서 보관하는 것이 좋다.

47 조림은 재료에 간을 하고 처음에는 센 불에서 가열하다가 중불에서 은근히 속까지 간이 배도록 조리고, 약불에서 오래 익히는 것이다.

48 비타민 C는 수용성이며, 열에 약하고, 산화가 잘 된다.
- 물에 담가놓거나 너무 오래 씻는 것은 좋지 않다.
- 가급적 생으로 먹는 것이 좋다.
- 열에 의한 파괴는 전자레인지 < 볶을 때 < 삶을 때이다.
- 산화효소는 산성에서 활성도가 줄어들어 식초를 사용하면 비타민 C의 파괴를 줄일 수 있다.

49 필러는 당근, 감자, 무 등의 껍질을 벗기는 도구이다. 채소 등을 다지는 기구는 초퍼이다.

50 노화는 0~5℃의 냉장온도에서 가장 잘 일어난다.

51 소의 간에는 비타민 A와 무기질이 풍부하다.

52 다음 중 식품안전관리인증기준(HACCP) 7원칙을 수행하는 단계에 있어서 가장 먼저 실시하는 것은?

① 중점관리점 규명
② 식품의 위해요소를 분석
③ 관리기준의 설정
④ 기록유지방법의 설정

53 겨자채를 만들기 위해 재료를 써는 모양으로 1cm × 4cm 정도 크기의 직사각형으로 납작하게 써는 방법은?

① 나박썰기 ② 골패썰기
③ 막대썰기 ④ 깍둑썰기

54 식품의 수분활성도(Aw)란?

① 식품의 단위시간당 수분증발량
② 자유수와 결합수의 비
③ 식품의 수증기압과 그 온도에서의 물의 수증기압의 비
④ 식품의 상대습도와 주위의 온도와의 비

55 오징어에 대한 설명으로 틀린 것은?

① 오징어의 4겹 껍질 중 제일 안쪽의 진피는 몸의 축 방향으로 크게 수축한다.
② 오징어는 가로 방향으로 평행하게 근섬유가 발달되어 있어 말린 오징어는 옆으로 잘 찢어진다.
③ 무늬를 내고자 오징어에 칼집을 넣을 때는 껍질이 붙어있던 바깥쪽으로 넣어야 한다.
④ 가로로 형성되어 있는 근육섬유는 열을 가하면 줄어드는 성질이 있다.

56 밀가루의 표백과 숙성에 사용되는 식품첨가물 개량제는?

① 염화암모늄 ② 과산화벤조일
③ 무수아황산 ④ 과산화수소

57 육류의 사후강직 시 일어나는 현상으로 옳은 것은?

① 근육의 pH가 약산성에서 약알칼리성으로 변한다.
② 근육의 단백질 분해효소 작용으로 근육의 길이가 짧아진다.
③ 액토미오신이 액틴과 미오신으로 분해된다.
④ 근육조직의 글리코겐이 젖산을 생성한다.

---

52 위해요소중점관리기준(HACCP)의 수행단계 7원칙에서 가장 먼저 실시하는 것은 모든 잠재적 위해요소(식품의 위해요소)를 분석하는 것이다.

53 ① 나박썰기 : 무 등을 원하는 길이로 잘라 가로, 세로가 비슷한 사각형으로 얇게 써는 방법
② 골패썰기 : 무, 당근 등 둥근재료의 가장자리를 잘라내어 1×4cm 정도 크기의 직사각형으로 얇게 써는 방법
③ 막대썰기 : 막대모양으로 써는 방법으로, 채 써는 것보다 두껍게 썬다.
④ 깍둑썰기 : 2cm 정도의 주사위 모양으로 써는 방법

54 수분활성도는 일정 온도에서 식품의 수증기압과 그 온도에서 물의 수증기압의 비이다.

55 무늬를 내고자 칼집을 넣을 때에는 내장이 있던 안쪽에 넣어야 한다.

56 밀가루 개량제로는 과산화벤조일, 과황산암모늄, 이산화염소, 브롬산칼륨 등이 있다.

57 근육의 글리코겐이 젖산으로 변화된다.
① 해당 과정으로 생성된 산에 의해 pH가 낮아진다.
②, ③ 근육단백질인 미오신과 액틴이 결합하여 액토미오신이 되면서 근육이 수축된다.

---

58 단체급식소에서 식품 구입량을 정하여 발주하는 식으로 옳은 것은?

① 발주량 = $\dfrac{100인분\ 순사용량}{가식률} \times 100$

② 발주량 = $\dfrac{1인분\ 순사용량}{폐기율} \times 100 \times 식수$

③ 발주량 = $\dfrac{100인분\ 순사용량}{폐기율} \times 100$

④ 발주량 = $\dfrac{1인분\ 순사용량}{가식률} \times 100 \times 식수$

59 당류의 감미도가 큰 것부터 바르게 나열된 것은?

① 설탕 > 포도당 > 맥아당 > 유당
② 유당 > 맥아당 > 설탕 > 포도당
③ 포도당 > 설탕 > 유당 > 맥아당
④ 맥아당 > 포도당 > 유당 > 설탕

60 DPT 예방접종과 관계없는 감염병은?

① 홍역
② 파상풍
③ 백일해
④ 디프테리아

---

58 발주량 = $\dfrac{100}{100-폐기율} \times 정미중량 \times 식수$

= $\dfrac{정미중량(1인분\ 순사용량)}{가식률} \times 100 \times 식수$

59 감미도의 순서
과당(170) > 전화당(85~130) > 설탕(100) > 포도당(74) > 맥아당(60) > 갈락토오스(33) > 유당(16)

60 • D : 디프테리아(Diphtheria)
• P : 백일해(Pertussis)
• T : 파상풍(Tetanus)

chapter 06

【실전모의고사 제4회 | 정답】

01 ②	02 ④	03 ①	04 ④	05 ①	06 ③	07 ①	08 ①	09 ①	10 ②
11 ①	12 ②	13 ②	14 ①	15 ④	16 ②	17 ②	18 ②	19 ①	20 ①
21 ①	22 ③	23 ④	24 ③	25 ④	26 ②	27 ④	28 ②	29 ③	30 ②
31 ①	32 ①	33 ②	34 ②	35 ①	36 ③	37 ④	38 ②	39 ④	40 ④
41 ④	42 ④	43 ①	44 ③	45 ④	46 ④	47 ②	48 ③	49 ①	50 ②
51 ②	52 ②	53 ②	54 ③	55 ③	56 ②	57 ④	58 ④	59 ①	60 ①

실전모의고사 제5회

해설

▶실력테스트를 위해 문제 옆 해설란을 가리고 문제를 풀어보세요 ▶정답은 412쪽에 있습니다.

01 전분의 성질과 이를 이용한 음식의 연결이 틀린 것은?

① 호화 – 죽
② 젤화 – 도토리묵
③ 당화 – 식혜
④ 호정화 – 엿

02 기생충과 제1중간숙주의 연결이 틀린 것은?

① 폐흡충 – 다슬기
② 간흡충 – 쇠우렁이
③ 유구조충 – 가재
④ 광절열두조충 – 물벼룩

03 질병예방 단계 중 의학적, 직업적 재활 및 사회복귀 차원의 적극적인 예방단계는?

① 1차적 예방
② 2차적 예방
③ 3차적 예방
④ 4차적 예방

04 위생해충의 구제방법으로 가장 바람직한 것은?

① 포식동물을 이용하여 구제하는 방법
② 발생원 및 서식처를 제거하여 구제하는 방법
③ 성충을 중심으로 구제하는 방법
④ 살충제를 사용하여 구제하는 방법

05 식품이 나타내는 수증기압이 0.75기압이고, 그 온도에서 순수한 물의 수증기압이 1.5기압일 때 식품의 상대습도(RH)는?

① 50%
② 70%
③ 60%
④ 40%

06 전과 적에 대한 설명이다. 가장 거리가 먼 것은?

① 전은 다양한 재료를 사용하여 식물성기름에 지지는 방법으로 영양적으로 우수한 조리방법이다.
② 산적은 재료를 꼬치에 펠 때 처음 재료와 마지막 재료가 같아야 한다.
③ 산적은 재료를 양념하여 꼬치에 꿰고, 꼬치에 밀가루나 달걀 물을 입혀서 지지는 음식이다.
④ 적을 조리할 때 고기와 해물은 익으면 수축하므로 다른 재료보다 약간 큰 편으로 손질한다.

---

01 전분에 물을 가하지 않고 160℃ 이상의 고온으로 가열하면 가용성 전분을 거쳐 덱스트린으로 변화하는 과정을 호정화라고 하며, 뻥튀기, 팝콘 등의 팽화식품이 대표적이다. 엿은 당화를 이용한 식품이다.

02 유구조충의 중간숙주는 돼지이다.

03 질병 예방 단계
• 1차적 예방 : 발병 이전의 환경개선 및 예방접종 등의 노력
• 2차적 예방 : 일단 발병이 되었을 때 조기 치료 및 중증으로 발전되는 것을 방지하는 노력
• 3차적 예방 : 발병 후 후유증의 발생을 예방하고 후유증의 발생 시 의학적, 직업적 재활 및 사회복귀를 지원하는 적극적인 노력

04 위생해충의 구제는 발생원 및 서식처를 제거하는 것이 가장 효과적이다.

05 • 수분활성도(Aw)= $\dfrac{\text{식품이 나타내는 수증기압}(P)}{\text{순수한 물의 최대기압}(P_0)}$

$= \dfrac{0.75}{1.5} = 0.5$

• 상대습도 = 수분활성도×100 = 0.5×100 = 50%

06 산적은 재료를 꼬치에 꿰어서 옷을 입히지 않고 굽는 것을 말한다.

07 고기의 연화방법에 대한 설명 중 틀린 것은?

① 잔 칼집을 넣어 근섬유길이를 짧게 한다.
② 고기의 근섬유의 결과 같은 방향으로 썰어준다.
③ 조리 시 과즙이나 레몬을 넣어준다.
④ 단백질 연화작용을 하는 설탕을 첨가하여 조리한다.

07 고기를 근섬유의 결과 반대방향으로 썰어준다.

08 식품의 변질현상에 대한 설명 중 틀린 것은?

① 우유의 부패 시 세균류가 관계하여 적변을 일으키기도 한다.
② 식품의 부패에는 대부분 한 종류의 세균이 관계한다.
③ 건조식품 부패는 주로 곰팡이가 관여한다.
④ 통조림 식품의 부패에 관여하는 세균에는 내열성인 것이 많다.

08 식품의 부패는 미생물에 의한 분해작용이 그 원인이며 한 종류의 미생물에 의해 변질되는 경우는 드물고 여러 종류의 미생물이 증식함으로써 부패가 진행된다.

09 밀가루의 종류와 일반적인 용도가 잘못된 것은?

① 초강력분 – 케이크, 루(roux)
② 중력분(다목적용) – 국수류, 부침류
③ 강력분 – 식빵, 마카로니
④ 박력분 – 튀김, 과자

09 • 강력분 : 식빵, 마카로니 등
• 중력분 : 칼국수, 만두피 등
• 박력분 : 쿠키, 케이크, 튀김옷 등

10 육류의 동결과 해동 시 조직손상을 최소화 할 수 있는 방법은?

① 급속동결, 급속해동
② 급속동결, 완만해동
③ 완만동결, 급속해동
④ 완만동결, 완만해동

10 식육의 동결은 급속동결해야 조직의 파괴를 줄일 수 있고 해동 시에는 급속해동을 하면 조직 세포가 손상되고 단백질이 변성되어 드립현상이 생기므로 5~7℃의 냉장 온도에서 완만해동시킨다.

11 초 조리에 대한 설명으로 틀린 것은?

① 초 조리는 식초를 사용하여 상큼하게 무쳐낸 음식이다.
② 초 조리는 양념장에 따라 전복초, 홍합초, 삼합초 등이 있다.
③ 초 조리는 조림과 비슷한 방법으로 윤기가 난다.
④ 초 조리는 습열조리법이다.

11 초(炒)는 볶는다는 뜻으로 조림과 비슷한 방법이나 윤기가 나는 것이 특징이다. 건열조리보다는 습열조리에 가깝다.

12 단당류에서 부제탄소원자가 3개 존재하면 이론적인 입체 이성체 수는?

① 8개   ② 2개
③ 4개   ④ 6개

12 부제탄소원자가 n개가 존재하면 이론적인 입체 이성체수는 2^n개가 존재한다. 따라서 $2^3 = 8$(개)가 존재한다.

13 달걀의 이용이 바르게 연결된 것은?

① 팽창제 – 커스터드
② 농후제 – 크로켓
③ 결합제 – 만두속
④ 유화제 – 푸딩

13 달걀의 이용
• 농후제 : 알찜, 커스터드, 푸딩
• 결합제 : 만두속, 전, 크로켓
• 팽창제 : 엔젤케이크, 머랭
• 유화제 : 마요네즈

14 식품위생법규상 영업에 종사하지 못하는 질병의 종류에 해당하지 않는 것은?

① 피부병 또는 기타 화농성 질환

② 결핵(비감염성인 경우는 제외)

③ 장출혈성대장균감염증

④ 홍역

15 살모넬라(Salmonella)균으로 인한 식중독에 대한 설명으로 틀린 것은?

① 가열처리에 의해 예방된다.

② 주요 증상으로 급성위장염을 일으킨다.

③ 달걀, 육류 및 어육가공품이 주요 원인식품이다.

④ 주로 통조림 등의 산소가 부족한 식품에서 유발된다.

15 통조림 등의 산소가 부족한 식품에서 유발되는 식중독균은 클로스트리디움 보툴리눔균이다.

16 새우나 게 등의 갑각류에 함유되어 있으며 사후 가열되면 적색을 띠는 색소는?

① 멜라닌(melanin)

② 안토시아닌(anthocyanin)

③ 클로로필(chlorophyll)

④ 아스타잔틴(astaxanthin)

16 새우나 게 등의 갑각류의 색소는 가열하면 회색인 아스타잔틴(Astaxanthin)에서 적색의 아스타신(Astacin)이 된다.

17 신김치로 찌개를 하면 생배추로 찌개를 한때와 달리 장시간 끓여도 쉽게 김치가 연해지지 않는데 그 이유는?

① 김치 조직에 함유된 산 때문에

② 여러 가지 양념이 혼합되어서

③ 김치조직에 함유된 중탄산나트륨 때문에

④ 김치 속에 수분이 흡수되어서

17 김치가 익으면 발효에 의하여 유기산(초산, 젖산)이 생성되며, 이 산에 의해 섬유소가 단단해진다.

18 반드시 산소가 있어야만 생육이 가능한 미생물을 무엇이라고 하는가?

① 통성 혐기성균

② 편성 호기성균

③ 편성 혐기성균

④ 통성 호기성균

18 반드시 산소를 필요로 하는 미생물은 편성 호기성균이다.

19 질산염이나 이물질 등이 증가해서 오는 수질오염 현상은?

① 수인성 병원체 증가 현상

② 난분해물 축적 현상

③ 수온상승현상

④ 부영양화 현상

19 부영양화 현상은 호수나 하천 등의 정체된 수역에 질산염이나 인산염 등의 유기물질이 과도하게 유입되어 발생하는 수질오염 현상이다.

20 햇볕에 말린 생선이나 버섯에 특히 많은 비타민은?

① 비타민 D

② 비타민 E

③ 비타민 K

④ 비타민 C

20 햇볕의 자외선이 비타민 D를 합성한다.

21 다음 중 계량방법이 올바른 것은?

① 쇼트닝을 계량할 때는 냉장온도에서 계량컵에 꼭 눌러 담은 뒤, 직선 스파툴라(spatula)로 깎아 측정한다.

② 마가린을 잴 때는 실온일 때 계량컵에 꼭꼭 눌러 담고 직선으로 된 칼이나 스파툴라(spatula)로 깎아 계량한다.

③ 흑설탕을 측정할 때는 체로 친 뒤 누르지 말고 가만히 수북하게 담고 직선 스파툴라(spatula)로 깎아 측정한다.

④ 밀가루를 잴 때는 측정 직전에 채로 친 뒤 눌러서 담아 직선 스파툴라(spatula)로 깎아 측정한다.

21 ① 쇼트닝은 실온에서 계량한다.
③ 흑설탕은 꼭꼭 눌러서 계량한다.
④ 밀가루는 체로 쳐서 누르지 않고 수북하게 담아 흔들지 말고 편평하게 깎아 측정한다.

22 곤충을 매개로 간접 전파되는 감염병과 가장 거리가 먼 것은?

① 재귀열   ② 말라리아
③ 쯔쯔가무시병   ④ 인플루엔자

22 곤충과 감염병

모기	말라리아, 일본뇌염, 황열, 사상충증
파리	장티푸스, 파라티푸스, 콜레라
쥐	유행성출혈열, 페스트, 발진열
바퀴벌레	장티푸스
벼룩	발진열, 페스트
이	재귀열, 발진티푸스
진드기	유행성출혈열, 쯔쯔가무시증

23 일반음식점을 개업하기 위하여 수행하여야 할 사항과 관할 관청은?

① 영업 신고 - 지방식품의약품안전청
② 영업 허가 - 지방식품의약품안전청
③ 영업 허가 - 특별자치도 · 시 · 군 · 구청
④ 영업 신고 - 특별자치도 · 시 · 군 · 구청

23 일반음식점은 영업 신고를 하여야 하는 업종이며, 그 관할관청은 특별자치도(시)장, 시 · 군 · 구청장이다.

24 불포화지방산을 포화지방산으로 변화시키는 경화유에는 어떤 물질이 첨가되는가?

① 칼슘   ② 질소
③ 산소   ④ 수소

24 경화유(가공유지)는 불포화지방산에 수소를 첨가하여 액체유를 고체유로 만든 것으로 마가린, 쇼트닝 등이 있다.

25 당근에 함유된 색소로서 체내에서 비타민 A의 효력을 갖는 것은?

① 안토시안   ② β-카로틴
③ 클로로필   ④ 플라본

25 β-카로틴(프로비타민 A)은 소장 및 간에 존재하는 효소의 활동으로 일부가 레티놀(비타민 A)로 전환된다.

26 구매목적에 맞는 공급원의 선정 시 고려해야 할 사항에 대한 설명으로 잘못된 것은?

① 구매등록의 변경이나 비상발주의 경우에 응할 수 있는 능력을 고려한다.

② 공급자의 지리적 위치를 고려하여 운송 도중의 사고나 불편한 점이 없도록 해야 한다.

③ 공급자의 공장관리 상태, 노동력 상태에 대한 것은 고려하지 않는다.

④ 공급자의 식품에 관한 위생지식, 상품감별지식과 경험의 유무를 파악한다.

26 공급원의 선정 시 공급자의 공장관리 상태, 노동력 상태에 대한 것도 고려해야 한다.

27 떫은맛에 대한 설명으로 틀린 것은?

① 미각의 마비에 의한 수렴성의 불쾌한 맛이다.
② 지방을 많이 함유하는 식품의 오랜 저장 중 나타나는 떫은맛은 포화지방산에 의한 것이다.
③ 대표적인 성분으로는 폴리페놀성 타닌이 있다.
④ 떫은맛은 차의 제조에 있어서 중요한 풍미이다.

27 떫은맛은 혀의 점막 단백질을 응고시킴으로써 미각의 마비에 의한 수렴성의 불쾌한 맛으로 대표적인 성분은 타닌이 있으며, 차의 제조에 있어 중요한 풍미를 나타낸다.

28 시금치를 오래 삶으면 갈색이 되는데 이때 변화되는 색소는 무엇인가?

① 클로로필
② 카로티노이드
③ 안토크산틴
④ 플라보노이드

28 시금치를 오래 삶으면 시금치에서 유기산이 휘발되어 물에 녹아 물이 산성을 띤다. 시금치의 녹색 색소인 클로로필은 산과 반응하면 중앙의 마그네슘이 수소이온으로 치환되어 갈색의 페오피틴이 된다.

29 신선한 생선의 특징이 아닌 것은?

① 아가미의 빛깔이 선홍색인 것
② 눈알이 밖으로 돌출된 것
③ 손가락으로 눌렀을 때 탄력성이 있는 것
④ 비늘이 잘 떨어지며 광택이 있는 것

29 신선한 생선은 비늘이 고르게 밀착되어 잘 떨어지지 않고 광택이 있다.

30 직접원가에 속하지 않는 것은?

① 직접 재료비
② 직접 노무비
③ 일반 관리비
④ 직접 경비

30 직접원가 = 직접재료비 + 직접노무비 + 직접경비

31 조미료의 일반적인 첨가순서로 맞는 것은?

① 설탕 - 소금 - 식초
② 설탕 - 식초 - 소금
③ 소금 - 설탕 - 식초
④ 소금 - 식초 - 설탕

31 조미료의 맛을 식품 내부까지 스며들게 하려면 설탕, 소금, 식초의 순으로 조미료를 투입한다.

32 양파의 가열조리 시 단맛이 나는 이유는?

① 알리신이 티아민과 결합하여 알리티아민으로 변하기 때문에
② 가열하면 양파의 매운맛이 제거되기 때문에
③ 황화아릴류가 증가하기 때문에
④ 황화합물이 프로필 메르캅탄(propyl mercaptan)으로 변하기 때문에

32 양파의 가열 조리 시 단맛이 나는 이유는 황화합물이 가열에 의해 설탕의 50~70배 정도의 단맛을 내는 프로필 메르캅탄으로 변하기 때문이다.

33 두부 제조 시 압착-성형 후 절단하여 물속에서 수 시간 침지하는 주된 이유는?

① 부피를 증대시키기 위해
② 응고를 촉진시키기 위해
③ 무게를 증가시키기 위해
④ 간수(응고제)를 제거하기 위해

33 두부는 콩 단백질에 무기염류(황산칼슘, 염화마그네슘, 염화칼슘 등)를 첨가하여 응고시키는 제품으로, 간수(무기염류)를 제거하기 위하여 물속에 수 시간 침지시킨다.

34 구이에 의한 식품의 변화 중 틀린 것은?

① 독특한 향기와 맛을 낸다.

② 기름이 녹아 나온다.

③ 수용성 성분의 유출이 매우 크다.

④ 살이 단단해진다.

35 식빵에 버터를 펴서 바를 때처럼 버터에 힘을 가한 후 그 힘을 제거해도 원래상태로 돌아오지 않고 변형된 상태로 유지되는 성질은?

① 쇼트닝성   ② 유화성

③ 가소성   ④ 크리밍성

36 점성이 없고 보슬보슬한 매쉬드 포테이토(mashed potato)용 감자로 가장 알맞은 것은?

① 전분의 숙성이 불충분한 수확 직후의 햇감자

② 10℃ 이하의 찬 곳에 저장한 감자

③ 충분히 숙성한 분질의 감자

④ 소금 1컵 : 물 11컵의 소금물에서 표면에 뜨는 감자

37 감염병 중 바이러스(Virus)가 병원체인 것은?

① 장티푸스   ② 파라티푸스

③ 세균성 이질   ④ 홍역

38 아래와 같은 음식으로 차린 식단은 몇 첩 반상인가?

> 팥밥, 아욱국, 열무김치, 고등어구이, 콩나물, 무숙 짱아찌

① 3첩 반상   ② 7첩 반상

③ 5첩 반상   ④ 9첩 반상

39 마요네즈가 분리되는 경우가 아닌 것은?

① 기름을 첨가하고 천천히 저어주었을 때

② 기름의 온도가 너무 낮을 때

③ 기름의 양이 많았을 때

④ 신선한 마요네즈를 조금 첨가했을 때

40 식육이 공기와 접촉하여 선홍색이 될 때 선홍색의 주체 성분은?

① 미오글로빈(myoglobin)

② 니트로소미오글로빈(nitrosomyoglobin)

③ 옥시미오글로빈(oxymyoglobin)

④ 메트미오글로빈(metmyoglobin)

---

34 식품을 구우면 표면의 단백질이 빨리 응고되면서 수용성 성분의 유출을 막아 식품 본래의 맛을 유지할 수 있다.

35 가소성은 외부의 힘에 의해 형태가 변한 물체가 외력이 없어져도 원래의 형태로 돌아오지 않는 성질을 말한다.

36 • 분질감자 : 전분함량이 높은 감자를 말하며 전분이 많아 조리 시에 잘 부서지고, 수분이 적어 건조하고 익히면 보슬보슬해진다. 구이용, 매쉬드 포테이토, 쪄먹는 용도로 많이 사용한다.
• 점질감자 : 전분함량이 낮은 감자를 말하며 전분성분이 적어 잘 부서지지 않고 수분이 많아 촉촉하다. 샐러드나 수프에 사용한다.
※ ④의 조건에서 표면에 뜨면 점질감자, 가라앉으면 분질감자이다.

37 • 바이러스 : 홍역, 유행성이하선염, 수두, 유행성 간염, 폴리오, 일본뇌염, 공수병, AIDS 등
• 세균 : 장티푸스, 파라티푸스, 세균성 이질, 디프테리아, 백일해, 결핵, 파상풍, 페스트 등

38 밥, 국, 김치, 장류, 찌개, 찜, 전골은 첩 수에 들어가지 않는 기본음식이다. 위의 보기는 고등어구이, 콩나물, 무숙 짱아찌의 3첩 반상이다.

39 마요네즈가 분리되는 경우
• 유화제에 비해 기름의 양이 너무 많을 경우
• 기름을 너무 빨리 넣을 경우
• 초기의 유화액 형성이 불완전할 경우
• 기름을 첨가하고 젓는 속도를 천천히 할 경우
• 기름의 온도가 너무 낮아서 분산이 잘 안 될 경우
• 달걀의 신선도가 떨어지는 경우

40 식육의 색은 95% 이상이 미오글로빈이다. 미오글로빈은 공기 중의 산소와 결합하여 선홍색의 옥시미오글로빈이 되고, 계속 저장하거나 가열하면 갈색의 메트미오글로빈이 된다.

41 조리사가 업무정지 기간 중에 업무를 한때 행정처분은?

① 업무정지 1월 연장　　② 면허취소
③ 업무정지 3월 연장　　④ 업무정지 2월 연장

41 조리사가 업무정지 기간 중에 조리사 업무를 하였을 경우의 행정처분은 면허취소이다.

42 식품과 주요 특수성분 간의 연결이 옳은 것은?

① 후추 - 메틸메르캅탄
② 고추 - 차비신
③ 마늘 - 알리신
④ 무 - 진저론

42 후추(차비신), 고추(캡사이신), 생강(진저론)

43 식품의 냉동에 대한 설명으로 틀린 것은?

① -40℃ 이하로 급속 동결하면 식품 조직의 손상이 크다.
② 식품을 냉동 보관하면 영양적인 손실이 적다.
③ 육류는 사용량에 따라 나누어 냉동한다.
④ 채소류는 블렌칭(blanching)한 후 냉동한다.

43 식품을 -40℃ 이하로 급속 동결하면 식품 조직의 손상을 최소화 할 수 있다.

44 무나 양파를 오랫동안 익힐 때 색을 희게 하려면 다음 중 무엇을 첨가하는 것이 가장 좋은가?

① 식초　　② 생수
③ 소금　　④ 소다

44 무나 양파 등에 들어있는 안토잔틴은 백색이나 담황색을 띠는 수용성 색소로, 산에 안정하여 무나 양파를 익힐 때 산(식초)을 첨가하면 선명한 흰색을 유지할 수 있다.

45 수중유적형(oil in water : O/W) 식품끼리 짝지어진 것은?

① 마요네즈, 버터　　② 우유, 마가린
③ 마가린, 버터　　④ 우유, 마요네즈

45 ・수중유적형 : 우유, 마요네즈, 아이스크림 등
　・유중수적형 : 마가린, 버터 등

46 토마토의 붉은 색을 나타내는 색소는?

① 안토시아닌　　② 타닌
③ 클로로필　　④ 카로티노이드

46 토마토의 붉은 색을 나타내는 색소는 카로티노이드계 색소인 라이코펜이다.

47 경단백질로 가열에 의해 젤라틴으로 변하는 것은?

① 케라틴(keratin)　　② 콜라겐(collagen)
③ 히스톤(histone)　　④ 엘라스틴(elastin)

47 경단백질은 단순 단백질의 일종으로 염류용액이나 유기용매에 녹지 않는 단백질을 총칭한다. 콜라겐은 경단백질로서 가열하면 물을 흡수・팽윤하여 젤라틴으로 변한다.

48 필수지방산이 아닌 것은?

① 아라키돈산(arachidonic acid)
② 스테아르산(stearic acid)
③ 리놀레산(linoleic acid)
④ 리놀렌산(linolenic acid)

48 신체를 정상적으로 성장・유지시키기 위하여 꼭 필요하지만 인체 내에서 합성되지 못하여 반드시 음식으로 섭취해야 하는 지방산을 필수지방산이라 하며, 리놀레산, 리놀렌산, 아라키돈산이 있다.

49 당질의 함량이 가장 많은 과일은?

① 바나나
② 수박
③ 배
④ 머스크멜론

바나나는 100g당 21g의 당질을 가지고 있어 다른 과일보다 약 2배 정도 당질이 많다.

50 알칼리성 식품에 해당하는 것은?

① 달걀
② 송이버섯
③ 쇠고기
④ 보리

50 송이버섯은 알칼리성 식품이다.

산성	곡류, 육류, 생선류, 난류 등
알칼리성	채소, 과일, 우유 등

51 석탄산수(페놀)에 대한 설명으로 틀린 것은?

① 염산을 첨가하면 소독효과가 높아진다.
② 바이러스와 아포에 약하다.
③ 햇볕을 받으면 갈색으로 변하고 소독력이 없어진다.
④ 음료수의 소독에는 적합하지 않다.

51 석탄산(Phenol)
• 살균력이 강하고, 유기물에도 소독력이 약화되지 않는다.
• 세균에는 살균력이 강하지만 바이러스나 아포형 성균에는 효과가 떨어진다.
• 피부의 점막에 자극성이 강하고, 금속을 부식시키며, 냄새와 독성이 강하다.
• 독성이 강하기 때문에 음료수의 소독에는 적합하지 않다.
• 염산을 첨가하면 소독 효과가 높아진다.
• 소독제의 살균력 지표로 사용된다.
• 사용용도 : 변소, 의류, 손 소독 등

52 덜 익은 매실, 살구씨, 복숭아씨 등에 들어 있으며, 인체 장내에서 청산을 생산하는 것은?

① 고시폴(gossypol)
② 시큐톡신(cicutoxin)
③ 솔라닌(solanine)
④ 아미그달린(amygdalin)

52 고시폴(목화씨), 시큐톡신(독미나리), 솔라닌(감자)

53 국내에서 허가된 인공감미료는?

① 에틸렌글리콜(ethylene glycol)
② 사카린나트륨(sodium saccharin)
③ 사이클라민산나트륨(sodium cyclamate)
④ 둘신(dulcin)

53 둘신, 사이클라민산나트륨, 에틸렌글리콜, 페릴라틴, 메타니트로아닐린 등은 사용이 금지된 유해감미료이다.

54 집단 식중독 발생 시 처치사항으로 잘못된 것은?

① 소화제를 복용시킨다.
② 해당 기관에 즉시 신고한다.
③ 구토물 등은 원인균 검출에 필요하므로 버리지 않는다.
④ 원인식을 조사한다.

54 집단 식중독 발생 시 소화제 복용은 적절한 조치사항이 아니다.

55 곰팡이 독소와 독성을 나타내는 곳을 잘못 연결한 것은?

① 시트리닌(citrinin) – 신장독
② 아플라톡신(aflatoxin) – 신경독
③ 스테리그마토시스틴(sterigmatocystin) – 간장독
④ 오크라톡신(ochratoxin) – 간장독

55 아플라톡신은 쌀, 땅콩 등을 비롯한 탄수화물이 풍부한 곡류에서 잘 번식하는 진균독으로 간에 장애를 일으키는 간장독이다.

chapter 06

56 모성사망률에 관한 설명으로 옳은 것은?

① 임신 중에 일어난 모든 사망률

② 임신 28주 이후 사산과 생후 1주 이내 사망률

③ 임신, 분만, 산욕과 관계되는 질병 및 합병중에 의한 사망률

④ 임신 4개월 이후의 사태아 분만률

57 식품위생법상 영업허가를 받아야 하는 업종은?

① 식품조사처리업 ② 즉석 판매 제조 · 가공업

③ 일반음식점 영업 ④ 식품소분 · 판매업

58 카드뮴 만성중독의 주요 증상이 아닌 것은?

① 빈혈 ② 신장 기능 장애

③ 폐기종 ④ 단백뇨

59 식품위생법상 그 자격이나 직무가 규정되어 있지 않은 것은?

① 영양사 ② 조리사

③ 제빵기능사 ④ 식품위생감시원

60 먹는 물의 수질기준 중 대장균군의 기준은?

① 100mL에서 검출되지 아니할 것

② 1000mL에서 검출되지 아니할 것

③ 200mL에서 검출되지 아니할 것

④ 500mL에서 검출되지 아니할 것

---

56 모성사망률은 임신, 분만, 산욕과 관계되는 질병 및 합병증으로 사망하는 부인수를 나타낸다. 분모는 총 임신수가 되어야 하나 정확한 임신수를 파악하기가 불가능하므로 총 출생수를 분모로 계산한다.

57 **영업허가대상업종**
식품조사처리업, 단란주점영업, 유흥주점영업

58 카드뮴에 중독되면 신장기능장애, 폐기종, 단백뇨, 골연화증 등을 일으킨다. 빈혈은 납중독 시 나타나는 증상이다.

59 식품위생법에서 제빵기능사에 대한 자격이나 직무에 관한 규정은 없다.

60 먹는 물의 수질기준에서 총 대장균군은 100mL에서 검출되지 않아야 한다.

한 번 더 끝장내기

에듀웨이 카페(자료실)에서
최신경향을 반영한
추가 모의고사(상세한 해설 포함)**를**
확인하세요!

스마트폰을 이용하여 아래 QR코드를 확인하거나, 카페에 방문하여 '카페 메뉴 > 자료실 > 한식조리기능사'에서 다운로드할 수 있습니다.

【실전모의고사 제 5 회｜정답】

01 ④	02 ③	03 ③	04 ②	05 ①	06 ③	07 ②	08 ②	09 ①	10 ②
11 ①	12 ①	13 ③	14 ④	15 ④	16 ④	17 ①	18 ②	19 ④	20 ①
21 ②	22 ④	23 ④	24 ④	25 ②	26 ③	27 ④	28 ①	29 ③	30 ④
31 ①	32 ④	33 ④	34 ③	35 ③	36 ③	37 ④	38 ①	39 ④	40 ③
41 ②	42 ④	43 ①	44 ①	45 ④	46 ④	47 ②	48 ②	49 ①	50 ②
51 ③	52 ④	53 ②	54 ①	55 ②	56 ③	57 ①	58 ①	59 ③	60 ①

최신경향
핵심 120제

최신 경향을 파악하자!!!
시험 전에 반드시 체크해야 할 최신 빈출 120제를 엄선하여 수록하였습니다.

01 수분활성도(Aw)에 대한 설명으로 <u>틀린</u> 것은?

① 세균은 생육 최저 Aw가 미생물 중에서 가장 낮다.
② 말린 과일은 생과일보다 Aw가 낮다.
③ 효소활성은 Aw가 클수록 증가한다.
④ 소금이나 설탕은 가공식품의 Aw를 낮출 수 있다.

02 국내에서 <u>허가된</u> 인공감미료는?

① 사이클라민산나트륨(sodium cyclamate)
② 둘신(dulcin)
③ 사카린나트륨(sodium saccharin)
④ 에틸렌글리콜(ethylene glycol)

03 보존제의 설명으로 <u>옳은</u> 것은?

① 식품 중의 부패세균이나 감염병의 원인균을 사멸시키는 물질이다.
② 유지의 산패를 방지하는 물질이다.
③ 식품의 변질 및 부패의 원인이 되는 미생물을 사멸시키거나 증식을 억제하는 작용을 가진 물질이다.
④ 식품에 발생하는 해충을 사멸시키는 물질이다.

04 유지의 산패를 차단하기 위해 상승제(synergist)와 함께 사용하는 물질은?

① 표백제
② 항산화제
③ 발색제
④ 보존제

05 식품의 조리·가공 시 거품 발생의 억제와 제거 목적으로 사용하는 식품첨가물은?

① n-헥산(n-hexane)
② 규소수지(silicon resin)
③ 몰포린지방산염(morpholine salts of fatty acid)
④ 유동파라핀(liquid paraffin)

06 식품첨가물의 주요용도 연결이 <u>옳은</u> 것은?

① 이산화티타늄 – 발색제
② 삼이산화철 – 표백제
③ 호박산 – 산도조절제
④ 명반 – 보존료

07 살모넬라(Salmonella)균으로 인한 식중독에 대한 설명으로 <u>틀린</u> 것은?

① 주요 증상으로 급성위장염을 일으킨다.
② 달걀, 육류 및 어육가공품이 주요 원인식품이다.
③ 주로 통조림 등의 산소가 부족한 식품에서 유발된다.
④ 가열처리에 의해 예방된다.

08 황색포도상구균이 생성한 엔테로톡신에 대한 설명으로 <u>옳은</u> 것은?

① 100℃에서 10분간 가열하면 파괴된다.
② 단백질분해효소에 의해 가수분해된다.
③ 독소형 식중독을 유발한다.
④ 면역학적 특성에 따라 A, B, C, D, E, F, G 7종이 있다.

09 클로스트리디움 퍼프린젠스균(*Clostridium perfringens*)에 대한 설명으로 옳은 것은?

① 혐기성 세균이다.
② 냉장온도에서 잘 발육한다.
③ 당질식품에서 주로 발생한다.
④ 아포는 60℃에서 10분 가열하면 사멸한다.

10 감염형 세균성 식중독에 해당하는 것은?

① 바실러스 (*Bacillus cereus*)
② 살모넬라 (*Salmonella spp.*)
③ 클로스트리디움 (*Clostridium botulinum*)
④ 황색포도상구균 (*Staphylococcus aureus*)

11 우리나라에서 발생빈도가 가장 높은 식중독은?

① 화학성 식중독
② 자연성 식중독
③ 세균성 식중독
④ 곰팡이독 식중독 .

12 곰팡이 중독증의 예방법으로 틀린 것은?

① 곡류 발효식품을 많이 섭취한다.
② 식품가공 시 곰팡이가 발생하지 않은 원료를 사용한다.
③ 음식물은 습기가 차지 않고 서늘한 곳에 밀봉해서 보관한다.
④ 농수축산물의 수입 시 검역을 철저히 행한다.

13 모시조개 섭취 시 식중독을 유발하는 것은?

① 사포닌(saponin)
② 베네루핀(venerupin)
③ 듀린(dhurrin)
④ 아플라톡신(aflatoxin)

14 정제가 불충분한 면실유의 독성분은?

① 아미그달린(amygdalin)
② 솔라닌(solanine)
③ 테트로도톡신(tetrodotoxin)
④ 고시폴(gossypol)

15 납중독에 대한 설명으로 틀린 것은?

① 대부분 만성중독이다.
② 뼈에 축적되거나 골수에 대해 독성을 나타내므로 혈액장애를 일으킬 수 있다.
③ 잇몸의 가장자리가 흑자색으로 착색된다.
④ 손과 발의 각화증 등을 일으킨다.

16 과실주에 함유되어 과잉 섭취 시 두통, 현기증 등의 증상을 나타내며, 알코올발효에서 펙틴이 있으면 생성되는 것은?

① 포르말린
② 메탄올
③ 승홍
④ 붕산

17 식품을 조리 또는 가공할 때 생성되는 유해물질과 그 생성 원인을 잘못 짝지은 것은?

① 엔-니트로소아민(N-nitrosoamine) - 육가공품의 발색제 사용으로 인한 아질산과 아민과의 반응 생성물
② 아크릴아마이드(acrylamide) - 전분 식품 가열 시 아미노산과 당의 열에 의한 결합반응 생성물
③ 다환방향족탄화수소(polycyclic aromatic hydrocarbon) - 유기물질을 고온으로 가열할 때 생성되는 단백질이나 지방의 분해생성물
④ 헤테로고리아민(heterocyclic amine) - 주류 제조 시 에탄올과 카바밀기의 반응에 의한 생성물

18 파라치온(parathion), 말라치온(malathion)과 같이 독성이 강하지만 빨리 분해되어 만성중독을 일으키지 않는 것은?

① 유기인제 농약
② 유기염소제 농약
③ 유기불소제 농약
④ 유기수은제 농약

19 감염병예방법에 의한 인수공통감염병에 속하는 것은?

① 공수병
② 디프테리아
③ 콜레라
④ 장티푸스

20 수인성감염병의 유행 특성에 대한 설명으로 틀린 것은?

① 연령과 직업에 따른 이환율에 차이가 있다.
② 환자 발생은 급수지역에 한정되어 있다.
③ 계절에 직접적인 관계없이 발생한다.
④ 2~3일 내에 환자 발생이 폭발적이다.

21 무구조충(민촌충) 감염의 올바른 예방대책은?

① 채소류의 가열섭취
② 게나 가재의 가열섭취
③ 쇠고기의 가열섭취
④ 음료수의 소독

22 간디스토마증의 증상이 아닌 것은?

① 황달
② 복수(腹水)
③ 간 비대
④ 객혈

23 포자형성세균을 사멸시키는 가장 좋은 방법은?

① 저온소독법
② 고압증기멸균법
③ 고온살균법
④ 자비소독법

24 소독제의 살균력을 나타내는 지표로 활용되는 소독약은?

① 과산화수소
② 알코올
③ 석탄산
④ 크레졸

25 작업장 내의 부적당한 조명이 인체에 미치는 주 영향은?

① 위궤양
② 안정피로
③ 소화불량
④ 체중감소

26 공중보건에 대한 설명으로 틀린 것은?

① 환경위생 향상, 감염병 관리 등이 포함된다.
② 목적은 질병예방, 수명연장, 정신적·신체적 효율의 증진이다.
③ 주요 사업대상은 개인의 질병치료이다.
④ 공중보건의 최소단위는 지역사회이다.

27 영아사망률을 나타낸 것으로 옳은 것은?

① 1년간 출생수 1000명당 전체 사망수
② 1년간 출생수 1000명당 생후 1개월 미만의 사망수
③ 1년간 출생수 1000명당 생후 7일 미만의 사망수
④ 1년간 출생수 1000명당 생후 1년 미만의 사망수

28 하수처리 방법으로 혐기성처리 방법은?

① 임호프탱크법
② 활성오니법
③ 산화지법
④ 살수여과법

29 하수의 생화학적 산소요구량(BOD)을 결정하는 가장 주된 요소는?

① 탁도
② 수소이온농도
③ 경도
④ 유기물량

30 산소의 특성에 관한 설명 중 틀린 것은?

① 고압산소요법은 산소운반장애 산소결핍 상태의 치료 요법으로 이용된다.
② 노동이나 운동이 가중되면 산소의 소비량은 급격히 감소한다.
③ 산소의 허용농도보다 높은 산소를 장시간 호흡하면 산소 중독증이 생긴다.
④ 산소는 공기의 약 21% 정도를 차지하고 있다.

31 조리장의 전로 인입구에 설치하는 장치로서 전기기구의 누전이 발생할 경우 동작하여 전기 안전을 확보해 주는 것은?

① 누전 차단기
② 누전 안전기
③ 누전 개폐기
④ 누전 스위치

32 창의 유효 면적은 채광상 방바닥 면적의 얼마가 적당한가?

① 1/5~1/7
② 1/10~1/15
③ 1/15~1/20
④ 1/2~1/5

33 조리장의 작업공간 배치에서 가장 먼저 고려하여야 할 사항은?

① 창과 배기장치를 충분히 설치하여 채광과 환기에 유의한다.
② 식수보다 식단 내용을 가장 먼저 고려한다.
③ 조리장의 배치는 기기가 큰 것부터 배치한다.
④ 동선을 최소화한다.

34 조리장의 기계 설비는 무엇에 따라 배치하는 것이 적합한가?

① 크기의 순
② 미관상 좋은 모양
③ 동력의 종류별
④ 조리의 순서

35 무색, 무취, 무자극성 기체로써 불완전연소 시 잘 발생하며 연탄가스 중독의 원인물질인 것은?

① SO (일산화황)
② CO_2 (이산화탄소)
③ CO (일산화탄소)
④ NO (질산화산소)

36 주방에서 동·식물유(식용유 등)를 취급하는 조리기구에서 일어나는 주방화재 급수표시로 옳은 것은?

① B급 화재
② K급 화재
③ A급 화재
④ C급 화재

37 식품위생감시원을 임명할 수 있는 권한이 없는 자는?

① 보건소장
② 식품의약품안전처장
③ 시 · 도지사
④ 지방식품의약품안전처장

38 영업허가를 받아야 할 업종이 아닌 것은?

① 단란주점영업
② 식품소분판매업
③ 식품조사처리업
④ 유흥주점영업

39 식품위생법상 판매가 금지되는 식품을 설명한 것 중 거리가 먼 것은?

① 설익어서 인체의 건강을 해칠 우려가 있는 식품
② 병을 일으키는 미생물에 오염되어 있어 인체의 건강을 해칠 우려가 있는 식품
③ 수입이 금지된 식품
④ 기준, 규격이 고시된 화학적 합성품을 함유한 식품

40 식품위생법상 조리사를 두어야 하는 영업자 및 식품접객업자가 아닌 것은?

① 학교, 병원 및 사회복지시설의 집단급식소 운영자
② 국가 및 지방자치단체의 집단급식소 운영자
③ 면적 100㎡ 이상의 일반음식점 영업자
④ 복어를 조리 · 판매하는 영업자

41 식품위생법령상 집단급식소 운영자의 준수사항으로 틀린 것은?

① 지하수를 먹는 물로 사용하는 경우 수질검사의 모든 항목 검사는 1년마다 하여야 한다.
② 식중독이 발생한 경우 원인 규명을 위한 행위를 방해하여서는 아니 된다.
③ 실험 등의 용도로 사용하고 남은 동물을 처리하여 조리해서는 아니 된다.
④ 같은 건물에서 같은 수원을 사용하는 경우에는 같은 건물 안에 하나의 타 업소에 대한 수질검사결과로 갈음할 수 있다.

42 식품위생법령상 공무원 중 식품위생감시원의 자격요건에 해당되지 않는 것은?

① 대학에서 약학졸업자
② 위생사
③ 식품관련단체 소속직원
④ 영양사

43 식품위생법령상 식품의 원료관리 및 제조·가공·조리·소분·유통의 모든 과정에서 위해한 물질이 식품에 섞이거나 식품이 오염되지 않는 것을 방지하기 위한 식품안전관리 인증기준을 고시할 수 있는 자는?

① 보건복지부장관
② 보건소장
③ 식품위생감시원
④ 식품의약품안전처장

44 식품위생법상 식품의약품안전처장의 허가를 받아야 하는 영업은?

① 단란주점영업
② 즉석판매제조 · 가공업
③ 일반음식점영업
④ 식품조사처리업

45 식품위생법상 조리사가 면허취소 처분을 받은 경우 면허증을 반납하여야 할 기간은?

① 지체 없이
② 15일
③ 7일
④ 5일

46 식품위생법상 소분·판매를 할 수 있는 식품은?

① 전분
② 레토르트 식품
③ 벌꿀
④ 식초

47 체온유지 등을 위한 에너지 형성에 관계하는 영양소는?

① 비타민, 지방, 단백질
② 물, 비타민, 무기질
③ 탄수화물, 지방, 단백질
④ 무기질, 탄수화물, 물

48 포도당(glucose)이 함유되어 있지 않은 것은?

① 유당(lactose)
② 설탕(sucrose)
③ 아라비노스(arabinose)
④ 맥아당(maltose)

49 다음 중 산미도가 가장 높은 것은?

① 주석산
② 아스코르브산
③ 사과산
④ 구연산

50 고구마 100g이 72kcal의 열량을 낼 때, 고구마 350g은 얼마의 열량을 공급하는가?

① 234 kcal
② 324 kcal
③ 384 kcal
④ 252 kcal

51 당류와 주요 식품소재의 연결이 틀린 것은?

① 유당(lactose) - 달걀
② 과당(fructose) - 과일
③ 포도당(glucose) - 과일
④ 맥아당(maltose) - 엿기름

52 다음 중 필수아미노산은?

① 아스파트산(aspartic acid)
② 알라닌(alanine)
③ 발린(valine)
④ 프롤린(proline)

53 단백질 변성에 대한 설명으로 맞는 것은?

① 단백질의 용해도가 증가된다.
② 1차 구조가 변형된다.
③ 가열, 동결 등에 의해 발생한다.
④ 가역적 반응이다.

54 체조직을 구성하는 영양소가 다량 함유된 식품은?

① 참기름
② 시금치
③ 고구마
④ 소고기

55 불고기를 먹기에 적당하게 구울 때 나타나는 현상은?

① 단백질이 C, H, O, N으로 분해
② 탄수화물이 C, H, O로 분해
③ 탄수화물의 노화
④ 단백질의 변성

56 육류의 부패 과정에서 pH가 약간 저하되었다가 다시 상승하는데 관계하는 것은?

① 지방
② 글리코겐
③ 비타민
④ 암모니아

57 식품의 가공·저장 시 일어나는 마이야르(Maillard) 갈변반응은 어떤 성분의 작용에 의한 것인가?

① 당류와 지방
② 수분과 단백질
③ 당류와 단백질
④ 지방과 단백질

58 지방의 산패를 촉진시키는 요인과 거리가 먼 것은?

① 자외선
② 수분
③ 금속
④ 토코페롤

59 식물의 종자와 달걀노른자에 함유되어 있으며 유화제로 사용되는 것은?

① 레시틴
② 글루텔린
③ 콜레스테롤
④ 글리코겐

60 불포화지방산을 포화지방산으로 변화시키는 경화유에는 어떤 물질이 첨가되는가?

① 산소
② 수소
③ 질소
④ 칼슘

61 성장을 촉진시키고 피부의 상피세포기능과 시력의 정상 유지에 관여하는 비타민은?

① 비타민 D
② 비타민 E
③ 비타민 A
④ 비타민 K

62 비타민 A의 효력이 가장 큰 프로비타민 A는?

① 베타(β)-카로틴
② 알파(α)-카로틴
③ 크립토잔틴
④ 감마(γ)-카로틴

63 칼슘(Ca)의 기능이 아닌 것은?

① 혈액의 응고작용
② 신경의 전달
③ 골격, 치아의 구성
④ 헤모글로빈의 생성

64 무기질의 기능으로 옳지 않은 것은?

① 효소 작용의 촉진
② 체액의 pH 조절
③ 체액의 삼투압 조절
④ 열량 급원

65 식품의 산성 및 알칼리성을 결정하는 기준 성분은?

① 무기질의 구성
② 탄수화물의 구성
③ 필수아미노산 존재 여부
④ 필수지방산 존재 여부

66 무기질만으로 짝지어진 것은?

① 엽산, 비오틴, 니아신
② 판토텐산, 인, 구리
③ 칼슘, 포도당, 아연
④ 철, 마그네슘, 염소

67 식품의 변화에 관한 설명 중 옳은 것은?

① 일부 유지가 외부로부터 냄새를 흡수하지 않아도 이취현상을 갖는 것은 호정화이다.
② 당질을 180 ~ 200℃의 고온으로 가열했을 때 갈색이 되는 것은 효소적 갈변이다.
③ 천연의 단백질이 물리, 화학적 작용을 받아 고유의 구조가 변하는 것은 변향이다.
④ 마이야르 반응, 캐러멜화 반응은 비효소적 갈변이다.

68 다음 설명에 해당하는 성분은?

【보기】
• 연잎, 포도 열매, 벌집 등의 표면을 덮고 있는 보호 물질이다.
• 과도한 수분의 증발 및 미생물의 침입을 방지한다.
• 영양적 가치는 없으나 광택제로 사용한다.

① 콜라겐
② 배당체
③ 왁스
④ 레시틴

69 황화합물을 함유한 식품과 가장 관련이 적은 것은?

① 양파
② 파
③ 당근
④ 마늘

70 자색 양배추, 가지 등 적색채소를 조리할 때 색을 보존하기 위한 가장 옳은 방법은?

① 뚜껑을 열고 다량의 조리수를 사용한다.
② 뚜껑을 덮고 다량의 조리수를 사용한다.
③ 뚜껑을 열고 소량의 조리수를 사용한다.
④ 뚜껑을 덮고 소량의 조리수를 사용한다.

71 녹색채소를 수확 후에 방치할 때 점차 그 색이 갈색으로 변하는 이유는?

① 엽록소의 수소가 구리로 치환되기 때문이다.
② 엽록소의 마그네슘이 구리로 치환되기 때문이다.
③ 엽록소가 페오피틴(pheophytin)으로 변화되기 때문이다.
④ 엽록소가 클로로필라이드로 변화되기 때문이다.

72 공기 중의 습기를 흡수하는 성질이 있어 뚜껑을 닫아서 보관해야 하는 것으로만 묶인 것은?

① 된장, 고추장
② 간장, 식초
③ 물엿, 마요네즈
④ 소금, 설탕

73 간장에 대한 설명으로 **틀린** 것은?

① 간장은 메주를 자연 발효시킨 재래식 간장과 국균으로 가수분해시켜 만든 개량식 간장이 있다.
② 간장은 삶은 콩을 국균(코지균)으로 발효시킨 메주를 이용하여 만든다.
③ 간장은 제조방법, 저장기간, 조리용도에 따라 종류가 다양하다.
④ 간장의 검은색은 아미노산과 당이 반응하여 생긴 캐러멜화 반응 생성물에 의한 것이다.

74 나무 등을 태운 연기에 훈제한 육가공품이 **아닌** 것은?

① 베이컨
② 소시지
③ 육포
④ 햄

75 단팥죽을 만들 때 단맛을 강하게 하기 위하여 설탕과 함께 소량 넣어 주는 것은?

① 소다
② 식초
③ 소금
④ 계피가루

76 저온저장의 효과가 **아닌** 것은?

① 살균효과가 있다.
② 효소활성이 낮아져 수확 후 호흡, 발아 등의 대사를 억제할 수 있다.
③ 영양가 손실 속도를 저하시킨다.
④ 미생물의 생육을 억제할 수 있다.

77 발효식품이 **아닌** 것은?

① 젓갈
② 콩조림
③ 김치
④ 된장

78 다음 중 발효 식품은?

① 수정과
② 사이다
③ 치즈
④ 생선조림

79 다음 자료에 의해서 총원가를 산출하면 얼마인가?

【보기】

직접재료비 170000원,	간접재료비 55000원
직접노무비 80000원,	간접노무비 50000원
직접경비 5000원,	간접경비 65000원
판매경비 5500원,	일반관리비 10000원

① 430500원
② 435000원
③ 440500원
④ 425000원

80 간접원가에 속하는 것은?

① 급식비
② 인건비
③ 보험료
④ 수선비

81 상품의 판매가격을 결정할 때 총원가에 해당하지 않는 것은?

① 이윤
② 수도광열비
③ 인건비
④ 보험료

82 아래의 조건에서 당질 함량을 기준으로 고구마 180g을 쌀로 대치하려면 필요한 쌀의 양은?

【보기】
• 고구마 100g의 당질 함량 29.2g
• 쌀 100g의 당질 함량 31.7g

① 170.6g
② 165.8g
③ 184.7g
④ 177.5g

83 탄수화물 급원인 쌀 100g을 고구마로 대치하려면 고구마는 몇 g 정도 필요한가? (단, 100g당 당질함량 – 쌀 : 80g, 고구마 : 32g)

① 275g
② 250g
③ 325g
④ 300g

84 당근의 구입단가는 kg당 1300원이다. 10kg 구매 시 표준수율이 86%라면, 당근 1인분(80g)의 원가는 약 얼마인가?

① 151원
② 51월
③ 121원
④ 181원

85 식빵에 버터를 펴서 바를 때처럼 버터에 힘을 가한 후 그 힘을 제거해도 원래 상태로 돌아오지 않고 변형된 상태로 유지되는 성질은?

① 크리밍성
② 가소성
③ 유화성
④ 쇼트닝성

86 일반적으로 맛있게 지어진 밥은 쌀 무게의 약 몇 배 정도의 물을 흡수하는가?

① 3.2 ~ 4.4배
② 1.2 ~ 1.4배
③ 4.2 ~ 5.4배
④ 2.2 ~ 2.4배

87 아밀로펙틴(Amylopectin)에 대한 설명으로 옳은 것은?

① α-1, 4 결합으로만 구성되어 있다.
② 노화되기 쉽다.
③ 1개의 환원성 말단을 가지고 있다.
④ 직선상의 형태이다.

88 노화를 억제하기 위한 방법이 아닌 것은?

① 유화제를 첨가한다.
② 설탕을 첨가한다.
③ 수분 함량을 30~60%로 조절한다.
④ 냉동한다.

89 튀김에 관련된 설명으로 옳은 것은?

① 크로켓은 저온에서 오래 튀기는 것이 좋다.
② 밀가루는 중력분보다 박력분이 좋다.
③ 튀김기름은 발연점이 낮을수록 좋다.
④ 튀김에 한 번 사용한 기름은 햇빛이 잘 비치는 곳에서 보관한다.

90 밀가루 반죽에서 소금의 주요 역할은?

① 쇼트닝 효과를 증진시킨다.
② 적절히 사용하면 반죽의 점탄성을 증가시킨다.
③ 빵·국수·만두피 만들 때 노화를 억제하는데 좋다.
④ 발효를 촉진시킨다.

91 마카로니의 기본 재료가 아닌 것은?

① 물
② 쌀가루
③ 밀가루(강력분)
④ 소금

92 대두의 성분 중 거품을 내며 용혈작용을 하는 것은?

① 아비딘
② 사포닌
③ 청산배당체
④ 레닌

93 콩에 함유되어 있는 물질로 칼슘, 마그네슘, 철, 아연 등의 무기질 흡수를 방해하는 것은?

① 사포닌
② 안티트립신
③ 헤마글루티닌
④ 피트산

94 육류 및 육가공품에 대한 설명으로 틀린 것은?

① 육포는 소고기를 얇게 썰어 양념을 바른 다음 햇볕에 말린 것이다.
② 베이컨은 돼지의 복부육을 원료로 하여 염지, 건조 후 훈연한 것이다.
③ 소시지는 건조과정의 유무에 따라 더메스틱 소시지와 드라이 소시지로, 내용물의 상태에 따라 분쇄한 것과 유화시킨 것으로 나눌 수 있다.
④ 햄은 주로 앞다리 부위의 다리살을 원료로 하여 염지와 훈연과정을 거쳐 만든 제품이다.

95 소고기국을 끓일 때 결체조직을 연하게 하면서 맛있게 조리하는 방법은?

① 약한 불에 잠깐 끓이다가 강한 불에 잠깐 끓인다.
② 냉수에 넣고 끓기 시작하면 약한 불에 오래 끓인다.
③ 끓는 물에 넣고 약한 불에 오래 끓인다.
④ 끓는 물에 넣고 잠깐 끓인다.

96 생선의 조리 방법에 대한 설명으로 옳은 것은?

① 선도가 낮은 생선은 조림 국물의 양념을 담백하게 하여 뚜껑을 닫고 끓인다.
② 지방함량이 낮은 생선보다는 지방함량이 높은 생선으로 구이를 하는 것이 풍미가 더 좋다.
③ 생선찌개를 할 때 형태 유지와 생선 자체의 맛을 살리기 위하여 찬물에 넣고 은근히 끓인다.
④ 생선은 결체조직의 함량이 많으므로 습열조리법을 많이 이용한다.

97 생선의 자기소화 원인이 되는 것은?

① 염류
② 세균의 작용
③ 단백질 분해효소
④ 질소

98 지방이 많아 구이나 조림으로 주로 사용되는 생선은?

① 민어
② 고등어
③ 광어
④ 동태

99 생선에 레몬즙을 뿌렸을 때 나타나는 현상이 아닌 것은?

① 단백질이 응고된다.
② 생선의 비린내가 감소한다.
③ 신맛이 가해져서 생선살이 부드러워진다.
④ pH가 산성이 되어 미생물의 증식이 억제된다.

100 어패류 가공에서 북어의 제조법은?

① 염장법
② 염건법
③ 소건법
④ 동건법

101 어패류 부패와 관련된 설명으로 틀린 것은?

① 어육은 세균에 오염되기 쉽고 세균이 잘 발육한다.
② 어육의 pH는 죽은 직후에는 7.0~7.5 정도이다.
③ 어패류는 육류에 비해 수분이 많은 편이다.
④ 어패류에는 천연의 면역기능이 잘 발달되어 있다.

102 어패류와 육류에서 일어나는 자기소화의 원인은?

① 식품 속에 존재하는 산에 의해 일어난다.
② 식품 속에 존재하는 효소에 의해 일어난다.
③ 공기 중의 산소에 의해 일어난다.
④ 식품 속에 존재하는 염류에 의해 일어난다.

103 달걀흰자의 기포형성과 관련된 내용으로 맞는 것은?

① 식초나 레몬즙을 첨가하면 기포의 안정성이 감소한다.
② 수양난백은 농후난백에 비해 기포는 잘 형성되나 안정성은 감소한다.
③ 기포형성에는 수동교반기가 전동교반기보다 효과가 더 크다.
④ 달걀흰자는 실온에서보다 냉장온도에서 보관한 것이 더 교반하기 쉽다.

104 달걀을 삶았을 때 난황 주위에 일어나는 녹변현상에 대한 설명으로 옳은 것은?

① 낮은 온도에서 가열할 때 색이 더욱 진해진다.
② pH가 낮고 가열시간이 길수록 녹변현상이 잘 일어난다.
③ 신선한 달걀일수록 암녹색으로 변색이 잘 된다.
④ 난황의 철과 난백의 황화수소가 결합하여 생성된다.

105 달걀의 기능을 이용한 해당 조리 식품의 연결이 틀린 것은?

① 가소성 – 수란
② 유화성 – 마요네즈
③ 기포성 – 스펀지케이크
④ 응고성 – 달걀찜

106 우유를 데울 때 가장 좋은 방법은?

① 이중냄비에 넣고 저으면서 데운다.
② 이중냄비에 넣고 젓지 않고 데운다.
③ 냄비에 담고 약한 불에서 젓지 않고 데운다.
④ 냄비에 담고 끓기 시작할 때까지 강한 불로 데운다.

107 과실 주스에 설탕을 섞은 농축액 음료수는?

① 시럽(syrup)

② 스쿼시(squash)

③ 젤리(jelly)

④ 탄산음료

108 다음 중 훈연식품이 <u>아닌</u> 것은?

① 햄

② 베이컨

③ 치즈

④ 소시지

109 젤라틴에 대한 설명으로 <u>옳은</u> 것은?

① 과일 젤리나 양갱의 제조에 이용한다.

② 해조류로부터 얻은 다당류의 한 성분이다.

③ 산을 아무리 첨가해도 젤 강도가 저하되지 않는 특징이 있다.

④ 3~10℃에서 젤화되며 온도가 낮을수록 빨리 응고한다.

110 젤라틴의 응고에 관한 설명으로 <u>틀린</u> 것은?

① 젤라틴의 농도가 높을수록 빨리 응고된다.

② 염류는 젤라틴의 응고를 방해한다.

③ 단백질 분해효소를 사용하면 응고력이 약해진다.

④ 설탕의 농도가 높을수록 응고가 방해된다.

111 아이스크림을 만들 때 굵은 얼음 결정이 형성되는 것을 막아 부드러운 질감을 갖게 하는 것은?

① 지방

② 설탕

③ 달걀

④ 젤라틴

112 아이스크림의 안정제로 사용되는 것은?

① 탈지유

② 설탕

③ 바닐라

④ 젤라틴

113 조리 시 일어나는 현상에 대한 원인 설명이 <u>틀린</u> 것은?

① 튀긴 도넛에 기름 흡수가 많음 – 낮은 온도에서 튀겼기 때문이다.

② 오이무침의 색이 누렇게 변함 – 식초를 미리 넣었기 때문이다.

③ 장조림 고기가 단단하고 잘 찢어지지 않음 – 물에서 먼저 삶은 후 양념간장을 넣어 약한 불로 서서히 졸였기 때문이다.

④ 생선을 굽는데 석쇠에 붙어 잘 떨어지지 않음 – 석쇠를 달구지 않았기 때문이다.

114 조리 후의 현상과 그 원인이 <u>바르게</u> 연결된 것은?

① 돼지고기 편육이 누린내가 난다. – 고기를 삶은 후에 생강을 넣었기 때문이다.

② 장조림이 질기고 잘 찢어지지 않는다. – 너무 약한 불로 조리했기 때문이다.

③ 오이소박이 색이 누렇게 변하였다. – 익으면서 젖산이 생겼기 때문이다.

④ 도넛에 기름의 흡수가 많았다. – 높은 온도에서 튀겼기 때문이다.

115 옹근죽에 대한 설명으로 <u>맞는</u> 것은?

① 곡식의 마른 가루에 물을 넣어 끓인 묽은 죽

② 쌀알을 으깨거나 갈지 않고 통으로 쑤는 죽

③ 쌀알을 완전히 곱게 갈아서 매끄럽게 쑤는 죽

④ 쌀을 갈아서 우유를 넣어 쑤는 죽

116 한식의 '월과체'의 조리법에 해당하는 것은?

① 찌개조리
② 숙채조리
③ 전 · 적조리
④ 생채 · 회조리

117 한식에서 고명으로 사용되지 않는 것은?

① 잣, 호두, 은행
② 산초, 후추
③ 황백지단, 은행
④ 미나리 초대, 석이버섯

118 수라상의 찬품과 기명의 연결이 틀린 것은?

① 전골 – 합
② 조림 – 쟁첩
③ 김치 – 보시기
④ 나물 – 주발

119 겨자채를 만들기 위해 재료를 써는 모양으로 1cm ×4cm 정도 크기의 직사각형으로 납작하게 써는 방법은?

① 골패썰기
② 막대썰기
③ 깍둑썰기
④ 나박썰기

120 전 만드는 법에 대한 설명으로 틀린 것은?

① 달구어진 팬에 기름을 두르고 전을 지진다.
② 생선전 지질 때 소금간은 달걀에 섞어 한다.
③ 지져낸 전은 채반에서 한 김 식혀 접시에 담는다.
④ 재료에 따라 밀가루와 달걀을 묻혀서 지진다.

1 정답 ①

미생물 증식에 필요한 수분활성도
세균(0.90~0.95), 효모(0.88), 곰팡이(0.65~0.80)

2 정답 ③

둘신, 사이클라민산나트륨, 에틸렌글리콜, 페릴라틴, 메타니트로아닐린 등은 사용이 금지된 유해감미료이다.

3 정답 ③

보존제는 식품의 저장 중 미생물의 증식에 의해 일어나는 부패나 변질을 방지하고 식품의 영양가와 신선도를 보존하기 위하여 사용하는 첨가물이다.

4 정답 ②

유지의 산패를 방지하기 위하여 산화방지제(항산화제)를 사용하며 시트르산, 인산, 인지질 등의 상승제와 함께 사용하면 효과가 증대된다.

5 정답 ②

식품의 조리 · 가공 시 거품 발생의 억제와 제거 목적으로 사용하는 식품첨가물을 소포제라 하며 규소수지만 허용되어 있다.

6 정답 ③

호박산은 청주, 조개, 김치 등에서 신맛을 내는 유기산으로 산도조절제로 사용된다.
※ 이산화티타늄(착색제), 삼이산화철(착색제), 명반(팽창제)

7 정답 ③

통조림 등의 산소가 부족한 식품에서 유발되는 식중독균은 클로스트리디움 보툴리늄균이다.

8 정답 ③

① 내열성이 큰 단백질 독소로 210℃에서 30분간 가열하여야 파괴된다.
② 단백질분해효소에 의해 가수분해되지 않는다.
④ A~G형이 있는 식중독균은 클로스트리디움 보툴리늄균이다.

9. 정답 ①

클로스트리디움 퍼프린젠스균은 편성혐기성균으로 내열성 아포와 독소인 엔테로톡신을 생성한다.

10 정답 ②

감염형 세균성 식중독균은 살모넬라균, 장염비브리오균, 병원성 대장균 등이 있다.

11 정답 ③

세균성 식중독은 발병하는 식중독의 대부분을 차지한다.

12 정답 ①

곰팡이는 곡류, 견과류 등의 탄수화물이 풍부한 식품에서 많이 발생하므로 곡류 발효식품을 섭취할 때 주의하여야 한다.

13 정답 ②

모시조개, 굴, 바지락 등에 포함되어 식중독을 일으키는 물질은 베네루핀이다.

14 정답 ④

목화씨로 조제한 면실유에는 고시폴이라는 독성분이 있어 충분하게 정제되지 않으면 식중독을 일으킨다.

15 정답 ④

납중독은 대부분 만성중독으로 뼈에 축적되거나 골수에 대해 독성을 나타내므로 혈액장애를 일으키며, 잇몸의 가장자리가 흑자색으로 착색되는 연연현상이 나타난다.

16 정답 ②

메탄올(메틸알코올)은 에탄올 발효 시 펙틴이 있을 때 생성된다. 시신경 염증, 시각장애를 초래하고, 심하면 호흡곤란으로 사망하기도 한다.

17 정답 ④

헤테로고리 아민류는 육류나 생선을 고온으로 조리할 때 육류나 생선에 존재하는 아미노산과 크레아틴이 반응하여 만드는 고리 형태의 물질들로 세계보건기구에서 발암물질로 추정하고 있다.

18 정답 ①

유기인제 농약은 체내에 흡수되어 콜린에스테라아제의 작용을 억제하여 신경독성을 나타내며, 독성은 강하지만 빨리 분해되어 만성중독은 일으키지 않는다.
※ 파라치온, 말라치온, 테프 등이 있다.

19 정답 ①

공수병(광견병)은 병원체가 바이러스인 인수공통감염병이다.

20 정답 ①

수인성 감염병의 특징
- 급수지역과 발병지역이 거의 일치
- 2~3일 내에 환자 발생이 폭발적 증가
- 일반적으로 성별, 연령별, 직업별 이환율의 차이가 없다.
- 계절에 직접적인 관계가 없이 발생한다.
- 잠복기가 짧고, 치명률은 높지 않다.
- 오염원의 제거로 일시에 종식될 수 있다.

21 정답 ③

무구조충은 소가 매개하는 기생충으로 쇠고기를 생식하지 않는 것이 감염예방 대책이다.

22 정답 ④

간디스토마증(간흡충증)에 감염되면 만성감염 시 황달, 간경화, 간 비대증, 복수 등의 증상이 나타난다.

23 정답 ②

포자형성세균을 사멸시키는 가장 좋은 소독법은 고압증기멸균법이다.

24 정답 ③

소독약의 살균력 측정지표가 되는 소독제는 석탄산이다.

25 정답 ②

안정피로는 시작업(視作業)을 계속함으로써 정상적인 사람보다 빨리 눈의 피로를 느끼는 상태를 말하며, 작업장 내의 부적당한 조명으로 인하여 발생할 수 있다.

26 정답 ③

공중보건의 목적은 질병의 예방 및 건강의 유지이다. 치료는 목적이 아니다.

27 정답 ④

영아사망률은 출생아 1,000명당 생후 1년 미만의 사망자 수를 나타낸 천분비로서 국민보건상태의 측정지표로 사용된다.

28 정답 ①

- 혐기성처리 : 부패조법, 임호프탱크법
- 호기성처리 : 활성오니법, 살수여과법(살수여상법), 산화지법

29 정답 ④

BOD(생물학적 산소요구량)는 수중의 유기물을 안정화시키는데 필요한 산소량을 나타내는 수치이다.

30 정답 ②

노동이나 운동이 가중되면 산소의 소비량은 급격히 증가한다.

31 정답 ①

누전 차단기에 대한 설명이다.

32 정답 ①

창의 면적은 바닥면적의 15~20%(약 1/5~1/7)가 적당하며, 최소한 바닥면적의 10% 이상이 되어야 한다.

33 정답 ①

조리장의 작업공간은 채광, 환기, 건조 등의 위생적인 환경을 먼저 고려하고, 양질의 식수 공급 및 조리장 내부의 구조와 동선을 설계한다.

34 정답 ④

조리장의 시설 및 설비의 배치는 공정간 교차오염이 발생하지 않도록 조리의 순서에 따라 적절히 배치하여야 한다.

35 정답 ③

일산화탄소는 혈액 속의 헤모글로빈과의 친화력이 강하여 생체조직 내 산소결핍증을 일으키는 무색, 무취, 무자극성 기체이다.

36 정답 ②

동 · 식물유(식용유 등)를 취급하는 주방에서 일어나는 화재를 K급 화재라고 하며, Kitchen(주방)의 'K'를 따서 'K급 화재' 또는 '주방화재'라 한다.

37 정답 ①

식품위생감시원을 임명할 수 있는 권한이 있는 자는 식품의약품안전처장(지방식품의약품안전처장 포함), 시 · 도지사 또는 시장 · 군수 · 구청장이다.

38 정답 ②

영업허가대상업종 : 식품조사처리업, 단란주점영업, 유흥주점영업

39 정답 ④

식품위생법상 판매가 금지되는 식품
① 썩거나 상하거나 설익어서 인체의 건강을 해칠 우려가 있는 것
② 유독 · 유해물질이 들어있거나 묻어 있는 것
③ 병을 일으키는 미생물에 오염되어 인체의 건강을 해칠 우려가 있는 것
④ 불결하거나 다른 물질이 섞이거나 첨가되어 인체의 건강을 해칠 우려가 있는 것
⑤ 농 · 축 · 수산물 등 가운데 안전성 심사를 받지 아니하였거나 부적합하다고 인정된 것
⑥ 수입이 금지된 것 또는 수입신고를 하지 아니한 것
⑦ 영업자가 아닌 자가 제조 · 가공 · 소분한 것

40 정답 ③

조리사를 두어야 하는 영업
식품접객업 중 복어를 조리 · 판매하는 영업을 하는 자와 집단급식소 운영자이다. 일반음식점은 해당하지 않는다.

41 정답 ①

지하수 등을 먹는 물로 사용하는 경우 모든 항목의 검사는 2년마다 실시하며, 일부 항목에 대하여 1년마다 실시한다.

42 정답 ③

식품위생감시원의 자격요건
① 위생사, 영양사, 식품기사, 식품산업기사 등
② 의학, 한의학, 약학, 수의학, 식품학, 미생물학 등의 학부를 졸업하거나 이와 같은 수준 이상의 자격이 있는 자
③ 외국에서 위생사 등의 면허를 받고 식품의약품안전처장이 적당하다고 인정하는 자
④ 1년 이상 식품위생행정에 관한 사무에 종사한 경험이 있는 자 등

43 정답 ④

식품의약품안전처장은 식품의 원료관리 및 제조 · 가공 · 조리 · 소분 · 유통의 모든 과정에서 위해한 물질이 식품에 섞이거나 식품이 오염되는 것을 방지하기 위하여 각 과정의 위해요소를 확인 · 평가하여 중점적으로 관리하는 기준(식품안전관리인증기준)을 식품별로 정하여 고시할 수 있다.

44 정답 ④

식품조사처리업은 식품의약품안전처장의 허가를 받아야 하는 영업이다.
※ 영업허가업종 중 단란주점영업과 유흥주점영업은 시장 · 군수 · 구청장의 허가를 받아야 한다.

45 정답 ①

조리사가 그 면허의 취소처분을 받은 경우에는 지체 없이 면허증을 특별자치시장 · 특별자치도지사 · 시장 · 군수 · 구청장에게 반납하여야 한다.

46 정답 ③

식품소분업 판매를 할 수 없는 식품은 어육제품, 통 · 병조림 제품, 레토르트 식품, 특수용도 식품, 전분, 장류 및 식초이다.

47 정답 ③

인체활동에 필요한 열량을 공급하는 열량 영양소는 탄수화물, 지방, 단백질이 있다.

48 정답 ③

아라비노스는 단당류로 포도당이 함유되어 있지 않다.

49 정답 ①

주석산은 포도에 많이 들어 있는 산으로 산미도가 가장 높다.

50 정답 ④

$$100 : 72 = 350 : x$$
$$x = \frac{72 \times 350}{100} = 252\text{kcal}$$

51 정답 ①

유당은 우유나 유제품에 들어있는 당류이다.

52 정답 ③

필수아미노산은 류신, 이소류신, 라이신, 발린, 메티오닌, 트레오닌, 페닐알라닌, 트립토판, 히스티딘, 알기닌이다.

53 정답 ③

① 단백질이 변성되면 용해도는 감소한다.
② 단백질의 1차 구조는 펩티드결합으로 변하지 않는다.
④ 변성된 단백질은 복구될 수 없는 비가역적 반응이다.

54 정답 ④

체조직을 구성하는 대표적인 영양소는 단백질이며, 소고기 등의 육류와 두류에 많이 들어 있다.

55 정답 ④

가열에 의한 단백질의 변성
• 육류의 단백질이 열에 의해 응고되면서 수축하고 무게도 감소한다.
• 결합조직의 콜라겐이 젤라틴화되어 조직이 부드러워진다.

56 정답 ④

부패 초기에 미생물이 단백질을 분해할 때 산을 만들어내기 때문에 초기에는 pH가 저하되나, 시간이 경과하면 효모와 곰팡이가 단백질의 질소를 분해해 암모니아가 생성되어 알칼리성으로 변하게 된다.

57 정답 ③

마이야르 갈변반응은 비효소적 갈변으로 간장, 된장, 식빵 등이 갈색화되는 현상이다. 이는 당류와 단백질의 작용에 의한 것이다.

58 정답 ④

토코페롤은 비타민 E를 말하며, 대표적인 산화방지제이다.

59 정답 ①

달걀의 노른자에 많이 함유되어 있는 레시틴은 천연유화제로 사용된다.

60 정답 ②

경화유(가공유지)는 불포화지방산에 수소를 첨가하여 액체유를 고체로 만든 것으로 마가린, 쇼트닝 등이 있다.

61 정답 ③

비타민 A는 눈의 망막세포를 구성하고, 시력의 정상유지에 관여하며, 피부의 상피세포를 유지시켜 주며, 면역기능을 높이는 영양소이다.

62 정답 ①

프로비타민 A는 동물체 내에서 비타민 A 작용물질로 전환되는 물질로 α-카로틴, β-카로틴, γ-카로틴, 크립토잔틴 등이 있으며, 그 중 β-카로틴이 가장 활성이 크다.

63 정답 ④

칼슘(Ca)은 골격 및 치아를 구성하고, 혈액응고, 신경전달, 근육의 수축과 이완 등의 기능을 한다.
헤모글로빈을 생성하는 무기질은 철분(Fe)이다.

64 정답 ④

열량급원의 영양소는 단백질, 지방, 탄수화물이 있으며, 무기질은 열량을 공급하지 않는다.

65 정답 ①

식품을 연소시켰을 때 최종적으로 남는 무기질에 따라 식품의 산성과 알칼리성이 결정된다.
• 산성 식품 : 황, 인, 염소 등
• 알칼리성 식품 : 나트륨, 칼륨, 칼슘, 마그네슘 등

66 정답 ④

엽산, 비오틴(바이오틴), 니아신(나이아신), 판토텐산, 포도당은 무기질이 아니다.

67 정답 ④

마이야르 반응, 캐러멜화 반응은 비효소적 갈변이다.

68. 정답 ③

왁스는 식물의 잎, 줄기 등의 표면에 존재하는 매우 얇은 막으로 수분의 증발 및 미생물 침입을 방지하고, 광택을 부여하는 성질이 있어 피막제로도 사용된다.

69 정답 ③

황화합물은 파, 양파, 마늘, 부추 등에 많이 함유되어 특유의 향기와 매운맛을 나타낸다.

70 정답 ④

양배추, 가지 등의 적색채소의 색소는 안토시아닌이고, 이 색소는 산성에 적색을 나타내므로, 삶을 때 뚜껑을 덮고 소량의 조리수를 사용하면 유기산이 생성되어 선명한 적색을 나타낸다.
※ 녹색채소의 색을 보존하기 위해서는 뚜껑을 열고, 다량의 조리 수를 사용하여 조리한다.

71 정답 ③

녹색채소를 수확한 후 방치할 때 갈색으로 변하는 이유는 엽록소(클로로필)의 마그네슘이 수소로 치환되어 갈색의 페오피틴(Pheophytin)으로 변화되기 때문이다.

72 정답 ④

소금과 설탕은 흡습성이 있어 용기의 뚜껑을 닫아 보관하여야 한다.

73 정답 ④

간장의 검은색은 아미노산과 당이 반응하는 마이야르 반응에 의해 생성되는 멜라노이딘에 의한 것이다.

74 정답 ③

베이컨, 소시지, 햄 등은 훈연법(냉훈법)으로 만드는 제품이다.

75 정답 ③

단팥죽에 설탕과 함께 소량의 소금을 넣어주면 더 달게 느껴지는데 이를 맛의 대비효과라 한다.

76 정답 ①

저온저장으로 살균효과를 보기는 어렵다.

77 정답 ②

콩조림은 발효를 시키지 않는다.

78 정답 ③

치즈는 우유 단백질을 레닌이나 산으로 응고시킨 후 발효시켜 만든다.

79 정답 ③

• 직접원가 = 직접재료비(170,000원) + 직접노무비(80,000원) + 직접경비(5,000원) = 255,000원
• 제조간접비 = 간접재료비(55,000원) + 간접노무비(50,000원) + 간접경비(65,000원) = 170,000원
• 총원가 = 직접원가(255,000원) + 제조간접비(170,000원) + 판매 및 일반관리비(15,500원) = 440,500원

80 정답 ②

인건비는 직접원가에 해당한다.

81 정답 ①

총원가에 이윤을 더한 부분이 판매가격이다.

82 정답 ②

대체 식품량 $= \dfrac{\text{원래 식품량} \times \text{원래 식품함량}}{\text{대체 식품함량}} = \dfrac{180g \times 29.2g}{31.7g} = 165.8g$

83 정답 ②

대체 식품량 $= \dfrac{\text{원래 식품량} \times \text{원래 식품함량}}{\text{대체 식품함량}} = \dfrac{100g \times 80g}{32g} = 250g$

84 정답 ③

- 정미량 = 전체중량 × 정미율 = 1kg × 86% = 0.86kg
- 1kg당 단가 = $\dfrac{1300원}{0.86kg}$ = 1512원/kg
- 당근 80g의 원가 = 1512원/kg × $\dfrac{80g}{1000g}$ = 120.96원

85 정답 ②

가소성은 외부의 힘에 의해 형태가 변한 물체가 외력이 없어져도 원래의 형태로 돌아오지 않는 성질을 말한다.

86 정답 ②

밥을 지을 때 쌀은 일반적으로 무게의 약 1.2~1.4배의 물을 흡수한다. (백미 기준)

87 정답 ③

아밀로펙틴은
① α-1, 4결합과 α-1, 6결합으로 되어 있다.
② 호화 및 노화가 느리다.
④ 직쇄상의 형태에 포도당이 가지를 친 측쇄를 가진 구조이다.

88 정답 ③

노화는 수분함량 30~60%에서 잘 일어난다.

89 정답 ②

튀김에 사용하는 밀가루는 박력분을 사용한다.
① 크로켓을 저온에서 오래 튀기면 기름의 흡수가 너무 많아 좋지 않다.
③ 튀김용 기름은 발연점이 높아야 한다.
④ 튀김기름은 산소를 차단하고 어두운 장소에서 불투명한 용기에 보관한다.

90 정답 ②

밀가루 반죽 시 소금을 적절히 사용하면 글루텐 형성을 촉진시켜 반죽에 점탄성을 증가시킨다.

91 정답 ②

마카로니는 강력분에 물과 소금을 섞어 반죽하여 만든다. 쌀가루는 사용하지 않는다.

92 정답 ②

대두에 들어 있는 사포닌 성분은 기포성이 있고, 용혈작용을 한다.
※ 용혈작용 : 적혈구가 파괴되어 세포질이 혈장 안으로 용해되는 것으로, 혈액응고 및 지혈을 어렵게 한다.

93 정답 ④

콩에 함유되어 있는 피트산은 칼슘, 마그네슘, 철, 아연, 망간과 같은 무기질의 체내 흡수를 방해하며, 항산화제 역할도 한다.

94 정답 ④

햄은 주로 돼지의 뒷다리 부위를 이용하여 염지와 훈연과정을 거쳐 독특한 풍미와 방부성을 가진 제품이다.

95 정답 ②

육류로 탕이나 국을 끓일 때 찬물에 넣고 오래 끓여야 맛 성분의 용출이 잘 되어 맛있는 국물을 만들고, 결체조직도 부드러워진다.

96 정답 ②

① 선도가 낮은 생선은 양념을 진하게 하고 뚜껑을 열고 끓인다.
③ 물을 끓인 다음 생선을 넣어야 생선살이 풀어지지 않는다.
④ 생선은 결체조직의 함량이 낮아 잘 부스러지기 때문에 건열조리를 많이 이용한다

97 정답 ③

자기소화는 사후강직이 끝난 후 자체 내에 함유되어 있던 여러 단백질 분해효소의 작용으로 단백질이 분해되는 것을 말한다.

98 정답 ②

지방이 많아 구이나 조림으로 주로 사용되는 생선은 고등어, 청어, 꽁치 등의 붉은살 생선이다.

99 정답 ③

생선에 레몬즙(산)을 뿌리면 생선살(단백질)이 응고되어 육질이 단단해진다.

100 정답 ④

북어는 겨울철 저온에서 수분의 동결과 융해, 건조를 반복하는 자연동건법으로 제조한다.

101 정답 ④

어육은 육류에 비하여 수분이 많고 조직구조가 연하여 자기소화효소 및 미생물의 작용이 활발하게 이루어져 부패하기 쉽다. 죽은 직후의 어육 pH는 7.0~7.5 정도이다.

102 정답 ②

어패류와 육류에서 일어나는 자기소화는 식품 속에 존재하는 세포 내의 단백질 분해효소에 의해 일어난다.

103 정답 ②

수양난백은 거품이 쉽게 형성되나 안정성은 떨어진다.
① 난백에 식초나 레몬즙을 첨가하면 거품이 잘 일어나고 안정성도 좋아진다.
③ 전동교반기가 효과가 더 크다.
④ 난백의 기포성은 30℃ 정도에서 가장 좋다.

104 정답 ④

달걀의 녹변현상은 난황의 철과 난백의 황화수소가 결합하여 황화철을 만들기 때문이다.
온도가 높을수록, 삶는 시간이 길수록, pH가 높을수록 녹변현상이 잘 일어나며, 신선한 달걀은 변색이 거의 일어나지 않는다.

105 정답 ①

수란은 열응고성을 이용한 조리이다.
※ 가소성 : 외력에 의하여 모양이 변한 물체가 그 힘이 제거되어도 원래의 모양으로 돌아오지 않는 것

106 정답 ①

우유를 데울 때는 이중냄비(중탕)에서 저으면서 가열한다.

107 정답 ②

스쿼시는 과실 주스에 설탕을 섞은 농축액 음료를 말하며, 과즙에 설탕을 넣고 물 또는 탄산수로 희석한 것을 에이드라고 한다.

108 정답 ③

훈연제품으로 햄, 베이컨, 소시지 등이 있다.

109 정답 ④

①, ② 한천은 양갱의 제조에 사용되며, 해조류에서 얻어지는 다당류의 한 성분이다.
③ 젤라틴은 산을 첨가하면 젤 강도가 저하되고, 알칼리를 첨가하면 강도가 강해진다.

110 정답 ②

염류는 젤라틴이 물을 흡수하는 것을 막아 더 단단하게 응고시킨다.

111 정답 ④

젤라틴은 아이스크림의 얼음 결정이 형성되는 것을 막아 부드러운 질감을 갖게 해준다.

112 정답 ④

젤라틴은 아이스크림, 족편, 젤리 등의 안정제로 사용된다.

113 정답 ③

장조림의 고기가 단단해지고 잘 찢기지 않는 이유는 처음부터 간장과 설탕을 넣어 고기 내의 수분이 빠져나왔기 때문이다.

114 정답 ③

오이소박이가 익으면서 생성된 유기산(젖산, 초산)이 오이의 클로로필과 접촉하여 갈색의 페오피틴으로 변화되어 오이소박이의 색이 누렇게 변한다.

① 생강은 고기나 생선의 조리 후에 넣어야 탈취효과가 좋다.
② 장조림 조리 시 처음부터 간장과 설탕을 넣으면 고기 내의 수분이 빠져나와 고기가 질기고 잘 찢어지지 않는다.
④ 도넛을 낮은 온도에서 튀기면 기름의 흡수가 많아진다.

115 정답 ②

옹근죽은 쌀알을 으깨거나 갈지 않고 통으로 쑤어 쌀알이 연하게 퍼지고 녹말이 충분히 호화되어 소화되기 쉬운 상태로 무르게 익은 유동식을 말한다.

116 정답 ④

월과채는 생채 · 숙채 · 회조리법 중 기타 채류에 해당한다.

117 정답 ②

한식에서 고명으로 사용되는 것으로는 달걀지단(황백지단), 미나리 초대, 고기완자, 알쌈, 버섯류, 실고추, 홍고추, 풋고추, 통깨, 호두, 대추, 잣, 은행 등이 있다.
산초나 후추는 고명으로 사용하지 않고 향신료로 사용한다.

118 정답 ④

수라상에서 나물은 쟁첩에 담는다.
※ 수라상의 찬품과 기명

찬품	기명
수라(진지)	수라기, 주발
탕	탕기, 갱기
조치(찜)	조반기, 합
전골	합, 종지, 전골틀
침채류(김치류)	김치보, 보시기
장류	종지
각종 찬류	쟁첩
숭늉, 곡물차	다관, 대접

119 정답 ①

② 막대썰기 : 막대모양으로 써는 방법으로, 채 써는 것보다 두껍게 썬다.
③ 깍둑썰기 : 2cm 정도의 주사위 모양으로 써는 방법
④ 나박썰기 : 무 등을 원하는 길이로 잘라 가로, 세로가 비슷한 사각형으로 얇게 써는 방법

120 정답 ②

전은 재료를 지지기 좋은 크기로 하여 얇게 저미거나 채썰기 또는 다져서 소금과 후추로 조미한 다음 밀가루와 달걀 물을 입혀서 프라이팬이나 번철에 기름을 두르고 부쳐낸다.

|1장 한식 위생관리 및 안전관리|

01 손 씻는 방법
① 팔에서 손으로 씻어 내려온다.
② 손을 씻은 후 비눗물을 흐르는 물에 충분히 씻는다.
③ 역성비누원액을 몇 방울 손에 받아 30초 이상 문지르고 흐르는 물로 씻는다.
④ 역성비누액에 일반비누액을 섞어서 사용하지 않는다.
　→ 역성비누는 유기물이 존재하면 살균 효과가 떨어지므로 일반비누와 함께 사용할 때는 일반비누로 먼저 때를 씻어낸 후 역성비누를 사용한다.

02 식품 영업에 종사하지 못하는 질병
① 콜레라, 장티푸스, 파라티푸스, 세균성이질, 장출혈성대장균감염증, A형간염
② 결핵(비감염성인 경우는 제외)
③ 피부병 및 화농성질환
④ 후천성면역결핍증(성병에 관한 건강진단을 받아야 하는 영업에 한함)

03 구충·구서의 일반 원칙
① 가장 효과적인 방법은 환경위생을 개선하여 발생원 및 서식처를 제거하는 것이다.
② 발생 초기에 실시하는 것이 성충 구제보다 효과가 높다.
③ 생태 습성을 정확히 파악하여 생태 습성에 따라 구제한다.
④ 다른 곳으로 옮겨갈 수 있으므로 동시에 광범위하게 실시한다.

04 안전관리의 개념과 목적
① 안전관리는 위험 요소의 배제 등을 통해 사고 발생 가능성을 사전 제거하는 것이 가장 중요하다.
② 안전의 제일 이념은 인간존중으로 인명보호가 가장 중요하다.

▶ **재해 및 사고가 많이 발생하는 원인**
불안전행위 > 불안전조건 > 불가항력적 요인

05 화재의 종류

A급 화재	• 일반가연성 물질의 화재로서 물질이 연소된 후에 재를 남기는 일반적인 화재 • 냉각효과를 이용한 소화(물이나 산 또는 알칼리 소화기)
B급 화재	• 각종 유류 또는 가스로 인한 화재로 연소 후 재가 거의 없다. • 질식소화법(이산화탄소 소화기 등)을 사용한다. • 소화기 이외에 모래나 흙을 뿌려 소화시키고, 물은 뿌리면 더 위험해진다.
C급 화재	• 전기화재 • 질식 또는 냉각효과를 이용한 소화
D급 화재	• 금속화재 • 질식효과를 이용하며, 건조사 등을 뿌려 소화

06 소화의 방법

냉각소화	연소물의 온도를 인화점 및 발화점 이하로 낮춤
질식소화	산소공급의 차단 또는 산소 농도의 희석
제거소화	가연물질을 제거
억제소화	연소의 연쇄반응을 차단하고 억제

▶ **연소의 3요소** : 점화원, 가연성 물질, 공기(산소)
▶ **완강기**
• 고층 건물 화재 시 몸에 밧줄을 매고 높은 층에서 사용자의 몸무게에 따라 자동으로 내려올 수 있도록 만든 비상용 기구
• 사용자가 교대로 반복 사용할 수 있다.

07 직업병

구분		병증
온도	고온	열허탈증, 열경련, 열쇠약증, 울열증, 일사병 등
	저온	동상, 동창, 참호/참수족
압력	고온	잠함병, 감압병
	저온	고산병, 항공병
소음		직업성 난청 • 직업성 난청을 조기 발견할 수 있는 주파수 : 4,000Hz • 근로기준법상 1일 8시간 근무자의 소음허용한계는 90dB이다. • 데시벨(dB) : 소음의 측정단위로 음의 강도(음압)를 말한다.
진동		레이노드병, 뼈 및 관절장애, 소화기장애 등
분진		진폐증 – 규폐증, 석면폐증, 활석폐증 등
조명		안정 피로, 근시, 안구진탕증, 작업능률저하 등

08 식품의 식품위생
① 식품 : 모든 음식물을 말한다.(의약으로 섭취하는 것은 제외)
② 식품위생 : 식품, 식품첨가물, 기구 또는 용기·포장을 대상으로 하는 음식에 관한 위생을 말한다.

09 식품위생의 목적
① 식품 위생상의 위해(危害)를 방지
② 식품영양의 질적 향상을 도모
③ 식품에 관한 올바른 정보를 제공
④ 국민 보건의 증진에 이바지

10 미생물 생육에 필요한 조건

영양소	탄소원(당질), 질소원(아미노산, 무기질소), 무기질, 생육소 등
수분	• 수분량을 40%미만으로 유지하면 미생물의 증식 억제가 가능 • 생육에 필요한 수분량 : 세균(0.95) > 효모(0.88) > 곰팡이(0.80)
온도	• 0℃ 이하나 80℃ 이상에서는 잘 발육하지 못함 • 저온균(15~20℃), 중온균(25~37℃), 고온균(50~60℃)
산소	• 호기성균 : 산소가 필요(곰팡이, 효모 등) • 통성 혐기성균 : 산소의 유무와 관계없음(대부분) • 편성 혐기성균 : 산소를 기피(보툴리누스균 등)
pH	• 산성에서 잘 자람(pH 4.0~6.0) : 곰팡이, 효모 • 중성 및 약알칼리성에서 잘 자람(pH 6.5~7.5) : 대부분의 세균 및 미생물

▶ 미생물 증식의 3대조건 : 영양소, 수분, 온도
▶ 미생물의 크기 : 곰팡이 > 효모 > 스피로헤타 > 세균 > 리케차 > 바이러스

11 위생지표세균

① 대장균(Escherichia coli) : 식품이나 수질의 분변오염지표이며, 대장균군 중 가장 대표적인 미생물이다.
② 대장균군의 특징
 · 그람음성의 무포자 간균
 · 유당을 분해하여 산과 가스를 생산
 · 병원성을 띠기도 함

12 식품의 변질

① 수분, 온도, 산소, 광선, 금속 등의 영향을 받는다.
② 변질의 종류
 · 부패 : 단백질 식품이 미생물에 의해 변질
 · 산패 : 지방질 식품이 산화되어 변질(화학적 변화)
 · 변패 : 탄수화물, 지방식품이 미생물에 의해 변질
 · 발효 : 당질 식품이 미생물에 의해 분해되어 알코올과 유기산 등의 유용한 물질을 만듦

13 식품의 부패판정

관능 검사	• 시각, 촉각, 미각, 후각 등을 이용하여 부패판정
생균수 검사	• 초기부패 : 식품 1g당 10^7~10^8
화학적 검사	• pH(어류의 신선도) : pH 5.5(신선), pH 6.2 이상 (초기부패) • VBN(식육의 신선도) : 30~40mg%(초기부패) • TMA(어류의 신선도) : 4~6mg%(초기부패)

14 식품과 기생충

① 매개체 : 기생충 및 중간숙주
② 채소 : 회충, 요충, 편충, 구충(십이장충), 동양모양선충
③ 수육 : 무구조충(소), 유구조충(돼지), 선모충(돼지, 개), 톡소플라스마(개, 고양이, 돼지)

15 어패류로부터 감염되는 기생충

종류	제1중간숙주	제2중간숙주
간흡충(간디스토마)	쇠우렁이	붕어, 잉어
폐흡충(폐디스토마)	다슬기	가재, 게
요코가와흡충	다슬기	담수어, 은어, 잉어
광절열두조충(긴촌충)	물벼룩	연어, 송어
아니사키스	크릴새우	연안어류

16 소독의 종류

멸균	강한 살균력을 작용시켜 모든 미생물의 영양세포 및 포자를 사멸시켜 무균상태로 만드는 것
살균	세균, 효모, 곰팡이 등 미생물의 영양세포를 사멸시키는 것
소독	물리 또는 화학적 방법으로 병원미생물을 사멸 또는 병원력을 약화시키는 것
방부	미생물의 발육과 생활 작용을 저지 또는 정지시켜 부패나 발효를 방지하는 것

▶ 살균 작용의 강도 : 멸균 > 살균 > 소독 > 방부

17 물리적 소독법

화염멸균법	• 대상물을 알코올램프, 버너 등의 불꽃에 닿게 하여 20초 이상 가열하는 방법 • 불에 타지 않는 도자기류 등을 소독
건열멸균법	• 건열멸균기(Dry Oven)를 이용하여 170℃에서 1~2시간 가열하는 방법 • 유리기구, 주사침 등을 소독
자비소독 (열탕소독)	• 끓는 물(100℃)에서 15~20분간 처리하는 방법 • 식기류 등을 소독하는데 사용(아포형성균은 완전히 사멸되지 않음)
고압증기 멸균법	• 고압증기멸균기를 이용하여 121℃에서 15~20분간 살균하는 방법 • 멸균효과가 좋아 미생물과 아포(포자)형성균의 멸균에 가장 좋은 방법
우유 살균법	저온장시간살균법, 고온단시간살균법, 초고온순간살균법
자외선 멸균법	살균력이 높은 250~280nm의 자외선을 사용하여 미생물을 제거
방사선 멸균법	Co60(코발트 60) 등에서 발생하는 방사능을 이용하여 미생물을 제거

18 화학적 소독법

석탄산	• 소독제의 살균력 지표로 사용 • 변소, 의류 등에 3~5% 수용액으로 사용
크레졸	• 석탄산보다 소독력이 2배 강함 • 불용성으로 3~5%의 비누액으로 사용 • 피부에 저자극성이지만, 냄새가 강함 • 사용용도 : 변소, 의류, 손 소독

승홍수	• 금속을 부식시키며, 단백질과 결합하면 침전이 생긴다. • 손, 피부소독 등에 0.1% 수용액으로 사용
에틸알콜	• 소독제로 가장 많이 사용됨 • 손, 피부, 기구 소독 등에 70% 수용액으로 사용
생석회	• 습기가 있는 분변 소독에 적합하고, 공기에 오래 노출되면 살균력이 떨어짐
역성비누 (양성비누)	• 양이온 계면활성제, 무자극성, 독성이 없음 • 무색, 무취, 무미하고 침투력이 강함 • 유기물이 존재하면 살균 효과가 떨어지므로 보통 비누와 함께 사용할 경우 깨끗이 씻어낸 후 역성비누를 사용한다. • 사용용도 : 과일, 야채, 식기, 손 소독

19 소독약의 구비조건
① 살균력 및 침투력이 강할 것
② 용해성이 높을 것
③ 표백성, 금속부식성이 없을 것
④ 사용하기 간편하고 값이 쌀 것

20 식품첨가물의 구비조건
① 인체에 유해한 영향을 끼치지 않을 것
② 미량으로 효과가 클 것
③ 독성이 없거나 극히 적을 것
④ 식품에 나쁜 변화를 주지 않을 것
⑤ 사용법이 간편하고 저렴할 것

21 변질을 방지하는 식품첨가물
식품첨가물	종류와 용도
보존료	• 데히드로초산(치즈, 버터, 마가린 등) • 소르빈산(식육·어육 연제품, 잼, 케찹 등) • 안식향산(간장, 청량음료, 알로에즙 등) • 프로피온산(빵, 과자 및 케이크류)
살균제	차아염소산나트륨, 과산화수소 등
산화방지제	BHA(부틸히드록시아니솔), BHT(디부틸히드록시톨루엔), L-아스코르브산나트륨, 몰식자산프로필, 비타민 C(아스코르빈산), 비타민 E(토코페롤) 등

▶ **유해 보존제** : 붕산, 포름알데히드, 불소화합물, 승홍
▶ **천연 항산화제** : 비타민 C, 비타민 E, 플라본 유도체, 고시폴(면실유), 세사몰(참깨, 참기름) 등

22 관능을 만족시키는 식품첨가물
식품첨가물	종류
조미료	이노신산나트륨, 구아닐산나트륨, 글루탐산나트륨, 주석산나트륨, 구연산나트륨, 호박산 등
산미료	주석산, 사과산, 구연산, 젖산 등
감미료	사카린나트륨, 아스파탐, D-소르비톨, 자일리톨
착색료	• 타르계 : 에리쓰로신, 타트라진, 아마란스 • 비타르계 : 삼이산화철, 동클로로필린나트륨 등

발색제	육류 발색제(아질산나트륨, 질산나트륨, 질산칼륨), 식물성식품 발색제(황산제1철)
표백제	환원표백제(메타중아황산칼륨, 무수아황산, 차아황산나트륨 등), 산화표백제(과산화수소)
착향료	합성착향료, 천연착향료

23 품질개량과 유지에 사용되는 식품첨가물
식품첨가물	종류
유화제	글리세린, 지방산에스테르, 글리세리드, 대두 인지질(레시틴), 난황(레시틴) 등
호료	알긴산나트륨, 카제인, 카제인나트륨, 젤라틴 등
피막제	몰포린지방산염, 석유왁스, 초산비닐수지 등
밀가루 개량제	과산화벤조일, 과황산암모늄, 이산화염소, 브롬산칼륨
품질 개량제	피로인산칼륨 등의 인산염
이형제	유동 파라핀만 허용

24 식품제조에 필요한 첨가물
식품첨가물	종류
팽창제	탄산수소나트륨, 효모 등
소포제	규소수지
추출제	n-hexane(헥산)
껌 기초제	에스테르검, 초산비닐수지 등

25 유해 식품첨가물
감미료	둘신, 사이클라메이트, 메타니트로아닐린, 페릴라틴
보존제	붕산, 포름알데히드, 불소화합물, 승홍
착색제	아우라민, 로다민 B, 니트로아닐린
표백제	롱가릿, 형광표백제, 삼염화질소
발색제	삼염화질소, 아질산칼륨

26 유해물질 - 중금속
중금속	특징
납 (Pb)	• 도료, 제련, 배터리, 인쇄 등의 작업에 많이 사용되며 유약을 바른 도자기 등에서 중독이 일어날 수 있다. • 납 중독은 호흡과 경구 침입에 의해 발생 • 증상 : 피부창백, 연연(鉛緣), 위장장애, 중추신경장애, 혈액장애 등 • 소변에서 코프로포르피린이 검출된다.
카드뮴 (Cd)	• 중금속에 오염된 어패류의 섭취, 도자기의 안료나 식기의 도금으로 사용된 카드뮴이 중독을 일으킴 • 이타이이타이병을 일으킨다. • 증상 : 신장기능장애, 골연화증, 골다공증

436

수은 (Hg)	• 유기수은이 많이 함유된 어패류의 섭취, 농약, 보존료 등으로 처리한 음식물의 섭취로 중독됨 • 미나마타병을 일으킨다. • 증상 : 구내염, 근육경련, 언어장애
주석 (Sn)	• 주석 도금한 통조림의 캔으로부터 주석이 용출되어 중독을 일으킴 • 증상 : 구토, 설사, 복통 등
크롬 (Cr)	크롬이 증기나 미스트의 형태로 피부나 점막에 부착되면 피부의 궤양, 비점막 염증, 비중격천공 등의 증상을 일으킴

▶ 이타이이타이병(카드뮴 중독증)
  • 칼슘과 인의 대사 이상을 초래하여 골연화증을 유발한다.
  • 신장의 재흡수 장애를 일으켜 칼슘 배설을 증가시킨다.

▶ 미타마타병(수은 중독증)
  • 수은중독으로 인한 신경학적 증상과 징후를 나타낸다.
  • 손의 지각이상, 언어장애, 반사 신경 마비 등

27 식품 제조과정에서 생성되는 유독물질

메탄올	• 에탄올 발효 시 펙틴이 있을 때 생성 • 시신경 염증, 시각장애, 호흡곤란
N-니트로사민	육가공품의 발색제 사용으로 인한 아민과 아질산과의 반응에 의해 생성되는 발암물질
다환방향족 탄화수소(PAH)	• 산소가 부족한 상태에서 유기물질을 고온으로 가열할 때 단백질이나 지방이 분해되어 생성되는 발암물질 • 3,4-벤조피렌 : 훈제육이나 태운 고기에서 생성되는 다환방향족 탄화수소
아크릴아마이드	전분식품을 가열 시 아미노산과 당이 결합반응을 일으켜 생성되는 생성물질로 유전자변형을 일으키는 발암물질

28 식중독의 분류

세균성	감염형	살모넬라균, 장염 비브리오균, 병원성 대장균 등
	독소형	황색포도상구균(엔테로톡신), 클로스트리디움 보툴리늄(뉴로톡신), 웰치균 등
자연독	동물성	복어(테트로도톡신), 섭조개(삭시톡신), 모시조개, 굴(베네루핀) 등
	식물성	버섯독(무스카린), 감자(솔라닌, 셉신) 등
	기타	알레르기성 식중독(히스타민)
곰팡이독		아플라톡신(간장독), 맥각독, 황변미중독 등
화학물질		유해금속, 농약, 불량첨가물, 환경오염 등

29 세균성 식중독 – 감염형

살모넬라	• 쥐, 파리, 바퀴벌레 등에 의해 식품이 오염되어 발생 • 원인식품 : 어패류, 식육제품, 유제품
장염 비브리오	• 3~4%의 염분에서도 생육이 가능한 호염성 세균 • 원인식품 : 어패류 • 비브리오 유행기에 어패류를 생식하지 않는다.
병원성 대장균	• O-157:H7이 대표적 • 원인식품 : 우유, 가정에서 만든 마요네즈

30 독소형 식중독

포도상구균	• 화농성 질환의 대표적인 식품균 • 장독소(엔테로톡신) 생산 • 독소는 열에 강하여 일반 가열조리법으로 예방이 어려움 • 잠복기가 가장 짧음(3시간 정도) • 원인식품 : 김밥, 떡 등 • 예방법 : 화농성 질환자의 식품 취급 금지
클로스트리디움 보툴리늄	• 편성혐기성균으로 통조림 등의 진공포장 식품에서 식중독을 일으킴 • 신경독소(뉴로톡신) 생산 • 독소는 열에 약하고, 형성된 포자는 열에 강함 • 치명률이 매우 높음 • 사시, 동공확대, 신경마비 등의 증상
웰치균	• 장독소(엔테로톡신) 생산 • 편성혐기성균

31 자연독 식중독 – 동물성

테트로도톡신	• 복어의 독소 : 난소 > 간 > 내장 > 피부 • 독성이 강하며 열에 강하다. • 치사율이 가장 높다. • 지각이상, 위장장애, 호흡장애 등
삭시톡신	• 섭조개, 대합 등 • 말초신경마비 등 신경계통의 마비 • 적조해역에서 채취한 조개류 섭취금지
베네루핀	• 모시조개, 굴, 바지락 등
테트라민	• 권패류(고둥, 소라)

32 자연독 식중독 – 식물성

식물	독소
독버섯	아마니타톡신, 무스카린, 무스카리딘, 뉴린, 콜린, 팔린 등
감자	• 솔라닌(Solanine) : 감자의 싹과 녹색부위 • 셉신(Sepsine) : 썩은 감자
목화씨	고시폴(Gossypol)
피마자	리신(Ricin)
은행, 살구씨	아미그달린(Amygdalin)
독미나리	시큐톡신(Cicutoxin)
독보리	테물린(Temuline)

33 곰팡이 독(마이코톡신)

종류	독소	원인식품
곰팡이독	아플라톡신(간장독)	쌀, 보리, 옥수수
황변미독	시트리닌(신장독)	쌀
맥각독	에르고타민, 에르고톡신	호밀, 보리

34 기타 식중독

알레르기성 식중독	• 어육의 히스티딘에 모르가니균이 침투하여 생성된 히스타민이 알레르기를 일으킨다. • 꽁치, 고등어, 가다랑어 등 • 항히스타민제 투여로 치료
노로바이러스	• 바이러스에 의한 식중독 • 적은 수의 바이러스로도 식중독을 일으킴 • 항생제로 치유 안됨, 항바이러스제 없음 • 1~2일이면 자연치유

35 공중보건학

① 윈슬로우의 정의 : 조직적인 지역사회의 노력을 통하여 질병 예방, 생명 연장 및 신체적, 정신적 효율을 증진하는 기술이며 과학
② 공중보건의 3대 요소 : 질병예방, 수명연장, 건강증진
③ 공중보건학의 대상 : 지역사회가 최소 단위이며, 국민 전체가 대상(개인이 아닌 집단이 대상)

36 사회보장제도

사회보험	• 소득보장 : 국민연금 등 복지연금, 실업보험(고용보험) • 의료보장 : 건강보험, 산업재해보상보험
공공부조	• 기초생활보장, 의료급여
공공서비스	• 사회복지서비스 • 보건의료서비스 : 개인보건서비스, 공공보건서비스

▶ **4대 사회보험** : 국민연금, 고용보험, 건강보험, 산재보험

37 영아사망률

① 건강지표를 나타내는 가장 대표적인 지표
② 출생아 1,000명당 생후 1년 미만의 사망수를 나타낸 천분비
③ 신생아는 28일 미만, 영아는 생후 1년 미만의 아이를 말한다.

38 일광(태양빛)

자외선	• 일광의 3분류 중 파장이 가장 짧다. • 250~280nm에서 살균력이 가장 강해서 소독에 이용된다.(도르노선) • 비타민 D를 생성하여 구루병을 예방하고, 피부결핵, 관절염 치료에 효과적이다. • 신진대사 촉진과 적혈구의 생성을 촉진시키며 혈압강하의 효과가 있다. • 과다 노출은 피부의 색소를 침착시키고, 심하면 결막염, 설안염, 백내장, 피부암 등을 유발한다.
가시광선	• 망막을 자극하여 명암과 색채를 구분하는 파장(390~780nm) • 조명이 불충분하면 시력저하, 눈의 피로 • 조명이 지나치게 강하면 어두운 곳에서 암순응 능력을 저하
적외선	• 파장이 가장 길다.(780nm 이상) • 고열물체의 복사열을 운반하는 열선이다. • 피부온도 상승, 혈관 확장, 피부홍반을 일으킴 • 과다 노출 시 두통, 현기증, 백내장, 일사병 등을 유발

39 자외선 살균의 특징

• 사용법이 간단하다.
• 살균에 열을 이용하지 않는 비열(比熱)살균이다.
• 피조물에 조사하는 동안만 살균효과가 있다.
• 조사대상물에 거의 변화를 주지 않는다.
• 잔류효과는 없는 것으로 알려져 있다.
• 유기물 특히 단백질이 공존 시 효과가 현저히 감소한다.
• 가장 유효한 살균 대상은 물과 공기이다.

40 온열과 건강

① 온열의 4대요소 : 기온, 기습, 기류, 복사열
② 감각온도의 3요소 : 기온, 기습, 기류

41 공기의 조성 (0℃, 1기압 기준)

질소(N_2) 78% > 산소(O_2) 21% > 아르곤(Ar) 0.9% > 이산화탄소(CO_2) 0.03% > 기타원소 0.07%

42 공기의 자정작용

① 공기 자체의 확산과 이동에 의한 희석작용
② 눈과 비에 의한 세정작용(분진이나 용해성 가스)
③ 산소, 오존, 과산화수소에 의한 산화작용
④ 자외선에 의한 살균작용
⑤ 식물의 광합성에 의한 CO_2와 O_2의 교환작용

43 기온역전현상

① 대기의 상부 기온이 하부 기온보다 높을 때를 말한다.
② 지표면의 기온이 지표면 상층부보다 낮아지면 대기오염물질의 확산이 이루어지지 못하여 대기오염이 더 심해진다.

44 군집독

① 실내에 다수인이 밀집해 있는 경우 발생하며 공기의 물리적·화학적 조성의 변화로 일어나는 현상
② 불쾌감, 두통, 권태, 현기증, 구토, 식욕저하 등의 증상

45 대기 오염물질

이산화탄소 (CO_2)	• 실내공기의 오염지표로 사용 • 무색, 무취하며 비독성 가스 • 실내의 서한량 : 0.1%(=1,000ppm)
일산화탄소 (CO)	• 무색, 무취, 무자극성의 기체이며, 물체의 불완전 연소 시 많이 발생 • 연탄가스, 매연, 담배에서 발생 • 혈액 속의 헤모글로빈(Hb)과의 친화력이 산소보다 200~300배 강하여 생체조직 내 산소 결핍증을 초래 • 실내의 서한량 : 0.01%(=100ppm)
이산화황 (SO_2)	• 산성비의 원인이며, 달걀이 썩는 자극성 냄새 • 경유의 연소 과정에서 발생(자동차 배기가스)

46 상수도

① 상수처리과정

    취수→도수→정수(침전→여과→소독)→송수→배수→급수

② 소독 : 일반적으로 염소 소독을 사용한다.

47 염소 소독

① 장점 : 우수한 잔류 효과, 강한 소독력, 간편한 조작, 경제적인 비용
② 단점 : 강한 냄새와 독성
③ 염소 소독은 전염성 간염을 포함한 뇌염, 홍역, 천연두 등의 바이러스를 죽이지 못한다.

48 하수도

① 하수처리과정 : 예비 처리 → 본 처리 → 오니 처리
② 본 처리

구분	특징
혐기성 처리	무산소 상태에서 혐기성균이 유기물을 분해 에 부패조법, 임호프탱크법
호기성 처리	산소를 공급하여 호기성균이 유기물을 분해 에 활성오니법, 살수여상법, 산화지법

③ 오니 처리 : 육상투기법, 해양투기법, 소각법, 퇴비화법, 사상건조법, 소화법 등이 일반적으로 이용되고 있다. (소화법은 혐기성 분해처리를 하는 방법으로 제일 진보된 방법)

49 수질오염지표

용존 산소 (DO)	• 물에 녹아 있는 산소의 농도 • DO의 수치가 낮을수록 하수 오염도가 높다
생물학적 산소요구량 (BOD)	• 세균이 호기성 상태에서 유기물을 20℃에서 5일간 안정화시키는데 필요한 산소량을 말한다. • 수치가 높을수록 오염 정도가 크다.
화학적 산소요구량 (COD)	• 수중에 함유된 유기물질을 산화제로 산화시킬 때 소모되는 산화제의 양을 말한다. • 과망간산칼륨($KMnO_4$)을 사용하여 수중의 유기물질을 간접적으로 측정 • 수치가 높을수록 오염 정도가 크다.

50 폐기물 처리

주개 (제1류)		• 주방에서 배출되는 식품의 쓰레기 • 도시 생활 쓰레기 중에서 가장 많음
진개 (쓰레기)	가연성 진개 (제2류)	• 소각이 가능한 쓰레기 • 소각에서 발생하는 열에너지를 이용할 수 있다.
	불연성 진개 (제3류)	• 소각이 불가능한 쓰레기 • 환원가능한 물품을 제외하고는 매립
	재활용성 진개(제4류)	재활용이 가능한 쓰레기

51 소각법

장점	• 가장 위생적인 처리법이다. • 잔유물이 적고 유기물이 없기 때문에 매립에 적당하며 날씨에 영향을 받지 않는다.
단점	• 대기 오염이 심하다. • 발암성 물질인 다이옥신(Dioxin)이 발생할 수 있다. • 소각로 건설비가 높아 처리비용이 비싸다.

52 질병(감염병) 발생의 3요소

감염원(병원체, 병원소), 감염경로(환경), 감수성 숙주

53 숙주의 면역

선천적 면역			종속면역, 인종면역, 개인면역
후천적 면역	능동면역	자연능동 면역	질병감염 후 얻은 면역 • 두창, 홍역, 백일해, 발진티푸스, 장티푸스, 페스트, 황열, 콜레라 등
		인공능동 면역	예방접종 후 얻은 면역 • 생균백신 : 결핵, 홍역, 폴리오(경구) • 사균백신 : 장티푸스, 콜레라, 백일해, 폴리오(경피) • 순화독소 : 파상풍, 디프테리아
	수동면역	자연수동 면역	모체로부터 얻은 면역
		인공수동 면역	혈청제제 접종 후 얻은 면역

54 영구적 면역과 일시적 면역

영구면역	홍역, 백일해, 발진티푸스, 장티푸스, 페스트, 콜레라, 폴리오 등
일시면역	디프테리아, 폐렴, 인플루엔자, 세균성 이질, 매독 등

55 정기예방접종

① BCG(결핵) : 아기가 태어나서 제일 먼저 받는 예방접종(4주이내)
② DPT · 디프테리아(Diphtheria)
         · 백일해(Pertussis)
         · 파상풍(Tetanus)

56 식품과 기생충

매개체	기생충 및 중간숙주
채소	회충, 요충, 편충, 구충(십이지장충), 동양모양선충
수육	무구조충(소), 유구조충(돼지), 선모충(돼지, 개), 톡소플라스마(개, 고양이, 돼지)

57 유해물질 – 식품첨가물

감미료	둘신, 사이클라메이트, 메타니트로아닐린, 페릴라틴
보존제	붕산, 포름알데히드, 불소화합물, 승홍
착색제	아우라민, 로다민 B, 니트로아닐린
표백제	롱가릿, 형광표백제, 삼염화질소
발색제	삼염화질소, 아질산칼륨

58 감염병의 병원체에 따른 분류

바이러스	홍역, 유행성이하선염, 수두, 유행성간염, 폴리오, 일본뇌염, 공수병(광견병), AIDS 등
세균	디프테리아, 백일해, 결핵, 한센병, 성홍열, 콜레라, 장티푸스, 파라티푸스, 세균성이질, 파상풍, 페스트
리케차	발진티푸스, 발진열
스피로헤타	매독
원충	말라리아

59 감염병의 침입 경로에 따른 분류

호흡기계	디프테리아, 백일해, 결핵, 인플루엔자, 홍역, 풍진, 성홍열, 유행성이하선염, 수두 등
소화기계	장티푸스, 파라티푸스, 세균성이질, 콜레라, 폴리오, 유행성간염 등
경피	매독, 한센병, 파상풍, 페스트, 탄저 등

60 감염병의 전파경로에 따른 분류

직접전파	신체접촉(매독, 한센병), 토양(파상풍, 탄저), 비말감염(홍역, 인플루엔자, 폴리오)
간접전파	• 활성 매개체 : 쥐, 파리, 모기, 바퀴벌레, 이, 벼룩 등 (장티푸스, 유행성출혈열, 말라리아, 페스트 등) • 비활성 매개체 : 물, 식품, 공기, 생활 용구, 완구, 수술기구 등의 무생물 매개체 (장티푸스, 콜레라, 세균성이질, 폴리오 등) • 개달물 감염 : 트라코마, 결핵 등
공기전파	비말핵감염(큐열, 브루셀라, 결핵 등)

61 감염병의 잠복기에 따른 분류

잠복기가 짧은 감염병	콜레라(1~3일), 세균성 이질(1~3일), 파라티푸스(1~10일), 디프테리아(2~5일) 등
잠복기가 긴 감염병	한센병(2~40년), 결핵

62 인수공통 감염병

소	결핵, 탄저, 파상열, 살모넬라증
돼지	일본뇌염, 탄저, 렙토스피라증, 살모넬라증
양	큐열, 탄저
말	탄저, 살모넬라증
개	광견병, 톡소프라스마증
쥐	페스트, 발진열, 살모넬라증
고양이	살모넬라증, 톡소프라스마증
토끼	야토병

63 위생동물 매개 감염병

쥐	신증후군출혈열(유행성출혈열), 페스트, 렙토스피라증, 쯔쯔가무시증, 살모넬라
모기	말라리아, 일본뇌염, 황열, 사상충증
파리	장티푸스, 파라티푸스, 콜레라, 이질
바퀴벌레	장티푸스
벼룩	발진열, 페스트
이	재귀열, 발진티푸스
진드기	유행성출혈열, 쯔쯔가무시증

64 법정 감염병

1급	• 생물테러감염병 또는 치명률이 높거나 집단 발생의 우려가 커서 발생 또는 유행 즉시 신고하여야 하고, 음압 격리와 같은 높은 수준의 격리가 필요한 감염병 • 에볼라바이러스병, 두창, 페스트, 탄저, 보툴리눔독소증, 야토병, 신종감염병증후군, 중증급성호흡기증후군(SARS), 중동호흡기증후군(MERS), 신종인플루엔자, 디프테리아 등
2급	• 전파가능성을 고려하여 발생 또는 유행 시 24시간 이내에 신고하여야 하고, 격리가 필요한 감염병 • 결핵, 수두, 홍역, 콜레라, 장티푸스, 파라티푸스, 세균성이질, 장출혈성대장균감염증, A형간염, 백일해, 유행성이하선염, 풍진, 폴리오, 폐렴구균 감염증, 한센병, 성홍열 등
3급	• 발생을 계속 감시할 필요가 있어 발생 또는 유행 시 24시간 이내에 신고하여야 하는 감염병 • 파상풍, B형간염, 일본뇌염, C형간염, 말라리아, 레지오넬라증, 비브리오패혈증, 발진티푸스, 발진열, 쯔쯔가무시증, 렙토스피라증, 브루셀라증, 공수병, 신증후군출혈열, 후천성면역결핍증(AIDS), 황열, 뎅기열, 큐열, 지카바이러스감염증 등
4급	• 1~3급 감염병까지의 감염병 외에 유행 여부를 조사하기 위하여 표본감시 활동이 필요한 감염병 • 인플루엔자, 매독, 기생충증, 수족구병, 임질, 장관감염증, 급성호흡기감염증, 엔테로바이러스감염증 등

65 감염병의 신고 기간

구분	신고 기간
제1급 감염병	즉시
제2·3급 감염병	24시간 이내
제4급 감염병	7일 이내
예방접종 후 이상 반응	즉시

66 식품등의 공전
① 식품의약품안전처장은 아래의 공전을 작성·보급하여야 한다.
- 식품 또는 식품첨가물의 기준과 규격
- 기구 및 용기·포장의 기준과 규격
- 식품등의 표시기준

② 공전상 일반원칙

온도	• 표준온도 : 20℃ • 실온 : 1~35℃	• 상온 : 15~25℃ • 미온 : 30~40℃
물온도	• 찬물 : 15℃ 이하 • 열탕 : 약 100℃	• 온탕 : 60~70℃
pH	• 강산성 : pH 3.0 이하 • 중성 : pH 6.5~7.5 • 강알칼리성 : pH 11.0 이상	

67 자가품질검사
① 영업자, 식품등을 제조하게 하는 자, 직접 그 식품등을 제조하는 자가 자체적으로 실시하는 검사
② 자가품질검사 주기의 적용 시점은 다른 규정이 없는 한 제품제조일을 기준으로 산정한다.
③ 자가품질검사에 관한 기록서는 2년간 보관하여야 한다.

68 식품위생감시원의 직무
① 식품등의 위생적인 취급에 관한 기준의 이행 지도
② 수입·판매 또는 사용 등이 금지된 식품등의 취급 여부에 관한 단속
③ 표시기준 또는 과대광고 금지의 위반 여부에 관한 단속
④ 출입·검사 및 검사에 필요한 식품등의 수거
⑤ 시설기준의 적합 여부의 확인·검사
⑥ 영업자 및 종업원의 건강진단 및 위생교육의 이행 여부의 확인·지도
⑦ 조리사 및 영양사의 법령 준수사항 이행 여부의 확인·지도
⑧ 행정처분의 이행 여부 확인
⑨ 식품등의 압류·폐기 등
⑩ 영업소의 폐쇄를 위한 간판 제거 등의 조치
⑪ 그 밖에 영업자의 법령 이행 여부에 관한 확인·지도

69 영업의 허가, 등록, 신고

구분	영업	허가, 등록, 신고관청
허가	식품조사처리업	식품의약품안전처장
	단란주점영업	특별자치도지사 또는 시장·군수·구청장
	유흥주점영업	

구분	영업	허가, 등록, 신고관청
등록	식품제조·가공업 식품첨가물제조업 공유주방 운영업	특별자치시장(도지사) 또는 시장·군수·구청장
	주세법에 따라 주류를 제조하는 경우	식품의약품안전처장
신고	즉석판매제조·가공업	특별자치도지사 또는 시장·군수·구청장
	식품운반업	
	식품소분·판매업	
	식품보존업(식품냉동·냉장업)	
	용기·포장류 제조업	
	식품접객업 (휴게음식점영업, 일반음식점영업, 위탁급식영업, 제과점영업)	

70 조리사를 두어야 하는 영업
① 집단급식소 운영자
② 식품접객업 중 복어를 조리·판매하는 영업을 하는 자

71 조리사를 두어야 하는 영업 중 조리사를 두지 않아도 되는 경우
① 집단급식소 운영자 또는 식품접객영업자 자신이 조리사로서 직접 음식물을 조리하는 경우
② 1회 급식인원 100명 미만의 산업체인 경우
③ 집단급식소에 두어야 하는 영양사가 조리사 면허를 받은 경우

72 조리사의 결격사유
① 정신질환자
② 감염병환자(B형 간염환자는 제외)
③ 마약이나 그 밖의 약물 중독자
④ 조리사 면허의 취소처분을 받고 그 취소된 날부터 1년이 지나지 아니한 자

73 조리사의 면허취소 등 행정처분
① 면허의 반납 : 조리사가 면허의 취소처분을 받은 경우 지체 없이 면허증을 특별자치시장·특별자치도지사·시장·군수·구청장에게 반납하여야 한다.
② 면허의 재취득 자격 : 면허의 취소처분을 받고 그 취소된 날부터 1년이 경과되어야 한다.
③ 위반사항에 대한 행정처분

위반사항	행정처분기준		
	1차 위반	2차 위반	3차 위반
조리사의 결격사유	면허취소		
면허를 타인에게 대여하여 사용하게 한 경우	업무정지 2개월	업무정지 3개월	면허취소
업무정지기간 중에 조리사의 업무를 한 경우	면허취소		

74 영양소의 역할에 따른 분류

구성영양소	몸의 조직을 구성하는 성분을 공급한다. – 단백질, 칼슘
열량영양소	인체 활동에 필요한 열량을 공급한다. – 탄수화물, 지방, 단백질
조절영양소	인체의 생리작용을 조절한다. – 무기질, 비타민, 물

75 유리수와 결합수

유리수(자유수)	결합수
식품 중 유리 상태로 존재 (운동이 자유로움)	식품 중 고분자 물질과 강하게 결합하여 존재
수용성 용질을 녹이는 용매작용을 한다.	수용성 용질을 녹이는 용매로 작용하지 못한다.
미생물의 발아와 번식이 가능	미생물의 발아와 번식이 불가능
0℃ 이하에서 동결된다.	–20℃에서도 잘 얼지 않는다.
4℃에서 비중이 제일 크다. 표면장력이 크다.	유리수보다 밀도가 크다.
건조로 쉽게 제거가 가능하다.	• 수증기압이 유리수보다 낮으므로 100℃ 이상으로 가열해도 제거되지 않는다. • 식품조직을 압착하여도 제거되지 않는다.

76 수분활성도(Aw)

① 일정 온도에서 식품의 수증기압(P)과 같은 온도에서의 물의 수증기압(P_0)의 비이다.

$$수분활성도(Aw) = \frac{식품이\ 나타내는\ 수증기압(P)}{순수한\ 물의\ 최대\ 수증기압(P_0)}$$

$$상대습도 = 수분활성도(Aw) \times 100$$

② 순수한 물의 수분활성도(Aw) = 1
③ 식품의 수분활성도는 항상 1보다 작다.

77 미생물과 수분활성도

① 수분활성이 큰 식품일수록 미생물이 번식하기 좋으므로 저장성이 나쁘다.

- 미생물 증식에 필요한 수분활성도 :
  세균(0.90~0.95), 효모(0.88), 곰팡이(0.65~0.80)
- Aw 0.6 이하에서는 미생물의 번식억제가 가능하다.

② 소금절임은 수분활성을 낮게, 삼투압을 높게하여 미생물의 생육을 억제하는 방법이다.

78 탄수화물

① 탄소(C), 수소(H), 산소(O)로 구성되어 있다.
② 탄수화물은 4kcal/g의 에너지를 내며, 소화율은 98%이다.
③ 탄수화물의 종류

단당류	오탄당	리보스, 아라비노스, 자일로스
	육탄당	포도당, 과당, 갈락토스, 만노스
이당류	설탕	• 포도당+과당 • 상대적 감미도의 기준
	맥아당	• 포도당+포도당 • 발아중인 곡류(엿기름) 속에 함유
	유당	• 포도당+갈락토스 • 우유 속에 함유
올리고 당류	라피노스	• 포도당+과당+갈락토스 • 두류에 많이 들어 있고, 장내 세균의 발효에 의해 장내 가스를 발생
	스타키오스	• 라피노스+갈락토스 • 두류에 함유되어 있으며, 장내 가스 발생 물질이다.
다당류	전분	• 포도당으로부터 만들어진 다당류 • 식물의 대표적인 저장 탄수화물 • 아밀로오스와 아밀로펙틴으로 구성
	글리코겐	• 동물성 탄수화물 • 간과 근육에 저장되어 필요할 때 포도당으로 분해되어 에너지로 사용
	섬유소	• 식물 세포벽의 구성 성분 • 배설을 도와 변비를 예방
	이눌린	• 과당의 결합체 • 돼지감자, 우엉 등에 많이 함유
	펙틴	• 식물 세포벽의 구성 물질 • 당과 산이 존재하면 함께 젤(Gel)을 형성하는 성질이 있어 잼을 만드는데 이용
	키틴	• 게, 새우와 같은 갑각류에 다량 함유 • 단백질과 복합체를 이루고 있는 다당류

79 감미도의 순서

과당(170) > 전화당(85~130) > 설탕(100) > 포도당(74) > 맥아당(60) > 갈락토스(33) > 유당(16)

80 지방(지질)

① 탄소(C), 수소(H), 산소(O)로 이루어진 유기화합물
② 물에 녹지 않고, 유기용매에 녹는다.
③ 상온에서 액체 형태인 기름(油)과 고체 형태인 지방(脂)으로 존재한다.
④ 지방은 9kcal/g의 열량을 낸다.
⑤ 지용성 비타민의 용매 : 지방은 지용성 비타민(A, D, E, K)의 흡수와 운반을 도와준다.
⑥ 세포막 구성의 중요 성분이며, 신체 보호, 체온 조절, 포만감 제공 및 맛과 향미를 제공하는 기능을 한다.

81 지방의 분류

단순지질 (중성지방)	• 지방산과 글리세롤의 에스테르 결합 • 중성지방, 글리세롤, 지방산, 왁스 등
복합지질	• 지방산과 알코올의 에스테르에 질소, 인, 당 등이 결합된 지질 • 인지질, 당지질, 단백지질 등
유도지질	• 단순지질과 복합지질의 가수분해에 의해서 생성되는 지용성 물질 • 지방산, 고급 알코올류, 비타민류 등

82 요오드가에 따른 분류

요오드가가 높다는 것은 유지를 구성하는 지방산 중 불포화 지방산이 많음을 나타낸다.

구분	요오드가	특징
건성유	130 이상	상온에 방치하면 건조되는 유지 예 들기름, 잣기름, 호두기름 등
반건성유	100~130	건성유와 불건성유의 중간 성질의 유지 예 옥수수기름, 대두유, 참기름 등
불건성유	100 이하	상온에 방치해도 건조되지 않는 유지 예 올리브유, 팜야자유, 낙화생유 등

83 포화지방산과 불포화지방산

포화지방산	• 대부분 동물성 지방 • 대부분 상온에서 고체 상태로 존재(융점이 높음) • 이중결합이 없는 지방산 • 부티르산, 팔미트산, 스테아르산 등
불포화지방산	• 대부분 식물성 지방 • 대부분 상온에서 액체 상태로 존재(융점이 낮음) • 이중결합이 있는 지방산(이중결합이 많을수록 불포화도가 높아짐) • 불포화도가 높아질수록 산패가 잘 일어남 (항산화성이 없다.) • 리놀레산, 리놀렌산, 아라키돈산, 올레산 등

84 필수지방산

① 체내에서 합성할 수 없거나 그 양이 부족하여 반드시 음식으로 섭취해야 하는 불포화지방산을 말한다.
② 리놀레산·리놀렌산(식물성), 아라키돈산(동물성)

85 단백질

① 구성 : 탄소(C), 수소(H), 산소(O), 질소(N), 황(S), 인(P) 등
② 약 20여 종의 아미노산들이 펩티드 결합으로 연결된 고분자 유기화합물이다.
③ 열·산·알칼리 등에 응고되는 성질이 있다.
④ 뷰렛에 의한 정색반응으로 보라색을 나타낸다.
⑤ 단백질의 급원식품

동물성 급원	육류, 달걀, 우유, 생선류 등
식물성 급원	두류, 곡류, 견과류 등

86 단백질의 기능

① 체조직 구성성분
② 효소·호르몬·항체 합성
③ 체액 평행 유지
④ 산·알칼리 균형 유지
⑤ 단백질은 4kcal/g의 에너지를 공급한다.
⑥ 필수아미노산인 트립토판으로부터 나이아신(비타민 B_3)이 합성된다.

87 필수 아미노산

체내에서 합성되지 않아 반드시 음식으로 섭취해야 하는 아미노산

성인	류신, 이소류신, 라이신, 발린, 메티오닌, 트레오닌, 페닐알라닌, 트립토판, 히스티딘(9종)
성장기 어린이	성인의 필수아미노산 + 아르기닌(10종)

88 제한 아미노산

① 필수아미노산의 표준 필요량에 비해서 상대적으로 부족한 필수아미노산

식품	제한 아미노산
쌀, 밀가루	라이신, 트레오닌
옥수수	라이신, 트립토판
두류, 채소류, 우유	메티오닌

② 단백질의 상호 보조
• 부족한 제한 아미노산을 서로 보완할 수 있는 2가지 이상의 식품을 함께 섭취하여 영양을 보완할 수 있다.
• 쌀과 콩, 빵과 우유, 시리얼과 우유 등

89 수용성 비타민

비타민 B_1 (티아민)	• 탄수화물의 대사를 촉진하여 체내에서 에너지를 발생시키는 보조효소의 역할 • 쌀을 주식으로 하는 한국인에게 꼭 필요한 비타민이다. • 결핍증 : 각기병, 피로, 권태, 식욕부진, 신경염
비타민 B_2 (리보플라빈)	• 발육 촉진, 입안의 점막 보호 • 결핍증 : 구순구각염, 설염
비타민 B_3 (나이아신)	• 비타민 B_1, B_2와 함께 에너지 대사의 보조 효소로 작용 • 체내에서 필수아미노산인 트립토판으로부터 나이아신이 합성 • 결핍증 : 펠라그라
비타민 B_6 (피리독신)	• 단백질 대사 과정에서 보조효소로 작용 • 결핍증 : 피부염, 습진, 기관지염
비타민 B_9 (엽산)	• 적혈구를 비롯한 세포의 생성을 보조 • 결핍증 : 빈혈
비타민 B_{12} (시아노코발라민)	• 적혈구의 정상적인 발달을 도움 • 코발트(Co) 함유 • 결핍증 : 악성빈혈, 간장질환

비타민 C (아스코르빈산)	• 강한 환원력이 있어 산화방지제(항산화제)로 사용 • 콜라겐 합성, 철분 흡수 작용 • 열에 약하므로, 신선한 상태로 섭취하는 것이 좋다. • 결핍증 : 괴혈병, 잇몸 출혈, 저항력 약화

90 지용성 비타민

비타민 A (레티놀)	• 눈의 망막 세포 구성, 피부의 상피세포를 유지, 면역 기능 향상 • 카로틴(carotin) : 비타민 A의 전구물질 • 결핍증 : 야맹증, 결막염, 안구 건조증 • 급원 : 동물성(간, 우유, 달걀노른자 등), 식물성(당근, 귤, 시금치 등)
비타민 D (칼시페롤)	• 칼슘(Ca)과 인(P)의 흡수를 도와 뼈를 튼튼하게 유지시킴 • 전구체 : 에르고스테롤, 콜레스테롤 • 결핍증 : 구루병, 골다공증 • 급원 : 햇빛(자외선)+에르고스테롤(콜레스테롤) → 비타민 D 합성
비타민 E (토코페롤)	• 항산화제 및 생식기능의 유지 • 결핍증 : 불임증, 근육위축증 • 급원 : 식물성기름, 견과류, 배아, 달걀, 상추 등
비타민 K (필로퀴논)	• 혈액의 응고에 관여하여 지혈작용을 한다. • 장내 세균이 작용하여 인체 내에서 합성된다. • 결핍증 : 혈액 응고 지연 • 급원 : 시금치, 콩류, 당근, 감자 등

91 지용성 비타민과 수용성 비타민의 비교

특성	지용성 비타민	수용성 비타민
종류	A, D, E, K	B군, C
용매	지방, 유기용매	물
흡수	지방과 함께 흡수	수용성 상태로 흡수
저장	간 또는 지방조직	저장하지 않음
방출	담즙을 통해 천천히 방출	소변을 통하여 방출
결핍증	결핍증이 서서히 나타남	결핍증이 빠르게 나타남
과잉증	과잉증 또는 독성 있음	과잉증이 거의 없음
전구체	있음	없음
조리손실	적음	열, 알칼리에서 쉽게 파괴

92 무기질의 특징과 기능

① 생체 내에서 체액의 삼투압 조절
② 체액의 pH를 조절하여 산-염기의 평형을 유지
③ 효소의 활성을 촉진
④ 생리적 작용에 대한 촉매작용
⑤ 신경의 자극을 전달
⑥ 호르몬과 비타민의 구성 요소
⑦ 무기질은 열량을 공급하지 않는다.

93 산성 식품과 알칼리성 식품

식품을 연소시켰을 때 최종적으로 남는 무기질에 따라 식품의 산성과 알칼리성이 결정된다.

산성 식품	황(S), 인(P), 염소(Cl)와 같은 산성 원소가 많이 포함된 식품 예 곡류, 육류, 어류, 두류(대두 제외) 등
알칼리성 식품	나트륨(Na), 칼륨(K), 칼슘(Ca), 마그네슘(Mg)과 같은 알칼리성 원소가 많이 포함된 식품 예 우유, 채소, 과일, 대두 등

94 무기질의 종류 – 다량원소

무기질	특징
칼슘 (Ca)	• 골격과 치아의 구성 성분, 혈액 응고, 근육 수축 및 이완, 신경 전달 • 결핍증 : 구루병, 골다공증, 골연화증 • 급원 : 우유, 유제품, 멸치, 뱅어포 등
인 (P)	• 골격과 치아의 구성 성분, 에너지 대사, 산과 알칼리 균형 유지, 인지질의 성분 • 신체를 구성하는 무기질 중 1/4을 차지한다. • 결핍증 : 골격 손상, 골연화증, 골다공증 • 급원 : 우유, 유제품, 육류, 생선, 난황
나트륨 (Na)	• 삼투압 조절, 산·알칼리 평형, 신경전달 • 결핍증 : 근육경련, 식욕감퇴 • 과잉증 : 고혈압이나 부종 발생 • 급원 : 피클, 김치, 가공 치즈 등
칼륨 (K)	• 삼투압 조절, 근육 수축, 신경자극 전달 • 결핍증 : 식욕감퇴, 근육경련 • 급원 : 시금치, 양배추, 감자, 바나나 등
염소 (Cl)	• 삼투압 조절, 위액의 산성 유지 • 결핍증 : 식욕감퇴, 소화불량 • 급원 : 소금
황 (S)	• 해독작용, 체구성 성분, 산과 염기의 균형 조절 • 결핍증 : 손톱, 발톱, 모발의 발육부진 • 급원 : 단백질 식품
마그네슘 (Mg)	• 골격과 치아의 구성성분, 에너지 대사 • 결핍증 : 신경 및 근육경련, 구토, 설사 • 급원 : 엽록소(클로로필)의 구성 성분으로 초록잎 채소에 풍부하게 함유

95 무기질의 종류 – 미량원소

무기질	특징
철분 (Fe)	• 헤모글로빈, 미오글로빈의 구성 성분 • 결핍증 : 빈혈 • 급원 : 내장고기, 난황, 녹황색채소 등
요오드 (I)	• 갑상선 호르몬(티록신)의 구성 성분 • 결핍증 : 갑상선종, 크레틴병 • 급원 : 해조류(김, 미역 등)

무기질	특징
아연 (Zn)	• 상처회복, 면역기능 • 결핍증 : 면역기능 저하, 상처회복 지연 • 급원 : 굴, 새우, 조개, 육류, 달걀, 우유 등
구리 (Cu)	• 철분 흡수 • 결핍증 : 빈혈 • 급원 : 간, 조개류, 해조류, 채소류
코발트 (Co)	• 비타민 B_{12}의 구성 성분, 적혈구 생성에 관여 • 결핍증 : 빈혈 • 급원 : 쌀, 콩
불소 (F)	• 충치예방, 골다공증 방지 • 결핍증 : 충치 발생 • 급원 : 해조류, 차

96 열량의 계산 및 한국인의 영양

① 열량의 계산

> (단백질 양+탄수화물 양)×4kcal+(지방의 양)×9kcal

② 한국인의 영양섭취기준
- 탄수화물 : 65%, 단백질 : 15%, 지방 20%

97 열량 영양소(1g당)

- 탄수화물 : 4 kcal
- 단백질 : 4 kcal
- 지방 : 9 kcal
- 알코올 : 7 kcal

98 맛의 종류

① 맛의 4원미 : 단맛, 짠맛, 신맛, 쓴맛
② 맛의 종류와 성분

맛	특징 및 성분
단맛	• 당류 : 포도당, 과당, 맥아당, 유당 • 당 알코올류 : 솔비톨, 자일리톨, 만니톨 등 • 황화합물 : 프로필메르캅탄 등
짠맛	• 염화나트륨(NaCl) : 가장 순수한 짠맛
신맛	초산(식초, 김치류), 구연산(감귤, 딸기), 주석산(포도), 사과산(사과, 배), 젖산(요구르트, 김치류), 호박산(청주, 조개, 김치류) 등
쓴맛	카페인(녹차, 홍차, 커피, 코코아), 테오브로민(코코아, 초콜릿), 나린진(밀감, 자몽), 쿠쿠르비타신(오이의 꼭지), 쿠에르세틴(양파 껍질), 휴물론(맥주)
감칠맛	글루탐산(다시마, 김, 된장, 간장), 구아닐산(표고버섯, 송이버섯, 느타리버섯), 이노신산(가다랭이포, 멸치, 육류), 베타인(오징어, 새우, 문어), 크레아티닌(어류, 육류), 카노신(육류, 어류), 타우린(오징어, 문어, 조개류)
매운맛	캡사이신(고추), 차비신(후추), 시니그린(겨자), 다이알 릴설파이드, 프로필알릴설파이드(부추), 알리신(마늘, 양파), 진저롤·쇼가올·진저론(생강), 커큐민(강황), 시남알데하이드(계피)

99 맛의 상호작용

맛의 상승	같은 종류의 맛을 가지는 두 가지 성분을 혼합하면 각각 가지고 있는 맛보다 훨씬 더 강하게 느낌 📷 설탕에 포도당을 첨가하면 단맛이 더 증가한다.
맛의 억제 (소실)	두 가지의 맛 성분을 혼합하였을 때 각각의 고유한 맛이 약하게 느낌 📷 커피에 설탕을 넣으면 커피의 쓴맛이 설탕에 의 해 감소한다.
맛의 대비 (강화)	한 가지 맛 성분에 다른 맛 성분을 혼합하였을 때 주 된 맛 성분을 더 강하게 느낌 📷 설탕물에 소금을 조금 넣으면 단맛이 증가한다.
맛의 변조	한 가지 맛 성분을 맛본 직후에 다른 맛을 보면 원래 의 맛을 정상적으로 느끼지 못함 📷 쓴 약을 먹고 물을 마시면 물이 달게 느껴진다.

100 조미료

① 조미료의 사용순서 : 설탕 → 소금 → 식초
② 주요 조미료의 특성

소금	• 무기질의 공급원 • 신맛을 줄여주고 단맛을 높여주는 효과 • 제빵, 제면에서 제품의 물성을 향상 • 방부력을 지닌 보존료 • 가열에 의한 두부의 경화를 억제 • 연제품 제조 시 어육단백질을 용해하여 탄력성을 줌 • 온도에 따른 용해도의 차이가 거의 없음
식초	• 살균효과, 방부효과 • 생선의 단백질은 단단하게, 뼈는 연하게 해줌 • 달걀을 삶을 때 난백의 응고작용을 도움 • 마요네즈 제조 시 유화액을 안정시킴
화학 조미료	글루탐산나트륨(다시마), 석신산나트륨(조개류), 구아닐 산나트륨(표고버섯), 이노신산나트륨(어류나 육류의 고기)

101 향신료

향신료	특징	특수성분
후추	육류의 누린내와 생선의 비린내를 없애 는 데 사용한다.	차비신
고추	매운맛과 향을 가지며 소화촉진의 효과 가 있다.	캡사이신
겨자	• 매운맛과 특유의 향을 가진다. • 시니그린을 분해시키는 효소인 미로 시나제는 40~45℃에서 가장 활발하 기 때문에 따뜻한 물에 갠다.	시니그린
생강	• 육류나 생선의 냄새를 없애는 데 사용 하며 살균효과가 있다. • 고기나 생선이 거의 익은 후에 사용하 는 것이 냄새제거에 효과적	진저론, 진 저롤, 쇼 가올

| 마늘 | 살균, 구충, 강장 작용을 하며 소화를 돕고 혈액순환을 돕는다. | 알리신 |
| 파 | 고기의 누린내와 생선의 비린내 제거 | 황화아릴 |

102 수용성 색소 – 플라보노이드계 색소

| 안토잔틴 | • 백색이나 담황색을 띠는 수용성 색소
• 산 : 더욱 선명한 흰색(안정)
• 알칼리 : 황색 또는 짙은 갈색
• 금속 : 철과 결합하여 암갈색
• 가열 : 노란색이 더 진해짐 |
| 안토시아닌 | • 적색·자색·청색의 채소 및 과일에 들어 있는 수용성 색소
• pH에 따른 변화 : 산성(적색), 중성(자색), 알칼리성(청색)
• 생강은 안토시아닌 색소를 포함하여 식초에 절이면 적색을 띤다. |

103 지용성 색소 – 엽록소(클로로필)

열, 산	• 클로로필은 산과 반응하면 중앙에 있는 마그네슘이 수소 이온으로 치환되어 갈색의 페오피틴이 됨 • 야채를 데칠 때, 김치가 발효될 때 클로로필과 유기산이 반응하여 페오피틴이 됨
알칼리	• 알칼리에 안정하여 선명한 녹색을 가진다. • 알칼리에 불안정한 비타민 C 등은 파괴되고 조직은 지나치게 연화된다.
효소	클로로필라제의 의해 더욱 선명한 초록색의 클로로필라이드가 된다.
금속	구리(Cu)나 철(Fe) 등의 이온이나 그 염과 함께 가열하면 선명한 초록색을 유지한다.

104 지용성 색소 – 카로티노이드계 색소

① 종류

| 카로틴계 | 라이코펜(토마토, 수박)
β-카로틴(당근, 녹황색 채소) |
| 크산토필(잔토필)계 | 푸코크산틴(다시마, 미역) 등 |

② 특성

| 열, 산, 알칼리 | 열, 약산, 약알칼리에 비교적 안정하여 색이 거의 변화하지 않는다. |
| 산소, 햇빛, 산화 효소 | 공기 중의 산소, 햇빛, 산화 효소 등에 의해 산화되어 변색 |

105 동물성 색소

미오글로빈	• 근육조직의 육색소(붉은색) • 미오글로빈+산소 → 옥시미오글로빈(선홍색) → 장기저장, 가열 → 메트미오글로빈(갈색) • 니트로소미오글로빈 : 발색제(아질산염)를 넣었을 때 생성되는 물질(선홍색)
헤모글로빈	혈액에 함유되어 있는 혈색소
동물성 카로티노이드계	아스타잔틴(연어, 새우, 게 등), 루테인(달걀의 노른자), 멜라닌(오징어 먹물) 등

106 식품의 갈변 – 효소적 갈변

① 효소적 갈변
효소에 의한 갈변 반응은 페놀성 물질의 산화·축합에 의한 멜라닌 형성 반응이다.

| 폴리페놀 옥시다아제 | 껍질을 벗긴 사과, 홍차 발효 |
| 티로시나아제 | 감자 갈변의 주요 물질 |

② 효소적 갈변 억제방법

효소의 활성제거	• 갈변을 일으키는 효소의 활성을 억제 • 가열처리, pH조절, 온도조절 등
산소의 제거	• 산소와의 접촉을 차단하여 갈변 억제 • 밀폐된 용기보관, 물에 담금
기질의 환원	• 기질을 환원시켜 갈변억제 • 아황산가스나 아황산염 용액에 처리

107 식품의 갈변 – 비효소적 갈변

마이야르 반응	• 아미노기($-NH_2$)와 카르보닐기($=CO$)가 공존할 때 갈색의 중합체인 멜라노이딘을 만드는 반응 • 간장, 된장의 갈색화
캐러멜화 반응	• 당류를 180~200℃의 고온으로 가열시켰을 때 산화 및 분해산물에 의한 중합·축합으로 갈색 물질을 형성하는 반응이다. • 빵, 과자의 갈색화
아스코르빈산 산화 반응	항산화제, 항갈변제인 아스코르빈산이 비가역적으로 산화되어 갈색화 반응이 일어남

108 효소

① 효소의 주된 성분은 단백질이다.
② 생체 내에서 일어나는 화학반응을 잘 일어나도록 하는 촉매의 역할을 한다.
③ 기질특이성이 있다 – 열쇠와 자물쇠처럼 반응을 일으키는 효소와 기질이 선택적이다.
④ 대개의 효소는 30~40℃에서 활성이 가장 크다.
⑤ 최적 pH는 효소마다 다르다.

109 주요 효소

구분	소화효소	작용
당질	아밀라아제	전분(녹말) → 맥아당
	인버타아제 (수크라아제)	설탕 → 포도당, 과당
	말타아제	맥아당 → 2분자의 포도당
	락타아제	유당 → 포도당, 갈락토스
지방	리파아제	지방 → 지방산, 글리세롤
단백질	프로테아제	단백질 → 아미노산, 펩타이드 혼합물
	레닌	우유의 카제인을 응고

110 식품의 보존 – 인공건조법

열풍건조법	가열한 공기를 식품 표면에 접촉시켜 수분을 증발시키는 방법
냉풍건조법	제습한 냉풍으로 수분을 증발시키는 방법
분무건조법	액체나 슬러리 상태의 식품을 열풍 중에 안개 모양으로 분무하여 건조시키는 방법 예 분유, 분말 커피, 분말 과즙 등
동결건조법 (냉동건조법)	식품을 냉동시킨 후 진공 상태에서 얼음 결정을 승화시켜 건조하는 방법 예 인스턴트 커피, 라면의 건더기 스프, 당면, 한천 등
배건법	식품을 직접 불에 볶아서 건조시키는 방법 예 커피 원두, 녹차, 보리차, 옥수수차 등

111 식품의 보존 – 냉장·냉동법

냉장법	• 식품을 0~10℃의 온도에서 저장 • 장점 : 미생물의 증식 억제, 산소 및 효소 작용 억제, 수분 증발 억제 등으로 품질이 오래 유지 • 단점 : 저온에서 자라는 미생물의 증식과 효소 작용이 일어날 수 있어 장기간 저장은 어려움 • 채소, 과일, 우유, 달걀, 수산물 등
냉동법	• 식품을 0℃ 이하에서 얼려서 저장한다. • 장점 : 미생물이 이용가능한 수분의 냉동으로 미생물의 생육이 억제 • 단점 : 미생물이 사멸된 것이 아니므로 상온에 두면 미생물이 다시 증식한다.
움저장법	고구마, 감자, 무, 배추 등의 식품을 10℃의 움 속에서 저장하는 방법

112 식품의 보존 – 절임법

염장법	• 삼투 현상에 의한 탈수로 미생물의 발육을 억제 • 일반적인 염장법의 소금 농도 : 10% 정도 • 젓갈류의 소금농도 : 20~25% 정도
당장법	• 삼투 현상에 의한 탈수로 미생물의 발육을 억제 • 당 농도가 50% 이상일 때 효과적이다. 예 잼, 젤리, 마멀레이드 등
산 저장법	• pH를 낮추어 미생물의 번식을 방지 예 오이 피클 등
냉동염법	• 생선을 일단 얼렸다가 절이는 방법 • 큰 생선이나 지방이 많은 생선을 서서히 절이고자 할 때 사용하는 젓갈 제조법

113 식품의 보존 – 가스 저장법(CA 저장법)

① 식품을 저장할 때 공기의 조성을 변화시켜 식품을 장기보존 하는 방법
② 주로 이산화탄소(CO_2)를 이용하며 질소나 오존도 이용
③ 과일은 수확 후 호흡작용을 통하여 후숙되므로 가스를 주입하여 호흡작용을 억제함으로써 저장기간을 늘림

호흡기 과일	수확 후에 호흡률이 증가되어 계속 숙성 예 사과, 배, 바나나, 아보카도, 토마토 등
비호흡기 과일	• 수확 후에 호흡률이 감소되는 과일 • 충분히 숙성된 후에 수확 예 딸기, 포도, 감귤, 레몬 등

114 식품의 보존 – 훈연법

온훈법	• 50~70℃의 고온에서 2~12시간 훈연 예 꽁치, 고등어 등
냉훈법	• 10~30℃의 저온에서 1~3주간 훈연
배훈법	• 100℃ 내외에서 2~4시간 훈연 • 바로 먹을 수 있는 상태로 만드는 조리법

115 식품별 저장법

구분	특징
곡류	• 약품에 의한 저장 • 저온저장 : 15℃ 이하, 수분활성도 0.75 이하, 상대습도 70~80% 정도를 유지 • 가스저장(CA 저장)
과일·채소류	• 냉장법 • ICF(Ice coating film) 저장 : 과일·채소류 표면에 물을 분무하여 동결시킨 후 −0.8~−1℃에서 저장 • 피막제의 이용 : 과일의 표면에 피막제를 도포하여 피막을 만들어 주는 방법 • 플라스틱 필름(PE필름) 포장으로 밀봉하여 증산작용과 호흡작용을 억제하여 저장성을 높임

구분	특징
육류	• 냉장 : 0~4℃, 습도 80~90%에서 단시일 저장 • 냉동 : −30℃에서 동결한 후 −10~−18℃에서 저장 (3~6개월) • 건조 : 건포를 말함
어패류	• 빙장법 : 얼음을 섞어서 보관하는 법(수송하는 동안이나 단기간 저장) • 냉각저장 : 동결시키지 않고 0℃에서 저장(단기간) • 동결저장 : −40~−50℃에서 급속 냉동한 후 −20℃에서 보관
달걀	• 냉장법 : 장기저장 : 0~5℃, 경제적 저장(단기) : 15℃ • 냉동법 : 껍질을 제거 후 −40℃에서 급속냉동한 후 −12℃에서 저장 • 가스저장법

3장 시장조사 및 구매관리

116 식품의 구입법

곡류, 건어물	부패성이 적어 1개월분을 한 번에 구입한다.
육류	중량과 부위에 유의하여 구입하고 냉장 시설이 갖추어져 있으면 1주일분을 구입한다.
어류	부패성을 고려하여 필요에 따라 수시로 구입한다.
과일	산지별, 품종, 상자당 수량을 확인하고 필요에 따라 수시로 구입한다.
가공식품	제조일, 유통기한을 확인하여 구입

117 구매비용

① 폐기율, 가식부율, 정미량

• 폐기율(%) $= \dfrac{폐기량}{전체중량} \times 100$

• 가식부율(%) $= \dfrac{가식량}{전체중량} \times 100 = 100-폐기율$

• 정미량 $=$ 전체중량 $\times$ 정미율(가식부율)

② 출고계수

• 출고계수 $= \dfrac{100}{정미율(가식부율)} = \dfrac{100}{100-폐기율}$

③ 발주량

• 발주량 $=$ 출고계수$\times$정미중량$\times$식수인원

$= \dfrac{100}{100-폐기율} \times$ 정미중량$\times$식수인원

$= \dfrac{정미중량(1인분\ 순수용량)}{가식률} \times 100 \times$식수

④ 대체식품량

• 대체식품량 $= \dfrac{원래식품량\times원래식품함량}{대체식품함량}$

⑤ 구매비용

• 구매비용 $= \dfrac{100}{가식부율} \times$필요량$\times$kg당 단가

118 조리장과 식당 면적

쌀	• 빛깔이 맑고 윤기가 있어야 하며, 앞니로 씹었을 때 강도가 센 것이 좋다.
밀가루	• 흰색이며 냄새가 없고 잘 건조된 것이어야 한다.
대파	• 뿌리에 가까운 흰색 부분이 굵고 긴 것이 좋다. • 굵기가 고르고 줄기가 시들거나 억세지 않아야 한다.
배추	• 잎이 두껍지 않고 연하며 굵은 섬유질이 없어야 한다. • 속에 심이 없고 알차며, 누런 떡잎이 없어야 한다.
상추	• 품종에 따른 고유의 색택을 띠며, 잎의 크기가 적당해야 한다. • 잎이 상하거나 짓무르지 않아야 한다.
시금치	• 잎이 연녹색을 띠고 넓어야 하며, 억센 줄기나 대가 없으며 뿌리는 붉은색이 선명해야 한다.
양배추	• 심이 작고 속이 알차 무거운 것이 좋으며, 잎이 연하고 광택이 있는 것이 좋다.
오이	• 고유의 색택을 띠고, 가시가 많고, 무거운 느낌과 탄력이 있는 것이 좋다.
호박	• 고유의 색택을 띠고, 윤기가 나야 한다. 휘지 않고 굵기가 균일해야 하며 탄력이 있어야 한다.
감자 고구마	• 병충해, 외상, 부패, 발아 등이 없는 것이 좋다. • 형태가 바르고 겉껍질이 깨끗한 것이 좋다.
당근	• 둥글고 살찐 것으로 마디가 없고 잘랐을 때 단단한 심이 없는 것이 좋다.
무	• 속이 꽉 차 있고 육질은 치밀하며 단단하고, 연하고 무거운 것이 좋다. • 절단 시 바람이 들지 않고 까만 심이 없으며, 밝은 빛깔을 띠는 것이 좋다.
양파	• 외피가 짓무르지 않고 상처가 없어야 하며, 촉감은 단단하고 딱딱해야 한다. • 싹이 트지 않고 껍질은 광택이 있는 것이 좋다.
우엉	• 껍질이 매끈하고 수염뿌리가 없는 것으로 굵기가 일정한 것이 좋다.
토란	• 흙이 묻어 있고 수분이 많으며 단단하고 점액질이 있는 것이 좋다.
쇠고기, 돼지고기	• 고기의 색이 적색(쇠고기), 선홍색(돼지고기)을 띠는 것이 좋다. • 지방의 색은 담황색으로 단단하고, 탄력이 있으며, 이취가 나지 않아야 한다.

닭고기	• 신선한 광택이 있고 이취가 없으며, 특유의 향취가 있는 것이 좋다.
소시지, 햄, 베이컨	• 제조연월일은 가장 최근의 것이 좋다. • 손으로 눌렀을 때 탄력성이 있고 점질물이 없는 것이 좋다.
어류	• 윤이 나고 싱싱한 광택이 있어야 하며, 비늘이 단단히 붙어 있어야 한다. • 눈은 선명하고 돌출되어 있어야 하며, 아가미는 신선한 선홍색을 띠어야 한다. • 손가락으로 누르면 탄력이 있어야 하며, 뼈에 육질이 잘 밀착되어 있어야 한다.
패류	• 봄은 산란 시기로 맛이 없어지는 때이므로 겨울철이 더 좋다.
송이버섯	• 봉오리가 작고, 줄기가 단단한 것이 좋다.
김	• 건조가 잘 되어있고 표면에 구멍이 뚫리지 않은 것이 좋다. • 검은색을 띠며 광택이 있으며, 불에 구우면 선명한 녹색을 나타낸다.

119 원가와 비용

① 원가 : 제품의 제조, 판매, 서비스의 제공을 위하여 소비된 경제적 가치
② 비용 : 일정 기간 내에 기업의 경영활동으로 발생한 경제적 가치의 소비액

120 원가의 3요소

재료비	제품의 제조를 위하여 소비되는 물품의 원가 예 단체급식에는 급식 재료비, 재료 구입비 등
노무비	제품의 제조를 위하여 소비되는 노동의 가치 예 임금, 급료, 시간외 업무 수당, 임시직의 임금 등
경비	제품의 제조를 위하여 소비되는 재료비, 노무비 이외의 가치 예 수도, 전력비, 보험료, 감가상각비 등

121 고정비와 변동비

고정비	생산량 증가와 관계없이 고정적으로 발생하는 비용 예 임대료, 인건비 등
변동비	생산량에 따라 함께 증가하는 비용 예 식재료비 등

122 직접비와 간접비

직접비	특정 제품에 직접 부담시킬 수 있는 비용 예 직접재료비, 직접노무비 직접경비 등
간접비	여러 제품에 공통적으로 또는 간접적으로 소비되는 비용 예 제조간접비, 일반관리비, 판매비 등

123 원가의 구조

	직접원가	제조원가	총원가	판매가격
직접비	직접경비 직접노무비 직접재료비	직접원가	제조원가	총원가
		제조간접비		
간접비			판매비 일반관리비	
				이익

① 직접원가 = 직접재료비+직접노무비+직접경비
   (기초원가 = 직접재료비+직접노무비)
② 제조원가 = 직접원가+제조간접비
③ 총원가 = 제조원가+일반관리비+판매비
④ 판매가격 = 총원가+이익

124 재료비 비율 및 판매가격 결정

• 식재료 비율(%) = $\dfrac{\text{식재료비}}{\text{총매출액}} \times 100$

• 인건비 비율(%) = $\dfrac{\text{인건비}}{\text{총매출액}} \times 100$

• 판매가격 = $\dfrac{\text{식품단가}}{\text{식품원가율(\%)}}$

125 재고자산 평가법

선입선출법	먼저 구매한 재료를 먼저 소비한다는 가정하에 재료의 소비 가격을 계산
후입선출법	최근에 구매한 재료부터 먼저 사용한다는 가정하에 재료의 소비 가격을 계산
총평균법	일정 기간 구매된 물품의 총액을 전체 구매 수량으로 나누어 평균 단가를 계산한 후 이 단가를 이용하여 남아있는 재고량의 가치를 산출하는 방법

126 재료의 계량 방법

구분	계량법
밀가루	체로 쳐서 수북하게 담은 후 주걱으로 평평하게 깎아서 측정한다. 이때 밀가루를 누르거나 흔들지 않는다.
백설탕	계량기에 담아 위를 막대 등으로 밀어 평평하게 한 후 잰다.
흑설탕	흑설탕은 계량기에 꼭꼭 눌러 담은 후 잰다.
점성이 큰 액체	물엿, 꿀과 같은 점성이 높은 식품은 분할된 컵으로 계량
액체	투명한 계량 용기를 사용하여 계량컵의 눈금과 눈높이를 맞추어서 계량
지방	저울로 계량하는 것이 바람직하나, 컵이나 스푼으로 계량할 때는 실온에서 계량컵에 꼭꼭 눌러 담아 깎아서 계량

127 조리장과 식당 면적

① 식당의 면적 = (1인당 필요면적+식기회수공간)×취식자수
② 일반적으로 1인당 필요면적은 1인당 1m², 식기 회수공간은 필요면적의 10%로 잡는다.
③ 직사각형의 구조가 효율적이며, 길이는 폭에 대하여 2~3배 정도가 좋다.
④ 조리장의 면적은 식당 넓이의 1/3이 기준이다.

128 조리장의 구조와 설비

① 벽과 천정
• 내벽은 바닥 면으로부터 1.5m 이상 불침투성, 내산성, 내열성, 내수성 재료로 설비한다.
• 천장의 색은 벽보다 밝은색으로 하는 것이 좋다.
② 창문
• 자연광이 들어오는 곳에 위치하는 것이 중요하며, 방향은 남향이 좋다.
• 창 면적은 바닥 면적의 15~20% 정도가 바람직하고, 최소한 바닥 면적의 10% 이상이 되어야 한다.
• 직사광선을 막을 수 있도록 설계하고, 방충망을 설치한다.
③ 바닥
• 물청소를 할 수 있는 내수재를 사용하며, 배수가 잘되도록 20cm 높게 구축
• 배수를 위한 물매는 1/100 이상으로 해야 한다.
• 대형 냉동시설의 바닥은 내구성이 강한 타일로 하고, 주방 바닥보다 높게 하여야 한다.
④ 환기
• 환기효과를 높이기 위한 중성대는 천장 가까이 두는 것이 좋다.
• 후드의 경사각은 30도, 형태는 4방 개방형이 가장 효율적이다.
• 후드는 가열기구의 설치범위보다 넓어야 흡입하는 효율성이 높다.
⑤ 조명 : 눈의 보호를 위해서 가급적 간접조명이 되도록 해야 한다.
⑥ 조리대
• 조리대의 배치는 오른손잡이를 기준으로 생각할 때 일의 순서에 따라 좌에서 우로 배치한다.

ㄷ자형	• 동선의 방해를 받지 않으며, 가장 효율적이며 짜임새가 있다. • 대규모의 조리장에 적합
아일랜드형	• 동선 단축, 공간 활용 • 환풍기, 후드의 수를 최소

129 조리기구

필러	당근, 감자, 무 등의 껍질을 벗기는 기구
그라인더	고기를 갈 때 사용하는 기구
슬라이서	육류, 햄 등을 얇게 써는 기구
쵸퍼	육류, 채소 등의 식품을 다지는 기구
육류 파운더	고기를 연화시키기 위하여 가볍게 때리는 망치
믹서	골고루 섞거나 반죽할 때 사용(블랜더, 쥬서)
블렌더	믹서와 비슷하며, 칼날과 용기가 분리되어 사용에 제약이 없는 기구
휘퍼	달걀을 거품내거나 반죽할 때 사용하는 기구

130 전분의 구조

구분	아밀로오스	아밀로펙틴
구성성분	포도당	
결합구조	• 직쇄상 구조 • α-1, 4결합	• 직쇄상의 기본구조에 포도당이 가지를 친 측쇄(곁사슬)를 가진 구조 • α-1, 4결합과 α-1, 6결합
요오드반응	청색	보라색
호화, 노화	쉽다	느리다

▶ • 멥쌀 : 아밀로오스 20%, 아밀로펙틴 80% 정도
• 찹쌀 : 아밀로펙틴 100%

131 전분의 호화(α-화)

물과 가열에 의하여 β-전분(생 전분)이 α-전분(익은 전분)으로 변화하는 현상

$$\beta \text{ 전분(생 전분)} + 물 \xrightarrow{\text{가열}} \alpha\text{전분(익은 전분)}$$

132 전분의 호화에 영향을 주는 요인

호화속도	조건
빠르다 (호화촉진)	• 온도가 높을수록 • 전분의 입자가 클수록 • 아밀로오스 함량이 많을수록 • 수분함량이 많을수록 • 알칼리, 적정량의 소금
느리다 (호화지연)	• 빠른 호화조건의 반대의 경우 • 아밀로펙틴 함량이 많을수록 • 설탕, 산, 과량의 소금

133 전분의 노화(β-화)

① 익은 전분(α-전분)이 날 전분(β-전분)으로 변화
② 노화된 전분은 맛과 질감이 저하된다.

134 전분의 노화에 영향을 주는 요인

노화 촉진	• 아밀로오스가 많을수록 • 온도 0~5℃, 수분 30~60% • 산성
노화 지연	• 아밀로펙틴이 많을수록 • 0℃ 이하 또는 60℃ 이상 • 수분함량 10~15%

▶ 전분의 노화 억제 방법
  • 수분함량 10~15%로 감소(굽기, 튀기기)
  • 설탕, 유화제 첨가
  • 0℃ 이하 또는 60℃ 이상에서 저장

135 전분의 호정화

전분에 물을 가하지 않고 160℃ 이상의 고온으로 가열하면 가용성 전분을 거쳐 덱스트린으로 변화되는데, 이 과정을 호정화라고 한다.
예 쌀이나 옥수수 등을 튀긴 팽화 식품, 팝콘 등

136 전분의 당화

α-amylase (액화효소)	• 전분을 무작위적으로 가수분해하여 덱스트린, 맥아당, 포도당을 생성하는 효소 • 전분의 α-1, 4결합을 가수분해한다. • 발아중인 식품의 종자 등에 들어 있다. • 최적온도 : 48~51℃
β-amylase (당화효소)	• 전분 분자를 맥아당(말토스) 단위로 가수분해하여 덱스트린, 맥아당 등을 생성하는 효소 • 엿기름, 감자류, 콩류 등에 들어 있다. • 최적온도 : 50~60℃

137 쌀의 조리

① 쌀의 주성분은 탄수화물이고, 그중 대부분이 전분이다.
② 쌀에 많이 함유된 비타민 B군은 수용성 비타민으로 열에 안정적이다.
③ 강화미 : 도정을 할 때 비타민 B가 많은 쌀겨층 및 배아를 제거하기 때문에 정백미에 비타민 B_1, 비타민 B_2 등을 첨가한 쌀이다.

138 밀가루의 종류와 용도

종류	글루텐 함량	성질과 용도
강력분 (경질)	13% 이상	탄력성, 점성, 수분 흡착력이 강하다. **예** 식빵, 마카로니, 스파게티
중력분	10~13%	중간 정도의 특성을 가진 다목적용 **예** 칼국수면, 만두피
박력분 (연질)	9% 이하	탄력성, 점성이 약하고, 수분 흡착력이 약하다. **예** 튀김옷, 케이크, 쿠키, 도너츠

139 글루텐(Gluten)

밀가루의 단백질인 글리아딘과 글루테닌에 물을 넣고 반죽하면 형성되는 점탄성을 가진 단백질

▶ **글루텐 형성에 영향을 미치는 요인**
  • 촉진요소 : 달걀, 소금, 수분
  • 억제요소 : 지방, 설탕

140 밀가루 팽창제

물리적 팽창제	공기, 수증기
화학적 팽창제	중조(탄산나트륨), 베이킹 파우더 등
생리적 팽창제	효모(이스트)

141 밀가루의 조리

① 밀가루의 플라보노이드 색소는 중조(알칼리)에 반응하여 황색이 된다.
② 빵 반죽의 발효 시 가장 적합한 온도 : 25~30℃(이스트의 최적온도 : 30℃)
③ 설탕은 이스트의 먹이로 발효를 촉진한다.
④ 달걀은 기포를 형성하여 팽창제 역할을 한다.

142 튀김옷

① 주로 박력분을 사용
② 중력분에 10~30%의 전분을 혼합하면 박력분과 비슷한 효과를 얻을 수 있다.
③ 중조(식소다)를 소량 넣으면 튀김이 바삭해진다.
④ 달걀을 넣으면 튀김이 바삭하게 튀겨진다.
⑤ 튀김옷을 반죽할 때 너무 많이 저으면 글루텐이 많이 형성되어 바삭함이 떨어진다.
⑥ 얼음물로 반죽을 하면 점도를 낮게 유지하여 바삭하게 된다.

143 두류의 연화법

① 흰콩이나 검정콩은 물에 5~6시간 정도 담그면 본래 콩 무게의 90~100%의 물을 흡수한다.
② 팥은 흡수 시간이 너무 길어 물에 불리지 않고 바로 가열한다.
③ 1% 정도의 식염 용액에서 가열하면 콩이 빨리 무른다.
④ 약알칼리성의 중조수에서 가열하면 빨리 무르지만, 비타민 B1이 손실된다.
⑤ 연수를 사용하면 빨리 무른다.

144 두부

① 콩단백질인 글리시닌이 열과 무기염류(금속염)에 응고되는 성질을 이용하여 만든다.
② 두부응고제 : 황산칼슘($CaSO_4$), 염화마그네슘($MgCl_2$), 염화칼슘($CaCl_2$) 등
③ 응고제의 양이 적거나 가열 시간이 짧으면 두부가 단단하게 굳지 않는다.
④ 두부를 조리할 때 식염 또는 식염이 많이 포함된 식품(새우젓국, 된장 등)을 넣으면 부드러운 두부가 된다.
⑤ 두부를 조리할 때 된장이나 새우젓국 등을 먼저 넣고 두부를 넣어야 두부가 부드럽다.

145 어류의 특징
① 생선 육질이 쇠고기보다 연한 것은 콜라겐의 함량이 적기 때문이다.
② 어류의 근육조직은 수육류보다 근섬유의 길이가 짧고, 결합조직도 훨씬 적다.
③ 생선은 산란기 직전이 가장 살이 찌고 지방이 많아 맛이 좋고 산란기 이후에는 지방이 적어져 맛이 없게 된다.
④ 어류는 사후강직 시에 맛이 좋고, 자기소화가 일어나면서 부패가 된다.
⑤ 생선의 비린내는 어체 내에 있는 트리메틸아민옥사이드(TMAO)가 환원되어 트리메틸아민(TMA)이 되어 나는 냄새이다.

146 어류의 신선도 판별법
① 생선의 육질이 단단하고 탄력성이 있다.
② 아가미는 선홍색이고 꽉 닫혀 있다.
③ 비늘이 고르게 밀착되어 있고, 광택이 있다.
④ 눈알이 밖으로 돌출되어 있고, 선명하다.
⑤ 근육이 뼈에 밀착되어 잘 떨어지지 않는다.

▶ **이화학적 방법** : 휘발성 염기질소, 트리메틸아민, 히스타민의 함량이 낮을수록 신선하다.
▶ **세균학적 방법** : 세균수 $10^7 \sim 10^8/g$이면 초기부패로 판정한다.

147 생선 비린내의 제거 방법
① 트리메틸아민(TMA)은 수용성이므로 물에 씻어 비린내를 제거할 수 있다.
② 산(레몬즙, 식초)이나 생강즙을 넣으면 트리메틸아민과 결합하여 냄새가 없는 물질을 생성한다.
③ 황을 함유하고 있는 마늘, 파, 양파 등을 넣으면 강한 냄새와 맛으로 비린내를 감소시킨다.
④ 고추와 겨자의 매운 맛은 미뢰를 마비시켜 비린내 억제효과를 낸다.
⑤ 된장, 고추장은 비린내 성분을 흡착시켜 비린 맛을 못 느끼게 한다.
⑥ 알코올은 생선의 어취를 없애고 맛의 향상에 도움을 준다.
⑦ 우유의 단백질이 트리메틸아민을 흡착하여 비린내를 제거한다.

148 어류의 조리
① 조림
•가시가 많은 생선을 조릴 때에는 식초를 약간 넣고 약한 불에서 졸이면 뼈째로 먹을 수 있다.
•양념간장이 끓을 때 생선을 넣어야 맛 성분의 유출을 막을 수 있다.
•가열시간이 너무 길면 어육에서 탈수작용이 일어나 맛이 없다.
② 탕, 찌개
•처음 가열할 때 수 분간은 뚜껑을 약간 열어 비린내를 휘발시킨다.
•물을 끓인 다음 생선을 넣으면 생선 살이 풀어지지 않아 국물이 맑다.
•비린내 감소를 위해 생강을 넣을 때는 생선이 익은 후(단백질이 변성된 후)에 넣어야 탈취 효과가 있다.
•선도가 낮은 생선은 양념을 진하게 하고 뚜껑을 열고 끓인다.

③ 구이
•지방 함량이 높은 생선이 낮은 생선보다 풍미가 더 좋다.
•달구어진 석쇠에 생선을 구우면 석쇠에 덜 들러붙어 모양이 잘 유지된다.
④ 어묵
•미오신 함량이 높은 어육을 소금과 함께 으깨어 가열하면 액토미오신이 서로 뒤엉켜 입체적 망상구조를 형성하고 젤이 되어 굳는다.
•생선묵의 점탄성을 부여하기 위하여 전분을 첨가한다.

149 해조류의 종류

녹조류	파래, 청각, 청태 등
갈조류	미역, 다시마, 톳, 모자반 등
홍조류	김, 우뭇가사리 등

① 미역
•갈조류로 알칼리성 식품이다.
•칼슘과 요오드가 많이 함유되어 있어 산후조리 및 갑상선 치료에 도움이 된다.
•난소화성으로 열량이 거의 없다.
② 김
•홍조류로 알칼리성 식품이다.
•지방은 거의 없으며, 단백질이 풍부하고 특히 필수아미노산이 많이 들어 있다.
•칼슘, 칼륨, 철, 인 등 무기질도 골고루 함유하고 있다.
•아미노산인 글리신과 알라닌은 감칠맛을 낸다.
•마른 김을 구우면 색소가 변화하여 선명한 녹색을 띤다.

150 육류의 사후강직과 숙성
① 사후경직(사후강직)
•미오신이 액틴과 결합하여 액토미오신이 되어 근육을 수축시킨다.
•사후경직 상태의 고기는 단단하고 질기며 맛이 없고, 가열해도 쉽게 연해지지 않는다.
•도살 직전 심한 운동으로 피로가 심하면 글리코겐 함량이 적어 사후경직 개시시간이 빨라진다.
•사후경직 상태의 세포는 혐기적 상태가 되고, 해당작용에 의해 젖산이 축적되어 pH가 낮아진다.
② 숙성
사후경직이 해제된 육류를 냉장 온도에서 보관하면 자기 소화에 의하여 근육의 연화, 각종 맛 성분의 생성, 육즙의 증가 등으로 맛이 좋아진다.

151 육류의 가열에 의한 변화
① 단백질의 변화 : 단백질이 응고되면서 수축하고 무게도 감소한다.
② 결합조직의 변화 : 결합조직의 콜라겐이 젤라틴화되어 조직이 부드러워진다.
③ 색의 변화

```
미오글로빈 ──산소화──▶ 옥시미오글로빈(선명한 붉은 색)
           ──가열 및 산화──▶ 메트미오글로빈(갈색)
```

152 육류의 연화법

① 천연 단백질 분해효소

파파야	파파인(Papain)
파인애플	브로멜린(Bromelin)
배	프로테아제(Protease)
무화과	피신(Ficin)
키위	액티니딘(actinidin)

② 장시간 물에 끓이면 콜라겐이 젤라틴화되어 연해진다.

③ 고기를 섬유의 반대 방향으로 썰거나, 두들기거나, 칼집을 넣어준다.

④ 설탕을 넣으면 연해진다.

153 육류의 조리법

① 탕 : 찬물에 고기를 넣고 끓여야 추출물이 최대한 용출된다. 냄새 제거를 위해 양파, 마늘, 생강 등의 향신료를 넣어 같이 끓이면 좋다.

② 편육 : 끓는 물에 고기를 넣고 끓인다. 끓는 물에 고기를 넣으면 고기의 표면이 먼저 응고되어 내부 성분의 용출이 덜 된다.

③ 장조림 : 물에 고기를 넣고 끓이다가 나중에 간장과 설탕을 넣는다. 처음부터 간장과 설탕을 넣으면 고기 내의 수분이 빠져나와 단단해지고 잘 찢기지 않는다.

154 달걀의 조리적 특성

응고성	• 난백은 60℃, 난황은 65℃에서 응고하기 시작함 • 설탕을 넣으면 : 응고온도↑ • 소금을 넣으면 : 응고온도↓ • 식초를 넣으면 : 응고온도↓, 단단해짐
기포성	• 냉장 온도보다 실온, 신선한 달걀보다 묵은 달걀이 기포성이 더 좋다. • 산과 소금을 조금 첨가하면 거품 형성을 돕는다. • 설탕, 우유, 기름은 거품의 발생을 저해한다.
유화성	• 난황의 유화성은 인지질인 레시틴(Lecithin) 성분 때문이다. • 난황에 액체유를 넣고 계속 저으면 레시틴이 유화제로 작용하여 마요네즈가 만들어진다.

155 달걀의 이용

① 농후제 : 알찜, 커스터드, 푸딩 등

② 결합제 : 만두소, 전, 크로켓 등

③ 팽창제 : 엔젤케이크, 시폰케이크, 머랭 등

④ 유화제 : 마요네즈 등

156 달걀의 신선도

① 외관법 : 달걀껍질이 거칠고, 광택이 없으며, 흔들었을 때 소리가 없는 것이 신선한 달걀이다.

② 투시법 : 빛을 통해 볼 때 맑고 기실의 크기가 크지 않은 것이 신선한 달걀이다.

③ 비중법 : 6~10%의 소금물에 달걀을 넣어 가라앉으면 신선한 달걀이고 위로 뜨면 오래된 달걀이다.

④ 난황계수·난백계수 측정법 : 달걀을 깨뜨려 측정하는 방법으로 신선도가 떨어질수록 수치가 낮다.

• 난백계수 $= \dfrac{\text{난백의 높이}}{\text{난백의 직경}}$

• 난황계수 $= \dfrac{\text{농후난황의 높이}}{\text{농후난황의 직경}}$

• 신선한 달걀의 난황계수 : 0.36~0.44, 난백계수 : 0.14~0.17

157 마요네즈 제조 시 분리되는 경우

① 유화제에 비해 기름의 양이 너무 많을 경우

② 기름을 너무 빨리 넣을 경우

③ 초기의 유화액 형성이 불완전할 경우

④ 기름을 첨가하고 젓는 속도를 천천히 할 경우

⑤ 기름 온도가 너무 낮아서 분산이 잘 안 될 경우

⑥ 달걀의 신선도가 떨어지는 경우

▶ **분리된 마요네즈의 재생방법**
새로운 난황에 분리된 것을 조금씩 넣으면서 한 방향으로 힘차게 저어준다.

158 채소의 조리

① 채소에 함유된 수용성 물질은 채소의 절단면이 클수록, 물에 접촉하는 시간이 길수록 용출량이 늘어난다.

② 비타민 C는 용해도가 높아 채소를 썰어서 물에 담그면 짧은 시간에도 다량의 비타민 C가 용출된다.

③ 채소를 데칠 때 발생하는 유기산을 희석하기 위하여 다량의 조리수를 사용한다.

④ 짧은 시간 가열해야 변색 및 비타민 C의 손실을 줄인다.

⑤ 수산(옥살산)을 제거하기 위해 뚜껑을 열고 데친다.

⑥ 중탄산소다(알칼리)를 넣으면 색이 선명해지나, 비타민 C의 손실이 크고, 조직이 물러진다.

⑦ 1~2%의 식염수에 데치면 색이 선명해지고 조직이 파괴되지 않아 물러지지 않으며 비타민 C의 산화도 억제해준다.

▶ **채소를 냉동하기 전 블랜칭(Blanching)을 하는 이유**
효소의 불활성화, 미생물 번식의 억제, 산화 반응 억제, 살균 효과, 부피의 감소, 수분의 감소 등의 작용으로 저장성이 높아진다.

159 채소 조리에 의한 색 변화

① 클로로필 : 녹색 야채에 있는 Mg을 함유한 엽록소

② 안토시안 : 사과, 적채, 가지 등의 빨간색이나 보라색

③ 플라보노이드 : 콩, 감자, 연근 등의 흰색이나 노란색

④ 카로티노이드 : 당근, 호박, 수박, 토마토 등의 황색, 주황색

색소	산성	염기성
클로로필	불안정(갈색)	안정(녹색)
안토시안	안정(적색)	불안정(청색)
플라보노이드	안정(흰색)	불안정(노란색)
카로티노이드	안정(색유지)	안정(색유지)

160 과일의 조리

① 과실에 함유되어 있는 펙틴은 당과 산이 존재할 때 젤을 형성하는 성질을 가진다.
② 펙틴 1~1.5% 이상, 당 60~70%, pH 3.0~3.5에서 잼이 형성된다.
③ 펙틴과 산이 많은 딸기, 사과, 포도, 살구, 감귤 등이 잼을 만들기에 적당하다.

▶ 배는 펙틴과 유기산이 부족하여 잼을 만들기 어렵다.

161 우유의 성분

단백질	카제인	• 우유 단백질의 80%를 차지 • 산이나 레닌 등에 의해 응고(치즈 제조에 이용)
	유장 단백질	• 우유 단백질의 20%를 차지 • 열에 의해 응고
탄수화물		• 대부분이 유당으로 정장작용 및 칼슘의 흡수를 도움
기타		• 지방, 무기질, 비타민 등이 풍부 • 비타민 D는 부족하여 보강하여 강화우유를 만듦

162 우유의 조리

① 우유를 데울 때 피막이 형성되므로 중탕에서 저어가며 데운다.
② 고온으로 장시간 가열하면 캐러멜 반응과 마이야르 반응이 일어난다.
③ 카제인의 응고

레닌	• 카제인을 응고시키는 효소 • 치즈 제조에 이용
산	• 카제인은 우유 자체에서 생성된 산이나 산의 첨가로 응고됨 • 요구르트 제조에 이용
폴리페놀 화합물	• 폴리페놀 화합물은 우유 단백질을 탈수시켜 응고 • 타닌, 카테킨, 안토시아닌 등

163 우유의 살균법

저온 장시간살균법 (LTLT법)	61~65℃에서 30분간 가열하는 살균
고온 단시간살균법 (HTST법)	70~75℃에서 15~30초간 가열하는 살균
초고온 순간살균법 (UHT법)	130~140℃에서 2~3초간 가열하여 살균

164 유제품의 종류

농축유	• 우유의 수분을 증발시켜 농축 • 가당연유(설탕 첨가), 무당연유(설탕 첨가하지 않음)
분유	• 전지유, 탈지유 등의 수분을 5% 이하로 건조 • 전지분유, 탈지분유 등

발효유	• 살균처리한 우유에 유산균을 넣고 발효 • 요구르트, 샤워크림 등
아이스크림	우유에 공기를 불어넣어 부드러운 조직으로 만든 것
크림	• 우유에서 유지방을 분리한 것 • 지방 함량에 따라 커피크림, 휘핑크림, 플라스틱크림 등
치즈	• 자연치즈 : 레닌이나 산으로 우유 단백질을 응고시킨 후 숙성 • 가공치즈 : 자연치즈를 갈아 유화제를 섞어 가열한 후 식혀서 굳힌 것으로 발효가 더 이상 진행되지 않기 때문에 저장성이 좋다.
버터	• 우유에서 크림을 분리하여 교반하고, 유지방을 모아서 굳힌 것 • 유중수적형, 지방함량이 80% 이상

▶ • 탈지우유 : 우유의 지방을 0.1% 이내로 줄인 우유
  • 저지방우유 : 우유의 지방을 2% 이내로 줄인 우유

165 유지의 종류

동물성 유지	고체 상태가 많고, 포화지방산이 많이 함유 예 우지, 라드, 어유 등
식물성 유지	액체 상태가 많고, 불포화지방산이 많이 함유 예 옥수수유, 대두유, 참기름, 올리브유 등
가공 유지	식물성 기름에 수소를 첨가하고 니켈을 촉매제로 사용하여 실온에서 고체가 되도록 가공 예 쇼트닝, 마가린 등

166 유지의 유화성

수중유적형 (O/W)	물 속에 기름이 산포 예 우유, 마요네즈, 아이스크림
유중수적형 (W/O)	기름 속에 물이 산포 예 버터, 마가린

167 식용유지의 발연점

① 포도씨유 250℃, 대두유 238℃, 옥수수유 232℃, 라드 190℃, 올리브유 190℃
② 발연점이 높을수록 튀김용으로 적합
③ 발연점에서 아크롤레인이 생성되어 식품의 품질을 저하

168 유지의 발연점이 낮아지는 요인

① 가열 시간 및 사용 횟수가 늘어날수록
② 유리지방산의 함량이 많을수록
③ 유지에 불순물이 많을수록
④ 노출된 유지의 표면적이 넓을수록

169 유지의 산패(산화)에 영향을 미치는 인자

① 산패의 직접적인 원인물질은 산소(공기)이다.
② 온도, 금속, 광선(자외선), 수분, 지방분해효소 등
③ 불포화도가 높을수록 산패가 활발하게 일어난다.

170 산패의 방지

① 산소를 차단하고 어두운 장소에서 불투명한 용기에 보관
② 서늘한 곳에서 보관
③ 일단 사용한 기름은 식힌 후 이물질을 걸러내고 보관
④ 산패를 억제하는 물질 : 토코페롤(비타민 E), 참기름(세사몰), 면실유(고시폴), 콩기름(레시틴) 등

171 튀김 조리

① 튀김옷으로 사용하는 밀가루는 글루텐의 양이 적은 박력분을 사용한다.
② 튀김옷을 만들 때 지나치게 오래 섞지 않는다.
③ 튀길 식품의 양이 많은 경우 적당량을 나누어서 튀기는 것이 좋다.
④ 수분이 많은 음식은 미리 수분을 어느 정도 제거하고 사용한다.
⑤ 재료의 크기가 크면 속까지 익히기 어렵고, 튀기는 시간이 길어져 흡유량이 많아진다.
⑥ 이물질을 제거하면서 튀긴다.
⑦ 튀긴 후 과도하게 흡수된 기름은 종이를 사용하여 제거한다.
⑧ 약과는 낮은 온도에서 서서히 튀긴다.

172 튀김의 흡유량이 많아지는 경우

① 튀김 시간이 길어질수록
② 튀기는 식품의 표면적이 클수록
③ 튀김 기름을 여러 번 재사용하면
④ 튀기는 온도가 너무 낮으면
⑤ 튀김 재료에 당이나 지방 함량이 높으면

173 냉동식품

① 냉동
  • 어육류는 원형 그대로 또는 부분으로 나누어 냉동하고, 채소류는 데친 후 냉동한다.
  • 1회 사용량씩 소포장으로 냉동하며, 한번 해동한 식품은 재냉동하지 않는다.
  • 급속냉동이 식품 중의 얼음 결정이 작게 형성되어 조직의 파괴가 적다.
② 해동
  • 완만해동 : 육류, 어류는 급속 해동하면 조직 세포가 손상되고 단백질이 변성되어 드립(Drip)이 생기므로 5~7℃의 냉장 온도에서 완만 해동시킨다.
  • 급속해동 : 반조리 식품이나 조리된 식품은 해동과 가열을 동시에 한다.

174 한천

① 우뭇가사리와 같은 홍조류를 삶아서 얻은 액을 냉각, 동결, 건조한 것
② 양갱의 제조, 저열량식, 응고제, 미생물 배양의 배지 등으로 사용
③ 팽윤된 한천의 용해온도는 80~100℃이며, 응고온도는 35℃ 이하이다. 일단 젤화되면 80~85℃에서도 잘 녹지 않음
④ 식품의 0.5~1.5% 정도 사용하며, 농도가 높을수록 빨리 응고되며 단단한 젤이 형성된다.
⑤ 설탕은 점성, 탄력성, 투명도를 증가시킴
⑥ 산과 우유는 젤의 강도를 약하게 함

175 젤라틴

① 젤라틴은 동물의 가죽, 뼈에 다량 존재하는 콜라겐을 가수분해하여 얻는 동물 단백질이다.
② 족편, 젤리, 아이스크림, 마시멜로, 푸딩 등을 만들 때 응고제, 유화제, 안정제로 사용된다.
③ 팽윤된 젤라틴은 35℃ 이상으로 가열하면 녹는다. 3~15℃에서 응고되며, 온도가 낮을수록 빨리 응고된다.
④ 젤라틴은 식품의 2~4% 정도 사용하며, 농도가 높을수록 빨리 응고되며 단단해진다.
⑤ 설탕은 젤라틴 젤의 강도를 약화시킨다.
⑥ 산은 젤라틴 젤을 부드럽게 하고, 알칼리는 젤라틴 젤을 단단하게 한다.

176 한천과 젤라틴의 비교

구분	한천	젤라틴
원재료	식물성(우뭇가사리)	동물성(콜라겐)
사용제품	푸딩, 양갱, 한천젤리	족편, 젤리, 아이스크림 등
용해 온도	80~100℃	35℃
응고 온도	30℃ 부근에서 젤화	3~15℃에서 젤화

5장 한식 조리

177 한식의 상차림

① 초조반상(아침상) : 응이, 미음 및 죽 등의 유동식을 중심으로 한다.
  ▶ 응이 : 율무를 뜻하는 의이(薏苡)가 변한 말로, 율무, 녹두 등의 곡물을 갈아 얻은 앙금으로 죽보다 묽은 상태로 만든 것
② 반상(飯床)
  • 밥과 반찬을 주로 하여 차리는 정식 상차림이다.
  • 신분에 따라 임금님에게는 수라상, 어른에게는 진짓상, 아랫사람에게는 밥상이라 불린다.
  • 반상의 첩 수는 반찬의 수에 따라 12첩(수라상), 9첩(양반)을 최고 상차림으로 하여 칠첩, 오첩, 삼첩 등 홀수로 정해진다.
  • 첩 수에 포함되지 않는 음식(기본음식) : 밥, 국, 김치, 장류, 찌개, 찜, 전골
③ 장국상(면상·만두상·떡국상) : 장국(면·만두·떡국)을 주식으로 차리는 상
④ 주안상(酒案床) : 술안주가 되는 음식으로 차리는 상
⑤ 교자상(交子床)
  • 명절, 잔치 또는 회식 때 많은 사람을 초대하여 음식을 대접할 때 보통 4~6명을 기준으로 차리는 상
  • 건교자상(술과 안주 위주), 식교자상(식사 위주), 얼교자상(건교자상, 식교자상 2가지를 섞어 차림)

178 밥 짓기

① pH 7~8 정도의 물이 가장 밥맛이 좋고 산성이 높을수록 밥맛이 떨어진다.
② 묵은쌀로 밥을 할 때는 햅쌀보다 물의 양을 더 많이 해야 한다.
③ 너무 오래되어 지나치게 건조된 쌀은 밥맛이 나쁘다.

④ 약간의 소금(0.03%)을 첨가하면 밥맛이 좋아진다.
⑤ 밥 짓기의 물의 양

구분	중량에 따른 물의 양	부피에 따른 물의 양
백미	1.5배	1.2배
햅쌀	1.4배	1.1배

179 국(탕) 조리
① 맑은 육수는 깊은 맛보다는 깔끔하고 개운한 맛을 낼 때 끓이는 것으로 육질 부위를 주로 사용한다.
② 종류 : 닭 육수, 조개탕 육수, 다시마 육수, 콩나물 국물
③ 간장은 재래식 간장을 사용하고, 소금은 굵은 소금이 좋다.
④ 고기만 넣고 오래 끓여도 국물이 탁해지므로 유의한다.
⑤ 재료를 적절히 배합하면 영양소를 서로 보충해 준다.
⑥ 깔끔한 국물 맛을 내기 위해서는 여러 종류의 육류를 같이 넣고 끓이지 않도록 한다.
⑦ 건더기는 국물의 3분의 1 정도가 알맞다.
⑧ 육수에 국간장을 넣을 때 끓는 과정에 넣어야 간장의 날 냄새가 나지 않는다.

180 찌개 조리
① 국보다 국물은 적고 건더기가 많은 음식이다.
② 찌개는 궁중 용어로 조치라고도 한다.
③ 된장, 고추장 등 장류를 넣고 걸쭉하게 끓여낸 찌개를 감정이라 한다.
④ 생선찌개는 주로 흰살생선이 사용되며, 고추장과 고춧가루로 매운 맛을 낸다.
⑤ 소고기는 결합조직이 많은 사태나 양지가 적합하다.
⑥ 섞는 재료와 간을 하는 재료에 따라 구분된다.

맑은 찌개	• 소금이나 새우젓으로 간을 맞춘 찌개 • 두부젓국찌개와 명란젓국찌개
탁한 찌개	• 된장이나 고추장으로 간을 맞춘 찌개 • 된장찌개, 생선찌개, 청국장찌개, 호박감정, 오이감정, 게감정 등

181 전 조리
① 육류, 가금류, 어패류, 채소류 등을 지지기 좋은 크기로 하여 얇게 저미거나 채 썰기 또는 다져서 소금과 후추로 조미한 다음 밀가루와 달걀 물을 입혀서 번철이나 프라이팬에 기름을 두르고 부쳐 낸 음식
② 우리나라 음식 중 기름의 섭취를 가장 많이 할 수 있는 방법
③ 다양한 재료를 사용하고, 식물성기름을 사용하여 영양적으로 우수한 조리 방법이다.
④ 전유어, 전유아, 저냐 등으로 부르며, 궁중에서는 전유화라고 하였다.

182 적(炙) 조리
① 고기를 비롯한 재료를 꼬치에 꿰어서 불에 구워 조리하는 것
② 꿰는 재료에 따라 산적 음식에 대한 이름을 붙인다.

산적	• 익히지 않은 재료를 양념하고, 꼬치에 꿰어서 옷을 입히지 않고 굽는 것 • 소고기산적, 섭산적, 장산적, 닭산적, 어산적, 떡산적 등
누름적 (누르미)	• 재료를 양념하여 꼬치에 꿰고, 전을 부치듯이 밀가루와 달걀 물을 입혀서 속 재료가 잘 익도록 누르면서 지진다.(김치적, 두릅적, 지짐누름적 등) • 재료를 양념하여 익힌 다음 꼬치에 꿰는 방법도 있다.

183 생채 조리
① 생채는 익히지 않고 날로 무친 채소나 나물을 말한다.
② 자연의 색, 향, 맛을 그대로 느낄 수 있으며, 씹을 때의 아삭아삭한 촉감과 신선한 맛을 느낄 수 있다.
③ 가열 조리하지 않으므로 영양소의 손실이 적고, 특히 비타민을 풍부하게 섭취할 수 있다.
④ 생채는 나쁜 맛이 없고 조직은 연해야 하며 위생적으로 다루어야 한다.
⑤ 재료를 씻을 때는 조직에 상처가 나지 않도록 하고 풍미와 영양소 손실을 적게 해야 한다.
⑥ 파, 마늘을 많이 쓰지 않고, 진한 맛보다는 산뜻한 맛을 내는 것이 좋다.
⑦ 양념으로 식초와 설탕을 많이 사용하여 새콤한 맛을 나게 한다.
⑧ 겨자채나 냉채는 생채 분류에 속하며, 특히 겨자채는 채소 외에 편육이나 전복, 새우 등의 해산물을 삶아 차게 식혀서 함께 무치기도 한다.

184 숙채 조리
① 채소나 나물을 데치기, 삶기, 찌기, 볶기 등의 방법으로 익혀서 조리하는 방법이다.
② 채소를 익혀서 조리하는 것은 재료의 쓴맛이나 떫은맛을 없애고 부드러운 식감을 줄 수 있다.
③ 채소를 익히는 방법

채소	익히는 방법
콩나물, 시금치, 숙주나물, 기타 나물 등	대개 끓는 물에 파랗게 데쳐서 무친다.
호박, 오이, 도라지 등	소금에 절였다가 팬에 기름을 두르고 볶아서 익힌다.
시금치, 쑥갓 등	끓는 물에 소금을 약간 넣어 살짝 데치고 찬물에 헹군다.

185 회 조리
① 육류, 어패류, 채소류를 썰어서 날로 초간장, 초고추장, 소금, 기름 등에 찍어 먹는 조리법이다.
② 회는 무엇보다 재료가 신선해야 하고 날로 먹기 때문에 재료를 위생적이고 정갈하게 다루어야 한다.
③ 날것을 먹는 조리법이므로 특히 조리기구의 위생에 각별하게 신경 써야 한다.

186 숙회 조리

① 육류, 어패류, 채소류를 끓는 물에 삶거나 데쳐서 익힌 후 썰어서 초고추장이나 겨자즙 등을 찍어 먹는 조리법이다.
② 문어숙회, 오징어숙회, 미나리강회, 파강회, 어채, 두릅회 등이 있다.

187 조림 조리

① 조림은 어패류, 육류, 채소 등을 간이 충분히 스며들도록 약한 불에서 오래 익혀 만든 음식이다.
② 생선조림을 할 때 흰살생선은 간장을 주로 사용하고, 붉은 살 생선이나 비린내가 나는 생선은 고춧가루나 고추장을 넣어 조린다.
③ 소고기 장조림, 돼지고기 장조림, 생선조림, 두부조림, 감자조림, 풋고추조림 등이 있다.
④ 조림을 궁중에서는 '조리개'라고 하였다.

188 초(炒) 조리

① 초는 '볶는다'는 뜻으로 조림과 비슷한 방법이나 윤기가 나는 것이 특징이다.
② 이용되는 양념장에 따라 전복초, 홍합초, 삼합초, 해삼초 등이 있다.
③ 초의 조리법은 건열조리보다는 습열조리법이다.

189 볶음 조리

① 볶음은 소량의 지방을 이용해 뜨거운 팬에서 음식을 익히는 방법이다.
② 높은 온도에서 단시간 내에 조리하여야 영양소 손실도 적고, 원하는 질감, 색, 향 등을 얻을 수 있다.
③ 큰 냄비를 사용하여 바닥에 닿는 면이 넓어야 재료가 균일하게 익으며 양념장이 골고루 배어든다.
④ 조리 중 식품 표면에 얇은 기름막이 형성되어 양념이 쉽게 배어들지 않으므로, 볶기 전에 미리 양념하는 것이 좋다.

190 구이 조리

① 고추장 양념장은 미리 만들어 3일 정도 숙성하여야 고춧가루의 거친 맛이 없고 맛이 깊어진다.
② 유장은 간장과 참기름의 비율을 1 : 3 정도로 만든다.
③ 간장 양념은 양념 후 30분 정도 재워 두는 것이 좋으며 오래 두면 육즙이 빠져 육질이 질겨진다.
④ 너비아니 구이를 할 때는 고기를 결대로 썰면 질기므로 결 반대 방향으로 썬다.
⑤ 화력이 너무 약하면 고기의 육즙이 흘러나와 맛이 없어지므로 중불 이상에서 굽는다.
⑥ 숯불에 구우면 맛과 향이 좋다.
⑦ 석쇠나 프라이팬은 미리 예열해 두어야 재료가 달라붙지 않는다.

수험교육의 최정상의 길 – 에듀웨이 EDUWAY

(주)에듀웨이는 자격시험 전문출판사입니다.
에듀웨이는 독자 여러분의 자격시험 취득을 위한 교재 발간을 위해 노력하고 있습니다.

기분파
한식조리기능사 필기

2025년 04월 01일 5판 2쇄 인쇄
2025년 04월 10일 5판 2쇄 발행

지은이 | 에듀웨이 R&D 연구소(조리부문)
펴낸이 | 송우혁

펴낸곳 | (주)에듀웨이
주 소 | 경기도 부천시 소향로 13번길 28-14, 8층 808호(상동, 맘모스타워)
대표전화 | 032) 329-8703
팩 스 | 032) 329-8704
등 록 | 제387-2013-000026호
홈페이지 | www.eduway.net

기획.진행 | 에듀웨이 R&D 연구소
북디자인 | 디자인동감
교정교열 | 김미순, 최은정
인 쇄 | 미래피앤피

ISBN 979-11-94328-08-7

이 도서의 국립중앙도서관 출판시도서목록(CIP)은 서지정보유통지원시스템 홈페이지
(http://seoji.nl.go.kr)와 국가자료공동목록시스템(http://www.nl.go.kr/kolisnet)에서 이
용하실 수 있습니다.